航空機構造 原著第1版
Aircraft Structures
― 軽量構造の基礎理論 ―

デイビッド J. ピアリー【著】
David J. Peery

滝 敏美【訳】
Taki Toshimi

プレアデス出版

航空機構造

―― 軽量構造の基礎理論 ――

序文

　航空機構造の科目は非常に広範囲にわたる内容を含んでいる．軽量構造に特化した応用だけではなく，重量構造の古典的な解析方法の大部分についても考慮しなければならない．学部学生向けに書かれた一冊の本のなかで航空機構造の解析と設計のすべての段階を取り扱うことは不可能である．そこで，新しい材料や新しい製作方法が開発されても変化しない基礎的な構造理論に重点を置いた．この本に示した理論の大部分はどのような設計要求にも，どのような材料にも適用可能である．特定の航空機に適用される詳細設計仕様や材料特性に応じて，設計技術者がこの理論に補足すればよい．

　学部学生や現場の技術者が犯す重大な誤りの多くは，単純な力の釣り合い式を適用する際の誤りに起因している．航空機構造の解析に対する基本的な力学原理の適用が非常に重要であることを強調しておく．変形と不静定構造については，後の章で取り扱う．空気力の分布と飛行荷重条件に関しては空気力学の知識が必要である．前もって必要な空気力学については，学生は航空機構造の科目と並行して履修するので，これらの項目はこの本の後ろの方で説明した．

　初めの原稿を読んで批評をしてくださったジョセフ・マーチン・ジュニア博士，アレクサンダー・クレミン博士，レイモンド・シュネイヤー教授，ジョージ・コーエン氏に感謝する．P. E. ヘムケ博士，A. A. ブリエルマイア博士，C. E. デューク氏からの有益な意見と批評に感謝する．

デイビッド J. ピアリー
ステートカレッジ, ペンシルバニア州
1949 年 8 月

目　次

序　文 …………………………………………………………………………… i

第1章　力の釣り合い

1.1　釣り合い方程式 ……………………………………………………… 1
1.2　2つの力が働く部材 ………………………………………………… 3
1.3　トラス構造 …………………………………………………………… 9
1.4　結合点法によるトラスの解法 ……………………………………… 11
1.5　断面法によるトラスの解析 ………………………………………… 14
1.6　トラスの図式解法 …………………………………………………… 16
1.7　曲げを受ける部材を含むトラス …………………………………… 19

第2章　空間構造物

2.1　釣り合い方程式 ……………………………………………………… 24
2.2　モーメントと偶力 …………………………………………………… 25
2.3　代表的な空間構造の解析 …………………………………………… 27
2.4　空間枠組み構造のねじり …………………………………………… 39
2.5　翼構造 ………………………………………………………………… 44
第2章の参考文献 ………………………………………………………… 55

第3章　慣性力と荷重倍数

3.1　並進運動 ……………………………………………………………… 56
3.2　回転する物体の慣性力 ……………………………………………… 67
3.3　並進運動の加速度による荷重倍数 ………………………………… 80
3.4　角加速度に対する荷重倍数 ………………………………………… 85

第4章　慣性能率，モールの円

4.1　重心 …………………………………………………………………… 88
4.2　慣性能率 ……………………………………………………………… 89
4.3　傾いた軸まわりの慣性能率 ………………………………………… 99
4.4　主軸 …………………………………………………………………… 101
4.5　慣性乗積 ……………………………………………………………… 102

4.6	慣性能率に関するモールの円	106
4.7	組み合わせ応力のモールの円	112
第4章の参考文献		120

第5章　せん断力，曲げモーメント線図

5.1	せん断力と曲げモーメント	121
5.2	荷重，せん断力，曲げモーメントの間の関係	125
5.3	せん断力線図の面積としての曲げモーメント	126
5.4	ひとつの面内に無い荷重が負荷される部材	132

第6章　対称断面梁のせん断応力と曲げ応力

6.1	曲げの式	137
6.2	梁のせん断応力	139
6.3	自由表面のせん断応力の方向	147
6.4	薄いウェブのせん断流	149
6.5	せん断中心	151
6.6	箱型断面のねじり	158
6.7	箱型梁（ボックスビーム）のせん断流の分布	160
6.8	テーパーした梁	169
6.9	フランジ面積が変化する梁	176

第7章　非対称断面の梁

7.1	2つの主軸に関する曲げ	183
7.2	曲げ応力の一般式	186
7.3	横方向に支持された非対称梁	193
7.4	3つの集中フランジを持つ梁	199
7.5	非対称梁のせん断流	201
7.6	断面が変化する梁	204
7.7	主翼基準軸の選択	207
7.8	後退角のための主翼の曲げモーメントの補正	210
第7章の参考文献		213

第8章　セミモノコック構造の部材の解析

8.1	薄いウェブに入る集中荷重の分布	214
8.2	胴体隔壁に働く荷重	218
8.3	翼のリブの解析	224
8.4	テーパーしたウェブのせん断流	232

| 8.5 | セミモノコック構造の切欠き | 237 |

第8章の参考文献 ……………………………………………………… 248

第9章 翼幅方向の空気力分布

9.1	一般的な考慮事項	249
9.2	翼の渦	251
9.3	吹きおろし速度を求める基礎的な式	255
9.4	楕円形の翼	259
9.5	ねじれがない翼の近似的な揚力分布	260
9.6	ねじれのある翼の近似的な揚力分布	262
9.7	フーリエ級数を使って翼幅方向の揚力分布を計算する方法	270
9.8	フーリエ級数の係数の決め方	274
9.9	係数 A_n の計算	277
9.10	誘導抵抗の翼幅方向の分布	281
9.11	空気力分布に影響を及ぼす他の要因	285
9.12	揚力線理論の限界	286

第9章の参考文献 ……………………………………………………… 288

第10章 航空機の外部荷重

10.1	一般的な考慮事項	290
10.2	基本的な飛行条件	291
10.3	構造解析に必要な空力データ	295
10.4	釣り合いをとるための尾翼荷重	296
10.5	速度 – 荷重倍数線図	298
10.6	突風荷重倍数	300
10.7	空気力計算の数値例	304

第10章の参考文献 ……………………………………………………… 311

第11章 航空機構造用材料の力学特性

11.1	応力 – 歪曲線	312
11.2	金属材料の名称	315
11.3	材料の強度と重量の比較	318
11.4	サンドイッチ材料	321
11.5	材料の代表的な設計データ	324
11.6	無次元の応力 - 歪曲線の式	326
11.7	安全率と安全余裕	328

第11章の参考文献 ……………………………………………………… 330

第12章 継手と結合金具

- 12.1 概要 …………………………………………………………… 331
- 12.2 ボルト継手とリベット継手 …………………………………… 332
- 12.3 標準部品 ………………………………………………………… 338
- 12.4 金具の解析の精度 ……………………………………………… 344
- 12.5 偏心荷重を受ける結合 ………………………………………… 350
- 12.6 溶接継手 ………………………………………………………… 354
- 第12章の参考文献 …………………………………………………… 359

第13章 引張,曲げ,ねじりを受ける部材の設計

- 13.1 引張部材 ………………………………………………………… 360
- 13.2 塑性曲げ ………………………………………………………… 361
- 13.3 一定の曲げ応力 ………………………………………………… 363
- 13.4 台形分布の曲げ応力 …………………………………………… 365
- 13.5 曲り梁 …………………………………………………………… 369
- 13.6 円形の軸のねじり ……………………………………………… 373
- 13.7 円形断面でない軸のねじり …………………………………… 375
- 13.8 ねじり部材の端の拘束 ………………………………………… 380
- 13.9 弾性限を超えるねじり応力 …………………………………… 382
- 13.10 組み合わせ応力と応力比 ……………………………………… 385
- 第13章の参考文献 …………………………………………………… 391

第14章 圧縮を受ける部材の設計

- 14.1 梁のたわみの式 ………………………………………………… 392
- 14.2 長い柱 …………………………………………………………… 393
- 14.3 偏心荷重を受ける柱 …………………………………………… 395
- 14.4 短い柱 …………………………………………………………… 397
- 14.5 柱の端末拘束条件 ……………………………………………… 399
- 14.6 その他の短柱の式 ……………………………………………… 402
- 14.7 実用的な設計の式 ……………………………………………… 405
- 14.8 接線剛性の式の無次元表示 …………………………………… 411
- 14.9 偏心荷重が終極強度におよぼす影響 ………………………… 415
- 14.10 圧縮を受ける平版の座屈 ……………………………………… 419
- 14.11 平板の終極圧縮荷重 …………………………………………… 424
- 14.12 平板の塑性座屈 ………………………………………………… 429
- 14.13 無次元座屈曲線 ………………………………………………… 432
- 14.14 局所クリップリングで破壊する柱 …………………………… 435

14.15	圧縮を受ける曲面板	441
	第14章の参考文献	447

第15章　せん断ウェブの設計

15.1	平板の弾性座屈	449
15.2	曲率のある長方形板の弾性座屈	451
15.3	完全張力場の梁	454
15.4	張力場の角度	459
15.5	半張力場梁	463
15.6	曲面張力場ウェブ	470
	第15章の参考文献	477

第16章　構造の変位

16.1	計算した変位の適用と限界	478
16.2	軸方向荷重を受ける部材の歪エネルギ	478
16.3	トラスの変位	480
16.4	曲げによる歪エネルギ	485
16.5	梁の変形の式	486
16.6	図を使った積分	491
16.7	構造の角度変位	493
16.8	ねじれ変形による変位	494
16.9	相対変位	499
16.10	せん断変形	501
16.11	箱型梁（ボックスビーム）のねじり	504
16.12	解析方法の精度	506
16.13	梁の断面のワーピング	507
16.14	マックスウェルの相反定理	509
16.15	弾性軸，または，せん断中心	511
16.16	カスティリアーノの定理	514
	第16章の参考文献	517

第17章　不静定構造

17.1	不静定次数	518
17.2	1次不静定のトラス	519
17.3	1次不静定の他の構造	524
17.4	高次の不静定のトラス	528
17.5	その他の高次の不静定構造	534

17.6	不静定力の選択 ………………………………………	540
17.7	円形の胴体リング ………………………………………	549
17.8	不規則な胴体リング ………………………………………	553
17.9	ボックスビームの不静定性 ………………………………………	556
17.10	複数のセルのボックスビームのねじり ………………………………………	558
17.11	複数のセルを持つ梁のせん断 ………………………………………	560
17.12	複数のセルのある構造の実用的な解析 ………………………………………	566
17.13	せん断遅れ ………………………………………	571
17.14	ワーピング変形の長手方向の変化 ………………………………………	573
17.15	せん断遅れの数値計算例 ………………………………………	576
17.16	不静定構造の終極強度 ………………………………………	578
17.17	最小仕事の方法 ………………………………………	581
第17章の参考文献 ………………………………………		583

第18章　特殊な解析方法

18.1	面積モーメント法 ………………………………………	584
18.2	共役梁の方法 ………………………………………	586
18.3	弾性荷重法によるトラスの変位 ………………………………………	591
18.4	ビームカラム ………………………………………	596
18.5	ビームカラムの荷重の重ね合わせ ………………………………………	601
18.6	ビームカラムの近似計算法 ………………………………………	605
18.7	引張が働く梁 ………………………………………	606
18.8	モーメント分布法 ………………………………………	608
18.9	モーメント分布法の実際の手順 ………………………………………	614
18.10	結合点の変位 ………………………………………	619
18.11	軸力が作用する部材のモーメント分布 ………………………………………	624
18.12	モーメント分布法の応用 ………………………………………	628
第18章の参考文献 ………………………………………		630

付　録 ………………………………………	632
訳者あとがき ………………………………………	637
索　引 ………………………………………	639

第1章　力の釣り合い

1.1 釣り合い方程式

　機械や構造の設計の第一段階は，各部材に働く力を決めることである．種々の着陸条件や飛行条件において航空機に荷重が生じる．車輪に働く地面反力，主翼やその他の舵面に働く空気力，プロペラが発生する力等で荷重が発生する．この荷重に対して，航空機のいろいろな部品の重量または慣性力が対抗する．複数の荷重条件を考慮する必要があり，これらの条件の組み合わせで最も大きな応力を生じる条件に対して，各部材を設計しなければならない．航空機構造のすべての部材において，最大荷重は航空機の加速飛行中か着陸時に発生し，外部荷重は釣り合っていないのが実状である．しかし，慣性力を考慮すれば，外部荷重と慣性力は釣り合い状態にある．ある部材を設計するには，その部材に作用しているすべての力（慣性力を含め）を知る必要がある．これらの力が同じ面内にある場合（このような場合が普通である），構造の分割された一部について次の釣り合い方程式が成り立つ．

$$\sum F_x = 0$$
$$\sum F_y = 0 \qquad (1.1)$$
$$\sum M = 0$$

　ΣF_x と ΣF_y は力の x 軸方向成分と y 軸方向成分の和を表す．x 軸と y 軸は任意の方向にとる．ΣM はすべての力が航空機の任意の点まわりにつくるモーメントの和を表す．座標軸の方向とモーメントの基準点は任意に選ぶことができるので，これらの方程式は無限の数だけ作ることができる．しかし，どのフリーボディに関しても独立な方程式は3つだけであり，3つの未知の力がこの方程式から決定される．力の方程式2つと2点に関するモーメントの方程式から4つの未知の力を計算しようとしても，これらの方程式は独立ではないので，解くことができない．方程式のひとつは他の3つの方程式から導くことができるからである．次に示す方程式は独立でないので，3つの未知数について解くことができない．

第1章 力の釣り合い

$$x + y + z = 3$$
$$x + y + 2z = 4$$
$$2x + 2y + 3z = 7$$

3番目の式は上の2つの方程式を足し合わせることによって得られるので，独立ではない．

複数の部材を持つ構造を解析する場合，その部材に働くすべての力を示したフリーボディダイヤグラムを描くことが必要である．多くの部材からなる構造全体を示した図にこれらの力を表すことは不可能である．反対方向を向いた等しい大きさの力がすべての結合部に働くため，各部材に働く力の正しい方向を示そうとしても混乱するだけである．釣り合い方程式をたてるには，各方程式に1つの未知数が表れるように座標系と基準点を選ぶのが望ましい．

結合点は1本のボルトかピンであるものが多い．このような結合点は回転に対して抵抗しないとみなすことができる．このような結合点では図 1.1 に示すようにピンの中心まわりのモーメントはゼロであるので，力はピンの中心を通る．ピン結合に働く力は，力の大きさ F と力の方向 θ という2つの未知数を持つ．しかし，2つの成分 F_x と F_y を使うほうが便利であり，F と θ は次の式で求めることができる．

$$F = \sqrt{F_x^2 + F_y^2} \tag{1.2}$$

$$\tan\theta = \frac{F_y}{F_x} \tag{1.3}$$

F_x と F_y という成分が求められたときに静力学の問題が解けたといえる．

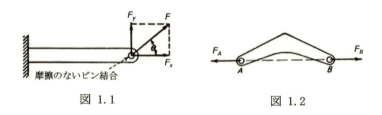

図 1.1　　　　　　　　　　図 1.2

1.2 2つの力が働く部材

構造部材の2点だけに力が働く場合には，図 1.2 に示すように，これらの力は大きさが等しく，向きが反対である．A 点まわりのモーメントがゼロだから，F_B は A 点を通らなければならない．同様に，B 点まわりのモーメントがゼロだから，F_A は B 点を通らなければならない．力の合計から，F_B と F_A の大きさは同じで向きが反対でなければならない．単純な引張または圧縮部材は力を伝達する最も軽い部材であるので，航空機やその他の構造では2つの力が働く部材がよく使われる．可能である限り2つの力が働く部材は図 1.2 に示すような曲がった形状にせず，真っ直ぐにするべきである．2つの力が働く部材だけでできている構造をトラスと呼び，胴体，エンジンマウント，その他の航空機構造によく使われる．橋や建築にも使われる．トラスは重要な構造様式であり，詳細を別のところで説明する．

構造物では，3つ以上の力が働く部材とともに2つの力が働く部材が使われていることが多い．このような構造物では，まずどの部材が2つの力が働く部材であるかを注意深く調べることが必要である．部材中の3つ以上の点に力が働く場合に，力が部材の方向に働くとする重大な間違いを犯す学生が多い．図 1.2 に示すような2つの力が働く曲がった部材の場合には，力はピンを結ぶ線に沿って働くのであって，部材の軸に沿って働くのではない．

(1.1)式は簡単でよく知られているが，この式をいろいろな種類の構造に応用できるように熟練することが重要である．例題として代表的な構造を解析してみる．

例題

図 1.3 に示す構造のすべての結合点に働く力を求めよ．

解答：

まず，図 1.4 に示すように，すべての部材のフリーボディダイヤグラムを描く．AB と GD は2つの力が働く部材であるから，これらの部材の力はピン結合の点を結ぶ線の方向を向く．したがって，これらの部材のフリーボディダイヤグラムは省略した．

第 1 章　力の釣り合い

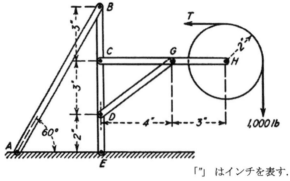

「"」はインチを表す．

図 1.3

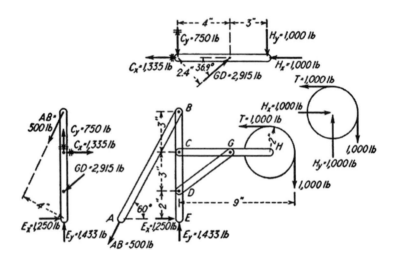

図 1.4

力の方向を仮定するが，どの点においても2つの部材では方向を逆にしなければならないことに注意すること．たとえば，水平部材の C_x が右方向に働くとしたら，垂直部材の C_x は左方向に働く．もし，仮定した力の方向が間違っていたら，計算される力の大きさが負となる．

　プーリーについては次の式が成立し，

1.2 2つの力が働く部材

$$\sum M_H = 2 \times 1,000 - 2T = 0$$
$$T = 1,000\,\text{lb}$$
$$\sum F_y = H_y - 1,000 = 0$$
$$H_y = 1,000\,\text{lb}$$
$$\sum F_x = H_x - 1,000 = 0$$
$$H_x = 1,000\,\text{lb}$$

これらの力の数値が計算できたら，フリーボディダイヤグラムにその値を記入する．次に解く式には力の記号ではなく，数値が入る．

部材 CGH については次の式となる．

$$\sum M_C = 1,000 \times 7 - 2.4GD = 0$$
$$GD = 2,915\,\text{lb}$$
$$\sum F_x = C_x + 2,915\cos 36.9° - 1,000 = 0$$
$$C_x = -1,335\,\text{lb}$$
$$\sum F_y = C_y + 2,915\sin 36.9° - 1,000 = 0$$
$$C_y = -750\,\text{lb}$$

C_x と C_y は負となるので，フリーボディダイヤグラムのベクトルの向きを変更する．この変更は元の矢印を消すのではなく，元の矢印に訂正線を入れたうえで矢印の向きを追加する．これにより，設計者本人や他の点検者による解析の点検が容易になる．既知の力の正しい方向を使うことに十分注意すること．

部材 $BCDE$ の釣り合い式は，

$$\sum M_E = 1,335 \times 5 - 2,915 \times 2\cos 36.9° - 4.0AB = 0$$
$$AB = 500\,\text{lb}$$
$$\sum F_x = E_x - 2,915\cos 36.9° + 1,335 - 500\cos 60° = 0$$
$$E_x = 1,250\,\text{lb}$$
$$\sum F_y = E_y - 2,915\sin 36.9° + 750 - 500\sin 60° = 0$$
$$E_y = 1,433\,\text{lb}$$

全体構造をフリーボディとして扱うことなしに，すべての力が計算できた．全

第 1 章　力の釣り合い

体構造の 3 つの釣り合い方程式を使って解が正しいことをチェックする．
　全体構造をフリーボディとして使ってチェックするための式は，

$$\sum F_x = 1{,}250 - 1{,}000 - 500\cos 60° = 0$$
$$\sum F_y = 1{,}433 - 1{,}000 - 500\sin 60° = 0$$
$$\sum M_E = 1{,}000 \times 9 - 1{,}000 \times 7 - 500 \times 4 = 0$$

モーメントアームや力の計算における誤りを見つけるために，このようなチェックを必ず行うこと．

問題

1.1　重量 5,000 lb の航空機が水平線から下向きに θ の角度の飛行経路の定常滑空を行っている．飛行経路の方向に働く空気の抵抗力は 750 lb である．飛行経路に垂直な揚力の大きさと飛行経路の角度 θ を求めよ．

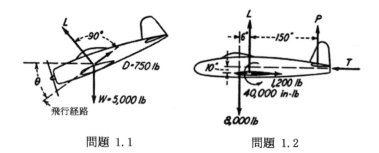

問題 1.1　　　　　　　　問題 1.2

1.2　ジェット推進の航空機が定常飛行をしていて，図に示すような力が働いている．ジェット推力 T，揚力 L，尾翼荷重 P を求めよ．

1.3　翼の風洞試験模型が図に示すように支持されている．A 点の力が，$L = 43.8$ lb, $D = 3.42$ lb, $M = -20.6$ in-lb であるとき，部材 B, C, E の力を求めよ．

1.2 2つの力が働く部材

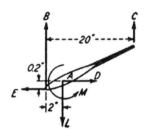

問題 1.3, 1.4

1.4 問題 1.3 の模型で計測された力が，$B = 40.2$ lb，$C = 4.16$ lb，$E = 3.74$ lb であるとしたとき，A 点に働く力 L, D, M を求めよ．

1.5 すべての結合点の力の水平方向成分と垂直方向成分を求めよ．B 点の反力は垂直方向である．残る 3 つの釣り合い方程式を使って計算結果をチェックすること．

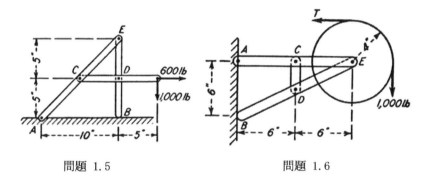

問題 1.5　　　　　　　　　問題 1.6

1.6 すべての結合点の力の水平方向成分と垂直方向成分を求めよ．B 点の反力は水平方向である．3 つの方程式を使って計算結果をチェックすること．

1.7 すべての結合点の力の水平方向成分と垂直方向成分を求めよ．B 点の反力は垂直方向である．3 つの方程式を使って計算結果をチェックすること．

1.8 すべての結合点の力の水平方向成分と垂直方向成分を求めよ．3 つの方程式を使って計算結果をチェックすること．

第 1 章　力の釣り合い

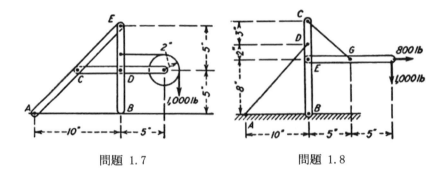

問題 1.7　　　　　　　　問題 1.8

1.9　複葉機の翼の部材のすべての力を求めよ．全体構造のフリーボディの釣り合い式を使って計算結果をチェックすること．

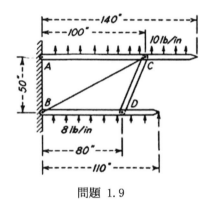

問題 1.9

1.10　図に示す脚の A 点，B 点に働く力を求めよ．

1.11　図に示す単葉機の翼構造の A 点，B 点，C 点に働く力を求めよ．

1.12　梁の一部を取り出したものの断面に働く力 V, M を求めよ．

1.2 2つの力が働く部材

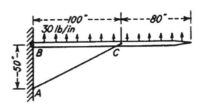

問題 1.11

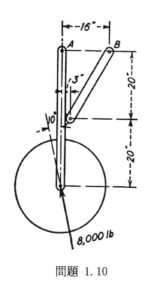

問題 1.10

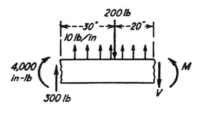

問題 1.12

1.3 トラス構造

　トラスは2つの力が働く部材だけで構成される構造である．場合によっては，部材の各端で1本のボルト結合またはピン結合されていて，外力がそのピン結合部だけに作用する．他の場合には，部材がその端で溶接またはリベット結合されているが，解析上はピン結合とみなす．この解析で部材力の正しい値に近い値が得られるからである．本章で取り扱うトラスはひとつの平面内にあるとする．トラスで支持される荷重とトラスのすべての部材の軸が同じ面内にある．
　トラスは静定トラスと不静定トラスに分類される．静定トラスの全部材の力は釣り合い方程式から求めることができる．不静定トラスでは，釣り合いの独立な方程式の数よりも多くの未知の力があるので，釣り合い方程式からは力を求めることができない．平行でない，ひとつの点を通らない3つの反力で剛な構造が支持されているならば，その3つの反力は，全体構造をフリーボディとみなして3つの釣り合いの方程式を使って求めることができる．3つ以上の反力がある場合には，その構造は外部的に不静定である．
　3つの反力を持つトラスで，必要以上の部材を持つトラスは内部的に不静定

第1章　力の釣り合い

である．普通，トラスは三角形の枠組みの連続で構成される．最初の三角形は3つの部材と3つの結合点から成る．次の三角形は2つの部材と1つの結合点を追加することで形成される．部材の数 m と結合点の数 j の間には次の関係がある．

$$m - 3 = 2(j - 3)$$

すなわち，

$$m = 2j - 3 \tag{1.4}$$

(1.4)式で表された式よりも部材の数が1つ少ないトラスは自由度1のリンク機構またはメカニズムとなる．リンク機構は力に抵抗することができず，不安定な構造に分類される．(1.4)式で表された式よりも部材の数が1つ多いトラスは内部的に不静定である．

　トラスの各ピン結合点をフリーボディと考えると，2つの釣り合い方程式，$\Sigma F_x = 0$ と $\Sigma F_y = 0$ が適用される．すべての力がピンを通り，力の大きさによらずピンのまわりのモーメントはゼロになるので，方程式 $\Sigma M = 0$ は適用されない．j 個の結合点を持つトラスでは，$2j$ 個の独立な方程式がある．全構造の釣り合い式は結合点の方程式から導かれるので，独立ではない．たとえば，全構造の F_x の式は各結合点の F_x の方程式をすべて足し合わせることによって得ることができる．全構造の F_y と M の式も同じように各結合点の方程式から求めることができる．したがって，(1.4)式は m 個の部材の未知の力の数と3つの反力を独立な方程式の数 $2j$ と等しいとして，$m + 3 = 2j$ となる．

　(1.4)式を適用するには注意が必要である．この式は，図1.5(a)に示すような三角形の枠組みでできたトラスが3つの反力で支持されている場合に適用できる．その他のトラスでは，精査してすべての部材が安定であるかどうかを判定する必要がある．図1.5(b)に示すトラスは(1.4)式を満足するが，左側のパネルは不安定で，右側のパネルには余分な対角部材がある．図1.5(c)に示すトラスは，三角形の枠組みでできてはいないが，安定で静定である．

　トラスには3つより多くの反力を持ち，(1.4)式で表されるより少ない部材でも，安定で静定なものがある．反力の数 r で(1.4)式の3を置き換えると，

$$m = 2j - r \tag{1.4a}$$

したがって，独立な方程式の数 $2j$ は $m + r$ の部材力と反力の未知の力を求めるのに十分である．4つの反力を持つ安定で，静定であるトラスの例は，図1.5(a)のトラスの左上の角に水平方向の反力を加え，右側の対角部材を取り除くこと

によって作ることができる.

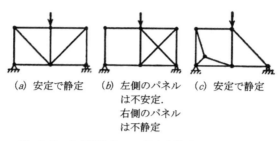

(a) 安定で静定　(b) 左側のパネルは不安定．右側のパネルは不静定　(c) 安定で静定

どのトラスも部材数が9で，結合点数が6，$m = 2j-3$

図 1.5

1.4 結合点法によるトラスの解法

　結合点法によるトラスの解析においては，各結合点をフリーボディとして，2つの釣り合い方程式，$\Sigma F_x = 0$, $\Sigma F_y = 0$ を使う．各結合点で2つの未知の力を計算することができる．各部材は2つの力が働く部材であるから，その端の結合点で，大きさが等しく，向きが反対の力が生じている．トラスの解析は，2つの部材だけが集まっている結合点から始めて，順番に解いていく．2つの部材の力がわかったら，そのうちのひとつの部材が結合されている隣の結合点では未知の力は2つになる．このように，適切な順序ですべての結合点を解いていく．

　多くの構造物では，各結合点で未知の力の数を2つにするためには，全体構造の釣り合いから3つの反力を求めることが必要である．これらの3つの方程式を結合点の $2j$ 個の方程式と合わせて使う．未知の力は $2j$ 個であるから，この式を解くには3つの方程式は不要であるが，数値計算のチェックをするのに使うべきである．結合点法によるトラスの解析の数値例を以下に示す．

例題

　図 1.6 に示すトラスのすべての部材の力を求めよ．
解：
　図 1.7 に示すように，全体構造と各結合点のフリーボディダイヤグラムを描く．2つの力が働く部材の力は部材の方向に向いているので，部材力を結合点

第1章 力の釣り合い

に働く力と定義すれば，すべての力をトラスの図に描き込むことができる（図 1.7）．どの点にもそこに結合されている部材から力が入ってきており，その部材の端の点には大きさが等しく向きが反対の力が生じているので，結合点のベクトルの方向に注意すること．構造の中に2つの力が働く部材でないものが含まれていたら，その部材のフリーボディの図を図 1.4 に示すように必ず描くこと．

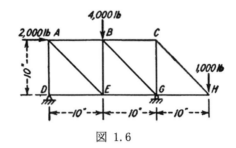

図 1.6

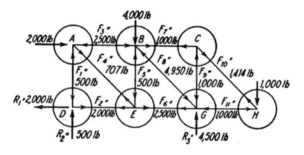

図 1.7

全体構造をフリーボディとみなすと，

$$\sum M_D = 2,000 \times 10 + 4,000 \times 10 + 1,000 \times 30 - 20R_3 = 0$$
$$R_3 = 4,500\,\text{lb}$$
$$\sum F_y = R_2 - 4,000 - 1,000 + 4,500 = 0$$
$$R_2 = 500\,\text{lb}$$

1.4 結合点法によるトラスの解法

$$\sum F_x = 2{,}000 - R_1 = 0$$
$$R_1 = 2{,}000\,\text{lb}$$

前の例に示したように，未知の力の方向を仮定しておき，計算の結果その値が負になった場合には，図のベクトルの向きを変える．すべての力を引張の向きで表し，負になった場合は圧縮であるとするのを好む技術者もいる．各結合点の未知数が2個となるように，計算する順番を選ぶ必要がある．

結合点 D：
$$\sum F_x = F_2 - 2{,}000 = 0$$
$$F_2 = 2{,}000\,\text{lb}$$
$$\sum F_y = 500 - F_1 = 0$$
$$F_1 = 500\,\text{lb}$$

結合点 A：
$$\sum F_y = 500 - F_4 \sin 45° = 0$$
$$F_4 = 707\,\text{lb}$$
$$\sum F_x = 2{,}000 + 707 \cos 45° - F_3 = 0$$
$$F_3 = 2{,}500\,\text{lb}$$

結合点 E：
$$\sum F_x = F_6 - 2{,}000 - 707 \cos 45° = 0$$
$$F_6 = 2{,}500\,\text{lb}$$
$$\sum F_y = 707 \sin 45° - F_5 = 0$$
$$F_5 = 500\,\text{lb}$$

結合点 B：
$$\sum F_y = 500 - 4{,}000 + F_8 \sin 45° = 0$$
$$F_8 = 4{,}950\,\text{lb}$$
$$\sum F_x = 2{,}500 - 4{,}950 \cos 45° + F_7 = 0$$
$$F_7 = 1{,}000\,\text{lb}$$

結合点 C：

第1章　力の釣り合い

$$\sum F_x = F_{10} \cos 45° - 1,000 = 0$$
$$F_{10} = 1,414 \text{ lb}$$
$$\sum F_y = F_9 - 1,414 \sin 45° = 0$$
$$F_9 = 1,000 \text{ lb}$$

結合点 G：

$$\sum F_x = 4,950 \cos 45° - 2,500 - F_{11} = 0$$
$$F_{11} = 1,000 \text{ lb}$$

チェック：　　　$\sum F_y = 4,500 - 4,950 \cos 45° - 1,000 = 0$

結合点 H：

チェック：　　　$\sum F_y = 1,414 \sin 45° - 1,000 = 0$

チェック：　　　$\sum F_x = 1,000 - 1,414 \cos 45° = 0$

結合点に向かう矢印は部材に圧縮力が働いていることを表し，結合点から離れる方向の矢印は引張荷重を表す．

1.5　断面法によるトラスの解析

　トラス全体を解析することなしに，トラスのいくつかの部材の力だけを求めたい場合がある．結合点法を使うと，目的の部材の左側にあるすべての部材の力をあらかじめ求めなければならないので，この目的のためには面倒である．断面法によると，他の部材の力を計算することなしに，1回の計算で結果を得ることができる．結合点をフリーボディとするのではなく，トラスのある断面を考えて，その断面の片側をフリーボディと考える．力を求めたい部材を切る断面を選ぶ．できれば，3つの部材だけを切る断面がよい．
　図1.7に示すトラスの部材 BC，BG，EG の力を知りたい場合には，フリーボディは図1.8のようになる．3つの未知の力が釣り合いの方程式で表される。

1.5 断面法によるトラスの解析

$$\sum M_G = 10F_7 - 10 \times 4{,}000 + 2{,}000 \times 10 + 500 \times 20 = 0$$
$$F_7 = 1{,}000\,\text{lb}$$
$$\sum F_y = F_8 \sin 45° - 4{,}000 + 500 = 0$$
$$F_8 = 4{,}950\,\text{lb}$$
$$\sum F_x = F_6 + 1{,}000 - 4{,}950 \cos 45° + 2{,}000 - 2{,}000 = 0$$
$$F_6 = 2{,}500\,\text{lb}$$

これらの値を結合点法で求めた結果でチェックされたい.

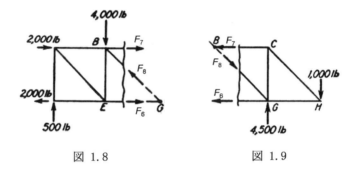

図 1.8　　　　　　　図 1.9

図 1.9 に示すように, 断面の右側のトラスの一部をフリーボディとすることもできる. 釣り合い式は次のようになる.

$$\sum M_G = 1{,}000 \times 10 - 10F_7 = 0$$
$$F_7 = 1{,}000\,\text{lb}$$
$$\sum F_y = 4{,}500 - 1{,}000 - F_8 \sin 45° = 0$$
$$F_8 = 4{,}950\,\text{lb}$$
$$\sum F_x = 4{,}950 \cos 45° - 1{,}000 - F_6 = 0$$
$$F_6 = 2{,}500\,\text{lb}$$

力 F_6 を求める別の方法は, B 点まわりのモーメントをとればよく, 力 F_7 と F_8 を計算する必要がなくなる.

15

1.6 トラスの図式解法

結合点法によるトラスの解法では，釣り合い式から2つの未知の力を計算する．各結合点に働く力を力の多角形を使うことにより，作図で求めることができる．結合点法と同じ順序で作図していく．トラスの図式解法ではBowの表記法を適用するのが便利である．この標記法では，空間を文字で表して，力の両側にある2つの空間の記号を使って力を定義する．図1.6に示すトラスを図式解法で解くには，図1.10の表記を使う．ふつうは結合点を示す大文字を省略するが，ここでは説明のために残してある．

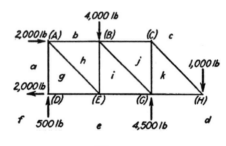

図 1.10

反力を作図で求めることもできるが，代数的に求めるほうがより便利なので，ここでは作図法を使わない．1.4項で求めた反力を使って，全体構造の力の多角形を図1.11(a)に示すように描く．abとfaは同じ水平線上にあり，bcとdeは同じ垂直線上にあるが，説明のために少しずらして示した．ただし，後の図では重ねて描く．記号の表し方は，図1.10で構造の周囲で記号を時計回りに読んだとき，a, b, c, d, e, fで，力の多角的の中の力の方向が a から b，b から c，c から d，d から e，e から f となり，力 fa で多角形が閉じるようになっている．

結合点 D を最初のフリーボディとして考え，既知の力 ef と fa を一定の縮尺で描く．次に未知の力 ag と ge を a と e から適切な方向に描き，その大きさが交点 g で決まる（図1.11(b)）．結合点 A を解析するため，既知の力 ga と ab を描き，bh と hg を交点 h から求める（図1.11(c)）．同じように，結合点 E, B, C, G を図1.11(d)から(g)に示すように解析する．結合点 H を考えることなしにすべての力を求めることができた．代数的に解析したときと同じように，結合点 H の力の多角形を解析結果のチェックに使う（図1.11(h)）.

力の多角形を調べると，どの力も2つの力の多角形に表れることがわかる．

1.6 トラスの図式解法

力 ge は結合点 D の右側に働く力で，力 eg は結合点 E の左側に働く力である．しかし，e 点と g 点は 2 つの力の多角形の同じところに位置している．図 1.11(i) に示すように全部の力の多角形をひとつの図（示力図）に表すことができる．両方の向きの力があって，矢印は重要でないので，示力図では矢印を省略する．結合点の力の向きを決めるには，結合点のまわりに時計回りに記号を読む．図 1.10 の結合点 D では ge となるので，図 1.11(i)では結合点 D の右向きの力である．次に，結合点 E のまわりでは eg となるので，左向きの力である．したがって，この部材には引張力が働き，結合点 E に左向きの力を生じている．

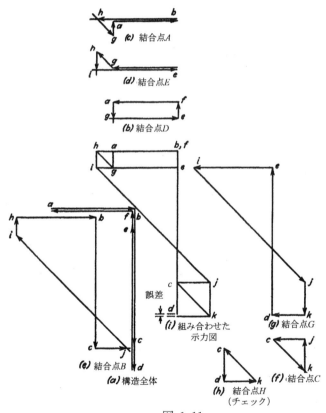

図 1.11

第1章　力の釣り合い

例題

　図 1.12 に示す鋼管胴体のトラス構造の示力図を作成せよ．空間 c は三角形ではないが，この構造は安定で，静定である．部材 ce, cd, de の代わりに1本の対角部材を使えば，もっと軽い構造になるが，胴体の側面の扉のための十分な開口部がなくなってしまう．接近性を目的とする場合に，ここに示したような構造がトラス構造で使われることがある．

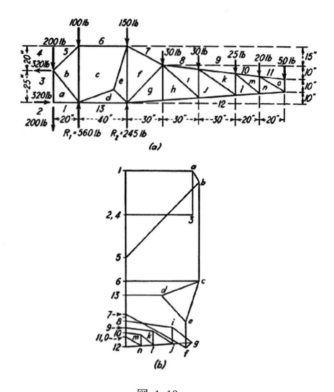

図 1.12

解：

　最初に反力 R_1 と R_2 を代数的に求める．次に，図 1.12(b)に示すような示力図を描く．示力図からすべての部材の力を長さを測って求める．前の例題と同じように力の向きを示力図から求める．部材 8-i については，示力図の線が左から右に向かっているので，部材の左側の結合点に引張力が右向きに働いている．

18

この部材の右側の結合点のまわりに時計回りに読むと，力は *i*-8 であり，示力図では力が左方向に向いていることがわかる．これにより，部材には引張力が働いていることをチェックできる．

このような胴体トラスでは傾いた部材の角度がそれぞれ異なるので，これを代数的に解くのは面倒である．トラスを正しい縮尺で描いて，部材に平行な線を描くのは，部材の角度と力を計算するより簡単であるので，このような種類の問題に対しては図式解法が有利である．

1.7 曲げを受ける部材を含むトラス

図 1.13 に示すように，ほとんどの部材が2つの力が働く部材で，一部の部材に横方向の力が働くという場合が多い．解析方法がトラスと同様なので，このような構造もトラスに分類される．図 1.13 に示す水平の部材は2つの力が働く部材ではないので，図 1.14(*a*)と(*b*)に示すように，別にフリーボディダイヤグラムを描く必要がある．それぞれの部材には4つの未知の反力が働くので，静力学の方程式の数は4つの未知数を解くには不十分である．水平の部材の釣り合いから，垂直方向の力 $A_y = B_{y1} = B_{y2} = C_y = 100$ lb と，$A_x = B_{x1}$，$B_{x2} = C_x$ の関係を求めることができる．

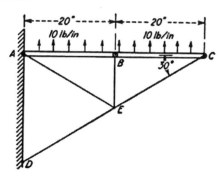

図 1.13

残りの構造をフリーボディとして水平の部材から求めたこれらの関係を適用すると，図 1.14(*c*)に示すように，トラスの問題を解くのに使った方法で残りの構造を解析することができる．このようにして求めた荷重を図 1.14(*d*)に示す．水平の部材以外のすべての部材は単純な引張または圧縮部材として設計すれば

第1章 力の釣り合い

よい．水平の部材は 173.2 lb の圧縮荷重と曲げモーメントが働くとして設計しなければならない．

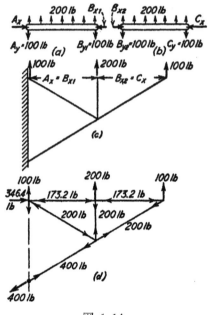

図 1.14

　これまでに解析したトラスでは部材自身の重量が無いと仮定していた．重量の効果を考慮するには，本項の例で説明した方法を使う．トラスの部材の正しい軸力を求めるには，その部材の重量の半分を部材の両端の点に作用させればよいことがわかる．重量による部材の曲げ応力を別に計算して，軸力と組み合わせる．
　航空機やその他の構造に使われているトラスでは，部材の両端に摩擦のないピン結合が使われているわけではない．航空機のトラスは鋼管の溶接構造であるのが普通である．このようなトラスでは摩擦のないピン継手のように両端で回転自由ではないが，トラス全体の剛性に比べれば，個々の部材は曲げには柔軟である．解析上はピン結合のトラスと考えるのが十分正確であって，それが通常の方法である．この仮定が重量のある橋や建物のトラス構造にも適用される．橋の部材については，トラスの撓みによって生じる曲げ応力が計算されることがある．引張荷重がかかる部材については，材料が少し降伏すると曲げ応

1.7 曲げを受ける部材を含むトラス

力が緩和されるので，2次的な曲げ応力を無視したほうがより正確に終極強度を予測できることを示すことができる．圧縮荷重がかかる部材については，端が溶接されているほうがピン結合の場合よりも強い．トラスの部材の図心は結合点で1点に集まらなければならない．すきまや製造上の要求で部材を1点に集中することができない場合には，部材に偏心荷重によって曲げ応力が発生することを考慮して設計しなければならない．

問題

1.13. 次の各方法でトラスの全部材の荷重を求めよ．
 (a) 結合点法による代数的解法
 (b) 断面法による代数的解法
 (c) 図式解法

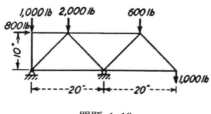

問題 1.13

1.14. 図に示すトラスの全部材の荷重を3つの方法で求めよ．

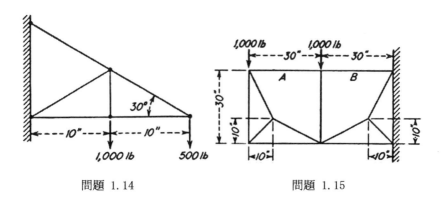

問題 1.14　　　　問題 1.15

1.15. 全部材の荷重を図式解法と結合点法で求めよ．

21

第1章　力の釣り合い

ヒント：最初に部材 A と B の荷重を断面法で求める．仮想部材を使って図式解法で解くことも可能であるが，部材 A と B に断面法を適用するほうがわかりやすい．

1.16. 全部材の荷重を図式解法で求めよ．反力 R_1 と R_2 を代数的に求める．構造の図にすべての力の値と方向を矢印で示せ．

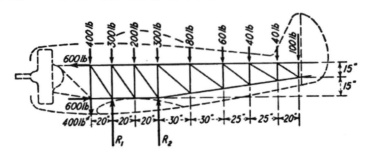

問題 1.16

1.17. 図に示すのは，V 形式のエンジンマウントである．部材 AB の反力を求め，他の部材の力を求めよ．

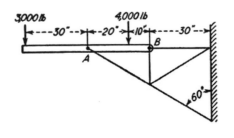

問題 1.17

1.18. 部材 ABC 以外の部材は 2 つの力が働く部材である．部材 ABC の反力を求め，その他の部材の荷重を求めよ．

1.7 曲げを受ける部材を含むトラス

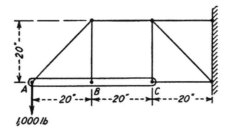

問題 1.18

第2章　空間構造物

2.1　釣り合い方程式

　ほとんどの構造は複数の面内に働く荷重に耐えるように設計されなければならない．したがって，実際には空間構造物であるが，多くの場合，荷重がそれぞれの面に独立に働くとみなすことができ，一平面内にある構造の解析方法を使って解くことができる．複数の面に力が同時に働いているとみなす必要がある場合には，解析方法がより難しくなるわけではないが，空間の幾何学的配置を視覚化するのは難しい．空間構造物の解析においては，いろいろな角度から見た構造の図を描くことが望ましい．そして，これらの図に力を示す．

　空間内のどのフリーボディの釣り合いも6つの方程式で表わされる．

$$\sum F_x = 0 \qquad \sum M_x = 0$$
$$\sum F_y = 0 \qquad \sum M_y = 0 \tag{2.1}$$
$$\sum F_z = 0 \qquad \sum M_z = 0$$

最初の3つの方程式は，任意に選んだ3つの平行でない軸方向の力の成分の和を表わしている．次の3つの方程式は，3つの平行でない軸まわりのモーメントの和を表わしている．空間内のフリーボディでは，6つの未知数を釣り合いの式から求めることができる．空間構造物の安定には，6つの反力の成分が必要である．反力 R の互いに垂直な3つの軸，x, y, z の方向の成分は次の式で求めることができる．

$$\begin{aligned} F_x &= R\cos\alpha \\ F_y &= R\cos\beta \\ F_z &= R\cos\gamma \end{aligned} \tag{2.2}$$

ここで，α, β, γ は図2.1に示すように力と x, y, z 軸の間の角度である．3つの成分がわかっていると，その合力は次の式で求めることができる．

$$R = \sqrt{F_x^2 + F_y^2 + F_z^2} \tag{2.3}$$

　空間構造物でも平面内の構造と同じように，2つの力が働く部材がよく用いられる．理論的には，このような部材ではすべての方向の曲げを伝えないよう

にするためにボール／ソケット結合と同様の端末条件が必要であるが，普通のトラス構造では平面構造の場合と同じように，部材の曲げは無視できる．空間内の2つの力が働く部材は引張または圧縮にだけ抵抗し，部材の力は静力学の釣り合いから決まるひとつの未知数を持つだけである．合力の大きさ，または合力の成分がわかれば，残りの成分は図 2.2 に示す幾何学的関係から求めることができる．

$$\frac{R}{L} = \frac{F_x}{X} = \frac{F_y}{Y} = \frac{F_z}{Z} \tag{2.4}$$

ここで，X, Y, Z は，部材長さ L の互いに垂直な軸方向の成分である．

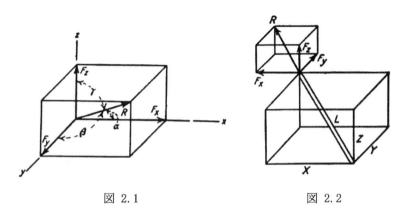

図 2.1　　　　　　　　図 2.2

2.2 モーメントと偶力

　力が軸のまわりに作るモーメントは，その軸に垂直な面に力を投影して，その面内の力の成分が作るモーメントを求めることで得られる．図 2.3 の力 P は，モーメントの軸に平行な方向の成分 P_2 と，モーメントの軸と垂直な方向の成分 P_1 を持つ．線 OO 回りのモーメントは $P_1 d$ であり，P_2 はその軸まわりにモーメントを作らない．力と同じ面内にある軸に関して，その力はモーメントを作らないということに注意されたい．

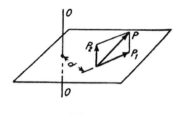

図 2.3

第2章　空間構造物

　偶力は，反対向きに働く大きさの等しい2つの平行な力でできている．偶力の平面内の任意の点に関するモーメントをとることにより，偶力のモーメントがその平面内のすべての点に対して同じ大きさであることがわかる．このように，偶力を面内で移動させても偶力の影響は不変である．図 2.4 に示す偶力は，平面内の任意の点まわりにすべて時計回りのモーメント Pd を持つので，互いに等価である．ある面内の偶力を定義するにはひとつの量で十分である．

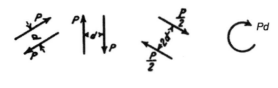

図 2.4

　空間内の偶力は3つのすべての座標軸のまわりに回転をさせようとする．偶力の成分を求める方法は力の成分を求める方法と同じである．図 2.5(a) に示す2つの平行の力 P は大きさ Pd の偶力を作る．これらの力は y 軸と z 軸に平行な2つの成分 P_2 と P_1 に分解できる．

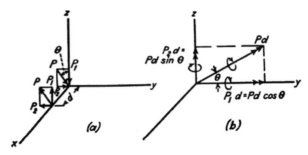

図 2.5

力の各成分は y 軸と z 軸まわりの偶力 P_1d と P_2d を作り，大きさはそれぞれ $Pd\cos\theta$ と $Pd\sin\theta$ である．図 2.5(b)からわかるように，これらの成分は，偶力 Pd をその偶力の面に垂直なひとつのベクトルとみなして，このベクトルを，必要とするベクトル成分の面に垂直な軸に投影したものである．偶力は，力と区別するために二重の矢印をもつベクトルで表し，偶力の向きは左手の規則に従うとする．すなわち，回転の向きに左手の親指以外の指をそろえたときに，左手の親指の向きを矢印の向きとする．この図では偶力が x 軸まわりのモーメン

トを持たないが，偶力のベクトルを 3 つの成分に分解する方法は，力を 3 つの成分に分解するのと同じである．図 2.6 を考えると，

$$M_x = M\cos\alpha$$
$$M_y = M\cos\beta \tag{2.5}$$
$$M_z = M\cos\gamma$$

偶力はその平面上のどの点に移してもよいので，力のベクトルと違って偶力ベクトルは横方向に任意の点に動かすことができる．偶力はひとつの面から，その面に平行な任意の面に動かすことができるので，力のベクトルと同じように，偶力ベクトルはその線上に沿って動かすこともできる．

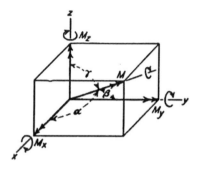

図 2.6

2.3 代表的な空間構造の解析

例題 1

図 2.7 に示す構造の 2 つの力が働く部材 *OA*，*OB*，*OC* の荷重を求めよ．

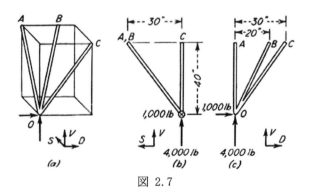

図 2.7

第2章 空間構造物

解：
構造に働くすべての力が O 点を通るので，力の大きさに関わらず O 点を通るすべての軸に関するモーメントはゼロである．したがって，これらの軸の方向の力の合計に対する3つの式を使って3つの未知数を決める．

表 2.1

部材	V	D	S	$L = \sqrt{V^2 + D^2 + S^2}$	$\dfrac{V}{L}$	$\dfrac{D}{L}$	$\dfrac{S}{L}$
A	40	0	30	50	0.8	0	0.6
B	40	20	30	53.9	0.743	0.371	0.557
C	40	30	0	50	0.8	0.6	0

図 2.7 では，3つの直交する軸を V, D, S とする．この表記法が航空機の脚の解析では通例となっており，垂直力（vertical），抗力（drag），横力（side）の成分を表している．部材の方向余弦は V/L, D/L, S/L であり，ここで V, D, S は各軸に投影した部材の長さを表し，L は実際の長さを表している．各部材の方向余弦を表 2.1 で計算している．すべての部材に引張力が働いているとし，各軸方向の力の成分の和は次のようになる．

$$\sum F_v = 0.8A + 0.743B + 0.8C + 4{,}000 = 0$$

$$\sum F_d = 0.371B + 0.6C + 1{,}000 = 0$$

$$\sum F_s = 0.6A + 0.557B = 0$$

これらの式を連立して解くと，次のような部材の力が得られる．

$A = -5{,}000\,\text{lb}$ 圧縮
$B = +5{,}390\,\text{lb}$ 引張
$C = -5{,}000\,\text{lb}$ 圧縮

別の解：
　上の解法では，3つの方程式から3つの未知数を同時に求めた．平面内の構造では各方程式が1つの未知数を持つようにして解くのが楽なので，それが普通である．空間構造物ではもっと複雑な配置をしているので，いつも楽に解け

2.3 代表的な空間構造の解析

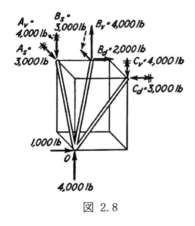

図 2.8

るわけではない．AOB 平面に垂直な力の合計をとると，未知数 C だけが式に表されるが，これに必要な角度を求めるほうが，3つの方程式を連立して解くより難しい．1つの方程式に1つの未知数が出てくるようにするより良い方法は，モーメントの方程式を使う方法である．力が同時に作用するので，釣り合いの独立な方程式は3つだけ存在する．しかし，3つのモーメントの方程式，またはモーメントの式と力の式の組み合わせを使うこともできる．図 2.8 に示すような未知数をとることができる．力の1つの成分がわかれば，他の成分は(2.4)式から求めることができる．最初に AB 軸に関するモーメントをとって，

$$\sum M_{AB} = 4{,}000 \times 30 + 30C_v = 0$$
$$C_v = -4{,}000 \,\text{lb}$$

(2.4)式から

$$\frac{-4{,}000}{40} = \frac{C_d}{30} = \frac{C}{50}$$
$$C_d = -3{,}000 \,\text{lb},\ C = -5{,}000 \,\text{lb}$$

図 2.8 にこれらの力を正しい方向に描いた．力 B は D 軸の方向の力の和から求めることができる．

$$\sum F_d = B_d - 3{,}000 + 1{,}000 = 0$$
$$B_d = 2{,}000 \,\text{lb}$$

(2.4)式から

$$\frac{2{,}000}{20} = \frac{B_v}{40} = \frac{B_s}{30} = \frac{B}{53.9}$$
$$B_v = 4{,}000 \,\text{lb},\ B_s = 3{,}000 \,\text{lb},\ B = 5{,}390 \,\text{lb}$$

A 点の未知の力は残る4つの釣り合いの式のどれかから求めることができる．

第 2 章　空間構造物

$$\sum F_s = A_s + 3{,}000 = 0$$
$$A_s = -3{,}000\,\text{lb}$$

(2.4)式より,

$$\frac{-3{,}000}{30} = \frac{A_v}{40} = \frac{A}{50}$$
$$A_v = -4{,}000\,\text{lb},\quad A = -5{,}000\,\text{lb}$$

チェック： $\sum F_v = 4{,}000 - 4{,}000 + 4{,}000 - 4{,}000 = 0$

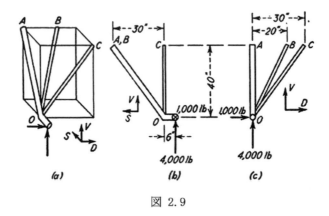

図 2.9

例題 2

図 2.9 に示す脚の A, B, C 点の力を求めよ．部材 OB と OC は 2 つの力が働く部材である．部材 OA は曲げとねじりに耐えることができ，A 点はユニバーサルジョイントの結合点で，ねじりをとることができるが，曲げはとれないようになっている．

解：

まず，A 点のねじりモーメントの成分を考える．図 2.10(a)に示す偶力 T は部材の方向でなければならず，垂直軸方向の成分 T_v と横軸方向の成分 T_s を持つ．その比率は，

$$\frac{T_v}{40} = \frac{T_s}{30} = \frac{T}{50}$$

2.3 代表的な空間構造の解析

すなわち,

$$T_v = 0.8T$$
$$T_s = 0.6T$$

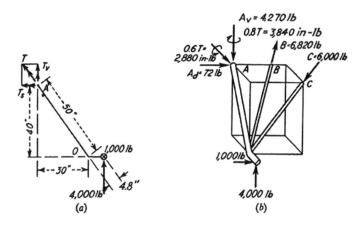

図 2.10

図 2.10(b)に示す構造全体のフリーボディダイヤグラムでは 6 つの未知の力がある. B 点と C 点の力は部材の方向に作用する. したがって, これらの各点では未知数は 1 つである. A 点の力の方向は未知であり, 3 つの成分が未知数である. 1 個の力の大きさと 2 つの角度が未知数であると言ってもよい. ふつうは力の成分をまず求めて, その後に力の大きさを(2.3)式を使って求めるのが便利である. 偶力 T も S 軸と V 軸方向の成分に分解する. 部材 OB と OC の方向余弦は例題 1 と同じ値で, 以下の計算に使う. A 点と B 点を通る軸に関してモーメントをとると,

$$\sum M_{AB} = 4{,}000 \times 36 - 0.8C \times 30 = 0$$
$$C = 6{,}000 \text{ lb}$$

すべての未知の力と 4,000 lb の荷重は部材 OA の方向に働く. ねじり偶力 T は線 OA の方向のモーメントをとることによって求めることができる. 図 2.10(a)に示すように, 1,000 lb の抗力のモーメントアームは 4.8 in.である.

31

$$\sum M_{AO} = 1{,}000 \times 4.8 - T = 0$$
$$T = 4{,}800 \text{ in-lb}$$
$$0.6T = 2{,}880 \text{ in-lb}$$
$$0.8T = 3{,}840 \text{ in-lb}$$

各方程式に1つの未知数が表れるようにして，その他の力は次の式から得ることができる．

$$\sum M_{OS} = 2{,}880 - 40 A_d = 0$$
$$A_d = 72 \text{ lb}$$

添字 OS は O 点を通る横方向の軸を示す．

$$\sum F_d = 1{,}000 + 72 - 6{,}000 \times 0.6 + 0.371 B = 0$$
$$B = 6{,}820 \text{ lb}$$
$$\sum F_s = A_s - 6{,}820 \times 0.557 = 0$$
$$A_s = 3{,}800 \text{ lb}$$
$$\sum F_v = 4{,}000 + 6{,}820 \times 0.743 - 6{,}000 \times 0.8 - A_v = 0$$
$$A_v = 4{,}270 \text{ lb}$$

チェック：$\sum M_{AV} = -1{,}000 \times 36 + 6{,}000 \times 0.6 \times 30 - 6{,}820 \times 0.557 \times 20 + 3{,}840 = 0$

例題3

図2.11に示す脚のすべての部材に働く力を求めよ．
解：
　図2.11に示すように基準軸 V, D, S をとる．V 軸はオレオストラットに平行にとる．図2.12にオレオストラットと水平部材のフリーボディダイヤグラムを示す．紙面に垂直な力のうち読者の方向に向いている力を，中心に点をつけた円（⊙）で表し，読者から離れる方向の力を×と円（⊗）で表す．

2.3 代表的な空間構造の解析

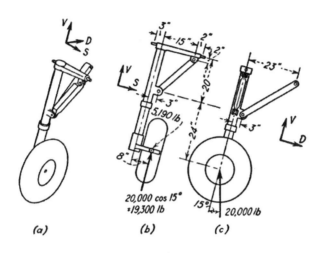

図 2.11

20,000 lb の力の V 方向の成分は,

$$20,000\cos 15° = 19,300\,\text{lb}$$

D 方向成分は,

$$20,000\sin 15° = 5,190\,\text{lb}$$

サイドブレース（横支柱）CG と V 軸の角度は,

$$\tan^{-1}(12/18) = 33.7°$$

部材 CG の V 軸方向成分と S 軸方向成分は,

$$CG\cos 33.7° = 0.832 CG$$
$$CG\sin 33.7° = 0.555 CG$$

ドラッグブレース BH は V 軸と 45° の角度であるので，この部材の力の V 軸方向成分と D 軸方向成分は,

$$BH\cos 45° = 0.707 BH$$
$$BH\sin 45° = 0.707 BH$$

第 2 章　空間構造物

オレオストラットに作用する 6 つの力は次の式から得られる.

$$\sum M_{EV} = 5{,}190 \times 8 - T_e = 0$$
$$T_e = 41{,}720 \,\text{in-lb}$$
$$\sum M_{ES} = 5{,}190 \times 44 - 0.707 BH \times 20 - 0.707 BH \times 3 = 0$$
$$BH = 14{,}050 \,\text{lb}$$
$$0.707 BH = 9{,}930 \,\text{lb}$$
$$\sum M_{ED} = 0.555 CG \times 20 + 0.832 CG \times 3 - 19{,}300 \times 8 = 0$$
$$CG = 11{,}350 \,\text{lb}$$
$$0.555 CG = 6{,}300 \,\text{lb}$$
$$0.832 CG = 9{,}440 \,\text{lb}$$
$$\sum F_v = 19{,}300 + 9{,}930 - 9{,}440 - E_v = 0$$
$$E_v = 19{,}790 \,\text{lb}$$
$$\sum F_s = E_s - 6{,}300 = 0$$
$$E_s = 6{,}300 \,\text{lb}$$
$$\sum F_d = -5{,}190 + 9{,}930 - E_d = 0$$
$$E_d = 4{,}740 \,\text{lb}$$

次に，水平部材 IJ のフリーボディを考える．図 2.12(c)と(d)に示すように，すでに得られた力をこの部材に適用する．5 つの未知の反力が次のように計算される．

$$\sum F_s = I_s = 0$$
$$\sum M_{ID} = 19{,}790 \times 3 + 9{,}440 \times 18 + 6{,}300 \times 2 - 20 J_v = 0$$
$$J_v = 12{,}100 \,\text{lb}$$
$$\sum F_v = 19{,}790 + 9{,}440 - 12{,}100 - I_v = 0$$
$$I_v = 17{,}130 \,\text{lb}$$
$$\sum M_{IV} = 41{,}720 - 4{,}740 \times 3 + 20 J_d = 0$$
$$J_d = -1{,}375 \,\text{lb}$$
$$\sum F_d = 4{,}740 + 1{,}375 - I_d = 0$$
$$I_d = 6{,}115 \,\text{lb}$$

2.3 代表的な空間構造の解析

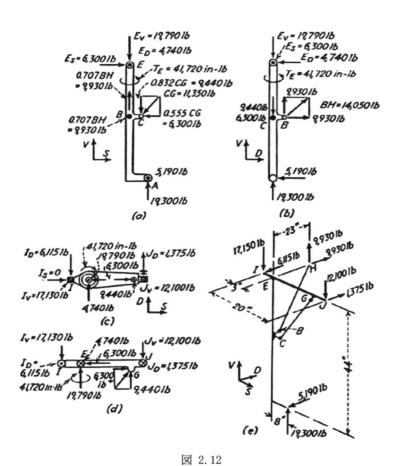

図 2.12

図 2.12(e)に示すように，構造全体をフリーボディとしてこれらの反力をチェックする．

$$\sum F_v = 19{,}300 - 17{,}130 - 12{,}100 + 9{,}930 = 0$$
$$\sum F_d = -5{,}190 + 1{,}375 - 6{,}115 + 9{,}930 = 0$$
$$\sum F_s = 0$$

第 2 章　空間構造物

$$\sum M_{IV} = 5{,}190 \times 11 - 1{,}375 \times 20 - 9{,}930 \times 3 = 0$$
$$\sum M_{ID} = 19{,}300 \times 11 - 12{,}100 \times 20 + 9{,}930 \times 3 = 0$$
$$\sum M_{IJ} = 5{,}190 \times 44 - 9{,}930 \times 23 = 0$$

例題 4

　従来型の脚のショックアブソーバは，図 2.13(a)に示すように 2 つの伸縮式のチューブ (telescopic tubes) でできている．ショックアブソーバが圧縮されると，油が穴（オリフィス）を通って気密室に押し込まれ，着陸の際の衝撃のエネルギが油と空気によって吸収される．このショックアブソーバの機構はオレオストラットと呼ばれ，2 つの伸縮チューブを通して曲げモーメントを伝達する．このチューブは互いに回転することができるので，ねじりに対抗するためにトルクリンクと呼ばれる別の構造部材が必要である．図 2.13 に示す脚のトルクリンク B に作用する力を求める必要がある．

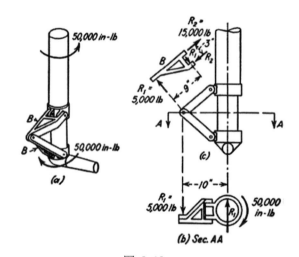

図 2.13

解：
　図 2.13(b)に示すように，下側のチューブと下側のトルクリンクをフリーボディとして考える．チューブの中心軸まわりのモーメントをとると，

$$\sum M = 50{,}000 - 10R_1 = 0$$
$$R_1 = 5{,}000\,\text{lb}$$

次に図 2.13(*c*)に示すように，トルクリンクの1つをフリーボディと考える．このトルクリンクの面に直交する軸のまわりのモーメントをとると，

$$\sum M = 3R_2 - 5{,}000 \times 9 = 0$$
$$R_2 = 15{,}000\,\text{lb}$$

問題

2.1 図に示した構造の2つの力が働く部材 *AO*, *BO*, *CO* の力を求めよ．

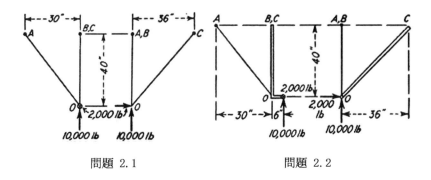

問題 2.1　　　　問題 2.2

2.2 この脚構造の部材 *AO* と *BO* は2つの力が働く部材である．部材 *CO* は *C* 点で結合されており，ねじりを伝達するが，曲げは伝達しない．すべての結合点に働く力を求めよ．

2.3 図に示すように，主翼の翼幅方向（spanwise）に垂直な面内にある x 軸と z 軸まわりの曲げモーメントは 400,000 in-lb と 100,000 in-lb である．同じ面内にあって反時計まわりに10°傾いた x_1 軸と z_1 軸まわりの曲げモーメントを求めよ．

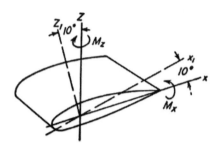

問題 2.3

2.4 図に示す主翼の梁の後退角は 30° である．機体の中心軸に平行な x 軸と垂直な y 軸に対するモーメントが 300,000 in-lb と 180,000 in-lb と計算されている．x' 軸と y' 軸まわりのモーメントを求めよ．

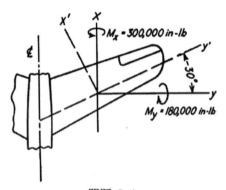

問題 2.4

2.5 図に示す構造のすべての部材の力を求めよ．

2.3 代表的な空間構造の解析

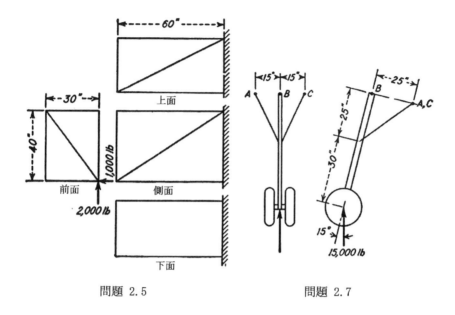

問題 2.5　　　　　　　　問題 2.7

2.6　問題 2.5 の前面の対角部材を取り除き，下面に対角部材を追加する．そうしたときのすべての部材の力を求めよ．

2.7　図に示した前脚のすべての部材に作用する力を求めよ．V 軸はオレオストラットに平行であるとする．

2.8　2.3 項の例題 3 の脚構造を次の条件で解析せよ．V 軸に平行な上向き荷重を 15,000 lb，D 軸に平行な後ろ向きの荷重を 5,000 lb とする．これらの荷重は例題と同じように車軸に作用する．

2.4　空間枠組み構造のねじり

2つの力が働く部材でできている空間構造にはいろいろな荷重が作用する．トラス構造の航空機胴体では，垂直方向の曲げ，水平方向の曲げ，ねじりを別々に考えて解析し，そのあとで各解析結果を重ね合わせるのが便利である．垂直方向の曲げのような対称荷重条件の解析では，構造の両側を別々の面内のトラ

39

第2章 空間構造物

スとして考えて，すべての部材の力を面内の力の釣り合いから求めることができる．ねじり荷重に関する解析だけは空間構造の解析方法が必要である．

2つの力が働く部材における部材長さと力の成分の比例関係を(2.4)式に示す．次の式で定義される引張係数 μ がよく使われる．

$$\mu = \frac{R}{L} = \frac{F_x}{X} = \frac{F_y}{Y} = \frac{F_z}{Z} \tag{2.6}$$

記号は(2.4)式と同じである．引張係数は R. V. Southwell 教授[1] によって提案され，H. Wagner 教授[2] によって空間枠組み構造のねじり解析に応用された．構造の釣り合い方程式を書くときに，力の成分の代わりに引張係数を未知数として使う．各部材の引張係数が決定されたら，(2.6)式を使って力の成分を決めることができる．

航空機構造に通常使われる空間枠組み構造は，平行な面にあるいくつかの隔壁（bulkhead）を持つ．隔壁はその面内の荷重を受け持つが，その面に垂直な荷重に対しては非常に変形しやすい．

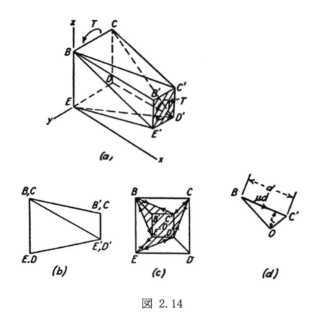

図 2.14

図 2.14(a)に示す構造では，隔壁 BCDE と B'C'D'E' が互いに平行な面になってお

り，大きさが等しく，向きが反対の偶力 T が各隔壁に作用すると考える．隔壁はその面に垂直な荷重は受け持たないので，結合点 D と B' における x 軸方向の力の和から，部材 BB' と DD' の力はゼロである．残りの部材 EE', $E'B$, BC', $C'C$, CD', $D'E$ を外被部材と呼び，長さの x 方向成分 X は同じである．結合点 E, E', B, C, C', D' における力の x 軸方向の和から，外被部材の力の x 方向成分 F_x は等しいことがわかる．したがって，引張係数 $\mu = F_x/X$ はすべての外被部材で等しい．

外被部材の引張係数 μ の値は隔壁に垂直な軸まわりのねじりモーメントの釣り合いから求める．隔壁に垂直な軸まわりのモーメントを計算するには，外被部材の力を隔壁の面に投影する必要がある．図 2.14(c)に示すように，外被部材の長さを隔壁 $BCDE$ の面に投影すると，影をつけた面積がこれらの投影した長さで囲まれている．任意の点 O をモーメントの中心にとる．図 2.14(d)は図 2.14(c)と同じ方向に見た図であるが，部材 BC' だけを取り出したものである．部材 BC' の投影長さは d で，隔壁の面内の力の成分は μd である．図に示すように，この力の成分のモーメントアームを r とすると，モーメントは $r\mu d$ である．図 2.14(c)または(d)に示す三角形 OBC' の面積は $rd/2$ であるので，部材 BC' に作用する力による O を通る軸まわりのモーメントは次のように書くことができる．

$$\Delta T = 2\mu \times (OBC' \text{の面積})$$

すべての外被部材に作用する力によるモーメントは同様の方法で計算することができる．すべての三角形の面積の和は図 2.14(c)の影をつけた部分に等しく，ねじりモーメントの増分の和が外部トルク T に等しい．

$$T = 2\mu \times (EE'BC'CD' \text{の面積})$$

この面積を A で表し，これは常に隔壁に投影した外被部材に囲まれた面積 A に等しい．この結果，引張係数に関する方程式を次の形で表すことができる．

$$\mu = \frac{T}{2A} \tag{2.7}$$

O 点は任意に選ぶことができるので，面積の合計 A は O の位置によらず一定である．力の方向はひとつの隔壁，たとえば $B'C'D'E'$ の力を考慮して決めることができる．外部荷重は時計まわり方向の偶力だから，外被部材から隔壁に作用する力が反時計まわりの偶力を作らなければならない．隔壁のすべての点における力は逆の符号でなければならない．たとえば，E' 点では，部材 BE' が圧縮であると，部材 EE' は引張でなければならない．

第2章 空間構造物

例題 1

図 2.15 に示す構造の全部材の力を求めよ.

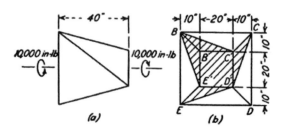

図 2.15

解：

図 2.15(b)より，影をつけた部分の面積は 800 in.² である．各外被部材の引張係数は，

$$\mu = \frac{T}{2A} = \frac{10,000}{2 \times 80} = 6.25 \, \text{lb/in.}$$

荷重は部材の長さと引張係数の積として求めることができ，次の表に示す．

表 2.2

部材	長さ L	力 μL
EE'	42.5	+266
BE'	51.0	−319
BC'	51.0	+319
CC'	42.5	−266
CD'	51.0	+319
ED'	51.0	−319

力の方向は図を調べることでわかり，引張部材で正，圧縮部材で負として示す．

例題 2

図 2.16 に示す構造の部材 EE', BE', BC', CC', CD', ED' に作用する力を求めよ．平面 $BCDE$ と $B'C'D'E'$ は剛な隔壁であるとする．1,000 lb の垂直荷重は，

2.4 空間枠組み構造のねじり

側面の各トラスに負荷される 500 lb の垂直荷重と 10,000 in-lb のねじりモーメントの和と等価であると仮定する（図 2.16 参照）．

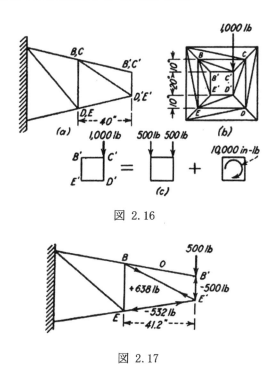

図 2.16

図 2.17

解：
 まず，側面のトラスを，500 lb の荷重が負荷される面内トラスとして解析する．図 2.17 に示すように力が求められる．次に，ねじりが負荷された例題 1 で得た力とこれらの力を組み合わせる．
 この構造は実際には不静定構造であり，ねじりの解析では部材力の近似値しか得られない．正確な値は，後の章で説明する不静定構造の解析に用いられる方法で計算できる．不静定解析は多数の部材の変形に依存するので，解析する際にはすべての部材の断面積を知っておくことが必要である．

第2章 空間構造物

表 2.3

部材	片側の500lbで発生する力	10,000 in-lb のねじりモーメントによって発生する力	力の合計
EE'	-532	$+266$	-266
BE'	$+638$	-319	$+319$
BB'	0	0	0
BC'	0	$+319$	$+319$
CC'	0	-266	-266
CD'	$+638$	$+319$	$+957$
DD'	-532	0	-532
ED'	0	-319	-319

　例題2のねじり解析に含まれている近似は，隔壁 $BCDE$ の面に垂直な合力はないという仮定である．例題1ではこの仮定が正しいが，例題2では隔壁の左側の構造が拘束をするので少し誤差がある．すべての外被部材の力の x 方向成分は等しくない可能性がある．$BB'EE'$ 面内の部材が非常に柔らかく，$CC'DD'$ 面内の部材が非常に剛であると，他の余分な力が発生する．$CC'DD'$ 面内の側面トラスが 1,000 lb の荷重のすべてを構造の左側の壁に伝えることになるので，図 2.17 に示した力の2倍の力が働き，構造の他の部材には大きな荷重が働かないことになる．もし，構造が B, C, D, E 点で剛に支持されていると，ねじり解析の誤差はかなり大きくなる．$CC'DD'$ のトラスがより多くの荷重を支持点に伝えるためである．

　大部分の航空機構造では，ねじりの力を分離して計算した後に対称荷重から得た力を重ね合わせてもよいような剛性である．図 2.16(a) の左に示すような剛な支持はほとんどなく，構造がさらに左方に伸びているのがふつうである．大部分の隔壁は，その初期の面から自由にたわむことができ，隔壁の面に垂直な拘束力を生じない．剛な支持の構造の解析は比較的簡単であるが，実際の航空機の不静定解析はもっと難しく，ほとんど使われない．機体の中心線上にある主翼の隔壁のように，隔壁が自由にたわまない場合には，曲げとねじりを重ね合わせた解析結果に局所的な補正を行う．

2.5 翼構造

　初期の航空機のほとんどは複葉機であった．その理由は，外部の支柱を使う

2.5 翼構造

ことによって，効率の良い，軽量の翼構造を設計することができるからであった．着陸速度を低くするためと，低いエンジン出力で巡航するために，機体の総重量と主翼の合計面積の比である翼面荷重（wing loading）が初期の複葉機では非常に低かった．翼面荷重が小さいので，主翼の単位面積あたりの重量は低くなければならなかった．通常，主翼は外部から支えられて空間トラスを形成する 2 本の木製の翼幅方向の梁（桁，spar）からできていた．両方の桁は翼弦方向の軽い整形リブ（former rib）を支えており，水平方向にはところどころにある圧縮リブとその間を X 字状につなぐワイヤで支えられていた．

複葉機の構造的な利点は空力的な不利を上回っていた．単葉機の構造に必要な重量増に比べると，多くの支柱や支持材による抵抗と，主翼，外部の支持構造，胴体との空力的な干渉は，性能に対してより多くの不利な効果をもたらした．初期の単葉機の主翼は外部から支えられていて，複葉機と類似の構造であった．軽量な自家用機では，遅い着陸速度がその他の性能よりも重要であったので，翼面荷重は非常に低く抑える必要があった．そのため，主翼の単位面積あたり重量は非常に小さくなければならなかった．この種の航空機については，外部から支えられた羽布張りの主翼が使われ続ける可能性がある．

軍用機と民間機では，高速性能と効率のよい巡航のほうが着陸速度が低いことより重要で，完全片持ちの内部的に支持された翼だけが適用可能である．外部の支持構造による空力的な抵抗よりも重量の増加のほうがむしろ望ましい．良い材料と重量軽減のための構造方式によって，そして，より高い着陸速度を実現するよい滑走路，よい視界と直陸装置，フラップの設計によって，主翼の外部支持構造は自家用機においても時代遅れになるだろう．

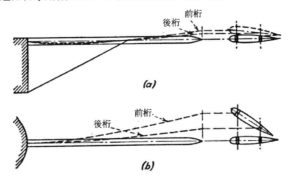

図 2.18

異なる飛行状態によって主翼にかかる空気の圧力は変化する．大きい迎角においては小さい迎角のときに比べて圧力の合計は前縁に近づき，エルロンやフラップが舵角をとっても圧力の合計の位置は移動する．荷重の移動があるときに主翼がねじれて空力特性に影響を与えないように，主翼はねじりに対して剛でなければならない．ひとつの抗力トラスを持つ簡単な2本桁の羽布張り主翼を完全な片持ち翼で使うとそのねじりは過大になる．図2.18(a)に示す支柱で支持された主翼のたわみ（強調して図示されている）を図2.18(b)に示す完全片持ち翼の変形と比較した．前桁のほうが後桁より大きく変形するが，支柱のある翼のねじれ角は，完全片持ち翼のねじれ角に比べて無視できるくらい小さいことがわかる．

完全片持ち翼では，両方の桁が同じ量だけたわむようにするために，ねじり剛性を付加するための構造が必要である．羽布張り翼では，図2.18と図2.20に示すひとつの抗力トラスではなく，主翼の上面と下面の両方に抗力トラスを追加することでそれができる（図2.19参照）．

図 2.19

2本の桁と抗力トラスで囲まれる主翼断面の面積をできるだけ大きくすることが望ましい．この面積はねじりの解析の(2.7)式で使われた面積Aであるからである．

高性能の航空機では軽量の自家用機に比べて大きい翼面荷重となっている．主翼に十分な強度を持たせるために主翼の単位面積あたりの重量はより大きい値になる．主翼の総重量と機体の総重量の比は軽飛行機とほぼ同じだろう．高性能機の主翼は全金属製のセミモノコック構造である．主翼の上面と下面の金属の外板が2本桁の羽布張り翼の抗力トラスと同じ役割をはたしている．このタイプの翼はねじりに対して非常に剛で，羽布張り翼に比べてより良い空力表面となっている．非常に高速な航空機では，金属外板の少しのしわも許容できないので，しわを防いでなめらかな空力表面を得るために，厚い金属外板か，プラスチックを表面にコートした金属が使われる．セミモノコック翼の構造解

析については後の章で説明する.

例題 1

図2.20に示す外部支持された単葉機の主翼の揚力トラスと抗力トラス部材の荷重を求めよ. 空気力は桁の上に一様に分布していると仮定する. 対角に張られた抗力トラス部材はワイヤで, 引張がかかる対角線の部材は有効で, その他の対角線の部材には荷重がかからない.

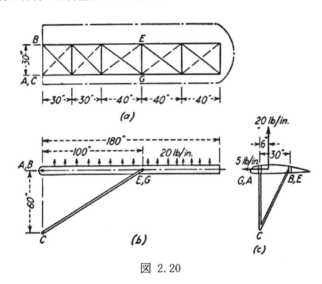

図 2.20

解:

20 lb/in. の垂直荷重が2本の桁に分布し, その割合は圧力の中心の各桁からの距離の逆比である. したがって, 前桁の荷重は16 lb/in.で, 後桁の荷重は4 lb/in. である. 図2.21(a)に示すように, 前桁をフリーボディとして考えると, A 点と G 点の垂直力が得られる.

$$\sum M_A = -16 \times 180 \times 90 + 100 G_z = 0$$
$$G_z = 2,590 \text{ lb}$$
$$\frac{G_y}{100} = \frac{2,590}{60}$$
$$G_y = 4,320 \text{ lb}$$

第 2 章　空間構造物

$$\sum F_z = 16 \times 180 - 2{,}590 - A_z = 0$$
$$A_z = 290\,\text{lb}$$

この時点で，力 A_y は決まらない．抗力トラスの部材によって前桁に生じる力は図 2.21(a)に示されていないからである．

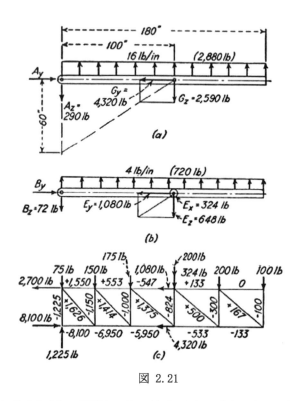

図 2.21

図 2.21(b)に示すように，後桁をフリーボディとして考えると，B 点と E 点の垂直力を得ることができる．

$$\sum M_B = -4 \times 180 \times 90 + 100 E_z = 0$$
$$E_z = 648\,\text{lb}$$

$$\frac{E_x}{30} = \frac{E_y}{100} = \frac{648}{60}$$
$$E_x = 324\,\mathrm{lb}, \quad E_y = 1{,}080\,\mathrm{lb}$$
$$\sum F_z = 4 \times 180 - 648 - B_z = 0$$
$$B_z = 72\,\mathrm{lb}$$

次に，抗力トラスの面の荷重を計算する．図 2.21(c)に示すように，前向きの 5 lb/in.の力をパネルの各点に集中力で負荷する．G 点と E 点にかかるトラスの力の面内の成分も考えなければならない．A 点と B 点に働く反力と抗力トラスのすべての部材の力をひとつの面内にあるトラスの解析方法を使って解くと図 2.21(c)のようになる．

例題 2

図 2.22 に示す2本桁完全片持ち翼の断面に働く力を求めよ．8 in. 間隔の水平な面に2つの抗力トラスが配置されており，2本の桁が等しい曲げたわみとなるような十分なねじり剛性がある．

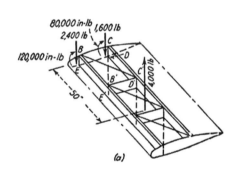

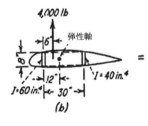

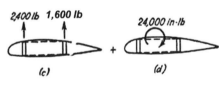

図 2.22

解：
　各桁の曲げたわみは，その荷重に比例し，各桁の断面2次モーメントに反比例する．後桁の断面2次モーメントは 40 in.^{4} で，前桁の断面2次モーメントは

60 in.^{4}であるので,両方の梁のたわみが等しくなるためには,後桁は全荷重の40%を,前桁は60%を受け持たなければならない.4,000 lbの合力が前桁から桁間隔の40%後方に働くとしたら,形状を保つためのリブがこの荷重を両方の桁に適切な比率で分配し,抗力トラスの部材に荷重を生じるようなねじりモーメントはない.荷重がその線上に負荷されてもねじりを生じない翼幅方向の線のことを弾性軸(elastic axis)といい,この軸と桁との距離は各桁の断面2次モーメントに逆比例する.主翼の解析は,弾性軸まわりのねじりによって生じる力と,弾性軸上に働く荷重によって生じる力の重ね合わせによる.

この翼の弾性軸は前桁から 12 in.の位置にあり,ねじりモーメントは4,000 lbの空気力の合力と弾性軸からのモーメントアームの積である.
$$T = 4{,}000 \times 6 = 24{,}000 \text{ in-lb}$$
隔壁 BCDE の面への外被部材の投影面積は 240 in.^{2} である.引張係数は(2.7)式から次のようになる.
$$\mu = \frac{T}{2A} = \frac{24{,}000}{2 \times 240} = 50$$

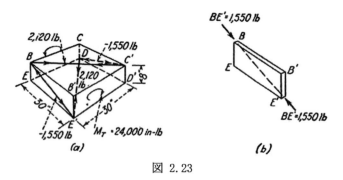

図 2.23

図 2.23(a)に示すねじり構造の外被部材の力は表 2.4 のようになる.部材 BE' と DC' は,ねじり構造として働く桁の一部を代表する仮想的な部材であることに注意されたい.図 2.23(b)に示すように,現実の桁の部材に働く荷重を求めるには,この仮想的な部材について得た荷重を実際の桁の部材に適用することによって計算する.

表 2.4

部材	L, in.	力, μL
BE'	31.0	−1,550
BC'	42.4	+2,120
DC'	31.0	−1,550
DE'	42.4	+2,120

　弾性軸に負荷される 4,000 lb の荷重は，リブによって 2,400 lb を前桁に，1,600 lb を後桁に配分される．指定された断面の前桁の曲げモーメントは，
$$M = 2,400 \times 50 = 120,000 \text{ in-lb}$$
後桁の曲げモーメントは，
$$M = 1,600 \times 50 = 80,000 \text{ in-lb}$$
これらの力を図 2.22(a)に示す．

例題 3

　図 2.24 に示す主翼構造は，完全片持ちの羽布張り翼に用いられるものと類似である．部材 $A_1A_5B_5B_1$ からなる 1 本の主桁が主翼の全曲げモーメントを受け持つ．この桁の後方の構造が翼のねじりを受け持つ．これは脚のトルクリンクといくらか似た役割である．加えて，桁の後方の構造は主翼に働く抗力をトラスとして受け持つ．2 本桁の翼とは異なり，この構造は静定構造である．ある場所で翼の断面をとると，6 本の部材が切断されるので，力の釣り合いで解析できるからである．

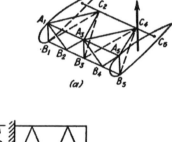

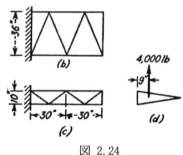

図 2.24

解：
　桁の後方 9 in. に負荷される 4,000 lb の荷重は，桁の面に働く 4,000 lb の荷重と 36,000 in-lb の偶力に置き換えることができる．桁の面に働く 4,000 lb の荷重によって生じる桁のトラス部材の力（桁の曲げによる部材力）を図 2.25(a)と表

2.5 に示す. ねじり構造の外被部材 A_3C_4, C_4B_3, B_3B_4, B_4A_3 を図 2.25(b)に示す. これらの部材の引張係数は,

$$\mu = \frac{T}{2A} = \frac{36{,}000}{2 \times 180} = 100 \,\mathrm{lb/in.}$$

部材 A_3C_4 と B_3C_4 の長さは 39.3 in.で, 力は $39.3 \times 100 = 3{,}930$ lb である. 部材 A_3B_4 の長さは 18 in.で, 力は 1,800 lb である. 部材 B_3B_4 の力は 1,500 lb であり, すべての力の方向を図 2.25(b)に示した. ねじりによって生じるこれらの力を表 2.5 の列(3)に示した. 部材の合力は, 曲げとねじりによる力を組み合わせて表の列(4)に示した. 垂直荷重負荷による部材 C_1C_2, C_2C_4, C_4C_5 の力はゼロで, これらの部材は抗力による前後方向の曲げに働く.

表 2.5

部材 (1)	部材の力, lb		
	曲げ (2)	ねじり (3)	合計 (4)
A_1A_3	−18,000	0	−18,000
A_1B_2	−7,210	+1,800	−5,410
B_1B_2	+24,000	−1,500	+22,500
B_2A_3	+7,210	−1,800	+5,410
B_2B_3	+12,000	+1,500	+13,500
A_3B_3	0	0	0
A_3A_5	−6,000	0	−6,000
A_3B_4	−7,210	+1,800	−5,410
B_3B_4	+12,000	−1,500	−10,500
B_4A_5	+7,210	−1,800	+5,410
B_4B_5	0	+1,500	+1,500
A_1C_2	0	−3,930	−3,930
B_1C_2	0	+3,930	+3,930
A_3C_2	0	+3,930	+3,930
B_3C_2	0	−3,930	−3,930
A_3C_4	0	−3,930	−3,930
B_3C_4	0	+3,930	+3,930
A_5C_4	0	+3,930	+3,930
B_5C_4	0	−3,930	−3,930

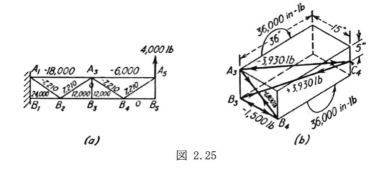

図 2.25

部材 A_3B_3 の荷重を求める際には注意が必要である．この荷重ケースでは，結合点 B_3 の垂直力の合計がゼロでこの部材に力を発生しないが，翼の翼幅方向にねじりモーメントが変化するか，抗力が働くと，この部材に力が発生する．

問題

2.9　3個の部材の引張係数を考慮し，各軸の方向の力の合計をすることによって，2.3項の例題1を解け．力の成分は引張係数と部材の長さの積であるので，方向余弦を計算する必要はない．力の引張係数を求めた後に，引張係数と部材の長さの積で力の値が計算できる．

2.10　20 lb/in.の垂直荷重が桁の中央に負荷され，5 lb/in.の抗力が後方に向かって負荷されるとして，2.5項の例題1の構造を解析せよ．

2.11　図に示した支柱で支持された単葉翼を解析せよ．

2.12　図に示した胴体のトラス構造の荷重を求めよ．側面のトラスを平面トラスとして垂直荷重の半分ずつを受け持つと仮定し，中心線まわりのねじりによって発生する力と重ね合わせることにより解析すること．表2.5に示したように，力を表にすること．

第 2 章　空間構造物

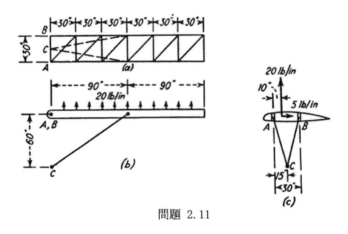

問題 2.11

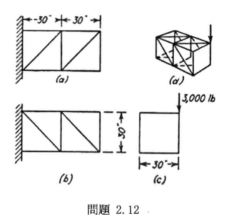

問題 2.12

2.13　2.3 項の例題 4 の脚のトルクリンクの解析に使った方法を使って，2.5 項の例題 3 の構造のねじりによる力を求めよ．後方の構造の力を求めた後に，これらの力を桁に作用させて，桁を平面トラスとして解析せよ．この解析結果を，表 2.5 の列(3)の値と比較せよ．

第 2 章の参考文献

[1] Southwell, R. V.: Primary Stress Determination in Space Frames, Engineering, Feb. 6, 1920.
[2] Wagner, H.: The Analysis of Aircraft Structures as a Space Frameworks, NACA TM 522, 1929.
[3] Niles, A. S. and Newell, J. S.: "Airplane Structures," Vol. I, Chap.8, John Wiley & Sons, Inc., Newyork, 1943.

第3章　慣性力と荷重倍数

3.1　並進運動

　航空機の部品に最大荷重が働くのは，機体が加速されたときである．着陸の衝撃時，飛行運動時，飛行中に突風に遭遇したときに発生する荷重は，機体に働くすべての力が釣り合っているときに働く荷重よりも必ず大きい．したがって，部材を設計する前に，構造に働く慣性力を決定する必要がある．慣性力を考慮すると，すべての部材について，釣り合い状態にある力を表示したフリーボディダイヤグラムを描くことができる．

　多くの荷重条件では，回転速度と回転加速度が小さいので，航空機が完全な並進運動をしていると考えることができる．部材の慣性力は，部材の質量に加速度をかけたものであり，加速度の方向と逆向きに働く．フリーボディを考えている部材に負荷荷重と慣性力が働く場合，これらの力は釣り合い状態にある．図3.1に示すように，摩擦の無い面の上に置かれたブロックに力 F が働くとすると，ブロックは力の方向に加速される．点線のベクトルで示した慣性力 Ma が逆方向に働く．この慣性力の大きさは与えた力の大きさと等しい．

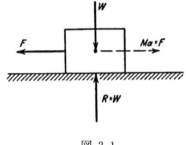

図 3.1

$$F = Ma \tag{3.1}$$

工学的な問題においては，質量の単位は slug である．slug で表した質量はポンドで表した重量を ft/sec^2 で表した重力加速度 g で割ったものである．

$$M = \frac{W}{g} \frac{\text{lb-sec}^2}{\text{ft}} \tag{3.2}$$

g をよく使われる値 32.2 ft/sec^2 とすると，1 slug の質量をもつ物体の重量は 32.2 lb である．多くの問題では，慣性力 Ma を求めるとき，質量と加速度を初めに求めるのではなく，静的な釣り合い方程式によってポンドで表した力で慣性力を求めることができる．

　図 3.2 に示す航空機が着陸後に前方に動いていて，右向きに制動力 F が働いている．加速度は右向きで，各部分の質量に働く慣性力は加速の向きと逆向

3.1 並進運動

きの左向きである．すべての部分に働く慣性力の合計は航空機の質量と加速度の積 Ma である．各部分の質量 dM に比例して慣性力が分布しているので，図3.2 に示すように合力は航空機の重心に働く．航空機の一部分をフリーボディとして考えると，その部分に働く慣性力を求めることが必要になる．ある部分の慣性力は，その質量と加速度の積であり，その部分の重心に働く．

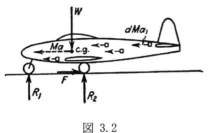

図 3.2

航空機の運動は，航空機の構造を取り扱うこの本の範囲を超えるが，荷重の大きさとその働く時間の長さを推定するには，運動を考えることが必要なことがある．速度 v は移動量 s の変化率で定義される．

$$v = \frac{ds}{dt} \tag{3.3}$$

加速度 a は速度の変化率である．

$$a = \frac{dv}{dt} \tag{3.4}$$

(3.3)式と(3.4)式を組み合わせると，加速度の別の式が得られる．

$$a = \frac{d^2s}{dt^2} \tag{3.5}$$

$$a = v\frac{dv}{ds} \tag{3.6}$$

剛体の並進運動については，その物体のすべての部分の速度と加速度が同じである．加速度が一定であると，(3.4)式から(3.6)式を積分することによって，

$$v - v_0 = at \tag{3.7}$$

$$s = v_0 t + \frac{1}{2}at^2 \tag{3.8}$$

$$v^2 - v_0^2 = 2as \tag{3.9}$$

ここで，s は時間 t の間に移動した距離，v_0 は初速度，v は t 秒後の最終速度である．

第 3 章　慣性力と荷重倍数

例題 1

図 3.3 に示す航空機の重量が 20,000 lb であり，制動力が 8,000 lb であるとする．
- *a.* 車輪に働く反力 R_1 と R_2 を求めよ．
- *b.* 着陸速度が 100 mph（マイル／時）（146.7 ft/sec）であるとしたときの着陸距離を求めよ．

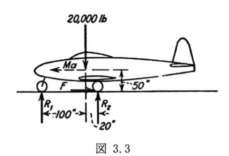

図 3.3

解：

a.

$$\sum F_x = 8,000 - Ma = 0$$
$$Ma = 8,000\,\text{lb}$$
$$\sum M_{R_2} = 120R_1 - 8,000 \times 50 - 20,000 \times 20 = 0$$
$$R_1 = 6,670\,\text{lb}$$
$$\sum F_y = 6,670 - 20,000 + R_2 = 0$$
$$R_2 = 13,330\,\text{lb}$$

b. (3.1)式と(3.2)式から，

$$a = \frac{F}{M} = \frac{Fg}{W} = \frac{-8,000 \times 32.2}{20,000} = -12.88\,\text{ft/sec}^2$$

(3.9)式から，

$$v^2 - v_0^2 = 2as$$
$$0 - (146.7)^2 = 2(-12.88)s$$
$$s = 835\,\text{ft}$$

ここで，s は左方向が正とする．a は右方向の加速度であるので負である．

例題 2

航空母艦への着艦を考える．図 3.4 に示すように，10,000 lb の航空機が着艦フックにかかって 3g（96.6 ft/sec²）の減速をする．

  a. ケーブルの引張力，車輪の反力 *R*，ケーブルの力が働く線と重心との距離 *e* を求めよ．

  b. 胴体の垂直な断面 *AA* と *BB* に働く引張荷重を求めよ．航空機の断面 *AA* の前方の重量が 3,000 lb で，断面 *BB* の後方の重量が 1,000 lb であるとする．

  c. 着艦速度が 80 ft/sec であるときの着艦距離を求めよ．

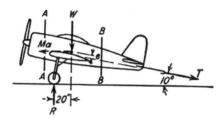

図 3.4

解：
a. まず，航空機全体をフリーボディとして考える．

$$Ma = \frac{W}{g}a = \frac{10,000}{g} \times 3g = 30,000\,\text{lb}$$
$$\sum F_x = T\cos 10° - 30,000 = 0$$
$$T = 30,500\,\text{lb}$$
$$\sum F_y = R - 10,000 - 30,500\sin 10° = 0$$
$$R = 15,300\,\text{lb}$$

$$\sum M_{cg} = 20 \times 15{,}300 - 30{,}500 e = 0$$
$$e = 10\,\text{in.}$$

b. 図 3.5 に示すように，航空機の後ろの部分をフリーボディとして考えると，次の慣性力が働く．

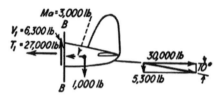

図 3.5

$$Ma = \frac{1{,}000}{g} \times 3g = 3{,}000\,\text{lb}$$

断面 *BB* の引張力は次のように求められる．

$$\sum F_x = 30{,}000 - 3{,}000 - T_1 = 0$$
$$T_1 = 27{,}000\,\text{lb}$$

垂直方向の加速度は無いから，垂直方向の慣性力も無い．断面 *BB* は 6,300 lb のせん断力 V_1 を持ち，これは重量の合計とケーブルの力の垂直成分の和と等しい．

図 3.6 に示すように，断面 *AA* の前方部分をフリーボディとして考えると，慣性力は，

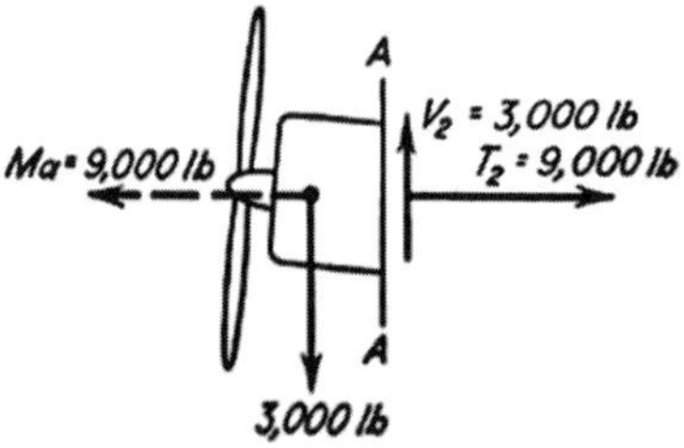

図 3.6

$$Ma = \frac{3{,}000}{g} \times 3g = 9{,}000\,\text{lb}$$
$$\sum F_x = T_2 - 9{,}000 = 0$$
$$T_2 = 9{,}000\,\text{lb}$$

断面 *AA* は，3,000 lb のせん断力 V_2 と図 3.6 に示した力によって発生する曲げモーメントに対抗する．

図3.7に示すように，力 T_1, T_2, V_1, V_2 は，航空機の中央の部分の釣り合いを使ってチェックできる．

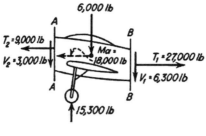

図 3.7

$$Ma = \frac{6,000}{g} \times 3g = 18,000 \text{ lb}$$
$$\sum F_x = 27,000 - 18,000 - 9,000 = 0$$
$$\sum F_y = 15,300 - 3,000 - 6,000 - 6,300 = 0$$

c. 着艦距離 s は(3.9)式から求めることができる．

$$v^2 - v_0^2 = 2as$$
$$0 - (80)^2 = 2(-96.6)s$$
$$s = 33 \text{ ft}$$

例題 3

図3.8(*a*)に示すように，30,000 lb の航空機の着陸の瞬間の各車輪の地面反力が 45,000 lb であるとする．

　a. 片側のホィールとタイヤの重量が 500 lb であるとしたとき，オレオストラットの圧縮力 C と曲げモーメント m を求めよ．図3.8(*b*)に示すように，ストラットは垂直で，車輪の中心線とオレオストラットの距離が 6 in. であるとする．

　b. 主翼の断面 *AA* の外側の重量が 1,500 lb で，その部分の重心がこの断面の外側 120 in.にあるとしたとき，断面 *AA* のせん断力と曲げモーメントを求めよ．

　c. 航空機が垂直方向の沈下速度 12 ft/sec で接地して，垂直速度がゼロまで一定の垂直加速度であるとしたときの，ショックストラットの必要変位

第 3 章　慣性力と荷重倍数

を求めよ．タイヤの変形によって吸収されるエネルギが大きい場合もあるが，ここではそれを無視すること．

　d. 垂直速度がゼロになるまでの時間を求めよ．

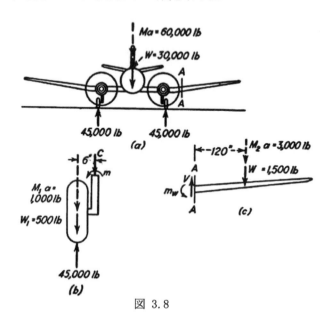

図 3.8

解：
a. 航空機全体をフリーボディと考え，垂直力を合計すると，

$$\sum F_y = 45{,}000 + 45{,}000 - 30{,}000 - Ma = 0$$
$$Ma = 60{,}000 \text{ lb}$$
$$a = \frac{60{,}000}{M} = \frac{60{,}000 g}{30{,}000} = 2g$$

図 3.8(b)に示すように，脚をフリーボディと考えると，慣性力は，

$$M_1 a = \frac{w_1}{g} a = \frac{500}{g} \times 2g = 1{,}000 \text{ lb}$$

オレオストラットの圧縮力 C は垂直力の合計から求めることができる．

3.1 並進運動

$$\sum F_y = 45{,}000 - 500 - 1{,}000 - C = 0$$
$$C = 43{,}500\,\text{lb}$$

曲げモーメント m は次のように求めることができる．
$$m = 45{,}000 \times 6 - 1{,}000 \times 6 - 500 \times 6 = 261{,}000\,\text{in - lb}$$

b. 図 3.8(c)に示す主翼の一部分に働く慣性力は，
$$M_2 a = \frac{w_2}{g} a = \frac{1{,}500}{g} \times 2g = 3{,}000\,\text{lb}$$

主翼の断面 AA のせん断力は垂直力の和から求めることができる．
$$\sum F_y = V - 3{,}000 - 1{,}500 = 0$$
$$V = 4{,}500\,\text{lb}$$

主翼の曲げモーメントは断面 AA のモーメントを計算することにより，
$$m_w = 3{,}000 \times 120 + 1{,}500 \times 120 = 540{,}000\,\text{in - lb}$$

c. $-2g$，すなわち-64.4 ft/sec^2 の一定加速度を仮定し，初速度 12 ft/sec から最終速度ゼロまで変化するので，ショックストラットの変形を計算できる．
$$v^2 - v_0^2 = 2as$$
$$0 - (12)^2 = 2(-64.4)s$$
$$s = 1.12\,\text{ft}$$

d. 着陸の衝撃を吸収するのに必要な時間は(3.7)式から計算できる．
$$v - v_0 = at$$
$$0 - 12 = -64.4t$$
$$t = 0.186\,\text{sec}$$

着陸の衝撃は短い時間内に起きるので，継続する荷重に比べて，構造への影響はより小さく，乗客に与える不快感も少ない．

例題 4

図 3.9 に示す重量 8,000 lb の航空機がやわらかい地面に上方への加速度 a_y = 3.5g，後方への加速度 a_x = 1.5g で着陸する．車輪の反力 A と B を求めよ．A と B は平行であると仮定すること．

第3章　慣性力と荷重倍数

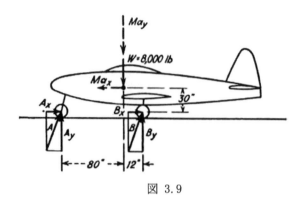

図 3.9

解：
　垂直慣性力を垂直加速度から求める．
$$Ma_y = \frac{8,000}{g} \times 3.5g = 28,000\,\text{lb}$$
この力は加速度と反対方向，すなわち下方向に働く．重心に前方に働く水平方向の慣性力も同様にして求める．
$$Ma_x = \frac{8,000}{g} \times 1.5g = 12,000\,\text{lb}$$
重心に働く垂直力の合計は，慣性力と重量の合計，36,000 lb である．水平方向の力，12,000 lb は垂直力の 1/3 であり，合力の方向の垂直方向からの角度は，$\tan^{-1}(1/3)$ である．車輪に働く反力はこの合力の方向に平行であり，次の関係が成り立つ．
$$A_x = 1/3\,A_y$$
$$B_x = 1/3\,B_y$$
釣り合い式から力を求めることができる．

3.1 並進運動

$$\sum M_B = 92A_y - 12{,}000 \times 30 - 36{,}000 \times 12 = 0$$
$$A_y = 8{,}600 \text{ lb}$$
$$\sum F_y = 8{,}600 - 36{,}000 + B_y = 0$$
$$B_y = 27{,}400 \text{ lb}$$
$$A_x = 1/3 \, A_y = 2{,}870 \text{ lb}$$
$$B_x = 1/3 \, B_y = 9{,}130 \text{ lb}$$

チェック： $\sum M_A = 36{,}000 \times 80 - 12{,}000 \times 30 - 27{,}400 \times 92 = 0$

問題

3.1 図に示す寸法の 20,000 lb の航空機が前方 3g の加速度で航空母艦からカタパルト離陸する．
  a. ケーブルの引張力 T と車輪の反力 R_1, R_2 を求めよ．
  b. 胴体の断面 AA と BB の水平方向の引張力と垂直方向のせん断力を求めよ．断面 AA より前の部分の重量を 3,500 lb とし，断面 BB より後ろの部分の重量を 2,000 lb とする．2 つの断面で囲まれた部分を考えてチェックすること．
  c. 飛行速度が 80 mph であるとすると，この速度に達するまでに必要な距離はどれだけか．そのために必要な時間を求めよ．

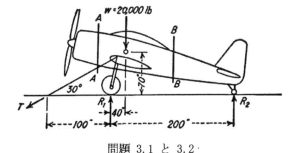

問題 3.1 と 3.2

3.2 問題 3.1 で考えた寸法の航空機が地上走行をしている．航空機が前のめりにならない主車輪の最大制動力を求めよ．

第3章 慣性力と荷重倍数

3.3 重量 5,000 lb の航空機が上向き突風に遭遇して主翼に 25,000 lb の揚力が発生するとする．ピッチング加速度を生じないようにするための水平尾翼荷重 P を求めよ．寸法は図示したとおりとする．航空機の垂直加速度はどれだけか．垂直速度 20 ft/sec に達するまで揚力が発生するとすると，どれだけの時間がかかるか．

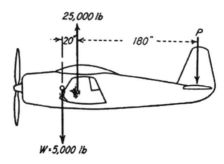

問題 3.3

3.4 重量 8,000 lb の航空機の着陸時に上向きに $3g$ の加速度が働く．図示した寸法を使って，車輪の反力 R_1, R_2 を求めよ．垂直速度 12 ft/sec から航空機が速度ゼロまで減速するのにかかる時間を求めよ．減速時に脚に働く圧縮力を求めよ．垂直断面 AA に働くせん断力と曲げモーメントを求めよ．断面 AA の前方部分の重量を 2,000 lb で，その重心がこの断面から 40 in. の位置にあるとする．

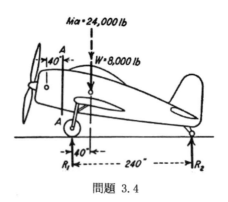

問題 3.4

3.2 回転する物体の慣性力

　これまでの説明では,剛体のすべての部分が真っ直ぐに,平行に,同じ速度と加速度で動いているとした.工学的な問題において,このような動き以外の動きをする剛体の慣性力を考えなければならないことがある.多くの場合,剛体の各部分が曲がった経路に沿って動き,それらの各部分がひとつの平面内で動くとともに,すべての部分が平行の面内を動く.このような動きを面内運動と呼び,たとえば,航空機がロール運動とヨー運動をしないでピッチング運動をする場合がこれにあたる.航空機のすべての部位が対称面に平行な面内を動く.航空機のすべての運動は,運動している面に垂直な瞬間的な軸まわりの回転と考えることができ,剛体が,物体の対称軸に垂直な瞬間的な軸まわりに回転しているとして,慣性力に関する以下の方程式を導くことができる.このようにして得られた慣性力は航空機のピッチング運動に対して使うことができるが,ローリングとヨーイング運動に対して使うときには,航空機の主軸と慣性モーメントを事前に求めておく必要がある.

　面内運動をしている剛体はすべての点で同じ角速度を持っている.この角速度 ω を,固定された基準軸と物体の基準軸との角度 θ の時間的変化率と定義する.

$$\omega = \frac{d\theta}{dt} \quad \text{rad/sec} \tag{3.10}$$

この角度はラジアンで表し,ω はラジアン／秒の単位である.角加速度 α は角速度の時間的変化率である.

$$\alpha = \frac{d\omega}{dt} \quad \text{rad/sec}^2 \tag{3.11}$$

剛体のすべての点は同じ角加速度を持つ.一定角加速度 α の場合には,(3.7)式～(3.9)式と同様な次のような式が成り立つ.

$$\omega - \omega_0 = \alpha t \tag{3.12}$$

$$\theta = \omega_0 t + 1/2\, \alpha t^2 \tag{3.13}$$

$$\omega^2 - \omega_0^2 = 2\alpha\theta \tag{3.14}$$

ここで,θ は時刻 t における回転角,ω_0 は時刻ゼロにおける初期角速度,ω は時刻 t における角速度である.

第3章　慣性力と荷重倍数

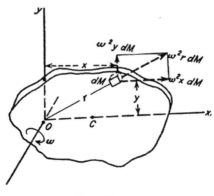

図 3.10

　図 3.10 に示す剛体が点 O まわりに一定の角速度 ω で回転している．回転中心からの距離 r の点の加速度は $\omega^2 r$ で，その方向は回転中心に向いている．質量 dM の部分に働いている慣性力は質量と加速度の積であるので，$\omega^2 r\,dM$ で，その方向は回転中心から離れる向きである．この慣性力の x 方向成分は $\omega^2 x\,dM$ で，この慣性力の y 方向成分は $\omega^2 y\,dM$ である．x 軸を重心 C を通るように選ぶと，力の式は簡単になる．剛体全体の y 方向の慣性力の合計は次のようになる．

$$F_y = \int \omega^2 y\,dM = \omega^2 \int y\,dM = 0$$

角速度 ω は剛体全体で一定で，重心を通るように x 軸を選んだので，この積分はゼロになる．x 方向の慣性力も同じように表すことができて，

$$F_x = \int \omega^2 x\,dM = \omega^2 \int x\,dM = \omega^2 \bar{x} M \tag{3.15}$$

図 3.10 に示すように，$\bar{x}$ は回転中心 O から重心 C までの距離である．

　物体が角加速度 α で動いていると，質量 dM の部分に $\alpha r\,dM$ の余分な慣性力が働く．この慣性力は r に垂直で，加速度と反対方向を向いている．図 3.11 に示すように，この力の成分は，y 方向に $\alpha x\,dM$，x 方向に $\alpha y\,dM$ である．剛体全体の x 方向の慣性力の合計は，

$$F_x = \int \alpha y\,dM = \alpha \int y\,dM = 0$$

剛体全体の y 方向の慣性力の合計は，

3.2 回転する物体の慣性力

$$F_y = \int \alpha x dM = \alpha \int x dM = \alpha \bar{x} M \tag{3.16}$$

である.

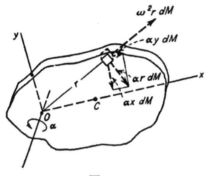

図 3.11

回転中心まわりの慣性トルクの合計は，各部分の接線方向の力 $\alpha r\, dM$ とモーメントアーム r の積を積分することによって求めることができて,

$$T_0 = \int \alpha r^2 dM = \alpha \int r^2 dM = \alpha I_0 \tag{3.17}$$

I_0 は回転中心まわりの質量の慣性能率である. 次の式を使うと，この慣性モーメントを重心を通る平行な軸に移すことができる.

$$I_0 = M\bar{x}^2 + I_c \tag{3.18}$$

I_c は重心を通る軸まわりの質量の慣性能率で，質量 dM の部分と重心からの距離 r_c の2乗の積を積分することによって得ることができる.

$$I_c = \int r_c^2 dM$$

(3.18)式の I_0 を(3.17)式に代入すると，慣性トルクの次の式が得られる.

$$T_0 = M\bar{x}^2 \alpha + I_c \alpha \tag{3.19}$$

図 3.12 に示すように，(3.15)式, (3.16)式, (3.19)式で得られる慣性力が，重心に働く力と偶力 $I_c\alpha$ を表している. 力 $M\bar{x}^2\alpha$ と偶力 $I_c\alpha$ が O 点まわりに α と逆向きのモーメントを発生する. 力 $\omega^2 \bar{x} M$ は点 O から離れる方向に働く.

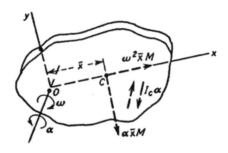

図 3.12

　図 3.12 からわかるように，重心の力は物体の質量と重心加速度の成分の積である．多くの場合，回転中心は未知であるが，重心の加速度成分は求めることができる．その他の場合でも，物体のある点で加速度と角速度がわかる．図 3.13 の点 O で加速度が a_0 であるとすると，上記の慣性力の他に，向きが a_0 と逆方向である重心の慣性力 Ma_0 を考慮する必要がある．

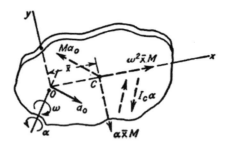

図 3.13

　(3.19)式の偶力 $I_c\alpha$ の単位は整合するものを使うこと．長さの単位 foot を使う場合には，慣性能率の単位は slug-ft^2，または slug の単位は lb-sec^2/ft だから，慣性能率の単位を lb-sec^2-ft としてもよい．

$$I = \int r^2 dM = \int \frac{r^2}{g}dW = \frac{\text{ft}^2 \cdot \text{lb}}{\text{ft}/\text{sec}^2} = \text{lb-sec}^2\text{-ft}$$

重力加速度 g の値として 32.2 ft/sec^2 を使う．角加速度 α の単位は radian/sec^2 で，ラジアンは無次元であるので，次元は sec^{-2} である．偶力 $I\alpha$ の単位は foot-lb で

ある.

　航空機の図面では航空機の大きさに関わらず，寸法の単位として inch が用いられる．構造の重量とバランスの計算でも単位として inch が用いられる．重力加速度 g は $32.2 \times 12 = 386$ in./sec² である．機体の慣性能率を計算するには，個々の部品の重量に inch で表した距離の 2 乗をかけて $g = 386$ in./sec² で割るのが簡単である．

$$I = \int \frac{r^2 dW}{g} = \frac{\text{in.}^2 \cdot \text{lb}}{\text{in./sec}^2} = \text{lb} \cdot \text{sec}^2 \cdot \text{in.}$$

慣性偶力 $I\alpha$ は in-lb の単位になる．

例題 1

　3 輪式の着陸装置を持った 60,000 lb の航空機が柔らかい地面に対して激しい 2 輪着陸をして，垂直地面反力が 270,000 lb で，水平地面反力が 90,000 lb であるとする．重心の慣性能率が 5,000,000 lb-sec²-in.で，航空機の寸法を図 3.14 に示す．

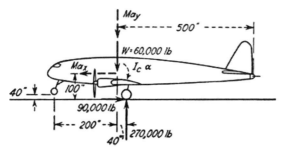

図 3.14

a. 航空機の慣性力を求めよ．
b. 重心から 500 in. 離れた尾部にある 400 lb の機銃座の慣性力を求めよ．機銃座自身の重心まわりの慣性能率は無視すること．
c. 主輪が接地したときに前輪が地上から 40 in.の位置にあったとすると，前輪が接地するときの航空機の角速度と前輪の垂直速度を求めよ．モーメントアームは大きく変化しないと仮定する．主輪の接地時の航空機の重心の垂直速度は 12 ft/sec で，地面反力は垂直速度がゼロになるまで一

第 3 章　慣性力と荷重倍数

定であると仮定する．垂直速度がゼロになる時に，垂直地面反力が 60,000 lb，水平地面反力が 20,000 lb になる．

解：
a. 図 3.14 に示すように，航空機全体の重心に働く水平方向と垂直方向の慣性力をそれぞれ Ma_x と Ma_y，偶力を $I_c\alpha$ とする．重心に働く力は質量と重心の加速度成分の積であるので，これらの力は図 3.12 に示す質量に働く慣性力に対応する．

$$\sum F_x = 90{,}000 - Ma_x = 0$$
$$Ma_x = 90{,}000 \text{ lb}$$
$$\sum F_y = 270{,}000 - 60{,}000 - Ma_y = 0$$
$$Ma_y = 210{,}000 \text{ lb}$$
$$\sum M_{cg} = -270{,}000 \times 40 - 90{,}000 \times 100 + I_c\alpha = 0$$
$$I_c\alpha = 19{,}800{,}000 \text{ in-lb}$$
$$a_x = \frac{90{,}000}{M} = \frac{90{,}000}{60{,}000}g = 1.5g$$
$$a_y = \frac{210{,}000}{M} = \frac{210{,}000}{60{,}000}g = 3.5g$$
$$\alpha = \frac{I_c\alpha}{I_c} = \frac{19{,}800{,}000}{5{,}000{,}000} = 3.96 \text{ rad/sec}^2$$

b. 航空機の重心の加速度がわかったので，機銃座に働く加速度と慣性力を図 3.13 に示した方法で求めることができる．航空機の重心が図 3.13 の点 O に対応し，機銃座の重心が点 C に対応する．

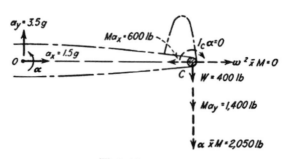

図 3.15

3.2 回転する物体の慣性力

図 3.15 にこれらの力を示し,次の値となる.

$$Ma_x = \frac{400}{g} \times 1.5g = 600\,\text{lb}$$

$$Ma_y = \frac{400}{g} \times 3.5g = 1{,}400\,\text{lb}$$

$$\alpha \bar{x} M = 3.96 \times 500 \times \frac{400}{386} = 2{,}050\,\text{lb}$$

$\alpha \bar{x} M$ を計算するとき,$\bar{x}$ は inch の単位であり,g には 386 in./sec^2 を使う.$\bar{x}$ が feet で表されている場合には,g には 32.2 ft/sec^2 を使う.

機銃座に働く力の合計は,前方に 600 lb,下方に 3,850 lb である.この力は機銃座の重量の約 10 倍である.

c. 航空機の重心は垂直方向に 3.5g,または,112.7 ft/sec^2 で減速する.初速度 12 ft/sec からゼロになるまでにかかる時間は,(3.7)式より,

$$v - v_0 = at$$
$$0 - 12 = -112.7t$$
$$t = 0.106\,\text{sec}$$

この時間で重心は(3.8)式から求められる次の距離を移動する.

$$s = v_0 t + 1/2\,at^2$$
$$= 12 \times 0.106 - 1/2 \times 112.7 \times (0.106)^2$$
$$= 0.636\,\text{ft} = 7.64\,\text{in.}$$

着陸から 0.106 秒後の航空機の角速度は(3.12)式から,

$$\omega - \omega_0 = \alpha t$$
$$\omega - 0 = 3.96 \times 0.106$$
$$\omega = 0.42\,\text{rad/sec}$$

この時間で回転する角度は(3.13)式から,

$$\theta_1 = \omega_0 t + 1/2\,\alpha t^2$$
$$= 0 + 1/2\,(3.96)(0.106)^2 = 0.0222\,\text{rad}$$

この回転による前輪の垂直方向の動きは図 3.16 に示すとおりで,

$$s_1 = \theta_1 x = 0.0222 \times 200 = 4.44\,\text{in.}$$

第 3 章　慣性力と荷重倍数

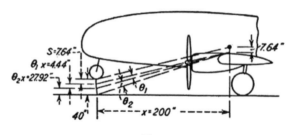

図 3.16

航空機の重心の垂直速度がゼロになるときの前輪と地面の距離は，
$$s_2 = 40 - 7.64 - 4.44 = 27.92 \text{ in.}$$
図 3.16 に示す残りの回転角 θ_2 は，
$$\theta_2 = \frac{s_2}{x} = \frac{27.92}{200} = 0.1396 \text{ rad}$$
航空機の垂直加速度がゼロになった後では，地面反力は 60,000/270,000 の比率で減少するので，重心まわりのモーメントが等しいことからわかるように，角加速度も同じ比率で減少する．
$$\alpha_2 = \frac{60,000}{270,000} \times 3.96 = 0.88 \text{ rad/sec}$$
前輪が地面に接する瞬間の航空機の角加速度は(3.14)式から求めることができる．
$$\omega^2 - \omega_0^2 = 2\alpha_2 \theta_2$$
$$\omega^2 - (0.42)^2 = 2 \times 0.88 \times 0.1396$$
$$\omega = 0.65 \text{ rad/sec}$$
この時点での動きは，重心の垂直方向の動きはなく，回転だけであるので，前輪の垂直方向の速度は次のようになる．
$$v = \omega x$$
$$= 0.65 \times \frac{200}{12} = 10.8 \text{ ft/sec}$$
この速度は航空機の初期沈下速度より小さい．したがって，水平 3 点着陸のときのほうが，前輪の接地速度は大きい．

　前輪が接地する時点における機銃座に働く遠心力 $\omega^2 \bar{x} M$ を知ることに関心がある．主輪が接地するときには，角加速度 ω がゼロであるので，この力もゼ

ロである．ω の最終的な値から次の値が得られる．

$$\omega^2 \bar{x} M = (0.65)^2 \times 500 \times \frac{400}{386} = 219 \, \text{lb}$$

この力は機銃座に働く他の力に比べて十分小さいので普通は無視される．

　この問題の(c)では，実際の着陸条件には合致しない単純化のための仮定を用いた．空気力は無視し，脚が圧縮されている間，地面反力は一定であると仮定した．実際の脚の圧縮はタイヤの変形とオレオストラットの変形の組み合わせである．タイヤの変形では，荷重は変形にほぼ比例する．オレオストラットでは，問題で仮定したと同じく，荷重は変形の間ほとんど一定である．タイヤの変形は全変形の 1/3〜半分を占める．空気力を無視したが，実際には，航空機が機首を下げると水平尾翼は上へ動き，上と前への動きによって尾翼に下向きの力が発生するので，空気力は最大角速度を減少させ，機首下げの加速度を減少させようとする．

　図 3.14 には主翼と尾翼に働く揚力の空力的な効果を示していないが，地面反力が変わらなければ，機首下げの加速度に大きな影響を与えない．航空機が接地する直前には，主翼と尾翼の揚力は重力 60,000 lb と釣り合っている．航空機の水平方向の速度と迎角（$\theta_1 = 0.0222$ rad $= 1.27°$）はほとんど変化しないので，重心が減速しているときにも，揚力は航空機の重量とバランスし続ける．図 3.14 に示した 60,000 lb の重量ではなく，60,000 lb の質量に働く追加の慣性力が重心に下向きに働いているはずである．重心まわりのモーメントと機首下げの加速度は変化せず，垂直方向の加速度 a_y は増加する．重心の減速の最後には，航空機の重量のほとんどが揚力で支えられるので，地面反力がほとんどゼロになる．航空機が機首を下げて，迎角（$\theta_2 = 0.1396$ rad $= 8°$）が変わる．このため主翼の揚力が減り，重量のほとんどが車輪の地面反力で支えられる．航空機の構造設計では，ふつう最初の衝撃時の荷重だけが重要である．

例題 2

　図 3.17 に示すように 8,000 lb の重量の航空機が 250 mph の速度で半径 595 ft の垂直な円を描いて飛んでいる．航空機が水平に飛んでいる時点で，主翼の揚力 L と尾翼の荷重 P を求めよ．寸法は図 3.18 に示すとおりとする．

解：

　航空機が円の経路に沿って一定速度で動いているとすると，角加速度はゼロであり，働いている慣性力は次に示す遠心力だけである．

第 3 章 慣性力と荷重倍数

$$250\,\text{mph} = 366\,\text{ft/sec}$$

$$\omega = \frac{v}{r} = \frac{366}{595} = 0.615\,\text{rad/sec}$$

$$M\omega^2 r = \frac{8{,}000}{32.2} \times (0.615)^2 \times 595 = 56{,}000\,\text{lb}$$

この慣性力は航空機の重心に下向きに働き，航空機の重量に足されるものである．プロペラの推力は航空機の抵抗と同じ大きさで反対向きであるので，垂直方向の力だけを考えればよい．L と P は釣り合いの式で求めることができる．

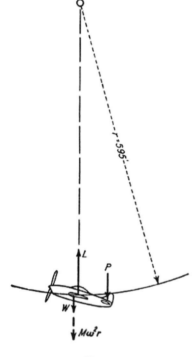

図 3.17

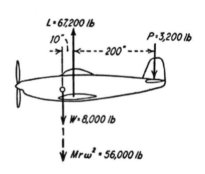

図 3.18

$$\sum M_L = 200P - 8{,}000 \times 10 - 56{,}000 \times 10 = 0$$
$$P = 3{,}200\,\text{lb}$$
$$\sum F_y = L - 56{,}000 - 8{,}000 - 3{,}200 = 0$$
$$L = 67{,}200\,\text{lb}$$

3.2 回転する物体の慣性力

例題 3

例題 2 の航空機で,操縦桿を急に前に倒して 6 rad/sec² の機首下げ運動をする.操縦桿を動かしている間,主翼の揚力が変化しないとして,尾翼の空気力と慣性力を求めよ.重心まわりの航空機の慣性能率は 180,000 lb-sec²-in. であるとする.エンジンに働く力を求めよ.エンジンは重量が 1,000 lb,重心から 50 in.前方にあるとする.ピッチング加速度が一定であるとした場合,ピッチング角度 3°に到達するまでの時間を求めよ.

解:

慣性偶力を次のように求めることができる.

$$I\alpha = 180{,}000 \times 6 = 1{,}080{,}000 \text{ in - lb}$$

図 3.19 に示す尾翼の荷重 P_1 と重心の慣性は次のようになる.

$$\sum M_{cg} = 1{,}080{,}000 - 67{,}200 \times 10 - 210 P_1$$
$$P_1 = 1{,}940 \text{ lb}$$
$$\sum F_y = 67{,}200 + 1{,}940 - 8{,}000 - Ma_y = 0$$
$$Ma_y = 61{,}140 \text{ lb}$$
$$a_y = \frac{61{,}140}{M} = \frac{61{,}140}{8{,}000} g = 7.65 g$$

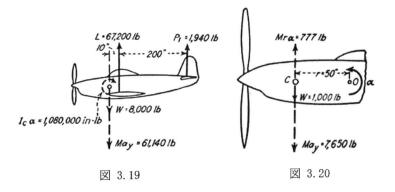

図 3.19   図 3.20

図 3.20 に示すエンジンに働く力は,1,000 lb の下向きの重量,下向きの慣性力 Ma_y と上向きの慣性力 $Mr\alpha$ の組み合わせである.

第3章　慣性力と荷重倍数

$$Ma_y = \frac{1,000}{g} \times 7.65g = 7,650 \text{ lb}$$

$$Mr\alpha = \frac{1,000}{386} \times 50 \times 6 = 777 \text{ lb}$$

力の合計は下向きに，

$$1,000 + 7,650 - 777 = 7,873 \text{ lb}$$

例題2では対応するエンジンに働く力が 8,000 lb であったので，このピッチング加速度によって荷重が減少する．

ピッチング角度 3° に到達するまでの時間は(3.13)式で計算できる．

$$\theta = \frac{3}{57.3} = 0.0523 \text{ rad}$$
$$\theta = \omega_0 t + 1/2\, \alpha t^2$$
$$0.0523 = 0 + 1/2 \times 6t^2$$
$$t = 0.132 \text{ sec}$$

ここで検討した運動は起こりそうもない条件である．激しい運動をする軍用機でも，操縦桿をフルに動かすのに必要な時間は約 0.1 秒であることが試験でわかっている．迎角を 3° 減少させるのに必要な時間はわずか 0.132 秒で，これだけの迎角減少で主翼の揚力が少なくとも20%減少する．機首下げのための尾翼荷重を生じるのに必要な角度まで舵面が動いた時点では，機体は機首を十分に下げるので主翼の揚力が減少する．したがって，慣性力は増加するのではなく，減少する．尾翼の上向き荷重が増加する以上に主翼の揚力がいつも減少すると言えそうである．民間機や自家用機の場合，このような運動を意図的に行うことはなく，平行運動の加速度が機体の許容限界を超えなければ，ピッチング加速度で構造の損傷は発生しないだろう．

例題4

ヘリコプタのローターブレードがハブにヒンジで取り付けられていて，上下に自由に回転できるようになっている．ブレードは回転して円錐の形を描き，遠心力があるおかげで過大な上

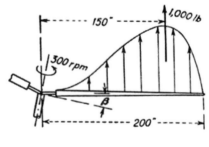

図 3.21

3.2 回転する物体の慣性力

向き角度にならないようになっている．水平のヒンジの軸まわりの遠心力によるモーメントとブレードの重量が空気力によるモーメントと釣り合っていなければならない．図 3.21 に示すブレードが 300 rpm で回転しているとする．ブレードの長さは 200 in.，ブレードの重量は 50 lb で長さ方向に一様に分布している．空気力の合計が 1,000 lb で，モーメントアームが 150 in.のとき，ブレードの傾き角（Coning Angle）β を求めよ．

解：
　回転している質量が回転軸に垂直な平面に関して対称ではないので，前に説明した慣性力の合力の式はこの問題には適用できない．長さ L，単位長さあたりの重量 ω のブレードの慣性力の合計は図 3.22 に示す力を積分して求める．

$$F = \int \omega^2 x dM = \omega^2 \cos\beta \frac{w}{g} \int_0^L s\,ds = \omega^2 \cos\beta \frac{w}{g} \frac{L^2}{2}$$

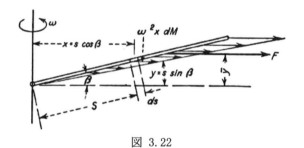

図 3.22

この力が作るヒンジまわりのモーメントは,

$$F\bar{y} = \int \omega^2 xy\,dM = \omega^2 \cos\beta \sin\beta \frac{w}{g} \int_0^L s^2 ds = \omega^2 \cos\beta \sin\beta \frac{w}{g} \frac{L^3}{3}$$

または,

$$\bar{y} = \frac{F\bar{y}}{F} = \frac{2L}{3}\sin\beta$$

遠心力の値は次のように求められる．

$$\omega = \frac{300}{60} 2\pi = 31.4 \,\text{rad/sec}$$

$$F = (31.4)^2 \cos\beta \frac{50}{386} \frac{200}{2} = 12,800 \cos\beta$$

この力のモーメントアームは,

$$\bar{y} = \frac{2 \times 200}{3} \sin\beta = 133 \sin\beta$$

遠心力によるモーメントは,

$$F\bar{y} = 1,700,000 \sin\beta \cos\beta$$

このモーメントがブレードの揚力と重量によるモーメントと等しいと置いて次の式が得られる.

$$1,700,000 \sin\beta \cos\beta = 1,000 \times 150 - 50 \times 100 \cos\beta$$

この式を逐次解法で解くと,

$$\beta = 4.9°$$

3.3 並進運動の加速度による荷重倍数

　航空機が並進運動の加速度だけを持つ場合の飛行状態と着陸状態では,機体のすべての部分に並行してその部分の重量に比例した慣性力が働く.解析のためには,この慣性力と重力を足し合わせるのに,各部分の重量に荷重倍数 (load factor) n をかけたものと考えるのが便利である.このように荷重倍数は重量と慣性力を組み合わせたものである.航空機が上方に加速しているとき,重量と慣性力は直接足しあわされる.すべての部分の重量 w と慣性力 wa/g の合計が nw である.

$$nw = w + w\frac{a}{g}$$

すなわち,

$$n = 1 + \frac{a}{g} \tag{3.20}$$

解析の中では,慣性力と重力の合計が荷重倍数がかけられた重量と同じとみなされる.

　図 3.23 に示すように,水平方向の加速度がない飛行をしている場合には,プ

3.3 並進運動の加速度による荷重倍数

ロペラの推力は機体の抗力と等しく,慣性力と重力の水平方向成分はゼロである.

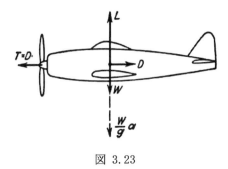

図 3.23

機体の重量と慣性力は下方向に働き,揚力と等しい.機体の揚力 L は主翼と尾翼の揚力の合計である.荷重倍数は次のように定義される.

$$荷重倍数 = \frac{揚力}{重量}$$

すなわち,

$$n = \frac{L}{W} \tag{3.21}$$

揚力 nW を重量と慣性力の和と等しいと置いて,この荷重倍数の値を(3.20)式と同じように表すことができる.

$$L = nW = W + W\frac{a}{g}$$

すなわち,

$$n = 1 + \frac{a}{g}$$

この式が(3.20)式に対応する.

航空機が水平方向の加速度を持つことも多い.図3.24に示す機体では,プロペラの推力 T が機体の抵抗 D よりも大きいので,機体が前方に向かって加速している.機体の各部分の質量が,各質量と水平方向加速度の積に等しい水平方向の慣性力を受けている.この場合にも,水平方向の慣性力が荷重倍数 n_x と重量の積であると考えるのが便利である.水平荷重倍数(推力荷重倍数と呼ばれることもある)は,図3.24に示す水平方向の力の釣り合いから求めることがで

第 3 章　慣性力と荷重倍数

きる．

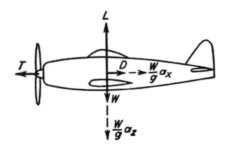

図 3.24

$$n_x W = \frac{a_x}{g} W = T - D$$

すなわち，

$$n_x = \frac{T - D}{W} \tag{3.22}$$

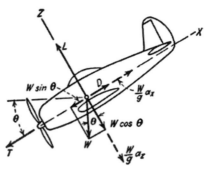

図 3.25

　並進運動の加速のより一般的な場合を図 3.25 に示す．これは，機体の推力の方向が水平でない場合である．機体の推力線に平行な x 軸と垂直な y 軸に関して力の成分をとると便利である．各部分の重量と慣性力の合計は z 軸方向の成分を持ち，その大きさは，

3.3 並進運動の加速度による荷重倍数

$$nw = w\cos\theta + w\frac{a_z}{g}$$

すなわち，

$$n = \cos\theta + \frac{a_z}{g} \tag{3.23}$$

z 軸方向のすべての力を足し合わせると，

$$L = W\left(\cos\theta + \frac{a_z}{g}\right) \tag{3.24}$$

(3.23)式と(3.24)式を組み合わせると，

$$L = Wn$$

または，

$$n = \frac{L}{W}$$

これは水平飛行をしている航空機の(3.21)式に対応している．

図 3.25 に示す飛行状態の推力荷重倍数も水平飛行をしている航空機の式と類似している．推力と抵抗は重量と慣性力の x 方向の成分と釣り合っていなければならないので，推力荷重倍数は次のように求められる．

$$n_x W = \frac{W}{g}a_x - W\sin\theta = T - D$$

すなわち，

$$n_x = \frac{T - D}{W}$$

この値は水平飛行をする機体に対する(3.22)式と同じである．

図 3.26 に示す着陸の場合には，着陸荷重倍数は垂直地面反力を機体重量で割ったもので定義される．同様に，水平方向の荷重倍数は水平方向の地面反力を機体重量で割ったものである．

$$n = \frac{R_z}{W} \tag{3.25}$$

$$n_x = \frac{R_x}{W} \tag{3.26}$$

航空機の解析では，プロペラの推力方向に平行な軸と垂直な軸の方向の荷重倍数の成分を求めることが必要である．しかし，空気力はふつう機体の進行方

第 3 章　慣性力と荷重倍数

向に垂直，および平行な揚力と抗力として求められる．その後で，力を成分に分離するのと同じように，揚力と抗力を他の軸方向の成分に分解する．重量 w の部分に働く力は wn で，この力との角度 θ の任意の軸方向の力の成分は $wn\cos\theta$ である．したがって，荷重倍数の成分は $n\cos\theta$ である．

一般的な定義として，任意の軸 i の向きの荷重倍数 n_i は，荷重倍数と各部位の重量の積が，その軸方向の重量と慣性力の成分の合計と等しいという関係にある．重量

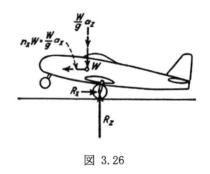

図 3.26

と慣性力は常に航空機に働いている外力と釣り合っており，任意の軸方向の各部位の重量と慣性力の合計が，各部位に働く外力のその軸方向の成分の合計 ΣF_i と大きさが同じで反対向きである．したがって，荷重倍数は次のように定義される．

$$n_i = \frac{-\sum F_i}{W} \tag{3.27}$$

ここで，ΣF_i には重量と慣性力以外のすべての力が含まれている．

航空機の荷重状態の多くでは，少しは回転運動をしていても，並行移動の加速だけを考える．たとえば，3.2 項の例題 2 の急降下からの引き起こしにおいては，航空機は回転速度を持つ．慣性力は飛行経路の曲率中心を通るように働く．しかし，機体の各部分の慣性力は平行であると仮定した．機体の機首の近くの質量に働く慣性力は前向きの成分を持ち，尾部の質量に働く慣性力は後ろ向きの成分を持つ．飛行経路の半径は機体の長さに比べて大きいので，これらの成分は無視できる．

航空機が運用時のどこかで遭遇すると期待される最大荷重を制限荷重（limit load），または作用荷重（applied load）という．これらの荷重に対応する荷重倍数を制限荷重倍数（limit load factor），または作用荷重倍数（applied load factor）という．パイロットの管理下にある荷重に対しては，制限荷重倍数を超えないように制限がかけられる．制限荷重倍数において応力が降伏点を超えないように，機体のすべての部品が設計される．機体の構造設計において，安全係数を

適用する必要がある．ほとんどの場合，部材の終極強度に基づいて，安全係数 1.5 が使われる．ただし，鋳物，金具，継手にはさらに大きな係数がかけられる．作用荷重倍数，または制限荷重倍数に安全係数をかけた荷重倍数を，設計荷重倍数（design load factor），または終極荷重倍数（ultimate load factor）という．航空機構造は終極荷重または設計荷重において，崩壊することなく，耐えなければならない．この荷重のもとでは部材に永久変形が生じてもよい．

　航空機の設計に使う荷重倍数については後の章で詳細に説明する．荷重倍数は航空機の購入者，または政府の認可機関が規定する．荷重倍数は航空機の使用目的と空力的特性に依存する．戦闘機や急降下爆撃機のような軍用機は，パイロットが耐えることができるどのような荷重倍数にも耐える強度をもつように設計される．意識を失う（「ブラックアウト」）ことなしに荷重倍数 7 または 8 に耐えるパイロットがいることが経験的にわかっている．したがって，戦闘機や急降下爆撃機は約 8 の制限荷重倍数，または作用荷重倍数，すなわち，約 12 の終極荷重倍数，または設計荷重倍数で設計される．大きい輸送機は 1 よりずっと大きい荷重倍数になるように意図的に操縦されることはない．このような航空機が遭遇する最も大きい飛行荷重は突風（gust），言い換えると上昇気流，によって発生する．突風荷重倍数は突風速度，機体速度，機体の翼面荷重に依存する．その他のタイプの航空機は，大きい輸送機と戦闘機の荷重倍数の中間の荷重倍数で設計される．

　着陸荷重倍数も航空機の種類に依存する．大型輸送機は熟練したパイロットによって，舗装した滑走路に着陸すると想定されるので，大きい着陸荷重倍数で設計する必要はない．未熟なパイロットによって，でこぼこした滑走路で運用される練習機は大きい着陸倍数で設計しなければならない．ある航空機に必要な荷重倍数は，航空機の種類，重量，翼面荷重で決まる．

3.4 角加速度に対する荷重倍数

　自家用機や民間航空機の設計においては，回転加速度によって生じる慣性力の詳細な解析をすることはほとんど必要ない．このような条件での荷重で設計される構造部材はほとんどないからであり，安全側の仮定によって構造重量が増加するということもないからである．軍用機についても，荷重条件のほとんどで角加速度は無視される．射出，拘束着陸，バリヤーへの衝突，着水等の特殊な使用条件にさらされる海軍機では，航空機の慣性能率を十分な精度で計算

第 3 章　慣性力と荷重倍数

する必要があり，いろいろな条件の角加速度を考慮する必要がある．

3.2 項の例題 1 で解析した 2 点着陸では，着陸荷重倍数は 4.5 であったが，400 lb の機銃座の下向き荷重は 3,850 lb であった．この荷重のうち，1,800 lb は重量と並進運動によるもので，2,050 lb が航空機の角加速度によるものである．機銃座を支持する構造を設計するには，角加速度を考慮すべきであることはあきらかである．しかし，その他の航空機構造をこの荷重条件で設計するかどうかについては疑問である．いろいろな飛行条件において尾翼に働く空気力は着陸時の慣性力よりもはるかに大きい．したがって，尾翼と胴体構造の大部分は飛行条件で設計される．尾輪式の脚をもつ航空機では，着陸時の角加速度は前輪式の航空機の場合よりもずっと小さい．

図 3.27 に示すように，航空機が機首上げ加速度 α の運動をしているとき，重量 w の部位に働く垂直力は，重量に

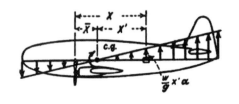

図 3.27

航空機の荷重倍数をかけた力と，その部位の機体重心からの距離に比例する力からなる．

$$F = nw - \frac{w}{g}x'\alpha \tag{3.28}$$

距離 x' は重心から測った距離で，重量にかける．機体の重量とバランスの計算では，wx の項はすべての部品の重量について計算し，x はある参照面（重心位置から前へ $\bar{x}$ 離れた面）から測る．図 3.27 より，

$$x' = x - \bar{x}$$

この x' を(3.28)に代入して，

$$\begin{aligned} F &= nw - \frac{\alpha}{g}w(x - \bar{x}) \\ F &= n'w - \frac{\alpha}{g}wx \end{aligned} \tag{3.29}$$

ここで，

$$n' = n + \frac{\alpha\bar{x}}{g}$$

(3.29)式の最後の項は，wx の値に α/g をかけることによって簡単に計算できる．

3.4 角加速度に対する荷重倍数

荷重倍数 n' は参照面にある重量の荷重倍数を表す.

問題

3.5 3.2 項の例題 1 で,航空機が固い滑走路に着陸し,車輪への水平方向の地面反力がないとする.重心における着陸荷重倍数と,重心から x 離れた点での荷重倍数を求めよ.

3.6 3.2 項の例題 1 で,主輪が地面から 12 in.上にあるときに前輪が滑走路に接地するとする.前輪に働く反力は垂直方向を向いており,その値は 60,000 lb で主輪が接地するまで一定であるとする.重心位置での荷重倍数,重心から 200 in.前方位置での荷重倍数,重心から 500 in.後方位置での荷重倍数を求めよ.着陸前の垂直降下速度を 12 ft/sec とした場合の,主輪が接地する時点での前脚のショックストラットの縮み量を求めよ.

3.7 航空機が 1,000 ft の半径の水平旋回を行い,高度が変化しないとする.速度が (a) 200 mph, (b) 300 mph, (c) 400 mph のときのバンク角と荷重倍数を求めよ.図 3.18 に示す寸法の機体の場合の,主翼と尾翼の荷重を求めよ.

3.8 図の航空機が航空母艦への拘束着艦を行う.甲板に垂直,および平行な荷重倍数 n と n_x を,重心位置,重心から 200 in.後方位置,重心から 100 in.前方位置について求めよ.重心位置での垂直速度が 12 ft/sec で,角速度が反時計回りに 0.5 rad/sec としたとき,前輪が接地する相対的な垂直速度を求めよ.機体の質量の重心まわりの回転半径は 60 in.である.図中の寸法と力は変化しないと仮定すること.

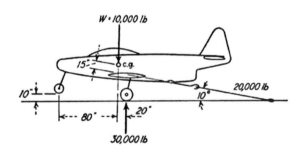

問題 3.8

第4章 慣性能率，モールの円

4.1 重心

物体に働く重力は，その物体の各部分に働く平行な力の合計である．この平行な力の合力の大きさは，各部分の力の代数的な和に等しい．また，合力の働く位置は，任意の軸まわりに合力の作るモーメントが，各部分の力が作るモーメントの合計に等しくなるような位置である．物体の重力の合計は重量 W であり，各部分の重量 w_i の和に等しい．図 4.1 に示すように重力が z 軸に平行に働く場合，x 軸と y 軸まわりのすべての力のモーメントは合力のモーメントに等しくなければならない．

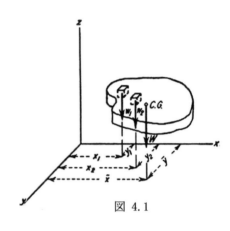

図 4.1

$$W\bar{x} = x_1 w_1 + x_2 w_2 + \cdots = \sum xw \quad \text{または} \quad \int x dW \quad (4.1)$$

$$W\bar{y} = y_1 w_1 + y_2 w_2 + \cdots = \sum yw \quad \text{または} \quad \int y dW \quad (4.2)$$

図 4.1 で，力の方向が軸のひとつに平行になるように物体と軸が回転したとすると，3番目のモーメントの方程式を使うことができる．

$$W\bar{z} = z_1 w_1 + z_2 w_2 + \cdots = \sum zw \quad \text{または} \quad \int z dW \quad (4.3)$$

重心の3つの座標，$\bar{x}$，$\bar{y}$，$\bar{z}$ は(4.1)式から(4.3)式から求めることができる．

$$\bar{x} = \frac{\sum xw}{W} \quad \text{または} \quad \frac{\int x dW}{W} \quad (4.4)$$

$$\bar{y} = \frac{\sum yw}{W} \quad \text{または} \quad \frac{\int y dW}{W} \quad (4.5)$$

4.1 重心

$$\bar{z} = \frac{\sum zw}{W} \quad \text{または} \quad \frac{\int zdW}{W} \tag{4.6}$$

(4.4)式から(4.6)式の積分には物体のすべての部分が含まれていなければならない．工学的問題の多くでは，部品の重量と座標がわかっており，積分ではなくて，足し算で重心を求めることができる．

図 4.2 に示すような xy 平面内にある一定板厚，一定密度の板の場合，重心の座標は次の式で表される．

$$\bar{x} = \frac{\int xdW}{W} = \frac{w\int xdA}{wA} = \frac{\int xdA}{A} \tag{4.7}$$

$$\bar{y} = \frac{\int ydW}{W} = \frac{w\int ydA}{wA} = \frac{\int ydA}{A} \tag{4.8}$$

ここで，A は板の面積，w は単位面積あたりの重量である．座標 $\bar{x}$ と $\bar{y}$ は板の板厚と重量にはよらず一定である．多くの工学的問題では面積の特性が重要であり，(4.7)式と(4.8)式で定義される $\bar{x}$ と $\bar{y}$ の座標の点を面積の図心（centroid of area）と呼ぶ．

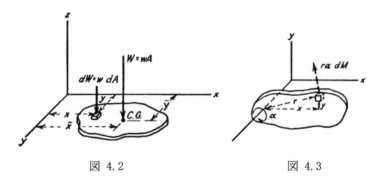

図 4.2　　　　　図 4.3

4.2 慣性能率

回転する質量に働く慣性力を考える場合には，質量の一部分に働く慣性力は回転軸まわりの次のモーメントであることがわかる（図4.3参照）．

第 4 章　慣性能率，モールの円

$$L_z = \alpha \int r^2 dM$$

積分記号の内側にある項は z 軸まわりの質量の慣性能率（moment of inertia）と定義される．

$$I_z = \int r^2 dM \tag{4.9}$$

半径で表すより，各部分の x, y 座標で表すほうが簡単なので，次の関係をよく使う．

$$\begin{aligned} r^2 &= x^2 + y^2 \\ I_z &= \int x^2 dM + \int y^2 dM \end{aligned} \tag{4.10}$$

　面積は質量を持たず，慣性力もないが，質量の慣性能率と同様に，次の面積の特性を面積の慣性能率（断面 2 次モーメントと呼ぶこともある）と定義するのがふつうである．

$$I_x = \int y^2 dA \tag{4.11}$$

$$I_y = \int x^2 dA \tag{4.12}$$

図 4.4 に座標を示す．面積の極慣性能率（断面 2 次極モーメントと呼ぶこともある）を次のように定義する．

$$I_p = \int r^2 dA \tag{4.13}$$

(4.10)式の関係から，

$$\begin{aligned} r^2 &= x^2 + y^2 \\ I_p &= \int x^2 dA + \int y^2 dA = I_y + I_x \end{aligned} \tag{4.14}$$

　ある軸に平行な慣性能率がわかっているときに，その軸と平行な軸まわりの慣性能率を求めたいことがよくある．図 4.5 に示すように，y 軸まわりの慣性能率を次のように定義する．

$$I_y = \int x^2 dA \tag{4.15}$$

4.2 慣性能率

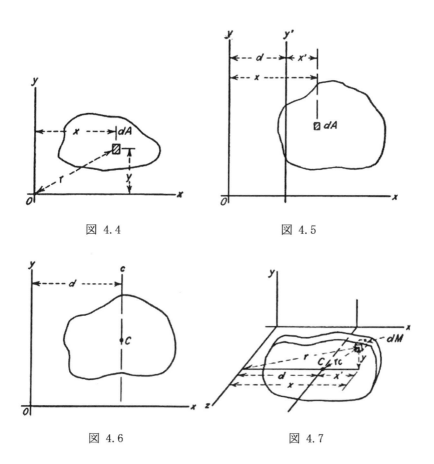

図 4.4　　　　　図 4.5

図 4.6　　　　　図 4.7

$x = d + x'$ を(4.15)式に代入すると，

$$\begin{aligned}
I_y &= \int (d + x')^2 dA \\
&= d^2 \int dA + 2d \int x' dA + \int x'^2 dA \\
&= Ad^2 + 2\bar{x}' Ad + I_y'
\end{aligned} \quad (4.16)$$

ここで，$\bar{x}'$ は，図 4.7 に定義された図心の y' 軸からの距離，I_y' は y' 軸まわりの面積の慣性能率，A は面積の合計である．y' 軸が面積の図心を通っている場

合には，図 4.6 に示すように(4.16)式が簡単になる．

$$I_y = Ad^2 + I_c \tag{4.17}$$

I_c は図心を通る軸まわりの面積の慣性能率である．

　質量の慣性能率は，面積の慣性能率で行ったのと同様な手順で平行な軸まわりの値に変換することができる．図 4.17 に示す質量については，重心を通る軸 C が xz 面内にある場合，次の関係式が成り立つ．

$$\begin{aligned} I_z &= \int r^2 dM = \int (x^2 + y^2) dM \\ &= \int [(d + x')^2 + y^2] dM \\ &= \int [d^2 + 2dx' + x'^2 + y^2] dM \end{aligned}$$

$r_c^2 = x'^2 + y^2$ を代入して，

$$I_z = d^2 \int dM + 2d \int x' dM + \int r_c^2 dM$$

x' は重心を通る軸からの距離であるので，2 番目の積分の項はゼロである．最後の積分の項が重心を通る軸まわりの慣性能率である．

$$I_z = Md^2 + I_c \tag{4.18}$$

(4.17)式と(4.18)式は，重心を通る軸まわりの慣性能率がわかっている場合に，その軸に平行な任意の軸まわりの慣性能率を求めることに使うことができる．逆に，任意の軸まわりの慣性能率がわかっている場合に，その軸に平行な重心を通る軸まわりの慣性能率を求めるときにも使う．どちらの軸も重心を通らない 2 つの軸の間で慣性能率の変換を行う場合には，まず重心を通る軸まわりの慣性能率を計算しておき，その後に必要な軸まわりに(4.17)式または(4.18)式を使って 2 回変換する．慣性能率は常に正の値をとること，重心を通る軸まわりの慣性能率は，その軸に平行な任意の軸まわりの慣性能率よりも常に小さいことがわかる．(4.16)式を使うときには，$\bar{x}'$ の項には適切な符号を使う必要がある．(4.17)式と(4.18)式のすべての項は常に正である．

　物体の回転半径（radius of gyration）ρ は，全質量が 1 点に集中した場合に同じ慣性能率となる，慣性軸からの距離である．全質量が 1 点に集まったときの慣性能率を物体の慣性能率と等しいと置くと，

$$\rho^2 M = I$$
$$\rho = \sqrt{\frac{I}{M}} \tag{4.19}$$

(4.18)式の I_c がゼロである場合を除いて，質量が1点に集中したと仮定する点は重心とは異なることがわかる．慣性軸とも異なる．

面積の回転半径は，面積が1点に集中した場合に同じ慣性能率となる，慣性軸からの距離で定義される．

$$\rho^2 A = I$$
$$\rho = \sqrt{\frac{I}{A}} \tag{4.20}$$

面積の慣性能率は，面積と距離の2乗の積で表され，ふつうはインチの4乗の単位を使う．よく使う面積の慣性能率の式を図 4.8 に示すので，記憶してほしい．他の形状の面積の慣性能率の式については，積分して求めるか，工学ハンドブックに載っている．

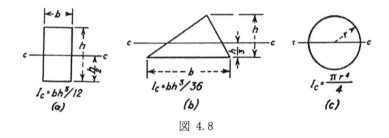

図 4.8

例題 1

図 4.9(a)に示す航空機の重心を求めよ．いろいろな品目の重量と座標が表 4.1 に示されている．図 4.9(b)に示す方向に座標系をとるのが普通であり，x 軸を推力線の方向に，z 軸を垂直方向にとる．この問題では z 軸を主翼の前縁に置いたが，プロペラを通るようにとったり，他の都合のよい点にとったりすることもある．

第4章 慣性能率，モールの円

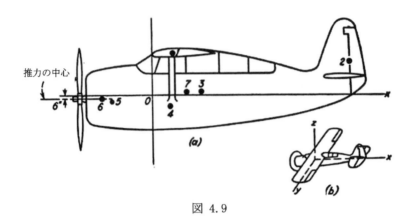

図 4.9

解：
　重心の y 座標は機体の対称面にある．$\bar{x}$ と $\bar{z}$ の座標は(4.4)式と(4.6)式で計算できる．W, Σxw, Σzw は，表 4.1 の列(3), (5), (7)を合計することによって得られる．

$$\bar{x} = \frac{\sum wx}{W} = \frac{50{,}723}{4{,}243} = 12.16$$

$$\bar{z} = \frac{\sum wz}{W} = \frac{26{,}109}{4{,}243} = 6.2$$

表 4.1

No. (1)	分類 (2)	重量 w (3)	x (4)	wx (5)	z (6)	wz (7)
1	Wing group............	697	22.6	+15,781	40.9	+28,574
2	Tail group.............	156	198.0	30,904	33.1	5,171
3	Fuselage group........	792	49.8	39,430	3.9	3,092
4	Landing gear (up).....	380	19.2	7,297	−11.7	−4,429
5	Engine section group..	160	−38.6	−6,179	−7.1	−1,138
6	Power plant...........	1,302	−48.8	−63,674	−6.0	−7,782
7	Fixed equipment......	756	35.9	27,164	3.5	2,621
	Total weight empty....	4,243	.....	50,723	.....	26,109

例題 2

図 4.10 に示す面積の図心と,図心を通る水平線まわりの慣性能率を求めよ. xx 軸と cc 軸まわりの回転半径を求めよ.

解:

図に示すように,面積を四角形と三角形に分割する.各部分の面積を表 4.2 の列(2)に記入する.各部分の図心の y 座標を列(3)に記入し,面積のモーメント Ay を列(4)に記入する.全面積の図心は列(4)の合計を列(2)の合計で割ることによって求められる.

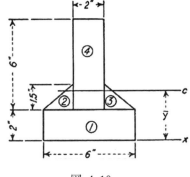

図 4.10

$$\bar{y} = \frac{\sum Ay}{A} = \frac{79.5}{27} = 2.94 \,\text{in.}$$

表 4.2

要素 (1)	A (2)	y (3)	Ay (4)	Ay^2 (5)	I_0 (6)
1	12	1	12	12	4.0
2	1.5	2.5	3.75	9.4	0.2
3	1.5	2.5	3.75	9.4	0.2
4	12	5	60	300	36.0
合計 …	27.0	…	79.5	330.8	40.4

x 軸まわりの全面積の慣性能率はこの軸まわりの各部分の慣性能率を足し合わせることによって求められる.各部分の x 軸まわりの慣性能率を求めるには,(4.17)式を使う.

$$I_x = Ay^2 + I_0$$

ここで,I_x は面積 A の部分の x 軸まわりの慣性能率で,y はその部分の図心の x

第4章 慣性能率，モールの円

軸からの距離である．I_0 はその部分の自身の図心まわりの慣性能率である．すべての部分の Ay^2 項は，列(3)と列(4)の積である列(5)から求めることができる．I_0 の値は図4.8に示した式で計算できる．全面積の x 軸まわりの慣性能率は列(5)と列(6)のすべての項の和と等しい．

$$I_x = 330.8 + 40.4 = 371.2 \text{ in.}^4$$

この慣性能率を(4.17)式を使って全面積の図心のまわりに変換する．

$$I_c = I_x - (\Sigma A)\bar{y}^2$$

ここで，ΣA は全面積を表し，$\bar{y}$ は全面積の図心と x 軸との距離を表す．

$$I_c = 371.2 - 27.0 \times (2.94)^2 = 138.0 \text{ in.}^4$$

回転半径は(4.20)式を使って計算できる．

$$\rho_x = \sqrt{\frac{I_x}{A}} = \sqrt{\frac{371.2}{27.0}} = 3.71 \text{ in.}$$

$$\rho_c = \sqrt{\frac{I_c}{A}} = \sqrt{\frac{138.0}{27.0}} = 2.26 \text{ in.}$$

例題 3

金属製の応力外皮構造の主翼では，金属板の外板は，翼幅方向の桁と縦通材（ストリンガ）とともに梁を形成し，主翼の曲げに耐える．図4.11(a)に1本の桁を持つ典型的な主翼の断面を示す．桁は垂直のウェブと押出し型材のアングル断面でできており，ウェブとアングルと外板はリベット結合されている．ストリンガはZ断面形状の押出し型材で，外板にリベット結合されている．主翼の上面は圧縮されており，外板はストリンガ間で座屈して，荷重を受け持つには有効ではない．

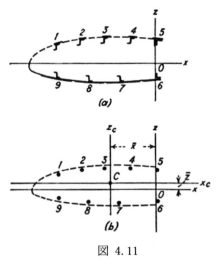

図 4.11

4.2 慣性能率

外板は十分に密な間隔でストリンガにリベット結合されており,各ストリンガの近傍の外板の狭い幅は座屈を免れ,ストリンガとともに圧縮荷重を保持する.各ストリンガと一緒に働く外板の有効な幅は通常は外板の板厚の約 30 倍である.もっと正確な値の式については後の章で説明する.主翼の下面では,外板の全幅が引張荷重に対して有効に働く.面積の慣性能率を計算する際に,各ストリンガの面積と外板の有効な面積がその図心に集中していると仮定しても,普通は十分正確である.結局,主翼の断面は図 4.11(b) に示すように,9個の部分で代表すればよい.各部分の自身の図心まわりの慣性能率は無視する.特にこの主翼の場合は,桁の右側にある外板とストリンガは非常に薄いので,非構造部材と仮定する.

図 4.11(b) に示す全面積の図心を通る水平軸と垂直軸まわりの慣性能率を計算する.表 4.3 の列(2), (3), (6)に各部分の面積と座標が示されている.

解:

例題 2 で使った方法で解く.I_0 は省略する.表 4.3 に水平軸と垂直軸まわりの慣性能率の計算を示す.

表 4.3

要素 (1)	A (2)	x (3)	Ax (4)	Ax^2 (5)	z (6)	Az (7)	Az^2 (8)
1	0.358	−34.5	−12.34	426	+8.6	3.08	26.5
2	0.204	−28.1	−5.73	161	+9.6	1.96	18.8
3	0.395	−19.9	−7.85	156	+10.0	3.95	39.5
4	0.204	−10.1	−2.06	21	+9.6	1.96	18.8
5	1.615	+0.5	+.81	0	8.8	14.21	125.2
6	1.931	+0.5	+.97	1	−5.7	−11.02	62.8
7	0.752	−10.1	−7.60	77	−5.2	−3.91	20.4
8	0.784	−22.4	−17.65	394	−4.3	−3.37	14.5
9	0.892	−34.7	−30.92	1,074	−2.4	−2.14	5.1
合計	7.135	.....	−82.40	2,310	.....	4.72	331.6

$$\bar{x} = \frac{-82.4}{7.135} = -11.56 \text{ in.}$$

$$I_{zc} = 2{,}310 - 7.135 \times (11.56)^2 = 1{,}358 \text{ in.}^4$$

$$\bar{z} = \frac{4.72}{7.135} = 0.66 \text{ in.}$$

$$I_{xc} = 331.6 - 7.135 \times (0.66)^2 = 328 \text{ in.}^4$$

第4章 慣性能率，モールの円

問題

4.1 図に示す面積の図心を通る水平線まわりの慣性能率を求めよ．

4.2 図に示す面積の図心を通る水平線と垂直線まわりの慣性能率と回転半径を求めよ．

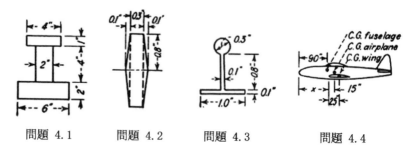

問題 4.1　　　問題 4.2　　　問題 4.3　　　問題 4.4

4.3 図に示す面積の図心を通る水平線と垂直線まわりの慣性能率と回転半径を求めよ．

4.4 重量 10,000 lb の航空機の適切なバランスのために，機体の重心が主翼の前縁より 15 in.後方にある必要がある．重量 1,500 lb の主翼の重心は前縁から 25 in.後方にある．残りの 8,500 lb の重量は胴体であるとして，図に示すように，その重心は機首から 90 in.後方にある．機首から主翼の前縁までの距離 x を求めよ．

4.5 図に示す面積の図心を通る 2 つの軸まわりの慣性能率と回転半径を求めよ．面積は x 軸に関して対称である．

4.6 図に示す面積の図心を通る水平線まわりの慣性能率を求めよ．最上方と最下方のアングル材は同じ形をしており，それ自身の面積と図心まわりの慣性能率は図に示すような値である．

4.2 慣性能率

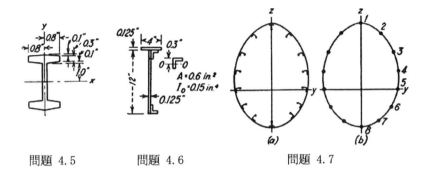

問題 4.5   問題 4.6   問題 4.7

4.7 図(a)に示すように，航空機の胴体が，押出し型材のバルブ付きアングル材のストリンガに金属薄板を張った構造でできている．押出し型材と有効な外板を合わせた面積が図(b)に示す位置に集中していると仮定する．その面積と座標を下の表に示す．要素1と要素8の面積の半分が各舷に分かれている．全面積の図心を通る水平線まわりの慣性能率を求めよ．垂直線が対称の軸になっている．

表 4.4

要素	A	z	要素	A	z
1	$0.2 \times \frac{1}{2} = 0.1$	18.0	5	0.3	0
2	0.2	16.8	6	0.3	-7.0
3	0.2	14.2	7	0.3	-13.8
4	0.2	7.3	8	$0.3 \times \frac{1}{2} = 0.15$	-15.0

4.3 傾いた軸まわりの慣性能率

任意の傾いた軸まわりの面積の慣性能率は，水平軸と垂直軸に関するその面積の特性から求めることができる．図 4.12 に示す面積について，傾いた軸 x' と y' まわりの慣性能率と x，y 軸まわりの慣性能率との関係が次のように得られる．x' 軸まわりの慣性能率は，

$$I_{x'} = \int y'^2 dA \tag{4.21}$$

任意の点の y' 座標は、

第4章 慣性能率，モールの円

$$y' = y\cos\phi - x\sin\phi \tag{4.22}$$

この y' の値を(4.21)式に代入すると，次の式が得られる．

$$I_{x'} = \cos^2\phi\int y^2 dA - 2\sin\phi\cos\phi\int xy dA + \sin^2\phi\int x^2 dA \tag{4.23}$$

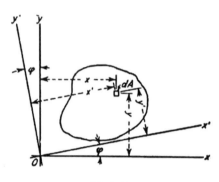

図 4.12

積分は全面積について行う．角度 ϕ は面積の各部分について同じであるので，積分に関しては一定である．(4.23)式の最初と最後の積分は x 軸と y 軸まわりの慣性能率を表す．2番目の積分は慣性乗積（product of inertia）I_{xy} と呼ばれる値で，これについては後で詳細を説明する．

$$I_{xy} = \int xy dA \tag{4.24}$$

(4.23)式は次のように書くことができる．

$$I_{x'} = I_x \cos^2\phi - I_{xy}\sin 2\phi + I_y \sin^2\phi \tag{4.25}$$

同じような式を y' 軸まわりの慣性能率について書くことができる．

$$I_{y'} = I_x \sin^2\phi + I_{xy}\sin 2\phi + I_y \cos^2\phi \tag{4.26}$$

(4.25)式と(4.26)式を足し合わせると，次の関係が得られる．

$$I_x + I_y = I_{x'} + I_{y'}$$

(4.14)式から任意の直交する軸まわりの慣性能率の和が極慣性能率と等しく，極慣性能率は角度 ϕ によらず一定であると言える．

4.3 傾いた軸まわりの慣性能率

x' 軸, y' 軸まわりの慣性乗積は次のように定義され,

$$I_{x'y'} = \int x'y'dA \tag{4.27}$$

次の関係を(4.27)式に代入する.

$$x' = x\cos\phi + y\sin\phi$$
$$y' = y\cos\phi - x\sin\phi$$

そうすると, $I_{x'y'}$ について次の式が得られる.

$$I_{x'y'} = \cos^2\phi\int xydA - \sin^2\phi\int xydA + \sin\phi\cos\phi\int y^2dA - \sin\phi\cos\phi\int x^2dA$$

すなわち,

$$I_{x'y'} = I_{xy}\left(\cos^2\phi - \sin^2\phi\right) + \left(I_x - I_y\right)\sin\phi\cos\phi \tag{4.28}$$

4.4 主軸

(4.25)式と(4.26)式に示すように, 傾いた軸まわりの面積の慣性能率は角度 ϕ の関数である. 慣性能率 $I_{x'}$ が最大, または最小になる角度 ϕ は, (4.25)式を ϕ で微分することによって得ることができる.

$$\frac{dI_{x'}}{d\phi} = -2I_x\cos\phi\sin\phi - 2I_{xy}\cos 2\phi + 2I_y\sin\phi\cos\phi$$

$I_{x'}$ が最大または最小になるときに, この微分がゼロになる. 微分をゼロとおいて式を整理すると次の式が得られる.

$$\left(I_y - I_x\right)\sin 2\phi = 2I_{xy}\cos 2\phi$$

すなわち,

$$\tan 2\phi = \frac{2I_{xy}}{I_y - I_x} \tag{4.29}$$

0°から360°の間に同じタンジェントとなる2つの角度があるので, (4.29)式で 2ϕ の2つの値が決まる. この2つの角度は180°離れている. したがって, 角度 ϕ の2つの値は90°離れている. この2つの角度のうち, どちらかの角度で $I_{x'}$ が最大値になり, 他の角度で最小値となる. 慣性能率が最大と最小となるこの2つの直交する軸を主軸と呼ぶ.

傾いた軸まわりの慣性乗積を角度 2ϕ で表し，三角関数の公式を使って書き直すと，

$$\sin 2\phi = 2\sin\phi\cos\phi \tag{4.30}$$

$$\cos 2\phi = \cos^2\phi - \sin^2\phi \tag{4.31}$$

これらの値を(4.28)式に代入すると，次の関係が得られる．

$$I_{x'y'} = I_{xy}\cos 2\phi + \frac{I_x - I_y}{2}\sin 2\phi \tag{4.32}$$

$I_{x'y'}$ がゼロになる角度を調べる．$I_{x'y'} = 0$ を(4.32)式に代入すると，

$$\tan 2\phi = \frac{2I_{xy}}{I_y - I_x}$$

この式は主軸を定義する(4.29)式と同じである．したがって，主軸まわりの慣性乗積はゼロである．

主軸まわりの慣性能率は，(4.29)式を(4.25)式に代入して求めることができ，

$$I_p = \frac{I_x + I_y}{2} + \sqrt{I_{xy}^2 + \left(\frac{I_x - I_y}{2}\right)^2} \tag{4.33}$$

$$I_q = \frac{I_x + I_y}{2} - \sqrt{I_{xy}^2 + \left(\frac{I_x - I_y}{2}\right)^2} \tag{4.34}$$

ここで，I_p は $I_{x'}$ の最大値を表し，I_q は $I_{x'}$ の最小値を表す．これらの値は(4.29)式で定義された2つの直交する軸まわりの慣性能率である．

4.5 慣性乗積

面積の慣性乗積（断面相乗モーメントと呼ぶこともある）を調べるには，慣性能率を調べたのと同じ方法を使うことができる．複数の部分から成る面積の慣性乗積は，各部分の慣性乗積を個別に評価した後に全面積について合計することによって得ることができる．

4.5 慣性乗積

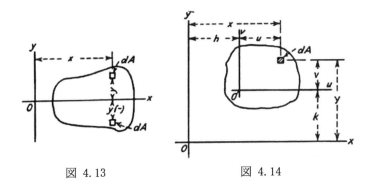

図 4.13　　　　図 4.14

x と y の両方が正または負の場合は，慣性乗積は正であり，片方の座標が正で他方が負の場合は慣性乗積は負である．図 4.13 に示すように面積が x 軸に対して対称な場合，第1象限にある面積要素 dA は第4象限にも対応する面積要素があって同じ x 座標を持っているが，y 座標の符号は反対である．この2つの要素の慣性乗積の和はゼロで，この項を全面積について積分してもゼロである．

$$I_{xy} = \int xy dA = 0$$

これと同じ関係は y 軸に対称な面積についてもあてはまる．したがって，面積のどちらかの軸が対称軸であると，慣性乗積はゼロになり，その軸は主軸である．

ある座標軸の組に関する面積の慣性乗積がわかっていれば，その軸に平行な軸に関する慣性乗積を求めることができる．図 4.14 に示す面積については，x 軸と y 軸に関する慣性乗積が次の式で定義される．

$$I_{xy} = \int xy dA$$

次の式を代入すると，

$$x = h + u$$
$$y = k + v$$

変換式が得られる．

第4章 慣性能率，モールの円

$$I_{xy} = \int (h+u)(k+v)dA$$
$$= hk\int dA + h\int vdA + k\int udA + \int uvdA$$

$$I_{xy} = hkA + h\bar{v}A + k\bar{u}A + I_{uv} \tag{4.35}$$

ここで，$\bar{u}$ と $\bar{v}$ は面積の図心の座標で，I_{uv} は u 軸と v 軸に関する慣性乗積である．u 軸と v 軸が図心を通っていれば，(4.35)式は次のようになる．

$$I_{xy} = hkA + I_{uv} \tag{4.36}$$

u 軸と v 軸がその面積の主軸であれば，$I_{uv} = 0$ であるから，(4.36)式は次のようになる．

$$I_{xy} = hkA \tag{4.37}$$

いくつかの対称形の要素からなる面積については，各要素の(4.37)式を使ってその和として慣性乗積を計算することができる．

例題 1

図 4.15 に示す面積の慣性乗積を求めよ．

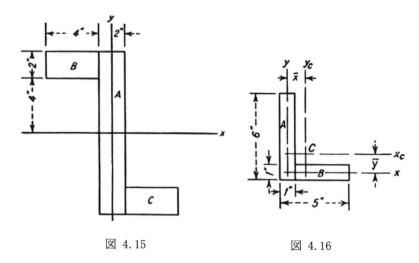

図 4.15　　　　　図 4.16

4.5 慣性乗積

解:
　全面積を3個の長方形 A, B, C に分割する．長方形 A は x 軸と y 軸に関して対称であるので，慣性乗積はゼロである．長方形 B は図心に関して対称であるので，慣性乗積は(4.37)式で計算できる．

$$I_{xy} = hkA = -3 \times 5 \times 8 = -120 \text{ in.}^4$$

長方形 C については，

$$I_{xy} = hkA = 3 \times -5 \times 8 = -120 \text{ in.}^4$$

全慣性乗積は，

$$I_{xy} = 0 - 120 - 120 = -240 \text{ in.}^4$$

例題 2

図 4.16 に示す面積の図心を通る水平軸と垂直軸に関する慣性乗積を求めよ．
解:
　図に示すように，全面積を2個の長方形 A と B に分割する．x 軸と y 軸を2個の長方形の図心を通るように設定する．長方形 A は y 軸に関して対称であり，長方形 B は x 軸に関して対称であるので，$I_{xy} = 0$ である．全面積の図心は次のように計算される．

$$\bar{x} = \frac{4 \times 2.5}{10} = 1.0$$

$$\bar{y} = \frac{6 \times 2.5}{10} = 1.5$$

(4.36)式を使って図心を通る軸に関する慣性乗積を求めることができる．

$$I_{xy} = \overline{xy}A + I_{x_c y_c}$$
$$0 = 1.0 \times 1.5 \times 10 + I_{x_c y_c}$$

したがって，

$$I_{x_c y_c} = -15 \text{ in.}^4$$

第4章 慣性能率，モールの円

例題 3

図 4.11 に示す面積の図心を通る水平軸と垂直軸に関する慣性乗積を求めよ．各要素の面積と図心が表 4.3 に載っている．同じ値を表 4.5 の列(2)，(3)，(4)に再掲した．

表 4.5

要素 (1)	A (2)	x (3)	z (4)	Axz (5)
1	0.358	−34.5	+8.6	−106.2
2	0.204	−28.1	+9.6	−55.0
3	0.395	−19.9	+10.0	−78.5
4	0.204	−10.1	+9.6	−19.8
5	1.615	+0.5	+8.8	7.1
6	1.931	+0.5	−5.7	−5.5
7	0.752	−10.1	−5.2	39.5
8	0.784	−22.4	−4.3	75.9
9	0.892	−34.7	−2.4	74.3
合計	7.135	.....	.....	−68.2

解：

x 軸と z 軸に関する慣性乗積は，表 4.5 の列(5)にある Axz の和で求めることができる．図心を通る座標軸は 4.2 節の例題 3 で求められており，図心の座標は，$\bar{x} = -11.56$，$\bar{z} = 0.66$ である．(4.36)式から，慣性乗積が求められる．

$$I_{xz} = \bar{x}\bar{z}A + I_{x_c z_c}$$
$$-68.2 = -11.56 \times 0.66 \times 7.135 + I_{x_c z_c}$$

したがって，

$$I_{x_c z_c} = -13.8 \, \text{in.}^4$$

4.6 慣性能率に関するモールの円

傾いた軸に関する慣性能率と慣性乗積の方程式は記憶するのが難しい．図による表示が覚えるにも便利であり，慣性能率の座標軸による変化を視覚化するにも便利である．同じ ϕ について(4.32)式の $I_{x'y'}$ と(4.25)式の $I_{x'}$ をプロットす

4.6 慣性能率に関するモールの円

ると,すべての点が図 4.17 に示す円の上にのる.慣性能率の最大値と最小値は P 点と Q 点で表される.

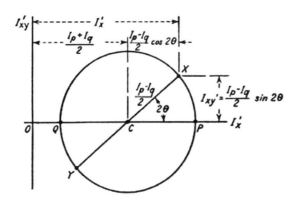

図 4.17

図 4.17 に示す円が(4.25)式と(4.32)式を表すということを示すには,$I_{x'}$ と $I_{x'y'}$ の値を主軸の慣性能率 I_p, I_q と x' 軸から主軸までのの角度 θ で表せばよい. x 軸と y 軸が主軸ならば,$I_{xy} = 0$,$I_x = I_p$,$I_y = I_q$,$\phi = \theta$ を(4.25)式と(4.32)式に代入して,次の式が得られる.

$$I_{x'} = I_p \cos^2 \theta + I_q \sin^2 \theta \tag{4.38}$$

$$I_{xy'} = \frac{I_p - I_q}{2} \sin 2\theta \tag{4.39}$$

次の三角関数の倍角公式を使って,(4.38)式を書き換えると,

$$\sin^2 \theta = \frac{1}{2} - \frac{1}{2} \cos 2\theta$$

$$\cos^2 \theta = \frac{1}{2} + \frac{1}{2} \cos 2\theta$$

$$I_{x'} = \frac{I_p + I_q}{2} + \frac{I_p - I_q}{2} \cos 2\theta \tag{4.40}$$

(4.39)式と(4.40)式は,図 4.17 に示した円から計算した $I_{xy'}$,$I_{x'}$ に対応している. x' 軸の主軸からの角度の傾きは,円上の対応する点から測った 2θ の半分である.上側の $I_{xy'}$ を正とすると,x' 軸の反時計回りの回転が円のまわりの反時計

第 4 章 慣性能率,モールの円

まわりの回転に対応している.円の直径の反対側の点は直交する慣性主軸に対応している.軸を $90°$ 回転すると,各面積要素の x' 座標と y' 座標の大きさが交換されるとともに,ひとつの軸の符号が変わるので,直交する軸に関する慣性乗積は,常に大きさが等しく,符号が反対である.

例題 1

図 4.18 に示す面積の図心を通る主軸まわりの慣性能率を求めよ.x_1 軸,y_1 軸に関する慣性乗積と,x_2 軸,y_2 軸に関する慣性乗積を求めよ.

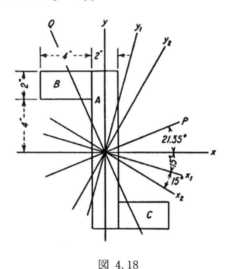

図 4.18

解:

x 軸,y 軸まわりの慣性能率は次のように計算される.

$$I_x = \frac{2 \times 12^3}{12} + 2\left(\frac{4 \times 2^3}{12} + 8 \times 5^2\right) = 693.3 \, \text{in.}^4$$

$$I_y = \frac{12 \times 2^3}{12} + 2\left(\frac{2 \times 4^3}{12} + 8 \times 3^2\right) = 173.3 \, \text{in.}^4$$

4.5 項の例題 1 より,

$$I_{xy} = -240 \, \text{in.}^4$$

4.6 慣性能率に関するモールの円

この3つの値から,すべての傾いた軸に関する慣性能率と慣性乗積に対するモールの円を描くことができる.図 4.19 に示すように,慣性能率 $I_{x'}$ に対応する慣性乗積 $I_{xy'}$ をプロットできる.図 4.19 の x 点の座標は 693.3 と –240.0 である.x' 軸が 90° 回転すると y 軸と一致し,Y 点の座標は $I_{x'} = 173.3$,$I_{xy'} = 240$ である.この結果で $I_{xy'}$ が正となっているのは,x' 軸を x 軸から 90° 回転させると,x' 座標は上方が正で,y' 座標は左方が正であるからである.$I_{xy'}$ の大きさは等しく,符号は I_{xy} と逆である.軸の回転角 90° が円の角度 180° に対応しているので,X 点と Y 点は円の直径の両端に位置している.

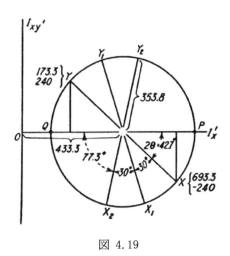

図 4.19

円の中心は原点から,$1/2 \times (693.3 + 173.3) = 433.3$ 離れている.X 点は円の中心から水平方向に 260,垂直方向に 240 離れている.したがって,次の関係がある.

$$\text{半径} = \sqrt{(240)^2 + (260)^2} = 353.8$$
$$2\theta = \tan^{-1} \frac{240}{260} = 42.7°$$
$$\theta = 21.35°$$

主軸は P 点と Q 点で表される.この軸においては,慣性能率が最大値をとり,慣性乗積がゼロとなる.主慣性能率は,原点から円の中心までの距離に円の半

第 4 章　慣性能率，モールの円

径を足した値，または引いた値である．

$$I_p = 433.3 + 353.8 = 787.1 \, \text{in.}^4$$
$$I_q = 433.3 - 353.8 = 79.5 \, \text{in.}^4$$

P 軸は x 軸から反時計回りに $\theta = 21.35°$ の方向である．同様に，円上の Q 点は Y 点から反時計回りにとるので，Q 軸は y 軸から反時計回りにとる．

　x_1 軸と y_1 軸に関する慣性能率と慣性乗積は円の上の点の座標から求めることができる．x_1 軸と y_1 軸は x 軸と y 軸から時計回りに 15° 回転しているので，円の上の X_1 点と Y_1 点は，X 点と Y 点から 30° 時計回りに回転した位置にある．X_1 点と Y_1 点の座標は次のようにして計算できる．

$$I_{x_1} = 433.3 + 353.8 \cos 72.7° = 538 \, \text{in.}^4$$
$$I_{y_1} = 433.3 - 353.8 \cos 72.7° = 328 \, \text{in.}^4$$
$$I_{x_1 y_1} = -353.8 \sin 72.7° = -338 \, \text{in.}^4$$

　x_2 軸と y_2 軸に関する慣性能率と慣性乗積は円の幾何学から次のように計算される．

$$I_{x_2} = 433.3 - 353.8 \cos 77.3° = 355 \, \text{in.}^4$$
$$I_{y_2} = 433.3 + 353.8 \cos 77.3° = 511 \, \text{in.}^4$$
$$I_{x_2 y_2} = -353.8 \sin 77.3° = -345 \, \text{in.}^4$$

例題 2

　図 4.20 に示す面積の図心を通る主軸とそのまわりの慣性能率を求めよ．x 軸と z 軸は図心を通っている．慣性乗積の値は $I_x = 320$，$I_z = 1,160$，$I_{xz} = -120$ である．

解：

　図 4.21 に示す円の上の X 点の座標は，320, -120 である．Z 点の座標は 1,160, +120 である．これらの点は直径の両端にあるので，円が決まる．X 点に対応する I_{xz} の符号を正しく表すことが主軸の方向を正しく求めるために重要である．原点から円の中心までの距離は，$1/2(320 + 1,160) = 740$ である．

4.6 慣性能率に関するモールの円

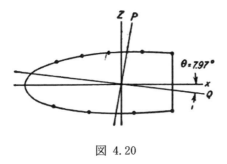

図 4.20

円の幾何学から，

$$\text{半径} = \sqrt{(420)^2 + (120)^2} = 437$$

$$2\theta = \tan^{-1} \frac{120}{420} = 15.94°$$

$$\theta = 7.97°$$

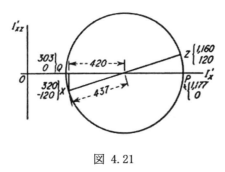

図 4.21

主慣性能率は円の上の P 点と Q 点で表され，最大値と最小値をとり，慣性乗積はゼロである．

$$I_p = 740 + 437 = 1,177 \,\text{in.}^4$$
$$I_q = 740 - 437 = 303 \,\text{in.}^4$$

P 点は円上で Z 点から時計回りに $15.94°$ の位置にあるから，P 軸は z 軸からその半分の角度 $7.97°$ 時計回りに回転した位置にある（図 4.20 参照）．

4.7 組み合わせ応力のモールの円

傾いたいろいろな角度の平面の直応力とせん断応力の関係は，傾いた軸に関する慣性能率と慣性乗積の関係と類似である．構造部材の多くには直応力とせん断応力が同時に働き，その部材を設計する際には，応力の組み合わせの効果を考慮する必要がある．例えば，図 4.22 に示す脚のストラットには，ストラットの方向に引張を生じる曲げ応力，周方向の引張を生じるオイル内圧，水平および垂直面のせん断応力を生じるねじりが働く．最大引張応力は水平面または垂直面には発生せず，ある傾いた面に生じる．せん断応力がゼロになる 2 つの互いに直交する平面が必ず存在することがわかっている．これらの面を主平面（principal plane）と呼び，これらの面に働く応力を主応力（principal stress）と呼ぶ．

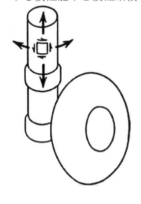

図 4.22

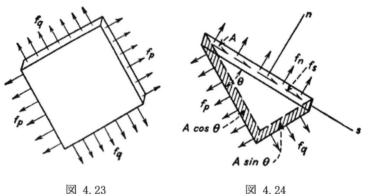

図 4.23   図 4.24

2 次元応力のすべての状態を図 4.23 のように表すことができる．この図では主応力 f_p と f_q が直交する主平面に働いている．これらの平面の方向は応力の状態に依存し，既知の応力状態から求めることができる．主平面からの角度 θ の面に働く直応力 f_n とせん断応力 f_s は釣り合い式から求めることができる．応力 f はポンド／平方インチ（psi）で表されるので，力にするには面積（平方インチ）をかける必要がある．図 4.24 に小さい三角形を示し，その 2 つの辺が主平

4.7 組み合わせ応力のモールの円

面になっており，斜辺が第3の平面になっている．斜辺の面積が A であるとすると，主平面の面積は $A\cos\theta$ と $A\sin\theta$ である．斜辺に垂直，および水平な n 軸と s 軸の方向の力を合計して次の式を得る．

$$\sum F_n = f_n A - f_p A \cos^2\theta - f_q A \sin^2\theta = 0 \tag{4.41}$$

$$\sum F_s = f_s A - f_p A \cos\theta \sin\theta + f_q A \sin\theta \cos\theta = 0 \tag{4.42}$$

下に示す三角関数の倍角公式を使って，

$$\cos^2\theta = \frac{1}{2} + \frac{1}{2}\cos 2\theta$$

$$\sin^2\theta = \frac{1}{2} - \frac{1}{2}\cos 2\theta$$

$$\sin\theta \cos\theta = \frac{1}{2}\sin 2\theta$$

(4.41)式と(4.42)式を A で割ると次の式が得られる．

$$f_n = \frac{f_p + f_q}{2} + \frac{f_p - f_q}{2}\cos 2\theta \tag{4.43}$$

$$f_s = \frac{f_p - f_q}{2}\sin 2\theta \tag{4.44}$$

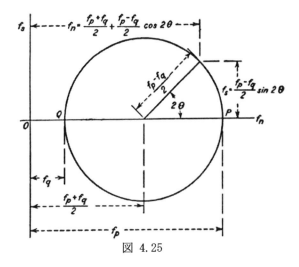

図 4.25

第4章 慣性能率，モールの円

異なる角度 θ の値について，f_s と f_n の値をプロットすると，すべての点が図 4.25 の円の上にのる．モール（Mohr）が最初に作成したこの図は傾いた軸に対する慣性能率に使ったものと同じである．

直応力が正のとき引張で，負のとき圧縮である．モールの円で原点の左側にあるときが圧縮応力である．以下に示す例では，せん断応力は，要素を時計回りに回転させようとするときに正とし，反時計回りに回転させようとするとき負とする．このように，直交する2つの面があるとき，ひとつの面に働くせん断応力が要素を時計回りに回転させようとすると，それはモールの円の上側にあり，もう一方の面に働くせん断応力は大きさが同じで反対の符号を持ち，モールの円の下側に来る．このようなせん断応力の符号の規則に従うと，応力の面の時計回りの回転が円の上の時計回りの回転に対応する．本によってはせん断応力の符号の定義が逆の場合もあり，その場合は面の時計回りの回転が円の上の反時計回りの回転に対応する．

例題

図 4.26 に示す小さい要素が構造内のある点における2次元の応力状態を表している．垂直な面から角度 θ 傾いた面における直応力とせん断応力を 30° 間隔で求めよ．主軸の面と主応力を求めよ．せん断応力が最大になる面とその面における応力を求めよ．

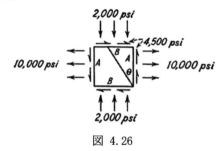

図 4.26

解：

水平な面と垂直な面における直応力 f_n とせん断応力 f_s を図 4.27 にプロットした．垂直な面には直応力 10,000 psi とせん断応力 –4,500 psi が働き，モールの円の上の A 点としてこれらの座標が表される．水平な面の応力は B 点で表され，–2,000 と +4,500 の座標を持つ．AB を直径とした円を描く．距離 OC は $1/2(-2{,}000 + 10{,}000) = 4{,}000$ である．A 点と B 点の円の中心からの水平距離は

4.7 組み合わせ応力のモールの円

6,000 で,垂直距離は 4,500 であるので,

$$半径 = \sqrt{(6,000)^2 + (4,500)^2} = 7,500$$

$$\tan 2\theta = \frac{4,500}{6,000} = 0.75$$

$$2\theta = 36.86° \rightarrow \theta = 18.43°$$

主応力は円の上の P 点と Q 点で表される.これらの座標は距離 OC から半径を足すか,引くかして求めることができる.

$$f_p = 4,000 + 7,500 = 11,500 \text{ psi}$$
$$f_q = 4,000 - 7,500 = -3,500 \text{ psi}$$

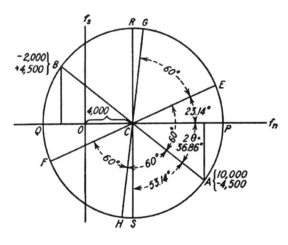

図 4.27

P 点は A 点から反時計回りに 2θ 回転した位置にある.したがって,図 4.28(*a*) に示すように,主軸の面 P は垂直面 A から反時計回りに 18.43° の位置にある.同様に,Q 点は水平面 B から反時計回りの位置にあり,面 P に直交する.

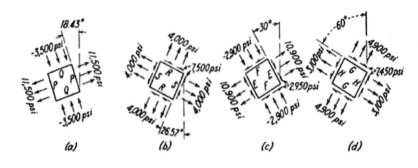

図 4.28

　最大せん断応力が働く面は，応力状態にかかわらず常に主軸の面から 45° の位置にある．モールの円の垂直な直径の両端の R 点と S 点が最大せん断応力の位置を表す．円の上では，これらの点は常に水平な直径（主応力の面）から 90° 離れている．最大せん断応力の 2 つの面における直応力は常に等しく，距離 OC に等しい．最大せん断応力を図 4.28(b) の要素に示す．面 S は垂直面から時計回りに 26.57° であり，モールの円では A 点から時計回りにこの角度の 2 倍の位置となる．面 S は面 P から時計回りに 45° の位置にあり，面 R は面 P から反時計回りに 45° の位置にある．面 R のせん断応力は正で，要素を時計回りに回転させようとする方向に働いている．面 S のせん断応力は負で，要素を反時計回りに回転させようとする方向に働いている．

　面 E と面 F は面 A と面 B から 30° 反時計回りの位置にある．したがって，モール円では面 E と面 F は面 A と面 B から 60° 反時計回りの位置にある．面 E の応力はモール円上の E 点の座標を求めることにより得られる．

$$f_s = 7{,}500 \sin 23.14° = 2{,}950 \,\text{psi}$$
$$f_n = 4{,}000 + 7{,}500 \cos 23.14° = 10{,}900 \,\text{psi}$$

面 E と面 F の応力を正しい方向で図 4.28(c) に示した．

　垂直面 A から 60° 反時計回りに回転した面 G の応力は次のように計算することができる．

$$f_s = 7{,}500 \sin 83.14° = 7{,}450 \,\text{psi}$$
$$f_n = 4{,}000 + 7{,}500 \cos 83.14° = 4{,}900 \,\text{psi}$$

面 G に直交する面 H の応力は，

$$f_s = -7{,}500 \sin 83.14° = -7{,}450 \,\text{psi}$$
$$f_n = 4{,}000 - 7{,}500 \cos 83.14° = 3{,}100 \,\text{psi}$$

これらの応力を図4.28(d)に示す．

問題

4.8 図に示す面積の x 軸，y 軸に関する慣性乗積を求めよ．この図形は原点に関して点対称である．

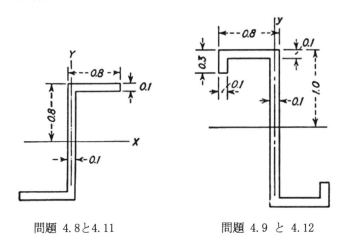

問題 4.8と4.11　　　　問題 4.9 と 4.12

4.9 図に示す面積の x 軸，y 軸に関する慣性乗積を求めよ．

4.10 図に示す面積の図心を通る水平軸，垂直軸に関する慣性乗積を求めよ．

4.11 主軸に関する慣性能率を求めよ．主軸の角度を求め，この角度を図示せよ．

4.12 主軸に関する慣性能率を求めよ．主軸の角度を求め，この角度を図示せよ．

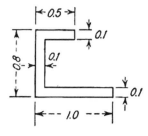

問題 4.10 と 4.13

第4章 慣性能率,モールの円

4.13 図心を通る主軸に関する慣性能率を求めよ.主軸の角度を求め,この角度を図示せよ.

4.14 主翼断面の有効な面積は図心を通る座標軸 x 軸と z 軸に関して次の値を持つ.$I_x = 480$ in.^{4}, $I_z = 1,620$ in.^{4}, $I_{xz} = 180$ in.^{4}.主軸の位置と主軸に関する慣性能率を求めよ.

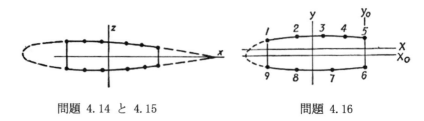

問題 4.14 と 4.15   問題 4.16

4.15 主翼の断面特性が $I_x = 420$ in.^{4}, $I_z = 1,280$ in.^{4}, $I_{xz} = -220$ in.^{4} の場合,主軸の位置と主軸に関する慣性能率を求めよ.

4.16 図に示すように,主翼の断面が9点に集中した要素で表されている.基準とする x_0 軸と y_0 軸に関する各要素の面積と座標が表に示されている.x_0 軸と y_0 軸に関する慣性能率と慣性乗積を求めよ.図心位置と図心を通る座標軸に関する慣性能率と慣性乗積を求めよ.次に図心を通る主軸を求め,主軸回りの慣性能率を求めよ.

表 4.6

要素	面積	x_0	y_0
1	0.422	−35.1	5.13
2	0.382	−28.0	5.25
3	0.382	−20.5	4.75
4	0.382	−10.5	4.25
5	0.562	0	3.55
6	0.487	0	−1.44
7	0.503	−12.4	−2.48
8	0.503	−23.2	−3.36
9	0.416	−35.1	−3.35

4.17 図に示した要素の主応力と主軸の面を求めよ．15° 間隔で 0° から 180° までの傾いた面の応力を求めよ．図 4.28 に示したように結果を図示せよ．

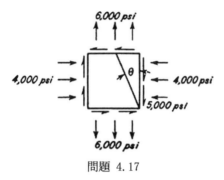

問題 4.17

4.18 図に示した要素の主応力と主軸の面を求めよ．最大せん断応力が生じる面を求め，その面における応力を求めよ．θ が 30° と 120° の面の応力を求め，図示せよ．

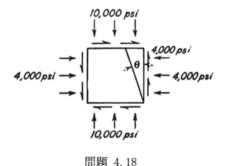

問題 4.18

4.19 図に示すように，主翼の上面の要素に 30,000 psi の圧縮応力と 10,000 psi のせん断応力が働いている．主軸と主応力を求めよ．30° 傾いた面の応力を求めよ．

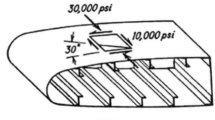

問題 4.19

4.20 図に示した要素の主応力と主軸の面を求めよ．図に示すように，20°傾いた面の応力を求めよ．

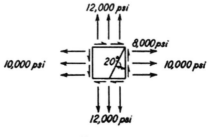

問題 4.20

第4章の参考文献

[1] Marin, J.: "Strength of Materials," Chap.VI, The Macmillan Company New York, 1948.

第5章　せん断力, 曲げモーメント線図

5.1 せん断力と曲げモーメント

2つの力が働く部材以外の構造部材の設計においては, その部材のいろいろな断面のせん断力と曲げモーメントを知ることが必要である. ある部材に働くすべての荷重がわかっていれば, 任意の断面に働く内部荷重をその断面のどちらかの側の力の釣り合いから簡単に計算することができる.

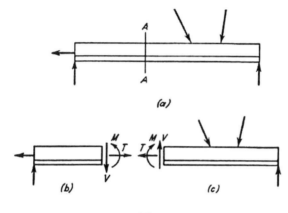

図 5.1

面内の荷重が負荷される部材では, 任意の断面に関して3つの荷重成分が存在し, 面内の3つの釣り合い式から内部荷重を求めることができる. 図 5.1(a)に示す部材に面内荷重が負荷されている. 断面 AA の内部荷重は, 断面に直交する力 T と平行な力 V, 偶力 M で代表される. 断面 AA の右側の部分に働く内力は, 左側に働く力と同じ大きさで向きが反対である. 外力がわかっていれば, その内力は, 部材のどちらかの側の釣り合いから求めることができる. 内部応力はそれぞれの内力について別々に求めて, それらを重ね合わせることによって得られる. せん断力 V は断面に平行な応力, すなわちせん断応力を発生する. 引張力 T と曲げモーメント M は断面に垂直な応力を発生する. 引張力が断面に一様に分布する応力を発生するには, 図 5.2 に示したように引張力が断面の図心に作用しなければならない. 面積の図心は, その面積に一様に分布する平行な力の合力の作用点と定義されているからである. したがって, 曲げモーメン

トを計算する際には，引張力の合力は断面の図心を通る線に沿って作用すると考える．通常，曲げモーメント M は，断面の左側に作用する外力による図心まわりのモーメントをとることによって計算される．力 V と T はこの点に関してモーメントを生じないからである．

V と M の値を部材の長手方向のすべての点についてプロットするのが普通であり，この図のことをせん断力線図と曲げモーメント線図（shear and bending-moment diagram）と呼ぶ．水平の梁のせん断力の正の向きは図 5.1(b) と(c)のように定義し，断面の左側に働く力が上向きの場合と，断面の右側に働く力が下向きの場合が正である．正の曲げモーメントは梁の上側に圧縮応力を発生する．垂直な梁の場合には定まった符号の定義はないので，それぞれの場合について正の向きを定義する必要がある．上向きの力が正のせん断力を発生すると考える片持ち翼の場合には，上とは異なる定義が用いられることがある．通常の符号の定義では，翼を後ろから見たとき，左側の翼の上向きの力が正のせん断力を生じ，右側の翼の上向きの力は負のせん断力となる．

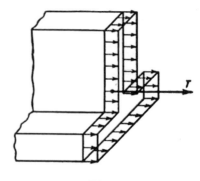

図 5.2

例題

図 5.3(a)に示す梁のせん断力線図と曲げモーメント線図を示せ．

解：

まず，梁全体をフリーボディと考えて，反力 R_1 と R_2 を計算する．

$$\sum M_{R_1} = 100 \times 100 \times 10 - 20{,}000 \times 70 + 100 R_2 = 0$$
$$R_2 = 13{,}000\,\text{lb}$$
$$\sum M_{R_2} = 100 \times 100 \times 110 + 20{,}000 \times 30 - 100 R_1 = 0$$
$$R_1 = 17{,}000\,\text{lb}$$

チェック： $\sum F_y = 100 \times 100 - 17{,}000 + 20{,}000 - 13{,}000 = 0$

梁の左端と左の反力の間の任意の断面のせん断力と曲げモーメントは，図 5.4

に示すフリーボディを考えることによって得られる．
$$V = 100x$$
$$M = 50x^2$$

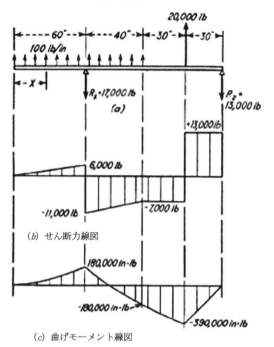

図 5.3

V に関する式は，$x = 0$, $V = 0$ の点から $x = 60$, $V = 6,000$ の点への直線で，図 5.3(*b*) に示す．M に関する式は，$x = 0$, $M = 0$ と $x = 60$, $M = 180,000$ を通る下に凸の放物線で，図 5.3(*c*) に示す．

次に，反力の右側の断面で，分布荷重が働く梁の断面を考える（図 5.5）．
$$V = 100x - 17,000$$
$$M = 50x^2 - 17,000(x - 60)$$

V の式は，$x = 60$, $V = -11,000$ の点から $x = 100$, $V = -7,000$ の点への直線で，図 5.3(*b*) に示す．M の式は，$x = 60$, $M = 180,000$ の点と $x = 100$, $M = -180,000$ の点を通る下に凸の放物線である．

123

第 5 章　せん断力，曲げモーメント線図

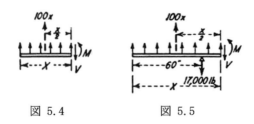

図 5.4　　　　　図 5.5

次に，図 5.6 に示す部分を考える．
$$V = 10{,}000 - 17{,}000 = -7{,}000$$
$$M = 10{,}000(x - 50) - 17{,}000(x - 60)$$

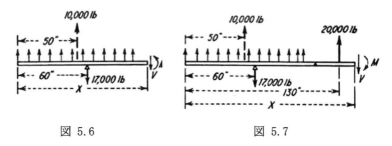

図 5.6　　　　　図 5.7

M の式は $x = 100$, $M = -180{,}000$ の点と $x = 130$, $M = -390{,}000$ の点を通る直線である．

次に，図 5.7 に示す部分を考える．
$$V = 10{,}000 - 17{,}000 + 20{,}000 = 13{,}000$$
$$M = 10{,}000(x - 50) - 17{,}000(x - 60) + 20{,}000(x - 130)$$

V と M の式は図 5.3 に示す直線である．$x = 160$ の点でせん断力は右の反力と等しくなり，曲げモーメントがゼロになるので，数値のチェックができる．その点の右側の梁の部分を考えることで他の点のチェックもできる．

多くの場合において，せん断力と曲げモーメントの式を書く必要はない．図 5.3(*b*)と(*c*)に示した数値は，各点の左側の釣り合いを考えることで直接計算することができる．これらの点の間の線図の形は次節の関係を使うことによって正確に描くことが可能である．

5.2 荷重，せん断力，曲げモーメントの間の関係

図 5.8 に示す長さ dx の梁の小さい要素をフリーボディと考えると，便利な関係式を導くことができる．梁に単位長さあたりの w の荷重が分布していると，梁の要素に働く荷重は wdx で，上向きである．その要素の垂直方向の力を合計すると，次の式が得られる．

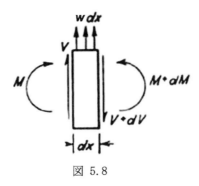

図 5.8

$$V + wdx - (V + dV) = 0$$

すなわち，

$$\frac{dV}{dx} = w \tag{5.1}$$

右側の断面に関するモーメントの合計から次の式が得られる．

$$M + Vdx + wdx\frac{dx}{2} - (M + dM) = 0$$

整理して，増分の 2 乗を省略すると，

$$\frac{dM}{dx} = V \tag{5.2}$$

(5.1)式は，任意の点の荷重密度はその点におけるせん断力の微分と等しいことを示している．この関係は 5.1 節の例題で得た V の式でも成り立っていることがわかる．V の式の微分は分布荷重 $w = 100$ lb/in.の任意の点で $dV/dx = 100$ となり，分布荷重が無い場所では $dV/dx = 0$ となっている．図 5.3(b)に示すせん断力線図を調べると，分布荷重がある場所では 100 lb/in.で増加し，分布荷重が無い部分では一定である．集中荷重または反力はゼロの長さの梁の部分に働いて

第5章 せん断力,曲げモーメント線図

いるとみなし,荷重密度がその点で無限大であると考える.せん断力はこれらの点で常に不連続となる.

(5.2)式によると,任意の点でせん断力は曲げモーメントの微分と等しい.この関係は,曲げモーメント線図の形を決めるのに便利に使える.図 5.3(c)の曲げモーメント線図を調べると,梁の左端ではこの点におけるせん断力がゼロであるので,曲げモーメントの線の接線は水平である.曲げモーメントの線は梁の左端から左の反力の点に向かって徐々に増加する.この部分ではせん断力が増加しているからである.反力点のすぐ左まで,曲げモーメントが 6,000in-lb/in.の率で増加する.曲げモーメントの線の傾きはこの点でのせん断力に等しいからである.反力点のすぐ右では,曲げモーメントの傾きは–11,000 in-lb/in.である.せん断力が負の区間では曲げモーメントの傾きは負である.せん断力が一定の区間では,曲げモーメントの線は直線であり,その傾きはせん断力の値に等しい.

曲げモーメントが最大,または最小になるのは,曲げモーメントの微分がゼロになる点であり,すなわち,せん断力がゼロの点である.分布荷重が働く区間内で曲げモーメントが最大となる場合には,せん断力線図からその点を見つけることができる.

5.3 せん断力線図の面積としての曲げモーメント

(5.2)式を梁の A と B の2点間で積分すると,

$$\int_A^B dM = \int_A^B V dx$$

すなわち,

$$M_B - M_A = \int_A^B V dx \tag{5.3}$$

(5.3)式の積分は A 点と B 点の間のせん断線図の面積を表している.A 点から B 点への曲げモーメントの増加はこれらの点の間のせん断力線図の面積に等しい.せん断力が負の場合は面積も負であると考える.この定理は曲げモーメントの値を計算したり,チェックしたりするのに有用である.この方法を 5.1 項の例題に適用することができる.図 5.3(b)のせん断力線図の $x = 0$ から $x = 60$ の区間の面積は,$6,000 \times 60/2 = 180,000$ in-lb で,この区間の曲げモーメントの変化に等しい.梁の左端の曲げモーメントはゼロだから,この曲げモーメントは

5.3 せん断力線図の面積としての曲げモーメント

$x = 60$ における曲げモーメントである．同様に，せん断力線図の $x = 60$ から $x = 100$ の区間の面積は，–360,000 in-lb である．したがって，$x = 100$ における曲げモーメントは，180,000 – 360,000 = –180,000 in-lb になる．この梁のように，両端で曲げモーメントがゼロになる梁では，せん断力線図の面積の合計はゼロでなければならない．

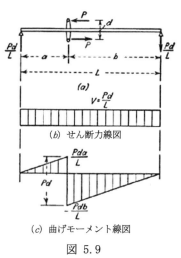

図 5.9

偏心した軸荷重や偶力が負荷される梁には(5.3)式を適用することができない．(5.3)式を導く際には，A 点と B 点の間で曲げモーメントが連続であると仮定した．図 5.9 に示す梁では，偶力が作用する点で曲げモーメントが不連続である．左端から右の支持点側のある点までのせん断力図の面積は，その点の曲げモーメントとは等しくない．梁の両端で曲げモーメントはゼロであるにもかかわらず，せん断力線図の面積の合計はゼロではない．しかし，A 点と B 点の間に曲げモーメントの不連続が無ければ(5.3)式を適用できる．

分布荷重が負荷される梁では，分布荷重の線図の面積からせん断力を求めることができる．(5.1)式を積分して，

$$\int_A^B dV = \int_A^B w dx$$

すなわち，

$$V_B - V_A = \int_A^B w dx \tag{5.4}$$

第5章 せん断力，曲げモーメント線図

(5.4)式の積分は A 点と B 点の間の分布荷重線図の面積を表している．この面積はこれらの点の間のせん断力の変化に等しい．

例題 1

図 5.10(a)に示す梁のせん断力線図と曲げモーメント線図の式を，以下の3つの方法で求めよ．

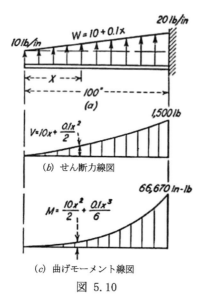

a. 5.1 節と同じように断面の左側の力を考えて計算する．

b. 荷重分布の式とせん断力のカーブを積分する．

c. 荷重分布とせん断力分布の面積を幾何学的に求める．

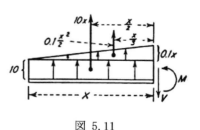

図 5.10

図 5.11

解：

荷重密度は，$x = 0$ で 10 lb/in.から $x = 100$ で 20 lb/in.へと増加する．任意の x の点における荷重密度は次の式になる．

$$w = 10 + 0.1x \tag{5.5}$$

a. 任意の断面の左側の荷重は 5.11 図のようになる．荷重の一部は 10 lb/in.で一定で，x の長さ分の合力は $10x$ で，$x/2$ の位置に作用する．残りの部分は三角形分布をしており，x の位置で $0.1x$ の荷重密度で，x の長さ分の合力は $0.1x^2/2$ で，$x/3$ の位置に作用する．垂直力の合計は，

$$V = 10x + 0.1\frac{x^2}{2}$$

5.3 せん断力線図の面積としての曲げモーメント

断面におけるモーメントの合計は,

$$M = 10x\frac{x}{2} + 0.1\frac{x^2}{2}\frac{x}{3}$$

すなわち,

$$M = 10\frac{x^2}{2} + 0.1\frac{x^3}{6}$$

V と M のグラフを図 5.10 に示す.

b. V と M の式は荷重 w を直接積分することによって得られる. (5.4)式と(5.5)式から,

$$V - 0 = \int_0^x (10 + 0.1x)dx$$

すなわち,

$$V = 10x + 0.1\frac{x^2}{2}$$

(5.3)式から,

$$M - 0 = \int_0^x V dx$$

$$M = \int_0^x \left(10x + 0.1\frac{x^2}{2}\right)dx$$

すなわち,

$$M = 10\frac{x^2}{2} + 0.1\frac{x^3}{6}$$

これらの V と M の式は前に求めた値と一致している.

c. 梁の左端のせん断力はゼロであるので, 荷重分布の線の断面の左側の面積からせん断力が得られる. 荷重分布の線の下の面積は, 図 5.11 の長方形と三角形の和に等しい.

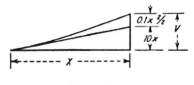

図 5.12

$$V = 10x + 0.1\frac{x^2}{2}$$

図 5.12 に示すように, せん断力の線は 2 つの部分に分けて描くことができる. 一定荷重の部分によるせん断力は x 位置で $10x$ となる三角形である. 三角形分

布の荷重によるせん断力は x 位置で $0.1x^2/2$ となる放物線である．梁の左端の曲げモーメントはゼロであるから，x 位置における曲げモーメントはせん断力の線の下の面積に等しい．図 5.12 に示す三角形の面積は $10x^2/2$ である．放物線の面積は底辺と最大値の積の 1/3 であり，$(0.1x^2/2)(x/3)$ となる．曲げモーメントの合計はこれらの面積の合計で，

$$M = 10\frac{x^2}{2} + 0.1\frac{x^3}{6}$$

この式は前に得た式と同じである．

例題 2

航空機の主翼に働く空気力は簡単な式では表せない．図 5.13(a)の主翼に作用するスパン（翼幅）方向の 1 インチあたりの分布荷重 w を，スパンに沿った座標点に対する分布荷重の値として表 5.1 の列(2)に示す．この主翼のせん断力線図と曲げモーメント線図を求めよ．

解：

各点におけるせん断力と曲げモーメントの値を表 5.1 で計算した．これらの点をステーションと呼び，図 5.13(a)に示すように機体の中心からの距離 y で表す．空気力が主翼に垂直に作用するので，この距離は水平方向に測るのではなく，主翼に沿って測る．各ステーション間の距離を Δy として，列(3)に記入する．任意

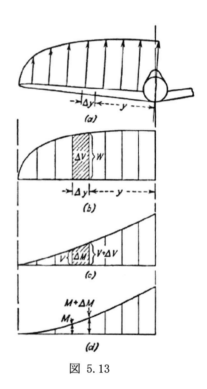

図 5.13

の点におけるせん断力の値は，その点の左側の荷重分布の曲線の下の面積から計算される．図 5.13(b)に示すように，荷重分布の曲線は既知の点を結んだ直線からなり，その面積は台形の面積の和となる．台形の面積は底辺の長さ Δy と高さの平均の積で計算され，列(4)に示されている．図 5.13(b)と(c)に示すように，2 ステーション間のせん断力の変化 ΔV はその 2 つのステーション間の荷重分

5.3 せん断力線図の面積としての曲げモーメント

布曲線の面積に等しい．せん断力 V は列(4)の和として得られ，列(5)に記入される．2つのステーション間の曲げモーメントの変化はせん断力曲線の下の面積と等しい．この面積も台形と仮定して，隣り合うステーションのせん断力の和にステーション間の距離の半分をかけて得ることができる．これらの台形の面積を列(6)に記入する．曲げモーメントは列(6)を足し合わせて列(7)のように求められる．

表 5.1

Sta.	荷重密度	Sta間の間隔	せん断力の増分	せん断力	モーメントの増分	曲げモーメント
中心線からの距離	空気力計算から	列(1)より	$w_{av}\Delta y$	$\Sigma \Delta y$	$V_{av}\Delta y$	$\Sigma \Delta M$
y, in. (1)	w, lb/in. (2)	Δy, in. (3)	ΔV, lb (4)	V, lb (5)	ΔM, in-lb (6)	M, in-lb (7)
225	0			0		0
		5	90		200	
220	35			90		200
		20	930		11,100	
200	58			1,020		11,300
		20	1,290		33,300	
180	71			2,310		44,600
		20	1,510		61,300	
160	80			3,820		105,900
		20	1,690		93,300	
140	89			5,510		199,200
		20	1,870		128,900	
120	98			7,380		328,100
		20	2,030		167,900	
100	105			9,410		496,000
		20	2,160		209,800	
80	111			11,570		705,800
		20	2,270		254,100	
60	116			13,840		959,900
		20	2,360		300,400	
40	120			16,200		1,260,000
		20	2,430		348,300	
20	123			18,630		1,608,000
		20	2,480		397,400	
0	125			21,110		2,005,000

5.4 ひとつの面内に無い荷重が負荷される部材

ひとつの面内に無い荷重が負荷される部材があった場合，その任意の断面に働く合力は6つの成分で表すことができる．この合力は互いに直交する軸の方向の3つの力の成分と，これらの軸に関する3つのモーメントの成分で考えるのがふつうである．これらの6つの未知数は，その断面のどちらかの側の構造の部分の6つの釣り合い式から求められる．

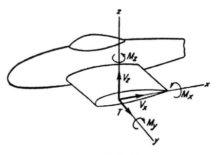

図 5.14

航空機の主翼のある断面に働く力とモーメントを図5.14に示す．x軸とz軸はその断面の面内にあり，これらの軸の方向の力は，その断面に働く水平方向のせん断力と垂直方向のせん断力である．引張力Tによる応力が断面内で一様に分布しているならば，y軸はその断面の図心を通らなければならない．主翼の場合には，引張力Tは無視でき，図心を計算する前にはx軸とz軸は任意にとることができる．偶力M_xとM_zは垂直荷重と水平荷重によって生じる主翼の曲げモーメントを表す．偶力M_yは主翼のねじりを表す．せん断力線図，曲げモーメント線図はyz面内の荷重とxy面内の荷重に対して別々に求められる．

例題

図2.11と図2.12に示す脚のオレオストラットのせん断力線図と曲げモーメント線図を描け．

5.4 ひとつの面内に無い荷重が負荷される部材

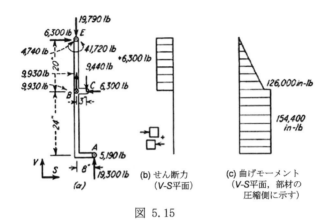

図 5.15

解：

　VS 平面内の荷重に関するせん断力と曲げモーメントを，VD 平面内の荷重に対するせん断力と曲げモーメントとは別に計算する．図 5.15(a)に VS 平面内の荷重を示す．この平面に垂直な荷重は，この平面内のせん断力と曲げモーメントに影響をおよぼさないが，図には示してある．VS 平面内のせん断力は S 軸方向の荷重成分によって生じ，B 点より下方でゼロで，B 点より上方で 6,300 lb である（図 5.15(b)）．このような種類の部材に対してはせん断力の正の方向に関する決まった規則がないので，せん断力の正の方向をせん断力図の中に示している．VS 面内の荷重に関する曲げモーメント図を図 5.15(c)に示す．B 点のすぐ下の曲げモーメントは，この点の下に働くすべての力によるモーメントを計算して得ることができる．

$$M = 19{,}300 \times 8 = 154{,}400 \text{ in-lb}$$

19,300 lb の力によるモーメントは部材の中心線の任意の点で同じなので，この曲げモーメントは部材の下部では一定である．

$$M = 19{,}300 \times 8 - 9{,}440 \times 3 = 126{,}000 \text{ in-lb}$$

B 点より上で曲げモーメントは，B 点の 6,300lb の水平方向の力が作るモーメントを 126,000in-lb から差し引くから，曲げモーメントは部材の上端でゼロになるように線形に減少する．B 点での値はこの点より上に働く力によるモーメントを計算してチェックできる．

$$M = 6{,}300 \times 20 = 126{,}000 \text{ in-lb}$$

曲げモーメント線図を部材の圧縮側に示し，この図のすべての値は正で示され

第5章 せん断力，曲げモーメント線図

ている．

任意の点の曲げモーメントはせん断力線図の下の面積では計算できないことが明らかである．A点とC点に働く垂直力が曲げモーメント線図に不連続を与えるので，このような場合にはせん断力線図の面積から曲げモーメントを計算することについて十分な注意が必要である．しかし，曲げモーメントの曲線の傾きはせん断力に等しく，もしそれらの点の間に不連続がないならば，2点間の曲げモーメントの変化はそれらの点の間のせん断力線図の面積に等しい．

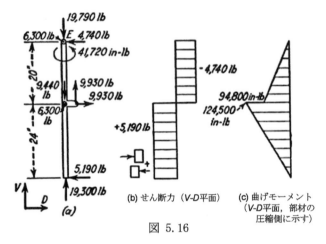

図 5.16

VD平面内の荷重によるせん断力線図と曲げモーメント線図を図5.16に示す．図5.16(b)に示すように，力のD軸方向成分からせん断力線図を得ることができる．図5.16(c)に示す曲げモーメント線図は，力のV軸とD軸方向成分によるモーメントから得られる．前の計算と同じく，その断面より下に働く力によるモーメントを計算することによって曲げモーメントが得られ，その断面より上に働く力によるモーメントでそれをチェックできる．せん断力が一定なので，曲げモーメント線図は直線で構成されている．曲げモーメントの値は，C点のすぐ上とすぐ下，および部材の両端で計算すればよい．

問題

5.1 図に示す梁のせん断力線図と曲げモーメント線図を描け．$P_1 = 0$, $P_2 = 400$ lb, $w = 10$ lb/in.とする．

5.4 ひとつの面内に無い荷重が負荷される部材

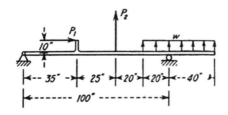

問題 5.1から5.4

5.2 図に示す梁のせん断力線図と曲げモーメント線図を描け．$P_1 = 0$, $P_2 = 1000$ lb, $w = 5$ lb/in.とする．

5.3 図に示す梁のせん断力線図と曲げモーメント線図を描け．$P_1 = 1,000$ lb, $P_2 = 400$ lb, $w = 0$ とする．

5.4 図に示す梁のせん断力線図と曲げモーメント線図を描け．$P_1 = 2,000$ lb, $P_2 = 100$ lb, $w = 10$ lb/in.とする．

5.5 図に示す梁のせん断力線図と曲げモーメント線図を描け．$P = 0$, $w_1 = 0$, $w_2 = 10$ lb/in. とする．

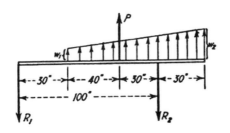

問題 5.5 と 5.6

5.6 図に示す梁のせん断力線図と曲げモーメント線図を描け．$P = 2,000$ lb, $w_1 = 10$ lb/in., $w_2 = 20$ lb/in. とする．

5.7 5.3項の例題2で示した表による計算法を使って，図 5.10(a)に示す梁のせん断力と曲げモーメントの値を 20-in.間隔で計算せよ．各曲げモーメントの値

第5章 せん断力，曲げモーメント線図

の誤差（%）を求めよ．

5.8 問題 5.7 を 10-in. 間隔で計算せよ．

5.9 図 2.12(*c*)と(*d*)に示した脚の曲げモーメント線図を描け．

5.10 図 2.11 に示した脚のオレオストラットの曲げモーメント線図を描け．車軸に働く荷重は，V 方向 20,000 lb, D 方向 6,000 lb とする．

第6章 対称断面梁のせん断応力と曲げ応力

6.1 曲げの式

梁のある断面のせん断力と曲げモーメントがわかったら，梁を設計するためにはその断面の単位面積あたりの力（unit stress）を知ることが必要である．この力（unit stress）はある点における力の強さで，ふつうの工学単位系では単位面積あたりの力，ポンド／平方インチ（pounds per square inch, psi）の単位を持つ．今後，応力（stress）という用語を使うときは，単位面積あたりの力（unit stress）を表す．本章では，梁の断面は図心を通る水平軸または垂直軸に関して対称であると仮定する．したがって，これらの軸は主軸である．軸力，せん断力，曲げモーメントによって生じる応力は，別々に計算して，その後で重ね合わせることができる．

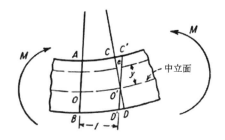

図 6.1

図 6.1 に示すように，最初は真っ直ぐだった梁に純粋な曲げが負荷されて円弧状にたわんでいる．梁の断面の平面は，梁が曲がったあとも平面を保つことが実験でわかっている．図 6.1 に示すように，断面 *AB* と *CD* は，梁が曲がる前には両方とも垂直の面であり，曲げられた後には半径方向の面になる．梁が長手方向の「繊維」の集まりでできていると考えると，梁の上側は圧縮され，下側は伸ばされる．中立面（neutral surface）と呼ばれる，ある中間の面は同じ長さのままである．中立面と断面の交線をその断面の中立軸（neutral axis）と呼ぶ．断面 *AB* と *CD* が初めは単位長さだけ離れていたとすると，これらの断面の間にある繊維の単位伸び e は，変形した梁の面 *CD* と面 *AB* に平行な面 *C'D'* との距離である（図 6.1 参照）．単位伸び e は繊維の中立面からの距離 y に比例し，その材料の応力と単位伸びの関係には依存しない．応力が弾性限より小さい場合には応力は歪に比例するので，応力は距離 y に比例する．

$$f = Ky \tag{6.1}$$

K は比例定数で，後で決定する．f は中立面からの距離 y の点の応力である．応

第6章 対称断面梁のせん断応力と曲げ応力

力が弾性限を超えると，(6.1)式は成り立たないが，その状態については後の章で詳細に説明する．(6.1)式で表された応力分布を図 6.2(b)に示す．

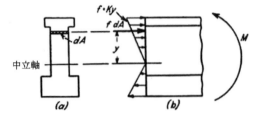

図 6.2

曲げ応力だけを考えているので，梁のどちら側についても釣り合っていなければならず，断面に働く応力の水平方向の成分の合計はゼロでなければならない．図 6.2(a)に示す面積 dA の要素に働く力は，この面積に応力をかけた fdA である．(6.1)式の f を代入して，断面積全体で力を合計すると次の合力を得る．

$$\int f dA = K \int y dA = 0 \tag{6.2}$$

梁に力が負荷されているので，K はゼロではない．したがって，$\int f dA$ がゼロでなければならない．面積の図心はこの積分がゼロになる点で定義されているので，純曲げを受ける梁の中立軸が断面の図心であることを(6.2)式が証明している．

図 6.2(b)に示す梁の一部分がモーメントの釣り合い状態にあるためには，断面に働く力によるモーメントが外部のモーメント M と等しくなければならない．

$$M = K \int y^2 dA \tag{6.3}$$

(6.3)式の積分は面積の中立軸まわりの慣性能率(断面2次モーメント)を表し，I と記すことにする．(6.3)式より，

$$M = KI$$

または，

$$K = \frac{M}{I} \tag{6.4}$$

(6.4)式と(6.1)式より，

6.1 曲げの式

$$f = \frac{My}{I} \qquad (6.5)$$

(6.5)式は曲げの式（flexure formula）と呼ばれ，応力解析で最も普遍的で最も有用な式だろう．曲げ応力の方向は，正の曲げモーメントが中立軸の上側で圧縮応力を，下側で引張を生じることを使って決めるのが普通である．表形式で計算する際のように(6.5)式から応力の方向を決めたい場合には，正の曲げモーメントが中立軸の下方の負の y の値に対して正の引張応力を生じるので，符号を変えることが必要である．

6.2 梁のせん断応力

断面に平行なせん断力 V が断面の面積に応じて変化するせん断応力 f_s を発生する．2つの直交する断面のせん断応力は等しいことを第4章で示した．したがって，梁に沿った水平な面のせん断応力は，これに垂直な断面のせん断応力と，これらの2つの面が交差する点において等しくなければならない．交差する面の任意の点における垂直方向のせん断応力の大きさは，この点を通る水平面のせん断応力を計算することによって得ることができる．

一定断面の梁のせん断応力は曲げモーメントの大きさによって影響を受けないが，2つの断面の曲げモーメントの差を考慮する必要がある．距離 a だけ離れた2つの断面の間の梁の部分に図 6.3 の力が働いており，釣り合い状態にある．距離 a は小さくて，この間で外部荷重は大きく変化しないと仮定する．2つの断面におけるせん断力 V は同じ大きさで向きが反対である．右側

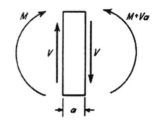

図 6.3

の断面の曲げモーメントは，もうひとつの断面の曲げモーメント M と偶力 Va の合計と等しい．この2つの断面の曲げ応力を図 6.4(b)に示す．中立軸からの距離 y の点における曲げ応力は，左側の断面で My/I，右側の断面で $(My/I)+(Vay/I)$ である．中立軸の上側の距離 y_1 の点におけるせん断応力を得るには，図 6.4(c)に示すように，この点の上の部分をフリーボディと考える．右側の断面に働く合力は左側の断面に働く合力よりも大きい．水平方向の釣り合いのために，幅 b，長さ a の面積の水平面に働くせん断応力によって生じる力

第6章 対称断面梁のせん断応力と曲げ応力

が2つの断面の垂直力の差と等しくなければならない.

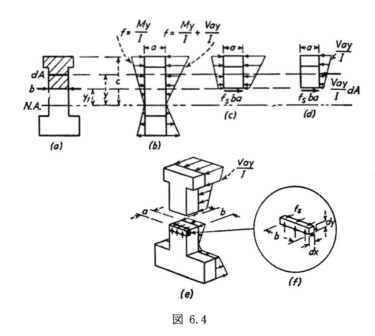

図 6.4

力の差だけを考えるので，せん断応力を計算するには図 6.4(d)に示す荷重状態を使う．水平方向の力を合計すると，

$$f_s ba = \int_{y_1}^{c} \frac{Vay}{I} dA \tag{6.6}$$

ここで積分は，図 6.4(d)に示す要素の断面に働く水平方向の力の合計で，各要素の応力にその面積 dA をかけて，せん断を求めたい点より上の断面の面積に対して積分して計算される．(6.6)式は次のように表される．

$$f_s = \frac{V}{Ib} \int_{y_1}^{c} y dA \tag{6.7}$$

ここで，積分は，その点より上の断面の面積モーメントを表し，そのモーメントアームは中立軸から測る．考慮している断面を図 6.4(a)の影をつけた部分で示す．

(6.7)式は(6.5)式から導かれていて，梁の断面が図心を通る水平軸または垂直軸に関して対称である，すなわちこれらの軸が主軸であるという仮定に基づい

140

ている.(6.5)式では応力が歪に比例しているという仮定を用いているので,(6.7)式は曲げ応力が材料の弾性限を超える場合には適用できない.梁の断面は梁の長手方向に沿って同じ断面をしていると仮定しており,テーパーする梁については,(6.7)式は大きな誤差を生じるだろう.

例題 1

図 6.5 に示す梁の最大曲げ応力と断面のせん断応力分布を求めよ.梁の断面は水平軸と垂直軸に関して対称である。

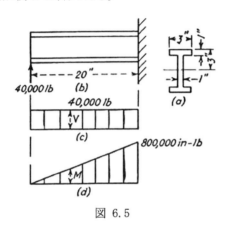

図 6.5

解:
　せん断力線図と曲げモーメント線図を図 6.5(c),(d)に示す.最大曲げ応力は最大曲げモーメントの点で生じるので,梁の右端である.せん断力は梁の全長で一定で,せん断応力の分布はすべての断面で同じである.断面2次モーメントは次のように計算できる.

$$I = 2\left[\frac{3 \times 1^3}{12} + 3 \times 2.5^2\right] + \frac{1 \times 4^3}{12} = 43.3 \, \text{in.}^4$$

最大曲げ応力は,

$$f = \frac{My}{I} = \frac{800{,}000 \times 3}{43.3} = 55{,}400 \, \text{psi}$$

　梁の上面から 1 in. 下の点では,(6.7)式の積分は上側の長方形の中立軸に関する面積モーメントに等しい.

141

第6章 対称断面梁のせん断応力と曲げ応力

$$\int_{y_1}^{c} y\,dA = 2.5 \times 3 = 7.5\,\text{in.}^3$$

この点のすぐ上でのせん断応力は, 幅 $b = 3$ in. だから,

$$f_s = \frac{V}{Ib}\int_{y_1}^{c} y\,dA = \frac{40,000}{43.3 \times 3} \times 7.5 = 2,310\,\text{psi}$$

この点のすぐ下でのせん断応力は, 幅 $b = 1$ in. だから,

$$f_s = \frac{V}{Ib}\int_{y_1}^{c} y\,dA = \frac{40,000}{43.3 \times 1} \times 7.5 = 6,930\,\text{psi}$$

梁の上面から 2 in. 下の点では (6.7)式の積分は,

$$\int_{y_1}^{c} y\,dA = 2.5 \times 3 + 1.5 \times 1 = 9.0\,\text{in.}^3$$

この点でのせん断応力は,

$$f_s = \frac{V}{Ib}\int_{y_1}^{c} y\,dA = \frac{40,000}{43.3 \times 1} \times 9.0 = 8,320\,\text{psi}$$

中立軸上の点におけるせん断応力は,

$$f_s = \frac{V}{Ib}\int_{y_1}^{c} y\,dA = \frac{40,000}{43.3 \times 1} \times (2.5 \times 3 + 1 \times 2) = 8,780\,\text{psi}$$

断面全体のせん断応力分布を図 6.6 に示す. この断面は中立軸に関して対称だから, 梁の断面の下半分におけるせん断応力の分布は上半分におけるせん断応力の分布と同じである.

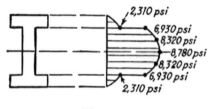

図 6.6

せん断応力の別の解:

　問題によってはせん断応力を求めるのに (6.7)式を使うよりも, 2 つの断面間の曲げ応力の差を求めることによってせん断応力を計算するほうが便利なことがある. この解法は, (6.7)式をいろいろな種類の問題に適用することの理解に役立つ. 1 in. 離れた 2 つの断面に挟まれた梁の一部分を図 6.7 に示す. この 1 in. の長さによる曲げモーメントの増加は V である. 右側の面の曲げ応力のほうが

左側の面の曲げ応力より Vy/I だけ大きい．梁の上面におけるこの曲げ応力の差は，

$$\frac{Vy}{I} = \frac{40{,}000 \times 3}{43.3} = 2{,}770\,\text{psi}$$

Vy/I という表現は曲げ応力としてしばしば扱われる．単位は lb/in^3 ではなく，lb/in^2 である．この表現は本当は Vay/I で，a は単位長さであり，式では簡単にするために a を省略していることに注意されたい．

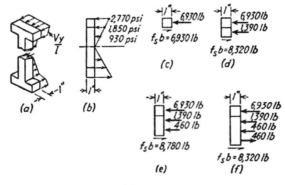

図 6.7

ほかの点における曲げ応力の差は y の値に他の値を入れることによって得ることができ，図 6.7(b) に示す．上側の長方形に働く力は応力の平均 (2,770+1,850)/2，すなわち 2,310 psi と面積 3 in.^{2} の積である．図 6.7(c) に示す 6,930 lb のこの力は，3 in.^{2} の水平の面積に働くせん断応力と上側の長方形の内部の点において釣り合っている．上側の長方形のすぐ下の点では，1 in.^{2} の面積に働くせん断応力と釣り合う．図 6.6 に示すように，これらの点におけるせん断応力は 2,310 psi と 6,930 psi である．

梁の上面から 2 in. の位置におけるせん断応力は，上側の長方形に働く 6,930 lb の力と，(1,850+930)/2 = 1,390 psi の平均応力によって 1 in.^{2} の面積に生じる力と釣り合わなければならない．このせん断応力も 1 in.^{2} の面積に働いており，図 6.6 に示すように 8,320 psi に等しい．図 6.7(e) と (f) に示すように，中立軸の位置のせん断応力と，中立軸より下方のせん断応力も同じようにして求めることができる．

第6章 対称断面梁のせん断応力と曲げ応力

例題2

図 6.8 に示す梁の断面で,ウェブは曲げには効かず,せん断を伝えるだけと考える.各ストリンガの面積は 0.5 in.^{2} で,1点に集中していると考える.ウェブのせん断応力分布を求めよ.

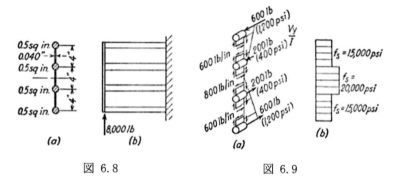

図 6.8   図 6.9

解:

まず,ウェブの断面2次モーメントとストリンガ自身の図心まわりの断面2次モーメントを無視して,断面全体の断面2次モーメントを計算する.

$$I = 2 \times 0.5 \times 6^2 + 2 \times 0.5 \times 2^2 = 40 \text{ in.}^4$$

1 in. 離れた2つの断面を考えると,2つの断面の応力の差 Vy/I は,外側のストリンガで 8,000(6/40) = 1,200 psi,内側のストリンガで 8,000(2/40) = 400 psi である.2つの断面のストリンガの軸力の差はこれらの応力とストリンガの断面積の積で計算でき,図 6.9(a)のようになる.上の2つのストリンガ間のせん断応力は上側のストリンガの長手方向の力の釣り合いから求めることができる.

$$f_s \times 0.040 \times 1 = 600$$

すなわち,

$$f_s = 15,000 \text{ psi}$$

ウェブが曲げ応力に効かないとすると,図 6.9(b)に示すように,せん断応力は各ウェブ内で一定である.ウェブが曲げ応力に効くとすると,各ウェブ内で変化し,中立軸に近い側でより大きくなる.中間の2つのストリンガ間のウェブのせん断応力は上側の2つのストリンガの長手方向の力を考えることによって求める.

$$f_s \times 0.040 \times 1 = 600 + 200$$

すなわち，

$$f_s = 20,000 \text{ psi}$$

　薄いウェブのせん断応力が関係する問題においては，せん断応力ではなく，ウェブの単位長さあたりのせん断力がしばしば用いられる．単位長さあたりのせん断，または「せん断流（shear flow）」はせん断応力とウェブの板厚の積に等しい．図 6.9(a)に示す各ウェブのせん断流はそのウェブより上にある長手方向の荷重の合計に等しい．

　せん断応力は(6.7)式を使って求めることもできる．上側の2つのストリンガの間にある点では，

$$f_s = \frac{V}{Ib}\int_{y_1}^{c} y\,dA = \frac{8,000}{40 \times 0.040} \times (0.5 \times 6) = 15,000 \text{ psi}$$

中間の2つのストリンガの間にある点では，

$$f_s = \frac{V}{Ib}\int_{y_1}^{c} y\,dA = \frac{8,000}{40 \times 0.040} \times (0.5 \times 6 + 0.5 \times 2) = 20,000 \text{ psi}$$

問題

6.1　図に示す梁の曲げによって生じる最大引張応力と最小引張応力を求めよ．せん断力が最大の断面における断面内のせん断応力の分布を垂直方向に 1 in. 間隔で求めよ．

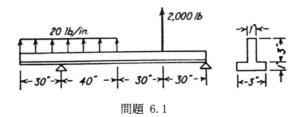

問題 6.1

6.2　図に示す梁の曲げによって生じる最大引張応力と最小引張応力を求めよ．中立軸の位置でのせん断応力を2つの方法によって求めよ．梁の左端から 30 in. で上面から 2 in. の場所の曲げ応力とせん断応力を求めよ．

第 6 章　対称断面梁のせん断応力と曲げ応力

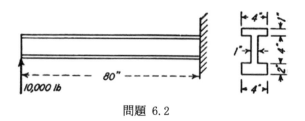

問題 6.2

6.3　せん断力 V が 10,000 lb で曲げモーメント M が 400,000 in-lb のとき，図に示す断面の梁の最大せん断応力と曲げ応力を求めよ．2 つのアングルは同じ断面であるとする．ウェブが曲げ応力に効くと仮定すること．

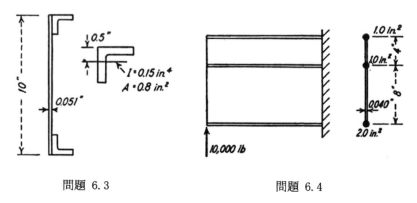

問題 6.3　　　　　　　　　　　問題 6.4

6.4　図に示す梁の断面のせん断応力とせん断流の分布を求めよ．ウェブが曲げに効かないと仮定すること．ストリンガは 1 点に集中しているとすること．

6.5　せん断力 V が 10,000 lb であるとき，図に示す断面のせん断流の分布を求めよ．ウェブは曲げに効かないと仮定すること．

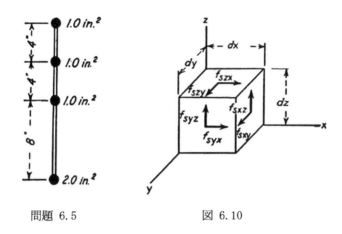

問題 6.5　　　　　　　図 6.10

6.3 自由表面のせん断応力の方向

　ある要素の一般的な 3 次元応力状態において，その要素の面のせん断応力 f_s を図6.10のように示す．ここで，2 つ目の添え字はせん断応力が働く面を示し，最後の添え字はせん断応力の方向を示す．この図で見えない面には同じ大きさで，向きが反対のせん断応力が働いている．面に働く直応力は図示されていないが，反対側の面には大きさが等しく向きが反対の応力が働くので，要素の釣り合いには影響しない．せん断応力とその応力が働いている面の面積の積で求められる合力は釣り合っていなければならない．要素の中心を通る z 方向の軸まわりのモーメントはゼロなので，モーメントアーム dx の 2 つの大きさが等しく向きが反対の力 $f_{sxy}dydz$ が作る偶力が，モーメントアーム dy の力 $f_{syx}dxdz$ の偶力と等しい．

$$f_{sxy}dydzdx = f_{syx}dxdzdy$$

すなわち，

$$f_{sxy} = f_{syx} \tag{6.8}$$

同様の式を要素の中心を通る x 方向と y 方向の軸まわりのモーメントの釣り合いから求めることができる．

第6章　対称断面梁のせん断応力と曲げ応力

$$f_{syz} = f_{szy} \tag{6.9}$$

$$f_{sxz} = f_{szx} \tag{6.10}$$

(6.8)式から(6.10)式は2次元応力のモールの円の解析で直交する面におけるせん断応力が等しいことに対応している．

構造部材の,荷重が負荷されていない自由表面にはせん断応力が存在しない．その xy 面に外荷重が負荷されておらず，自由表面である部材の例を図 6.11 に示す．$f_{szx}=f_{sxz}=0$ と $f_{szy}=f_{syz}=0$ がその表面において成り立たないといけない．図 6.11 に示す残りのせん断応力成分，f_{sxy}とf_{syx}は自由表面に平行でなければならない．この関係を任意の断面の梁に適用すると，せん断応力は梁の自由表面に平行である．応力分布は急な変化ができないので，鋭い角ではせん断応力はゼロでなければならず，内側にへこんだ鋭い角ではせん断応力が非常に高くなる．

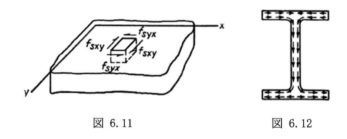

図 6.11　　　　　　　　　図 6.12

図 6.12 に示す I 形梁では，フランジの自由な水平表面の近くではせん断応力がほとんどゼロでなければならない．ウェブのせん断応力は垂直の自由表面の近くでは垂直方向でなければならない．ウェブとフランジの交差点ではせん断応力の良好な分布のためにフィレット R が必要である．垂直の自由表面と水平の自由表面のどちらでもせん断応力がないので，梁の隅ではせん断応力はゼロでなければならない．図 6.6 に示すせん断応力分布は断面の垂直方向のせん断応力を仮定して得られたものである．したがって，フランジのせん断応力は図 6.12 に示すせん断応力の平均垂直成分を表している．図 6.6 と図 6.12 の比較により，上フランジの下部の実際の垂直せん断応力はウェブのすぐ上の位置ではウェブのせん断応力とほぼ等しいことがわかる．一方，垂直せん断応力はフランジの側面に近い位置ではゼロに近い．実際のせん断応力は場所によって徐々に変化するのであって，図 6.6 のように急に変化するのではない．

6.4 薄いウェブのせん断流

　部材の自由表面のせん断応力は表面に平行であり，応力分布は急な変化をしないので，薄いウェブではせん断応力がウェブの厚さ全体にわたって表面に平行であると仮定しても十分正確である．図 6.13 に示す曲がったウェブは翼の前縁を表しており，せん断応力の向きを図に示している．表面に垂直な空気力はウェブに垂直なせん断応力で保持されるが，この応力はふつう無視できるので，本章では考慮しない．薄い曲がったウェブはせん断を受け持つ部材としては効率的ではないと最初は思うかもしれないが，そうではない．最大せん断の面と 45° を成す主軸上に対角に働く引張応力と圧縮応力を図 6.13 に示す．純せん断のモールの円を描くとわかるように，対角の圧縮応力 f_c と引張応力 f_t は両方とも大きさが最大せん断応力 f_s に等しい．対角の圧縮応力だけが曲がったウェブに働くと，ウェブが曲がって湾曲が増加する．しかし，対角の引張応力が湾曲を減らすように作用し，これらの 2 つの効果が互いに相殺するように働く．このように，曲がったウェブは元の形から大きく変形することなしに高いせん断応力に耐える．実際，同じ寸法の平たいウェブよりも高い応力まで座屈しない．ただし，曲がったウェブは座屈荷重で完全につぶれる可能性があるが，平たいウェブはその座屈荷重よりもずっと高い終極荷重に耐える．

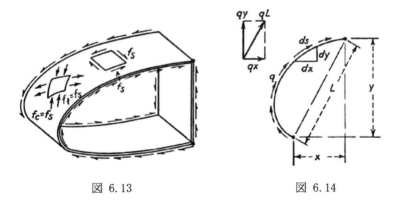

図 6.13　　　　　　　　図 6.14

　せん断応力 f_s とウェブの板厚の積であるせん断流 q を用いるほうがせん断応力を用いるより便利である．ウェブの板厚が決まる前にせん断流を計算することができるが，せん断応力はウェブの板厚に依存する．せん断流が長手方向に一定の曲がったウェブの合力を計算する必要があることが多い．図 6.14 に示す

第6章 対称断面梁のせん断応力と曲げ応力

長さ ds のウェブの要素があり,この長さの水平方向と垂直方向の成分をそれぞれ dx, dy とする.この要素の力は qds で,この力の成分は水平方向 qdy と垂直方向 qdx である.水平方向の力の合計は

$$F_x = \int_0^x qdx = qx \tag{6.11}$$

ここで,x はウェブの両端間の水平方向の距離である.ウェブの垂直方向の力の合計は,

$$F_y = \int_0^y qdy = qy \tag{6.12}$$

ここで,y はウェブの両端間の垂直方向の距離である.力の合計は qL で,L はウェブの両端を結ぶ直線の長さであり,合力はこの直線に平行である.(6.11)式と(6.12)式はウェブの形には依存せず,ウェブの両端間の距離の成分に依存する.合力によるモーメントはウェブの形に依存する.力 qds による任意の点 O まわりのモーメントはこの力とモーメントアーム r の積である(図6.15(a)参照).点 O と要素の長さ ds の両端を結んでできる三角形の面積 dA は $rds/2$ である.

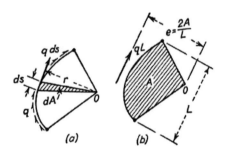

図 6.15

ウェブ全体のせん断流によるモーメントは要素のモーメントの積分として得ることができる.

$$M = \int qrds = \int 2qdA = 2q\int dA$$

このモーメントの値は,

$$M = 2Aq \tag{6.13}$$

ここで,図6.15(b)に示すように,A はウェブとウェブの両端の点と点 O を結ぶ線で囲まれる面積である.合力の点 O からの距離 e はモーメントを力で割るこ

6.4 薄いウェブのせん断流

とによって得られる．

$$e = \frac{2Aq}{qL} = \frac{2A}{L} \tag{6.14}$$

この距離を図 6.15(b)に示す．(6.11)式から(6.14)式の導出でせん断流 q は一定であると仮定していることを覚えておくこと．

6.5 せん断中心

　梁の断面が垂直軸に関して対称であるとすると，断面のねじれを生じないためには，垂直方向の荷重は対称面に負荷しなければならない．断面が垂直軸に関して対称でないとすると，断面のねじれを生じないようにするには，荷重をある決まった点に負荷しなければならない．この点をせん断中心 (shear center) と呼び，断面に働くせん断応力の合力の位置を求めることによって得ることができる．せん断中心を計算する必要のある最も簡単な梁のタイプは，図 6.16 に示すような2つの集中フランジを曲面ウェブでつないだ断面の梁である．垂直荷重を支持するには，2つのフランジが垂直面内になければならない．ウェブが曲げを受け持たないとすると，ウェブのせん断流は一定の値 q となる．このせん断流の合力は $qL = V$ であり，合力の位置はフランジから左へ $e = 2A/L$ 離れている（図 6.16(a)）．すべての荷重はフランジの面から e 離れた垂直面内に負荷されなければならない．

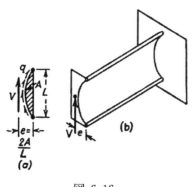

図 6.16

　垂直面内にある2つのフランジだけからなる梁は水平方向の力に対しては安定ではない．この梁ではせん断中心の垂直方向の位置は重要ではない．垂直方向の力だけではなく水平方向の力にも耐える梁については，せん断中心の垂直方向の位置も求める必要がある．断面が水平軸に関して対称であれば，せん断中心はその対称軸の上になければならない．断面が水平軸に関して対称でなければ，せん断中心の垂直方向の位置は水平方向の荷重によって生じるせん断力のモーメントを考えて計算する．梁のせん断中心を計算する方法を説明するには数値例を示すのがよいだろう．

第6章 対称断面梁のせん断応力と曲げ応力

例題 1

図 6.17(a)に示す梁のウェブのせん断流を求めよ．4つのフランジ部材の断面積は 0.5 in.^{2} である．ウェブは曲げ応力を受け持たないと仮定する．この断面のせん断中心を求めよ．

解：

1 in.離れた 2 つの断面を図 6.17(b)に示す．この 1 in.の間で増加する曲げモーメントはせん断力 V と等しい．1 in.の長さのフランジの曲げ応力の増加は，

$$\frac{Vy}{I} = \frac{10{,}000 \times 5}{50} = 1{,}000\,\mathrm{psi}$$

この応力によって 0.5 in.^{2} の面積に生じる荷重は 500 lb である（図 6.17(b)参照）．せん断流は曲げモーメントの変化，すなわちせん断力にのみ依存するので，実際の曲げ応力の値はせん断流の解析には不要である．図示したように，各ウェブを長手方向に切断すると，切断したウェブ上のせん断力はフランジの荷重と釣り合わなければならない．ウェブ ab の力はフランジ a の 500 lb の力と釣り合わなければならない．長手方向の力は 1 in.の長さに働くので，ウェブのせん断流は 500 lb/in.であり，その方向は図示した方向である．ウェブ bc のせん断流はフランジ b の 500 lb の力とウェブ ab の 500 lb の長手方向の力と釣り合わなければならないので，このせん断流の値は 1,000 lb/in.となる．ウェブ cd のせん断流はウェブ bc の 1,000 lb の長手方向の力とフランジ c の反対方向の 500 lb の力と釣り合わなければならない．したがって，ウェブ cd のせん断流は 500 lb/in.となり，フランジ d の釣り合いでチェックできる．

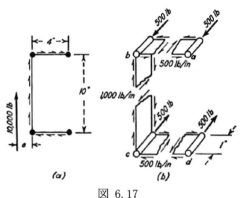

図 6.17

梁の垂直断面のせん断流の方向は長手方向の力の方向から決めることができ

る．各ウェブの板厚は一定であるので，せん断応力と同様にせん断流は直交する面で等しい．長方形の要素のせん断流は方向が反対の2つの偶力を作る．すべてのせん断流の方向を図6.17(b)の透視図に示し，図6.17(a)には正面図として示した．外部荷重はせん断流の合力であるから，垂直ウェブのせん断流は外部せん断力の方向と同じである．本によってはせん断流を反対側の面から見たように示すことがあるが，その場合にはせん断流は外部せん断力と反対の向きになる．混乱の可能性があるので，図6.17(a)よりも透視図で示すのが望ましい．

せん断中心は点 c まわりのモーメントをとって求める．ウェブ bc と cd のせん断流はモーメントを作らず，ウェブ ab の力によるモーメントが外部せん断力によるモーメントと等しいので，

$$10{,}000e = 500 \times 4 \times 10$$

すなわち，

$$e = 2\,\text{in.}$$

せん断中心は水平の対称軸上にあり，この軸上に働く水平方向の力は梁にねじれを発生しない．

別の解法：

(6.7)式を使ってこの問題を解くことができる．せん断流は $f_s b$ で，(6.7)式より，

$$q = f_s b = \frac{V}{I} \int y\, dA$$

ウェブ ab については，この積分はフランジ a の面積モーメントである．

$$q_{ab} = \frac{10{,}000}{50}(5 \times 0.5) = 500\,\text{lb/in.}$$

ウェブ bc については，この積分は a と b の面積モーメントである．

$$q_{bc} = \frac{10{,}000}{50}(5 \times 0.5 + 5 \times 0.5) = 1{,}000\,\text{lb/in.}$$

ウェブ cd のせん断流を求めるには，積分に a, b, c の面積モーメントを代入すればよい．

$$q_{cd} = \frac{10{,}000}{50}(5 \times 0.5 + 5 \times 0.5 - 5 \times 0.5) = 500\,\text{lb/in.}$$

例題 2

第6章　対称断面梁のせん断応力と曲げ応力

図 6.18(a)に示す梁のウェブのせん断流を求めよ．4つのフランジの断面積は 1.0 in.^{2} とする．この断面のせん断中心を求めよ．

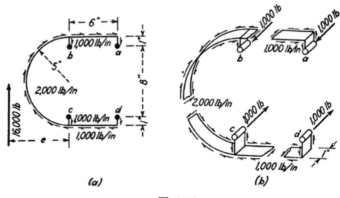

図 6.18

解：
水平の図心の軸に関する断面2次モーメントは，

$$I = 4(1 \times 4^2) = 64 \text{ in.}^4$$

1 in.離れた2つの断面の各フランジの軸力の変化は，

$$\frac{V}{I}yA = \frac{16,000}{64} \times 4 \times 1 = 1,000 \text{ lb}$$

軸力とせん断流を図 6.18(b)に示す．前の例題で示したように，各要素に働く長手方向の力を合計することによってウェブのせん断流を求めることができる．

c 点の下にあるウェブの結合点まわりのモーメントをとることによってせん断中心への距離 e を求めることができる．前縁の外板のせん断流は，せん断流と半円で囲まれる面積の2倍の積で表されるモーメントを発生する．上方の水平ウェブのせん断流の合力は 6,000 lb で，そのモーメントアームは 10 in.である．a 点と d 点にある短いウェブには 1,000 lb の力が作用し，モーメントアームは 6 in.である．その他のウェブの合力はモーメントの中心を通る．16,000 lb の外部せん断力によるモーメントとせん断流によるモーメントを等しいとして，

$$16,000e = 2 \times 39.27 \times 2,000 + 6,000 \times 10 + 2 \times 1,000 \times 6$$
$$e = 14.32 \text{ in.}$$

例題 3

6.5 せん断中心

図 6.19(*a*)に示す梁の断面のせん断流の分布とせん断中心の位置を求めよ．図示したように，部材の丸いコーナー部は長方形の面積で近似すること．

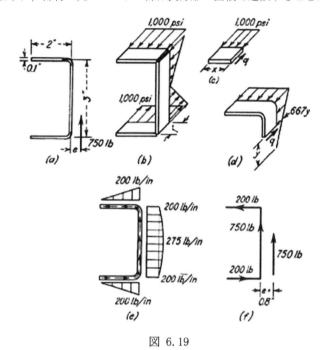

図 6.19

解：

この断面ではウェブがせん断応力だけではなく，曲げ応力も受け持つ必要がある．せん断流 q はウェブ内で一定ではなく，ウェブに沿って各点で変化する．図心を通る水平軸に関する断面2次モーメントは，

$$I = 2\left[2 \times 0.1 \times (1.5)^2\right] + \frac{0.1 \times (3)^3}{12} = 1.125 \,\text{in.}^4$$

水平なウェブ自身の図心まわりの断面2次モーメントは無視でき，水平なウェブ内の曲げ応力は一定で，ウェブ自身の図心位置での応力に等しいと仮定する．1 in.離れた2つの断面の曲げモーメントの差はせん断力 V に等しく，曲げ応力の差は Vy/I である．水平ウェブについては，

$$\frac{Vy}{I} = \frac{750 \times 1.5}{1.125} = 1{,}000 \,\text{psi}$$

第 6 章　対称断面梁のせん断応力と曲げ応力

垂直ウェブの応力分布は，中立軸位置でゼロで，上端と下端で 1,000 psi である（図 6.19(b)参照）．

　図 6.19(c)に示すように，水平ウェブの自由端から x 離れた位置でのせん断流 q は面積 $0.1x$ に働く 1,000 psi の応力と釣り合うので，

$$q = 1{,}000 \times 0.1x = 100x$$

この式は，自由端でゼロで，コーナー部で 200 lb/in.となるように線形に変化する（図 6.19(e)）．図心から y 離れた位置における垂直ウェブのせん断流は，，水平ウェブの 1200 lb の力と垂直ウェブの y 点から上に働く力と釣り合わなければならない（図 6.19(d)参照）．

$$q = 200 + 1{,}000 \times 1.5 \times \frac{0.1}{2} - 667y \times 0.1\frac{y}{2}$$

すなわち，

$$q = 275 - 33.3y^2$$

この式は中立軸で 275 lb/in.，垂直ウェブの上端と下端で 200 lb/in.となる放物線分布をしている（図 6.19(e)参照）．

　水平の各ウェブの合力は平均せん断流と長さ 2 in.の積であり，これは図 6.19(e)に示す三角形の面積である．水平ウェブの 200 lb の力を図 6.19(f)に図示した．垂直ウェブの合力は図 6.19(e)に示す長方形と放物線の面積の合計である．

$$200 \times 3 + 75 \times 3 \times 2/3 = 750 \text{ lb}$$

外部せん断力とこの値を比較してチェックする．右下のコーナー部まわりについて，外部せん断力によるモーメントとウェブの力によるモーメントを等しいと置くと，

$$750e = 200 \times 3$$

すなわち，

$$e = 0.8 \text{ in.}$$

別の解法：

　水平ウェブのせん断流は(6.7)式によると，

$$q = f_s b = \frac{V}{I} \int y \, dA = \frac{750}{1.125} \times 1.5 \times 0.1x = 100x$$

ここで，積分は図 6.19(c)に示す面積の中立軸まわりのモーメントである．同様に，垂直ウェブのせん断流も(6.7)式から計算できる．

$$q = f_s b = \frac{V}{I}\int y dA = \frac{750}{1.125}\left[1.5\times 0.1\times 2 + \int_y^{1.5} y\times 0.1 dy\right]$$
$$= 275 - 33.3 y^2$$

ここで，積分は図 6.19(d)に示す面積のモーメントを表す．これらの式を前の解の結果と比較すると一致している．

問題

6.6 図に示した断面は図心を通る水平軸と垂直軸に関して対称である．10 本のストリンガは同じ 0.4 in.^2 の断面積を持ち，ウェブは曲げ応力に効かないとする．垂直せん断力が 12,000 lb であるときのウェブのせん断流を2つの方法で求めよ．

6.7 上側の5本のストリンガの各断面積が 0.4 in.^2 で，下側のストリンガの各断面積が 0.8 in.^2 である．垂直せん断力が 12,000 lb であるときのウェブのせん断流を2つの方法で求めよ．断面は水平軸に関して対称ではないので，断面積の図心を求める必要があることに注意すること．

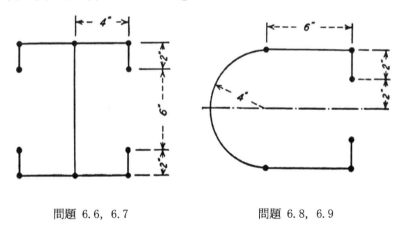

問題 6.6, 6.7   問題 6.8, 6.9

6.8 図に示した断面の6本のストリンガの各断面積は 0.5 in.^2 である．10,000 lb の垂直せん断力に対するウェブのせん断流とせん断中心を求めよ．

第6章　対称断面梁のせん断応力と曲げ応力

6.9　3,000 lb の水平せん断力に対するウェブのせん断流を求めよ．各ストリンガの断面積は 0.5 in.^{2} である．

6.10　12,000 lb の垂直せん断力に対するウェブのせん断流を求めよ．各ストリンガの断面積は 1.0 in.^{2} である．

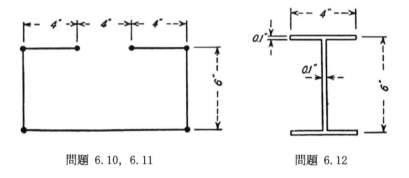

問題 6.10, 6.11　　　　　　　　問題 6.12

6.11　4,000 lb の水平せん断力に対するウェブのせん断流とせん断中心の位置を求めよ．各ストリンガの断面積は 1.0 in.^{2} である．

6.12　垂直せん断力が 1,500 lb であるとき，図に示した断面のウェブのせん断流分布を求めよ．

6.6　箱型断面のねじり

　前の項で考えた薄いウェブの梁はせん断中心に負荷した荷重に耐えることができるが，ねじり荷重には適さない．多くの構造では，異なる荷重条件において合力が異なる位置に作用するので，ねじれを生じる．たとえば，航空機の主翼では，大きい迎角においては小さい迎角のときよりも空気力の合力はより前方に作用する．補助翼やフラップが舵角をとると，この力の作用する位置が変化する．このため，ねじりに耐える閉じた箱型構造が航空機の主翼や類似構造に用いられる．典型的な主翼の構造を図 6.20 に示す．図 6.20(a) の翼は，ただ1本の桁を持ち，この桁の前側にある外板が閉じた箱を形成して翼のねじりに対抗する．桁の後方の構造は軽くできており，翼の曲げやねじりに対抗するよう

には設計されない．図 6.20(b)に示す翼は，2本の桁を持ち，桁の間の上下の外板とともに閉じた箱を形成する．この箱型構造の前側と後側の外板は翼の曲げやねじりに対抗するようには設計されない．翼によっては，2本またはそれ以上の閉じた箱が一緒になってねじりに対抗する

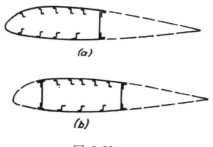

図 6.20

ようになっているが，そのような断面は不静定であり，後の章で説明する．

図 6.21(a)に示す箱型断面にねじり偶力 T が作用し，せん断力と曲げモーメントは作用していない．ストリンガの軸力は翼の曲げで発生するので，純せん断の荷重条件ではストリンガの軸力はゼロである．図 6.21(a)に示すように，上側のストリンガをフリーボディとして考えると，翼幅方向の力が釣り合っていなければならない．ストリンガの力はゼロであるので，左側に作用する力 qa は右側の力 $q_1 a$ と釣り合っており，$q_1 = q$ である．他のストリンガを含む類似の場所を考えると，すべての点でせん断流は q に等しいことは明らかである．

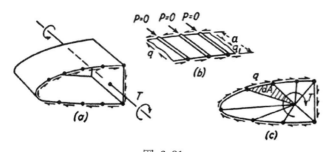

図 6.21

閉断面のウェブの端の点間の水平方向の距離と垂直方向の距離はゼロなので，(6.11)式と(6.12)式を適用すると，周囲の一定のせん断流 q は水平方向の合力と垂直方向の合力を発生しない．したがって，せん断流の合力は外部偶力 T と等しく，そのモーメントは断面に垂直な任意の軸に対して同じ値である．O 点を通る軸まわりのせん断流のモーメントは(6.13)式より，

第6章　対称断面梁のせん断応力と曲げ応力

$$T = \int 2qdA = 2qA \tag{6.15}$$

ここで，A は三角形の面積 dA の和で，箱型断面の全断面積に等しい．偶力のモーメントは任意の点に対して同じであるので，面積 A は O 点の位置に関わらず同じである．O 点が箱型断面の外にある場合は，せん断力の O 点に関する反時計まわりのモーメントに対応する三角形の面積 dA が負になるので，dA の代数和が囲まれた面積 A に等しい．

6.7　箱型梁（ボックスビーム）のせん断流の分布

2つのストリンガをもつ箱型梁（ボックスビーム）を図 6.22 に示す．この断面はねじりモーメントに対して安定であるので，垂直せん断力 V を断面の任意の点に負荷することができる．2つのストリンガが同じ垂直平面内にあって垂直軸まわりのモーメントに耐えることができないので，水平方向の荷重には不安定である．図 6.22(b)に示すように，1 in.離れた2つの断面を考えると，2つの断面間のストリンガの軸力の差 ΔP は，曲げモーメントの差 V をストリンガ間の距離 h で割った値となる．これらの荷重 ΔP は図 6.22(b)に示すせん断流と釣り合わなければならない．上側のストリンガの長手方向の力の釣り合いを考えると，

$$q_1 = \frac{V}{h} - q \tag{6.16}$$

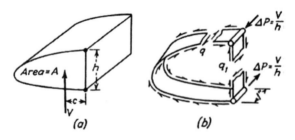

図 6.22

せん断流 q が任意の点まわりにつくるモーメントとせん断力の合力がその点につくるモーメントを等しいとしてせん断流 q を求めることができる．下側のストリンガまわりのモーメントをとると，

6.7 箱型梁（ボックスビーム）のせん断流の分布

$$Vc = 2qA$$

すなわち，

$$q = \frac{Vc}{2A}$$

ここで，A は箱型断面が囲む面積である．
この値を(6.16)式に代入すると，

$$q_1 = \frac{V}{h} - \frac{Vc}{2A} \tag{6.17}$$

q と q_1 の値は，図 6.23 に示すように，各ウェブに働く合力を考えて，(6.11) 式と(6.12)式を使って求めることができる．前縁の外板に働く合力は垂直力 qh で，垂直ウェブから $2A/h$ の距離に作用する．垂直ウェブに働く合力は q_1h で，垂直ウェブの面に働く．せん断力 V は２つのウェブの各合力からの距離に逆比例するように各ウェブに分配される．前縁の外板の力は，

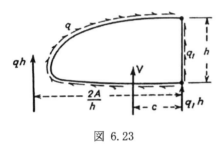

図 6.23

$$qh = \frac{Vc}{2A/h}$$

すなわち，

$$q = \frac{Vc}{2A}$$

垂直ウェブの力は，

$$q_1 h = V - qh$$

すなわち，

$$q_1 = \frac{V}{h} - \frac{Vc}{2A}$$

これらの値 q，q_1 は前に求めた値と同じである．

　この問題を解く３番目の方法を図 6.24 に示す．図 6.24(c)に示す実際の荷重条件は，図 6.24(a)に示す垂直ウェブに荷重を負荷する場合と，図 6.24(b)に示す Vc のねじり偶力を負荷する場合の重ね合わせである．最終的なせん断流は，垂直ウェブのせん断流 V/h と，周囲全体に働くせん断流 $Vc/2A$ の重ね合わせにな

第6章 対称断面梁のせん断応力と曲げ応力

る．

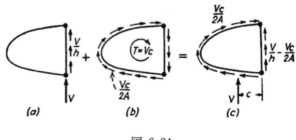

図 6.24

多数のストリンガを持つ箱型梁のせん断流は前に用いた方法と同じようにして求めることができる．ストリンガの長手方向の荷重の和から，せん断流はひとつの未知のせん断流の項を使って表すことができる．そうすると，長手方向の軸に関する外部ねじりモーメントとせん断流によるモーメントを等置することによってこの未知のせん断流を求めることができる．図 6.25 に示す箱型梁では，ウェブ 0 と，考えてい

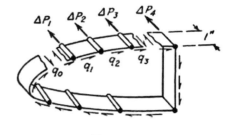

図 6.25

るウェブの間にあるストリンガの長手方向の釣り合いを考えることにより，すべてのせん断流 $q_1, q_2, \ldots, q_n$ をせん断流 q_0 の項で表すことができる．

$$q_1 = q_0 + \Delta P_1$$
$$q_2 = q_0 + \Delta P_1 + \Delta P_2$$

または，

$$q_n = q_0 + \sum_{i=1}^{n} \Delta P_i \tag{6.18}$$

ここで，$\sum_{i=1}^{n} \Delta P_i$ はウェブ 0 と任意のウェブ n の間の荷重 ΔP の合計である．この項は(6.7)式で使った項と等価である．

$$\sum_{i=1}^{n} \Delta P_i = -\frac{V}{I}\int_1^n y\,dA$$

ここで，積分はウェブ 0 とウェブ n の間のすべてのストリンガの断面積の中立軸に関する 1 次モーメントである．正のせん断荷重は y が正の場合に負の ΔP を生じるので，ΔP が引張の増分となり正の値である場合には負の符号を導入する必要がある．フランジの要素は箱型断面のまわりに時計回り方向に番号をつけて，せん断流が時計回り方向の場合に正とする．未知の q_0 ですべてのせん断流を表した後，ねじりモーメントから q_0 の値を求める．

例題 1

図 6.26 に示す箱型梁のすべてのせん断流を求めよ．断面は図心を通る水平な軸に関して対称である．

解：

中立軸に関する断面 2 次モーメントは，$I = 4 \times 5^2 = 100 \text{ in.}^4$ である．1 in. 離れた 2 つの断面間の曲げ応力の差は，

$$\frac{Vy}{I} = 10{,}000 \times \frac{5}{100} = 500 \text{ psi}$$

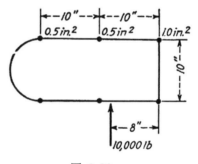

図 6.26

この曲げ応力が断面積 0.5 in.^{2} の上側のストリンガに -500 lb の ΔP を発生する（図 6.27(a)参照）．他のどのウェブのせん断流を未知数としてもよいのだが，ここでは前縁の外板のせん断流を未知の q_0 とする．図 6.27(a)のストリンガの長手方向の力を考えることにより，その他のウェブのせん断流を q_0 で表すことができる．

第6章　対称断面梁のせん断応力と曲げ応力

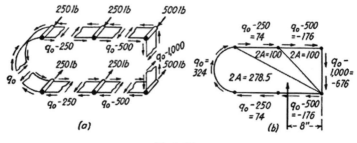

図 6.27

　せん断流のモーメントと外部のせん断力によるモーメントを等置することによって q_0 の値を求めることができる．右下の角の点をモーメントの中心とし，この点と各ウェブの両端を結ぶ線で囲まれる面積を図 6.27(b)に示す．次のモーメントの釣り合い式が得られる．

$$10{,}000 \times 8 = 278.5 q_0 + 100(q_0 - 250) + 100(q_0 - 500)$$
$$478.5 q_0 = 155{,}000$$

したがって，

$$q_0 = 324 \text{ lb/in.}$$

他のウェブのせん断流は図 6.27(b)のように計算される．いくつかのせん断流は負の符号であるので，図 6.28 には正しい方向として表した．正しいせん断流の方向を知るには細心の注意が必要である．

　片側の断面だけを示す場合には，図 6.27(b)と図 6.28 に示すようにせん断流と外部せん断力を手前側の面で示した．図 6.28 に示すように，反対側の面には大きさが等しくて向きが逆の力が働いている．この問題に関する他の本を見ると，これ以外の表し方が使われていることがある．その表し方では，反対側の断面に働く合力と釣り合うこちら側の断面のせん断力を示す．せん断流の方向を明確に表すには，立体的な図が必要である．

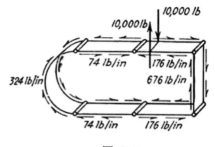

図 6.28

6.7 箱型梁（ボックスビーム）のせん断流の分布

別の解法：

多くのウェブのせん断流によるモーメントを計算する場合，上の解法で使ったせん断流 q_0 を求めるモーメントの方程式は長くて面倒になる．そのような場合には表形式の解法が便利である．図 6.27(a) を見ると，せん断流 q_0 が各ウェブに出てきて，せん断流のモーメントを求める際にこのせん断流に箱型断面で囲まれる全面積がかけられている．

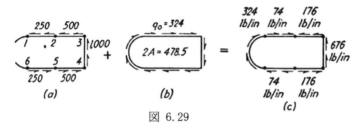

図 6.29

したがって，全せん断流を求めるには，図 6.29(a) に示す値，すなわち前縁の外板を切断したと仮定して求めたせん断流に，図 6.29(b) に示す全周のせん断流 q_0 を重ね合わせればよい．q_0 の値は図 6.29(a) と (b) のせん断流によるモーメントと外部せん断力によるモーメントを等置して得られる．この計算を表 6.1 に示す．

表 6.1 せん断流の解析

フランジ番号 (1)	ΔP (2)	$q' = \Sigma \Delta P$ (3)	$2A$ (4)	$2Aq'$ (5)	$q = q_0 + q'$ $= 324 + q'$ (6)
1	-250				
		-250	100	$-25{,}000$	74
2	-250				
		-500	100	$-50{,}000$	-176
3	-500				
		$-1{,}000$	0	0	-676
4	500				
		-500	0	0	-176
5	250				
		-250	0	0	74
6	250				
		0	278.5	0	324
合計			478.5	$-75{,}000$	

第 6 章　対称断面梁のせん断応力と曲げ応力

ΔP の値を列(2)に示す．負の値は軸力の変化が圧縮であり，正の値は引張であることを示す．前縁の外板を切断した開断面の梁を考えて計算したせん断流を図 6.29(a)に示し，列(2)の値を合計して得たせん断流を列(3)に示す．これらのせん断流を q' と表し，箱型断面に時計回りに働くときに正とする．フランジの番号を前縁から時計回りの順序で表す必要がある．列(4)の $2A$ の値はウェブのせん断流のモーメントを求めるために使う 2 倍の面積である（図 6.27(b)参照）．せん断流のモーメントは列(5)に示されており，列(3)の q' の値に列(4)の対応する項をかけて得ることができる．列(5)の合計がせん断流 q' によるモーメントであり，負の符号は反時計回りのモーメントを表す．せん断流 q_0 によるモーメントは，q_0 と箱型断面で囲まれる面積の 2 倍の積で求められる．せん断流のモーメントと外部せん断力によるモーメントを等置すると，

$$10{,}000 \times 8 = -75{,}000 + 478.5 q_0$$

すなわち，

$$q_0 = 324\,\text{lb}/\text{in.}^2$$

正の符号はせん断流 q_0 が箱型断面の時計回りに働くことを表す．

　最終的なせん断流は列(3)の q' の値に q_0 の値を足して得られ，列(6)に示す．正の符号は時計回りであることを示す．せん断力の正しい方向を図 6.29(c)に示す．

例題 2

　図 6.30 に示す円形のチューブのせん断流の分布を求めよ．壁の厚さ t はチューブの壁の厚さ中心の半径 R に比べて小さいと仮定せよ．

解：

　せん断流を求めるためには，断面がチューブの中心からの距離 R の円周上に集中していると仮定した場合の断面 2 次モーメントの近似値で十分正確である．ただし，チューブの曲げ強度を計算する場合には厳密な断面 2 次モーメントの値が必要である．断面積は壁の板厚 t と周囲の長さ $2\pi R$ の積で近似的に表すことができる．極慣性モーメント I_p は断面積と距離 R の 2 乗の積である．

$$I_p = 2\pi R^3 t$$

6.7 箱型梁（ボックスビーム）のせん断流の分布

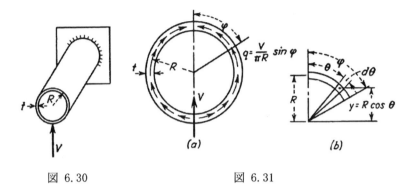

図 6.30　　　　　図 6.31

円形のチューブの断面 2 次モーメントは図心を通る水平軸と垂直軸に関して同じ値であるので，これらの断面 2 次モーメントの和は極慣性モーメントと等しく，次の式が成り立つ．

$$I_x = I_y = \frac{I_p}{2} = \pi R^3 t$$

せん断流は(6.7)式で計算できる．

$$q = f_s b = \frac{V}{I} \int y dA$$

対称荷重であるので，せん断流はチューブの中心線上の上端と下端でゼロであり，上の積分は考えている点と上端の間の面積のモーメントを表している（図 6.31(b)参照）．dA の値は $Rtd\theta$ で，y の値は $R\cos\theta$ である．考えている点の位置を角度 ϕ で表して積分すると，

$$\int y dA = \int_0^\phi R^2 t \cos\theta d\theta = R^2 t \sin\phi$$

この値を前の式に代入すると，

$$q = \frac{V}{I} \int y dA = \frac{V}{\pi R^3 t} R^2 t \sin\phi = \frac{V}{\pi R} \sin\phi$$

この式は円形の胴体のせん断流を表すのによく使われる．胴体のストリンガは各点に集中しているが，胴体の周囲にほぼ均等に分布してしているので，周囲に一様に分布しているというこの仮定は多くの場合，十分正確である．

第 6 章　対称断面梁のせん断応力と曲げ応力

問題

6.13　2つの方法でウェブのせん断流を求めよ．最終的な方程式に数値を代入して計算するのではなく，最初から数値を使って計算すること．

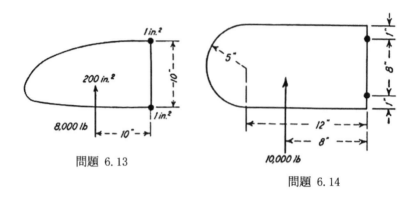

問題 6.13

問題 6.14

6.14　図に示した断面について，2つの方法でせん断流の分布を求めよ．

6.15　図に示した箱型断面について，ウェブのせん断流を2つの方法で求めよ．この断面は水平の中心線に関して対称である．

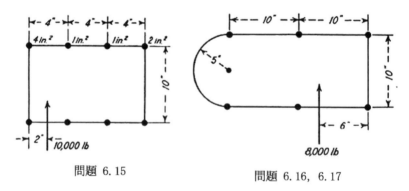

問題 6.15

問題 6.16, 6.17

6.16　図に示した箱型断面について，ウェブのせん断流を2つの方法で求めよ．すべてのストリンガの断面は $1.0\ \text{in.}^2$ である．

6.17　右側の2つのストリンガの断面が $3.0\ \text{in.}^2$ で，その他のストリンガの断面

が 1.0 in.^{2} であるとする．ウェブのせん断流を 2 つの方法で求めよ．

6.18 すべてのストリンガの断面積が 1.0 in.^{2} であるとし，すべてのウェブのせん断流を 2 つの方法で求めよ．

6.19 右側の 2 つのストリンガの断面が 1.5 in.^{2} で，その他のストリンガの断面が 0.5 in.^{2} であるとし，すべてのウェブのせん断流を 2 つの方法で求めよ．

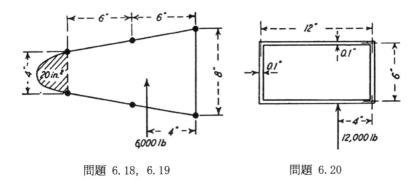

問題 6.18, 6.19   問題 6.20

6.20 すべてのウェブのせん断流の分布を求めよ．断面のすべての部分が曲げ応力を受け持つとする．

6.8 テーパーした梁

これまでの梁のせん断応力の解析においては，梁の断面は一定であると仮定していた．航空機の構造はできるだけ軽くなければならないので，曲げ応力を一定にするために梁はテーパーさせるのが普通である．曲げモーメントが大きい場所では梁の高さを高く，断面 2 次モーメントを大きくする．曲げ応力を求めるための曲げの式の適用には断面の変化は大した誤差を生じないが，(6.7)式で計算されるせん断応力には大きな誤差を生じる．

図 6.32(a)に示す梁は，垂直の曲げをとらないウェブで 2 つの集中フランジ断面をつないだ構造である．フランジは直線状で，水平線から角度 α_1 と α_2 だけ傾いている．フランジの軸力はフランジ方向に向いており，水平成分は $P = M/h$ である．図 6.32(b)に示すようにフランジの荷重の垂直成分は，$P \tan\alpha_1$ と $P \tan\alpha_2$

第6章 対称断面梁のせん断応力と曲げ応力

であり,外部せん断力 V の一部を受け持つ.フランジで受け持つせん断力を V_f, ウェブで受け持つせん断力を V_w とすると,次の式が成り立つ.

$$V = V_f + V_w \tag{6.19}$$

$$V_f = P(\tan \alpha_1 + \tan \alpha_2) \tag{6.20}$$

図 6.32 に示す梁の形状から,$\tan\alpha_1 = h_1/c$, $\tan\alpha_2 = h_2/c$ であるので,

$$\tan \alpha_1 + \tan \alpha_2 = \frac{h_1 + h_2}{c} = \frac{h}{c}$$

これらの値を(6.20)式に代入して,

$$V_f = P\frac{h}{c} \tag{6.21}$$

(6.21)式は垂直荷重が負荷されるどのような梁にでも適用できる.図 6.32(a)に示す荷重については,P の値は Vb/h である.この P の値を(6.21)式に代入すると,

$$V_f = V\frac{b}{c} \tag{6.22}$$

(6.19)式,(6.22)式と形状から,

$$V_w = V\frac{a}{c} \tag{6.23}$$

図 6.32(a)の相似三角形から得られる比率 $a/c = h_0/h$ を使うことにより,(6.22)式と(6.23)式は梁の高さ h_0 と h で表すことができる.

$$V_w = V\frac{h_0}{h} \tag{6.24}$$

$$V_f = V\frac{h - h_0}{h} \tag{6.25}$$

テーパーした梁のウェブのせん断流は(6.7)式の V の代わりに V_w を使って計算することができる.等しい断面積 A の2つのフランジからなる梁で,フランジ間の高さが h のときせん断流は,

$$q = \frac{V_w}{I}\int y dA = \frac{V_w}{Ah^2/2}\left(\frac{Ah}{2}\right) = \frac{V_w}{h} \tag{6.26}$$

6.8 テーパーした梁

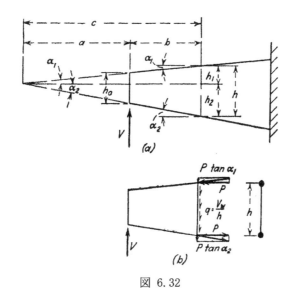

図 6.32

図 6.33 に示すような多くのフランジをもつ梁の場合には，フランジの断面積が長さ方向に一定であれば，2つのフランジをもつ梁で使った方法を使ってせん断流を計算することができる．

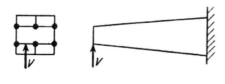

図 6.33

フランジの断面積が長手方向に変化し，異なる比率で変化する場合には(6.7)式を適用できない．開断面の梁のせん断中心を求めたり，箱型梁のせん断流を求めたりするために，長手方向の軸まわりのモーメントを計算するときに，フランジが受け持つせん断荷重の成分を考慮する必要がある．このような梁のせん断流を計算する方法は，数値例で説明するのがよいだろう．

例題 1

図 6.34 に示す梁のせん断流を長手方向に 20 in.間隔で求めよ．

第6章 対称断面梁のせん断応力と曲げ応力

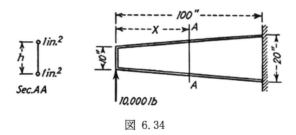

図 6.34

解：
(6.24)式と(6.26)式を使ってせん断流を求める．これらの式の解を表 6.2 に示す．

せん断流の計算には計算尺の精度で十分であるが，後で説明する方法と比較をするために，表 6.2 には有効数字 4 桁まで示した．

表 6.2

x	h	$\dfrac{h_0}{h}$	V_w	$q = \dfrac{V_w}{h}$
0	10	1	10,000	1,000
20	12	0.8333	8,333	694.4
40	14	0.7143	7,143	510.2
60	16	0.6250	6,250	390.6
80	18	0.5555	5,555	308.6
100	20	0.5	5,000	250.0

例題 2

図 6.35 に示す箱型梁の断面 AA のせん断流を求めよ．

解：
断面 AA の断面 2 次モーメントは，

$$I = 2(2+1+1) \times 5^2 = 200 \,\text{in.}^4$$

断面 AA の曲げ応力は，

$$f = \frac{My}{I} = \frac{400,000 \times 5}{200} = 10,000 \,\text{psi}$$

6.8 テーパーした梁

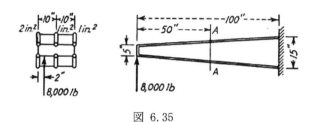

図 6.35

図 6.36 に示すように，2 in.^{2} のストリンガに働く力の水平方向成分は 20,000 lb で，1 in.^{2} のストリンガに働く力の水平方向の成分は 10,000 lb である．垂直方向成分はこれらの力にストリンガと水平線の角度のタンジェントをかけると得られ，図 6.36 に示すようになる．すべてのストリンガの力の垂直成分の合計 V_f は 4,000 lb で，残りのせん断力 V_w の 4,000 lb がウェブで受け持たれる．

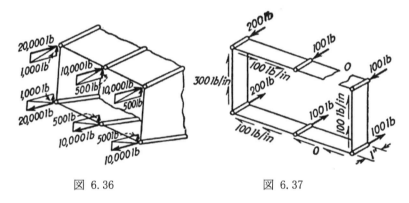

図 6.36   図 6.37

図 6.37 に示すように上側のウェブの一つを切断すると，ウェブのせん断流が次の式で計算される．

$$q = \frac{V_w}{I} \int y dA \tag{6.27}$$

ここで，積分は切断したウェブと今考えているウェブの間の面積のモーメントである．テーパーの効果を考慮すると，1 in. 離れた 2 つの断面のストリンガの曲げ応力の変化は $V_w y/I$ であり，面積 A_f のストリンガの軸力の変化は，

$$\Delta P = \frac{V_w}{I} y A_f \tag{6.28}$$

テーパーの無い梁の場合と同じように，これらの軸力を図 6.37 に示す．(6.28)

173

第 6 章　対称断面梁のせん断応力と曲げ応力

式の合計が(6.27)式の q の値となる．これらの値を図 6.37 に示す．
切断したと仮定した上側のウェブのせん断流 q_0 は長手方向の軸まわりのモーメントをとることによって求めることができる．図 6.38(a)に示すせん断流と垂直力によるモーメントと全周のせん断流 q_0 によるモーメントの合計は 8,000 lb のせん断力によるモーメントと等しくなければならない．図 6.38(a)の点 O のまわりのモーメントを考えて，次の値が得られる．

$$-8{,}000 \times 2 = 100 \times 100 - 100 \times 200 - 2 \times 500 \times 10 - 2 \times 500 \times 20 + 400 q_0$$

したがって，

$$q_0 = 60 \text{ lb/in}.$$

図 6.38(a)に示すせん断流と q_0 の値を代数的に足し合わせて最終的なせん断流が得られる．最終的な値を図 6.38(c)に示す．

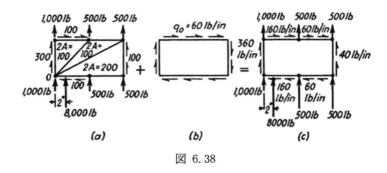

図 6.38

別の解：
　航空機の翼にはふつう多くのストリンガがあり，高さ方向と幅方向の両方にテーパーしている．各ストリンガは水平方向と垂直方向に異なる角度で傾いている．ストリンガ荷重の垂直方向成分と水平方向成分の両方を考慮した解を得るのはふつう考えているより面倒である．ふつうはストリンガの力の水平方向成分と垂直方向成分によるねじりモーメントを計算する近似的方法で十分正確である．この近似的方法では，ストリンガの力がほとんどねじりモーメントを発生しない点に関するモーメントをとり，モーメントの式でストリンガの力を省略する．この問題では，ストリンガの垂直方向の力の合力は左側のウェブから 7.5 in.離れた位置，断面の図心を通る．通常の翼の断面ではこの正確な位置を決めるのは難しい．普通は断面の図心を結んだねじり軸で十分である．
　この問題を 6.7 項の例題 1 で使った表による計算によって解くことができる．

図 6.39 に示す点 O をモーメントの中心として用いる.外部せん断力による点 O まわりのねじりモーメントは,8,000 lb の力にモーメントアーム 5.5 in.をかけた 44,000 in-lb である.ストリンガの力の成分を無視するので,ウェブで受け持たれるせん断力 V_w だけが働いていると仮定する.(3.24)式から,

$$V_w = V\frac{h_0}{h} = 8,000 \times \frac{5}{10} = 4,000\,\text{lb}$$

1 in.離れた断面のフランジ荷重の増分 ΔP は(6.28)式で計算される.

$$\Delta P = \frac{V_w}{I}yA_f = \frac{4,000}{200}5A_f = 100A_f$$

ここで,A_f はフランジの断面積である.この ΔP の値を表 6.3 の列(2)に示す.圧縮を負とした.

表 6.3 せん断流の計算

フランジ No. (1)	ΔP (2)	$q' = \Sigma \Delta P$ (3)	$2A$ (4)	$2Aq'$ (5)	$q = q_0 + q'$ (6)
1	-100				
		-100	125	$-12,500$	-40
2	$+100$				
		0	50	0	60
3	$+100$				
		$+100$	50	5,000	160
4	$+200$				
		$+300$	75	22,500	360
5	-200				
		$+100$	50	5,000	160
6	-100				
		0	50	0	60
Σ	....	....	400	20,000	

図 6.37 に示すせん断流 q' を列(2)の和として列(3)に示す.正の q' は箱型断面の周囲の時計まわりのせん断流を表す.列(4)の値は,考えているウェブの両端とモーメントの中心を結んだ線とそのウェブに囲まれた面積の 2 倍である(図 6.39 参照).列(5)に示したせん断流によるモーメントは,列(3)と列(4)の積である.せん断流 q' によるモーメントの合計は 20,000 in-lb で,列(5)の合計として得られる.せん断流 q' によるモーメントとせん断流 q_0 によるモーメントの合計を外部ねじりモーメント 44,000 lb と等しいとして,q_0 が次のように求められる.

第 6 章 対称断面梁のせん断応力と曲げ応力

$$44{,}000 = 20{,}000 + 400q_0$$

すなわち，

$$q_0 = 60 \text{ lb/in.}$$

この q_0 の値を q' に足して，最終的なせん断流が列(6)のように得られる．このせん断流を方向も合わせて図 6.39 に示す．

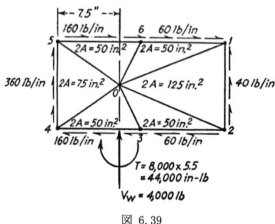

図 6.39

図 6.39 に示したせん断流は前に求めた図 6.38(c)の値に対応している．(6.24)式はウェブが受け持つせん断力の正しい値を与え，ストリンガの力の成分は点 O まわりにモーメントを生じないので，これらの解析は両方とも正しい．表による実際の翼の解析においては，モーメントの中心と V_w の値は近似的な方法で求めるのが普通なので，この方法の精度は用いる仮定の精度に依存する．

6.9 フランジ面積が変化する梁

前項では，梁の高さは変化するがフランジの断面積はすべての断面で同じであると考えた．航空機の梁では，梁の高さと同じようにフランジ部材の断面積が変化することが多い．すべてのフランジ部材の面積が一定の割合で変化するならば，前項の方法を使うことができるが，ある断面における面積が他の断面における面積と比例しないならば，この方法の誤差は大きい．図 6.40 に示す航空機の翼はフランジの面積の変化を考慮しなければならない構造を代表している．この翼のフランジ面積は曲げ応力が長手方向に一定であるように設計され

6.9 フランジ面積が変化する梁

る．翼の根本のより大きい曲げモーメントに対抗するために，翼の高さと桁のキャップ A と B の断面積を増加することによって曲げ強度を増加する．桁キャップで受け持てない曲げモーメントの一部を受け持つストリンガは全スパンで同じ断面積を持つ．ストリンガは同じ断面積で，すべての点で同じ軸応力であるので，すべての点で同じ軸力でなければならない．力の増分 ΔP はすべてのストリンガでゼロであり，ΔP は桁キャップ A と B だけに作用する．(6.18)式よりせん断流は翼の前縁の全周で一定であり，桁キャップだけで変化する．したがって，前に使用した方法はこの問題には使えない．

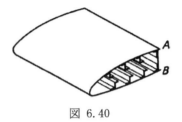

図 6.40

梁の2つの断面において曲げ応力とストリンガの荷重を計算する．2つの断面の間における変化を考慮するために，各断面の実際の寸法とストリンガの断面積を使う．a だけ離れた2つの断面のストリンガ荷重を図 6.41 に示す．

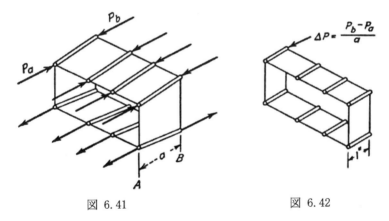

図 6.41   図 6.42

ストリンガの荷重の増加は長さ a の間で一様であると仮定する．長手方向の単位長さあたりのストリンガ荷重の増分は，

$$\Delta P = \frac{P_b - P_a}{a} \tag{6.29}$$

この力を図 6.42 に示す．前の解析と同じようにこれらの ΔP からせん断流を計算する．

第6章　対称断面梁のせん断応力と曲げ応力

ΔP の値を求めるのにせん断力を使っていないことがわかる．したがって，ストリンガ荷重の垂直成分を計算する必要がない．梁のテーパーとフランジ断面積の変化の影響は断面2次モーメントと曲げ応力を計算する際に自動的に考慮される．ストリンガを設計するためには翼の全長にわたってたくさんのステーションで翼の曲げ応力を計算する必要があるので，余分な計算をすることなしに P_a と P_b の値を求めることができる．したがって，フランジの断面変化は考慮せず梁の高さの変化を考慮する解析方法に比べて，この解析方法はより簡単で正確である．

断面の間隔 a は任意にとることができる．長手方向について 15 in. から 30 in. 間隔で翼の曲げ応力を計算するのが普通のやり方である．この間隔はせん断流の計算について十分である．a の値が小さすぎると，(6.29)式の ΔP が P_b と P_a に比べて小さく，P_b と P_a の小さい誤差が ΔP の大きな誤差につながる．間隔 a が大きすぎると，断面 A と B の間で計算された平均せん断流がこれらの断面の中央のせん断流と同じにならない可能性がある．

例題 1

図 6.34 に示す梁のせん断流を曲げ応力の差を使って計算する方法で求めよ．
解：
この2つのフランジを持つ梁では，フランジの軸力の水平方向成分は $P = M/h$ である．各断面の P の値を表 6.4 の列(4)に示す．

表 6.4

x (1)	M (2)	h (3)	$P = \dfrac{M}{h}$ (4)	$P_b - P_a$ (5)	q (6)	誤差% (7)
10	100,000	11	9,091			
20				13,986	699.3	0.7
30	300,000	13	23,077			
40				10,256	512.8	0.5
50	500,000	15	33,333			
60				7,843	392.1	0.4
70	700,000	17	41,176			
80				6,192	309.6	0.3
90	900,000	19	47,368			

6.9 フランジ面積が変化する梁

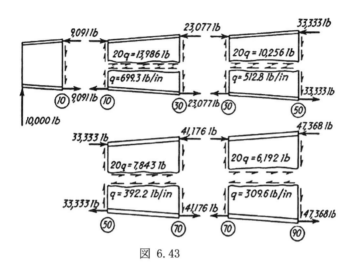

図 6.43

各断面のせん断を計算するには，10 in.離れた断面の両側の軸力の値を計算する．フリーボディダイヤグラムを図 6.43 に示す．円で囲んだ数字はステーション，すなわち梁の左端からの距離を示す．20 in.離れた断面の間の梁の上側部分の水平方向の力の差はせん断流の合計 $20q$ と釣り合っていなければならない．軸力の差を列(5)に示し，せん断流，$q = (P_b - P_a)/20$ を列(6)に示す．ステーション 20 の位置におけるせん断流はステーション 10 とステーション 30 の間の平均せん断と等しいと仮定する．せん断は長手方向に線形に変化するわけではないが，この仮定による誤差はわずか 0.7% である（表 6.2 で計算した正確な値との比較）．他のステーションではこの誤差はもっと小さい．

例題 2

図 6.35 に示す箱型梁の断面 AA のせん断流を，AA の両側 10 in. の 2 つの断面の曲げ応力の差を考えることによって求めよ．

第 6 章　対称断面梁のせん断応力と曲げ応力

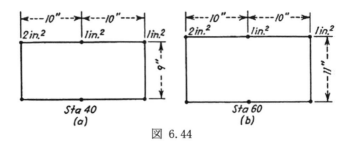

図 6.44

解：
　ステーション 40（左側の端から 40 in.の場所）の断面 2 次モーメントは図 6.44(a)に示した寸法から計算される．

$$I = 8(4.5)^2 = 162 \text{ in.}^4$$

320,000 in-lb の曲げモーメントによって発生するステーション 40 の曲げ応力は，

$$f_b = \frac{My}{I} = \frac{320,000 \times 4.5}{162} = 8,888 \text{ psi}$$

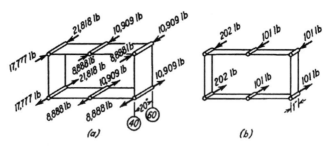

図 6.45

図 6.45(a)に示すように 1 in.^{2} の断面に働く荷重は 8,888 lb で，2 in.^{2} の断面に働く荷重は 17,777 lb である．ステーション 60 の断面 2 次モーメントは図 6.44(b)に示す寸法から計算される．

$$I = 8(5.5)^2 = 242 \text{ in.}^4$$

480,000 in-lb の曲げモーメントによって発生する曲げ応力は，

$$f_b = \frac{My}{I} = \frac{480,000 \times 5.5}{242} = 10,909 \text{ psi}$$

6.9 フランジ面積が変化する梁

図 6.45(*a*)に示すように，ストリンガの荷重は 10,909 lb と 21,818 lb である．

1 in.の長さあたりのフランジの荷重の増分 ΔP は(6.29)式から計算される．2 in.^{2} の面積に対しては，

$$\Delta P = \frac{21,818 - 17,777}{20} = 202 \text{ lb}$$

1 in.^{2} の面積に対しては，

$$\Delta P = \frac{10,909 - 8,888}{20} = 101 \text{ lb}$$

これらの ΔP の値を図 6.45(*b*)に示す．残りの計算は 6.8 項の例題 2 と同じである（表 6.3 参照）．ΔP の値は図 6.37 に示した正確な値に比べて 1%大きい．この小さな差の理由は，ステーション 40 と 60 の間の平均せん断流がステーション 50 のせん断流より 1%大きいからである．2 種類の解法に使った他の仮定は同じである．曲げ応力の差を使った解法ではストリンガによって受け持たれるせん断力の効果が自動的に考慮されるので，ストリンガの傾きの角度を計算する必要がない．しかし，ストリンガの力がモーメントの式の中で省略される場合には，適切な軸まわりのねじりモーメントを計算する必要がある．

問題

6.21 6.8 項の例題 1 の梁で，自由端の梁の高さを 5 in., 支持点での梁の高さを 15 in.として計算せよ．

6.22 6.9 項の例題 1 の梁で，自由端の梁の高さを 5 in., 支持点での梁の高さを 15 in.として計算せよ．

6.23 6.8 項の例題 2 の梁で，自由端の梁の高さを 10 in., 支持点での梁の高さを 20 in.として計算せよ．フランジの面積，水平方向の寸法，荷重は図 6.35 に示す値を使うこと．

6.24 6.9 項の例題 2 の箱型梁で，自由端の梁の高さを 10 in., 支持点での梁の高さを 20 in.として計算せよ．

6.25 $x = 50$ in.の断面におけるせん断流を求めよ．この断面についてだけの計

第6章　対称断面梁のせん断応力と曲げ応力

算を行えばよいが，ねじりモーメントを2つの方法で計算すること．
(a) ねじりモーメントの中心を任意に選び，フランジ荷重の面内成分を計算する方法
(b) いくつかの断面の図心をつないだねじり軸まわりモーメントを計算する方法

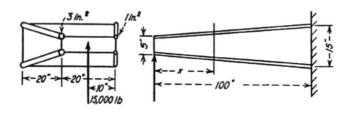

問題 6.25〜6.28

6.26　6.9項の例題2と同じように，$x = 40$ in.と $x = 60$ in.の断面におけるフランジ荷重の増分 ΔP を求めよ．これらの増分の誤差は何%か？

6.27　問題 6.25 に，6,000 lb の荷重が翼端の中央の点に翼弦方向左向きに追加される場合の計算を行え．

6.28　問題 6.26 に，6,000 lb の荷重が翼端の中央の点に翼弦方向左向きに追加される場合の計算を行え．

第7章 非対称断面の梁

7.1 2つの主軸に関する曲げ

簡単な曲げの方程式, $f = My/I$ は梁の曲げの特別な場合にのみ適用される. ある断面の曲げモーメントはその断面の主軸のどちらかひとつに作用する必要がある. そのような梁では, 作用する曲げモーメントの軸と中立軸が平行である. 作用する曲げモーメントが主軸の方向に向いていない場合には, 中立軸の向きを簡単には決めることができない.

梁の曲げのより一般的な場合における応力状態を知るためには, 主軸が対称軸である特別な場合を最初に考えるのがよいだろう.

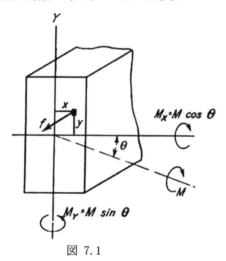

図 7.1

図 7.1 に示す梁に主軸から傾いた軸まわりの曲げモーメント M が働いている. 曲げ応力は曲げモーメントの x 軸成分と y 軸成分による応力の重ね合わせによって簡単に求めることができる. 曲げモーメントの成分は $M_x = M\cos\theta$, $M_y = M\sin\theta$, ここで, θ はモーメントの軸と x 軸の間の角度である. 偶力 M_x によって生じる曲げ応力を図 7.2(a)に示し, 次の式で計算される.

$$f = -\frac{M_x y}{I_x}$$

第7章 非対称断面の梁

負の符号は，正の M_x と y で生じる圧縮応力を表す．M_y の正の方向は，x が正の場所で圧縮応力が発生する方向である．偶力 M_y によって生じる曲げ応力を図7.2(b)に示し，次の式で計算される．

$$f = -\frac{M_y x}{I_y}$$

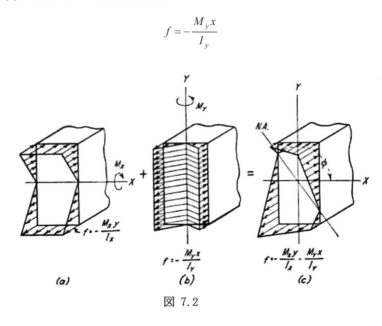

図 7.2

曲げ応力の合計は2つの主軸に関する曲げの重ね合わせから得ることができる（図7.2(c)参照）．

$$f = -\frac{M_x y}{I_x} - \frac{M_y x}{I_y} \tag{7.1}$$

中立軸は曲げ応力がゼロになる線で定義される．(7.1)式に $f = 0$ を代入して中立軸の式を得ることができる．

$$-\frac{M_x y}{I_x} - \frac{M_y x}{I_y} = 0 \tag{7.2}$$

図心は xy 座標系の原点として使われているので，中立軸は断面の図心を通る．曲げに加えて引張荷重が梁に負荷される場合には，応力がゼロである中立軸は図心を通らず，(7.2)式で与えられる線に平行になる．中立軸の角度 ϕ は(7.2)式

7.1 2つの主軸に関する曲げ

から得られる.

$$\tan\phi = \frac{dy}{dx} = -\frac{M_y/I_y}{M_x/I_x}$$

作用する曲げモーメントの軸は，$\tan\theta = M_y/M_x$ である．したがって，中立軸と作用曲げモーメントの軸は M_x または M_y がゼロのとき，または，$I_x = I_y$ のときにだけ一致する．

例題
図 7.3 に示す梁の断面 AA における曲げ応力を求めよ．

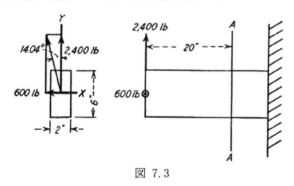

図 7.3

解：
この断面における水平軸と垂直軸に関する曲げモーメントは，$M_x = 2{,}400 \times 20 = 48{,}000$ in-lb, $M_y = -600 \times 20 = -12{,}000$ in-lb である．対応する断面2次モーメントは，$I_x = 2 \times 6^3/12 = 36$ in.^{4}, $I_y = 6 \times 2^3/12 = 4$ in.^{4} である．曲げ応力は(7.1)式で計算できる．

$$f_b = -\frac{48{,}000}{36}y + \frac{12{,}000}{4}x$$
$$= -1{,}333y + 3{,}000x$$

断面の角の x と y の値をこの式に代入して，図7.4(c)の応力を得ることができる．これらの値は x 軸に関する曲げ（図7.4(a)参照）と y 軸に関する曲げ（図7.4(b)参照）の重ね合わせでも計算できる．

中立軸の式は応力をゼロとおいて得ることができ，
$$0 = -1{,}333y + 3{,}000x$$

第7章 非対称断面の梁

すなわち,
$$y = 2.25x$$
この式は図心を通る角度 arctan 2.25, すなわち x 軸から 66.02° の線を表す. この中立軸は梁に作用する荷重に垂直でないことは明らかである. 図 7.3 に示すように, 作用荷重の角度は垂直から 14.04° である.

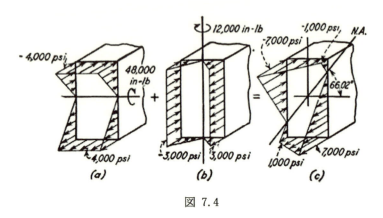

図 7.4

7.2 曲げ応力の一般式

断面の主軸でない2つの任意の軸に関して曲げモーメントが計算されているような一般的な曲げの場合, 主軸に関する曲げの場合と同じ仮定を用いて解析を行う. 平面である梁の任意の断面は曲げを受けても平面を保つと仮定し, 応力は歪に比例すると仮定する. 梁が曲げ変形をすると, 平面であった断面は中立軸に関して傾く. したがって, 断面内の任意の位置の長手方向の繊維の変形は中立軸からの距離に比例する. 応力は変形に比例するので, 応力もまた中立軸からの距離に比例する. 中立軸からの距離 r にある面積要素の応力は, K を定数とすると, $f_b = Kr$ である. 面積 dA の面積要素に働く力は $f_b dA$ である. 純曲げの場合には, 断面に働く軸力はゼロである.

$$\int f_b dA = 0$$

すなわち,
$$K \int r dA = 0 \tag{7.3}$$

7.2 曲げ応力の一般式

定数 K はゼロでないので，(7.3)式の積分がゼロでなければならない．この積分は断面の図心を表すので，中立軸は断面の図心を通らなければならない．

図 7.5 に示すように，中立軸が x 軸に対して角度 ϕ 傾いていると，中立軸から任意の点までの距離は，$r = -x\sin\phi + y\cos\phi$ である．したがって，曲げ応力を次のように書くことができる．

$$f_b = -Kx\sin\phi + Ky\cos\phi$$

すなわち，

$$f_b = -K_1 x + K_2 y \tag{7.4}$$

ここで，K_1 と K_2 は定数である．K と ϕ を使うより便利である．

x 軸に関する外部曲げモーメントが，断面の要素に働く内力 $f_b dA$ によるモーメントと等しくなければならないので，

$$M_x = -\int f_b y dA \tag{7.5}$$

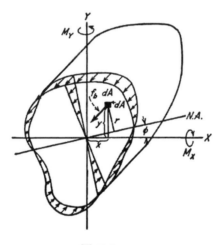

図 7.5

符号の向きは 7.1 項で使ったものと同じである．(7.4)式の f_b を(7.5)式に代入して，

$$M_x = -K_1 \int xy dA - K_2 \int y^2 dA \tag{7.6}$$

(7.6)式の積分は，断面の慣性乗積 I_{xy} と断面の慣性能率（断面２次モーメント）I_x である．したがって，(7.6)式は次のようになる．

第7章　非対称断面の梁

$$M_x = -K_1 I_{xy} - K_2 I_x \tag{7.7}$$

同様に, y 軸に関する外部曲げモーメントは, 断面の要素に働くモーメントアーム x の内力 $f_b dA$ によるモーメントと等しい.

$$M_y = -\int f_b x dA \tag{7.8}$$

(7.4)式の f_b を代入して, 積分を I_y と I_{xy} に置き換えると,

$$M_y = -K_1 \int x^2 dA - K_2 \int xy dA$$

すなわち,

$$M_y = -K_1 I_y - K_2 I_{xy} \tag{7.9}$$

(7.7)式と(7.9)式を K_1, K_2 に関して解くと, 次の結果が得られる.

$$K_1 = \frac{M_x I_{xy} - M_y I_x}{I_x I_y - I_{xy}^2} \tag{7.10}$$

$$K_2 = \frac{M_y I_{xy} - M_x I_y}{I_x I_y - I_{xy}^2} \tag{7.11}$$

(7.10)式と(7.11)式を(7.4)式に代入して, 次の一般的な曲げの式が得られる.

$$f_b = \frac{M_x I_{xy} - M_y I_x}{I_x I_y - I_{xy}^2} x + \frac{M_y I_{xy} - M_x I_y}{I_x I_y - I_{xy}^2} y \tag{7.12}$$

x 軸と y 軸が断面の主軸の場合にはこれらの軸に関する慣性乗積はゼロである. (7.12)式に $I_{xy} = 0$ を代入すると, 前に得た(7.1)式になる.

(7.12)式を使うときには, この式の導出に使った符号の規則を知っていることが重要である. 断面の第1象限にある点, すなわち x と y が正の点に圧縮応力が発生する場合に曲げモーメント M_x と M_y が正である. 他の教科書や参考書で異なる符号の定義が使われていることがあるので, その場合には(7.12)式の符号を変える必要がある.

航空機構造の解析においては, 非対称断面の梁を考えなければならないことがよくある. たとえば, 主翼の断面が断面の軸に対して対称であることはほとんどない. たとえ主翼に対称翼型が使われたにしても, 主翼の下側よりも上側

7.2 曲げ応力の一般式

に厚い構造部材を配置する必要があるので，曲げ応力の解析に関しては非対称断面と考えなければならない．尾翼の断面は長手方向の軸に対して対称であることがあるが，薄い金属外板は梁の引張側では有効であるが，圧縮側では効かないので，非対称断面として解析しなければならない．胴体断面は機体の中心軸に関して対称であるのが普通であるので，対称梁として解析する．

　非対称断面の梁の曲げ応力は次の2つの方法のどちらかを使って解析する．ひとつは，曲げモーメント，断面の慣性能率，慣性乗積，図心を通る任意の x，y 軸に関する座標の値を(7.12)式に代入する方法である．もうひとつの方法では，断面の図心を通る主軸を第4章の方法で求め，この主軸に関する曲げモーメント，断面の慣性能率，座標を求めて，応力を(7.1)式で計算する．

例題 1

　図 7.6 に示す梁の断面の A，B，C 点の曲げ応力を求めよ．この断面の断面特性は 4.6 項の例題 1 で次のように求められている．

　　$I_x = 693.3$ in.^{4}，$I_y = 173.3$ in.^{4}，$I_{xy} = -240$ in.^{4}，$I_p = 787.1$ in.^{4}，$I_q = 79.5$ in.^{4}，
　　$\theta = 21.35°$　（図 7.7 参照）

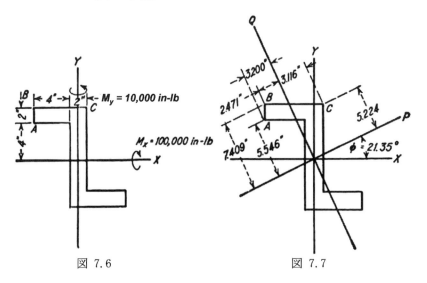

図 7.6　　　　　図 7.7

第 7 章　非対称断面の梁

方法 1 による解：
第 1 の方法による解では(7.12)式を使う．

$$f_b = \frac{M_x I_{xy} - M_y I_x}{I_x I_y - I_{xy}^2} x + \frac{M_y I_{xy} - M_x I_y}{I_x I_y - I_{xy}^2} y$$

$$= \frac{(100,000)(-240) - (10,000)(693.3)}{(693.3)(173.3) - (-240)^2} x + \frac{(10,000)(-240) - (100,000)(173.3)}{(693.3)(173.3) - (-240)^2} y$$

$$f_b = -494x - 315y \tag{7.13}$$

A, B, C 点の応力は x, y の値を(7.13)式に代入して表の形式で計算できる．

表 7.1

点	x	y	$-494x$	$-315y$	f_b, psi
A	-5	4	2,470	$-1,260$	1,210
B	-5	6	2,470	$-1,890$	580
C	1	6	-490	$-1,890$	$-2,380$

断面全体の曲げ応力分布を図 7.8 に示す．中立軸の式は(7.13)式に $f_b = 0$ を代入して得られる．中立軸の傾きがこの式から次のように求められる．

$$\tan\phi = -\frac{494}{315}, \quad \text{したがって，} \quad \phi = -57.5°$$

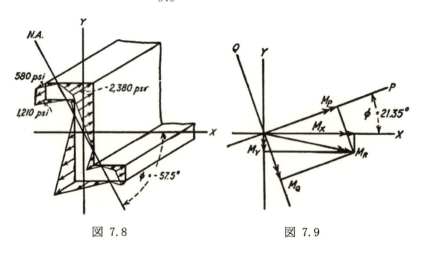

図 7.8　　　　　　図 7.9

7.2 曲げ応力の一般式

方法2による解：

第2の方法による解では，すべての断面特性として主軸に関する値を使い，(7.1)式で曲げ応力を計算する．点の主軸に関する座標を x_p, y_p とすると，(7.1)式は次のように書ける．

$$f_b = -\frac{M_p y_p}{I_p} - \frac{M_q x_p}{I_q} \tag{7.14}$$

ここで，添字 p と q は主軸に関する特性であることを表す．図 7.9 に示すように，P 軸と Q 軸に関する曲げモーメントは，偶力をベクトル表示して得ることができる．左手の符号規約を使うので，M_x の正の値は x 軸の右方向に向いており，M_y の正の値は y 軸の下向きになっている．図 7.9 に示す正の向きのベクトル M_p と M_q はベクトル M_x と M_y を P 軸と Q 軸に投影したものである．

$$M_p = M_x \cos\theta - M_y \sin\theta$$
$$= 100,000 \times 0.9313 - 10,000 \times 0.3642 = 89,490 \text{ in-lb}$$
$$M_q = M_y \cos\theta + M_x \sin\theta$$
$$= 10,000 \times 0.9313 + 100,000 \times 0.3642 = 45,730 \text{ in-lb}$$

M_p, M_q, I_p, I_q を(7.14)式に代入すると次の式が得られる．

$$f_b = -\frac{89,490}{787.1} y_p - \frac{45,730}{79.5} x_p$$

$$f_b = -113.6 y_p - 575.0 x_p \tag{7.15}$$

P 軸と Q 軸に関する点 A, B, C の座標の値 x_p, y_p は，

$$x_p = x\cos\theta + y\sin\theta, \quad y_p = y\cos\theta - x\sin\theta$$

から計算でき，図 7.7 に示す．これらの値を(7.15)式に代入して曲げ応力が計算され，その結果を下の表に示す．

表 7.2

点	x_p	y_p	$-575x_p$	$-113.6y_p$	f_b
A	-3.200	5.546	1,840	-630	1,210
B	-2.471	7.409	1,420	-840	580
C	3.116	5.224	$-1,790$	-590	$-2,380$

第 7 章　非対称断面の梁

最初の方法の結果を使ってこれらの値をチェックできる．

例題 2

図 7.10 に示す主翼の断面の各ストリンガの曲げ応力を求めよ．図心を通る x 軸と z 軸に関する断面特性は，$I_x = 71.23$ in.^{4}, $I_z = 913.71$ in.^{4}, $I_{xz} = 5.30$ in.^{4} である．断面の曲げモーメントは $M_x = 460,000$ in-lb と $M_z = 42,500$ in-lb である．ストリンガの座標を表 7.3 に示す．

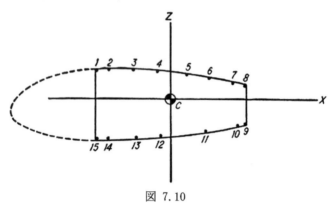

図 7.10

解：

(7.12)式を使って曲げ応力を求める．主翼断面の基準軸を x 軸と z 軸とするのが普通である．(7.12)式を次のように書くことができる．

$$f_b = \frac{M_x I_{xz} - M_z I_x}{I_x I_z - I_{xz}^2} x + \frac{M_z I_{xz} - M_x I_z}{I_x I_z - I_{xz}^2} z$$

数値を代入して，

$$f_b = \frac{460,000 \times 5.30 - 42,500 \times 71.23}{71.23 \times 913.71 - (5.30)^2} x + \frac{42,500 \times 5.30 - 460,000 \times 913.71}{71.23 \times 913.71 - (5.30)^2} z$$

したがって，

$$f_b = -9.06x - 6,457z \tag{7.16}$$

各ストリンガの座標を(7.16)式に代入すると表 7.3 のようになる．

例題 1 の第 2 の方法と同じように，主翼の断面の曲げ応力は主軸基準の曲げモーメントと断面特性を使って計算することもできる．断面内の複数の点の応

力を求める必要がある場合には，傾いた主軸に関するこれらの点の座標を計算するのは面倒である．しかし，主翼の断面の解析にはこの方法が用いられることもある．ストリンガの座標を計算で求めるのではなく，断面の図面から座標を読み取ることもある．

表 7.3

ストリンガNo.	x	z	$-9.06x$	$-6,457z$	f_b
1	−16.86	4.32	150	−27,890	−27,740
2	−15.76	4.44	140	−28,670	−28,530
3	−9.66	4.19	90	−27,050	−26,960
4	−3.46	3.94	30	−25,440	−25,410
5	2.64	3.64	−20	−23,500	−23,520
6	8.69	3.39	−80	−21,890	−21,970
7	17.19	3.03	−160	−19,560	−19,720
8	18.29	2.74	−170	−17,690	−17,860
9	18.29	−2.25	−170	14,530	14,360
10	16.38	−2.82	−150	18,210	18,060
11	7.54	−3.29	−70	21,240	21,170
12*					
13	−8.31	−4.17	80	26,930	27,010
14	−15.76	−4.43	140	28,600	28,740
15	−16.86	−4.16	150	26,860	27,010

* ストリンガ 12はこの断面で終わり，曲げ応力の計算には考慮しない．

7.3 横方向に支持された非対称梁

前項で説明した梁では負荷された荷重のもとで変形がどの方向にも起こりうると仮定していた．図 7.6 から図 7.8 に示す梁では，垂直方向の荷重によって発生する曲げモーメントは水平方向の力による曲げモーメントの 10 倍も大きい．しかし，中立軸が水平から 45° 以上傾いているので，水平方向の変形は垂直方向の変形よりも大きい．垂直荷重だけが負荷される非対称梁では，中立軸が水平方向から傾いているために，垂直方向だけではなく水平方向にも変形する．

多くの構造においては，非対称梁に垂直方向の荷重が作用し，水平方向には変形しないように拘束されている場合がある．図 7.11(*a*)に示す Z 形状の型材が薄い板にリベット結合されている例を考える．板が型材に水平方向の拘束力を与えているが，垂直荷重を受け持つ効果は無視できると仮定する．梁は垂直方

第7章　非対称断面の梁

向に変形するので，中立軸は水平であり，曲げ応力は図7.11(c)のように分布している．この曲げ応力が外部の曲げモーメントに対抗するので，曲げ応力は単純な曲げの式で表すことができる．

$$f_b = -\frac{M_x y}{I_x} \tag{7.17}$$

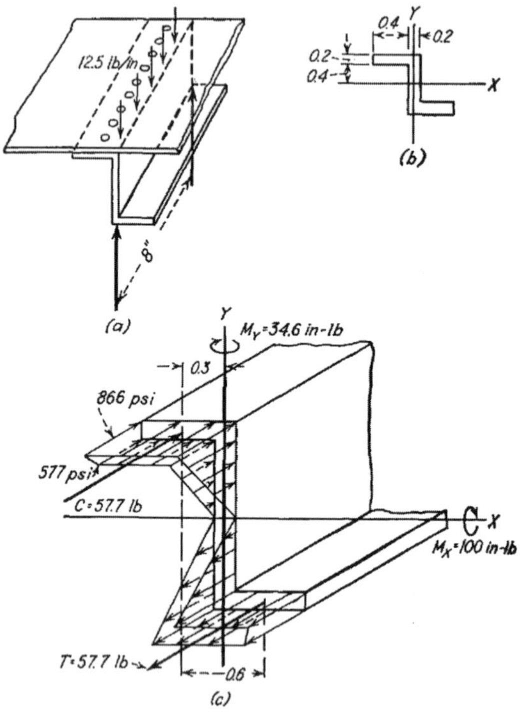

図 7.11

梁の上側フランジに作用する圧縮力によって発生するy軸まわりのモーメントに加え，梁の下側フランジの引張荷重によるモーメントが発生するので，曲げ応力はy軸まわりの曲げモーメントを発生する．このy軸まわりの曲げモーメントは梁に作用している水平方向の拘束力によって発生している．梁に作用する水平方向の力を求めることなく，梁の応力を(7.17)式で直接求めることができる．

7.3 横方向に支持された非対称梁

例題

図 7.11 に示す梁の曲げ応力を求めよ．水平の板が梁の水平方向の変形を防止しているが，垂直方向の力は受け持たない．同じ梁が横方向に支持されていない場合の応力と比較せよ．

解：

図 7.11 に示す断面の寸法は図 7.6 に示す寸法の 1/10 である．したがって，断面の慣性能率と慣性乗積は 7.2 項の例題 1 で使った値を 10^4 で割ることによって得られる．$I_x = 0.06933$ in.^{4}, $I_y = 0.01733$ in.^{4}, $I_{xy} = -0.0240$ in.^{4} となる．曲げモーメント M_x は次のように得られる．

$$M_x = \frac{WL^2}{8} = \frac{12.5 \times 8^2}{8} = 100 \text{ in-lb}$$

最大曲げ応力は(7.17)式で計算でき，

$$f_b = -\frac{100 \times 0.6}{0.06933} = -866 \text{ psi}$$

$y = 0.4$ における曲げ応力も(7.17)式で計算できる．

$$f_b = -\frac{100 \times 0.4}{0.06933} = -577 \text{ psi}$$

y 軸まわりの曲げモーメントは梁のフランジに働く力を考えることによって計算できる．図 7.11(c)に示す圧縮力は平均応力と長方形の面積の積で得られる．

$$C = \frac{866 + 577}{2}(0.2 \times 0.4) = 57.7 \text{ lb}$$

この力による y 軸まわりのモーメントは力とモーメントアーム 0.3 in.の積である．曲げモーメント M_y は力 C と T によるモーメントの和である．

$$M_y = -2 \times 0.3 \times 57.7 = -34.6 \text{ in-lb}$$

したがって，梁に作用する水平方向の拘束力は垂直荷重の 0.346 倍である（図 7.11(a)参照）．

M_y の値は(7.12)式から得ることもできる．中立軸は水平であるので，(7.12)式の x の係数はゼロでなければならない．

$$\frac{M_x I_{xy} - M_y I_x}{I_x I_y - I_{xy}^2} = 0$$

すなわち，

第 7 章　非対称断面の梁

$$M_y = \frac{M_x I_{xy}}{I_x} = \frac{(100)(-0.0240)}{0.06933} = -34.6 \text{ in-lb}$$

$M_y = M_x I_{xy}/I_x$ を(7.12)式に代入すると(7.17)式になる．

　水平方向に拘束のない類似の梁の応力は(7.12)式で計算できる．M_x = 100 in-lb, M_y = 0, I_x = 0.06933 in.[4], I_y = 0.01733 in.[4], I_{xy} = –0.0240in.[4] を(7.12)式に代入すると，次の式が得られる．

$$f_b = \frac{M_x I_{xy} - M_y I_x}{I_x I_y - I_{xy}^2} x + \frac{M_y I_{xy} - M_x I_y}{I_x I_y - I_{xy}^2} y$$
$$= \frac{(100)(-0.0240) - 0}{(0.06933)(0.01733) - (-0.0240)^2} x + \frac{0 - (100)(0.01733)}{(0.06933)(0.01733) - (-0.0240)^2} y$$

すなわち，

$$f_b = -3,840x - 2,770y \tag{7.18}$$

図 7.12 の点 A, B, C の応力は x, y の値を(7.18)式に代入して次の表で計算される．

表 7.4

点	x	y	$-3,840x$	$-2,770y$	f_b, psi
A	−0.5	0.4	1,920	−1,108	812
B	−0.5	0.6	1,920	−1,662	258
C	0.1	0.6	−384	−1,662	−2,046

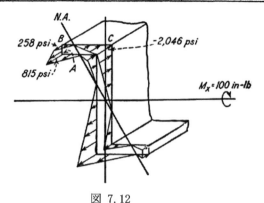

図 7.12

7.3 横方向に支持された非対称梁

図 7.12 にこれらの応力を示したので，図 7.11(c)の応力と比較されたい．

問題

7.1 30 in.の長さの片持ち梁の自由端に 1,000 lb の垂直荷重が負荷される．断面は 6 in.×1 in.の長方形である．以下の場合の最大曲げ応力と中立軸の位置を求めよ．

(a) 6 in.の辺が垂直．
(b) 6 in.の辺が垂直面から 5°傾いている．
(c) 6 in.の辺が垂直面から 10°傾いている．

7.2 正方形断面の水平の梁に垂直荷重が負荷される．梁の断面の辺のひとつが水平面から θ 傾いているときの中立軸の水平面からの角度を求めよ．曲げ応力を最小にするには梁の断面の傾きを何度にしたらよいか．

7.3 図に示した箱型梁に $M_x = 100{,}000$ in-lb と $M_z = -40{,}000$ in-lb が負荷されるときの曲げ応力とフランジ荷重を求めよ．フランジ部材の断面積を次の値とする．

(a) $a = b = c = d = 2$ in.^{2}
(b) $a = b = 3$ in.^{2}, $c = d = 1$ in.^{2}
(c) $a = d = 3$ in.^{2}, $b = c = 1$ in.^{2}
(d) $a = c = 3$ in.^{2}, $b = d = 1$ in.^{2}
(e) $a = c = 1$ in.^{2}, $b = d = 3$ in.^{2}

フランジ荷重によるモーメントと梁に作用する外部モーメントを等しいとして結果をチェックすること．

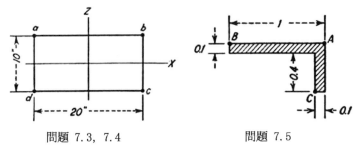

問題 7.3, 7.4　　　　問題 7.5

第 7 章　非対称断面の梁

7.4　問題 7.3 の(d)と(e)を第２の方法で解け．

7.5　図に示した断面の梁に曲げモーメント M_x = 100 in-lb が負荷される．(7.12)式を使って点 A，B，C の曲げ応力を計算せよ．(71.4)式を使って結果をチェックせよ．

7.6　図に示した箱型梁に曲げモーメント M_x = 1,000,000 in-lb, M_y = 120,000 in-lb が負荷される．(7.12)式を使って各フランジ部材の曲げ応力を求めよ．フランジがすべての曲げを受け持つとし，フランジ部材の断面積と座標が次の値であるとする．

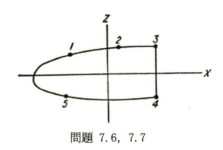

問題 7.6, 7.7

表 7.5

No.	断面積 sq in.	x, in.	z, in.
1	1.8	−2.62	8.30
2	0.4	10.81	9.12
3	0.8	24.70	9.75
4	2.3	24.70	−1.30
5	1.0	−2.62	−1.20

7.7　断面の図心を通る主軸を求めて，(7.14)式を適用することにより問題 7.6 を解け．

7.4 3つの集中フランジを持つ梁

　航空機構造では，3つの構造部材ですべての曲げ応力を受け持つように設計されることが多い．これらの部材の断面積は一点に集中しているとみなされる．たとえば，図 7.13 に示す主翼の断面は点 A，B，C の集中荷重によって曲げモーメントに対抗する．せん断荷重とねじり荷重はウェブ AB，BC，CA で受け持ち，これらのウェブの内部ではせん断流は一定である．この断面の未知の力の成分は6，フランジの軸力3，ウェブのせん断流3である．これらの6つの未知数は，曲げの式を使うことなく，6つの釣り合い式で計算できる．

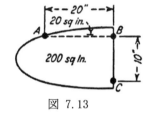

図 7.13

　2つの集中フランジを持つ箱型梁は一般的な荷重条件に対しては不安定である．2つのフランジ部材が同じ垂直面内にある場合には，この梁は垂直荷重によって生じる曲げモーメントには対抗できるが，水平荷重によって生じる曲げモーメントには対抗できない．すべての荷重条件で安定であるためには，同じ面内にない3つのフランジとそれらをつなぐウェブで構成された閉じた箱型断面が必要で十分である．3つ以上のフランジ部材があると，その構造は不静定であり，撓み条件から導かれた一般的な曲げの方程式が必要になる．3つのフランジの梁では，フランジ荷重とウェブのせん断流は釣り合いで得られ，フランジの断面積に依存しない．3つ以上のフランジを持つ梁の場合，フランジ荷重とウェブのせん断流を求めるのにフランジ断面積の値を使わなければならない．

　3つのフランジを持つ梁はスプライス点の近くで使われることが多い．3点というのは結合を安定化するのに必要な最小の数だからである．折りたたみ翼を持つ海軍の艦載機では翼のヒンジの近くでこの種の構造がよく使われる．たとえば，ヒンジラインが図 7.13 の点 A と B を通り，ラッチが点 C に配置される．

　6つの釣り合い方程式で主翼の断面を解析する場合，図 7.14 に示す主翼の外舷側がフリーボディとして使われる．しかし，図面表記上は内舷側を見るように翼の断面を描くのが普通なので，今後の説明においては図 7.14 に示すように主翼の内舷側に作用する力を使う．これらの力は主翼の外舷側に働く外部の揚力と抗力とは釣り合わず，内舷側の力と同じ方向を向いている．したがって，フランジの軸力は内部曲げモーメントと外部の曲げモーメントを等置して得る

第7章　非対称断面の梁

ことができる．モーメントの合計をゼロとするのではない．

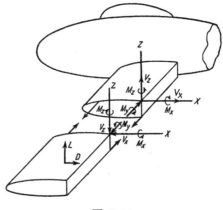

図 7.14

例題

図 7.13 に示す梁の断面に，図 7.15 に示す荷重が負荷される．各フランジの軸力と各ウェブのせん断流を求めよ．

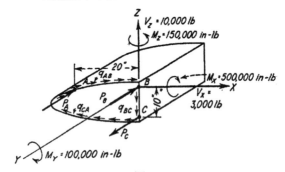

図 7.15

解：

内力 P_a，P_b，P_c とせん断流 q_{ab}，q_{bc}，q_{ca} の合力は外部偶力 M_x，M_y，M_z と外力 V_x，V_z と等しい．内力のモーメントと外力のモーメントを等置して次の式が得られる．

$$\sum M_z = 15{,}000 = -20 P_a$$

したがって，
$$P_a = -7{,}500 \text{ lb}$$
$$\sum M_x = 500{,}000 = 10 P_c$$
したがって，
$$P_c = 50{,}000 \text{ lb}$$
断面に働く長手方向の力の合計がゼロでなければならないので，
$$\sum F_y = P_b - 50{,}000 - 7{,}500 = 0$$
したがって，
$$P_b = 57{,}500 \text{ lb}$$

せん断流 q_{ab}, q_{bc}, q_{ca} は釣り合い式の残りの3つの式から得られる．水平方向の合力，垂直方向の合力，ウェブの合計せん断流によるモーメントは(6.11)式から(6.13)式を使って求めることができる．(6.13)式で用いる面積 A は，モーメントの中心とウェブの両端を結ぶ2本の直線とウェブで囲まれた面積である．図7.13の点 B をモーメントの中心とすると，ウェブ AB で囲まれた面積は 20 in.^{2}，ウェブ AC で囲まれた面積は 200 in.^{2} である．ウェブ BC のせん断流は点 B に関してモーメントを発生しない．

$$\sum M_y = 2 \times 20 q_{ab} + 2 \times 200 q_{ca} = 100{,}000$$
$$\sum F_x = 20 q_{ab} - 20 q_{ca} = 3{,}000$$
$$\sum F_z = -10 q_{bc} + 10 q_{ca} = 10{,}000$$

これらの式を連立して解くことによってせん断流が得られる．
$$q_{ab} = 363.5 \text{ lb/in.}, \quad q_{bc} = -786.5 \text{ lb/in.}, \quad q_{ca} = 213.5 \text{ lb/in.}$$
負の符号は，せん断流や力の向きが図7.15で想定した方向と反対向きであることを表している．

7.5 非対称梁のせん断流

対称断面の梁のせん断応力は(6.7)式，$f_b = (V/Ib) \int y \, dA$ から得られる．この式は単純な曲げの式，$f = My/I$ から導かれたものであり，同じ制限がある．非対称断面の梁の解析においては，曲げ応力を求めるには，(7.12)式を使うか，主軸

第 7 章　非対称断面の梁

に関する断面特性を計算し，各主軸に関する曲げによる応力を重ね合わせることによって計算する．同じように，非対称梁のせん断応力を解析するには，各主軸方向のせん断力を別々に考えるか，一般的な曲げの式からせん断応力を導くか，どちらかの方法を使う．

xz 面に断面がある非対称断面の梁については，(7.12)式は次のようになる．

$$f_b = \frac{M_x I_{xz} - M_z I_x}{I_x I_z - I_{xz}^2} x + \frac{M_z I_{xz} - M_x I_z}{I_x I_z - I_{xz}^2} z \tag{7.18a}$$

距離 a だけ離れた 2 つの断面を考えると，ある軸に関する曲げモーメントの変化はその軸に垂直な方向のせん断力と距離 a の積である．2 つの断面の間の曲げ応力の差は，$M_x = V z_a$ と $M_z = V x_a$ を(7.18a)式に代入して，

$$\frac{\Delta f_b}{a} = \frac{V_z I_{xz} - V_x I_x}{I_x I_z - I_{xz}^2} x + \frac{V_x I_{xz} - V_z I_z}{I_x I_z - I_{xz}^2} z \tag{7.19}$$

単位長さ離れた 2 つの断面のフランジ断面積に働く軸力の差 ΔP は応力の変化 $\Delta f_b/a$ にフランジ断面積をかけたものである．したがって，前に対称梁で使った方法によりせん断流を計算できる．箱型梁の周囲のせん断流は各フランジ断面積で次の量だけ変化する．

$$\Delta q = \Delta P = \left(\frac{V_z I_{xz} - V_x I_x}{I_x I_z - I_{xz}^2} x + \frac{V_x I_{xz} - V_z I_z}{I_x I_z - I_{xz}^2} z \right) A_f \tag{7.20}$$

ここで，x と z は断面積 A_f の座標である．

例題

図 7.16 に示す梁のウェブのせん断流を求めよ．
解：
　2 つの断面の間の曲げ応力の変化は(7.19)式で計算できる．この式で使用する値は次のとおり．

　　$I_x = 8 \times 5^2 = 200$ in.^{4}
　　$I_z = 8 \times 10^2 = 800$ in.^{4}
　　$I_{xz} = 2 \times 10 \times 5 - 6 \times 10 \times 5 = -200$ in.^{4}
　　$V_z = 10,000$ lb
　　$V_z = 4,000$ lb

7.5 非対称梁のせん断流

これらの値を(7.19)式に代入すると,

$$\frac{\Delta f_b}{a} = -23.33x - 73.33z$$

軸力の変化は，この式で計算した値に対応する断面積をかけたものである．計算を下の表に示す．

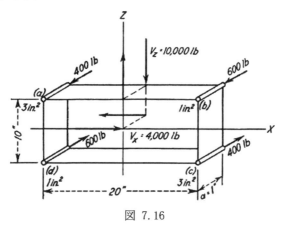

図 7.16

表 7.6

フランジ	フランジ断面積 A_f	座標		$-23.33x$	$-73.33z$	$\dfrac{\Delta f_b}{a}$	ΔP
		x	z				
a	3	-10	5	233.3	-366.7	-133.3	-400
b	1	10	5	-233.3	-366.7	-600	-600
c	3	10	-5	-233.3	366.7	133.3	400
d	1	-10	-5	233.3	366.7	600	600

　最後の列が単位長さ離れた2つの断面の間の軸力の変化であり，図 7.16 に示す．

　対称箱型梁と同じように，各ウェブのせん断流はフランジ荷重の増分から求めることができる．図 7.17(a)に示すように，左側のウェブのせん断流を q_0 と置く．左上のストリンガの長手方向の力の釣り合いより，上側のウェブのせん断流は $q_0 - 400$ であることがわかる．同様に，右上のストリンガの長手方向の力から，右側のウェブのせん断流は $q_0 - 1{,}000$ である（図 7.17(a)参照）．下側のウ

第 7 章　非対称断面の梁

ェブのせん断流は $q_0 - 600$ である．次に，未知のせん断流 q_0 をねじりモーメントの釣り合いから求める．囲まれた面積の中心をモーメントの中心とすると，せん断流のモーメントはゼロである．各ウェブの両端とモーメントの中心を結ぶ線とウェブによって囲まれた面積は 50 in.^2 である．ねじりモーメントの釣り合いは次のように書くことができる．

$$2 \times 50 q_0 + 2 \times 50 (q_0 - 400) + 2 \times 50 (q_0 - 1{,}000) + 2 \times 50 (q_0 - 600) = 0$$

すなわち，

$$400 q_0 - 200{,}000 = 0$$

結局，

$$q_0 = 500 \text{ lb/in.}$$

最終的に得られたせん断流を図 7.17(b)に示す．

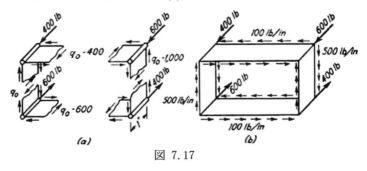

図 7.17

7.6　断面が変化する梁

　(7.19)式を導く際には断面がすべての位置において同じであると仮定している．したがって，この式は梁の長手方向の各位置で高さがテーパーしたり，フランジ断面積が変化する梁には適用できない．このような梁では，少し離れた2つの断面で断面特性，応力，フランジに作用する力を計算することによって解析する方法を使うのが便利である．フランジ軸力の変化から計算したせん断流は2つの断面の間の平均値である．断面特性を計算する際に2つの断面における実際の寸法とフランジ断面積を考慮するので，一定断面という仮定は取り除かれている．

　断面が変化する梁のせん断流を計算するのにフランジ荷重の差を使う方法はShanley と Cozzone が最初に発表した[1]．フランジ部材の設計のためにいくつ

7.6 断面が変化する梁

かの断面の曲げ応力を計算する必要があり，その応力をウェブ部材のせん断流の計算にも使えるので，この方法は主翼やそれに類似した構造の解析に最も便利な方法であると考えられる．フランジ荷重からせん断流を計算する方法は，6.9 項の対称断面の梁で使ったものと同じである．非対称梁の場合には，フランジの曲げ応力と軸力を(7.12)式を使って求めなければならない．

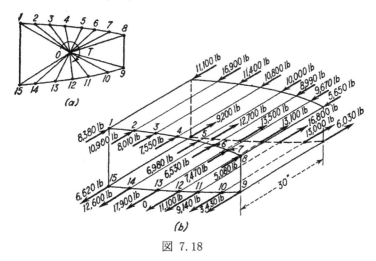

図 7.18

例題

図 7.10 に示す主翼断面を 7.2 項の例題 2 で解析した．こうして得られた曲げ応力にフランジの断面積をかけてフランジの荷重を求めることができる．このフランジ荷重を表 7.7 の列(3)に外側の断面の値 P_o として示す．30 in.内側の断面のフランジ荷重を表 7.7 の列(4)に P_i として示す．図 7.18(a)の点 O に対するねじりモーメントは 79,000 in-lb で，ウェブと点 O を結ぶ線で囲まれる面積の 2 倍が表 7.7 の列(2)に示す値の場合に，すべてのウェブのせん断流を求めよ．

解：

解を表 7.7 に示す．この表は表 6.1，表 6.3 と類似である．図 7.18(b)に示すように，P_o と P_i の値は外側の断面と内側の断面におけるストリンガ軸力である．これらの荷重の差 $P_i - P_o$ は列(4)の P_i からから列(3)の P_o を引いて得ることができる．フランジ 12 は外側のステーションで終わっているので，この点では軸力がない．このストリンガは内側の断面では全部有効で，ΔP が大きく，このストリンガの隣のウェブに大きなせん断流を発生している．各ストリンガにおけ

第7章　非対称断面の梁

るせん断流の変化である ΔP の値は列(5)に値を断面間の距離 $a = 30$ in.で割って列(6)に記入されている．

表 7.7

フランジ No. n (1)	囲まれた面積の2倍 $2A$ (2)	外側の軸力 P_o (3)	内側の軸力 P_i (4)	軸力の差 $P_i - P_o$ (5)	ΔP (6)	q' (7)	モーメント $2Aq'$ (8)	せん断流 $q = q' + q_0$ (9)*
				(4) − (3)	(5) ÷ 30	Σ(6)	(2) × (7)	(7) + 496
1		−8,380	−11,100	−2,720	−90.7			
	12.5					−90.7	−1,130	405
2		−10,900	−16,900	−6,000	−200.0			
	38.6					−290.7	−11,230	205
3		−8,010	−11,400	−3,390	−113.0			
	37.3					−403.7	−15,080	92
4		−7,550	−10,800	−3,250	−108.3			
	35.9					−512.0	−18,400	−16
5		−6,980	−10,000	−3,020	−100.7			
	36.6					−612.7	−22,400	−117
6		−6,530	−8,990	−2,460	−82.0			
	71.1					−694.7	−49,400	−199
7		−7,470	−9,670	−2,200	−73.3			
	14.0					−768.0	−10,760	−272
8		−5,080	−5,650	−570	−19.0			
	120.4					−787.0	−94,900	−291
9		3,430	6,030	2,600	86.7			
	21.1					−700.3	−14,770	−204
10		9,140	13,000	3,860	128.6			
	39.1					−571.7	−22,320	−76
11		11,100	16,800	5,700	190.0			
	35.9					−381.7	−13,700	114
12		0	13,100	13,100	436.7			
	28.2					55.0	1,610	551
13		17,900	13,500	−4,400	−146.7			
	30.6					−91.7	−2,800	404
14		12,600	12,700	100	3.3			
	11.4					−88.4	−1,010	408
15		6,620	9,200	2,580	86.0			
	183.6					0(−2.4)	0	496
Total	716	.....	.....	.....	.....		−276,300	

* q_0 の計算　　$q_0 = \dfrac{T - \sum 2Aq'}{\sum 2A} = \dfrac{79,000 + 276,300}{716} = 496 \text{lb/in.}$

最初は前桁のウェブ 15-1 が切断されていると考え，そのときのせん断流が q' であるとする． q' の値は列(6)の和として列(7)に記入されており，ウェブ 15-1 の間のストリンガまたはフランジと，今考えているウェブをフリーボディとし

7.6 断面が変化する梁

た場合の長手方向の力の合計に等しい．これらのせん断流が点 O を通る長手方向の基準軸まわりにつくるモーメントは，列(2)と(7)の積であり，列(8)に示す．点 O が箱型断面の内部にあれば列(2)のすべての値が正であり，正のせん断流（時計回り）が正のモーメント増分（時計回り）である．点 O が箱型断面の外部にあると，列(2)の値が負になり，正のせん断流が負のモーメントを生じる．点 O の位置にかかわらず，列(2)の合計は囲まれる面積の2倍である．列(8)の合計は q' が点 O まわりにつくるモーメントとなる．

これらのせん断流によるねじりモーメントは外部ねじりモーメントに等しくないので，q' の値は本当のせん断流ではない．最終的なせん断流 q を求めるには，各 q' に一定の q_0 を足し合わせる必要がある．せん断流 q' と q_0 による内部モーメントが主翼に働く外部ねじりモーメントと等しくなければならない．

$$\sum 2Aq' + q_0 \sum 2A = T$$

すなわち，

$$q_0 = \frac{T - \sum 2Aq'}{\sum 2A} \qquad (7.21)$$

q_0 は(7.21)式から得られる（表7.7の下部参照）．この q_0 の値を列(7)の各 q' に足さなければならない．最終的なせん断流を列(9)に示す．

7.7 主翼基準軸の選択

高さ方向にも幅方向にもテーパーがなく，すべてのストリンガが平行である梁においては，ストリンガに垂直な断面が解析に使われる．相互に直交する断面に平行な軸と垂直な軸を基準とするせん断力と曲げモーメントが使われる．曲げ応力から得られるストリンガ荷重はストリンガに平行で，ストリンガの真の軸力を表している．

もっと普通の種類の航空機の梁は高さ方向と幅方向の両方にテーパーしている．曲げ応力から得られるストリンガ荷重は断面に垂直な成分であり，真のストリンガ荷重は既知の成分をストリンガと断面に垂直な軸の間の角度のコサインで割って得ることができる．各ストリンガの角度とストリンガ荷重のいろいろな成分を計算するのは面倒であるのが普通である．断面に垂直な軸とストリ

第7章 非対称断面の梁

ンガとの角度が小さい場合には，ストリンガ荷重が断面に垂直な成分と等しいと仮定することが通例である．角度が 6° より小さければ，この仮定による誤差は 1%より小さい．断面内のストリンガ荷重成分を計算する際に梁のテーパーを無視してはいけない．これらの成分は，ストリンガと断面に垂直な軸の間のサインとストリンガ軸力の積に等しい．角度が 6° の場合，面内の成分は軸力の 10%を超えるので，せん断流が 50%か，それ以上変わってしまう．

　6.8 項と 6.9 項でストリンガ荷重の面内成分が梁のせん断力の一部を大きな比率で受け持つことを示した．2 つの断面のフランジ荷重の差の方法を使う場合には，これらの面内成分は自動的に考慮されるので，これらの成分を計算する必要はない．ストリンガ荷重の面内成分がねじりモーメントに影響を与えないような基準軸を選ぶことが必要である．各ストリンガが翼弦の等パーセントの線に全長にわたって配置されている通常の種類の主翼では，ねじりモーメントの適切な軸はほぼ翼断面の図心を結ぶ線である．この軸まわりのねじりモーメントを(7.21)式の T として使うべきである．

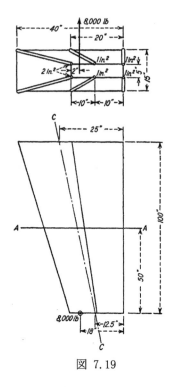

図 7.19

例題

　図 7.19 に示す梁の断面 AA のせん断流を求めよ．まず最初に，面内成分を考慮して解くこと．次に，面内成分を無視できる軸を選んで解くこと．
解法 1：
　ねじりを計算するときにストリンガ荷重の面内成分を考慮してせん断流を求める．ストリンガ荷重の断面に垂直な成分は 6.8 項の例題 2 で計算した値に等しい（図 6.36 参照）．これらの荷重と面内成分を図 7.20 に示した．右上のウェブの未知のせん断流を q_0 とした場合のせん断流は図 6.37 に示したものと同様で，図 7.20(b)に示す．

7.7 主翼基準軸の選択

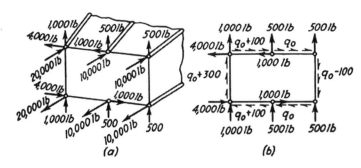

図 7.20

断面 AA の左下の点 O を通る長手方向の軸まわりの外部ねじりモーメントは，
$$T_0 = -8,000 \times 12 = -96,000 \text{ in-lb}$$
このねじりモーメントは，ストリンガ荷重の面内成分とせん断力によるねじりモーメントと等しい．ストリンガ荷重の面内成分によるねじりモーメントは次のようになる．
$$-4,000 \times 10 - 1,000 \times 10 - 2(500 \times 15) - 2(500 \times 30) = -95,000 \text{ in-lb}$$
これがねじりモーメントの大部分を受け持っていることは明らかである．外部ねじりモーメントと内部ねじりモーメントを等しいと置いて，q_0 の値を求めることができる．
$$-96,000 = -95,000 + 150(q_0 + 100) + 150 q_0 + 300(q_0 - 100)$$
すなわち，
$$q_0 = 23 \text{ lb/in.}$$
残りのウェブのせん断流は q_0 の値を図 7.20(b) の値に代入して得ることができる．

解法 2：

ストリンガの数が増えるとストリンガ荷重の面内成分を計算する方法はとても面倒であることは明らかである．面内成分が図 7.21 の軸 CC まわりにつくるねじりモーメントは無視できる．軸 CC は多くの断面の図心を結んだ線である．この軸まわりの外部ねじりモーメントは，
$$T_c = 8,000 \times 5.5 \cos 7.12° = 43,700 \text{ in-lb}$$
このねじりモーメントを図 7.22 に示すせん断流によって生じるねじりモーメン

第7章 非対称断面の梁

トと等置して，q_0 に関する式が得られる．

$$43{,}700 = 75(q_0+100) + 75q_0 + 187.5(q_0-100) + 75q_0 \\ + 75(q_0+100) + 112.5(q_0+300)$$

すなわち，

$$q_0 = 23\,\text{lb/in}.$$

この値は前に得た値と等しい．

　実際の問題にはこの2番目の解法を使うことを推奨する．一般的な曲げの式を使って多くの断面でストリンガ荷重を計算する．次に，7.6項で説明したようにストリンガ荷重の差，ΔP からせん断流を求める．ねじりの軸を断面の図心を結んだ線を近似する直線に選ぶと，ストリンガ荷重の面内成分を計算しなくてもよい．

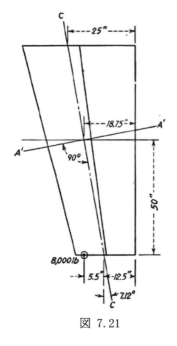

図 7.21

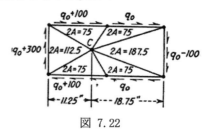

図 7.22

7.8 後退角のための主翼の曲げモーメントの補正

　主翼の構造解析において，長手方向の軸がほぼ断面の図心を通るような互いに直交する軸まわりに曲げモーメントとねじりモーメントをとることが望ましい．主翼の予備的な曲げモーメントを計算する時点では図心は決まっていないので，最初は長手方向の軸が機体の対称面に垂直であるような座標系を使うのがふつうであり，曲げモーメントとねじりモーメントはこの座標系基準で計算する．その後でこれらのモーメントを断面の図心を通る座標系に変換する．

　図7.23に示す主翼はモーメントの基準となる y 軸から後退角 β だけ傾いており，モーメントを求めたい軸は y_1 である．主翼の上反角は無視して，z 軸と z_1

7.8 後退角のための主翼の曲げモーメントの補正

軸は平行とする.曲げモーメント M_x, M_y, M_{x1}, M_{y1} を左手の規則にしたがって二重矢印の偶力ベクトルで図中に示す.

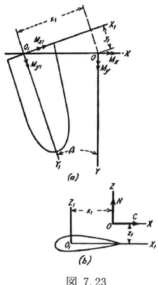

図 7.23

図 7.23(b)に示す z 軸と x 軸に平行な力 N と C も曲げモーメントに寄与する.主翼の曲げモーメント M_{x1} は,図 7.23 に示すように x_1 軸まわりにモーメントを計算して次のようになる.

$$M_{x1} = M_x \cos\beta - M_y \sin\beta + Ny_1 - Cz_1 \sin\beta \tag{7.22}$$

同様に,y_1 軸まわりのねじりモーメントは,

$$M_{y1} = M_y \cos\beta + M_x \sin\beta - Nx_1 + Cz_1 \sin\beta \tag{7.23}$$

ここで使っている仮定により,上反角がなく,y 方向の力がないので,M_{z1} と M_z が等しくなるため,翼弦方向の曲げモーメント M_{z1} はここでは考慮しない.

場合によっては,主翼の上反角のために曲げモーメントを補正する必要があることもある.その場合には,(7.22)式と(7.23)式を導いたのと同様な方法を使うことができる.

第7章 非対称断面の梁

例題

図 7.19 に示す主翼で，断面 AA を通り翼の右側に基準軸の x 軸と y 軸が設定されている．これらの軸に関するモーメントが，$M_x = 400{,}000$ in-lb と $M_y = 144{,}000$ in-lb である．これらのモーメントを図 7.21 に示す $A'A'$ 軸と CC 軸に変換せよ．

解：

図 7.23(a)に示す座標 x_1，y_1 は，$x_1 = 18.75 \cos 7.12° = 18.6$ in.，$y_1 = 18.75 \sin 7.12° = 2.32$ in. である．(7.22)式より，$M_{x1} = 400{,}000 \cos 7.12° - 144{,}000 \sin 7.12° + 8{,}000 \times 2.32 = 398{,}000$ in-lb．(7.23)式より M_{y1} の値が次のように計算できる．

$$M_{y1} = 144{,}000 \cos 7.12° + 400{,}000 \sin 7.12° - 8{,}000 \times 18.6$$
$$= 43{,}700 \text{ in-lb}$$

この値は 7.7 項の例題の 2 番目の解と同じである．

問題

7.8 図に示す断面のウェブのせん断流を求めよ．テーパーは無いとする．フランジの断面積はせん断流に影響しないことに注意すること．

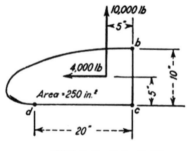

問題 7.8, 7.9, 7.10

7.9 $x = 50$ in. の断面のせん断流を求めよ．この断面形状は前の問題で使った断面と同じである．1 つの断面だけを考えて，フランジ荷重の面内成分を計算すること．

7.10 $x = 40$ in. と $x = 60$ in. の位置の 2 つの断面におけるフランジ荷重の差を使

7.8 後退角のための主翼の曲げモーメントの補正

って問題 7.9 を解け.

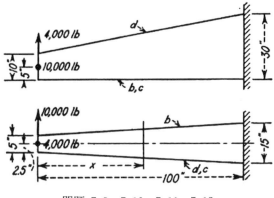

問題 7.9, 7.10, 7.11, 7.12

7.11 図に示す $x = 50$ in.の位置の断面のウェブのせん断流を計算せよ. フランジ断面を次のように仮定する.

(a) $a = b = 3$ in.^{2}, $c = d = 1$ in.^{2}
(b) $a = c = 1$ in.^{2}, $b = d = 3$ in.^{2}
(c) $a = c = 3$ in.^{2}, $b = d = 1$ in.^{2}

1 つの断面だけを考え,フランジ荷重の面内成分を計算せよ.

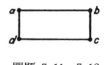

問題 7.11, 7.12

7.12 $x = 40$ in.と $x = 60$ in.の位置の 2 つの断面におけるフランジ荷重の差を使って問題 7.11 を解け. 断面の図心を結ぶねじり軸を使い,フランジ荷重の面内成分を計算しないで解くこと.

第 7 章の参考文献

[1] Shanley, F. R. and Cozzone, F. P.: Unit Method of Beam Analysis, J. Aeronaut. Sci., Vol.8, No.6, p.246, April, 1941.

第8章 セミモノコック構造の部材の解析

8.1 薄いウェブに入る集中荷重の分布

　現在の航空機構造は主に薄い金属板でできている．金属板は覆い（covering）として必要で，構造としても役立っている．薄い板，またはウェブは，ウェブの面内に作用するせん断荷重や引張荷重を受け持つのに非常に効率が良いが，圧縮荷重やウェブに垂直に作用する荷重に耐えるための部材で補強しなければならないのがふつうである．補強部材がない場合には，外板や殻（shell）がすべての荷重に耐えるように設計しなければならない．このような構造を，フランス語で「殻だけ」を意味する，モノコック（monocoque），またはフルモノコック（full monocoque）と呼ぶ．ふつうは外板を圧縮荷重に耐えるだけの厚さにするのは無理なので，補強材（スティフナ，stiffener）を配置して，セミモノコック構造（semimonocoque structure）にする．このような構造では，薄いウェブがウェブ面内の引張力とせん断力に耐え，補強材がウェブ面内の圧縮力とウェブの面に垂直な小さい分布力に耐える．

　セミモノコック構造に大きい集中荷重が作用する場合には，その荷重をウェブの面に伝達する必要がある．集中荷重が互いに直交する3つの軸の方向の成分を持つ場合には，異なる面にある複数のウェブを配置する必要があり，その荷重が2つの面の交差する場所に負荷される必要がある．たとえば胴体構造の場合，胴体を横切る方向の面に作用する荷重に対抗するための密に配置されたリングまたは隔壁と，前後方向に働く荷重に対抗する胴体シェルから成る．集中荷重は隔壁の面とシェルの交差する場所に負荷されなければならない．そうでない場合には，隔壁間を橋渡しする構造部材を追加して，荷重を2つの面の交差する場所に伝達する必要がある．

　集中荷重をウェブの面内に負荷する場合，この荷重をウェブに分布させるための補強部材が必要である（図8.1(a)参照）．この補強材が荷重の方向に向いているか，荷重を2つの補強材の交点に負荷して各補強材がその方向の力の成分を受け持つようにするか，どちらかでなければならない．図8.1の荷重 P が補強材 AB でウェブに伝達されている．隣り合うウェブのせん断流 q_1 と q_2 は補強材の長さにわたってほぼ一定である．したがって補強材の軸力は点 B において P で，点 A でゼロになるように線形に変化する（図8.1(c)参照）．

8.1 薄いウェブに入る集中荷重の分布

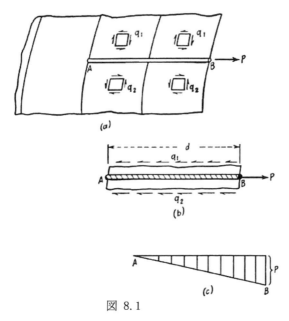

図 8.1

図8.1(b)に示す力の釣り合いから，$P = (q_1+q_2)d$ である．スティフナの必要長さ d は，ウェブのせん断強度に依存する．補強材が長ければせん断流 q_1 と q_2 が減少する．補強材の端の点 A には必ず横切る方向の補強材を配置する．補強材の端がウェブの中ほどで止まっていると，補強材の端でせん断流の急な変化が発生し，望ましくない応力集中の状態となる．

本章では，薄いウェブはその境界の純粋なせん断にだけ耐えると仮定する．実際の構造では，薄いウェブはせん断力によってしわが発生することにより，計算されたせん断に加えて張力場応力（tension field stress）が付加される．張力場応力の影響については後の章で説明する．張力場応力は本章の方法で計算する応力に単純に重ね合わせることができるので，本章で使う方法は張力場ウェブのせん断荷重の分布を計算するにも有効である．場合によってはウェブのしわによって発生する張力場応力が補強材に付加的な圧縮力を生じることがある．この荷重を別に計算して，本章で計算した荷重に代数的に足し合わせればよい．

簡単な数値例を使ってせん断ウェブに荷重を伝達する方法を説明する．図8.2(a)に示した梁は，2つの桁で両端を支持された主翼のリブに類似しており，図に示すように 3,000 lb の荷重が負荷されている．

第8章 セミモノコック構造の部材の解析

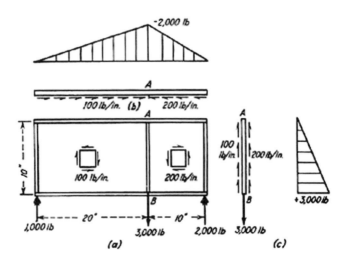

図 8.2

補強材 AB がウェブの水平方向の長さに逆比例した割合でこの荷重を2つのウェブに伝達する．垂直方向のせん断力が梁のどの断面でも外部反力と釣り合っていなければならないからである．AB 内の軸力を図 8.2(c)に示す．B 点で 3,000 lb で，A 点でゼロになるように変化している．上側フランジの軸力は梁の曲げモーメント図から求めてもよいが，図 8.2(b)に示すようにせん断流の合計から求めることもできる．点 A での圧縮力が長さ 20 in.に働く 100 lb/in.のせん断流から 2,000 lb と計算される．または，長さ 10 in.に働く 200 lb/in.のせん断流から求めてもよい．

　図 8.3 に示す片持ち梁に，水平方向成分 1,500 lb と垂直方向成分 3,000 lb の荷重 R が負荷されている．水平方向の補強材 AB が荷重の水平方向成分を受け持ち，垂直方向の補強材 CBD が垂直方向成分を受け持つ．これらの補強材の交点 B は荷重 R の作用線上になければならない．せん断流 q_1 と q_2 がこれらの補強材の釣り合いから計算される．補強材 AB は図 8.3(c)に示すような力の釣り合い状態にあるので，

$$10q_1 - 10q_2 = 1{,}500 \tag{8.1}$$

同様に，部材 CBD の力の釣り合いは 8.3(b)のようになっており，

$$5q_1 + 10q_2 = 3{,}000 \tag{8.2}$$

(8.1)式と(8.2)式を連立して解くと，q_1 =300 lb/in.と q_2 = 150 lb/in.が得られる．こ

8.1 薄いウェブに入る集中荷重の分布

れらの値は，2つの荷重成分について別々に梁を解析して，それらの結果を足し合わせて求めることもできる．

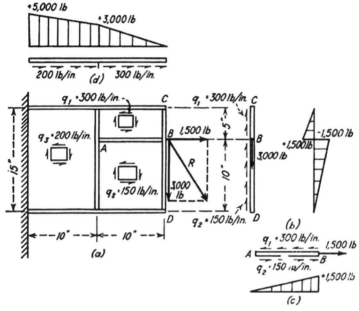

図 8.3

垂直荷重単独では 200 lb/in.のせん断流が各ウェブに発生し，水平荷重単独では上側のウェブに 100 lb/in., 下側のウェブに −50 lb/in.のせん断流が発生する．各部材の軸力を図 8.3(b)から(d)に示すが，これらの値は曲げモーメント図からは求めることができない．

　上で検討した荷重はウェブの面内に働くと仮定した．負荷荷重がすべての軸方向の成分を持つ場合には，図 8.4(a)に示すように，荷重が2つのウェブの交差する場所に作用するように構造を配置する必要がある．この図では，力 R の3つの成分を力の成分の方向に向いた補強材を使ってウェブに分布させている．場合によってはこの方法が現実的ではないことがあり，図 8.4(b)に示すようにウェブに垂直な荷重が避けられないことがある．その荷重が小さければ，補強材の曲げ強度がこの荷重に耐えることができるように設計してもよい．多くの場合には，荷重が大きいため図 8.4(c)に示すようにこの荷重に対抗するウェブ ABCD のような追加部材が必要である．この部材はリブ間またはバルクヘッド

第 8 章　セミモノコック構造の部材の解析

間を橋渡しし，3 つの反力 F_1，F_2，F_3 でこの面内のどのような荷重にも耐える（図 8.4(d)参照）．

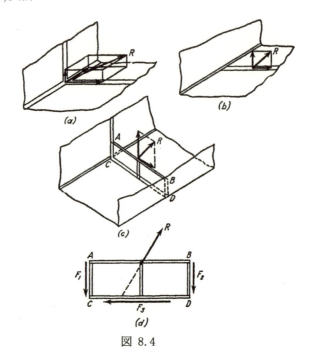

図 8.4

操縦系統のプーリーを支持するブラケットから来るような小さい荷重であっても支持されていないウェブに垂直な方向に荷重を負荷してはならない．このようなブラケットは補強材に取り付けるか，2 つのウェブの交差する場所に取り付けるべきである．

8.2　胴体隔壁に働く荷重

集中荷重を航空機の胴体または翼の殻（シェル）に伝える構造要素を隔壁（バルクヘッド，bulkhead）と呼ぶ．隔壁はその全周が翼または胴体の外板に連続的に取り付けられている．隔壁は補強材またはビードが付いた一面のウェブであったり，アクセス孔がついたウェブであったり，トラス構造であったりする．胴体内装の邪魔にならないように，胴体の隔壁は通常，開口部のあるリングや

8.2 胴体隔壁に働く荷重

枠組み(フレーム)となっている.翼の翼弦方向の隔壁はふつうリブと呼ばれ,胴体の隔壁はリングまたはフレームと呼ばれる.翼と胴体の隔壁は外板に荷重を伝えることに加え,ストリンガの支えと外板のせん断流を再配分する役割も持つ.隔壁の設計の最初のステップは隔壁に働く荷重,すなわち,隔壁を釣り合い状態に保つ荷重を求めることである.胴体のリングの場合,この最初のステップは,応力を求めるという次の段階の問題よりは易しい.胴体のリングとそれに類似した構造の応力解析については不静定構造を取り扱う後ろの章で説明する.

胴体の殻(シェル)はふつう垂直な中心軸に関して対称で,この中心軸に対して対称に荷重が負荷される.胴体の曲げ応力は簡単な曲げの方程式,$f = My/I$で求めることができ,胴体のせん断流が第6章で導いた式で計算される.

$$q = \frac{V_w}{I}\int y dA \tag{6.27}$$

対称の箱型構造に(6.27)式を適用するには,せん断流が中心軸の上端と下端でゼロになるので,構造の半分を考えればよい.したがって,(6.27)式の各項は胴体シェルの半分に適用すればよい.ストリンガやロンジロンが中心軸の上端か下端に配置されている場合には,その断面積の半分が構造の半分に属しているとみなす.

図8.5に示す胴体リングの中心線に垂直荷重 P が負荷されている.この垂直荷重 P はリングの周囲に働いているせん断流 q と釣り合っている(図8.5(c)参照).この問題はせん断流 q の分布を求めることである.図8.5(a)と(b)に示すように,リングのすぐ前方の断面には外部せん断力 V_a が働いており,リングのすぐ後方の断面にはせん断力 V_b が働いている.リングの荷重 P はこれらのせん断力の差であり,次の式で表される.

$$V_a - V_b = P \tag{8.3}$$

しばらくの間,ストリンガ荷重の面内成分で受け持たれるせん断力を無視すると,リングの近傍の2つの断面に働くせん断流は次のようになる.

$$q_a = \frac{V_a}{I}\int y dA \tag{8.4}$$

$$q_b = \frac{V_b}{I}\int y dA \tag{8.5}$$

リングの周囲に伝達される荷重 q は q_a と q_b の差と等しくなければならないので,

$$q = q_a - q_b \tag{8.6}$$

第8章　セミモノコック構造の部材の解析

(8.3)式から(8.6)式より，

$$q = \frac{V_a - V_b}{I} \int y dA$$

したがって，

$$q = \frac{P}{I} \int y dA \tag{8.7}$$

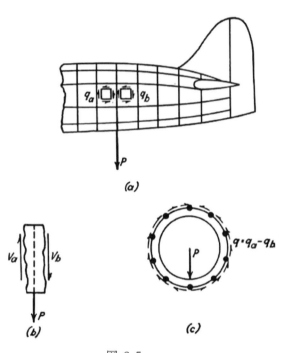

図 8.5

シェルの曲げを受け持つ断面積がフランジ断面A_fに集中しているとして，積分を和として表すと次の式になる．

$$q = \frac{P}{I} \sum y dA_f \tag{8.8}$$

ストリンガの軸力の面内成分がせん断力を受け持つ影響を考慮したとしても(8.7)式と(8.8)式は正しい．ストリンガの方向がリングの位置で急に変わっていなければ，ストリンガで受け持たれるせん断力はリングに隣接する2つの断面

8.2 胴体隔壁に働く荷重

で等しいからである．したがって，全せん断力の差，$V_a - V_b$ はウェブで受け持たれるせん断の差に等しくなければならない．

多くの場合，胴体構造は対称であるが，荷重は対称でないこともある．非対称の垂直荷重は，中心軸に作用する垂直荷重と偶力（ねじりモーメント）に分解できる．このリングに負荷される偶力は一定のせん断流で受け持たれる．

$$q_T = \frac{T}{2A} \tag{8.9}$$

ここで，T は偶力（ねじりモーメント）の大きさで，A は隔壁の断面位置における胴体の外板で囲まれる面積である．

胴体のリングは水平方向成分を持つ荷重も受け持つ．この場合には，対称な垂直荷重の場合とは異なり，見た目だけではせん断流がゼロになるウェブを見つけることができない．前に箱型梁の解析で行ったように，ひとつの未知のせん断流を含んだすべてのせん断流をまず求めて，この未知のせん断流をモーメントの釣り合いから求める必要がある．この方法は例題2の説明を読めばわかるだろう．

例題1

図 8.6 に示す胴体の隔壁に対称荷重が負荷される．各ストリンガの断面積は $0.1\ \mathrm{in.}^2$ であり，ストリンガの図心の座標 y' が表 8.1 に示されている．外板から隔壁に作用する荷重を求めよ．

表 8.1

Str. No. (1)	A_f (2)	y' (3)	$A_f y'$ (4)	y (5)	yA_f (6)	$y^2 A_f$ (7)	$\Sigma y A_f$ (8)	q, lb/in (9)
1	0.05	34.0	1.7	18.5	0.925	17.12		
							0.925	10.20
2	0.10	24.0	2.4	8.5	0.85	7.23		
							1.775	19.55
3	0.10	15.0	1.5	−0.5	−0.05	0.02		
							1.725	19.00
4	0.10	6.0	0.6	−9.5	−0.95	9.02		
							0.775	8.54
5	0.05	0.0	0.0	−15.5	−0.775	12.01		
Σ	0.4		6.2			45.40		

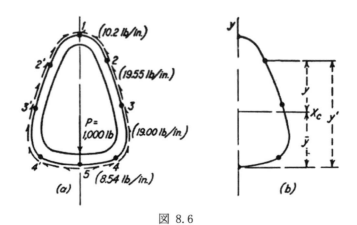

図 8.6

解：

　(8.8)式を使ってこの問題を解くことができる．図 8.6(b)に示すように殻の半分を考える．構造の半分に負荷される荷重 P の値は 500 lb であり，構造の半分の断面2次モーメントを計算する．構造全体では P も I も2倍になるので，構造全体で両方の値を求めても(8.8)式の P/I の値は同じになる．

　表 8.1 に解を示す．図 8.6(b)に示された構造を考えているので，列(2)に記入された断面 A_f は，ストリンガ 2, 3, 4 では全断面積で，ストリンガ 1 と 5 では断面積の半分である．図心 $\bar{y}$ は列(4)と列(2)の和から次のようにして得られる．

$$\bar{y} = \frac{\sum A_f y'}{\sum A_f} = \frac{6.2}{0.4} = 15.5 \,\text{in.}$$

次に，図心を通る軸に関するストリンガの座標が必要である．これらの値 $y = y' - \bar{y}$ は，列(3)から 15.5 を差し引いて，列(5)のように得られる．yA_f と $y^2 A_f$ は列(6)と(7)で計算される．列(7)の和が断面2次モーメントである．(8.8)式は次のようになる．

$$q = \frac{P}{I}\sum y A_f = \frac{500}{45.4}\sum y A_f$$

q の値が列(9)のように計算され，図 8.6(a)に示すようになる．

8.2 胴体隔壁に働く荷重

例題 2

図 8.7 に示す胴体隔壁が水平方向の力を受け持つ．ストリンガの座標が表 8.2 の列(3)に示されている．外板の各区間と基準点 O を結ぶ線で囲まれた面積の 2 倍が表 8.2 の列(8)に示されている．隔壁に働く外板の反力を求めよ．

表 8.2

Str.No. (1)	A_f (2)	x (3)	xA_f (4)	x^2A_f (5)	ΣxA_f (6)	q' (7)	$2A$ (8)	$2Aq'$ (9)	q (10)
1	0.05	0	0	0			140	0	+16.8
					0	0			
2	0.10	8	0.8	6.4			100	−1,510	+1.7
					0.8	−15.1			
3	0.10	10	1.0	10.0			100	−3,410	−17.3
					1.8	−34.1			
4	0.10	10	1.0	10.0			160	−8,480	−36.2
					2.8	−53.0			
5	0.05	0	0	0					
Σ	0.4			26.4			500	−13,400	

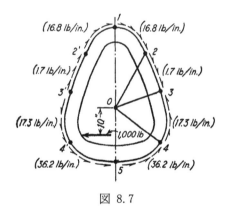

図 8.7

解:
まず，ウェブ 1-2 のせん断流がゼロであると仮定してせん断流を求める．せん断流 q' は次の式で表される．

$$q' = \frac{P}{I_y} \sum xA_f \tag{8.10}$$

この計算を表 8.2 に示し．構造の半分の I_y の値を列(5)で計算し，26.4 in.^{4} となる．リングのまわりのせん断流が時計回りである場合を正とすると，力 P は(8.10)式では負である．

$$q' = \frac{-1,000}{2 \times 26.4} \sum x A_f$$

q' の値は列(7)で計算される．対称性から，これらの値は明らかに構造の左半分と同じである．せん断流 q' は点 O まわりに $2Aq'$ のモーメントを発生する．これらのモーメントが列(9)で計算される．次に，リングの周囲の一定のせん断流 q_0 を重ね合わせて外部モーメントと釣り合うようにする．点 O のまわりのモーメントをとり，時計回りのモーメントを正とすると，

$$q_0 \sum 2A + \sum 2Aq' + 1,000 \times 10 = 0$$

したがって，

$$1,000 q_0 - 2 \times 13,400 + 1,000 \times 10 = 0$$

すなわち，

$$q_0 = 16.8 \, \text{lb/in.}$$

最終的なせん断流 q は列(7)の値に 16.8 を足して得られる．これらの値を列(10)と図 8.7 に示す．

8.3 翼のリブの解析

最も簡単な翼構造では，曲げ応力を 3 本の集中フランジ部材で受け持ち，リブに作用する力を支える外板の反力は釣り合い式から得ることができる．未知のせん断流は 3 つであり，垂直方向の力，抵抗力，長手方向の軸まわりのモーメントの釣り合い式から決まる．

その後で，リブの各断面におけるせん断流と曲げモーメントからリブの内部応力が計算される．普通はせん断力と曲げモーメントに加えて軸力もリブに働くので，リブの中立軸に対応する垂直方向の位置にある点に関する曲げモーメントを計算する必要がある．次に示す数値例で検討するリブについては，曲げモーメントはすべてリブのフランジ部材で受け持ち，せん断力はウェブで受け持つと仮定する．この仮定のもとでは，曲げモーメントを上側のフランジまたは下側のフランジ基準の曲げモーメントを使うのが便利である．リブの高さ方向の全面積が曲げに有効な場合には，曲げモーメントを中立軸まわりで考える

ほうが便利である.

　3本より多くのフランジ部材で曲げモーメントを受け持つ翼のようなより一般的なケースでは，リブに働くせん断反力を求める前に，翼の断面特性を計算する必要がある．この問題は胴体の隔壁の反力を計算するのと同様であるが，胴体断面は対称であるのに対し，翼の断面は対称ではないという違いがある．外板のせん断流，すなわち，外板によるリブの反力を，断面の慣性能率（断面2次モーメント）を使う一般的な方法で求めることになる．

例題1

　図 8.8 に示すリブに作用するせん断流を求めよ．翼の曲げモーメントを図 8.8(a)から(c)に示す3本のフランジ断面で受け持つ．フランジ a を通る垂直の断面と，荷重が負荷されている点からわずかに離れた両側の垂直断面におけるリブのフランジの荷重とリブのウェブのせん断流を求めよ．

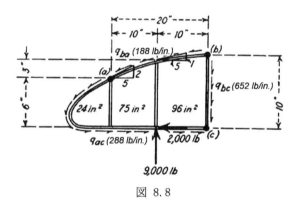

図 8.8

解：
　リブに働く翼の外板の反力は負荷荷重 9,000 lb, 2,000 lb と釣り合っていなけらばならない．点 c のまわりのモーメントの和，垂直方向の力の和，抗力方向の力の和から次の式が得られる．

$$\sum M_c = 9,000 \times 10 - 168 q_{ac} - 222 q_{ba} = 0$$
$$\sum F_x = 20 q_{ac} - 20 q_{ba} - 2,000 = 0$$
$$\sum F_z = 9,000 - 10 q_{bc} - 4 q_{ba} - 6 q_{ac} = 0$$

これらの式の解は，q_{ba} = 188 lb/in., q_{ac} = 288 lb/in., q_{bc} = 652 lb/in. となる．

第 8 章　セミモノコック構造の部材の解析

　フランジ a を通る垂直断面において，図 8.9(a)に示すフリーボディを考えることによって応力を計算することができる．この断面におけるせん断力の合計は，$V = 288 \times 6 = 1{,}728$ lb で，曲げモーメントは，$M = 2 \times 24 \times 288 = 13{,}824$ in-lb である．フランジ軸力の水平方向成分は曲げモーメントから，$P_1 = P_2 = M/6 = 2{,}304$ lb と計算される．下側のリブフランジはこの点で水平であるが，上側の部材は傾きが 0.4 である．したがって，このフランジで支持されるせん断力は $V_f = 0.4 \times 2{,}304 = 922$ lb である．残りのせん断力はウェブで受け持たれて，$V_w = V - V_f = 1{,}728 - 922 = 806$ lb である．この断面におけるせん断流は $q = 806/6 = 134$ lb/in. である．これらの値を図 8.9(a)に示す．

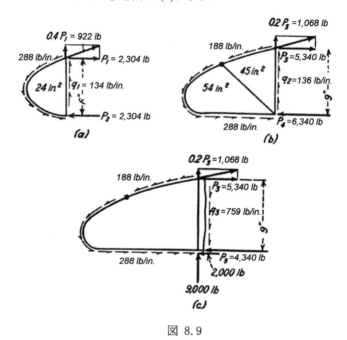

図 8.9

　負荷荷重が働く位置の左側の垂直断面における応力は図 8.9(b)に示すフリーボディを考えることによって得られる．この断面のせん断力は，$V = 188 \times 3 + 288 \times 6 = 2{,}292$ lb である．下側フランジ位置に関する曲げモーメントは，$M = 2 \times 45 \times 188 + 2 \times 54 \times 288 = 48{,}000$ in-lb である．上側フランジの荷重の水平方向成分は，$P_3 = 48{,}000/9 = 5{,}340$ lb である．下側フランジの荷重は水平方向の力の合計から，$P_4 = 5{,}340 - 10 \times 188 + 10 \times 288 = 6{,}340$ lb となる．水平方向荷重がこ

の断面に働いているので，リブの曲げモーメントはモーメントの中心の垂直方向の位置に依存することが明らかである．梁の断面が高さ方向にすべて曲げモーメントに有効であるならば，断面の図心をモーメントの中心として使い，軸方向荷重による応力は断面に一様に分布すると考える．上側フランジ荷重の垂直方向成分は，$0.2 \times 5,340 = 1,068$ lb である．したがって，ウェブのせん断流は，$q = (2,292 - 1,068)/9 = 136$ lb/in. である．これらの値を図 8.9(b)に示す．

負荷荷重が働く点のすぐ右側の垂直断面の応力も同じようにして求めることができ，結果を図 8.9(c)に示す．2つの負荷荷重が働く交点に関する曲げモーメントを計算するので，P_3の値は前のケースと同じである．下側フランジの軸力とウェブのせん断流は図 8.9(b)とは異なる．

例題 2

図 8.10 に示すリブが 10,000 lb の垂直荷重を翼の桁と外板に伝達する．リブの周囲に反力として働くせん断流，リブのウェブのせん断流，上下のリブフランジの軸力を求めよ．

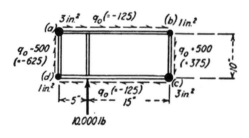

図 8.10

解：

せん断流の分布は桁のキャップの断面積に依存する．桁の断面積は 7.5 項の例題で用いた値と同じで，以下の断面特性であるとする．$I_x = 200$ in.^{4}，$I_z = 800$ in.^{4}，$I_{xz} = -200$ in.^{4}．リブのまわりの反力のせん断流は箱型梁の外板のせん断流に等しく，外部せん断力 10,000 lb に対抗しており，向きが反対である．このせん断流は 7.5 項に示した方法で計算することができる．各フランジ断面によるせん断流の変化は(7.20)式で計算され，

第8章 セミモノコック構造の部材の解析

$$\Delta q = \Delta P \left(\frac{V_z I_{xz} - V_x I_x}{I_x I_z - I_{xz}^2} x + \frac{V_x I_{xz} - V_z I_z}{I_x I_z - I_{xz}^2} z \right) A_f$$

q は時計回りを正とし,次の値が得られる.

$\Delta q = +500$　フランジ a と b の位置

$\Delta q = -500$　フランジ c と d の位置

上側の外板のせん断流を q_0 と仮定すると,他のせん断流を図 8.10 に示すように q_0 で表すことができる.ある適当な点,たとえばフランジ a まわりのモーメントの釣り合いから最終的なせん断流が計算される.

$$200 q_0 + 200(q_0 + 500) = 10{,}000 \times 5$$

すなわち,

$$q_0 = -125 \text{ lb/in.}$$

残りのウェブのせん断流が q_0 を使って計算され,正しい方向を図 8.11 に示す.リブ内のせん断流は垂直断面の力の釣り合いから求めることができ,図 8.11 に示すように,左側のウェブで 625 lb/in., 右側のウェブで 375 lb/in. である.

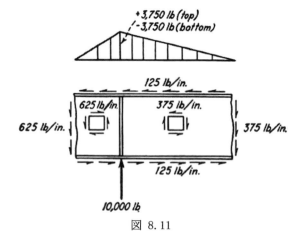

図 8.11

リブのフランジの軸力は,外板とリブウェブからリブフランジに働くせん断流の合計であり,得られた値を図 8.11 に示す.図 8.11 に示すリブウェブのせん断とフランジの荷重を同じ寸法の単純な梁の荷重と比較すると,フランジ荷重は同じであるが,ウェブのせん断流は異なっていることがわかる.

8.3 翼のリブの解析

問題

8.1 図に示す梁の各ウェブのせん断流を求め,各補強材の軸力分布を図示せよ.次に示す各荷重条件で計算すること.

(a) $P_1 = 3{,}000$ lb, $P_2 = P_3 = 0$
(b) $P_2 = 6{,}000$ lb, $P_1 = P_3 = 0$
(c) $P_3 = 6{,}000$ lb, $P_1 = P_2 = 0$
(d) $P_1 = 3{,}000$ lb, $P_2 = 6{,}000$ lb, $P_3 = 6{,}000$ lb

8.2 問題 8.1 で,次の荷重条件で計算せよ.
$P_1 = 2{,}400$ lb, $P_2 = 1{,}200$ lb, $P_3 = 1{,}800$ lb

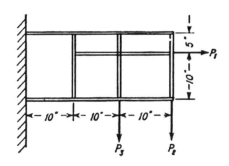

問題 8.1と8.2

8.3 図に示す滑車のブラケットが3つの辺でウェブに取り付けられている.
$P = 1{,}000$ lb, $\theta = 45°$ のときの反力 R_1, R_2, R_3 を求めよ.

8.4 問題 8.3 で,$P = 2{,}000$ lb,$\theta = 60°$ の場合を計算せよ.

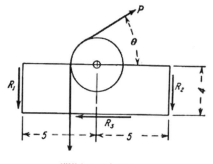

問題 8.3と8.4

8.5 図に示す胴体リングから外板に働くせん断流を求めよ．$P_1 = 2,000$ lb，$P_2 = M = 0$ とする．

8.6 胴体リングに働く外板の反力を求めよ．$P_2 = 1,000$ lb，$P_1 = M = 0$ とする．

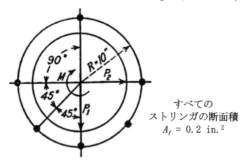

問題 8.5, 8.6, 8.7, 8.8

8.7 胴体リングに働く外板の反力を求めよ．$P_1 = 2,000$ lb，$P_2 = 1,000$ lb，$M = 10,000$ in-lb とする．

8.8 胴体リングに働く外板の反力を求めよ．$P_1 = 1,500$ lb，$P_2 = 500$ lb，$M = 8,000$ in-lb とする．

8.9 図に示すように，分布荷重 20 lb/in. が負荷されたときのリブに働く外板の反力を求めよ．桁の前方 10 in. と 20 in. の位置でのリブのウェブのせん断流とリブのフランジの軸力を求めよ．

8.10 問題 8.9 で，分布荷重の代わりに 600 lb の上向きの集中荷重が桁の 20 in. 前方の位置に負荷される場合について計算せよ．

8.3 翼のリブの解析

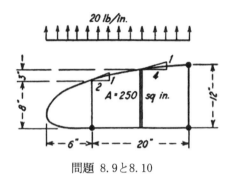

問題 8.9と8.10

8.11 図に示すリブに働く外板からの反力を求めよ．10 in.間隔の垂直断面に働くウェブのせん断流とリブフランジの軸力を計算せよ．荷重は，$P_1 = 40{,}000$ lb，$P_2 = 0$ とする．桁のフランジ断面積は，$a = b = c = d = 1$ in.^{2} とする．

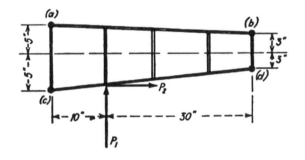

問題 8.11〜8.16

8.12 問題 8.11 で，$P_1 = 0$ lb，$P_2 = 8{,}000$ lb，$a = b = c = d = 1$in.^{2} として計算せよ．

8.13 問題 8.11 で，$P_1 = 20{,}000$ lb，$P_2 = 8{,}000$ lb，$a = b = c = d = 1$ in.^{2} として計算せよ．

8.14 問題 8.11 で，$P_1 = 40{,}000$ lb，$P_2 = 0$ lb，$a = 3$ in.^{2}，$b = c = d = 1$ in.^{2} として計算せよ．

8.15 問題 8.11 で，$P_1 = 0$ lb，$P_2 = 8{,}000$ lb，$a = 3$ in.^{2}，$b = c = d = 1$ in.^{2} として

231

計算せよ．

8.16 問題 8.11 で，$P_1 = 20,000$ lb, $P_2 = 8,000$ lb, $a = 3$ in.^{2}, $b = c = d = 1$ in.^{2} として計算せよ．

8.4 テーパーしたウェブのせん断流

2つの集中フランジを持つテーパーした梁を 6.8 項で考え，テーパーした箱型梁の単位長さでせん断流を計算する方法を説明した．航空機構造の大部分のウェブは長方形ではなくテーパーしているので，ここではテーパーしたウェブ内のせん断流の分布をもっと詳細に検討する．図 8.12(a)に示す梁のウェブ内のせん断流を 6.8 項で計算した．

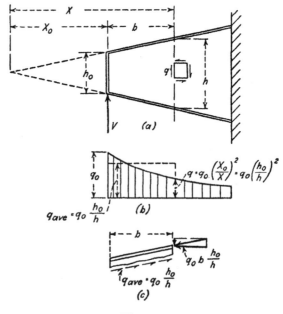

図 8.12

(6.24)式からウェブで受け持つせん断力 V_w は，

8.4 テーパーしたウェブのせん断流

$$V_w = V\frac{h_0}{h} = V\frac{x_0}{x} \tag{8.11}$$

ここで，記号の意味は図 8.12 に示すとおりである．

せん断流 q は，自由端のせん断流 $q_0 = V/h_0$ を使って次のように表すことができる．

$$q = \frac{V_w}{h} = \frac{Vh_0}{h^2} = q_0\left(\frac{h_0}{h}\right)^2 = q_0\left(\frac{x_0}{x}\right)^2 \tag{8.12}$$

せん断流 q の梁の長手方向の分布を図 8.12(b)に示す．

多くの問題でテーパーしたウェブの平均せん断流を求める必要がある．自由端と図 8.12(a)の点 x の間の平均せん断流はフランジの長手方向の釣り合いから求めることができる（図 8.12(c)参照）．フランジ荷重の水平方向成分は，曲げモーメント $q_0 h_0 b$ を梁の高さ h で割ることによって得られる．この長さのせん断流の平均 q_{av} はこの荷重を水平方向の長さ b で割ることによって得られる．

$$q_{av} = q_0\frac{h_0}{h} \text{ または } q_0\frac{x_0}{x} \tag{8.13}$$

テーパーしたウェブの片方の辺のせん断流がわかっていれば，その他の3つの辺のせん断流は(8.12)式と(8.13)式から求めることができる．

(8.12)式と(8.13)式の導出においてはテーパーした板の境界に純せん断応力が働くと仮定した．純せん断応力は互いに直交する2つの面にしか存在しないということを前に説明した．テーパーしたウェブの隅は直角ではないので，このウェブの境界にはいくらかの直応力が働いていなければならない．この直応力の大きさの程度を推定するために，すべての境界に純せん断応力が働いているテーパーしたウェブを考える．

弾性理論[1]により，図 8.13 に示す扇形はすべての境界で純せん断応力状態にあることを示すことができる．この境界条件のもとでは図に示すどの要素においても半径方向の直応力 f_r と周方向の直応力 f_θ はゼロである．半径方向の面と周方向の面に働くせん断応力は次の式を満足しなければならない．

$$f_{sr\theta} = \frac{K}{r^2} \tag{8.14}$$

ここで，K は未定係数である．テーパーが小さい場合には，この式は(8.12)式と類似である．

第8章 セミモノコック構造の部材の解析

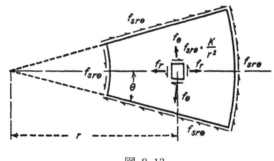

図 8.13

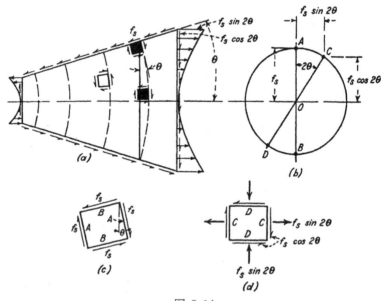

図 8.14

図 8.13 の扇形と図 8.12 のテーパーしたウェブを比較すると，テーパーしたウェブの上と下の境界における純せん断という仮定は正しいことがわかる．しかし，左と右の境界では直応力が少し発生する．この直応力の大きさは図 8.14(b) に示すモールの円を使って求めることができる．純せん断応力状態にある要素の辺 A と B が垂直面と水平面から角度 θ だけ傾いている．純粋せん断状態のモールの円は，中心が原点にあり，半径が f_s である．点 A が円の上端にあり，点

8.4 テーパーしたウェブのせん断流

A から角度 2θ 回転した位置の点 C が垂直面の応力を表す．点 C の座標が垂直面の引張応力 $f_s \times \sin 2\theta$ とせん断応力 $f_s \times \cos 2\theta$ を表す．角度 θ が小さい場合にはこの直応力は無視できる．

まず2つの集中フランジを持つ梁についてテーパーしたウェブのせん断流の式を導き，次に，境界に直交する荷重が作用しないウェブについてもこの式がほぼ成り立つことを示した．テーパーしたウェブを持つ構造の例題を使って，梁のフランジ以外の部材によってもせん断流がウェブに作用することを以下に示す．図8.15に示すように，テーパーしたウェブはトルクボックスで使われることが多い．

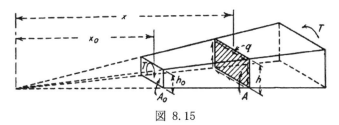

図 8.15

このボックス構造では，4つの面がテーパーしており，それを延長すれば1点で交わる．どの断面においても囲まれる面積は x に依存して変化し，次の式で表される．

$$\frac{A}{A_0} = \left(\frac{h}{h_0}\right)^2 = \left(\frac{x}{x_0}\right)^2 \tag{8.15}$$

純ねじり荷重が作用するとき，各断面のせん断流は次の式で表される．

$$q = \frac{T}{2A} \tag{8.16}$$

(8.15)式と(8.16)式と左端のせん断流の値，$q_0 = T/2A_0$ から次の式が得られる．

$$q = \frac{T}{2A_0}\left(\frac{x_0}{x}\right)^2 = q_0\left(\frac{x_0}{x}\right)^2 \tag{8.17}$$

この式は2つのフランジを持つ梁の(8.12)式の値に対応している．(8.17)式のせん断流 q はこのボックス構造の4つの面に対して成り立つ．したがって，ボックス構造の角でせん断流が上側のウェブと下側のウェブに直接伝達されるので，ボックス構造の4つの角にあるフランジ部材に軸力が発生しない．

第8章 セミモノコック構造の部材の解析

　図 8.15 に示す構造では，4つのウェブは同じ比率でテーパーしているので，(8.17)式から得られるせん断流が4つのウェブで等しい．水平ウェブのテーパー比が垂直ウェブのテーパー比と異なる場合には，せん断流はすべてのウェブで等しい分布とはならない．たとえば，図 8.16 に示すように上側と下側のウェブが長方形で，側部のウェブがテーパーしている場合，長方形のウェブではせん断流が全長にわたって一定であるが，テーパーしたウェブではせん断流が(8.12)式にしたがって変化する．リブが両端にしかないこの構造のせん断流は(8.16)式では得られないが，航空機の普通の主翼構造のようにリブが密に配置されている構造に対しては(8.16)式は十分正確である．リブがテーパーしたウェブを小さいウェブに分割し，これらのリブが水平ウェブと垂直ウェブのせん断流がほとんど等しくなるように働く．

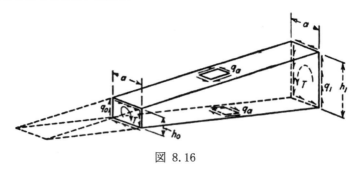

図 8.16

　図 8.16 に示すテーパーしたウェブのせん断流は(8.12)式にしたがって変化する．

$$q_1 = q_0 \left(\frac{h_0}{h_1}\right)^2 \tag{8.18}$$

ボックス構造の角にあるフランジ部材は長手方向の力と釣り合っていなければならないので，上側と下側のウェブのせん断流 q_a はテーパーしたウェブの平均せん断流と等しくなければならず，(8.13)式から次の式が導かれる．

$$q_a = q_0 \frac{h_0}{h_1} \tag{8.19}$$

(8.18)式より，

8.4 テーパーしたウェブのせん断流

$$q_a = q_1 \frac{h_1}{h_0} \tag{8.20}$$

2つの隣り合うウェブのせん断流の差によってこれらのウェブの間にあるフランジ部材の軸力が発生する.ボックス構造の任意の中間の断面では,ボックス構造に働く外部ねじりモーメントとの釣り合いを考えるときに,ウェブのせん断とともにフランジ荷重の面内成分を考慮しなければならない.両端の断面では,せん断流が外部ねじりモーメントと釣り合っている.ボックス構造の左端では,

$$(q_0 + q_a)ah_0 = T$$

(8.19)式を代入すると,

$$q_a = \frac{T}{a(h_1 + h_0)} \tag{8.21}$$

この式は右端における力の釣り合いから導くこともできる.

$$T = ah_1(q_1 + q_a)$$

(8.20)式を代入して,

$$q_a = \frac{T}{a(h_1 + h_0)}$$

この式は(8.21)式と同じである.(8.16)式から期待されるように,(8.21)式の分母はボックス構造の $2A$ の平均値である.ほとんどの主翼や胴体では,リブと隔壁が密に配置されているので,ねじりによるせん断流を求めるときにテーパーを考慮する必要はない.(8.16)式を適用することができ,ある断面においてはねじりによるせん断流はすべてのウェブでほぼ等しい.しかし,リブがせん断流を分配できないような特別な構造では図8.16の構造に使った計算と同じような方法を使う必要がある.上側と下側のウェブもテーパーしていて,テーパー比が側面のウェブと異なる場合には,(8.12)式を各ウェブに適用してせん断流を計算する.4つのウェブのせん断流の平均を等しいとし,次にひとつの端の断面で構造に作用する外部ねじりモーメントがせん断流によるモーメントと等しいとして計算できる.

8.5 セミモノコック構造の切欠き

典型的な航空機構造は,長手方向の補強材と横方向の隔壁からなる閉じたボックス構造であり,これまでの項で解析した.しかし,実際の航空機構造では

第 8 章　セミモノコック構造の部材の解析

理想的な連続的した構造に多くの開口部を設ける必要がある．主翼構造は主脚を引き込むための主脚室を設けるために切り欠くことがある．その他にも武器の収納，燃料タンク，エンジンナセルのために開口部が必要である．胴体構造においては，扉，窓，コックピット，爆弾倉，機銃座，主脚扉のために不連続にしなければならないことが多い．製造時の接近性のため，点検のため，運用中の整備のために孔やドアを設ける必要があることも多い，これらの切欠き（カットアウト，cutout）は構造の観点からは望ましくないが，必ず必要なものである．高荷重が働く場所に切欠きを設ける必要があることも多く，この場合には切欠きの周囲の補強のためにかなりの構造重量を費やさなければならない．

構造内の大きな切欠きの簡単な例を図 8.17 に示す．4 つのフランジ部材を持つ主翼構造の下面外板をすべて取り除いたものに相当している．以前の項で，ねじり荷重に対抗する安定な構造とするには閉断面のトルクボックスが必要であると説明した．図 8.17 に示す構造が安定であるようにするには，片方の端を埋め込んで（固定して），2 つの側面のウェブが別々の片持ち梁として働いて，ねじりに対抗できるようにしなければならない（図 8.17(b)参照）．フランジ部材が軸力を受け持ち，その大きさは支持部で $P = TL/bh$ である．垂直面のウェブのせん断流は q で，同じ寸法の閉断面のトルクボックスのせん断流の 2 倍である．

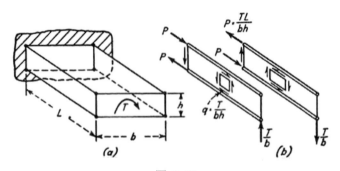

図 8.17

純ねじり荷重の場合には水平のウェブのせん断流は無いが，水平方向の荷重に対する安定化のためには水平のウェブが必要である．6 面すべてにウェブを持つトルクボックスはフランジ部材に軸力を発生することなくねじりモーメントを受け持つことができる．したがって，ウェブのせん断変形は片持ち梁の曲げ変形に比べて無視できるほど小さいので，この構造はねじりに対してより剛性

8.5 セミモノコック構造の切欠き

が高い．

　完全な片持ち梁である航空機の主翼では，全長にわたって開断面構造とするわけにはいかない．飛行荷重ケースによっては主翼の翼端が過大な迎角になるまでねじれてしまうためである．長手方向の大部分については閉断面のトルクボックスである必要があり，主翼室の開口部のように短い距離だけ開断面にしてもよい．このような場所で下面外板を取り除いた場合には，ねじり荷重をディファレンシャル・ベンディング（differential bending）で受け持つことになる（図 8.17(b)参照）．内側と外側の閉断面のトルクボックスが主翼断面の面外変形（warping deformation）に抵抗するので，この開口部の両側で桁フランジに軸力が発生するのがふつうである．図に示したようなねじり負荷では，フランジ荷重が開口部の中央でゼロで，開口部の両端で $P/2$ であると仮定するのがふつうである．

　3つのウェブと4つのフランジを持つ開断面ボックスは，片方の端，または両端を拘束するならば，どのような荷重条件に対しても安定である．3つのウェブのせん断流は3つの釣り合い式から求めることができる．せん断流を求める方法は図 8.18 に示す数値例から明らかである．図 8.18(b)に示す点 C のまわりのモーメントの釣り合いより，

$$10q_1 \times 20 = 10{,}000 \times 10 + 2{,}000 \times 5 + 40{,}000$$

すなわち，

$$q_1 = 750 \text{ lb/in.}$$

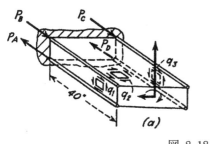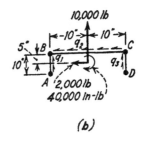

図 8.18

垂直方向の力の釣り合いより，

$$10q_3 + 10 \times 75 = 10{,}000$$

すなわち，

第 8 章　セミモノコック構造の部材の解析

$$q_3 = 250 \text{ lb/in.}$$

同様に，水平方向の力の釣り合いより，

$$20q_2 = 2{,}000$$

すなわち，

$$q_2 = 100 \text{ lb/in.}$$

フランジ部材の軸力は長手方向の力を足し合わせて次のように計算できる．

$$P_a = 40q_1 = 30{,}000 \text{ lb}$$
$$P_b = 40q_1 + 40q_2 = 34{,}000 \text{ lb}$$
$$P_c = 40q_3 - 40q_2 = 6{,}000 \text{ lb}$$
$$P_d = 40q_3 = 10{,}000 \text{ lb}$$

これらの力は釣り合い条件を満足するが，曲げの式から求めることはできない．4つのフランジ部材を持つ開断面の梁では，フランジ荷重はフランジの断面積に依存しない．4つより多くのフランジを持つ梁の場合，軸力の分布を推定するにはフランジの断面積を考慮しなければならない．この問題は不静定問題であり，ふつうは近似的な方法で解析する．

　主翼構造の短い長さの切欠きは，閉断面のトルクボックスである隣接する断面のせん断流に影響をおよぼす．まず主翼が純ねじりモーメントを受け持つ場合を考える．連続した閉断面のトルクボックスのせん断流は，

$$q_t = \frac{T}{2A} \tag{8.22}$$

この式はフランジ部材が軸力を受け持っていないという仮定から導かれている．しかし，切欠きの両端ではディファレンシャル・ベンディングによるフランジ荷重が最大となっている．これらのフランジ荷重はウェブに分配されて，切欠きからある程度離れた場所でフランジ荷重がゼロになってボックスが純ねじりになる．フランジ荷重の分配に必要な長さは各部材の相対的な剛性に依存するが，だいたい切欠きの長さに等しい．トルクボックスのせん断流はこの荷重の分配にかなり影響される．

　図 8.19(a)に示す直方体のトルクボックスに純ねじりモーメントが作用している．下面外板がボックスの全幅に長さ L だけ切り欠かれている．切欠きの影響が切欠きの両側の距離 L 離れた場所までおよんでいると仮定する．

8.5 セミモノコック構造の切欠き

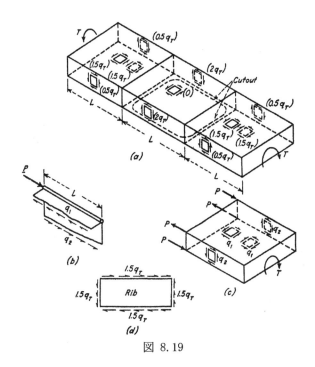

図 8.19

したがって，図示したように長さ $3L$ の範囲を考えればよい．切欠きのある断面のせん断流は図 8.17(b)で得たものと同様で，上面外板ではゼロ，桁のウェブでは $2q_t$ である．ここで，q_t は切欠きのない連続したボックスのせん断流で，(8.22)式で計算される．桁フランジの軸力 P が切欠きの内舷側と外舷側で等しいと仮定すると，その軸力は図 8.17(b)に示した値の半分になる．

$$P = q_t L \tag{8.23}$$

この軸力がフランジに隣接するウェブに長さ L の間で分配される．図 8.19(b)に示したフランジ部材の釣り合いから，

$$q_1 L - q_2 L = P \tag{8.24}$$

したがって，(8.23)式と(8.24)式から，

$$q_1 - q_2 = q_t \tag{8.25}$$

せん断流 q_1 と q_2 は図 8.19(c)に示す構造の釣り合い条件を満足しなければならない．ある断面において垂直方向の力が釣り合っていなければならないので，2つの桁のせん断流は大きさが同じ q_2 で，反対向きである．水平方向の力の釣

第 8 章　セミモノコック構造の部材の解析

り合いから，上面と下面の外板のせん断流は大きさが同じ q_1 で，反対向きである．4つのウェブのせん断流でねじりモーメントに対抗するので，次の条件が成り立たなければならない．

$$q_1 A + q_2 A = T$$

または，(8.22)式から，

$$q_1 + q_2 = 2q_t \tag{8.26}$$

(8.25)式と(8.26)式を解くと，

$$q_1 = 1.5 q_t$$
$$q_2 = 0.5 q_t$$

これらのせん断流の値を図 8.19(a)にかっこで示した．

　これらのせん断流 q_1 と q_2 から，切欠きが隣接する閉断面のトルクボックスのせん断流に大きな影響をおよぼすことがわかる．上面と下面の外板のせん断流は切欠きのないボックスのせん断流の 1.5 倍で，桁のせん断流は半分になっている．切欠きに隣接するリブにも大きいせん断流が作用する．切欠きのすぐ外側のリブを図 8.19(d)に示す．このリブにはトルクボックスの上面と下面の外板から $1.5q_t$ のせん断流が入る．桁からは，切欠き部側から $2q_t$，トルクボックス側から $0.5q_t$ のせん断流が入ってくる．これらのせん断流は反対方向を向いているので，リブに作用するせん断流の合計は $1.5q_t$ である．

　もっと一般的な荷重条件の箱型梁の問題は他の方法で解析する．桁フランジに，ディファレンシャル・ベンディングに加えて主翼の曲げにより発生する軸力がある場合には，純ねじりを受ける構造の解析方法はさらに難しくなる．一般的な荷重条件に対するふつうの方法は，まず最初に切欠きがないと仮定して連続的な主翼構造を解析する．次に，補正するせん断流を求め，これを連続的な構造のせん断流と重ね合わせる．補正するせん断流を発生するために主翼に負荷すべき荷重はそれ自身が釣り合い状態にあるので，補正するせん断流を求めるには切欠きの両側の短い区間を考えるだけでよい．確立された力学の原理のひとつであるサンブナンの原理によると，このような力の組み合わせによって生じる応力は，これらの力からある距離だけ離れた場所では無視できる．その距離はだいたい切欠きの幅である．

　補正するせん断流を求める方法を図 8.20 の主翼構造で示す．主翼に，30,000 lb の垂直方向のせん断力と–9,000 lb の翼弦方向のせん断力がステーション 30 (機体の中心線から 30 in.) からステーション 120 までの全長にわたって一定に負

8.5 セミモノコック構造の切欠き

荷されているとする．桁間の全幅でステーション 60 からステーション 90 の間で下面外板が取り除かれている．フランジ荷重に主翼の曲げモーメントが影響するが，せん断流には影響しない．したがって，曲げモーメントについては考慮しない．断面の寸法を図 8.20(b)に示す．切欠きのない連続した閉断面のボックスのせん断流を図 8.20(c)に示す．これは第 7 章で説明した方法で計算したものであるので，ここでは計算を示さない．外部せん断力は一定であるので，切欠きがなければ，ステーション 30 からステーション 120 の間にあるすべてのウェブのせん断流は図 8.20(c)に示す値と同じである．

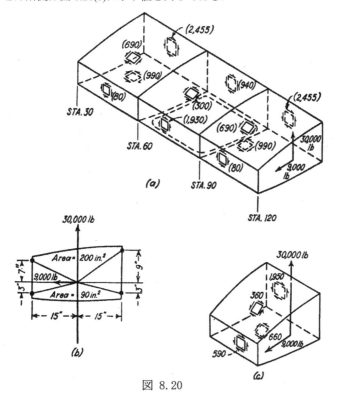

図 8.20

次に，660 lb/in.の荷重を切欠きのある領域に負荷して補正するせん断流を求め（図 8.21(a)参照），残りのウェブのせん断流を求める．切欠きの周囲の 4 つの辺の 660 lb/in.の荷重は互いに釣り合っていることは明らかである．図 8.21(b)に示すように，切欠きの断面のせん断流を q_1, q_2, q_3 とすると，せん断流の合

第8章　セミモノコック構造の部材の解析

力は下面外板に負荷した荷重 660 lb/in. と等しくなければならない.
水平方向の荷重の合計より,
$$30q_2 = 30 \times 660$$
したがって,
$$q_2 = 660 \text{ lb/in.}$$
垂直方向の力の合計より,
$$10q_1 - 2 \times 660 - 12q_3 = 0$$
点 O のまわりのモーメントの合計より,
$$2 \times 90 \times 660 = 2 \times 75q_1 - 2 \times 200 \times 660 + 2 \times 90q_3$$

これらの式を連立して解くと, $q_1 = 1{,}340$ lb/in., $q_3 = 1{,}010$ lb/in. が得られる. ステーション 60 とステーション 90 の間における補正するせん断流を図 8.21(a)に示す. 切欠きの領域の最終的なせん断流は図 8.20(c)と図 8.21(a)の値を重ね合わせたものである. この重ね合わせにより, せん断流は上面外板で 300 lb/in., 前桁ウェブで 1,930 lb/in., 後桁ウェブで 940 lb/in. となる（図 8.20(a)にかっこ書きで示した）.

ステーション 90 とステーション 120 の間の補正せん断流は断面に働く力の釣り合いから求めることができる. このせん断流を図 8.21(c)に示す. この断面のせん断流の釣り合いから以下の方程式が得られる.

$$\sum F_x = 30q_5 - 30q_7 = 0$$
$$\sum F_z = 10q_4 + 2q_5 - 12q_6 = 0$$
$$\sum M_O = 2 \times 75q_4 + 2 \times 200q_5 + 2 \times 90q_6 + 2 \times 90q_7 = 0$$

ひとつのフランジの長手方向の力の釣り合いから, もうひとつの式が得られる. 図 8.21(d)に示すフランジ部材について, ステーション 90 における軸力は, 切欠きの中央（ステーション 70）で軸力が無いと仮定して求めることができる. 図 8.21(a)に示すせん断流から, $P = 15(1{,}340 + 660) = 30{,}000$ lb となる. 図 8.21(d)から,

$$30q_7 - 30q_4 = 30{,}000$$

これらの4つの方程式を連立して解くと, $q_4 = -670$ lb/in., $q_5 = 330$ lb/in., $q_6 = -505$ lb/in., $q_7 = 330$ lb/in. となる. これらの補正せん断流を図 8.21(a)に示す. 補正せん断流と切欠きのない構造のせん断流を重ね合わせることによって得られる最終的なせん断流を図 8.21(c)に示す. 補正せん断流は図 8.20(a)にかっこ書きで示した.

8.5 セミモノコック構造の切欠き

ステーション 90 の位置のリブに働く荷重はリブの両側のせん断流の差から計算できて,結果を図 8.21(e)に示す.

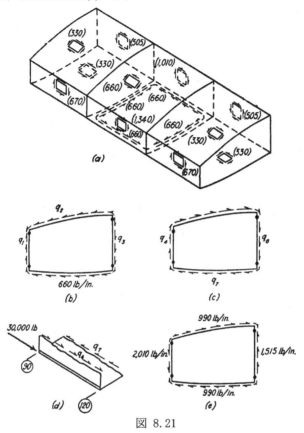

図 8.21

主翼の外板によってリブに伝達されるせん断流は外板のせん断流より大きいことがわかる.外板のせん断流はリブのせん断流の向きと同じで足し合わされるからである.ステーション 60 のリブはステーション 90 のリブと同じ荷重を受け持つが,荷重の向きは反対である.

胴体構造の切欠きも主翼構造の切欠きと本質的に同様に取り扱うことができる.ふつう胴体構造は主翼より細いストリンガと薄い外板からできており,その荷重も小さい.特にねじりモーメントは小さい.胴体のねじり剛性は主翼のねじり剛性ほど重要ではない.ただし,高速の航空機で胴体のねじり剛性があ

第8章　セミモノコック構造の部材の解析

まりに小さい場合にはフラッタの問題が発生するおそれがある．胴体構造では，コックピットや爆弾倉のために長手方向の大きな切欠きがあることが多い．このような構造では，胴体の側面のディファレンシャル・ベンディングでねじり荷重に耐えるようにする．

　図8.22に示すように，大型旅客機の胴体には窓が並んでいることが多い．これらの窓が同じ寸法で，同じ間隔で並んでいる場合には，窓の隣接するウェブのせん断流を窓が無い連続的な構造の平均せん断流 q_0 で簡単に表すことができる．窓の間隔が w で，窓の間のウェブの幅が w_1 の場合，これらのウェブのせん断流 q_1 は窓を横切る水平な断面の力の合計から
求めることができる．

$$q_1 = \frac{w}{w_1} q_0 \qquad (8.27)$$

同様に，図に示したように切欠きの影響が垂直な距離 h までであると仮定すると，窓の上側と下側のウェブのせん断流は窓を横切る垂直な断面を考えることによって得られる．

$$q_2 = \frac{h}{h_1} q_0 \qquad (8.28)$$

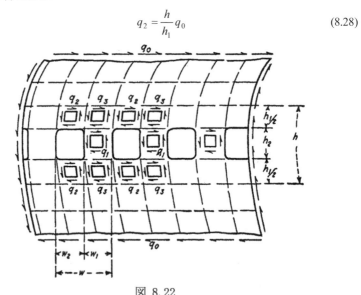

図 8.22

図8.22に示すせん断流 q_3 は，このウェブを横切る水平断面または垂直断面を考えることによって得ることができる．

8.5 セミモノコック構造の切欠き

$$q_2 w_2 + q_3 w_1 = q_0 w$$

および,

$$q_1 h_2 + q_3 h_1 = q_0 h$$

これらの2つの式のどちらかに(82.7)式と(8.28)式を代入すると次の式が得られる.

$$q_3 = q_0 \left(1 - \frac{h_2 w_2}{h_1 w_1} \right) \tag{8.29}$$

記号の意味を図 8.22 に示す.

　大きい胴体扉のための開口部は主翼の切欠きと同じ方法で解析することができる．内部装備のための空間の制限のために，開口部の両側に剛な隔壁を設けることが難しいことが多い．このような場合には，剛なドアフレームを配置して，切欠きの構造の代わりにドアフレーム自身がせん断力を受け持つようにする．このような構造を適用する場合には開口部の隣に重い隔壁は必要ではない．胴体のドアフレームは胴体の曲率に沿う必要があるので，平面内にはない．したがって，ドアフレームの構造は曲げだけではなく，ねじりにも耐えるようにしなければならないので，このフレームは閉断面の構造でなければならない．

問題

8.17　図 8.16 に示す構造の寸法が, h_0 = 5 in., h_1 = 15 in., a = 20 in., L = 100 in. である．ねじりモーメント T が 40,000 in-lb であるときのせん断流 q_0, q_1, q_a を求めよ．隅のフランジの軸力と，片方の端から 50 in.の位置の断面におけるせん断流を求めよ．フランジ荷重の面内成分を考慮して，ねじりモーメントの釣り合いを使って計算した値をチェックせよ．

8.18　問題 8.17 で h_1 = 10 in.とした場合について計算せよ．

8.19　図 8.18 に示す構造に水平方向荷重 2,000 lb だけが負荷される場合のせん断流とフランジ荷重を求めよ．

8.20　図に示すナセル構造のせん断流とフランジ荷重を求めよ．

第8章　セミモノコック構造の部材の解析

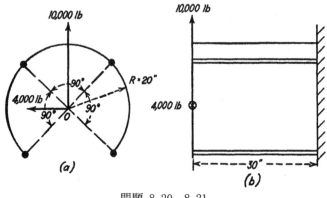

問題 8.20, 8.21

8.21　図に示す荷重に加えて 200,000 in-lb の時計まわりのねじりモーメントがナセル構造に負荷される場合のせん断流とフランジ荷重を求めよ.

8.22　図 8.20 に示す構造に, 時計まわりのねじりモーメントが追加された場合に, すべてのウェブせん断流を求めよ.

第 8 章の参考文献

[1] Timoshenko, S.: "Theory of Elasticity," Chap.3, McGraw-Hill Book Company, Inc., New York, 1934.
[2] Peery, D. J.: Design for Strength at Cut-out in Aircraft Structures, Aero Digest, October, 1947.
[3] Peery, D. J.: Simplified All-metal Wing Structures, Aero Digest, January, 1948.

第9章　翼幅方向の空気力分布

9.1　一般的な考慮事項

　空気力分布の問題は空力技術と応力解析技術の両方の分野を含んでいる．空力技術者はふつう性能,安定,操縦に関係する特性について関心を持っている．空力技術者は，最も望ましい飛行特性を得るために航空機の外形を決定することに興味がある．応力解析技術者は，航空機の内部構造のいろいろな部分における最も厳しい荷重条件となる荷重分布を知ることに関心がある．空気力分布を計算したり，応力解析のための空力試験データを取得したりする空力技術者は，取得するデータがどう使われるか，必要な精度はどれくらいかということを理解していなければならない．応力解析技術者が空気力分布を計算する場合には，計算の仮定と試験データの精度を理解していなければならない．

　航空機の主翼の設計に使うせん断力線図と曲げモーメント線図を計算する前に，まず主翼の翼幅方向（spanwise）の荷重分布を求める必要がある．この翼幅方向の分布は，主翼の平面形，使用される翼型，取付角（incidence）の翼幅方向の分布，寸法に依存する．風洞試験模型で翼幅方向の圧力分布を測定することは難しいが，どのような平面形，翼型の主翼についても，翼型の空力特性から翼幅方向空気力分布を正確に計算することができる．風洞測定部の全幅にわたる一様な翼断面を持つ風洞試験模型を使って翼型の空力特性を計測することが多い．この模型のまわりの流れは2次元的であり，翼幅方向の速度成分が無く，翼幅方向のすべての位置で同じ条件なので，この空力特性は無限長さの翼幅の翼の特性に対応する．

　航空機の翼のまわりの流れは無限翼幅の翼のまわりの流れとは異なる．翼の下の圧力は大気圧より高く，翼の上の圧力は大気圧よりも低いので，翼端の周辺の流れは図 9.1 のようになっている．この流れが翼の位置で翼幅方向の速度成分と下向きの速度成分を発生する．空気力を計算する際に，翼幅方向の速度成分の効果は無視できる．下向きの流れの速度，すなわち，吹きおろし（downwash）速度 w は翼から離れた場所での相対速度 V とベクトル的に足し合わされる（図 9.2 参照）．図に示したように，翼から遠く離れた場所での流れは水平方向で V の大きさである．吹きおろし速度 w が翼の位置で流れの方向を α_i だけ変える．α_i を誘導迎角（induced angle of attack）という．α_i は小さい角度なので，タンジェント（tan）とサイン（sin）も同じ値で，コサイン（cos）は 1

第 9 章　翼幅方向の空気力分布

であると仮定してよい.

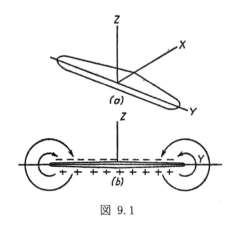

図 9.1

図 9.2 より,

$$\alpha_i = \frac{w}{V} \tag{9.1}$$

　無限翼幅の翼の揚力と抗力を L_0 と D_0 とする．揚力は流れの方向に垂直で，抗力は流れの方向と平行である．有限翼幅の翼では，翼の位置での局所的な流れ V_0 の方向は翼から遠く離れた場所での流れ V の方向と α_i の角度を持っている（図 9.2 参照）．

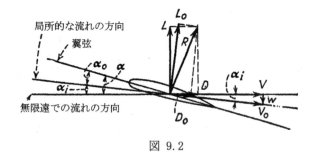

図 9.2

　局所的な迎角 α_0 が無限翼幅の翼の迎角と同じならば，力 L_0 と D_0 は無限翼幅の翼と同じである．有限翼幅の翼の力 L_0 と D_0 は局所的な流れ V_0 にそれぞれ垂直，水平であるが，これらの力は流れ V に垂直および水平方向の力 V と D に分解するのが便利である．D_0 の垂直成分を無視して，α_i が小さい角度であると仮定す

ると，

$$L = L_0 \tag{9.2}$$
$$D = D_0 + \alpha_i L_0 \tag{9.3}$$

(9.3)式の最後の項は誘導迎角から生じるもので，誘導抵抗（induced drag）と呼ばれる．局所的な吹きおろし速度 w が翼幅方向のたくさんの点でわかっていれば，翼幅方向の揚力と抗力は(9.1)式から(9.3)式と無限翼幅の翼のの特性から簡単に求めることができる．残念ながら，w の値を計算する簡単な式は無い．翼幅方向の空気力分布を求めることが難しいのは，吹きおろし速度の分布の計算が難しいことにある．

9.2 翼の渦

翼の吹きおろし速度は揚力の循環理論（circulation theory）を使って求めなければならない．循環が存在する流れの簡単なものは渦（vortex）である（図9.3参照）．渦では，流線は同心円であり，その速度は渦の中心からの距離 r に反比例する．渦の運動の一例は流体中で回転する円柱のまわりの流れで，すべての点においてその点を通る半径方向の速度成分を持たない．円柱の回転により流体の運動が発生し，円柱の表面における流体の速度が円柱の周速に等しい．すべての点における接線方向の速度は円柱の中心から距離 r に反比例している．

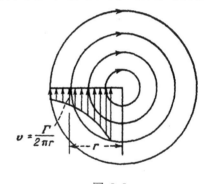

図 9.3

$$v = \frac{\Gamma}{2\pi r} \tag{9.4}$$

ここで，Γ はすべての点で一定で，循環（circulation）と呼ばれる．このような回転する円柱を，風速がその軸に垂直になるように風洞の中に置き，風速を V とすると，単位長さあたりの揚力 L は次の式で表される．

$$L = \rho V \Gamma \tag{9.5}$$

(9.5)式はクッタ-ジュコフスキの定理（Kutta-Joukowski theorem of lift）と呼ばれ，完全流体の流れの方程式から理論的に導くことができる．粘性の影響があるた

第9章 翼幅方向の空気力分布

め,この式を実験的に精密に証明することは難しい.

一般的には,2次元的な流れの循環は次の式で定義される.

$$\Gamma = \int v \cos\theta ds \tag{9.6}$$

ここで積分は面内にある任意の閉じた経路について行う.角度 θ は積分経路上の点における速度ベクトル v と増分 ds の積分経路の接線がなす角である.循環の次元は速度×距離である.(9.6)式を図9.3に示す流線に沿って計算すると,$\cos\theta$ は1で,循環 Γ は速度と閉じた経路 $2\pi r$ の積である.これにより,(9.4)式が成り立つことがわかる.どのような種類の流れのパターンについても,渦を囲まない任意の閉じた経路について循環は常にゼロであることを示すことができる.渦を囲む任意の閉じた経路では,循環は積分経路の形によらず一定である.積分経路によらず任意の渦に対応する一定の循環 Γ を渦の強さ(strength of vortex)と呼ぶ.

図9.4に示すように,(9.6)式を任意の翼型のまわりの流れについて計算すると,翼型を囲む任意の閉じた経路の循環は経路によらず一定である.したがって,Γ の値は図9.4に示す2つの破線のどちらに対しても同じ値になる.単位長さあたりの揚力 L も同じ循環をもつ回転する円柱の値と同じであることを示すことができる.クッタ-ジュコフス

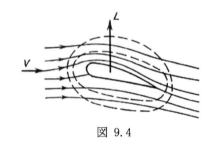

図 9.4

キの定理は翼型についても適用でき,揚力面に対応して常に循環が存在し,その渦の強さは単位翼幅あたりの揚力に比例する.

翼型は単位翼幅あたりの揚力に比例する強さ Γ のひとつの渦線(vortex line)で代表することができる.翼幅が無限大で一定の揚力分布を持つ翼では,循環は一定である.図9.5の翼で示すように,無限翼幅という条件は風洞の全幅を占める翼の風洞模型で代表される.この翼は強さ Γ の渦線 AA' で表すことができる.渦線というものは図9.5の A 点と A' 点で代表されるように,流体の境界でのみ終わることができるという性質を持っている.図9.6に示す航空機の有限幅の翼では,渦線が翼端で終わることができず,無限遠と考えることができるくらい遠くまで下流に延びている.渦の強さはこの線に沿ってすべての点で一定である.図9.6に示す馬蹄形の渦線(horseshoe vortex system)による翼

から少し下流での吹きおろし速度を図9.7に示す.

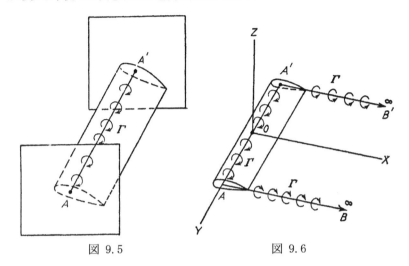

図 9.5　　　　　図 9.6

少し下流では, 渦線 AB は上流と下流に無限の長さがあると考えられ, 流れの速度は(9.4)式と図9.3で与えられた平面渦に対応する. 渦線 AB による吹きおろし速度を図9.7(b)に示す. 渦線 AB と渦線 A'B' による吹きおろし速度を足し合わせたものが図9.7(c)である.

　図9.6の翼の幅 AA' 上の点の吹きおろし速度は, 図9.7(c)に示す下流遠方の吹きおろし速度の半分である. 上流遠方の吹きおろし速度はゼロであり, 翼の位置で最終的な吹きおろし速度の半分に達する. この関係を証明し, x 方向の吹きおろしの変化を示すには, 点 A から無限遠の点 B に延びる線状の渦の影響を考えなければならない. 図9.8(a)の点 P は渦線 AB から r の距離だけ離れている. 点 P における吹きおろし速度 w に対する微小長さ ds の渦線の影響は Glauert [1] によって次のように示された.

$$dw = \frac{\Gamma}{4\pi r}\cos\theta d\theta \tag{9.7}$$

無限長さの渦線に対する吹きおろし速度は前に示したとおり,

$$w = \frac{\Gamma}{4\pi r}\int_{-\frac{\pi}{2}}^{\frac{\pi}{2}}\cos\theta d\theta = \frac{\Gamma}{2\pi r}$$

半無限長さの渦線 AB については, 点 P における吹きおろし速度は,

第9章 翼幅方向の空気力分布

$$w = \frac{\Gamma}{4\pi r} \int_{\theta_P}^{\frac{\pi}{2}} \cos\theta d\theta = \frac{\Gamma}{4\pi r}\left(1 - \sin\theta_P\right) \tag{9.8}$$

点 P が線 AA' 上にあれば，$\sin\theta_P = 0$ であり，渦線 AB による吹きおろし速度は，

$$w = \frac{\Gamma}{4\pi r} \tag{9.9}$$

他の角度 θ_P に対する w の値を図 9.8(b)にプロットした．2つの渦線 AB と $A'B'$ を重ね合わせると，翼の位置での吹きおろし速度は図 9.7(d)のように分布していることがわかる．

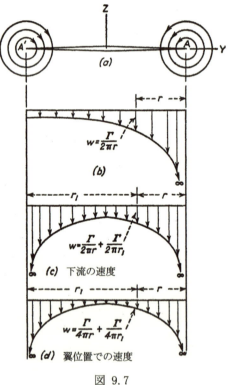

図 9.7

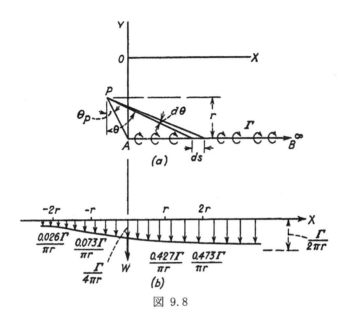

図 9.8

9.3 吹きおろし速度を求める基礎的な式

　図 9.6 に示した簡単な馬蹄形の渦は航空機の翼の実際の状態を表してはいない．長方形の翼では翼幅方向に一定の揚力分布をしていて，翼幅方向に一定の循環 Γ を持っていると思われるかもしれないが，図 9.7(d)に示すように，こうなるためには翼端で無限大の吹きおろし速度を必要とし，翼端の近くで非常に大きな吹きおろし速度が生じなければならない．このような大きな吹きおろし速度は翼端で大きな誘導迎角 α_i を生じる．図 9.2 を参照すると，有効な迎角 α_0 と揚力が翼端近くで減少する．実際の長方形翼の翼幅方向の揚力分布は図 9.6 に示す渦によって示される一定分布ではなく，図 9.9 に示すようになっている．

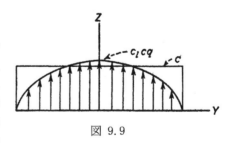

図 9.9

　長方形翼の揚力分布をもっとよく近似するため，図 9.10(a)に示す 3 つの馬蹄

形の渦を考える．図に示すように，3つの渦線の強さを$\Delta\Gamma_1$, $\Delta\Gamma_2$, $\Delta\Gamma_3$とする．翼に沿った任意の点における単位長さあたりの揚力は考えている点における循環の合計に比例する．翼端近辺の循環は$\Delta\Gamma_1$で，単位長さあたりの揚力は$\rho V(\Delta\Gamma_1)$である（図9.10(b)参照）．翼幅の中心では，循環の合計は$\Delta\Gamma_1 + \Delta\Gamma_2 + \Delta\Gamma_3$で，単位長さあたりの揚力は$\rho V(\Delta\Gamma_1 + \Delta\Gamma_2 + \Delta\Gamma_3)$である（図9.10(b)参照）．

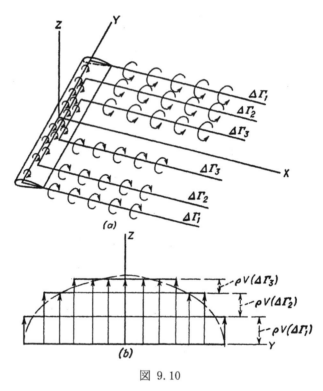

図 9.10

3つのステップで構成されるこの揚力分布は，ひとつの渦で表される揚力分布よりも実際の揚力状態により近い近似となっている．しかし，それでも翼端と揚力分布のステップの位置で無限大の吹きおろしがある状態である．したがって，本当の渦は無限の数の強度ゼロの単純な馬蹄形の渦の集合でなければならない．後流の渦の集合は連続的な渦のシートとなる．吹きおろし速度の式はこの無限小の馬蹄形の渦の効果を積分して得ることができる．

ある点yにある無限小の強度$d\Gamma$の後流の渦を図9.11に示す．$d\Gamma$による翼幅

上に固定した点 y' における吹きおろし速度は(9.9)式から次のようになる.

$$dw = \frac{d\Gamma}{4\pi r} \qquad (9.10)$$

図 9.11 に示すように，距離 r は渦から y' までの距離である.

$$r = y' - y \qquad (9.11)$$

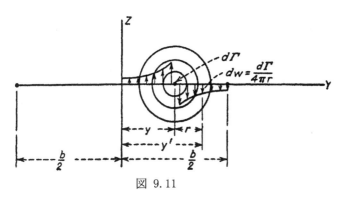

図 9.11

y' における吹きおろし速度の合計 w は全翼幅のすべての後流渦による吹きおろし速度の合計である．(9.11)式の値を(9.10)式に代入し，全翼幅にわたって積分すると，

$$w = \frac{1}{4\pi} \int_{y=-\frac{b}{2}}^{y=\frac{b}{2}} \frac{d\Gamma}{y' - y} \qquad (9.12)$$

循環 Γ は距離 y の関数である．

循環と吹きおろし速度の間のもう一つの関係を満足する必要がある．図 9.2 から翼幅方向のすべての点で有効迎角は次の式で表される．

$$\alpha_0 = \alpha_a - \frac{w}{V} \qquad (9.13)$$

迎角 α_a は絶対迎角 (absolute angle of attack) である．その断面の揚力ゼロの翼弦を翼弦の基準としていれば，これは図 9.2 の角度 α に対応している．m_0 を曲線 c_l 対 α_0 (ラジアンで表示) の傾きであるとすると，翼幅上のある点の揚力係数 c_l が $m_0 \alpha_0$ と等しい．したがって，(9.13)式は c_l を使って次のように表すことができる．

第9章　翼幅方向の空気力分布

$$c_l = m_0 \left(\alpha_a - \frac{w}{V} \right) \tag{9.14}$$

揚力係数 c_l はその翼型の断面を持つ無限翼幅の翼から得られる．c_l の値は翼幅に沿って変化するので，翼幅方向の揚力分布を求める問題は翼幅方向の循環の分布を求めることと同じである．Γ または c_l を未知数と考えることができ，Γ と c_l の間の関係は翼弦長 c の単位長さあたりの翼断面の揚力と(9.5)式の揚力を等しいと置いて求めることができる．

$$c_l \frac{\rho V^2}{2} c = \rho V \Gamma$$

すなわち，

$$\Gamma = \frac{c_l c V}{2} \tag{9.15}$$

(9.14)式と(9.15)式から，

$$\Gamma = \frac{c V m_0}{2} \left(\alpha_a - \frac{w}{V} \right) \tag{9.16}$$

(9.12)式と(9.16)式は翼幅方向の循環 Γ の分布が満足しなければならない条件を表している．これらの方程式の中の未知数は循環 Γ と吹きおろし速度 w である．吹きおろし速度は(9.12)式と(9.16)式から消去することができて次のようになる．

$$\frac{2\Gamma}{m_0 c V} = \alpha_a - \frac{1}{4\pi V} \int_{y=-\frac{b}{2}}^{y=\frac{b}{2}} \frac{d\Gamma}{y - y'} \tag{9.17}$$

(9.17)式は循環 Γ の分布の基本的な式である．(9.15)式を(9.17)式に代入することにより，この式を揚力係数 c_l で表すこともできる．

$$\frac{c_l}{m_0} = \alpha_a - \frac{1}{8\pi} \int_{y=-\frac{b}{2}}^{y=\frac{b}{2}} \frac{d(c c_l)}{y' - y} \tag{9.18}$$

y の関数である Γ で表した(9.17)式の解，または y の関数である $c c_l$ で表した等価な(9.18)式を翼平面形について解くのは特別な場合を除いて難しい．未知数である Γ（または c_l）が式の両辺に表れており，実際の大部分の翼については積分を簡単な式で求めることができない．

9.4 楕円形の翼

翼の平面形が楕円で，一定の翼型の断面を持ち，空力的なねじりがない場合には，(9.18)式を計算することは難しくない．翼幅上のすべての点で同じ翼型である場合には，揚力曲線の傾き m_0 が一定である．空力的なねじりが無い場合，すべての断面で揚力がゼロである翼弦は同じ平面内にあるので，迎角 α_a が翼幅方向のすべての断面で同じである．平面形が楕円形である条件は，翼弦の長さ c が楕円の高さのように変化する，すなわち次の式に従うことを意味している．

$$c = c_s \sqrt{1 - \left(\frac{2y}{b}\right)^2} \tag{9.19}$$

ここで，c_s は翼の対称軸における翼弦長である．

このような単純な場合でさえ，c_l の値は(9.18)式から直接に求めることはできない．c_l が一定であると仮定する．この仮定は代入によって確かめることができる．(9.19)式の c を(9.18)式に代入して，c_l が一定の値 C_L であると仮定すると，

$$\frac{C_L}{m_0} = \alpha_a - \frac{C_L c_s}{8\pi} \int_{y=-\frac{b}{2}}^{y=\frac{b}{2}} \frac{d\left[1 - (2y/b)^2\right]^{\frac{1}{2}}}{y' - y} \tag{9.20}$$

この式の最後の項は次のようになる．

$$\frac{C_L c_s}{2b^2 \pi} \int_{y=-\frac{b}{2}}^{y=\frac{b}{2}} \frac{y\,dy}{\sqrt{1 - (2y/b)^2}\,(y' - y)} = \frac{C_L c_s}{4b} \tag{9.21}$$

吹きおろし角を翼根の翼弦長 c_s のかわりに翼面積 S を使ってこの式を表すほうが便利である．楕円翼の面積は次の式で表される．

$$S = \frac{\pi b c_s}{4} \tag{9.22}$$

(9.20)式と(9.22)式から，

$$\frac{C_L}{m_0} = \alpha_a - \frac{C_L S}{\pi b^2}$$

すなわち，

$$\frac{C_L}{m_0} = \alpha_a - \frac{C_L}{\pi A} \tag{9.23}$$

ここで，A は翼のアスペクト比（aspect ratio）$A = b^2/S$ である．

第9章 翼幅方向の空気力分布

(9.23)式の最後の項は吹きおろし角 α_i, または w/V を表し，空力的ねじりがない楕円翼では翼幅方向に一定である．それ以外の平面形の翼では，(9.21)式の右辺として求められる定積分の値は y' の関数であり，吹きおろし角と揚力係数は翼幅方向に変化する．翼幅方向の揚力分布を翼幅方向のすべての点に対する cc_l の値として図 9.12 に示す．これらの値に動圧 $q = \rho V^2/2$ をかけると実際の単位翼幅あたりの力が得られる．楕円翼では，翼幅方向の分布がすべての迎角に対して楕円形状である．(9.15)式からわかるように，循環 Γ はすべての翼断面で揚力と cc_l に比例しているので，循環 Γ も翼幅方向に楕円形の分布をしている．

楕円翼の抗力も翼幅方向に楕円形分布をしている．(9.3)式と図 9.2 から，翼幅方向のすべての断面における抗力は2つの成分から成る．

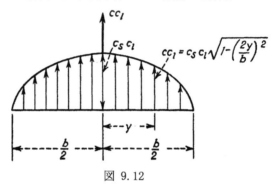

図 9.12

無限翼幅の翼の抗力である D_0 は翼型断面の形状に依存し，形状抵抗（profile drag）と呼ばれる．成分 $\alpha_i L_0$ は吹きおろし角度，または誘導迎角 α_i に依存し，誘導抵抗（induced drag）と呼ばれる．翼幅方向に同じ翼型を持つ翼の形状抵抗は，翼弦長 c に比例し，ほぼ楕円形分布をしている．吹きおろし角が一定ならば，誘導抵抗は揚力と同じように分布し，楕円形分布となる．揚力と翼幅が同じであれば，楕円形の翼は他の形状の翼よりも小さい誘導抵抗であることを示すことができる．

9.5 ねじれがない翼の近似的な揚力分布

翼幅方向の空気力分布の厳密な式である(9.17)式または(9.18)式を任意の翼形状について解くことは可能で，これらの式を解くための計算表もあるが，その計算は非常に面倒である．揚力分布の簡単な近似解が Schrenk[2] によって提案

9.5 ねじれがない翼の近似的な揚力分布

されており,その方法を民間機に適用してもよいと民間航空局（Civil Aeronautics Administration (CAA)）が認めている[3].この方法では,空力的ねじりがなく一定翼型の翼に対して,楕円翼の揚力分布から得た楕円形の揚力分布と翼の平面形の翼弦長の揚力分布を平均することによって揚力分布を得る.楕円形の翼に近ければこの近似は非常に正確である.楕円翼では抗力が最小であるので,うまく設計された翼は楕円形から大きくは離れていない.長方形の平面形をした翼の揚力分布を図 9.13(a)に示す.q をかけると単位翼幅あたりの揚力となる cc_l の値をプロットするのが便利である.C_L に対応する実際の揚力を計算するのに揚力係数をかければよいので,翼全体について $C_L = 1.0$ に対応する値をプロットするのも便利である.

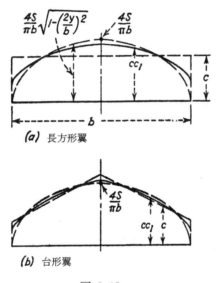

図 9.13

したがって,翼平面形の分布に対応する cc_l の値は翼弦長 c に等しい.図に示すように,楕円形分布に対応する縦軸の最大値は $4S/\pi b$ である.9.3 項で示したように,翼端で無限大の吹きおろしが発生することにともない,翼端近くで揚力が減少するため,一定揚力分布は存在しない.真の分布は翼端でより小さく,揚力の合計が同じである場合には翼幅の中央部で一様揚力分布よりも大きくなる.9.4 項でも示したように,一定の吹きおろし速度と楕円形の揚力分布となるためには楕円形の翼平面形が必要である.楕円翼の翼弦長よりも翼弦長が大き

い実際の翼では，揚力が楕円分布の揚力よりも大きい．翼弦長が楕円翼の翼弦長よりも小さい場合には，揚力も楕円翼より小さくなければならない．したがって，楕円分布と翼平面形の分布の平均という仮定は真の揚力分布に関する一般的な要求を満足していることがわかる．

翼端で揚力が $c/2$ からゼロに急激に減少するので，図 9.13(*a*)に示した揚力分布は翼端では明らかに不正確である．揚力の分布曲線の急な変化は無限大の吹きおろし速度を持つ有限の強さの後流の渦に対応している．角ばった翼端では揚力が急に変化できず，比較的短い距離で揚力が大きく変化する．そのため吹きおろし速度が大きくなり，誘導抵抗は吹きおろし角に比例するので，角ばった翼端は大きい誘導抵抗となる．したがって，うまく設計した翼端は平面形によらず端が丸くなっている．そのような丸い翼端では，近似的な方法で計算した揚力分布が角ばった翼端を持つ翼に比べて実際の状態により近い．厳密な方法と呼ばれる(9.18)式の方法でさえ翼端では不正確で，実験的な補正が行われることが多い．

図 9.13(*b*)に示す台形の平面形を持つ翼の揚力分布は楕円分布により近いことがわかる．しかし，翼端が角ばっていると，長方形翼と同じように翼端で不正確になる．丸まった翼端の台形翼については近似的な方法で非常に正確な揚力分布が得られる．実際の翼が角ばった翼端であったり，その他の不連続がある場合には，同様の不連続性を持つ翼の公表された実際の揚力分布の曲線を参考にして揚力分布を滑らかにすることが必要である．

9.6 ねじれのある翼の近似的な揚力分布

すべての翼断面の揚力ゼロの翼弦（zero-lift chord）が同じ平面にあるとき，この翼は空力的ねじれがない．しかし，ほとんどの翼では翼端では翼根に比べてより薄い翼型が使われ，基準翼弦が平行であっても，揚力ゼロの翼弦は平行ではない．その他の場合でも，より良い失速特性を得るために基準翼弦が平行でないように設計される．同様に，フラップがおろされると，フラップのある翼断面の揚力ゼロの翼弦は，フラップの外側の翼型断面に比べ，より大きい角度で基準翼弦から下に向いている．

空力的なねじりがある翼の空気力分布は2つの部分に分けて計算される．基準揚力分布と呼ばれる第一の部分は，翼全体の揚力がゼロの場合の揚力分布である．付加揚力分布と呼ばれる第二の部分は，ねじりがないと仮定した揚力で，

9.6 ねじれのある翼の近似的な揚力分布

前に説明した方法で計算される．基準揚力分布の条件では，ある断面では正の揚力があり，その他の断面では負の揚力が発生している．翼全体で揚力の無い翼の楕円形の揚力分布は，翼幅全幅にわたって荷重ゼロに対応している．このゼロの値と，吹きおろしがゼロと仮定した各断面の揚力の値の平均は，吹きおろしが無い場合の揚力のちょうど半分である．これは吹きおろし迎角が，翼の揚力がゼロである任意の断面の絶対的な迎角（absolute angle of attack）の半分であることを仮定することと等価である．したがって基準揚力分布は(9.14)式の w/V の代わりに $\alpha_a/2$ を置き換えて得られる．これにより次の式が得られる．

$$cc_{lb} = \frac{1}{2} cm_0 \alpha_a \tag{9.24}$$

ここで，c_{lb} は任意の翼幅の位置での基準揚力係数で，α_a は翼全体の揚力がゼロになる面とその断面の揚力がゼロである翼弦の間の角度をラジアンで表した迎角である．フラップの端では(9.24)式で計算した曲線に大きな不連続ができる．類似の翼の実験データと比較することによって，滑らかな曲線にする必要がある．曲線を滑らかにする通常のやり方を図 9.15 に示す．

基準揚力分布を求めたあとに最終的な揚力分布を求めるには，ねじりがある翼の，揚力が無い場合の揚力分布の値に，ねじりが無い翼の付加揚力分布を足す．ねじりの無い翼について 9.5 項で説明したのと全く同じ方法で付加揚力係数 c_{la} を分布させる．9.5項では揚力係数分布が一定の傾き m_0 であると仮定した．傾きの変化を考慮するには次の式を使えば簡単にできる．

$$cc_{la1} = \frac{1}{2}\left[\frac{m_0 c}{\overline{m_0}} + \frac{4S}{\pi b}\sqrt{1-\left(\frac{2y}{b}\right)^2}\right] \tag{9.25}$$

この式には $m_0/\overline{m_0}$ の項が追加されているだけで他は9.5項の方法と同じである．c_{la1} は翼全体の $C_L = 1$ に対応する付加揚力係数である．C_L の任意の値に対応する断面の全揚力係数は次の式で求めることができる．

$$c_l = C_L c_{la1} + c_{lb} \tag{9.26}$$

$\overline{m_0}$ の項は断面の揚力係数の傾きの平均で，次の式で表される．

$$\overline{m_0} = \frac{\int_0^{b/2} m_0 c\, dy}{S/2} \tag{9.27}$$

ラジアンで表した迎角で断面の揚力係数の傾きを m_0 と書き，度で表した迎角で断面の揚力係数の傾きを a_0 と書くのが慣例である．どちらの場合にも迎角には

第9章 翼幅方向の空気力分布

α を使うので，すべての式で m_0 を使うことにする．数値例では m_0 の代わりに a_0 の値を用いるので，迎角 α は度で表す．翼の揚力ゼロの迎角は次の式で求めることができる．

$$\alpha_{w0} = \frac{\int_0^{\frac{b}{2}} m_0 \alpha_{aR} c\,dy}{\int_0^{\frac{b}{2}} m_0 c\,dy} \tag{9.28}$$

ここでは任意の基準面を仮定しており，α_{aR} はこの面と各断面のゼロ揚力の翼弦との間の角度である．α_{w0} はこの面と翼全体の揚力がゼロの面との間の角度である．

例題1

図 9.14 に示す平面形の翼について，フラップが中立位置にあるときの翼幅方向の断面の揚力係数分布を求めよ．断面の揚力係数曲線はすべての断面で同じ傾きであり，翼の空力的ねじりは無いとする．必要な寸法を表 9.1 に示した．この翼は，CAMOS4[3]，Appendix V で近似的な方法で計算されており，NACA Technical Report 585[4] で厳密な方法で解析されている．

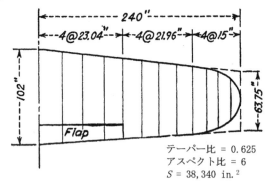

図 9.14

解：

すべての断面で揚力係数の傾きが等しいので，C_L が 1.0 の翼の cc_l の値は翼弦長と楕円の縦の長さの平均である．この計算を表 9.1 に示す．列(1)と(3)には翼の寸法が入っている．列(2)，(4)，(5)では $C_L = 1$ になる楕円分布の値を計算している．列(5)の値と列(3)の翼弦長を平均して，単位 q と単位 C_L に対する荷重

9.6 ねじれのある翼の近似的な揚力分布

の最終的な分布として列(6)に示している．列(7)では，列(6)を翼弦長で割った c_l の値を計算している．計算にもっと適した表形式の解法が CAMOS4 に載っている．表 9.1 の目的は計算の過程を説明することである．

例題 2

例題1の翼のフラップが 30 度おろされたとする．翼全体の揚力係数が $C_L = 0$，$C_L = 1.00$，$C_L = 1.72$ のときの c_l の翼幅方向の分布を求めよ．翼のすべての断面における揚力曲線の傾きが 0.1/度である．フラップがおろされたことで揚力がゼロの角度（フラップのある断面の基準翼弦からの角度）が $-1.20°$ から $-8.00°$ に変わる．

解：

表 9.1 では，図 9.14 に示すように翼を 3 つの主要な部分に区分するように各区間を分割してある．フラップを含む中央の部分は偶数の区間（ここでは 4）に分割した．外側の 2 つの部分も同じように分割した．翼端部では平面形状が急に変化するので，小さい区間としてある．偶数の分割数としているので，翼の面積とその他の項を計算するためにシンプソン則を使うことができる．

表 9.1

y (1)	$\frac{2y}{b}$ (2)	c (3)	$\sqrt{1-\left(\frac{2y}{b}\right)^2}$ (4)	$\frac{4S}{\pi b}\sqrt{1-\left(\frac{2y}{b}\right)^2}$ (5)	cc_l (6)	c_l (7)
	(1) ÷ 240		$\sqrt{1-(2)^2}$	101.6 × (4)	½[(3) + (5)]	(6) ÷ (3)
0	0	102.0	1.000	101.6	101.8	0.998
23.04	0.0960	98.3	0.995	101.0	99.8	1.016
46.08	0.1920	94.7	0.981	99.6	97.2	1.026
69.12	0.2880	91.0	0.957	97.2	94.1	1.034
92.16	0.3840	87.4	0.924	93.8	90.6	1.038
114.12	0.4755	83.8	0.880	89.3	86.5	1.032
136.08	0.5670	80.3	0.824	83.6	81.9	1.020
158.04	0.6585	76.8	0.752	76.4	76.6	0.998
180.00	0.7500	73.3	0.661	67.1	70.2	0.958
195.00	0.8125	69.2	0.583	59.2	64.2	0.928
210.00	0.8750	62.2	0.484	49.1	55.7	0.896
225.00	0.9375	49.5	0.348	35.4	42.4	0.856
240.00	1.000	0	0	0	0	0

翼の揚力係数 $C_L = 0$ のときの基準揚力係数の分布の計算を表 9.2 に示す．揚力ゼロの面を計算するために，外舷の断面の揚力ゼロの翼弦を通るような基準面を選ぶ．列(3)に示すように，フラップのある内舷の断面の絶対迎角はこの基

第9章　翼幅方向の空気力分布

準面から $6.8°$ であり，外舷の断面では絶対迎角がゼロである．フラップの端の $y=92.16$ の断面では両方の迎角があるので，2つの値とも示した．揚力ゼロの面を求めるために(9.28)式を使うが，m_0 が一定であるのでこの式から省略した．列(4)と増分 $\Delta y=23.04$ を使って(9.28)式の分子をシンプソン則で計算する．

$$\int_0^{\frac{b}{2}} \alpha_{aR} c\, dy = \frac{23.04}{3}(694 + 4\times 669 + 2\times 644 + 4\times 619 + 595)$$
$$= 59{,}400$$

m_0 を省略すると(9.28)式の分母は翼面積の半分 $S/2$ に等しい．

$$\alpha_{w0} = \frac{59{,}400}{19{,}170} = 3.10°$$

表 9.2

y (1)	c (2)	α_{aR} from ref. line (3)	$\alpha_{aR}c$ (4)	α_a from wing zero lift (5)	$c_{lb} = \frac{m_0}{2}\alpha_a$ (6)	cc_{lb} (7)	cc_{lb} faired (8)	c_{lb} (9)
			(2)×(3)	(4)−3.1	0.05(5)	(2)×(6)		(8)÷(2)
0	102.0	6.80	694	3.70	0.185	18.88	18.87	0.185
23.04	98.3	6.80	669	3.70	0.185	18.18	18.00	0.182
46.08	94.7	6.80	644	3.70	0.185	17.52	14.70	0.155
69.12	91.0	6.80	619	3.70	0.185	16.82	9.70	0.107
92.16	87.4	6.80	595	3.70	0.185	16.16	1.25	0.014
92.16	87.4	0	0	−3.10	−0.155	−13.52	1.25	0.014
114.12	83.8	0	0	−3.10	−0.155	−13.00	−5.15	−0.068
136.08	80.3	0	0	−3.10	−0.155	−12.44	−9.25	−0.115
158.04	76.8	0	0	−3.10	−0.155	−11.90	−11.40	−0.148
180.00	73.3	0	0	−3.10	−0.155	−11.36	−11.36	−0.155
195.00	69.2	0	0	−3.10	−0.155	−10.72	−10.72	−0.155
210.00	62.2	0	0	−3.10	−0.155	−9.65	−9.65	−0.155
225.00	49.5	0	0	−3.10	−0.155	−7.67	−7.67	−0.155
240.00	0	0	0	−3.10	−0.155	0	0	−0.155

したがって，翼の揚力ゼロの面は外舷の断面の揚力ゼロの翼弦の面から 3.10 度上を向いている．すなわち，翼の揚力ゼロの面の基準面に対する絶対迎角は $-3.10°$ である（列(5)参照）．フラップのある断面の迎角は基準面に対して $6.80-3.10$ で $3.70°$ である．

9.6 ねじれのある翼の近似的な揚力分布

翼幅に沿うすべての断面に関して無限翼幅の翼型断面の揚力曲線の傾きは 0.1/度である．無限翼幅の翼型の迎角 3.70° に対応する値は $c_l = 0.370$ で，迎角 –3.10° に対応する値は $c_l = -0.310$ である．しかし，揚力ゼロの状態では吹きおろしによってこれらの値が半分に減少するので，c_l の値は内舷で 0.185 に，外舷で–0.155 になる（列(6)参照）．循環は徐々にしか変化しないので，フラップの外の端の位置での cc_{lb} の曲線の急激な変化は正確ではない．したがって図9.15に示すように，フラップの端で cc_{lb} の曲線を丸める，あるいは滑らかにする．正の面積の部分で減した分と負の面積の部分で減した分が等しくなって，全体としての揚力がゼロとなるように曲線を滑らかにする．列(7)に示した cc_{lb} の計算結果を滑らかにしたのが列(8)の値である．最終的な c_{lb} の値は滑らかにした値から列(9)のように計算する．$C_L = 0$，$C_L = 1.0$，$C_L = 1.72$ に対する最終的な揚力係数 c_l は(9.26)式から求め，表 9.3 に示すようになる．

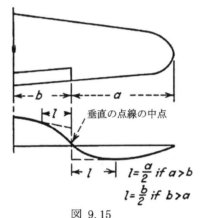

図 9.15

表9.2 で求めた c_{lb} をすべてのケースに対して使わなければならない．これらの値は表 9.3 の列(2)に記入されており，$C_L = 0$ の場合の c_l となっている．表 9.1 で計算された c_{la} の値は翼全体の揚力係数が 1 の場合に対応しており，表 9.3 の列(3)の c_{la1} の値として記入してある．$C_L = 1.0$ のときの合計の c_l は列(2)と列(3)の和として計算される．同様に，翼全体の揚力係数 1.72 のときの c_l の値は，列(3)の c_{la1} に 1.72 をかけて，これを列(2)の c_{lb} に足して列(6)のようになる．c_l の分布を図9.16に示す．

第9章　翼幅方向の空気力分布

表 9.3

(1)	(2)	(3)	(4)	(5)	(6)
	$C_L = 0$		$C_L = 1$	$C_L = 1.72$	
y	c_{lb}	c_{la1}	c_l	$1.72 c_{la1}$	c_l
	Table 9.2	Table 9.1	(2)+(3)	1.72(3)	(2)+(5)
0	0.185	0.998	1.183	1.72	1.90
23.04	0.182	1.016	1.198	1.74	1.92
46.08	0.155	1.026	1.181	1.77	1.93
69.12	0.107	1.034	1.141	1.78	1.89
92.16	0.014	1.038	1.052	1.78	1.79
114.12	-0.068	1.032	0.964	1.78	1.71
136.08	-0.115	1.020	0.905	1.76	1.65
158.04	-0.148	0.998	0.850	1.71	1.56
180.00	-0.155	0.958	0.803	1.65	1.50
195.00	-0.155	0.928	0.773	1.60	1.45
210.00	-0.155	0.896	0.741	1.54	1.39
225.00	-0.155	0.856	0.701	1.47	1.32
240.00					

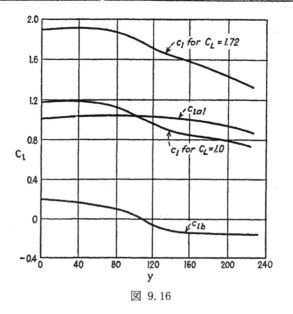

図 9.16

9.6 ねじれのある翼の近似的な揚力分布

問題

9.1 図 9.2 に示す力 L と D を L_0, D_0, α_i で表す厳密な式を導け. $L/D = 10$, $\alpha_i = 0.05$ ラジアンのときの(9.2)式の誤差（%）を計算せよ.

9.2 長い円柱が回転しており，その軸が速度 V の気流に垂直に置かれている．円柱の周速が (a) $0.17V$ のときと，(b) $0.2V$ のときについて，翼弦の長さが円柱の直径に等しいとして揚力係数 c_l を計算せよ．

9.3 図9.6に示す馬蹄形の渦に関する吹きおろし速度の分布を図示せよ. 線 AA' の長さが b であるとする. w/Γ の値を以下に示す線（これらの線はすべて AA' に平行である）に沿って $0.1b$ の間隔で計算せよ.

(a) 線 AA'
(b) AA' から $0.1b$ 前方の線
(c) AA' から $0.2b$ 前方の線
(d) AA' から $0.4b$ 前方の線
(e) AA' から $0.8b$ 前方の線
(f) AA' から $0.1b$ 後方の線
(g) AA' から $0.2b$ 後方の線
(h) AA' から $0.4b$ 後方の線
(i) AA' から $0.8b$ 後方の線

9.4 問題 9.3 で計算したすべての点を OX に平行な線からの縦座標として図示せよ.

9.5 空力的なねじりの無い楕円形の翼について問題 9.3 と問題 9.4 を解け． Γ を翼幅の中央の循環とする.

9.6 楕円形の翼について，揚力曲線の傾き $m = C_L/\alpha_a$ の式を導け.

9.7 図に示した翼のフラップが中立位置にあるときの断面揚力係数の翼幅方向の分布を計算せよ. 空力的なねじれは無く，m_0 は一定であると仮定する. $C_L = 1.0$ とする.

第9章 翼幅方向の空気力分布

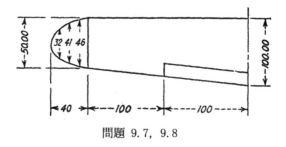

問題 9.7, 9.8

9.8 図に示した翼のフラップのある断面の揚力ゼロの翼弦が残りの断面の翼弦から $10°$ までフラップをおろしたとき，$C_L = 0$，$C_L = 1$，$C_L = 1.8$ の場合の断面揚力係数の翼幅方向の分布を計算せよ．断面の揚力係数の傾きが 0.1／度で一定であると仮定する．問題 9.7 の結果を用いること．

9.7 フーリエ級数を使って翼幅方向の揚力分布を計算する方法

　任意の平面形の翼について，翼幅方向の揚力係数の分布を求める式の厳密解はフーリエ級数を使って得ることができる．最初に Glauert[1] によってこの方法が提案され，その後 Miss Lotz[5] と他の人たちがさらに発展させた．使われている理論をほとんど知らなくても，計算機を使って翼幅方向の揚力分布を計算，チェックできるような計算表が ANC-1[6] に載っている．

　対称な揚力が働いている翼の翼幅方向の任意の点における循環を次の級数で表すことができる．

$$\Gamma = a_1 \cos \frac{\pi y}{b} + a_3 \cos \frac{3\pi y}{b} + a_5 \cos \frac{5\pi y}{b} + \cdots \tag{9.29}$$

または，

$$\Gamma = \sum_{n=1,3,5}^{\infty} a_n \cos \frac{n\pi y}{b}$$

ここで，y は翼幅の中心からその点までの距離，b は翼幅，a_1，a_3，a_5，…．，a_n は図 9.17 に示す係数である．十分な数の係数 a_n を適切に選ぶことによって，対称な任意の曲線で表される循環を表現することができる．幸いなことに，ふつうは最初の数個の係数 a_n が他の項に比べて大きく，数個の項を使うだけで循環をよく近似できる．

9.7 フーリエ級数を使って翼幅方向の揚力分布を計算する方法

循環を表すもっと便利な級数を以下に示す.

$$\Gamma = \frac{c_s m_s V}{2}(A_1 \sin\theta + A_2 \sin 2\theta + A_3 \sin 3\theta + \cdots)$$

または,

$$\Gamma = \frac{c_s m_s V}{2}\sum_{n=1}^{\infty} A_n \sin n\theta \qquad (9.30)$$

ここで,

$$\cos\theta = \frac{2y}{b} \qquad (9.31)$$

c_s と m_s は定数で, 翼幅の中心における翼弦長と翼型の揚力曲線の傾きに等しい. この級数は対称の揚力分布にも非対称の揚力分布にも便利に適用できる. 揚力分布が対称の場合には, 偶数項の係数 A_2, A_4, A_6, ..., A_{2n} がゼロである.

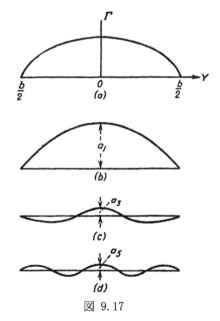

図 9.17

(9.30)式の最初のほうの項を図 9.18 に示す. 角度 θ は図 9.18(b)に示すように半

第9章 翼幅方向の空気力分布

径 $b/2$ の円の上で測る.(9.30)式の最初の項,$\Gamma_1 = \dfrac{c_s m_s}{2} A_1 \sin\theta$ はこの円上の点の縦座標に比例している.同じ直径で図示したとき半楕円の縦座標は半円の縦座標に比例しているので,この最初の項は半楕円の縦座標を表すとも言える.したがって,最初の項が楕円形の揚力分布を表しており,実際の翼の揚力分布をよりよく近似しているので,(9.30)式は(9.29)式よりも望ましい形をしている.

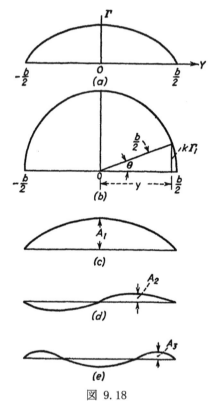

図 9.18

(9.30)式で循環を表した場合,翼幅方向の揚力分布を求めるというのは係数 A_n を求めるのと等価である.このフーリエ級数の値を下に示す(9.17)式に代入して計算することができる.

9.7 フーリエ級数を使って翼幅方向の揚力分布を計算する方法

$$\frac{2\Gamma}{m_0 cV} = \alpha_a - \frac{1}{4\pi V}\int_{y=-\frac{b}{2}}^{y=\frac{b}{2}} \frac{d\Gamma}{y'-y} \tag{9.17}$$

(9.30)式を微分すると,

$$d\Gamma = \frac{c_s m_s V}{2}\sum_{n=1}^{\infty} nA_n \cos n\theta \, d\theta \tag{9.32}$$

(9.17)式の最後の項を考えると, (9.31)式と(9.32)式から

$$\frac{c_s m_s}{4b}\int_0^\pi \frac{\sum_{n=1}^{\infty} nA_n \cos n\theta d\theta}{\cos\theta - \cos\theta'} \tag{9.33}$$

ここで, θ' は y' 座標に対応する θ の値である.Glauert[1] が積分の値を次のように導いた.

$$\int_0^\pi \frac{\cos n\theta}{\cos\theta - \cos\theta'}d\theta = \frac{\pi \sin n\theta'}{\sin\theta'} \tag{9.34}$$

角度 θ' は(9.34)式の積分に関しては定数であるが, 翼幅方向のすべての点を表すので, 以下の式では「'」を省略する. (9.34)式の値を(9.33)式に代入すると, 吹きおろし角が次のようになる.

$$\frac{c_s m_s}{4b} \frac{\sum_{n=1}^{\infty} nA_n \sin n\theta}{\sin\theta} \tag{9.35}$$

(9.35)式を(9.17)式の最後の項に代入して, 循環の一般的な式は次のようになる.

$$\frac{m_s}{m_0}\frac{c_s}{c}\sum A_n \sin n\theta = \alpha_a - \frac{c_s m_s}{4b}\sum \frac{nA_n \sin n\theta}{\sin\theta} \tag{9.36}$$

したがって,

$$\frac{m_s}{m_0}\frac{c_s}{c}\sin\theta \sum A_n \sin n\theta = \alpha_a \sin\theta - \frac{c_s m_s}{4b}\sum nA_n \sin n\theta \tag{9.37}$$

m_0 の項は揚力曲線の傾き, c は翼舷長, α_a は迎角で, これらは翼幅方向に変化する.任意の形状の翼を表すために,次のような別のフーリエ級数を考える.

第 9 章　翼幅方向の空気力分布

$$\frac{m_s}{m_0}\frac{c_s}{c}\sin\theta = \sum_{n=0,1,2,3}^{\infty} C_{2n} \cos 2n\theta \tag{9.38}$$

および,

$$\alpha_a \sin\theta = \sum_{n=1,2,3}^{\infty} B_n \sin n\theta \tag{9.39}$$

以下に説明するように，係数 C_{2n} と B_n は翼の寸法と翼型から決まる.

9.8　フーリエ級数の係数の決め方

翼幅方向の任意の点について，(9.38)式の右辺の項を決めることができる. 係数 C_{2n} を決めるには，何項まで使うかを決める必要がある．通常の計算では第 10 項まで使って翼幅方向の 10 点で式を満足させる. しかし, 本項は式の導出方法の説明であるので，5 項だけを考える. 10 項まで使った計算表は ANC-1 に載っている．

翼幅方向のいろいろな位置での(9.38)式の左辺の既知の項を y_i, すなわち，y_1, y_2, y_3, ..., とする（図 9.19 参照）. この表記は ANC-1 と同じであるが, 前に説明した y の定義（翼幅方向の座標）とは異なる．この表記の違いで混乱しないように注意されたい. 本項では翼幅方向の位置を θ の値で表し, 座標 y は使わない．

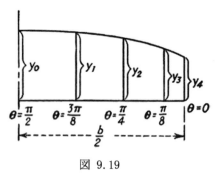

図 9.19

5 項まで使うことにすると, (9.38)式を次のように書くことができる.

$$C_0 + C_2 \cos 2\theta + C_4 \cos 4\theta + C_6 \cos 6\theta + C_8 \cos 8\theta = y_i \tag{9.40}$$

既知の座標,

$$\theta=0, y_i = y_4;\ \theta = \frac{\pi}{8}, y_i = y_3;\ \theta = \frac{\pi}{4}, y_i = y_2;\ \theta = \frac{3\pi}{8}, y_i = y_1;\ \theta = \frac{\pi}{2}, y_i = y_0$$

を代入すると次の式が得られる.

9.8 フーリエ級数の係数の決め方

$$C_0 + C_2 + C_4 + C_6 + C_8 = y_4 \qquad (a)$$

$$C_0 + \frac{1}{\sqrt{2}}C_2 + 0 - \frac{1}{\sqrt{2}}C_6 - C_8 = y_3 \qquad (b)$$

$$C_0 + 0 - C_4 + 0 + C_8 = y_2 \qquad (c) \qquad (9.41)$$

$$C_0 - \frac{1}{\sqrt{2}}C_2 + 0 + \frac{1}{\sqrt{2}}C_6 - C_8 = y_1 \qquad (d)$$

$$C_0 - C_2 + C_4 - C_6 + C_8 = y_0 \qquad (e)$$

これらの式を連立して解くと，既知の縦座標 y_i を使って C_{2n} の値を求めることができる．(a)式と(e)式を足し，(a)式から(e)式を引き，(b)式と(d)式を足し，(b)式から(d)式を引き，できた式を操作することで簡単に解を得ることができる．C_{2n} の値は次のようになる．

$$C_0 = \frac{1}{4}\left(\frac{y_4}{2} + y_3 + y_2 + y_1 + \frac{y_0}{2}\right) \qquad (a)$$

$$C_2 = \frac{1}{2}\left(\frac{y_4}{2} + \frac{1}{\sqrt{2}}y_3 - \frac{1}{\sqrt{2}}y_1 - \frac{y_0}{2}\right) \qquad (b)$$

$$C_4 = \frac{1}{2}\left(\frac{y_4}{2} - y_2 + \frac{y_0}{2}\right) \qquad (c) \qquad (9.42)$$

$$C_6 = \frac{1}{2}\left(\frac{y_4}{2} - \frac{1}{\sqrt{2}}y_3 + \frac{1}{\sqrt{2}}y_1 - \frac{y_0}{2}\right) \qquad (d)$$

$$C_8 = \frac{1}{4}\left(\frac{y_4}{2} - y_3 + y_2 - y_1 + \frac{y_0}{2}\right) \qquad (e)$$

表を使って(9.42)式を数値的に求めるのは簡単である．10点を考慮し10項まで使う場合について，ANC-1(1)の表Ⅲにフーリエ級数の係数 C_{2n} を求める計算表が載っている．

フーリエ級数の係数を求める通常の方法を使って(9.42)式の値を決めることもできる．(9.40)式を次のように表すと，

$$\frac{a_0}{2} + a_2\cos 2\theta + a_4\cos 4\theta + \cdots + a_{2n}\cos 2n\theta + \cdots = y_i \qquad (9.43)$$

フーリエ級数の教科書に載っているように，係数は次のように計算される．

$$a_{2n} = \frac{4}{\pi}\int_0^{\frac{\pi}{2}} y_i \cos 2n\theta\, d\theta \qquad (9.44)$$

第9章　翼幅方向の空気力分布

または，積分を和に置き換えて，

$$a_{2n} = \frac{4}{\pi}\sum \cos 2n\theta\, y_i \Delta\theta \tag{9.45}$$

(9.40)式と(9.43)式を比較するとわかるように，最初の項以外は係数 a_{2n} が C_{2n} に対応している．C_0 を(9.45)式で計算するには，$\Delta\theta = \pi/8$，$n = 0$，$\cos 2n\theta = 1$ を(9.45)式に代入して，

$$C_0 = \frac{a_0}{2} = \frac{2}{\pi}\frac{\pi}{8}\sum y_i = \frac{1}{4}\left(\frac{y_0}{2} + y_1 + y_2 + y_3 + \frac{y_4}{2}\right) \tag{9.46}$$

端の縦座標 y_0 と y_4 には他の点とは違って角度 $\Delta\theta$ の半分しかかからないので，(9.46)式には y_0 と y_4 の半分が表れている．

(9.45)式から C_6 を計算するには，$\cos 2n\theta = \cos 6\theta$ を代入する．$\pi/8$ の増分 $\Delta\theta$ については，$\cos 6\theta$ が $1, -1/\sqrt{2}, 0, 1/\sqrt{2}, -1$ である．係数は次のようになる．

$$C_6 = a_6 = \frac{4}{\pi}\frac{\pi}{8}\sum \cos 2n\theta\, y_i$$

したがって，

$$C_6 = \frac{1}{4}\left(\frac{y_4}{2} - \frac{1}{\sqrt{2}}y_3 + \frac{1}{\sqrt{2}}y_1 - \frac{y_0}{2}\right) \tag{9.47}$$

フーリエ級数の係数の計算方法と計算表は Runge によって開発された．Den Hartog[7] がその手順の説明をしており，ANC-1 の計算表が載っている．

フーリエ級数の係数 B_n は(9.39)式で定義されており，C_{2n} と同じように計算することができる．翼の姿勢が与えられれば翼幅方向のすべての位置で迎角が決まり，選んだ数の点で(9.38)式を満足するように係数 B_n を計算することができる．

例題

9.6項の例題1の翼について，(9.38)式と(9.39)式で定義されるフーリエ級数の B_n，C_{2n} の項を計算せよ．この翼には空力的ねじりは無く，揚力曲線の傾きは翼幅のすべての位置で一定であるとする．翼の平面形は図 9.14 に示されている．

解：

α_a が一定であるので，(9.38)式は次の B_n で満足される．

$$B_1 = \alpha_a$$
$$B_n = 0 \quad n \neq 1$$

空力的ねじり α_a が一定でない翼の場合には，(9.41)式と同様の式を解く必要がある．B_n の値を求めるには ANC-1(1) の表 II に示された計算表を使えばよい．

(9.38)式の左辺の値を5点で表9.4に示すように計算した．

これらの y_4, y_3, y_2, y_1 の値を(9.42)式に代入すると，$C_0 = 0.819$，$C_2 = -0.368$，$C_4 = -0.230$，$C_6 = -0.132$，$C_8 = -0.088$ が得られる．

表 9.4

θ	$\dfrac{2y}{b}$	$\dfrac{m_a}{m_0}$	c in.	$\dfrac{c_a}{c}$	$\sin \theta$	$\dfrac{m_a}{m_0}\dfrac{c_a}{c}\sin \theta$	
0	1.00	1			0	0	$= y_4$
$\pi/8$	0.9239	1	53.0	1.922	0.3827	0.735	$= y_3$
$\pi/4$	0.7071	1	75.0	1.360	0.7071	0.961	$= y_2$
$3\pi/8$	0.3827	1	87.4	1.168	0.9239	1.079	$= y_1$
$\pi/2$	0	1	102.0	1.000	1.000	1.0000	$= y_0$

9.9 係数 A_n の計算

循環の式を解く次のステップとして，(9.38)式と(9.39)式の級数を(9.37)式に代入する．そうすると，(9.37)式の左辺が次に示す2重の級数となる．

$$\sum C_{2n} \cos 2n\theta \sum A_n \sin n\theta \tag{9.48}$$

次の三角関数の公式を使う．

$$2 \sin k\theta \cos l\theta = \sin(k+l)\theta + \sin(k-l)\theta \tag{9.49}$$

これを(9.48)式に代入すると，

$$\frac{1}{2} \sum_{k=1,2,3}^{\infty} \sum_{l=0,2,4}^{\infty} A_k C_l [\sin(k+l)\theta + \sin(k-l)\theta] \tag{9.50}$$

(9.50)式で，循環に関して3個の係数 A_1, A_3, A_5 を使い，平面形に関して6個の係数 C_0, C_2, C_4, C_6, C_8, C_{10} を使うと，次のようになる．

第 9 章　翼幅方向の空気力分布

$$\frac{1}{2}\sum_{k=1,3}^{5}\sum_{l=0,2,4}^{10} A_k C_l [\sin(k+l)\theta + \sin(k-l)\theta]$$

$$\begin{aligned}
= &\frac{1}{2}(2A_1 C_0 - A_1 C_2 + A_3 C_2 - A_3 C_4 + A_5 C_4 - A_5 C_6)\sin\theta \\
&+ \frac{1}{2}(A_1 C_2 - A_1 C_4 + 2A_3 C_0 - A_3 C_6 + A_5 C_2 - A_5 C_8)\sin 3\theta \\
&+ \frac{1}{2}(A_1 C_4 - A_1 C_6 + A_3 C_2 - A_3 C_8 + 2A_5 C_0 - A_5 C_{10})\sin 5\theta + \cdots
\end{aligned} \qquad (9.51)$$

(9.50)式を計算するときには 7θ, 9θ とそれ以上の高次の項を無視するが，(9.48)式で使われるこの 2 つの級数では，$n \le 5$ のすべての項が使われる場合にはこれらの項を含める．

そうすると，(9.38)式と(9.39)式を(9.37)式に代入して次のようになる．

$$\sum C_{2n}\cos 2n\theta \sum A_n \sin n\theta = \sum B_n \sin n\theta - \frac{c_s m_s}{4b}\sum n A_n \sin n\theta \qquad (9.52)$$

次に(9.51)式を(9.52)式の左辺に代入し，$\sin\theta$, $\sin 3\theta$, $\sin 5\theta$ の係数を等しいとして，さらに式を整理すると，次の連立方程式が得られる．

$$\begin{aligned}
2P_1 A_1 + (C_2 - C_4)A_3 + (C_4 - C_6)A_5 &= 2B_1 \\
(C_2 - C_4)A_1 + 2P_3 A_3 + (C_2 - C_8)A_5 &= 2B_3 \\
(C_4 - C_6)A_1 + (C_2 - C_8)A_3 + 2P_5 A_5 &= 2B_5
\end{aligned} \qquad (9.53)$$

ここで，

$$P_1 = C_0 - \frac{1}{2}C_2 + \frac{c_s m_s}{4b}$$

および，

$$P_n = C_0 - \frac{1}{2}C_{2n} + n\frac{c_s m_s}{4b} \qquad (9.54)$$

循環の係数 A_n は(9.53)式を連立して解くことによって得られる．

例題

9.6 項の例題 1 の翼について，$C_L = 1.00$ のときの揚力分布を求めよ．B_n と C_n の値は 9.8 項の例題で計算済みである．$C_{10} = 0$ と仮定すること．断面の揚力曲線の傾き m_s は 5.73/rad とする．

解：

9.8 項の例題で次の係数の値が得られている．最初は迎角 α_a を 1 rad と仮定す

9.9 係数 A_n の計算

る．

$$B_1 = \alpha_a = 1 \quad C_0 = 0.819 \quad C_6 = -0.132$$
$$B_3 = 0 \quad C_2 = -0.368 \quad C_8 = -0.088$$
$$B_5 = 0 \quad C_4 = -0.230 \quad C_{10} = 0$$

(9.53)式の次の値は容易に計算できる．

$$C_2 - C_4 = -0.138$$
$$C_2 - C_6 = -0.236$$
$$C_2 - C_8 = -0.280$$
$$C_4 - C_6 = -0.098$$

図 9.14 に示す寸法から，

$$\frac{c_s m_s}{4b} = \frac{102 \times 5.73}{4 \times 480} = 0.304$$

(9.54)式から，

$$P_1 = 0.819 + 0.5 \times 0.368 + 0.304 = 1.307$$
$$P_3 = 0.819 + 0.5 \times 0.132 + 3 \times 0.304 = 1.797$$
$$P_5 = 0.819 + 0 + 5 \times 0.304 = 2.339$$

上の値を(9.53)式に代入すると次の式が得られる．

$$2 \times 1.307 A_1 - 0.138 A_3 - 0.098 A_5 = 2$$
$$-0.138 A_1 + 2 \times 1.797 A_3 - 0.280 A_5 = 0$$
$$-0.098 A_1 - 0.280 A_3 + 2 \times 2.339 A_5 = 0$$

これらの式を解くと，

$$A_1 = 0.767$$
$$A_2 = 0.0308$$
$$A_3 = 0.0179$$

仮想的な迎角 1 rad のときにこの迎角でも翼が失速せず，揚力の傾きが一定であると仮定した場合，これらの A_1, A_3, A_5 の値は迎角 1 rad のときの循環を定義する．この単位翼幅あたりの揚力の式を積分すると，翼全体の揚力係数は A_1 にだけ依存することがわかり，次の式で表される．

$$C_L = \frac{\pi c_s m_s b A_1}{4S} \tag{9.55}$$

数値を代入すると，

$$C_L = \frac{\pi \times 102 \times 5.73 \times 480 \times 0.767}{4 \times 38{,}340} = 4.41$$

第 9 章　翼幅方向の空気力分布

揚力係数 1 のときのフーリエ級数の係数 A_1, A_3, A_5 は，揚力係数 4.41 に対する係数と比例していることから，

$$A_1 = \frac{0.767}{4.41} = 0.1740$$

$$A_3 = \frac{0.0308}{4.41} = 0.0070$$

$$A_5 = \frac{0.0179}{4.41} = 0.0041$$

単位翼幅あたりの揚力 cc_l は(9.15)式と(9.30)式から得られる．

$$\begin{aligned} cc_l &= c_s m_s \sum A_n \sin n\theta \\ &= 102 \times 5.73(0.1740 \sin\theta + 0.0070 \sin 3\theta + 0.0041 \sin 5\theta) \end{aligned}$$

18 度間隔で数値を計算した結果を表 9.5 に示す．

表 9.5

		90°	72°	54°	36°	18°
1	θ	90°	72°	54°	36°	18°
2	$y = \frac{b}{2}\cos\theta$	0	74.2	141.1	194.0	228.2
3	$\sin\theta$	1.000	0.951	0.809	0.588	0.309
4	$\sin 3\theta$	−1.000	−0.588	0.309	0.951	0.809
5	$\sin 5\theta$	1.000	0	−1.000	0	1.000
6	$0.1740 \sin\theta$	0.1740	0.1655	0.1408	0.1022	0.0538
7	$0.0070 \sin 3\theta$	−0.0070	−0.0041	0.0022	0.0066	0.0057
8	$0.0041 \sin 5\theta$	0.0041	0	−0.0041	0	0.0041
9	$\Sigma A_n \sin n\theta$	0.1711	0.1614	0.1389	0.1088	0.0636
10	cc_l	100.0	94.4	81.1	63.6	37.2

表 9.5 の第 10 行の値を図 9.20 に図示した．これは表 9.1 の列(6)の値に対応している．これらの値は翼幅の全域でよく一致している．

9.9 係数 A_n の計算

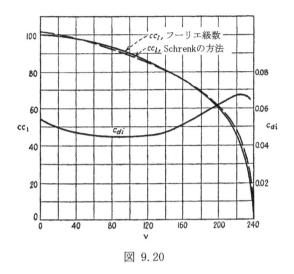

図 9.20

9.10 誘導抵抗の翼幅方向の分布

有限翼幅の翼の単位翼幅あたりの抵抗は無限翼の抵抗よりも大きいことをすでに示した．この翼幅の影響による抵抗の増加は誘導抵抗（induced drag）と呼ばれ，図 9.2 に示すように翼に作用する力が角度 α_i だけ傾くことによって生じる．誘導抵抗の大きさは揚力と誘導迎角の積で表される．

$$D_i = L\alpha_i \tag{9.56}$$

ここで，D_i は誘導抵抗である．したがって，誘導抵抗の翼幅方向の分布は揚力の分布と誘導迎角の分布に依存する．楕円翼の場合には α_i の値が翼幅方向に一定であるので，誘導抵抗は揚力の分布と同じように分布する．ほとんどの場合，揚力と誘導迎角は両方とも翼幅方向に変化する．

抵抗の合計を考えるよりも誘導抵抗係数 c_{di} を考えるほうが便利であることが多い．(9.56)式の両辺を qc（動圧と翼弦長の積）で割ると，次の式が得られる．

$$c_{di} = c_l \alpha_i \tag{9.57}$$

c_l の分布は前の項で説明したが，α_i の計算方法についてはまだ説明していない．翼幅方向のいろいろな位置で c_l の値がわかっていれば，図 9.2 からすぐわかるように α_i の値を次の式で計算できる．

第9章　翼幅方向の空気力分布

$$\alpha_i = \alpha_a - \alpha_0$$

すなわち,

$$\alpha_i = \alpha_a - \frac{c_l}{m_0} \tag{9.58}$$

ここで, α_a は断面の揚力がゼロの翼弦までの迎角, m_0 は断面の揚力係数の傾きである.

揚力の分布が得られていれば, 誘導抵抗の翼幅方向の分布は(9.57)式と(9.58)式から容易に求めることができる. (9.58)式で同程度の大きさの値の差を計算するので, 近似的な方法による抵抗の誤差の比率は揚力の分布の誤差に比べて大きい. この誤差があっても翼の構造設計には重大な影響をおよぼさない.

(9.58)式を使うにはいろいろな位置での迎角 α_a を知らなければならない. フーリエ級数を使う方法で揚力分布を計算する場合にはその中で α_a の値を使う. しかし, 近似的な方法では c_l の分布を計算するが, 翼全体の C_L に対応する α_a は計算されない. したがって, 翼の C_L と迎角の間の関係が必要である. 楕円翼に関しては(9.23)式がその関係を表している.

$$\frac{C_L}{m_0} = \alpha_a - \frac{C_L}{\pi A} \tag{9.23}$$

(9.23)式から揚力曲線の傾き $m = C_L/\alpha_a$ が得られる.

$$m = \frac{C_L}{\alpha_a} = \frac{m_0}{1 + \dfrac{m_0}{\pi A}} \tag{9.59}$$

一般的な翼について(9.59)式と同様の式が次のように表される.

$$m = \frac{m_0}{1 + (m_0/\pi A)(1 + \tau)} \tag{9.60}$$

ここで, τ は翼の平面形の楕円翼からの差を表す補正係数である. フーリエ級数の方法で直線テーパー翼の τ の値を計算した結果を図9.21[6]に示す. 図9.21で使った記号の説明を図9.23に示す.

9.10 誘導抵抗の翼幅方向の分布

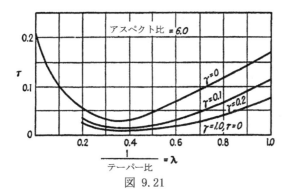

図 9.21

楕円翼の誘導抵抗係数は揚力係数に誘導迎角をかけることによって容易に求めることができる．

$$C_{Di} = C_L \alpha_i$$

または，

$$C_{Di} = \frac{C_L{}^2}{\pi A} \tag{9.61}$$

任意の形状の翼についても同様の式が成り立ち，

$$C_{Di} = \frac{C_L{}^2}{\pi A}(1+\sigma) \tag{9.62}$$

σ は前と同様に翼の平面形の楕円翼からの差を表す補正係数である．この項もフーリエ級数の項から計算できて次のようになる．

$$1+\sigma = \frac{\sum n A_n{}^2}{A_1{}^2} \tag{9.63}$$

直線テーパー翼の σ の値は図 9.22 から得ることができる．

第9章 翼幅方向の空気力分布

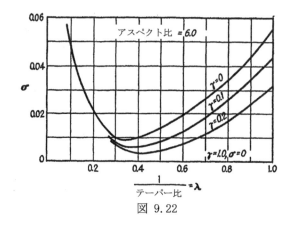

図 9.22

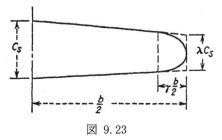

図 9.23

例題

9.9項の例題の翼について，c_{di} の翼幅方向の分布を求めよ．

解:

計算を表 9.6 に示す．計算点は表 9.5 で使った位置と異なるので，第2行の cc_l の値は図 9.20 の曲線から読み取った．計算点の翼弦長を第3行に示し，第2行の値を第3行の値で割って c_l の値を計算し，第4行に示した．α_a の値はすべてのステーションで同じ値であり，9.9項で使った 1 rad の迎角をそれに対応する揚力係数 $C_L = 4.41$ ((9.55)式で計算して得た値) で割って得ることができる．各ステーションにおける有効迎角 c_l/m_0 は，第4行の c_l の値を断面の揚力曲線の傾き $m_0 = 5.73$ (9.9項で使った値) で割って計算し，第6行に記入した．誘導迎角 α_i は (9.58)式により第5行から第6行を差し引いて計算し，第7行に記入した．c_{di} の値が (9.57)式から得られ，第8行に示した．この値を図 9.20 に図示した．

表 9.6

1	y	0	45.1	92.2	136.1	180	195	210	225
2	cc_l	100	97.5	91.8	82.5	70.0	63	54.4	41
3	c	102	94.7	87.4	80.3	73.3	69.2	62.2	49.5
4	c_l	0.98	1.03	1.05	1.03	0.95	0.91	0.87	0.83
5	$\alpha_a = 1/4.41$	0.226	0.226	0.226	0.226	0.226	0.226	0.226	0.226
6	$c_l/m_0 = c_l/5.73$	0.171	0.180	0.183	0.180	0.166	0.159	0.152	0.145
7	$\alpha_i = \alpha_a - c_l/m_0$	0.055	0.046	0.043	0.046	0.060	0.067	0.074	0.081
8	$c_{di} = c_l\alpha_i$	0.054	0.047	0.045	0.047	0.057	0.061	0.064	0.067

9.6 項の例題 1 の結果から同じ解を得ることができる．α_a の値，または揚力曲線 $m = 4.41$ の傾きの値は 9.6 項の式からは求めることができない．これらを計算するには，(9.60)式と図 9.21 を使って以下のように計算する．図 9.14 の翼について，$\lambda = 0.625$，$\gamma = 0.25$，$A = 6.0$，$m_0 = 5.73$．図 9.21 から，$\tau = 0.022$，(9.60)式から，

$$m = \frac{5.73}{1 + (5.73/6\pi)(1.022)} = 4.38$$

この値は前に計算した 4.41 よりわずかに小さい．この 1%未満の差は 9.9 項で使った項が少ないことによるものと考えられる．

9.11 空気力分布に影響を及ぼす他の要因

これまでの説明では航空機の翼だけを考えていた．航空機全体のまわりの空気の流れは翼単独の場合と大きく異なる可能性がある．胴体やナセルの形状，翼胴結合部の特性によって空気力の分布に大きな差が出る可能性がある．しかし，図 9.24 に示すように翼が胴体やナセルを真っ直ぐにつきぬけていると仮定して，影をつけた部分の翼単独で考えるのがふつうである．うまく設計された翼胴結合では，胴体に働く揚力は胴体の中にある翼の断面に働く揚力で近似できる．空力的には中翼配置が好ましいが，他の事項の配慮によって低翼配置や高翼配置がよい場合がある．そのような場合

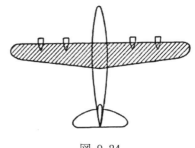

図 9.24

には，高い揚力と低い抵抗の特性を得るために，翼胴結合部に大きなフィレットを装備する必要がある．

翼のフラップの端が胴体の側面で終わっている場合，フラップの内側の端をシールして，フラップがおろされたときにフラップと胴体の間を空気が流れないようにするのが望ましい．そのような配置にすると，フラップがある断面の高い揚力を胴体断面内にまで延びるようにすることが可能である．しかし，ふつうはフラップと胴体の間の漏れを防ぐことは難しく，多くの場合，胴体断面ではフラップがないと仮定する必要がある．

翼が揚力渦の線として作用するという仮定は，翼端近くの揚力分布と抗力分布に誤差を生じる．図 9.8 を見ると，距離 r が小さい翼端の翼型断面の場合に，翼の前縁と後縁で吹きおろし速度の差が大きいということがわかる．したがって，揚力渦線の場所で仮定した吹きおろし速度には誤差があり，翼端近傍の計算値には誤差があることを翼端近傍の空気力分布の測定値で示すことができる．

胴体と翼の干渉の誤差，翼端の誤差は理論的に計算することができない．解析の仮定の妥当性を検証するデータを得るには，模型による風洞試験または類似の航空機による飛行試験が必要である．これらの仮定には大きな誤差が含まれているので，空気力を非常に高い精度で計算する理由はない．多くの場合，空気力の分布を近似的に計算する方法は，その解析法が根拠としている仮定と同じくらい正確である．フーリエ級数を使う方法による正確な計算は，ふつうでない翼形状や飛行条件を検討する場合に有効である．

9.12 揚力線理論の限界

翼幅方向の空気力分布を計算する方法は，翼を翼幅方向に沿った揚力渦線で置き換えることができるという仮定に基づいている．揚力線理論（lifting line theory）として知られるこの概念は Prandtl が最初に提案した．この理論はアスペクト比が 5 または 6 以上の後退角のないふつうの翼に適用されてきた．しかし，遷音速や超音速で設計される航空機では，極端な形状の翼を用いることが望ましく，揚力線理論が適用できない．翼のアスペクト比が小さい場合，または大きな後退角やテーパーがある場合には，もっと正確な渦の集合を使う必要がある．

揚力線理論の仮定にともなう誤差を避けるために，極端な形状の翼のために開発されたより正確な解析方法をふつうの翼に適用することも可能である．フ

9.12 揚力線理論の限界

ーリエ級数を使う方法で(9.17)式の正確な解を得ることができるが，この式を導く際にいくつかの仮定が用いられている．

揚力線理論では，翼を図 9.6 に示すような多くの馬蹄形の渦の集まりで置き換えている．揚力渦線 AA' が翼弦長の 1/4 の位置にあると仮定し，翼の有効迎角を 1/4 翼弦位置での吹きおろし速度から計算している．真の有効迎角は 3/4 翼弦位置の局所的な迎角に依存することがわかっている．図 9.16(b)によると，吹きおろし速度は 1/4 翼弦位置よりも 3/4 翼弦位置のほうが大きく，図 9.2 の有効迎角は揚力線理論から求めた値よりも小さいことがわかる．この効果は翼端に近いところで大きく，翼根では小さい．したがって，小さいアスペクト比の翼でこの効果がより目立つ．

揚力線理論で計算された揚力曲線の傾き $m = dC_L/d\alpha$ は大きすぎるが，この誤差は荷重条件に大きな影響は及ぼさない．ある与えられた迎角における揚力の真の値は，特に翼幅の外方で揚力線理論によって計算される値よりも小さい．翼の揚力の合計が決まっているとき，真の揚力分布は翼の外方で計算値より小さく，内方で計算値より大きい．したがって，翼の曲げモーメントの分布に関して計算値は安全側である．

Weissinger[8] がアスペクト比と後退角の影響を考慮して修正揚力線理論を開発した．1/4 翼弦の線に固定した渦を仮定して，3/4 翼弦の線における吹きおろし速度と局所迎角を計算する．図 9.25 に示すような強度Γの馬蹄形の渦要素を考える．後退角の効果で，翼幅の外方で揚力が増加し，中央部で揚力が減少する．同様に，翼が前進角を持っていると，揚力が翼端で減少し，中央部で増加する．この効果は著しく，簡単な揚力線理論は後退角の大きい翼には不十分である．

Weissinger は，1/4 翼弦に揚力渦線を配置し，コントロール点を 3/4 翼弦位置に置くと仮定して，近似を行った．理想的な解は，実際の翼の形状の固定された渦面と翼弦の面内の後縁渦面からなる揚力面を仮定するものであろう．そのような解は数学的に大きな困難をともなう．Falkner[9] はこの揚力面を孤立した荷重で置き換え，翼弦方向と翼幅方向の両方の荷重分布を考慮できるようにした（訳注：Vortex Lattice Method と呼ばれる）．ほどよい数値計算の量でよい近似ができるように，その荷重の数と位置が注意深く選ばれる．極端な形状の翼の場合には揚力面法を適用する必要がある．

第 9 章 翼幅方向の空気力分布

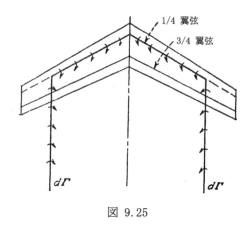

図 9.25

問題

9.9 フーリエ級数を使う方法で問題 9.7 を解け.

第 9 章の参考文献

[1] Glauert, H.: "The Elements of Aerofoil and Airscrew Theory," Cambridge University Press, London, 1926.

[2] Shrenk, O.: A Simple Approximation Metod for Obtaining the Spanwise Lift Distribution, NACA TM 948, 1940.

[3] "Civil Aeronautics Manual," Part 04, Appendix V, U.S. Deparment of Commerce, Civil Aeronatics Administration.

[4] Pearson, H. A.: Span Load Distribution for Tapered Wings with Partial Span Flaps, NACA TR 585, 1937.

[5] Lotz, Irmgard: Berechnung der Auftriebverteilung beliebig geformter Flugel, Z. Flugtech. u. Mortorluftschiffahrt, Vol.22, No.7, Apr. 14, 1931.

[6] ANC-1(1), "Spanwise Airload Distribution," Army-Navy-Commerce Committee on Aircraft Requirements, 1938.

[7] Den Hartog, J. P.: "Mechanical Vibrations," 3d ed., p.25, McGraw-Hill Book

Company, Inc., New York, 1947.
[8] Weissinger, J.: The Lift Distribution of Swept-back Wngs, NACA TM 1120, 1947.
[9] Falkner, V. M.: The Calculation of Aerodynamic Loading on Surfaces of Any Shape, Reports and Memoranda 1910, Aeronautical Research Committee (Great Britain), 1943.

第10章　航空機の外部荷重

10.1 一般的な考慮事項

　航空機は飛行中にいろいろな荷重条件にさらされる．パイロットが航空機を意図的に動かすとき，その運動はいろいろな速度，操縦桿の操作速度で行われる．意図的な運動に加え，悪天候の最中に飛ぶと航空機には高荷重が加わる．

　航空機が遭遇するすべての荷重条件をいちいち検討するのは明らかに不可能である．航空機の構造部材にとって厳しい限られた数の条件を選ぶことが必要である．過去の例の調査と経験からこれらの条件が決められており，認可当局または政府調達機関によって明確に規定されている．米国商務省の民間航空局（Civil Aeronautics Admisistration，略称 CAA）が個人用または民間用の航空機の認可を行っている．したがって，これらの航空機は最新の CAA の規定に従って設計される．米国海軍航空局または米国陸軍省資材軍団が軍用機を調達する．これらの機関が詳細な仕様書を発行し，最新の仕様書は軍機密であるため機密情報に分類されている．仕様書の多くは軍民両方に適用されるので，3つの機関によって標準化され，ANC（Army-Navy-Civil）刊行物として公表されている．これは米国政府印刷局から入手できる．

　異なる種類の航空機は異なる荷重条件で設計される．たとえば民間輸送機では意図的に厳しい運動をすることはない．航空会社のパイロットはいつも信頼できる天候の情報を得て荒天の中心を避けて飛ぶように計画することができる．したがって民間航空機は比較的小さい荷重倍数で設計される．その航空機の全備重量，降下速度，荷重倍数の最大許容値をパイロットに知らせる表示板が操縦室に掲げられている．パイロットが航空機に激しい運動をさせたり，表示板の制限を超えたりして，機体構造を壊すことがありうる．したがってパイロットは機体の構造制限やその他の飛行警告に注意を払う必要がある．戦闘や急降下爆撃に使用される軍用機は激しい運動に耐えるように設計される．設計条件は人体が耐えられる最大の加速度で設定されるのがふつうである．機体が構造破壊を起こす荷重倍数に到達する前にパイロットが意識を失う．パイロットが耐えられる最大荷重倍数は約 8.0 で，その種の航空機はこの荷重倍数で損傷が生じないように設計され，ふつう安全率 1.5 が適用されるので荷重倍数 12.0 までは破壊しない．しかし，戦闘機であっても最大降下速度，全備重量，荷重倍数を示す表示板が掲げられている．どの航空機についても詳細な設計仕様はど

こかで入手できるので本書には記載しない．ふつうの種類の航空機に適用できる基本的な飛行条件を説明する．これは軍用または民間の陸上機または水上機に適用できる．全翼機や先尾翼機，回転翼機のような特殊な航空機には特別な飛行条件が適用される．

10.2 基本的な飛行条件

どの飛行条件，機体のどの部材についても，4つの基本的な条件のうちのひとつで最も高い応力が生じると考えられる．これらの4つの飛行条件はふつう，正の大迎角，正の小迎角，負の大迎角，負の小迎角，と呼ばれる．これらの条件はすべて対称飛行運動を代表しており，機体の対称面に垂直な方向の動きは無い．

正の大迎角の条件は最も大きな主翼迎角で引き起こすときに生じる．揚力と抗力はそれぞれ相対的な気流に垂直，平行である（図 10.1(a)参照）．迎角 α が大きいので，これらの力の合力 R はいつも相対的な気流の向きに対して後ろ向きの成分を持ち，主翼の翼弦に対しては前向きの成分 C を持つのがふつうである．前向きの成分の最大値は α が最大になるときに生じる．非定常の流れの状態で失速迎角を測ることの不確実性を考慮するため，ほとんどの仕様書では α の値を，定常の気流状態における主翼の失速迎角よりも大きい値に設定している．定常の気流状態における最大揚力係数の 1.25 倍の揚力係数に対応する迎角がよく使われており，空力データは定常状態で測定したデータを外挿する．これらの大迎角と大揚力係数は，急な引き起こしで気流が定常状態に到達する前に瞬間的に発生することが実験的にわかっている．しかし，非定常状態で正確な揚力を計測することは困難である．

正の大迎角の条件では，図 10.1(a)に示す垂直な力 N による曲げモーメントによって主翼の上側に圧縮応力が発生し，翼弦方向の力 C によって主翼の前縁部に圧縮応力が発生する．この圧縮応力は前桁の上側フランジとその近傍のストリンガに発生する．したがって，正の大迎角条件は主翼断面の上側前方の領域で圧縮応力が厳しくなり，主翼断面の下側後方の領域で引張応力が厳しい．ピッチングモーメント空力係数が負である通常の主翼の場合，正の大迎角状態においては，上向き荷重を発生する他の飛行姿勢に比べて，合力 R の作用線が主翼の前の方にある．この状態における水平尾翼の上向き荷重はふつう他の正の飛行姿勢に比べて大きい．その理由は，ふつうピッチング加速度は無視でき，

第 10 章　航空機の外部荷重

水平尾翼の荷重は他の空気力が機体の重心に発生するモーメントと釣り合わなければならないからである．

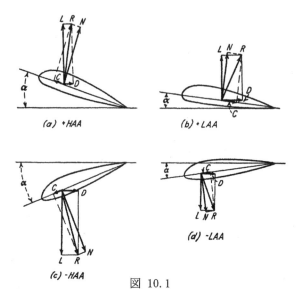

図 10.1

　正の小迎角の条件では，主翼の迎角は可能な範囲で最小であり，この迎角で制限荷重倍数に対応する揚力を発生する．揚力が決まっているとき，指示対気速度（indicated air speed）が増えると迎角が減少するので，小迎角の条件は機体が急降下するときの最大指示対気速度に対応する．この許容降下速度は航空機の種類に依存するが，ふつうは航空機の機能に応じて水平飛行時の最大指示対気速度の 1.2 倍から 1.5 倍に規定される．規格によっては航空機の終端速度（terminal velocity）で規定する場合もある．終端速度は垂直降下の場合に到達する抗力が機体の重量と等しくなる速度である．その終端速度を計算し，終端速度の関数として制限降下速度が設定される．戦闘機でも制限降下速度を終端速度と等しいとして設計されることはほとんどない．それは，この種の航空機では終端速度が非常に大きいので，空力的，構造的な難しい問題が生じるためである．パイロットが制限降下速度を超えないようにするために表示板を掲示する．

　図 10.1(b) に示すように正の小迎角条件で，翼弦方向の力 C が正の飛行姿勢において主翼の後方に働く最大の力となる．この条件の主翼の曲げモーメントに

10.2 基本的な飛行条件

よって後桁の上側フランジとその近傍のストリンガに最大の圧縮応力が発生し，前桁の下側フランジとその近傍のストリンガに最大引張応力が発生する．この条件では，主翼の合力 R の作用線は他の条件に比べて最も後方にある．この力によって機体の重心まわりに生じるモーメント（ピッチング）は負の最大値であるので，他の空気力によるモーメントと釣り合わせるために必要な水平尾翼の下向きの力が他の飛行条件に比べて大きい．

図 10.1(c)に示す負の大迎角の条件は，意図的な飛行運動によって，または水平飛行をしているときに急に下向きの突風に遭遇した場合に生じる．主翼の空気力は下向きである．意図的な負の飛行姿勢による荷重倍数は正の飛行姿勢の荷重倍数に比べてはるかに小さい．ふつうの航空機ではエンジンが負の荷重倍数で長時間運転できないためと，パイロットが安全ベルトやハーネスで不快な位置に吊り下げられるためである．突風荷重倍数も負の飛行姿勢のほうが小さい．水平飛行の場合，正の突風では機体の重量が慣性力に加えられ，負の突風では機体の重量が慣性力から差し引かれるためである．

負の大迎角の条件では，主翼が定常流れにおける負の失速迎角の状態にあると仮定するのがふつうである．正の大迎角の条件で用いた，最大揚力係数が定常流れの状態より大きくなるという仮定を使うことはほとんどない．負の運動に突然入るということは考えられないからである．負の大迎角の条件の主翼の曲げによって，主翼断面の下側前方の部分に最も大きな圧縮応力が発生し，上側後方部分に最も大きい引張応力が発生する．合力の作用線は他の負の飛行姿勢に比べて最も後方にある．負の飛行姿勢の中で最大の上向きの釣り合い荷重が水平尾翼に発生すると考えられる．

図 10.1(d)に示す負の小迎角の条件は航空機の制限降下速度で発生する．この条件は負の荷重倍数を生じる意図的な運動，または負の突風で生じる．後ろ向きの荷重 C がすべての負の飛行姿勢の中で最大となるので，主翼断面の下側後方の部分で圧縮曲げ応力が最大となり，上側前方の部分で引張曲げ応力が最大となる．合力 R は他の飛行姿勢と比べて最も前方に働き，水平尾翼の下向き荷重が他の負の飛行姿勢よりも大きいと考えられる．

以上をまとめると，機体構造の各部位の設計に関しては，4つの基本的な飛行条件のうちのどれかひとつが厳しくなる．ふつうの形態の主翼の応力解析において，どの断面についても4つの各条件で検討する必要がある．各ストリンガ，または各桁フランジはこれらの条件のうちの最大引張と最大圧縮の条件で設計される．断面の各部分の想定される標定条件を図 10.2 に示す．

第10章　航空機の外部荷重

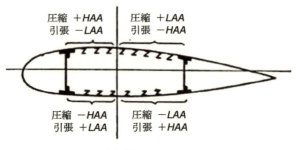

図 10.2

　規定によっては，桁間の中ほどの位置のストリンガが厳しくなる中間の大迎角，小迎角という追加の条件が要求されることがある．しかし，このような条件は余分な解析をすることが正当化できるほど重要ではないと考えられることが多い．当然，主翼は中間の迎角における荷重に耐えるよう十分強くなければならないが，4つの条件の要求を満足すれば十分な強度をもっているのがふつうである．

　輸送機や貨物機のような航空機では，全備重量状態で積荷がいろいろな位置に置かれるので，全備重量で飛行するときの重心が最前方，および最後方における釣り合いをとるための水平尾翼荷重を決めなければならない．4つの各飛行条件について重心の両端の位置でそれぞれ検討しなければならない．積荷の位置の変動が大きくないような小型機では全備重量のひとつの重心位置だけを考えればよい．他の重心位置で発生する，より大きな水平尾翼の釣り合い荷重を考慮するには，安全側の仮定を用いて重心位置を想定し，その条件で釣り合う尾翼荷重を計算してもよい．

　機体にかかる突風荷重倍数は，最小飛行重量で飛行しているときのほうが全備重量で飛行しているときより大きい．主翼が支持する重量が小さいのでこの荷重が主翼の標定になることはほとんどないが，より高い荷重倍数でも重量が同じであるエンジンマウントのような構造では標定となる．したがって，機体が飛行する最小重量で突風荷重倍数を計算する必要がある．

　フラップやその他の高揚力装置，ダイブブレーキを装備した機体では，フラップを展開した状態での追加の飛行荷重条件を検討しなければならない．これらの条件は規定された荷重倍数が小さいので主翼の曲げ応力に関しては厳しくないものの，負のピッチングモーメントが非常に大きいので，主翼のねじり，

後桁のせん断, または下向きの尾翼荷重が標定となる可能性がある. フラップを展開した状態では, フラップ支持構造のある主翼の後方部分が厳しくなる.

民間機の非対称荷重条件とピッチング加速条件は解析するほど重要ではないと考えられている. これらの条件で標定となる部材の構造設計に適用するため, 認可当局が安全側の簡単化した仮定を設定しているのがふつうである. 安全側の仮定を用いたことによる構造重量の増加は大きくないので, より正確な解析をする必要性は低い. 軍用機ではスナップロール (snap rolls), 急な斜め引き起こし (abrupt rolling pull-outs), 急なピッチング運動 (abrupt pitching motions) のような激しい回避運動をする必要がある. このような航空機を調達する機関が検討すべき条件を規定する. 調達機関はピッチング軸, ローリング軸, ヨーイング軸まわりの機体の慣性能率の計算を要求する. 機体の空気力が計算されて, 機体にかかる慣性力と釣り合うことが要求される.

10.3 構造解析に必要な空力データ

提案した航空機の性能, 操縦性, 安定性を検討するために大量の空力データが必要である. ここでは構造解析に必要なデータだけを説明する. このデータはもっと広範囲の計画の一部として取得されるのがふつうである. 構造解析に最初に必要な空力データは, 尾翼無しの全機の負の失速迎角から正の失速迎角までの範囲の揚力, 抗力, ピッチングモーメント曲線である. 通常の翼型断面の翼のこれらの空力データは正確に計算することができるが, 主翼と胴体の組み合わせ, または主翼と胴体とナセルの組み合わせに対するこのような空力データを発表されているデータから計算することは困難である. いろいろな部分の空力的な干渉の効果は不確実であるからである. そのため, 尾翼無しの全機風洞試験模型を使って風洞試験データを取得するのが望ましい. もちろん, 予備設計のための近似的な空力荷重を求めるために, これらのデータを公表されている情報から計算する必要がある場合もある.

尾翼無しの全機風洞試験模型の風洞試験によって, すべての迎角における揚力, 抗力, ピッチングモーメントの値が得られる. 機体の基準軸に関する揚力と抗力の成分が得られる. 図 10.3 の x 軸と z 軸に示すように, 機体の基準軸はスラストライン (推力線) に平行, 垂直にとるのがふつうである. これらの軸の方向の力の成分は $C_z qS$ と $C_x qS$ で, $q = \rho V^2/2$ は動圧を, S は主翼面積を表す. 無次元係数 C_z, C_x は, 尾翼無しの機体の揚力係数と抗力係数を機体基準軸

に投影したもので，次の式で表すことができる．

$$C_z = C_L \cos\theta + C_D \sin\theta \tag{10.1}$$

$$C_x = C_D \cos\theta - C_L \sin\theta \tag{10.2}$$

角度 θ は飛行経路と X 軸との角（図 10.3 参照）で，迎角 α と主翼取付角 i の差である．

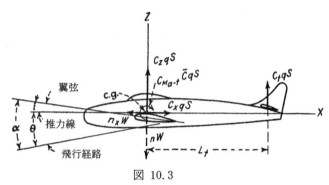

図 10.3

機体の重心まわりのピッチングモーメントは風洞試験データから計算できて $C_{m_{a-t}}\bar{c}qS$ で，$C_{m_{a-t}}$ は尾翼無しの機体のピッチングモーメント係数，$\bar{c}$ は主翼の平均空力翼弦（mean aerodynamic chord, MAC）である．平均空力翼弦（MAC）は主翼の基準翼弦で，主翼の平面形から計算される．主翼の翼幅方向のどの断面でも同じピッチングモーメント係数 c_m であれば，MAC は主翼全体のピッチングモーメントが $c_m \bar{c} qS$ となるように決められる．平面形が長方形の翼では $\bar{c}$（MAC）が翼弦長と等しい．翼の半分が台形である場合は，$\bar{c}$ は台形の図心位置の翼弦長と等しい．実は MAC は任意の値であり，風洞試験と計算で一貫して同じ値を使うならばどのような値をつかっても問題ない．翼の平面形が変則的な形をしている場合には，認証機関か調達機関の仕様書で基準翼弦として使う平均翼弦を規定する必要がある．

10.4 釣り合いをとるための尾翼荷重

水平尾翼に働く釣り合いのための空気力 $C_t qS$ は機体の角加速度が無いと仮定して得られる．図10.3に示す重心まわりのモーメントは釣り合っているので，

10.4 釣り合いをとるための尾翼荷重

$$C_t qSL_t = C_{m_{a-t}} \bar{c} qS$$

すなわち,

$$C_t = \frac{\bar{c}}{L_t} C_{m_{a-t}} \tag{10.3}$$

ここで，C_t は主翼面積で表した尾翼荷重の無次元係数で，L_t は機体の重心から水平尾翼の空気力の働く点までの距離である（図 10.3 参照）．水平尾翼の圧力分布は機体の姿勢で変わるので，L_t の値は荷重条件によって異なる．この変化は大きくないので，L_t は一定と仮定して水平尾翼の圧力中心の位置として安全側の前方位置とする．機体に働く全空気力の z 方向成分 $C_{z_a} qS$ は尾翼無しの機体の $C_z qS$ と尾翼の釣り合い力 $C_t qS$ の合計に等しい．

$$C_{z_a} qS = C_z qS + C_t qS$$

すなわち,

$$C_{z_a} = C_z + C_t \tag{10.4}$$

動力飛行状態（power-on flight conditions）では，機体重心まわりのプロペラまたはジェットの推力によるモーメントを考慮しなければならない．(10.3)式にこの項を追加する必要がある．

図 10.4 に示すように，迎角 α に対して空力係数をプロットする．解析で複数の重心位置を考慮する場合は，各重心位置に関して $C_{m_{a-t}}$，C_t，C_{z_a} のカーブを計算する必要がある．

図 10.4 の実線の右側の部分は主翼が失速した後の空力特性を表している．失速によって主翼の空気力が減少するので，カーブのこの部分は使わない．その代わりに，急激な引き起こしの状態で短い間発生する可能性のある高揚力係数を近似するために破線に示すようにカーブを延長して使う．正の大迎角（+HAA）の条件については，C_{z_a} の最大値の 1.25 倍の空力係数に対応する迎角を使い，カーブをこの値まで延長する（図 10.4 参照）．

第 10 章　航空機の外部荷重

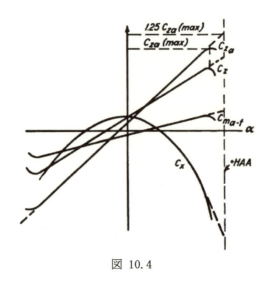

図 10.4

10.5 速度 - 荷重倍数線図

　機体のいろいろな荷重状態を表すために，指示対気速度（indicated airspeed）V と制限荷重倍数（limit load factor）n のグラフで示すのがふつうである．この図のことを V-n 線図（V-n diagram）または，V-g 線図（V-g diagram）と呼ぶ．荷重倍数 n は重力加速度 g と関係しているからである．空気力が q，すなわち $\rho V^2/2$ に比例しているので，この線図では指示対気速度が使われる．指示対気速度の定義により，ある高度の空気密度と実際の速度における q の値と，海面上の空気密度と指示対気速度における q_0 の値は等しい．したがって，指示対気速度を使うと V-n 線図はすべての高度で同じとなる．圧縮性の影響を考慮する場合には，圧縮性の効果は指示対気速度ではなく，実際の速度に依存するので，その効果は高度の影響が著しい．本章の説明では圧縮性の影響を考慮しない．（訳注：現在では指示対気速度に空気の圧縮性の影響を考慮した等価対気速度（equivalent air speed）を使うのがふつうである．）

　機体に働く空気力は，重力および慣性力と釣り合っている．機体に角加速度が無い場合，慣性力と重力は機体の全重量の分布と同じ分布となり，その合力

10.5 速度 – 荷重倍数線図

は機体の重心位置に働く．第 3 章で説明したように，慣性力と重力を合計して荷重倍数 n と重量 W の積で表すのが便利である．重力と慣性力の合計の z 方向成分は，機体の重心に働く nW の力である．荷重倍数 n は z 軸方向の力の合計から求めることができる．

$$C_{z_a} qS = nW$$

すなわち，

$$n = \frac{C_{z_a} \rho S V^2}{2W} \tag{10.5}$$

垂直力の係数 C_{z_a} の最大値をいろいろな機体速度で求める．荷重倍数 1 のときの水平飛行では，V の値は $C_{z_a \max}$ に対応し，機体の失速速度である．加速度のある飛行では，係数の最大値はもっと速い速度で生じる．失速速度の 2 倍で生じる $C_{z_a \max}$ については，図 10.5 に示すように荷重倍数 $n = 4$ が生じる．主翼の検討に使う最大の迎角にあたる力の係数 $1.25 C_{z_a \max}$ については，(10.5)式から得られる荷重倍数 n の値を機体速度 V についてプロットして図 10.5 の線 OA で示す．この線 OA は限界状態を示す．線 OA の下側か右側にある点の速度と荷重倍数で機体の運動をすることが可能であるが，線 OA の上側か左側にある点では迎角が失速迎角より大きいので，この速度と荷重倍数で運動することはできない．

図 10.5 の線 AC はこの航空機の設計に使う最大運動荷重倍数の限界を表す．この荷重倍数は航空機設計の仕様書で規定され，パイロットはこの荷重倍数を超えないように運動を制限しなければならない．点 A に対応する速度より低速では，より低い荷重倍数で主翼が失速するため，どのような対称運動をしてもパイロットが制限荷重倍数を超えることは不可能である．点 A と点 C に対応する速度の間では，激しい運動で過度な応力が負荷されないように機体構造を設計するのは実際的ではない．航空機の機種によっては，制限荷重倍数を超えるためには，パイロットが操縦桿に大きな力をかけないといけないように設計される．

第 10 章 航空機の外部荷重

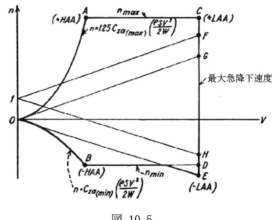

図 10.5

　図 10.5 の線 CD は機体に許容される制限急降下速度を表す．通常この値は水平飛行の最大指示速度の 1.2 倍から 1.5 倍に設定される．線 OB は線 OA に対応しており，主翼が負の失速迎角であって空気力が下向きであることが，正の失速迎角である線 OA と異なる．線 OB の式は(10.5)式に C_{z_a} の負の最大値を入れることで得られる．同様に，線 BD は線 AC に対応しており，負の運動の荷重倍数が正の運動の荷重倍数より小さいことが異なる点である．

　したがって，OACDB で囲まれる範囲の座標点に対応する速度と荷重倍数で運動することができる．最も厳しい荷重条件はこの線図の隅の点，A, B, C, D で表されている．点 A と点 B は，それぞれ正の大迎角状態（+HAA）と負の大迎角状態（−HAA）を表す．点 C は正の小迎角状態（+LAA）を表すことが多いが，点 F で表される正の突風荷重条件がさらに厳しいこともある．負の小迎角状態（−LAA）は点 D，または負の突風荷重条件の点 E で表される．どちらの条件で最も大きい負の荷重倍数を生じるかによる．点 E と点 F で表される突風荷重倍数の求め方は次の項で説明する．

10.6 突風荷重倍数

　機体が静かな空気中を水平飛行しているとき，迎角 α が水平線と翼弦線の間の角度であるとする．機体が急に垂直速度 KU の上昇気流に突入すると，迎角

10.6 突風荷重倍数

が$\Delta\alpha$ 増加する（図 10.6 参照）．この角度$\Delta\alpha$ は小さいので，ラジアンで表すとタンジェントと等しいと考えてよい．

$$\Delta\alpha = \frac{KU}{V} \tag{10.6}$$

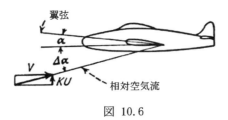

図 10.6

機体に働く垂直力の係数C_{z_a} の変化は迎角の変化によって生じ，図10.4に示すα とC_{z_a} のグラフから得ることができる．このグラフは近似的には直線であり，傾きがmで一定であると考えることができる．

$$m = \frac{\Delta C_{z_a}}{\Delta\alpha} \tag{10.7}$$

突風に遭遇した後に，機体に働く垂直力の係数は(10.6)式と(10.7)式で決まる量だけ増加する．

$$\Delta C_{z_a} = \frac{mKU}{V} \tag{10.8}$$

機体の荷重倍数の増加Δn は(10.8)式のΔC_{z_a} の値を(10.5)式に代入して得ることができる．

$$\Delta n = \frac{\Delta C_{z_a} \rho S V^2}{2W}$$

すなわち，

$$\Delta n = \frac{\rho S m K U V}{2W} \tag{10.9}$$

ここで，ρは海面上の標準大気の密度（0.002378 slug/ft^3），Sは「ft^2」で表した

第 10 章 航空機の外部荷重

主翼面積,m は α と C_{z_a} のグラフの傾き,KU は ft/sec で表した有効突風速度 (effective gust velocity),V は「ft/sec」で表した指示対気速度,W は「lb」で表した機体の全備重量である.

計算するためには,傾き m を「/度」で表し,対気速度 V を「マイル/時」で表すほうが便利である.(10.9)式に必要な定数を使うことにより次の式が得られる.

$$\Delta n = 0.1 \frac{mKUV}{W/S} \tag{10.10}$$

ここで,m は「/度」で表した α と C_{z_a} のグラフの傾き,V は「マイル/時」で表した指示対気速度,その他の項は(10.9)式と同じである.

機体が水平飛行をしているとき,突風に遭遇する前は荷重倍数が 1 である.突風荷重倍数を求めるには,(10.10)式から得られる荷重倍数の変化 Δn に荷重倍数 1 と足し合わせる必要がある.

$$n = 1 \pm 0.1 \frac{mKUV}{W/S} \tag{10.11}$$

図 10.5 の点 F を通る傾いた線と点 H を通る傾いた線に示すように,(10.11)式を V-n 線図にプロットすることができる.これらの線は,機体が水平の姿勢で正と負の突風に突入した場合の荷重倍数を表している.同様に,図 10.5 の点 G と点 F を通るように(10.10)式をプロットすることができる.これらの線は機体が垂直の姿勢の状態で推力線に垂直方向の正と負の突風に突入した場合の荷重倍数を表している.

図 10.5 の点 F で表される突風荷重倍数は点 C で表される運動荷重倍数よりも大きいことがある.ここに示した場合では,運動荷重倍数の方が大きく,運動荷重倍数が正の小迎角条件の荷重倍数を代表する.点 E で表される負の突風荷重倍数は点 D で表される負の運動果樹倍数よりも大きく,突風荷重倍数が負の小迎角条件となる.機体が激しい運動中に厳しい突風に突入する可能性を考慮するために,突風荷重倍数を運動荷重倍数に足し合わせるべきであると思われるかもしれない.このような条件は可能ではあるが,運動荷重倍数はパイロットがコントロールしており,荒天ではパイロットは激しい運動を控えるので,このようなことは起こりそうもない.運動荷重倍数も突風荷重倍数も機体がその寿命の間に遭遇すると予想される最も厳しい条件に対応しており,突

10.6 突風荷重倍数

風と運動を組み合わせた条件が設計制限荷重倍数を超過する確率は非常に低い.

　有効鋭角突風（effective sharp-edged gust）速度 KU は理論的な突風速度であり，瞬間的に突入した場合，実際の突風と同じ荷重倍数を生じる速度である．実際には上向きの速度がゼロから最大値に急に変化することは不可能である．風速がゼロから最大突風速度まで徐々に変化するのに一定の距離があり，機体がこの移行領域を通り過ぎるための短い時間が必要である．ほとんどの仕様書では，突風速度 U を 30 ft/sec，突風有効係数（gust effectiveness factor）K を翼面荷重（wing loading）W/S に応じて 0.8 から 1.2 として機体を設計するよう要求している．高い翼面荷重の機体はふつう速度がより速いので，無風から最大突風速度への移行領域をより短い時間で通過する．したがって，大きい K の値で設計する必要がある．KU の設計値は乱流内を飛行する航空機に装備した加速度計で測定され，そのデータが航空機の運用寿命の間に遭遇する最大有効突風速度を表す．仕様書によっては，突風軽減係数（gust reduction factor）K を約 0.6 として 50 ft/sec の突風速度を要求している．この場合の KU も約 30 ft/sec であるので，その正味の値は K が 1.0 で突風速度を 30ft/sec とした場合と同等である．実際の気流の最大垂直速度はたぶん 50 ft/sec を超えていると思われるが，その変化はゆるやかで $K = 0.6$ に相当している．高い突風荷重倍数は 1 秒よりも短い時間しか存続せず，この短い時間内に航空機は少ししか移動しない．

　突風の影響を理解するために，突風に突入した後の機体の運動を検討する必要がある．瞬間的に突風に突入した場合，係数 K は 1.0 で，有効突風速度は U である．機体が初期加速度 a_0 で上向きに加速されて，変化する垂直速度 v を得る．突風に突入したとき $t = 0$ で，突風迎角（図 10.6 の $\Delta \alpha$）が最大値 U/V で，この迎角は機体が上向きの速度を持つと $(U-v)/V$ に減少する．上向きの速度 v が U に等しいとき，相対的な空気流は水平に戻り，機体はもはや加速されない．したがって，変化する垂直方向の加速度 a は，

$$a = \frac{dv}{dt} = a_0 \frac{U-v}{U} \tag{10.12}$$

変数を分離して積分すると，

$$\int_0^v \frac{dv}{U-v} = \frac{a_0}{U} \int_0^t dt$$

すなわち，

$$\log \frac{U-v}{U} = -\frac{a_0 t}{U}$$

第10章　航空機の外部荷重

指数の式を使って，(10.12)式の a を代入すると加速度 a を時間 t で表した次の式が得られる．

$$\frac{a}{a_0} = e^{-a_0 t / U} \tag{10.13}$$

　数値例として 30 ft/sec の突風速度，初期加速度 a_0 が 5g，すなわち突風荷重倍数 6.0 のときを考える．これらの値を(10.13)式に代入して，t に対する a の値を図示すると図 10.7 となる．突風による加速度は無限時間でゼロに漸近していくが，最初の 1/10 秒で大きく減少している．したがって，機体の前進速度が 500 ft/sec（340 mph）だとすると，1/10 秒で前進するのはわずかに 50 ft である．

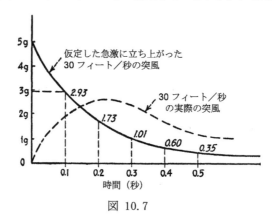

図 10.7

　静穏な大気の領域から突風速度 30 ft/sec の領域までに 50 ft 以上あるという大気の状態であると想定するのは論理的に正しいだろう．実際の突風の加速度はもっと正確に描けば図 10.7 の破線のようになっていると考えられる．これは有効係数 K が約 0.6 であることを示している．しかし，機体に取り付けられた加速度計の計測値は有効突風速度 KU が 30 ft/sec であるので，本当の状態は突風速度 U が 50 ft/sec で有効係数 K が 0.6 以上であるだろう．

10.7 空気力計算の数値例

　本章で説明した空気力を計算する手順を典型的な航空機の数値例で示す．図 10.8 に示す機体で計算する．この機体の主翼は図 9.14 に示されており，第 9 章の数値例でこの主翼の空力特性は計算済みである．以下の条件を適用する．

10.7 空気力計算の数値例

$W =$ 全備重量 $= 8,000$ lb
$S =$ 主翼面積 $= 266$ ft^2
$W/S = 30$ lb/ft^2
$KU =$ 有効突風速度 $= 34$ ft/sec
$V_d =$ 設計急降下速度 $= 400$ mph
$n =$ 制限運動荷重倍数 $= +6.00, -3.00$

水平尾翼無しの機体の空力特性は補正した風洞試験データから得られており，表 10.1 に示す．C_M は機体の重心まわりのモーメント係数で，主翼面積と平均空力翼弦，$\bar{c} = 86$ in. で無次元化されている．失速迎角は 20 度で，最大揚力係数 1.67 に対応している．この空力データを迎角 26 度まで外挿する．負の失速迎角は –17 度である．

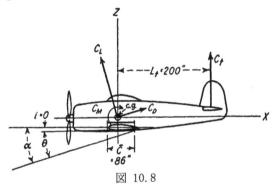

図 10.8

推力線に垂直な力な係数の計算を表 10.2 に示す．C_L と C_D の成分が列(2)と(3)で計算されている．(10.3)式を使って尾翼荷重係数 C_t が列(4)で計算されている．表 10.1 の C_M の値に $\bar{c}/L_t = 86/200$ の比がかけられている．機体全体の垂直力係数の最終的な値 C_{za} が，列(2), (3), (4)の値の和として列(5)に記入されている．

第10章　航空機の外部荷重

表 10.1

$\alpha = \theta$, deg	C_L	C_D	C_M
26	2.132	0.324	0.0400
20	1.670	0.207	0.0350
15	1.285	0.131	0.0280
10	0.900	0.076	0.0185
5	0.515	0.040	0.0070
0	0.130	0.023	−0.0105
−5	−0.255	0.026	−0.0316
−10	−0.640	0.049	−0.0525
−15	−1.025	0.092	−0.0770
−17	−1.180	0.115	−0.0860

表 10.2

θ, deg (1)	$C_D \sin\theta$ (2)	$C_L \cos\theta$ (3)	C_t (4)	C_{za} (5)
26	0.143	1.918	0.017	2.078
20	0.071	1.570	0.015	1.656
15	0.034	1.240	0.012	1.286
10	0.013	0.887	0.008	0.908
5	0.004	0.512	0.003	0.519
0	0	0.130	−0.004	0.126
−5	−0.002	−0.254	−0.013	−0.269
−10	−0.008	−0.630	−0.022	−0.660
−15	−0.024	−0.990	−0.032	−1.046
−17	−0.034	−1.130	−0.036	−1.200

C_{za}, C_L, C_t のグラフを α または θ の関数として図 10.9 にプロットした．これらのグラフはほとんど一致している．V-n 線図は C_{za} のグラフから作成することができる．図 10.5 の曲線の OA の部分については，C_{za} が失速迎角における値の 1.25 倍であると仮定しており，$C_{za} = 1.25 \times 1.656 = 2.070$ である．データの精度の範囲内でこの角度を仮定しており，迎角 26 度に対応している．図 10.5 の曲線の式は次のようになる．

$$n = 2.078 \frac{\rho S V^2}{2W} = 2.078 \times 0.00256 \frac{266}{8{,}000} V^2 = 0.0001772 V^2$$

A 点で $n = 6$，$V = 184$ mph である．図 10.5 の曲線 OB の式は次のようになる．

10.7 空気力計算の数値例

$$n = -1.200\frac{\rho SV^2}{2W} = -0.0001024V^2$$

B 点で $n = -3$, $V = 172$ mph である. C 点と D 点は座標 (400,6)と(400, –3)にプロットされる. V-n 線図を図 10.10 に示す.

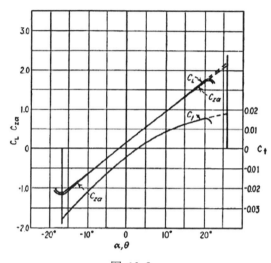

図 10.9

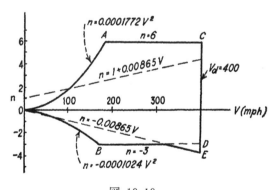

図 10.10

次に突風荷重倍数を(10.10)式と(10.11)式で計算する. C_{za} の曲線の傾き m は両端の座標から計算される.

第 10 章　航空機の外部荷重

$$m = \frac{2.078 + 1.200}{26 + 17} = 0.0763 \,\text{per deg}$$

(10.10)式から，

$$\Delta n = 0.1 \frac{mKUV}{W/S} = \frac{0.1 \times 0.0763 \times 34}{30} V = 0.00865 V$$

V = 400 mph では Δn = 3.46 となる．F 点と E 点がそれぞれ突風荷重倍数 4.46 と−3.46 を表す．

　次に，V-n 線図の A 点で表される正の大迎角条件の主翼の曲げモーメントを計算する．指示対気速度 184 mph における主翼の迎角は 26 度である．この翼の揚力係数と抗力係数の翼幅方向の分布は揚力係数 C_L の単位値（翼全体の揚力係数が 1 のときの値）として第 9 章で計算済みである．大迎角条件のとき，揚力係数は 2.132 であるので，図 9.16 に示す c_{la1} の値に 2.132 をかける必要がある．図 9.20 に示す誘導抵抗係数 c_{di} の値に C_L^2 をかけて，主翼断面の形状抵抗係数 c_{d0} を足さなければならない．任意の断面の形状抵抗係数を次のように仮定する．

$$c_{d0} = 0.010 + 0.12 c_{di}$$

したがって，主翼の任意の断面の抵抗係数は次の式で計算される．

$$c_d = 0.010 + 1.12 c_{di1} (C_L)^2 \tag{10.14}$$

ここで，c_{di1} は図 9.20 に示す主翼の単位揚力係数に対する c_{di} の値である．C_L = 2.132 の場合，c_d の値は 0.010+5.09c_{di1} で，各ステーションで計算して表 10.3 の列(2)，(3)，(4)に記入した．主翼の曲げモーメントはふつう主翼の各翼弦線，すなわちこの例では推力線に平行な線に対して計算される．抗力係数の翼弦に垂直な方向の成分は，列(4)の値に sin 26°，すなわち 0.439 をかけて列(5)のように計算される．

　任意の翼断面の揚力係数は c_{la1} に 2.132 をかけて得られる．揚力係数の翼弦に垂直な方向の成分は係数に cos 26° をかけて得られる．したがって，表 10.3 の列(7)の値は，列(6)の値に 2.132 cos 26°，すなわち 1.915 をかけて得られる．翼弦に垂直な合力の係数は列(5)と列(7)の合計として列(8)に得られる．

　最終的な主翼も曲げモーメントは表 10.4 に示すように計算される．翼幅方向の単位長さあたりの荷重は，垂直荷重係数 c_n に翼弦長と動圧 $q/144$（lb/in.²）をかけて計算されて列(4)に記入されている．動圧は指示対気速度 184 mph に対する値である．最終的なせん断力 (lb) が列(6)に，曲げモーメント（1,000 in-lb）が列(8)に記入されている．せん断力と曲げモーメントは 5.3 項で説明した方法

で計算した．

表 10.3

Sta. (1)	c_{di1} (2)	$5.09 c_{di1}$ (3)	c_d (4)	$c_d \sin \alpha$ (5)	$c_{l a1}$ (6)	$c_l \cos \alpha$ (7)	c_n (8)
	図9.20		0.01+(3)	0.439(4)	Fig. 9.16	1.915(6)	(5)+(7)
240							
220	0.066	0.336	0.346	0.192	0.870	1.667	1.859
200	0.062	0.316	0.326	0.143	0.918	1.760	1.903
180	0.057	0.290	0.300	0.132	0.960	1.840	1.972
160	0.052	0.264	0.274	0.120	1.000	1.915	2.035
140	0.048	0.244	0.254	0.111	1.016	1.942	2.053
120	0.046	0.234	0.244	0.107	1.030	1.970	2.077
100	0.045	0.230	0.240	0.105	1.035	1.980	2.085
80	0.045	0.230	0.240	0.105	1.040	1.990	2.095
60	0.046	0.234	0.244	0.107	1.035	1.980	2.087
40	0.047	0.240	0.250	0.110	1.020	1.950	2.060
20	0.051	0.260	0.270	0.119	1.010	1.930	2.049
0	0.054	0.264	0.274	0.120	0.99	1.900	2.020

表 10.4

Sta. (1)	c (2)	$c c_n$ (3)	$\dfrac{c c_n q}{144}$ (4)	ΔV (5)	V (6)	$\dfrac{\Delta M}{1{,}000}$ (7)	$\dfrac{M}{1{,}000}$ (8)
240					0		0
				560		5	
220	50	93	56		560		5
				1,320		24	
200	66	126	76		1,880		29
				1,630		54	
180	73.2	144	87		3,510		83
				1,810		88	
160	76.4	156	94		5,310		171
				1,920		125	
140	79.6	163	98		7,230		296
				2,020		165	
120	82.8	172	104		9,250		461
				2,120		206	
100	86.0	179	108		11,370		667
				2,210		250	
80	89.2	187	113		13,580		917
				2,290		295	
60	92.4	193	116		15,870		1,212
				2,350		341	
40	95.6	197	119		18,220		1,553
				2,410		389	
20	98.8	202	122		20,630		1,942
				2,460		437	
0	102.0	206	124		23,090		2,379

第 10 章　航空機の外部荷重

　胴体の側面（station 20）で主翼の反力が支持されている場合，station 20 より内側で主翼のせん断力がゼロになり，主翼の曲げモーメントは胴体内で 1,942,000 in-lb で一定である．空気力をチェックするために，表 10.4 に示すように station 0 でもせん断力を計算するほうがよい．推力線に垂直な全空気力は nW，すなわち，$6 \times 8,000 = 48,000$ lb である．したがって，尾翼と胴体の空気力がなければ，station 0 でのせん断力は 24,000 lb でなければならない．尾翼の荷重の半分と胴体の抗力の垂直成分を 24,000 lb から引いて，その値をせん断力 23,090 lb と比較する．この例では，翼幅方向の分布のグラフの読み取り誤差のため，主翼のせん断力が約 1.5%小さいことになる．用いている仮定を考えれば，この誤差は許容できる範囲である．

問題

10.1　10.7 項で検討した機体の重心が前方に 8 in.移動し，空力的な形態は変化しないと仮定する．距離 L_t が 208 in.となり，重心まわりの空気力によるピッチングモーメントの値が $C_M - 8C_z/86$ になる．C_M の値は表 10.1 に示されている．
　(a) C_t と C_{za} のグラフを描け．
　(b) 10.7 項の条件を使って V-n 線図を作成せよ．
　(c) 正の大迎角条件における主翼の翼弦に垂直な方向の空気力による主翼の曲げモーメント線図を計算せよ．
　(d) 翼弦方向の空気力による主翼の曲げモーメント線図を計算せよ．
　(e) 主翼の前縁が真っ直ぐで，機体の中心線に垂直であるとして，空気力による主翼の前縁まわりのねじりモーメントを計算せよ．任意の断面の翼型の空力中心が 1/4 翼弦にあり，この点まわりのピッチングモーメントが無視できるとする．

10.2　10.7 項で検討した機体で，正の小迎角条件について，垂直方向，翼弦方向の主翼の曲げモーメント線図を計算せよ．

10.3　10.7 項で検討した機体の 4 つの主要な荷重条件について，動力無し（power-off）の条件で，推力荷重倍数（thrust load factor，x 軸に平行な方向）を計算せよ．

10.4　10.7項の機体の主翼の重量が主翼全体に一様分布しており，その値が 4.0 lb/ft^2 である場合，翼弦に垂直方向の重力と慣性力による主翼の曲げモーメントを4つの主要な荷重条件について計算せよ．

第10章の参考文献

[1] Civil Air Regulations, Part 03, "Airplane Airworthiness - Nomal, Utility, Acrobatic, and Restricted Purpose Categories," Civil Aeronautics Board, 1946.

[2] "Civil Aeronautics Manual," Part 04, U.S. Department of Commerce, Civil Aeronautics Administration.

第11章　航空機構造用材料の力学特性

11.1 応力-歪曲線

　航空機の動力装置とその他の構造，すなわち機体構造に使われる材料は異なる判断基準で適正に選ばれる．動力装置に使われる材料は高温にさらされるのがふつうであるが，運用温度で荷重が負荷されても，ゆっくり変形，またはクリープ（creep）してはならない．動力装備の構造材料には運用中に数百万回の繰り返し荷重が負荷される．そのような部材には疲労限（fatigue limit），すなわち無限回の荷重の繰り返しで疲労破壊が起きる応力よりも大きい応力を負荷してはいけない．エンジン部品用の材料の選定で重要なその他の考慮事項は，接触して相互に動く部品の摩擦と耐摩耗特性である．

　機体構造用の材料は上述の条件とは異なる荷重条件にさらされる．温度変化は材料特性に影響をおよぼすほど大きくない．最大荷重は機体の運用寿命の間に何回も負荷されることはなく，エンジンの設計で考慮したような種類の疲労破壊は機体構造の設計では考えなくてよい．したがって，機体構造の部材に使用される材料は動力装置の部材と異なっている．動力装置の設計はこの本の範囲ではないので，今後の説明は機体構造用の材料に限定し，航空機用材料と航空機構造という用語は機体構造だけを表す．航空機構造用材料のほとんどすべての重要な構造特性は，その材料の単純な引張または圧縮試験片による応力-歪曲線（stress-strain diagram）で表される．

　材料の引張応力-歪曲線は，図 11.1(*a*)に示すような試験片に荷重を負荷し，いろいろな引張力 P に対する計測長さ（gage length）L の伸び（total elongation）δ を計測して作成される．小さい荷重では，長さ L の間で伸びは一様で，単位伸び，すなわち歪（strain）e は次の無次元量で表される．

$$e = \frac{\delta}{L} \tag{11.1}$$

ここで，δ と L は同じ長さ単位で計測された値である．応力（stress）f は断面積 A に一様に分布しており，次の式で表される．

$$f = \frac{P}{A} \tag{11.2}$$

普通の工学単位では，荷重 P はポンド（lb）で，面積 A は平方インチ（in.^{2}）で表し，応力 f は単位平方インチあたりのポンド（pound per square inch, psi）で表

す.材料の応力-歪曲線は,図 11.2 に示すように応力 f に対応する歪 e をプロットして表す.応力が小さいときは,応力-歪曲線は図 11.2 の線 OA に示すように直線である.曲線のこの領域の応力に対する歪の一定比率を弾性係数(modulus of elasticity) E と呼び,次の式で定義される.

$$E = \frac{f}{e} \tag{11.3}$$

ここで,E の単位は psi である.

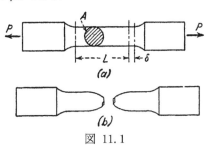

図 11.1

応力-歪曲線の直線の範囲 OA は試験片の寸法とは無関係である.試験片にさらに大きな応力を負荷すると,その長さの中のある小さな部分でくびれて,最終的にくびれた部分の断面積が減少した場所で破壊が発生する(図 11.1(b)参照).試験片でくびれが生じ始めると,応力と歪は長さ L で一様に分布しなくなる.したがって,応力-歪曲線の右側の部分は試験片の寸法と形状に依存し,この領域の試験データを実際の機体構造部材に適用することはできない.画一的で比較可能な応力-歪曲線を得るため,米国材料試験学会(American Society for Testing Materials,ASTM)が試験片の標準寸法を規定している.円形断面の引張試験片は,直径約 0.5 in.,計測長さ約 2 in.である.平板試験片は幅 0.5 in.,計測長さ 2 in.または 4 in.が普通である.

橋や建物に使われるごく普通の低炭素鋼のような材料は,図 11.2(a)に示すような応力-歪曲線を示す.B 点では荷重が増えなくても歪は増加する.この点の応力を降伏点(yield point),または降伏応力(yield stress)F_{ty} と呼び,この種の材料の試験では簡単に検出することができる.応力-歪曲線が最初に直線から離れる A 点の応力は比例限または弾性限(proportional limit, elastic limit)F_{tp} と呼ばれ,試験実施のときに計測するのはもっと難しい.降伏応力の値を取得するほうが容易なので,構造用の鋼の仕様書には比例限ではなく,降伏応力が規定される.

第11章 航空機構造用材料の力学特性

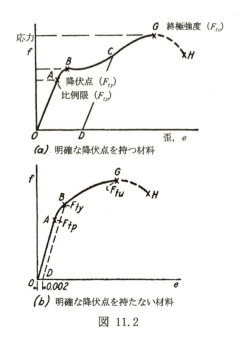

図 11.2

構造用鋼,すなわち普通の低炭素鋼は航空機構造にはほとんど用いられない.その理由は,重量に比べて強度が低いからである.航空機構造はふつうアルミ合金,高炭素鋼,合金鋼,加工硬化鋼で作られる。これらの材料は明瞭な降伏点を示さず,図 11.2(b)に示すような応力-歪曲線を示す.このような材料の降伏応力を定義するには,永久歪 0.002 となる応力とするのが便利である.図 11.2(b) の点 B が降伏応力を表し,応力ゼロの点 D を通る OA に平行な直線 BD を引いて得られる.比例限を超えた荷重を負荷した試験片から荷重を除荷すると,試験片は元の長さには戻らず,永久歪が残る.図 11.2(a)の材料では,点 C から荷重が徐々に除荷されるとする.応力-歪曲線は線 OA に平行な線 CD をたどり,応力がない状態で永久歪 OD である点 D に至る.その後に荷重を負荷すると,応力-歪曲線は線 DC から CG をたどる.同様に,図 11.2(b)の試験片で点 B から除荷すると,応力-歪曲線は線 BD をたどり,応力ゼロで 0.002 の永久歪となる.

引張試験片の応力を計算するには,くびれた実際の断面積を使うのではなく,初期の断面積を使うのが慣習である.減少した断面積を使って計算される真の応力は破壊に至るまで増加し続けるが,初期断面積を使って計算される見かけ

11.1 応力-歪曲線

の応力は図 11.2 の破線 GH で示されるように減少する．実際の破壊は点 H で発生するが，点 G で表される見かけの応力の最大値のほうが設計計算で使う応力としてもっと重要である．この値を終極強度（ultimate strength）F_{tu} という．航空機構造の引張部材の設計においては部材の初期断面積と見かけの終極強度 F_{tu} を使うのが正確である．後の章で説明するが，梁の終極曲げ強度を計算するのに応力-歪曲線を使う場合には，引張試験片とは異なり梁ではくびれが生じないので若干安全側の結果が得られる．

圧縮応力-歪曲線を取得するのは引張応力-歪曲線を取得するより難しい．柱としての座屈が発生しないように圧縮試験片を横方向に上手に支持してやらなければならない．その支持方法においては，支持装置が負荷した圧縮荷重に抵抗しないように慎重な調整と潤滑が必要である．柱の設計のために圧縮応力-歪データが重要であるので，これらのデータを取得する方法が考案されているが，引張応力-歪データの場合とは異なり，その試験方法は標準化されていない．

11.2 金属材料の名称

金属の特性はその化学的組成と金属の製造時の熱処理，時効，加工の方法に依存する．ふつう材料は化学的組成を表す番号と熱処置を表す記号で指定される．数年の間，合金鋼は自動車技術者協会（Society of Automotive Engineers, SAE）によって決められた方法で分類されていた．SAE の分類では，下の表に示すように，最初の 2 桁の数字が合金の主要な元素を表し，次の 2 桁の数字がこの元素または主要な複数の元素のおおよその比率をパーセントで表す．

表 11.1

Carbon steels	1xxx
Free-cutting carbon steels	11xx
Manganese steels	13xx
Nickel steels	2xxx
Nickel-chromium steels	3xxx
Molybdenum steels	40xx
Chromium-molybdenum steels	41xx
Nickel-chromium-molybdenum steels	43xx
Nickel-molybdenum steels	46xx and 48xx
Chromium steels	5xxx
Chromium-vanadium steels	6xxx
Silicon-manganese steels	9xxx

第 11 章　航空機構造用材料の力学特性

後の 2 桁の数字 xx は炭素含有量を 100 分の 1 パーセントの単位で表す．したがって，1025 鋼は合金成分を含まないふつうの炭素鋼で，約 0.25%の炭素を含む（実際は 0.22〜0.28%）．同様に，4130 鋼はクロム-モリブデン鋼で，約 0.30%の炭素を含む．以前はほとんどの航空機部品が X-4130 鋼から作られていた．X-4130 鋼は 4130 鋼とは少し異なるクロム-モリブデン鋼である．

第 2 次世界大戦の間に多くの合金元素の供給が大幅に減少した．そこで，冶金学者はこれらの合金元素の量を削減して，以前に使われていた鋼と同等の特性を持つ新しい合金鋼の開発を迫られた．これらの鋼は新しい番号体系による名称で指定されるようになった．その番号体系では合金の化学的組成を表示しない．ある用途では新しい鋼が永久的に X-4130 鋼の代わりとなるので，新しい番号体系ではこれらの材料の番号をそのまま使うことになっている．

X-4130 鋼の航空機用チューブ（管）または板は，終極強度 90,000 psi から 100,000 psi の焼準状態（normalized condition）で供給されるのがふつうである．航空機製造会社がその材料を 180,000 psi までの必要な引張強度に熱処理する．溶接で部品を作る場合には，溶接の熱で溶接部の強度が焼準状態よりわずかに減少する．したがって，航空機の胴体のように，溶接後の熱処理ができないような大きな溶接組立は焼準状態の鋼のままで製造される．降着装置の部品のような小さい部品は熱処理されるのが普通である．もっと高い強度まで熱処理された鋼は延性が小さく，低い熱処理をされた鋼より機械加工が難しい．他の多くの鋼は X-4130 鋼と同等の特性を持っているので，構造設計者は終極引張強度だけを規定し，解析においては X-4130 の応力-歪特性を使うことができる．

第 2 次世界大戦以前は，米国で生産されるアルミ合金はすべて ALCOA 社(the Aluminum Company of America）が生産していた．アルミ合金の名称としてこれらの材料の社内名称が使われていた．大戦中に他の会社がアルミ合金を生産し，自社の材料に異なる番号をつけた．他の会社が自社で生産する同等の合金に別の名称をつけているが，この本では ALCOA 社の番号を使う．（訳注：現在はこの名称は使われていない．）

ALCOA 社のアルミ合金の番号体系では，2S, 17S, 24S のように，数字が化学的組成を表し，次に S の文字が続く．熱処理ができる合金の場合には，その後に熱処理（heat treatment）を示す文字，O または T をつける．たとえば，61S-O は柔らかい，焼きなまし状態（annealed condition）を表し，61S-T は熱処理をした状態（heat-treated condition）を表す．合金によってはその強度を最大限発揮させるためには特別な条件での人工時効が必要である．熱処理と時効の種類を

表すために番号が追加される．焼きなまし状態の 61S-O の強度は 22,000 psi であるが，熱処理後に室温で時効した 61S-T4 の強度は 30,000 psi で，人工時効した 61S-T6 の強度は 42,000 psi である．この 3 種類の材料はどれも同じ化学的組成である．

展伸合金（wrought alloys）によっては熱処理ができないものがあり，冷間加工で硬化することができる．最大硬度を H で表し，他の硬度は柔らかい状態と硬い状態の差を 1/4H, 1/2H, 3/4H のように分数で表示する．したがって，52S-1/2H 合金と 52S-H 合金は同じ化学的組成で，冷間加工に差がある．

鋳物合金は数字とそれに続く熱処理記号で表される．195-T4, 195-T6, 195-T62 は同じ化学的組成で異なる熱処理の合金である．合金の化学的組成の小さな違いは合金番号の前に文字をつけて表す．たとえば，A214 合金は 214 合金に亜鉛を追加したもので，永久鋳型に流し込むことを容易にした材料である．航空機用のリベットはふつう A17S-T 合金で作られている．この合金はリベットの頭の成形が容易なように延性のある材料である．それに対して，17S-T 合金のリベットは T 状態では打鋲できない．

構造用アルミ合金の板材を腐食から守るために，純アルミ製の薄い一体化コーティングをして製造されることが多い．このコーティングは合金よりも柔らかく弱いが，塗装よりも軽くて耐久性がある．このような板材のことをアルクラッド（Alclad）と呼ぶ．たとえば，Alclad 24S-T 板材は，薄い純アルミのコーティング以外は 24S-T 板材と同じである．Alclad 材は板材だけが供給されており，押出し材，鍛造材，鋳物材にはない．Alclad 材の応力-歪曲線は，応力 10,000 psi 以上で表面の材料が降伏応力を超えるため，傾きがわずかに小さくなる．たとえば，Alclad 材の弾性率の 2 つの値を主弾性率（primary modulus）と副弾性率（secondary modulus）と呼ぶ．Alclad 24S-T 板材の主弾性率は 10,500,000 psi で，副弾性率は 9,500,000 psi である．

1945 年以前に製造された金属製航空機の 90 パーセントで使われていた主要な構造材料は 24S-T アルミ合金（訳注：現在の名称は 2024-T4）であった．板材は Alclad 材か，何らかの塗装をした材料であった．主翼の外板のように一方向に曲率のある板は展開可能面であり，T 状態の板材を成形した．2 方向に曲率を持つ主翼のリブのような部材は 24S-O 材を成形し，成形後に熱処理した．補強材やストリンガは 24S-T 押出し型材から作られた．押出し型材の製造工程は，歯磨きペーストをチューブから押し出すように，望む形状の型を通して塑性材料を成形するものである．1945 年ごろに新しい 75S-T 合金（訳注：現在の

名称は 7075-T6) が商業的に使われるようになった．75S-T 合金の薄板材の終極強度は 77,000 psi で，24S-T 合金の 65,000 psi に比べて高く，将来的に航空機構造に大々的に使われるようになるだろう．

　アルミ合金の鍛造材と鋳物材は，対象部品の製造工程に最も適した材料として製造される．鍛造材によく使われる 14S-T 合金の終極強度は 65,000 psi である．砂型鋳物部品は 220-T4 合金で作られることが多く，その終極強度は 42,000 psi である．

11.3 材料の強度と重量の比較

　航空機構造用材料を選択する場合，最小の構造重量で必要な強度を得ることができる材料を選ぶのが望ましい．当然のことながら，その材料を構造部品に加工するのが容易であることも考慮する必要がある．必要な引張荷重を受ける材料の重量は，その終極強度 F の逆比と単位体積あたりの重量 w（密度）の逆比の積で比較できる．

$$\frac{W_1}{W_2} = \frac{w_1}{w_2} \frac{F_2}{F_1} \tag{11.4}$$

ここで，W_1 と W_2 は同じ荷重を受ける異なる材料から作られた引張部材の重量である．曲げ荷重や圧縮荷重を受ける部材はこの方法で比較することができない．

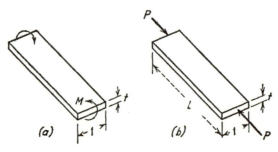

図 11.3

　曲げモーメントが負荷される材料の比較の基準として，図 11.3(a)に示すように，板厚 t の平板に単位幅あたり M の曲げモーメントが負荷されると仮定する．曲げ応力は，

11.3 材料の強度と重量の比較

$$F = \frac{My}{I} = \frac{6M}{t^2}$$

必要板厚は，

$$t = \sqrt{\frac{6M}{F}}$$

単位面積あたりの重量は，

$$W = tw = w\sqrt{\frac{6M}{F}} \tag{11.5}$$

同じ曲げモーメントに耐える異なる2種類の材料の板の重量の比率は，

$$\frac{W_1}{W_2} = \frac{w_1}{w_2}\sqrt{\frac{F_2}{F_1}} \tag{11.6}$$

　座屈または圧縮荷重に耐える材料は，単位幅あたり P の圧縮荷重が負荷される板厚 t の平板を考えることによって比較する（図 11.3(b)参照）．この帯板が長い柱として座屈すると想定すると，座屈荷重は次のように表される．

$$P = \frac{\pi^2 EI}{L^2} = \frac{\pi^2 Et^3}{12L^2}$$

板の必要板厚は次の式で与えられる．

$$t = \sqrt[3]{\frac{12PL^2}{\pi^2 E}} \tag{11.7}$$

同じ荷重に耐える2種類の材料を考えると，P と L の値は同じだから，重量の比率は次のようになる．

$$\frac{W_1}{W_2} = \frac{w_1}{w_2}\sqrt[3]{\frac{E_2}{E_1}} \tag{11.8}$$

　代表的な航空機用板材を(11.4)式，(11.6)式，(11.8)式を使って比較したものを表 11.2 に示す．いろいろな材料の重量を 24S-T アルミ合金と比較した．表 11-2 に挙げた材料では，終極強度 F と弾性率 E はほぼ密度に比例している．列(5)に示す引張部材の重量比は材料が異なっても大きな差はない．しかし，曲げ部材では，列(6)に示すように，密度が低い材料が明らかに有利である．同様に，

第11章 航空機構造用材料の力学特性

列(7)に示すように，圧縮座屈に関しては，密度の低い材料がさらに有利である．F の値は板厚によって変化するので，この表に示した値は比較にだけ使う．

表 11.2

板材 (1)	F, psi (概略値) (2)	w, lb/in.³ (3)	E, 1,000 psi (4)	24S-T アルミ合金の重さに対する比		
				引張 $\dfrac{w_1}{w_2}\dfrac{F_2}{F_1}$ (5)	曲げ $\dfrac{w_1}{w_2}\sqrt{\dfrac{F_2}{F_1}}$ (6)	圧縮座屈 $\dfrac{w_1}{w_2}\sqrt[3]{\dfrac{E_2}{E_1}}$ (7)
Stainless steel.........	185,000	0.286	26,000	1.23	1.72	2.12
Aluminum alloy 24S-T .	66,000	0.100	10,500	1.00	1.00	1.00
Aluminum alloy 75S-T .	77,000	0.101	10,400	0.87	0.93	1.01
Magnesium alloy.......	40,000	0.065	6,500	1.07	0.83	0.77
Laminated plastic......	30,000	0.050	2,500	1.10	0.74	0.83
Spruce wood..........	9,400	0.0156	1,300	1.09	0.42	0.31

　表11.2の計算によると，下の方に挙げた密度の低い3種類の材料はアルミ合金よりも優れていることがわかる．実際の製造上の観点からアルミ合金が広く使われてきた．マグネシウム合金は腐食しやすく，アルミ合金よりも成形が難しいが，さらに研究が進むことによりこれらの問題が解決されるだろう．幅広い強度と密度を持つ各種の木材やプラスチック材料が入手可能である．一般的には，これらの材料の強度と弾性率はほぼ比例し，表11.2の最後の2種類の材料の強度と弾性率も比例している．金属よりも密度が小さいこれらの材料は，曲げ部材や圧縮部材としては金属よりも良い特性を持っている．木材やプラスチック材料は終極強度における伸び歪が小さく，脆性材料（brittle materials）である．局所的な高い応力集中があるボルト結合が多い構造や切欠きの多い構造には脆性材料は好ましくない．終極引張強度における伸び歪が大きい延性材料（ductile materials）は，高い局所応力の場所で少し降伏して応力を緩和するが，脆性材料では応力集中がない場合と同じ条件で破壊する．木材とプラスチック材料は航空機構造に使われてきたが，高い応力集中がないように注意して設計しなければならない．

11.4 サンドイッチ材料

　高密度の材料の2つの層で低密度の材料の層をはさんだ板によって高密度の材料と低密度の材料の両方の利点を得ることができる．このような種類の構造は，内側の層よりも外側の層により強く耐久性のある層を使った合板として長く用いられてきた．最近，バルサ材，発泡ゴム，木質繊維板の低密度のコア材に薄い金属やプラスチック材料の板を接着する技術が開発された．これらの材料で機体全体を製造するには多くの難しい製造上の問題があるものの，将来的にはこれらの材料がさらに用いられる可能性がある．

　サンドイッチ構造の断面を図 11.4 に示す．密度 w_1 lb/in.^{3} の低密度の充填材は応力を受け持たないと仮定する．さらに，2つの材料の密度比 w_1/w_2 が小さく，表板の板厚 kt が全体の板厚 t に比べて小さいと仮定する．

図 11.4

板の単位幅で受け持たれる曲げモーメントは近似的に次のように表される．

$$M = Fkt^2$$

すなわち，

$$t = \sqrt{\frac{M}{kF}} \tag{11.9}$$

板の1平方インチあたりの重量は次のようになる．

$$W = w_1 t + 2w_2 kt \tag{11.10}$$

(11.9)式と(11.10)式から t を消去すると次の式が得られる．

$$W = (w_1 + 2w_2 k)\sqrt{\frac{M}{kF}} \tag{11.11}$$

(11.11)式を k について微分し，dW/dk をゼロとおくと重量最小となる k の値が得られる．

第11章 航空機構造用材料の力学特性

$$k = \frac{w_1}{2w_2} \tag{11.12}$$

(11.12)式は,曲げモーメントを受けるサンドイッチ材料では2枚の表板の合計重量が充填材の重量と同じになるときに最小の重量となることを表している.

圧縮荷重を受けるサンドイッチ材料が最も効率がよくなるのは(11.12)式の板厚比ではない.単位幅の板の座屈荷重の近似値は次のようになる.

$$P = \frac{\pi^2 EI}{L^2} = \frac{\pi^2 Ekt^3}{2L^2}$$

すなわち,

$$t = \sqrt[3]{\frac{2PL^2}{\pi^2 Ek}} \tag{11.13}$$

この t の値を(11.10)式に代入し,微分して dW/dk をゼロとおくことにより次の式が得られる.

$$k = \frac{w_1}{4w_2} \tag{11.14}$$

(11.14)式は,圧縮座屈荷重を受けるサンドイッチ材料で重量最小となるのは2枚の表板の合計重量が充填材の重量の半分であることを表している.

これで同じ荷重が負荷されるサンドイッチ材料の重量と表板の材料だけでできた中実の板の重量の比較をする準備が整った.曲げモーメントを受けるように設計されたサンドイッチ材料の全重量は,表板の重量とコア材料の重量が等しければ,表板の合計重量の2倍に等しい.

$$W_s = 4wkt \tag{11.15}$$

ここで,W_s はサンドイッチ板の単位面積あたりの重量で,w は表板の密度である.(11.9)式と(11.15)式から,

$$W_s = 4wk\sqrt{\frac{M}{kF}} \tag{11.16}$$

中実の板の重量 W は(11.15)式で得られ,サンドイッチ板と中実の板の重量の比は(11.5)式と(11.16)式から,

$$\frac{W_s}{W} = \frac{4wk\sqrt{M/kF}}{w\sqrt{6M/F}}$$

すなわち,

$$\frac{W_s}{W} = 1.63\sqrt{k} \tag{11.17}$$

(11.17)式は表板の合計重量が充填材の重量に等しい場合にだけ成り立つ．表 11.2 で調べた材料とサンドイッチ材との比較をするために，24S-T アルミ合金の表板と密度 0.01 lb/in.^{3} の充填材でできたサンドイッチ材を比較する．(11.12)式より，

$$k = \frac{w_1}{2w_2} = \frac{0.01}{2 \times 0.1} = 0.05$$

(11.17)式より,

$$\frac{W_s}{W} = 1.63\sqrt{0.05} = 0.37$$

したがって，同じ曲げモーメントが負荷されるこのサンドイッチ材料は中実材料の 37% の重量しかないことがわかる．この 0.37 という数字は表 11.2 の列(6)の他のどの値よりも小さい．

圧縮座屈荷重に耐えるサンドイッチ材の重量も前項と同じ方法で計算することができる．表板の板厚が(11.14)式の条件を満たすと仮定する（すなわち，表板の合計重量が充填材の重量の半分である）と，次の式が得られる．

$$\frac{W_s}{W} = 2.45 k^{\frac{2}{3}} \tag{11.18}$$

24S-T アルミ合金の表板と密度 0.01 lb/in.^{3} の充填材を仮定すると，板厚比が次のように得られる．

$$k = \frac{w_1}{4w_2} = \frac{0.01}{4 \times 0.1} = 0.025$$

重量比が(11.18)式から得られ,

$$\frac{W_s}{W} = 2.45(0.025)^{\frac{2}{3}} = 0.21$$

同じ座屈荷重に耐えるとして設計されたこのサンドイッチ材料の重量は 24S-T の中実の板の重量のたった 21% である．

これまでの説明ではサンドイッチ材料の寸法には理論的な制限だけを考慮した．現実の構造では，実際的な考慮がより重要である．たとえば，非常に薄い板を成形するのは難しいので，ふつうは表板の板厚は理論的な値よりも大きい．

中実の板に発生する応力と同じ応力を表板に発生するまでコア材料が表板を支持できると仮定しているが，実際の低密度の材料はこのような十分な支持ができない可能性がある．

　従来の航空機構造では密に配置されたストリンガや補強材で外板が支持されており，薄板そのものの曲げや座屈に対する耐荷重は表 11.2 の計算で仮定したほど重要ではない．場合によっては図 11.5 に示すようにビード (beads) で薄板を補強する．ビードによって単なる平板よりも曲げや座屈に強くなる．平板を補強するその他の案は一体化したリブを立てることである（図 11.5 参照）．このようなリブを付けた板を製造するのが可能であるが，現在のところこのような板は市販されていない．

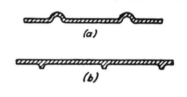

図 11.5

11.5 材料の代表的な設計データ

　材料の製造において，材料のすべての試料でまったく同じ構造特性データが得られる可能性はない．同じ材料の多くの試料で終極強度は 10 パーセント程度は変動する．したがって，航空機構造の設計において，材料のすべての試料で得られる可能性のある応力の最小値を使う必要がある．こういう値のことを材料メーカーの最小保証値（minimum guaranteed values）と呼ぶ．空軍，海軍，民間航空局のような認可機関や契約機関が航空機の設計に使用すべき最小値を規定している．これらの値は空軍-海軍-民間航空局の航空機設計基準委員会によって ANC-5a「航空機の金属構成部品の強度（Strength of Aircraft Metal Elements）」として発行されている．この出版物はふつう ANC-5 と呼ばれている．開発された新しい材料の特性を追加したり，製造方法の改善が頻繁に行われる古い材料の特性を改訂したりするため，定期的に改訂されている．航空機材料の特性を知るためには ANC-5 の最新版を使用するべきである．実際の構造部材の試験を実施する場合は，その部材に使った材料の引張強度を取得して，材料の最小保証値に相当するように試験データを割り引く必要がある．試験データにこのような補正が必要な理由は，試験した部材よりも弱い材料が製造される機体に使われる可能性があるためである．

11.5 材料の代表的な設計データ

表 11.3　0.250inch より小さい板厚の
24S-T* アルミ合金板材の材料特性 (1,000psi)

			引張	
1	F_{tu}	終極応力		L 65, T 64
2	F_{ty}	降伏応力		L 48, T 42
3	F_{tp}	弾性限		32
4	E	弾性率		10,500
5		伸び, %		
			圧縮	
6	F_{cu}	終極応力		
7	F_{cy}	降伏応力		L 40, T 45
8	F_{cp}	弾性限		
9	F_{co}	柱の降伏応力		
10	E_c	弾性率		10,700
			せん断	
11	F_{su}	終極応力		40
12	F_{st}	ねじり破壊応力		
13	F_{sp}	降伏応力(ねじり)		
14	G	弾性率(ねじり)		4,000
			面圧	
15	F_{bru}	終極応力†(e/D = 1.5)		98
	F_{bru}	終極応力(e/D = 2.0)		124
	F_{bry}	降伏応力(e/D = 1.5)		69
	F_{bry}	降伏応力(e/D = 2.0)		79

* この表は熱処理「T」で供給された材料で，再熱処理していない材料に
適用する．

†: D: 孔径, e: 応力の方向に測った端から孔の中心までの距離. 端末距
離 e/D が 2.0 より大きい場合は, e/D = 2.0 の値を使うこと.

24S-T アルミ合金の代表的な応力-歪曲線を図 11.6 に示す．示された 4 つの曲線は，板材のロール方向に平行な方向に荷重を負荷した引張および圧縮試験，ロール方向に垂直な方向に荷重を負荷した引張および圧縮試験から得たデータ（それぞれ longitudinal properties, transverse properties と呼ぶ）を示している．この材料の最小保証強度値を表にしたのが表 11.3（ANC-5 から抜粋）である．

第11章　航空機構造用材料の力学特性

ANC-5 に載っているこの材料の降伏応力の値は4つの荷重負荷方法に応じた値であり，L が縦方向の値（longitudinal properties）を，T が横方向の値（transverse properties）であることを示している．表 11.3 に示された値は材料メーカーで熱処理された材料にだけ適用されることに注意すべきである．航空機製造メーカー，すなわち材料の使用者が柔らかい材料（24S-O）から部品を製作し，成形後に熱処理を行うことがある．このような場合には材料メーカーが行うほど厳密に熱処理を管理できない可能性があるので，そういう材料に関してはもっと低い許容応力を使う必要がある．ANC-5 にはこのような部品のために別の表がある．

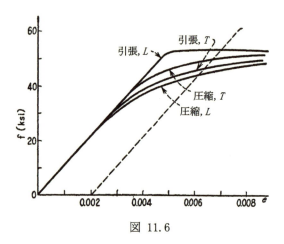

図 11.6

表 11.3 の行 1 から行 10 までのデータは標準的な引張または圧縮試験片の応力-歪曲線から得られたものである．行 11 から行 15 のデータについては後の表で詳細を説明する．

11.6 無次元の応力-歪曲線の式

航空機構造部材の設計においては，弾性限を超えた領域での応力-歪曲線の特性を考慮する必要がある．他の構造や機械の設計ではふつう弾性限以下の領域だけで考えればよいが，航空機の設計では重量の考慮が非常に重要なので，各部材の終極強度を計算し，全構造の各部材について破壊に対する安全係数を算出する必要がある．多くの部材の終極曲げ強度，または終極圧縮強度を計算す

ることは難しく，全部材の破壊試験から情報を得る必要がある．あるひとつの材料の試験結果を異なる材料でできた類似の部材に適用するには，さまざまな材料の応力-歪曲線の解析的表現を得るのが望ましい．

　Ramberg と Osgood[3] が，応力-歪曲線を弾性率 E と降伏応力にほぼ等しい応力 f_1 と形状係数（shape factor）n で表現する方法を開発した．応力-歪曲線の式は，

$$\varepsilon = \sigma + \frac{3}{7}\sigma^n \tag{11.19}$$

ここで，ε と σ は無次元量で次のように定義される．

$$\varepsilon = \frac{Ee}{f_1} \tag{11.20}$$

$$\sigma = \frac{f}{f_1} \tag{11.21}$$

(11.19)式で表現される曲線をいろいろな n を使って図 11.7 にプロットした．降伏点以上で応力がほぼ一定である軟鋼のような材料は $n = \infty$ で表される．

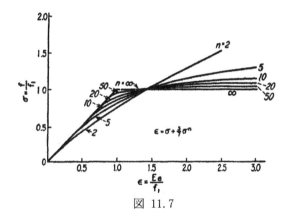

図 11.7

その他の材料は，応力-歪曲線のタイプがさまざまであり，その他の値の n で表される．すべての材料の応力-歪曲線をひとつの式で表すには降伏応力ではなく基準応力 f_1 を使う必要がある．図 11.8 に示すように，応力-歪曲線の原点から $f = 0.7Ee$ の線を引き，交点の応力から f_1 の値を決めることができる．航空機用材料では，応力 f_1 は降伏応力とほぼ等しい．n の値は，必要な領域で(11.19)式が試験で求めた応力-歪曲線に合うように決める．多くの材料では応力 f_1 と $f =$

0.85Ee である類似の応力 f_2 から正確に決めることができることを Ramberg と Osgood が示した.

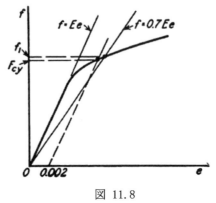

図 11.8

11.7 安全率と安全余裕

　第3章と第10章で航空機構造を設計する荷重倍数について説明した.機体の各要素に働く慣性力と重力の合計を荷重倍数と重量の積で表すのが便利であることを示した.荷重倍数は加速の状態に依存することを示した.制限荷重倍数,すなわち作用荷重倍数は,運用寿命の間に機体が遭遇すると考えられる最も厳しい荷重条件を表す.設計荷重倍数,すなわち終極荷重倍数は制限荷重倍数,または作用荷重倍数に安全率(factor of safety)をかけたものである.航空機のすべての構造部材は,制限荷重倍数,または作用荷重倍数において容易に感知できる永久変形を生じないように設計されなければならない.さらに,設計荷重倍数,または終極荷重倍数において破壊しないように設計されなければならない.したがって,作用荷重倍数,制限荷重倍数の条件におけるすべての応力が降伏応力より小さくなければならない.設計荷重倍数,終極荷重倍数においては,すべての応力が終極強度より小さくなければならない.

　ほとんどの航空機用材料では,降伏点が終極強度の 2/3 より大きいので,引張部材は終極強度の要求で設計される.しかし,材料によっては,表 11.3 に示した 24S-T 板材のように横方向荷重について降伏強度が終極強度の 2/3 より小さいので,引張部材が制限荷重,作用荷重の条件で設計される.降伏応力と終極応力を検討すれば,引張部材の設計でどちらの条件が厳しいかは簡単にわか

11.7 安全率と安全余裕

る．

　曲げや圧縮で弾性限を超えるような応力が発生する部材では，真の応力はその部材に働く外力と比例しない．このような部材を設計する際には，降伏応力と終極応力のどちらが厳しいのか慎重に検討する必要がある．曲げ部材や圧縮部材では，外力に比例する仮想的な終極応力を使うのがふつうである．この方法については後の章で説明する．

　部材の作用応力をふつう小文字の f で表し，引張，圧縮，せん断，曲げの添え字をつけて，f_t, f_c, f_s, f_b のように表す．許容応力を大文字 F で表し，同様に引張，圧縮，せん断，曲げの添え字をつけて，F_t, F_c, F_s, F_b のように表す．終極応力，降伏応力を表す追加の添え字を使って，F_{tu}, F_{ty} のように表すことがある．すべての部材の計算応力 f が許容応力 F と同じになるように設計したいが，市販材料や部品の標準的な寸法があるために，計算応力が許容応力より少し小さくなるのがふつうである．このような場合に，強度余裕（Margin of Safety，略して MS），すなわち．必要な強度に対する余分な強度の比率を計算する．強度余裕は次の式で計算される．

$$MS = \frac{F - f}{f}$$

すなわち，

$$MS = \frac{F}{f} - 1 \tag{11.22}$$

強度余裕が負になってはならないが，ゼロか小さい正の値であるべきである．強度計算の中で各部材の強度余裕をはっきりと示さなければならない．後である部材の荷重を増やさなければならないときや，部材の寸法を減らさなければならないときに，許される荷重増加の直接的な指標として MS が使える．

　応力が荷重に比例しない曲げや圧縮が負荷される部材の場合には，真の応力を使うならば(11.22)式は適用できない．ふつうは荷重に比例する仮想的な応力を使うことにより，(11.22)式を適用する．しかし，使用する応力が荷重に比例しているということについて注意が必要である．

　航空機構造の部品によっては追加の特別な安全係数を使用する必要がある．結合部の局部的な応力集中や結合の偏心，より厳しい振動条件のため，破壊は部材そのものよりも部材の端の結合部で発生することが多い．このため，すべての結合部，金具（fitting）には特別な追加の安全係数が使われる．この係数のことを金具係数（fitting factor）と呼び，通常，民間機では 1.20，軍用機では 1.15

と規定されている．金具係数はすべてのボルト結合，溶接継手，そしてこれらの結合のすぐ近傍の構造に適用しなければならない．金具係数を金属薄板の連続するリベット結合に適用する必要はない．

　ボルト結合では，ボルトを孔に容易に挿入できるように，ボルト孔径はボルトの径より少し大きくする必要がある．脚の部材のように，このようなボルトが衝撃や振動荷重に耐える必要がある．このような場所では孔にボルトが繰り返し激しく当たる．この衝撃によってボルト孔が拡大し，面圧応力が高い場合には部材の破壊が起こる．孔に対するボルトの面圧応力を計算するために，面圧係数（bearing factor）と呼ばれる追加の係数が使われる．荷重条件によって変わるが，面圧係数は 2.0 かそれ以上である．この面圧係数には安全率 1.5 をかけるが，金具係数 1.15 または 1.2 をかける必要はない．

　試験片から得た最小応力に基づく鋳物の許容応力が ANC-5 に載っている．しかし，実際の鋳物部品には試験片には無いような空隙や隠れた欠陥がしばしば存在する．したがって，追加の安全係数を適用する必要があり，ふつうは鋳物に対して 2.00 が使われる．場合によっては，安全係数は鋳物の検査方法に依存する．すべての鋳物部品を X 線で検査する場合は，追加係数は他の方法で検査する場合に比べて小さくてよい．

第 11 章の参考文献

[1] "Alcoa Aluminum and Its Alloys," Aluminum Company of America, 1946.
[2] ANC-5a, "Strength of Metal Aircraft Elements," Subcommittee on Air Force-Navy-Civil Aircraft Design Criteria of the Munitions Board Aircraft Committee, May 1949.
[3] Ramberg, W., and Osgood, W. R.: Description of Stress-Strain Curves by Three Parameters, NACA TN 902, 1943.

第12章　　継手と結合金具

12.1 概要

　航空機の構造は多くの部品から作られる．これらの部品は板材，押出し型材，鋳物，管，機械加工品から製作され，中間組立品とするために結合される．この中間組立品はさらに大きい組立品になるように結合されて，最後に完成機体に組み立てられる．完成機体の多くの部品は輸送，検査，修理，交換のために分解できるようになっていなければならないので，ふつうはボルトで結合される．機体の組立と分解を容易にするために，このようなボルト結合についてはなるべくボルトの数が少ないようにしたい．たとえば，セミモノコック金属翼構造は翼断面の外周に数多くのストリンガと外板を配置して曲げ応力を受け持たせるようになっている．主翼を端から端まで連続したリベット結合の組立品として製作することは不可能であり，2つか，それ以上の場所で継がれている．その継ぎ目（splices）では4本のボルトですべての荷重を伝達するように設計されることが多い．このようなボルト結合を金具（fittings）と呼び，高い集中荷重に耐えるように設計され，この荷重を桁に伝達し，さらに桁から外板とストリンガに分散する．継ぎ目の外側の外板とストリンガから，分布した荷重を金具の位置で集中荷重として伝達し，さらに継ぎ目の内側のストリンガと外板に分散する構造全体の重量は，継ぎ目のない連続した構造の重量よりも重くなる．

　金具内部の応力分布には不確実なことが多い．ボルトが孔に完全にはフィットしないというような製造上の公差や寸法の小さなばらつきが応力分布に影響する．金具の設計に用いる安全余裕は，軍用機では15%，民間機では20%の値が適用される．応力を計算する前に，設計荷重に金具係数1.15または1.20をかけるというのがふつうのやり方である．金具全体（金具を構造部材に結合するリベット結合，ボルト結合，溶接結合を含む）の設計にこの金具係数を使わなければならない．連続的なリベット結合の応力分布も不確実ではあるが，金具係数を連続的なリベット結合に適用する必要はない．リベットの許容応力はかなり安全側であるので不確実性を考慮する必要はない．

第 12 章 継手と結合金具

12.2 ボルト継手とリベット継手

ボルト継手とリベット継手では4種類の破壊を検討しなければならない．ボルト，またはリベットのせん断(図 12.1)，面圧(bearing, 図 12.2)，せん断(tear-out, 図 12.3)，引張（図 12.4）である．

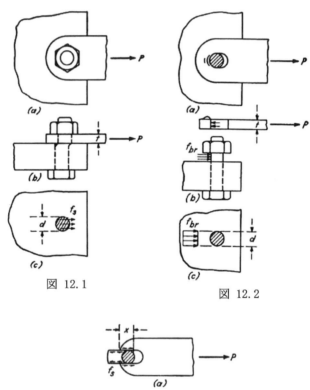

図 12.1　　　　　　　図 12.2

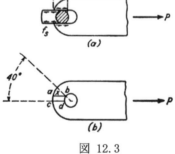

図 12.3

12.2 ボルト継手とリベット継手

実際の応力分布はかなり複雑で，これについては後で説明する．すべてのケースについて，単純で一様な，すなわち平均応力分布を仮定するのがふつうで，設計に使われる許容応力も類似の試験から求められた平均応力である．実際の最大応力は平均応力の3～4倍であると考えられるが，継手の強度を数パーセントの精度で予測することができる．

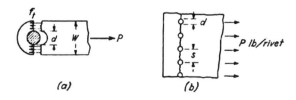

図 12.4

4種類の破壊に対する平均応力は，

$$f = \frac{P}{A} \tag{12.1}$$

ここで，fは平均応力，Pは荷重，Aは破壊が起こる断面の面積である．安全余裕（MS）は次の式で得られる．

$$\mathrm{MS} = \frac{F}{f} - 1 \tag{12.2}$$

ここで，Fは許容応力，応力fは安全率1.5と金具係数1.15または1.2を含む荷重Pから求めた値である．応力fにこの金具係数が含まれているならば，安全余裕はゼロか小さい正の値でなければならない．設計者によっては応力fに金具係数を含めない人もおり，その場合は(12.2)式から最小安全余裕は0.15か0.20であることを示さなければならない．解析においては，安全余裕が金具係数を含んでいるかどうかを明確に示さなければならない．大文字のFは許容応力を，小文字のfは計算された作用応力を示す．F_sまたはf_sがせん断応力，F_{br}, f_{br}が面圧応力，F_t, f_tが引張応力，F_c, f_cが圧縮応力，F_b, f_bが曲げ応力というように，添字を使って応力の種類を示す．

ボルトやリベットのせん断強度を検討するには，(12.1)式で使う面積はボルトやリベットの断面積$A = \pi d^2/4$である．ここで，dはボルトまたはリベットの直径である．せん断応力は(12.1)式を使って次のように表される．

$$f_s = \frac{4P}{\pi d^2} \tag{12.3}$$

第12章　継手と結合金具

図 12.1 から図 12.4 では，ボルトが 1 面せん断で 1 枚の板についており，曲げに対して剛であると仮定すると，薄い板に働く力は釣り合っている．したがって，ボルトはせん断が働く断面で $Pt/2$ の曲げモーメントに耐えなければならないことになる．実際の 1 面せん断継手では多くの場合，この曲げモーメントは存在せず，ボルトで 2 枚の板を締め付けている場合にはこの曲げモーメントを無視するのが普通であることを後で示す．ワッシャやフィラープレート（filler plate）を 2 枚の板の間に挟む場合は，ボルトの曲げモーメントを考慮しなければならない．

リベット継手やボルト継手の面圧破壊はふつう図 12.2(a)に示すような板の孔の伸びである．許容面圧応力はふつう許容できる孔の伸びに依存する．リベット継手では，許容面圧応力はリベットの直径のあるパーセントに等しい孔の伸びで決める．面圧破壊は図 12.3 に示すせん断破壊（tear-out failure）と似ており，リベットが板の端に近すぎるとリベットの許容面圧応力が低下する．図 12.2 に示すように，面圧応力は断面積 $A = td$ に一様に分布していると仮定する．この断面積を(12.1)式に代入して平均面圧応力の式が次のように求められる．

$$f_{br} = \frac{P}{td} \tag{12.4}$$

ボルト孔は常にボルトの直径よりも大きい．降着装置の部材のように，この継手に衝撃や振動荷重が負荷される場合には，静的な荷重が負荷される場合よりもボルト孔が大きくなりやすい．同様に，2 つの部品の相対的な回転がある場合には，ボルト孔が大きくなりやすい．このような場合には，ボルトや孔のブッシュの頻繁な交換をしなくてもよいように面圧応力を低く抑える必要がある．そのため，設計荷重においてボルト継手に相対的な回転がある場合や衝撃荷重または振動荷重が入る場合には，面圧係数 2.0 かそれ以上の値を使うよう認可機関が規定している．この面圧係数は金具係数の代わりに使われ，金具係数に加えることはしない．

ボルト孔やリベット孔のせん断破壊を図 12.3 に示す．板の材料が $A = 2xt$ の面積のせん断で破壊し，せん断応力は次の式で表される．

$$f_s = \frac{P}{2xt} \tag{12.5}$$

距離 x は図 12.3 の長さ ab であるが，長さ cd を使うほうが簡単で，安全側である．図 12.4 に示すような板のリベット継手のせん断応力を計算する必要はほとんどない．実際的な考慮から，リベットの中心から板の端までの距離を少なく

12.2 ボルト継手とリベット継手

ともリベット直径の2倍にしておけば，この端末距離（edge distance）があればせん断破壊の危険はない．

　リベット継手やボルト継手では，ボルト孔やリベット孔の場所での引張破壊を検討する必要がある（図12.4参照）．図12.4(a)に示すボルト継手では引張応力が断面積 $A = (w-d)t$ に一様に分布している仮定する．

$$f_t = \frac{P}{(w-d)t} \tag{12.6}$$

図12.4(a)に示すリベット継手では引張応力は次の式で表される．

$$f_t = \frac{P}{(s-d)t} \tag{12.7}$$

ここで，P はリベット1本あたりの荷重，s はリベットの間隔，d はリベットの直径，t は板厚である．

例題

　図12.5に示す金具の材料は14S-T鍛造材で，$F_t = 65{,}000$ psi，$F_s = 39{,}000$ psi，$F_{br} = 98{,}000$ psi である．ボルトとブッシュは鋼でできており，$F_t = 125{,}000$ psi，$F_s = 75{,}000$ psi，$F_{br} = 175{,}000$ psi である．この金具に制限荷重，すなわち作用荷重 15,000 lb の圧縮荷重と 12,000 lb の引張荷重が負荷される．金具係数 1.2，面圧係数 2.00 を適用する．いろいろな種類の破壊について安全余裕を求めよ．

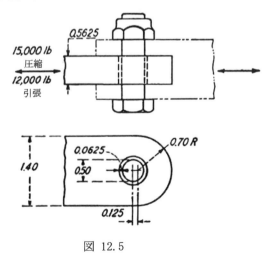

図 12.5

第 12 章　継手と結合金具

解：
　設計金具荷重，または終極金具荷重は，制限荷重に安全率 1.5 と金具係数 1.2 をかけて得られる．

$$15{,}000 \times 1.5 \times 1.2 = 27{,}000\,\text{lb} \quad 圧縮$$
$$12{,}000 \times 1.5 \times 1.2 = 21{,}600\,\text{lb} \quad 引張$$

ボルトとブッシュの面圧は金具係数 1.2 のかわりに面圧係数 2.00 をかけて検討する．設計面圧荷重は，

$$15{,}000 \times 1.5 \times 2.0 = 45{,}000\,\text{lb} \quad 圧縮$$
$$12{,}000 \times 1.5 \times 2.0 = 36{,}000\,\text{lb} \quad 引張$$

ボルトは 2 面せん断で使われるので，27,000 lb の半分の荷重をボルトの各断面のせん断で受け持つ．(12.3)式と(12.2)式より，

$$f_s = \frac{4 \times 13{,}500}{\pi (0.5)^2} = 68{,}600\,\text{psi}$$

したがって，

$$\text{MS} = \frac{75{,}000}{68{,}600} - 1 = \underline{0.09} \quad ：金具係数を含む$$

面圧応力は引張と圧縮のうちの大きい方の荷重から計算される．(12.4)式と(12.2)式より，ボルトとブッシュ間の面圧を検討する．

$$f_{br} = \frac{45{,}000}{0.5625 \times 0.5} = 160{,}000\,\text{psi}$$
$$\text{MS} = \frac{175{,}000}{160{,}000} - 1 = \underline{0.09}：\quad 面圧係数を含む$$

ブッシュが孔にきつくはまっているので，ブッシュと鍛造材の間の面圧には金具係数だけが必要である．

$$f_{br} = \frac{27{,}000}{0.5625 \times 0.625} = 76{,}800\,\text{psi}$$
$$\text{MS} = \frac{98{,}000}{76{,}800} - 1 = \underline{0.29}：\quad 金具係数を含む$$

ボルト孔のせん断の検討では，まず図 12.3 に示す x を ab の長さではなく，cd の長さであると仮定する．

12.2 ボルト継手とリベット継手

$$cd = 0.70 + 0.125 - 0.3125 = 0.5125 \text{ in.}$$

圧縮荷重はこの断面に応力を発生しないので，せん断応力を計算するには引張荷重を使う．(12.5)式と(12.2)式から，

$$f_s = \frac{21,600}{2 \times 0.5125 \times 0.5625} = 37,400 \text{ psi}$$

したがって，

$$\text{MS} = \frac{39,000}{37,400} - 1 = \underline{0.04} \quad : 金具係数を含む$$

距離 x のもっと正確な値は図 12.6 の式で計算できる．この計算を何度も繰り返す必要がある場合には，かっこ内の項をいろいろな r/R の値についてプロットしておくと，計算の手間を軽減することができる．$R = 0.7, r = 0.3125, e = 0.125, x = 0.562$ である．

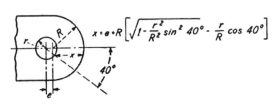

図 12.6

$$f_s = \frac{21,600}{2 \times 0.562 \times 0.5625} = 34,200 \text{ psi}$$

したがって，

$$\text{MS} = \frac{39,000}{34,200} - 1 = \underline{0.14} \quad : 金具係数を含む$$

ボルト孔を含む断面の引張応力は(12.6)式から得られる．

$$f_{br} = \frac{21,600}{(1.4 - 0.625)0.5625} = 49,600 \text{ psi}$$

$$\text{MS} = \frac{65,000}{49,600} - 1 = \underline{0.13} : \quad 金具係数を含む$$

12.3 標準部品

どの機体にも多くのボルトとリベットが使用されるので，これらの部品の寸法，形状，材料を標準化するのが望ましいのは明らかである．このような標準化によって機体のコストが低減できるだけでなく，修理や整備が容易になる．陸軍と海軍は，ボルト，リベット，操縦系統のプーリー等，機体に共通に使用される数百の標準部品を採用している．これらの部品の図面と仕様が AN 航空機用標準部品集に載っている．設計者は標準部品の寸法を図面で示す必要はなく，図面に AN 番号を記入するだけでよい．標準ボルトの直径は 1/16 in.刻みで変化し，AN3 から AN16 の部品番号の数字は 1/16 in.単位で表したボルトの直径である．このボルトの材料は終極引張強度 125,000 psi，せん断強度 75,000 psi まで熱処理した鋼である．標準ボルトのせん断強度は断面積に許容せん断応力をかけることによって計算できる．引張強度も同様にねじの谷径の断面積に許容引張応力をかけることによって計算できる．ボルト許容荷重を表12.1に示す．

表 12.1

AN No.	公称直径	鋼		24S-T アルミ合金	
		せん断 $F_s = 75{,}000$	引張 $F_t = 125{,}000$	せん断 $F_s = 35{,}000$	引張 $F_t = 62{,}000$
3	3/16	2,125	2,210	990	1,100
4	1/4	3,680	4,080	1,715	2,030
5	5/16	5,750	6,500	2,685	3,220
6	3/8	8,280	10,100	3,870	5,020
7	7/16	11,250	13,600	5,250	6,750
8	1/2	14,700	18,500	6,850	9,180
9	9/16	18,700	23,600	8,700	11,700
10	5/8	23,000	30,100	10,750	14,900
12	3/4	33,150	44,000	15,500	21,800
14	7/8	45,050	60,000	21,050	29,800
16	1	58,900	80,700	27,500	40,000

標準ボルトの長さは 1/8 in.刻みで変化する．結合される部品の厚さがボルトのねじの無い部分の長さより少しだけ大きい場合には，次のサイズのボルトを使用し，ナットの下にワッシャを入れてボルトのねじが構造部品に当たらない

12.3 標準部品

ようにする.図面で AN7-5 ボルトを使用するようになっていれば,直径 7/16 in.,長さ 5/8 in.のボルトであることを表している.標準ボルトのねじ部の端に孔があいており,ナットの回り止めのためのコッターピンを入れることができるようになっている.航空機用のナットの回り止めにはロックワッシャの使用では十分ではない.ある種のセルフロックの回り止めナットの使用は認可機関と調達機関によって認められている.回り止めナットを使用する場合,ボルトにはコッターピンのための孔をあけない.この場合,標準部品番号に A をつけて,AN7-5A というように表示する.ボルトの装着時にねじ山をつぶすおそれがあるのでアルミ合金製のボルトはほとんど使用されないが,24S-T ボルトが鋼部品と同じ形状と寸法で標準部品として認められている.標準部品番号の材料を表すために DD の文字を使って,AN7DD5 と表示され,直径 7/16 in.,長さ 5/8in.の 24S-T アルミ合金のボルトであることを表す.

最もふつうに使われている航空機用リベットを図 12.7 に示す.丸頭リベット AN430,平頭リベット AN442 はリベットの頭が気流にさらされない機内に用いられる.頭が気流にさらされるリベットには,滑らかな空力表面となる皿頭リベット (countersunk rivet) AN426 が望ましい.皿頭リベットの装着コストは高い.飛び出した頭のリベットと平らな表面のリベットの中間の妥協案として Brazier-head リベット AN456 が使われることもある.

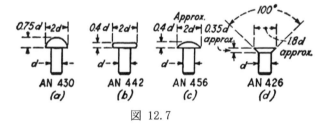

図 12.7

アルミ合金のリベットの材料は,強度があって,しかも装着するために十分な延性もある必要がある.熱処理された合金は十分な延性がないため,リベットを割らず,板も傷つけることなしに,リベットハンマーでリベット頭を容易にかしめることができない.熱処理しない合金 (SO 状態) のリベットは装着後の強度が足りない.そのため,特別な合金 A17S-T がほとんどすべての航空機用標準リベットに用いられる.この合金は 17S-T ほど強くはないが,熱処理して完全に時効された状態でも十分延性があるので,容易に装着できる.

熱処理された合金は熱処理の間に硬化するのではなく,熱処理後の 1 時間ほ

第12章 継手と結合金具

どの間に強度と硬さを獲得する．17S-T または 24S-T のリベットは熱処理後の 10 分以内であれば容易に装着することができ，その後その場で時効硬化する．このやり方は実際的ではないが，熱処理後にすぐ冷蔵すれば数日間は時効硬化を遅らせることがわかっている．したがって，装着する直前までリベットを冷蔵庫に保管する．この冷蔵保管とリベットの取扱いはコストがかかるので，納入された状態のままで装着することができる A17S-T リベットを使うことができるような場合には冷蔵リベットを使うことはほとんどない．直径 3/16 in.を超える大きいリベットは大きいかしめ力を要するので板を損傷しやすい．冷蔵リベットのほうがかしめやすいので，大きいリベットが必要な場合には冷蔵リベットを用いなければならない．

リベットの材料は図 12.8 に示すコードで識別される．A17S-T 合金のリベットには頭の中心に小さいくぼみがついており，図面や AN 標準部品集では AD リベットと呼ばれる．17S-T 合金のリベットは，頭の中心に小さい出っ張りが有り，D リベットと呼ばれる．24S-T 合金のリベットは，頭に2本の棒のふくらみがあり，DD リベットと呼ばれる．リベットの直径は 1/32 in.刻みで増え，長さは 1/16 in.刻みで増える．図面上でのリベットの表記は，形状を示す番号と，材料を示す AD, D, DD の文字で，軸の直径と長さをダッシュ番号で表す．

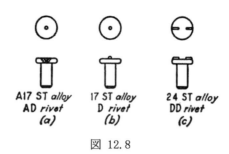

図 12.8

AN426AD4-5 は，材料が A17S-T 合金で，軸の直径 4/32 in., 長さ 5/16 in.の 100° の皿頭リベットを表す（図 12.7(d)参照）．同様に，AN430D10-12 は，材料が冷蔵が必要な 17S-T 合金で，軸の直径 10/32 in., 長さ 12/16 in.の丸頭リベットを表す．強度計算をするときにリベットやボルトを間違えて重大な間違いを犯さないようにするため，応力解析者はリベットとボルトのコードを覚える必要がある．

皿頭リベットを使う場合には，板の皿取りを機械加工で行ったり（図 12.9(a)

参照),プレス加工,ディンプル加工で行ったりして(図12.9(b)参照),板の表面を平滑にする.構造的には,プレスまたはディンプルによる加工が望ましいが,板が厚いとこれらの加工法を使えない.

厚い板や押出し型材の外側に薄い板をリベット結合する場合,厚い板か型材に機械加工で皿取りをして薄い板をプレス加工する(図12.9(c)参照).

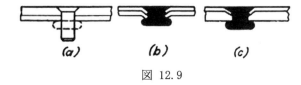

図 12.9

一面せん断(single shear)のリベットの強度の値を付録の表2と表3に示す.出っ張り頭のリベット,AN430,AN442,AN456の値を付録の表2に示す.付録の表3には100°の皿頭リベットAN426の値を示す.付録の表2の値は,孔の公称直径を使い,孔の直径と板厚の比 d/t が3.0を超える場合にはせん断強度の補正を行って,ANC-5のせん断許容応力と面圧許容応力を(12.3)式と(12.4)式に代入して計算した値である.リベット孔はリベット直径より少し大きく,リベットをかしめたときに孔をふさぐ.付録の表2に示したほとんどの値はリベットのせん断強度で決まっているので,24S-Tアルクラッド板材より高い面圧強度を持つ板材にも適用できる.付録の表2に示した値は,荷重の向きに測ったリベットの中心から板の端までの距離がリベット直径の2倍かそれ以上の場合に適用できる.

皿頭リベットの許容荷重は実際のリベット継手の試験から決定される.ディンプル加工またはプレス加工した皿頭リベット結合は機械加工したものより強度が大きい.図12.9(c)に示す継手については,特別な試験を行う必要があるが,ふつうは外側の板のほうが内側の板より厚く,この継手の強度は図12.9(b)に示すディンプル加工の継手と同じ強度であると仮定することができる.付録の表3はANC-5aからとってきたものである.

例題 1

図12.10に示すリベット継手の強度余裕を求めよ.
    (a) $s = 0.5$ in.
    (b) $s = 0.375$ in.
板は24S-Tアルクラッド材で,$F_t = 60{,}000$ psi とする.

第12章 継手と結合金具

解：
(a) リベットの許容荷重は付録の表2のA17S-Tリベットの値から，375 lbである．1インチあたり4本のリベットがあるので

$$\mathrm{MS} = \frac{4 \times 374}{1,200} - 1 = \underline{0.25}$$

板の引張応力は(12.7)式で計算できる．リベットは2列だから p が2本のリベットの荷重として，

$$f_t = \frac{p}{(s-d)t} = \frac{1,200 \times 0.5}{(0.5 - 0.125)0.032} = 50,000 \, \mathrm{psi}$$

$$\mathrm{MS} = \frac{60,000}{50,000} - 1 = \underline{0.20}$$

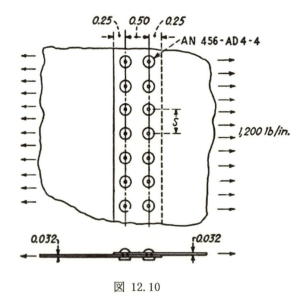

図 12.10

リベットの中心から測った端末距離がリベット直径の2倍以上あれば板のせん断強度を検討する必要はない．したがって，継手の強度余裕は 0.20 である．

(b) リベット間隔が 0.375 in.の場合，リベット1本あたりの荷重は，

$$\frac{1,200 \times 0.375}{2} = 225 \, \mathrm{lb}$$

リベットのせん断については,

$$\mathrm{MS} = \frac{374}{225} - 1 = \underline{0.66}$$

板の引張応力は,

$$f_t = \frac{1,200 \times 0.375}{(0.375 - 0.125)0.032} = 56,000\,\mathrm{psi}$$

$$\mathrm{MS} = \frac{60,000}{56,000} - 1 = \underline{0.07}$$

この継手の安全余裕は 0.07 である. 安全余裕の最大になるのはリベット間隔が 0.50 in.以上のときである.

例題 2

ウェブが $t = 0.040$ in.の 24S-T アルクラッド材で,$q = 900$ lb/in.であるとき,図 12.11 に示すリベットせん断継手を設計せよ.図に示すように,リベット間隔の最小値を $4d$ と仮定する.

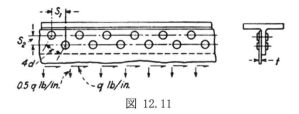

図 12.11

解:

内部の継手なので,会社の慣例にしたがって丸頭(AN430)または平頭(AN442)リベットを使う.構造的な考慮から,せん断強度と面圧強度がほぼ等しいのが望ましい.そうすると,リベットの直径はだいたい板厚の4倍となる.板厚が 0.051 in.より大きい場合には,理論的にはリベットの直径が 3/16 in.より大きくなるので A17S-T リベットを使うことができないが,理論的な配慮よりも実際的な配慮のほうが重要である.したがって,せん断強度が面圧強度よりも小さくても A17S-T リベットを厚い板にも使うことが多い.この例のように 0.040 の板厚の場合,強度が 574 lb の AN442AD5 リベットを使う.1 in.あたりの荷重は,

第 12 章　継手と結合金具

$$\sqrt{(900)^2 + (450)^2} = 1{,}010 \,\text{lb/in.}$$

必要なリベット間隔は次のようになる．

$$s_1 = \frac{574}{1{,}010} = 0.568 \,\text{in.}$$

リベットの最小間隔は $4d$ で 0.625 in. である．図 12.11 に示すリベット列の間隔 s_2 が次のように得られる．

$$s_2 = \sqrt{(0.625)^2 - (0.568)^2} = 0.27 \,\text{in.}$$

ふつう間隔 s_2 は計算値よりも少し大きくし，s_1 は少し小さくして，それぞれの列の両端の2本のリベット間の間隔の数を偶数となるようにする．

12.4 金具の解析の精度

　前に説明した方法を使うとふつうは金具の終極強度を正確に計算できる．弾性限より低い応力では真の応力分布は仮定した応力分布とは大きく異なる．しかし，金具の終極強度に達する前に材料が降伏して応力が再分配されることにより仮定した応力分布に近づいていく．この塑性による材料の降伏と，実際の構造と類似の試験で許容せん断応力と面圧応力を求めていることにより，不正確な仮定を使っているにもかかわらず正確な強度を計算できるのである．この一般的に使われている方法は金具の設計計算を行うには十分であるが，設計者は常に真の応力分布を思い浮かべて，局所的な高応力を避けるようにしなければならない．

　最も一般的な応力集中の状態は円孔のある板の引張である（図 12.12 参照）．荷重が小さい場合は，図の線1で示すように，孔の両側の引張応力は板の平均応力の3倍である．荷重が増加すると，孔の両側の応力が弾性限を超え，孔の付近で材料の局所的な降伏がが起こる．孔の付近の応力は降伏点の値でほぼ一定となるが，孔から離れた点の応力は荷重の増加にともなって増加する（線2）．破壊が起こる前に降伏が板の全幅に広がり，応力がネット断面全体で一定となる（線3）．

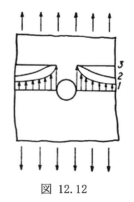

図 12.12

12.4 金具の解析の精度

終極引張応力とネット断面の積と同じになったときに破壊が起こるという通常の仮定は延性材料に関しては正しい．塑性伸びを生じないで急に破壊する脆性材料を航空機構造部材に使ってはならない．

航空機の寿命のうちに数回しか最大荷重がかからない機体部品より，数百万回の繰り返し荷重がかかるエンジンの部品のほうが，応力集中が重要である．機体構造の設計においては，ふつうは平均応力を考慮すれば十分で，応力集中を無視する．しかし，プレスによる皿加工した場合の板材の孔の周囲の割れのように，条件によっては応力集中による運用中の破壊につながる場合がある．

図 12.13 に示す両面せん断結合ではボルトの2断面に働く各せん断力は荷重の 1/2 であると仮定する．図に示すように，製造公差により下側のラグの孔が上側の孔よりも少し左側に来る可能性がある．荷重が小さい場合には，荷重がすべて上側の断面に入る．荷重が増えていくと，部品が変形してボルトの下側もラグにあたるようになるが，依然として上側

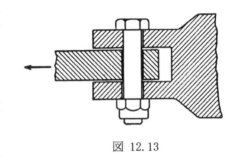

図 12.13

のラグが 1/2 よりも大きい荷重を受けもつ．金具係数はこのような荷重の偏心を考慮するためにあり，この場合には金具係数 1.2 は金具の片側が全終極荷重の 60%を受け持つと仮定することと等価である．

機体構造のボルト結合とリベット結合のほとんどは1面せん断継手である．図 12.1 と図 12.2 に示す継手では1つの部材が剛であると仮定し，もう一方の部材に働く力だけを考えた．この仮定においては，ボルトには $Pt/2$ の曲げモーメントがかかり，剛な部材にはより大きな曲げモーメントがかかる．通常の1面せん断継手では両方の部材が同じような寸法である．図 12.14 に示す各部材を図 12.2(b)の上側の部材のように取り扱うことができるように思われる．実際，多くの教科書に図 12.14 のような力が載っており，この応力分布を設計に使うのが慣例となっており，設計に使うには満足できるものである．しかし，図 12.14 に示された力は釣り合ってはおらず，図 12.14(a)に示す釣り合っていないモーメント Pt が板に働き，図 12.14(b)に示す同様の釣り合っていないモーメントがピンに働く．正しい応力分布は図 12.15 に示すようになっていなければならない．

第 12 章 継手と結合金具

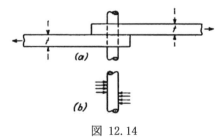

図 12.14

力 P が釣り合うためには，図 12.15(a)に示すように力が同じ線上に働かなければならない．板の応力は P/A ではなく，曲げモーメント $Pt/2$ による応力も含まなければならない．板の幅を b とすると，板の応力は，$P/A \pm My/I$ である．

$$f = \frac{P}{bt} \pm \frac{Pt}{2}\frac{6}{bt^2} = \frac{P}{bt} \pm \frac{3P}{bt} \tag{12.8}$$

(12.8)式によると，板の内側の面では引張応力が $4P/A$ で，板の外側の面では圧縮応力が $2P/A$ である．

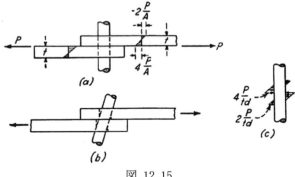

図 12.15

面圧応力によってピンが釣り合っているためには，孔の反対側の角にピンがあたらなければならない（図 12.15(b)参照）．最も楽観的な仮定によると，面圧応力の分布は図 12.15(c)に示す直線分布となり，最大面圧応力 $4P/td$ が内側の角に発生し，$2P/td$ の応力が外側の角に発生する．ピンが孔にきつくはまっていないと，面圧応力はここで仮定した値より大きくなる．このように，同じ厚さの板の1面せん断継手では，板の最大引張応力と面圧応力は両方とも図 12.2 または図 12.14 で仮定した値の4倍となる．図 12.15 のピンの曲げモーメントは最大

12.4 金具の解析の精度

せん断が働く断面でゼロで，最大曲げモーメントは板の内側の面から $t/3$ の断面で発生し，$4/27\,Pt$ である．

リベットの頭またはボルトの頭による締め付け効果があるので，リベット継手とボルト継手の終極強度は最初に説明した単純な解析に近づく．

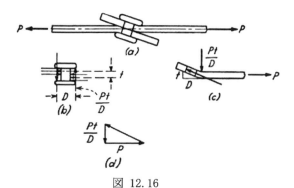

図 12.16

引張が働く 2 枚の板のリベット継手では，板の曲げと引張応力が弾性限を超えるため，図 12.16 に示すように板が変形する．終極強度に近づいていくにつれて，図 12.16(a)に示すように，2 つの力 P が 2 つの板のほぼ中心に働くようになる．図 12.16(b)に示すように，リベットの面圧によるモーメント Pt はリベットの頭の締め付け力によるモーメントと釣り合う．このリベットの頭に働く力のモーメントアーム D はリベットの頭の直径より少し小さい．リベットの軸の曲げモーメントは軸の両端で $Pt/2$ で，リベットのせん断面でゼロである．板が塑性に入ったあとは図 12.15(a)に示す曲げ応力がなくなり，板にはほとんど一様な引張応力が働くようになる．図 12.16(c)に示すように，板の角度の変化は $\arctan(t/D)$ で，リベットの頭によって板に生じる力で引張の合力が板の中心面に働くように保たれる．板の折れ曲りの位置における力の三角形を図 12.16(d)に示す．図 12.16 には角度の変化を誇張して表した．リベットの軸の直径が板厚の 4 倍で，リベット頭の直径が軸の直径の 2 倍である場合には，この角度は $\arctan(t/D)$，すなわち $\arctan(1/8)$ である．

引張継手が 2 列のリベット列である場合の変形を図 12.17 に示す．板の引張応力がすべての点で一様であるならば，板は図 12.17(a)のように変形する．しかしリベット列の間では，板の応力は板の端の平均引張応力の半分であり，曲げ変形に対抗しなければならず，図 12.17(b)のような形に変形する．リベット

頭の締め付け力が面圧力のモーメントと釣り合わなければならないので，リベットに働く力は図 12.16(*b*)に示したのとほぼ同じままである．

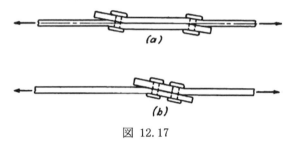

図 12.17

どのリベット継手，またはボルト継手でも，1面せん断継手の応力状態は図 12.15 と図 12.16 に示す両極端な場合の中間にある．低い荷重においては，図 12.15 に示すように板が曲げ応力に対抗しなければならないが，局所的な降伏が発生すると，図 12.16 に示す状態に近づくように応力が再分布する．板の平均引張応力とボルトまたはリベットの平均面圧応力から終極強度を正確に予想することができる．ブラインドリベットまたは皿頭リベットの種類の多くはリベットの頭によって十分な締め付け力を発生することができないので，単純な応力分布に基づいた強度計算が成立するかどうかを試験によって確認する必要がある．

航空機用リベットの挙動と，橋，建物，ボイラー等の鋼構造に使われる熱間装着の鋼のリベットの挙動を比べてみるのは興味深い．鋼リベットは赤く熱した状態でかしめられ，その場で冷えて収縮する．収縮によってリベットの径が孔の径よりも小さくなるとともに，リベットにはリベットの材料の降伏応力とほぼ等しい引張残留応力が発生する．このリベットの引張応力により，板がきつく締め付けられ，継手に働く小さい荷重は板どうしの摩擦によって伝達される．このためリベットの軸が孔にあたるのは大きい荷重のときだけである．このような引張荷重は室温で装着される航空機用リベットでは存在しない．

図12.5に示す1面せん断継手と2面せん断継手で同じ許容面圧応力を使うのが航空機の慣例である．橋や鋼構造の設計では2面せん断継手のほうが大きい面圧許容応力を使うのが慣例である．図 12.15 に示すように2面せん断継手では偏心した応力分布とならないので，この考え方は筋が通っている．

継手の中に複数の同じリベットまたはボルトがある場合，各リベットまたはボルトが等しく荷重を分担すると仮定するのがふつうである．継手に大きな応

力が発生していないときにはこの仮定は非常に不正確であるが，荷重が継手の終極強度に近づくと，局所的な降伏とリベットのすべりが発生して，この仮定はより正確になる．板の相対的な動きを示すために，2面せん断継手のリベットの変形を誇張して図 12.18 に示す．実際は，板は接触していて離れておらず，変形は孔の伸びとリベットのせん断変形から成る．

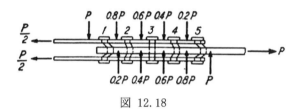

図 12.18

2つの外側の板の合計断面積 A が内側の板の断面積と同じで，すべての板の平均応力が $p = P/A$ であると仮定する．5本のリベットがそれぞれ全荷重の 1/5 の荷重を伝達すると仮定すると（この仮定がふつうに用いられている），リベット間の板の応力は，$0.2p$，$0.4p$，$0.8p$ である（図 12.18 参照）．リベット 1 と 2 の間では，外側の板には $0.8p$ の引張応力が発生し，内側の板には $0.2p$ の引張応力が発生する．したがって，外側の板のほうが内側の板の 4 倍伸びなければならない．そうすると，リベット 1 はリベット 2 より変形が大きく，より大きなせん断荷重が負荷される．リベット 2 とリベット 3 の間では，外側の板の応力と変形が内側の板の 1.5 倍である．したがって，リベット 2 にはリベット 3 より大きい荷重がかかる．他の場所の変形も検討すると，端のリベット 1 と 5 の荷重は等しく，他のリベットよりも大きなせん断を受ける．リベット 2 と 4 の荷重は同じで，リベット 3 よりも大きい．

図 12.18 に示すよりもボルトやリベットの列が多い場合には，端のボルトまたはリベットに，中央に近いボルトまたはリベットよりも大きな荷重がかかる．荷重を徐々にかけていくと，両端の 2 本のリベットがせん断または面圧ですべるか降伏するまでは，両端の 2 本のリベットが荷重のほとんどを受け持つ．すべると，次のリベットに荷重が移り，その後，このリベットが同じようにすべると他のリベットに荷重が移る．リベットがすべった後もその最大強度を保つことができるならば，個々のリベットの強度の合計として継手の終極強度を正確に予想することができる．しかし，板の引張応力がほぼ一定となるように板の断面積を変化させて，すべてのリベットまたはボルトの荷重をより均等に分

布させるのが望ましい．脆い材料にはボルトまたはリベット継手はよくない．変形して荷重を再分配する前に端のボルトが破壊し，その後各ボルトが順番に破壊するからである．この種の荷重に対してスポット溶接は十分な延性がないので，スポット溶接の列のところどころにリベットを打って，徐々に進展する破壊がリベットを超えていかないようにする．

12.5　偏心荷重を受ける結合

ボルトまたはリベットのグループの中心に合力が働かない結合も多い．このような場合には，リベットグループの中心に働く平行な力と，中心に働くモーメントを重ね合わせるのが便利である．そのモーメントの大きさは，力の中心からの距離と力の大きさの積である．図12.19に示す代表的な結合のリベット荷重は，図12.20(a)に示す力が中心にかかる場合と，図12.20(b)に示すモーメント Re がかかる場合の重ね合わせによって求めることができる．

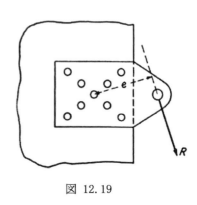

図 12.19

すべてのリベットの1面せん断が標定で，板はすべて剛であると仮定する．図12.20(a)の中心にかかる荷重の場合，すべてのリベットのせん断応力が等しいと仮定できる．この中心に負荷される荷重によって発生するリベットの力 P_c は次の式で計算できる．

$$P_c = \frac{RA}{\sum A} \tag{12.9}$$

ここで，A はリベットの断面積，ΣA はすべてのリベットの断面積の合計である．同じ断面積の n 本のリベットの結合では，(12.9)式は次のように表される．

$$P_c = \frac{R}{n} \tag{12.10}$$

各リベットに働く力の合力は全リベットの断面積の図心を通るので，この点をリベットグループのモーメントの中心として使わなければならない．

12.5 偏心荷重を受ける結合

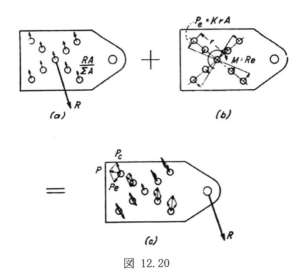

図 12.20

リベットグループがモーメントを受け持つ場合には，せん断応力がリベット断面積の中心からの距離に比例すると仮定する．このモーメントによって断面積 A のリベットに生じる力 P_e は次のようになる．

$$P_e = KrA \tag{12.11}$$

定数 K は各リベットの力によるモーメントの合計と外モーメントを等しいと置いて求めることができる．

$$M = \sum P_e r = K \sum r^2 A \tag{12.12}$$

(12.11)式と(12.12)式から定数 K を消去して，力 P_e を次のように求めることができる．

$$P_e = \frac{MrA}{\sum r^2 A} \tag{12.13}$$

(12.13)式は曲げまたはねじりに共通する式と類似の形をしている．

リベットに働く合力 P は，図 12.20(c)に示すように，力の成分 P_c と P_e から図式的に求めることができる．代数的な解がほしい場合には，リベットに働く力の水平成分と垂直成分を計算するほうが便利である．座標 x と y を用いれば，距離 r を使う必要はない．図 12.21 と(12.13)式から，成分 P_{ex} と P_{ey} の次の式が

得られる．

$$P_{ex} = \frac{-MyA}{\sum x^2 A + \sum y^2 A}, \quad P_{ey} = \frac{MxA}{\sum x^2 A + \sum y^2 A} \tag{12.14}$$

他の種類の金具の解析法と同じく，偏心結合の解析法は粗い近似であるとみなすべきである．ボルトまたはリベットの設計において面圧応力が厳しい場合には，(12.13)式と(12.14)式のせん断面積 A の代わりに各ボルトまたはリベットの許容面圧荷重 P_a を用いるのがふつうである．場合によっては，荷重が r に比例するのではなく，すべてのボルトまたはリベットの荷重がそれぞれの終極強度に近づいていき，中心に近いボルトまたはリベットの荷重が高くならないと仮定することもある．ある方向の剛性が別の方向の剛性より高いという部材にボルトまたはリベットが結合されることがある．たとえば，支持構造が水平方向には剛で垂直方向には柔である場合，負荷されたモーメントがリベットまたはボルトの水平方向の力で支持される．軸方向の線に垂直な方向の力で支持されるわけではない．標準部品のボルトとリベットの両方が同じ結合の中で使われる場合，リベットだけで全荷重を受け持つことができるように設計するか，ボルトだけで全荷重を受け持つことができるように設計するかのどちらかにしなければならない．リベットは孔を完全にふさぐが，ボルトは孔よりもわずかに小さいので，リベットがすべって永久変形が発生するまでボルトには荷重が入らない．精密公差の固く押し込むボルトがリベットと同時に使われることがあるが，その場合はリベットとボルトが相応の荷重を受け持つと仮定してもよい．

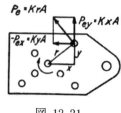

図 12.21

例題

図 12.22 に示す結合の各リベットの合力を求めよ．すべてのリベットが AN442AD5 の1面せん断で，板が 0.051 厚の 24S-T アルクラッド材であるとしたときの，最も応力の高いリベットの安全余裕を求めよ．

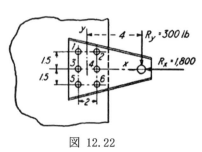

図 12.22

12.5 偏心荷重を受ける結合

解：
　リベット荷重の計算を表 12.2 に示す．図心を見つけて，x, x^2, y, y^2 の値を表の列(2)から(5)に記入する．リベットの力 P_{cx} と P_{cy} は荷重 1,800 lb と 300 lb を 6 で割って得られる．これらの荷重は 6 本のリベットで均等に受け持たれるからである．P_{ex} と P_{ey} の値は(12.14)式を使って計算できる．A がすべてのリベットで同じであるので，(12.14)式から A を省略した．モーメント M は 1,200 in-lb である．P_x と P_y の値は 2 つの列の和で計算できるが，符号に注意しなければならない．リベットに働く合力は成分 P_x と P_y の 2 乗の和の平方根である．

　リベットの許容荷重は付録の表 2 から 593 lb である．リベット 6 が最も大きな荷重 440 lb を受け持つ．安全余裕はこれらの荷重から次のように計算される．

$$\text{MS} = \frac{593}{440} - 1 = \underline{0.35}$$

1,800 lb と 300 lb の荷重は金具の設計荷重であり，作用荷重，すなわち制限荷重に安全率 1.5 と金具係数 1.2 または 1.15 をかけた値である．

表 12.2

Rivet 1	x 2	y 3	x^2 4	y^2 5	P_{cx} 6	P_{ex} 7	P_x 8	P_{cy} 9	P_{ey} 10	P_y 11	P 12
1	−1	1.5	1	2.25	300	−120	180	50	−80	−30	183
2	1	1.5	1	2.25	300	−120	180	50	80	130	221
3	−1	0	1	0	300	0	300	50	−80	−30	302
4	1	0	1	0	300	0	300	50	80	130	327
5	−1	−1.5	1	2.25	300	120	420	50	−80	−30	422
6	1	−1.5	1	2.25	300	120	420	50	80	130	440
Σ			6	9.00							

12.6 溶接継手

　エンジンマウントや胴体のような鋼管トラス構造，鋼の降着装置と金具などに溶接が広く使われている．最も普通の種類の溶接は，酸素アセチレントーチによって接合する部品を熱した後，適切な溶接棒を使って両者を溶かして一体にする方法である．溶接部の材料の結晶粒組織は鋳物金属と類似であり，元の

材料より脆く,衝撃や振動荷重に対して弱い.航空機用管材の壁の厚さは薄く,他の機械加工部品や構造部材よりも溶接が難しい.以前の航空機用の溶接はトーチ溶接だったが,薄い航空機用部材にも使える電気アーク溶接が開発された.アーク溶接では,溶接棒が電極になっており,電流がアークになって溶接棒から部品に流れる.電気アークが部品を熱すると同時に電極から部品に溶融金属を移行する.トーチ溶接に比べて加熱は局所的であり,アーク溶接では熱処理された部品の強度はトーチ溶接ほど劣化しない.設計仕様書ではアーク溶接とトーチ溶接で同じ許容応力を要求するのがふつうである.

溶接継手の強度は溶接作業者の技量に大きく依存する.普通は応力状態が不確かであるので,大きい安全余裕を見込んで溶接継手を設計する.溶接継手が引張ではなくせん断または圧縮になるように設計するのが望ましいが,溶接部を引張で設計しなければならないことも多い.引張が負荷される鋼管は図12.23(a)に示すような「魚の口(fish-mouth)」継手によって結合することが多い.溶接部の大部分がせん断となるようにするとともに,溶接時の管の局所的な加熱がひとつの断面だけにならないようにする.図 12.23(b)に示すような突合せ溶接(butt weld)が必要な場合には,溶接部が管の中心線に直角にならないようにする.

胴体のトラス構造では図 12.24(a)に示すような溶接継手が使われる.水平部材だけが高応力で,他の部材の荷重は小さいのでその寸法は管の最小寸法であるのが普通である.これらの部材の応力が高い場合には,図 12.24(b)に示すようなガセット板(gusset plates)を入れる必要がある.鋼管の壁厚さが 0.035 in.というように薄い場合も多く,溶接作業者は薄い壁を加熱しすぎて孔をあけないように温度をコントロールする必要がある.厚い部材を加熱するにはより多くの熱量が必要なので,薄い部材を厚い部材に溶接するのは非常に難しい.溶接する部材の板厚比は 3:1 より小さくなければならない.望ましいのは 2:1 以下である.

12.6 溶接継手

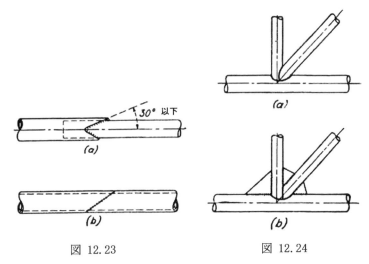

図 12.23　　　　　図 12.24

熱処理を損なうため，構造用アルミ合金にはアーク溶接とトーチ溶接が使えない．強度が低いアルミ合金は，トーチ溶接で燃料タンクやオイルタンクを製作するのによく用いられる．スポット溶接はストリンガに構造外板を接合するために使われたり，荷重が高くない2次構造に使われたりすることが多い．2つの電極で部材をはさんで，高アンペアの電流を短い時間間隔で流すことによってスポット溶接を行う．板の間の電気抵抗で熱が発生し，板が溶融して接合される．鋼の自動車の車体の製造に用いられるような他の種類の抵抗溶接は航空機構造にはほとんど適用されない．

溶接継手の溶接金属の許容荷重は ANC-5 に次の式で規定されている．

$$P = 32{,}000Lt \quad (低炭素鋼)$$
$$P = 0.48LtF_{tu} \quad (クロムモリブデン鋼) \tag{12.15}$$

ここで，P = 許容荷重（lb）

L = 溶接継ぎ目長さ（in.）

t = 2つの鋼の板または，板と管の溶接の重ね合わせ溶接の場合，溶接で接合された部材のうち最も薄い部材の厚さ（in.）

t = 管どうしの溶接の場合，溶接金属の平均板厚（溶接部の板厚の 1.25 倍以上としてはならない）（in.）

F_{tu} = 90,000 psi（溶接後に熱処理されない材料の場合）

F_{tu} = 材料の終極引張応力（溶接後に熱処理される材料の場合，た

第 12 章　継手と結合金具

だし，150,000 psi を超えてはならない．熱処理が可能な溶接棒を使用しなければならない．)

　溶接時の局所的な加熱が溶接部近傍の許容引張応力または許容曲げ応力を低下させる．熱処理無しの焼きならしした管の溶接後の溶接部の近傍における許容引張応力は，管の軸に対して 30° またはそれ以下の角度で傾いた溶接では 90,000 psi で，その他の溶接では 80,000 psi である．溶接後に熱処理された管では許容引張応力は F_{tu} である．

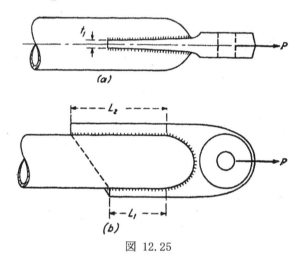

図 12.25

例題

　図 12.25 に示す直径 1-1/2，板厚 0.065 のクロムモリブデン鋼の管に制限引張荷重，すなわち作用引張荷重 15,000 lb が働く．溶接部と溶接部近傍の管の安全余裕を求めよ．$L_1 = 2.5$ in.，$L_2 = 3$ in.，$t_1 = 0.20$ in.，管の断面積 $A = 0.293$ in.^{2} とする．

  (a) 溶接前の終極引張応力 $F_{tu} = 100{,}000$ psi で，その後の熱処理をしない場合
  (b) 溶接後に管組立を $F_{tu} = 180{,}000$ psi まで熱処理する場合．制限荷重を 22,000 lb とする．

解：
(a) 溶接の端の曲線部分は無視する．この部分で伝達される荷重は管の端を真っ直ぐにして平らにするだけで溶接の強度を上げるのにはほとんど寄与しないからである．荷重 P は管の中心に負荷されるので，この荷重の半分が管の両側

の溶接部に作用する．長さ L_1 の2つの溶接部がそれぞれ $P/2$ を受け持つ．終極荷重，すなわち設計荷重は作用荷重に安全率をかけて次のようになる．

$$P = 15,000 \times 1.5 = 22,500 \text{ lb}$$

許容荷重 P_a は(12.15)式で得られる．鍛造材の板厚 t_1 は管の厚さの2倍よりも大きいので，管の厚さ $t = 0.065$ が標定となる．鍛造材の両側で長さ L_1 が管に溶接されるので，$L = 5$ in.が荷重の半分を受け持つ．許容荷重は次のように計算される．

$$\frac{P_a}{2} = 0.48 L t F_{tu} = 0.48 \times 5 \times 0.065 \times 90,000$$

したがって，

$$P_a = 28,000 \text{ lb}$$

金具係数 1.2 を安全余裕の計算に含める必要がある．

$$\text{MS} = \frac{P_a}{1.20 P} - 1 = \frac{28,000}{1.2 \times 22,500} - 1 = \underline{0.04}$$

この安全余裕は溶接にしては小さいように見えるが，計算は安全側である．切り込みを入れた管の溶接は管の軸に対して 0°であるので，溶接部に近い場所の終極引張応力は 90,000psi である．溶接部近傍の許容引張荷重は，

$$P_a = 90,000 \times 0.293 = 26,400 \text{ lb}$$

金具ではなく管自身の強度を検討するため金具係数を適用する必要はない．

$$\text{MS} = \frac{26,400}{22,500} - 1 = \underline{0.17}$$

(b) (a)と同様に許容荷重を計算する．ただし，$F_{tu} = 150,000$ psi を使う．

$$\frac{P_a}{2} = 0.48 \times 5 \times 0.065 \times 150,000$$

したがって，

$$P_a = 46,400 \text{ lb}$$

設計荷重は，

$$P = 22,000 \times 1.5 = 33,000 \text{ lb}$$

安全余裕を計算する際に金具係数を含める．

$$\text{MS} = \frac{46,400}{1.2 \times 33,000} - 1 = \underline{0.18}$$

溶接部近傍の許容引張応力は F_{tu} である．

第 12 章　継手と結合金具

$$P_a = F_{tu}A = 180{,}000 \times 0.293 = 52{,}700 \,\text{lb}$$
$$\text{MS} = \frac{52{,}700}{33{,}000} - 1 = \underline{0.60}$$

問題

12.1　図 12.5 と図 12.6 に示す金具と同様の金具が終極引張強度 F_{tu} = 180,000 psi の鋼で作られており，ブッシュはついていない．図 12.6 で，AN8 ボルトの 2 面せん断で，厚さが 0.5 in., R = 0.5 in., e = 0.05 in. である．金具係数を 1.2, 面圧係数を 1.0 とした場合，引張と圧縮の最大制限荷重を求めよ．許容応力は ANC-5 から得ること．

12.2　制限引張荷重 15,000 lb, 制限圧縮荷重 20,000 lb に耐える金具を設計せよ．材料と許容応力は 12.2 項の例題と同じであるとする．

12.3　終極引張強度 125,000 psi の鋼製の金具を設計せよ．作用荷重，すなわち制限荷重は引張が 15,000 lb, 圧縮が 20,000 lb とする．金具係数 1.2 と面圧係数 2.00 を使用すること．

12.4　リベットが AN442AD5 でリベット間隔 s = 0.625 in. の場合，図 12.10 に示すリベット継手の安全余裕を求めよ．

12.5　リベットが AN426AD4 でリベット間隔 s = 0.55 in. の場合，図 12.10 に示すリベット継手の安全余裕を求めよ．次の仮定を用いること．
　(a) プレスによる皿加工，またはディンプルによる皿加工
　(b) 機械加工による皿加工

12.6　リベットが AN426AD5 でリベット間隔 s = 0.75 in. の場合，図 12.10 に示すリベット継手の安全余裕を求めよ．次の仮定を用いること．
　(a) ディンプルによる皿加工
　(b) 機械加工による皿加工

12.7　図 12.11 のリベット間隔 s_1 と s_2 を決定せよ．ウェブは 24S-T アルクラッ

ド材で $t = 0.064$ in., $q = 1,500$ lb/in. とする

12.8 $t = 0.032$, $q = 500$ lb/in. として，問題 12.7 を解け．

12.9 $R_x = 3,000$ lb, $R_y = 200$ lb, リベットは AN442AD6 の 1 面せん断として図 12.22 に示す継手の安全余裕を求めよ．板は厚さ 0.072 in. の 24S-T アルクラッド材とする．

12.10 図 12.25 の管が 2×0.083, $t_1 = 0.2$ in., $L_1 = 3.0$ in. とする．許容荷重 P を求めよ．
  (a) 管の許容応力 $F_{tu} = 95,000$ psi
  (b) 組立品は溶接後に $F_{tu} = 150,000$ psi に熱処理される．

第 12 章の参考文献

[1] ANC-5a, "Strength of Metal Aircraft Elements," Subcommittee on Air Force-Navy-Civil Aircraft Design Criteria of the Munitions Board Aircraft Committee, May, 1949.

第13章　引張，曲げ，ねじりを受ける部材の設計

13.1 引張部材

　引張部材は他の種類の航空機の部材よりも簡単に解析・設計することができる．終極荷重条件における引張部材の応力状態を正確に知ることができ，継手，金具やその他の種類の構造部材の場合のような不確実性はない．構造材料の許容引張応力を決定するのは簡単であり，ひとつの許容応力の値をどのような形状の部材にも適用することができる．曲げ，ねじり，または圧縮を受ける部材の許容応力は，部材の形状および，引張部材では考慮しなくてもよいその他の要因に依存することを後で説明する．

　ネット断面積 A の部材に偏心のない引張荷重 P が働く場合，引張応力は $f_t = P/A$ という式で計算できる．許容引張応力 F_{tu} はその材料について保証された最小値である．安全余裕は $F_{tu}/f_t - 1$ で計算できる．

　他の荷重条件では引張部材が曲げや圧縮を受けることがあり，たとえ引張荷重が最大の荷重であっても，このような他の荷重条件で部材の形状が決まることも多い．骨組構造に羽布張りをした機体にはタイロッドやケーブルが引張部材として使われている．このような部材に激しい振動が加わると部材の端に高い曲げ応力が発生するため，端の金具は引張応力に加えて曲げ応力にも耐えなければならない．

　セミモノコックの主翼の主要な引張部材は，下面の外板，ストリンガ，桁キャップである．主翼の正の曲げモーメントは負の曲げモーメントの約2倍であるが，負の曲げモーメントによる圧縮荷重が主翼下面の構造のほとんどの部分の設計を決定する．主翼の外板は引張応力に耐えるが，圧縮応力のもとでは座屈して効かなくなる．したがって，圧縮断面積は引張断面積よりも小さくなり，しかも圧縮許容応力についても引張許容応力よりも小さい．圧縮荷重が小さくても，補強部材の形を決める際には圧縮荷重を考慮しなければならず，必要断面積も圧縮荷重で決まることが多い．

13.2 塑性曲げ

以前の章の曲げ応力の計算においては，応力は弾性限より小さいと仮定していた．たいていの種類の機械の設計や構造設計においては，降伏応力における強度が重要な設計基準であり，通常の弾性応力分布を設計に使っても問題ない．しかし，航空機構造では部材の終極強度を設計の判定基準とする．破壊が起こる前に応力が弾性限を超え，塑性領域に入る．曲げの式 $f_b = My/I$ を導出した仮定が適用できなくなる．

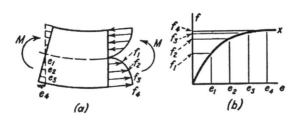

図 13.1

最初は真っ直ぐだった図 13.1(a)に示す梁に弾性限を超える曲げ応力が働いている．平面だった面が曲がった後でも平面を保つとすると，弾性梁と同様に歪の分布は中立軸からの距離に比例する．最も外側にある繊維の伸びが e_4 であるように変形すると，図 13.1(b)の応力-歪曲線に示すように，この点の応力は f_4 である．その他の歪 e_1, e_2, e_3 に対応する応力 f_1, f_2, f_3 は弾性限を超えると歪に対して線形に変化するわけではないので，梁の断面の応力分布は図 13.1(a)に示すように変化する．

梁の終極モーメントは梁の断面形状と応力-歪曲線の形に依存する．一般的に適用できる単純な理論的な関係式がないので，終極曲げ強度を決めるには実験的な方法が使われることが多い．曲げ強度（bending modulus of rapture）と呼ぶ仮想的な応力 F_b が $F_b = Mc/I$ で定義され，M は類似の梁の試験から求められる終極曲げモーメント，I は断面2次モーメント，c は中立軸から最も外側の繊維までの距離であ

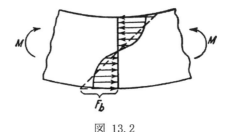

図 13.2

第13章 引張，曲げ，ねじりを受ける部材の設計

る．真の応力分布を図 13.2 に示し，同じ曲げモーメントで最大値 F_b となる仮想的な直線応力分布を破線で示す．同じ板厚／外径比 D/t を持つ円管のように幾何学的に類似な断面に関しては，どのような材料についても曲げ強度を試験によって求めることができる．

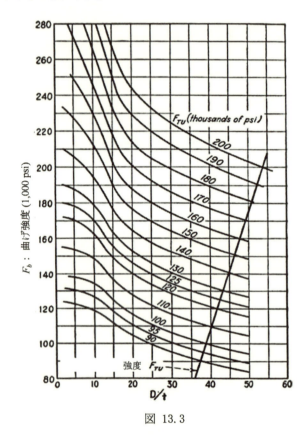

図 13.3

いろいろな値の D/t といろいろな熱処理の終極引張応力 F_{tu} についてクロムモリブデン鋼の円管の曲げ強度を図 13.3 に示す．D/t が大きいと管の壁の板厚が薄く局所的につぶれやすい．管の壁の局所的なつぶれ応力は理論的に解析することが難しく，図 13.1 の応力 f_4 に対応している．このように，試験は断面の形状の影響と応力-歪曲線の形状とともに局所的なつぶれの影響を考慮している．曲げ強度は曲げモーメントに比例しており，安全余裕は通常の関係式 $F_b/f_b - 1$

362

から計算できる．図 13.1 に示す真の最大応力 f_4 は曲げモーメントに比例しておらず，安全余裕の計算に使うことができない．

例題

1-1/2×0.083 in. の鋼管に 25,000 lb の曲げモーメントが負荷されている．材料が終極引張応力 F_{tu} = 180,000 psi まで熱処理されている場合の安全余裕を求めよ．

解：

付録の表 1 より 1-1/2×0.083 in. の管の断面特性は D/t = 18.08, I/c = 0.1241 in.^{3} である．図 13.3 から F_b = 220,000 psi である．仮想的な曲げ応力 f_b は単純な曲げの式から次のように計算される．

$$f_b = \frac{Mc}{I} = \frac{25,000}{0.1241} = 201,000 \, \text{psi}$$

安全余裕はふつうと同じように求めることができる．

$$\text{MS} = \frac{220,000}{201,000} - 1 = \underline{0.09}$$

次に，降伏に対する安全余裕を求める必要がある．この材料の降伏応力は 165,000 psi である．作用曲げモーメント，または制限曲げモーメントは 2/3× 25,000 = 16,670 in-lb である．

$$f_b = \frac{16,670}{0.1241} = 134,000 \, \text{psi}$$

したがって，降伏に対する安全余裕は

$$\text{MS} = \frac{165,000}{134,000} - 1 = \underline{0.23}$$

13.3 一定の曲げ応力

材料によっては伸びが降伏点に対応する値を超えると応力-歪曲線がほとんど水平になるものがある．そのような材料でできた梁に降伏応力を超える曲げが作用すると，曲げ応力はおおよそ図 13.4 のようになる．引張応力と圧縮応力は全断面にわたって一定の f_0 であると仮定することができる．曲げモーメントは無限小の力 $f_0 dA$ による中立軸まわりのモーメントの和で計算される．

第13章　引張，曲げ，ねじりを受ける部材の設計

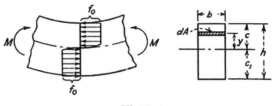

図 13.4

$$M = f_0 \int_{-c_1}^{c} y dA \qquad (13.1)$$

水平軸に関して対称な断面を仮定すると，曲げモーメントは次のようになる．

$$M = 2Qf_0 \qquad (13.2)$$

ここで，Q は次の積分で定義される．

$$Q = \int_0^c y dA \qquad (13.3)$$

弾性曲げの場合と同様に，対称断面では中立軸は対称軸に対応している．非対称断面では，中立軸は図心ではなく，中立軸より上の面積が下の面積と同じになる位置にある．引張力の合計が圧縮力の合計と等しくなければならないからである．

　幅 b，高さ h の長方形断面の梁では，$Q = bh^2/8$ である．これを(13.2)式に代入して，

$$M = \frac{f_0 bh^2}{4} \qquad (13.4)$$

曲げ強度 f_b は(13.4)式の曲げモーメントを，f_b を定義する式，$M = f_b I/c$ と等しいと置いて求めることができる．長方形断面では，$I/c = bh^2/6$，$f_b = 1.5 f_0$ となる．

　長方形断面の場合に，弾性限以下の曲げ応力分布から得られたせん断応力の放物線分布は，他の曲げ応力分布の場合には適用することができない．曲げ強度が実際の応力よりも非常に大きい長方形断面，またはその他の類似の断面では，せん断応力が非常に高くなるようなことはなく，そのせん断応力は十分正確であろう．

　中立軸に関して対称でない断面の塑性曲げを数値例で説明する．図 13.5(a)に示す断面の図心は下の面から 0.3 in.上方にある．一定応力 f_0 の塑性曲げでは引張断面積と圧縮断面積が等しいので，中立軸は下の面から 0.2 in.上にある．引

張力と圧縮力は$0.12f_0$で，$0.048f_0$の曲げモーメントを生じる（図 13.5(b)参照）．

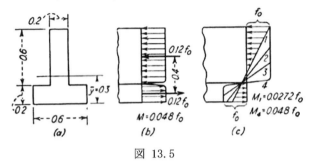

図 13.5

この断面の弾性曲げ応力は $M = f_b I/c = 0.0272 f_b$ から求めることができる．したがって曲げ強度は $f_b = (0.048/0.0272)f_0 = 1.765 f_0$ である．いろいろな曲げモーメントに対する応力分布を図 13.5(c)に示す．曲げモーメントが $M = 0.0272 f_0$ より小さいと，応力は弾性限より小さく，中立軸が図心位置にある直線分布をする（曲線 1）．それより曲げモーメントが大きくなると，梁の上側で応力が弾性限を超えるが，下側では弾性限を超えないままであるので，中立軸が下に移動する（曲線 2）．曲げモーメントがさらに増加すると，曲線 4 に示すように応力が一定値に近づき，中立軸は 2 つの長方形の間にくる．

13.4 台形分布の曲げ応力

ほとんどの航空機用材料の応力-歪曲線は図 13.6(a)に示すような台形の線で正確に近似できる．Cozzone[1] は塑性領域の曲げ強度を計算するのにこの近似を適用することを提案した．曲げ応力は図 13.6(b)に示すように分布する．台形分布をした応力による曲げモーメントは，(13.2)式で表される一定応力 f_0 による曲げモーメントとゼロから f_{b1} に線形に変化する応力分布による曲げモーメントの合計で簡単に計算できる．

$$M = 2Qf_0 + \frac{f_{b1}I}{c} \tag{13.5}$$

第13章 引張，曲げ，ねじりを受ける部材の設計

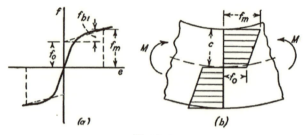

図 13.6

f_{b1} の代わりに $f_{b1} = f_m - f_0$ である f_m の項を(13.5)式に導入する．この式を(13.5)式に代入して，I/c で割ると次の式が得られる．

$$F_b = \frac{Mc}{I} = f_m + f_0\left(\frac{2Q}{I/c} - 1\right) \tag{13.6}$$

かっこ内の項は断面の形状に依存し，集中フランジの場合のゼロから，ダイヤモンド形状の場合の 1.0 まで変化する．この項を K とすると，(13.6)式は次のようになる．

$$F_b = f_m + Kf_0 \tag{13.7}$$

ここで，

$$K = \frac{2Q}{I/c} - 1 \tag{13.8}$$

いろいろな断面形状の K の値を図 13.7 に示す．

断面	K	断面	K
 ● ●	0	 ◎	0.25～0.7
 ▮	0.5	 ◆	1.0
 [I	0～0.5	 ⋈	1/3

図 13.7

仮定した台形分布の応力によって生じる曲げモーメントが実際の応力による

13.4 台形分布の曲げ応力

曲げモーメントに等しくなるようにして f_0 の値を決める．したがって，正しい f_0 の値はある程度は断面積に依存する．f_0 の値をいちいち各断面について計算するのでは，f_0 を計算するために真の曲げモーメントを計算しなければならないため，台形の応力分布を仮定する利点はない．Cozzone は，長方形断面の f_0 を計算し，その値を他のすべての断面形状に使っても十分正しいということを示した．

例題

図 13.8 に示す断面の梁が 14S-T アルミ合金鍛造材でできている．鍛造材の本当の形状を破線で示すが，実線で示す台形の断面を仮定する．f_m = 65,000 psi, f_0 = 60,000 psi，降伏応力 F_{ty} = 50,000 psi の場合の水平軸のまわりの終極曲げ強度を計算せよ．

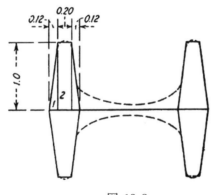

図 13.8

解：

8 個の三角形(1)と 2 個の長方形からなる仮定した断面について，I と Q の値を計算する．

$$I = \frac{8 \times 0.12 \times 1^3}{12} + \frac{4 \times 0.20 \times 1^3}{3} = 0.347 \text{ in.}^4$$

$$2Q = 8 \times 0.06 \times 0.333 + 4 \times 0.20 \times 0.5 = 0.56 \text{ in.}^3$$

曲げ強度は(13.7)式と(13.8)式から計算される．

第 13 章　引張，曲げ，ねじりを受ける部材の設計

$$K = \frac{2Q}{I/c} - 1 = \frac{0.56}{0.347} - 1 = 0.61$$

$$F_b = f_m + Kf_0 = 65,000 + 0.61 \times 60,000 = 101,600 \, \text{psi}$$

終極曲げ強度は次のように計算できる．

$$M = \frac{F_b I}{c} = 101,600 \times \frac{0.347}{1.0} = 35,300 \, \text{in-lb}$$

作用荷重条件における応力が降伏応力を超えるので，この場合には終極曲げ強度まで使うことができない．作用荷重条件，すなわち制限荷重下で許容できる永久歪の正確な値が明確には設定されておらず，ある程度は設計者の判断にまかされている．場合によっては，降伏応力を超えた曲げ強度は許されない．この問題の場合,作用荷重状態で Mc/I の値が 50,000 psi を超えてはならないので，終極荷重，すなわち設計荷重で 75,000 psi を超えてはならない．しかし，降伏応力においても塑性曲げ効果をある程度考慮することができる．

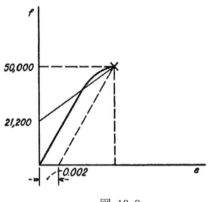

図 13.9

降伏応力を超えない領域での 14S-T 鍛造材の応力-歪曲線（図 13.9 参照）は，f_0 = 21,200 psi と f_m = 50,000 psi の台形で表すことができる．制限荷重における曲げ強度を(13.7)式で計算できる．

$$F_b = f_m + Kf_0 = 50,000 + 0.61 \times 21,200 = 63,000 \, \text{psi}$$

Mc/I の許容値は制限荷重において 63,000 psi となり，終極荷重，すなわち設計荷重においては 1.5×63,000 psi = 94,500 psi となる．

13.5 曲り梁

　航空機構造の梁のほとんどはこれまでに説明した方法で解析できる．この方法では梁の軸の初期の曲率は無視した．しかし，曲率半径が梁の高さと同じ程度になると，応力分布が真直梁の場合と大きく異なるようになる．梁の凹の側の応力が真直梁の応力より高くなり，凸の側の応力が低くなる．最大応力が弾性限を超えると，局所的な降伏が起きて応力が再配分される．終極曲げモーメントになると，応力が真直梁の塑性曲げの分布に近づく．このように，梁の曲率は降伏強度を低下させるが，終極曲げ強度には大きな変化をおよぼさない．

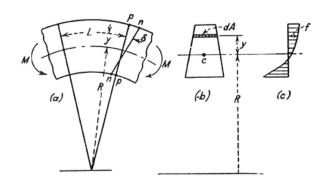

図 13.10

　図 13.10 に示す梁の断面の中立軸の初期の曲率半径が R である．平面であった断面 pp は曲がったあとも平面であり，曲がったあとの相対的な位置を nn で示す．初期の長さ L の長手方向の繊維が δ 伸びる．δ は直線 pp と直線 nn の間の距離で，中立軸から繊維までの距離に比例して線形に変化する．

$$\delta = k_1 + k_2 y$$

項 k_1, k_2, k_3 は未定の定数である．繊維の長さ L は曲率中心からの距離に比例する．

$$L = k_3(R + y)$$

応力は歪 δ / l と弾性係数 E の積で計算される．

$$f = E\frac{\delta}{L} = E\frac{k_1 + k_2 y}{k_3(R + y)}$$

この式の分子を分母で割って簡単にし，グループ分けして2つの新しい未定定

第13章　引張，曲げ，ねじりを受ける部材の設計

数 a と b を使うと，

$$f = a + \frac{b}{R+y} \tag{13.9}$$

この応力分布を図 13.10(c) に示す．

　断面の中立軸に働く引張合力を P とすると，この力は内力の合計 $\int f dA$ と等しくなければならない．
(13.9)式より，

$$P = \int f dA = aA + b \int \frac{dA}{R+y} \tag{13.10}$$

ここで，A は断面積，a と b は未定係数である．純曲げの場合は力 P が消える．

　中立軸まわりの外部曲げモーメント M が内部力 $\int f y dA$ と等しくなければならないので，

$$M = \int f y dA = a \int y dA + b \int \frac{y dA}{R+y}$$

距離 y は中立軸から測った値なので，右辺の最初の積分はゼロである．2番目の積分は2つの項に分解できる．

$$\int \frac{y dA}{R+y} = \int \left(1 - \frac{R}{R+y}\right) dA = A - R \int \frac{dA}{R+y}$$

曲げモーメントの式は次のようになる．

$$M = bA - bR \int \frac{dA}{R+y} \tag{13.11}$$

b 以外の項は，すべて梁の寸法と荷重から既知なので，未定係数 b は(3.11)式から求めることができる．他の未定係数 a は(3.10)式から求めることができる．応力分布は(13.9)式から得ることができる．軸力 P の影響により係数 a と応力 f が P/A だけ変化する．したがって，$P=0$ のときの曲げ応力と図心に働く軸力 P によって生じる応力を重ね合わせることによって同じ応力分布を求めることができる．

　いろいろな曲り梁の最外層にある繊維の応力は曲げの式で求められる応力との比率として決めることができる．これらの比率がいろいろな断面について計算されている．よくある断面に関して，$f = kMc/I$ の k の値を図 13.11 にプロッ

トした.$R/c=1$ の場合,すなわち,梁の凹の側の面の鋭い凹角において,応力は常に無限大になることがわかる.構造や機械加工部品において,このような凹角は避けるべきである.

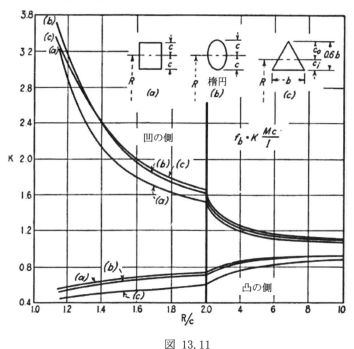

図 13.11

梁の曲率の影響のうち,単純な理論で解析することができないものは,図 13.12 に示すような薄いフランジの梁に発生する現象である.梁の凹の側が圧縮である場合,図 13.12(b)に示すようにフランジが中立軸の側に変形しようとする.曲げ応力は水平のフランジに沿って一様に分布せず,ウェブに近い場所の

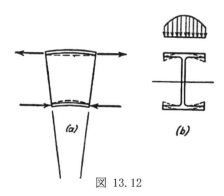

図 13.12

第 13 章　引張，曲げ，ねじりを受ける部材の設計

応力ほうがフランジの端よりも高い（図 13.12(b) の上に示す）．梁の凸の側に圧縮応力が働く場合，フランジが中立軸から離れるように変形するが，フランジの水平方向の幅に沿う応力分布は図示したものと全く同じである．

問題

13.1　端を管の軸に対して 30° 以下の角度で溶接した 0.065 in. の鋼管の引張強度はどれだけか．以下の場合について求めよ．

(a) F_{tu} = 95,000 psi

(b) 溶接後に F_{tu} = 150,000 psi まで熱処理した場合

(c) F_{tu} = 150,000 psi の熱処理をした後，溶接した場合

溶接部の近傍の許容応力は ANC-5 によること．

13.2　1-1/2×0.065 in. 24S-T アルミ合金の管の終極引張強度はどれだけか．端を 1 列の AN4 ボルトで結合する．管の許容応力は F_{tu} = 64,000 psi とする．

13.3　以下の寸法の鋼管の終極曲げモーメントを求めよ．

　　　1-3/4×0.049 in.
　　　1/3/4×0.058 in.
　　　1-3/4×0.083 in.

これらの各鋼管の熱処理が，F_{tu} = 125,000 psi, F_{tu} = 150,000 psi, F_{tu} = 180,000 psi の各場合について検討せよ．

13.4　10,000 in-lb の曲げモーメントに耐える最も軽い標準鋼管を求めよ．F_{tu} = 180,000 psi とする．

13.5　30,000 in-lb の曲げモーメントに耐える F_{tu} = 125,000 psi の円形鋼管を設計せよ．試した寸法の安全余裕を計算せよ．

13.6　b = 0.5 in., h = 2 in. の長方形断面の梁の終極曲げモーメントを求めよ．材料は 14S-T アルミ合金鍛造材である．f_m = 65,000 psi, f_0 = 60,000 psi の台形の応力-歪曲線を仮定すること．

13.7 図 13.8 の幅の寸法を 0.2 から 0.4 in. に変えて，他の寸法は変えずに，13.4 項の例題をやり直せ.

13.8 管，C 断面，I 断面の寸法を仮定して，図 13.7 に示す K の値を計算せよ.

13.9 R/c が 1.4, 2, 4 の場合について，図 13.11 の曲線(a)の点を計算せよ.

13.10 R/c が 1.2, 1.6, 2 の場合について，図 13.11 の曲線(c)の点を計算せよ.

13.6 円形の軸のねじり

 弾性体の円形断面の円柱状の部材にねじりモーメントが働く場合の応力は簡単に求めることができる．軸のどの断面においても，断面に垂直な方向のゆがみや，断面内のゆがみが無いことが実験的にわかっている．図 13.13(b)に示すどの 2 つの断面の間においても，中心軸に関して相対的に回転している．2 つの断面間で半径方向，または軸方向の相対的な変形がないので，応力は周方向と軸方向のせん断応力だけである（図 13.13(b)参照）.

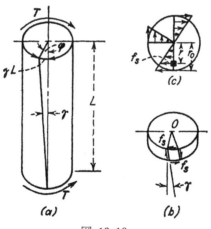

図 13.13

せん断歪 γ とせん断応力 f_s は軸の中心からの距離 r に比例して線形に変化しなければならない.

$$f_s = Kr \tag{13.12}$$

第13章 引張,曲げ,ねじりを受ける部材の設計

K は後で決める比例定数である.外部ねじりモーメント T は断面に働く内部せん断力によるモーメントの合計と等しくなければならない.

$$T = \int f_s r dA = K \int r^2 dA \tag{13.13}$$

(13.13)式の積分は断面の極慣性能率で,ふつう J または I_p と表される.K の値は(13.13)式から $K = T/J$ で求めることができる.この値を(13.12)式に代入すると,円形断面の軸に働くねじりによるせん断応力の式が次のように得られる.

$$f_s = \frac{Tr}{J} \tag{13.14}$$

(4.14)式によると,$J = I_p = I_x + I_y$ である.円形の軸,または管では,$I_x = I_y$,$r = y$ であるので,$J/r = 2I/y$ である.

円形の軸のねじれ角はせん断歪の角度から得ることができる.せん断弾性係数 G はせん断応力とせん断歪の比で定義されるので,

$$G = \frac{f_s}{\gamma} \tag{13.15}$$

G は E と次の関係にある.

$$G = \frac{E}{2(1+\mu)} \tag{13.16}$$

ポアソン比 μ の値は 0.25 から 0.33 の間にあるので,G の値は $0.40E$ から $0.375E$ の間にある.

図 13.13 に示す半径 r_0 の軸は長さ L で ϕ だけねじれる.上側の断面の周囲にある点はこの変形の間に長さ L の間に ϕr_0 だけ移動する.図に示すように,この点は γL だけ移動するとも言える.

$$\phi r_0 = \gamma L$$

ねじれ角 ϕ は(13.15)式と(13.14)式の値を代入して別の形で表すことができる.

$$\phi = \frac{\gamma L}{r_0} = \frac{f_s L}{G r_0} = \frac{TL}{JG} \tag{13.17}$$

これらの式は,中実の円形断面のねじり部材と中空の円形断面の管状のねじり部材にだけ適用できる.

13.7 円形断面でない軸のねじり

任意の断面のねじり部材の応力を簡単な一般的な式で表すことはできない．しかし，いくつかの特別なケースについては解析されており，せん断応力分布の一般的な性質が調べられている．任意の断面の柱状のねじり部材を図 13.14(a)に示す．この部材の表面の小さな立方体要素を拡大して図 13.14(b)に示す．一般的にはこのような要素においては 3 組のせん断応力, f_1, f_2, f_3 が存在するが，この要素の 1 つの面が自由表面である場合には，自由表面のせん断応力 f_2 と f_3 はゼロでなければならない．

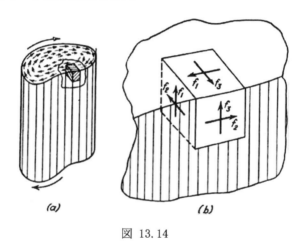

図 13.14

したがって，境界にある要素では境界に平行なせん断応力 f_1 だけが存在する．図 13.14(a)に示すように，境界に近い断面に働くせん断応力は境界に平行である．この断面に働くせん断力の合計は外部ねじりモーメントに等しくなければならない．

正方形断面の軸にねじりが負荷されたときの変形を誇張して描いたのが図 13.15(a)である．断面の角の要素の直交する 2 つの面にはせん断応力が無いので，図 13.14(b)の要素と比較することによって，角では f_1, f_2, f_3 がゼロであることがわかる．断面のせん断応力は各側面の中央で最大となり，その向きは図 13.15(b)に示すようになっている．図 13.15(a)に示すように，角にある立方体の要素は立方体のままであるが，側面の中央にある要素は大きなせん断変形をする．したがって，断面は平面を保つことができなくて，図に示すようにゆがむ

第13章　引張，曲げ，ねじりを受ける部材の設計

（warping という）．

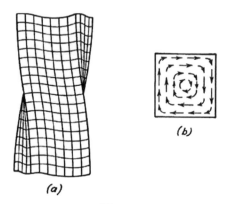

図 13.15

　航空機の構造によく用いられる部材の一種に幅の狭い長方形断面の部材がある．このような断面はねじり部材には不十分であるが，ある程度のねじり応力に耐える必要があることがよくある．図 13.16 に示す長さ b，幅 t の断面では，せん断応力は境界に対して平行な向きでなければならない．

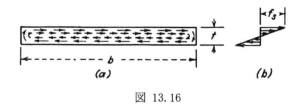

図 13.16

厚さ t に比べて長さ b が大きい場合には，端末効果は小さく，長さ b の全長にわたってせん断応力分布が図 13.16(b)に示すようになっていると仮定できる．このとき，せん断応力は次の値であることを示すことができる．

$$f_s = \frac{3T}{bt^2} \tag{13.18}$$

(13.18)式は幅 b が厚さ t に比べて大きいときに正しい．辺の寸法が同じ程度の大きさの長方形断面の場合，最大応力は長いほうの辺の中央で発生し，その大きさは次の式で表される．

$$f_s = \frac{T}{\alpha b t^2} \tag{13.19}$$

α の値を表 13.1 に示す．これらの値は理論的に計算されたものであり[2]，ここでの説明の範囲を超える．比 b/t が大きい場合には，α の値は 0.333 になり，(13.18)式に一致する．b/t が小さい場合には，端末効果が大きくなり，α の値は 0.333 より小さい．

表 13.1 (13.19)式と(13.20)式の定数

b/t	1.00	1.50	1.75	2.00	2.50	3.00	4	6	8	10	∞
α	0.208	0.231	0.239	0.246	0.258	0.267	0.282	0.299	0.307	0.313	0.333
β	0.141	0.196	0.214	0.229	0.249	0.263	0.281	0.299	0.307	0.313	0.333

長さ L の長方形の軸のねじれ角は次の式で計算できる．

$$\phi = \frac{TL}{\beta b t^3 G} \tag{13.20}$$

ここで，ϕ はラジアンで表され，β は表 13.1 に示された定数である．

板が図 13.17 に示す断面のように曲がっていても，部材の端の断面が自由にゆがむことができるようになっていれば，長方形板のねじり特性はほとんど影響を受けない．したがって，このような断面でも(13.19)式と(13.20)式で解析できる．任意の断面の軸のねじれ角は次の式で表される．

$$\phi = \frac{TL}{KG} \tag{13.21}$$

ここで，K は断面だけに依存する定数である．(13.20)式と(13.21)式を比較すると、長方形断面の K の値は $\beta b t^3$ であることがわかる．

第13章 引張，曲げ，ねじりを受ける部材の設計

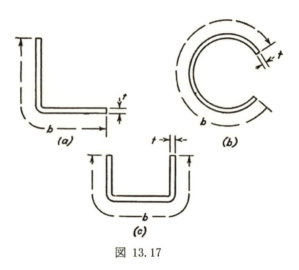

図 13.17

図 13.18 に示すような長方形断面がいくつか組み合わさってできた断面では，K の値は近似的に次の式で表される．

$$K = \beta_1 b_1 t_1^3 + \beta_2 b_2 t_2^3 + \beta_3 b_3 t_3^3 \tag{13.22}$$

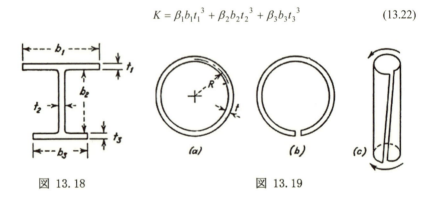

図 13.18　　　　　図 13.19

例題

図 13.19(a)に示す半径 R，板厚 t の円形の管がある．この管とこの管の全長にスリットを入れたもの（図 13.19(b)と(c)参照）について，ねじり強度とねじり剛性の比較をせよ．

378

解：
　板厚が薄い管については，断面積と断面2次モーメント（面積の慣性能率）は近似値を使えば十分である．断面積は周囲の長さに板厚をかけたものと等しい．極回転半径（polar radius of gyration）は R とほぼ等しいので，極慣性能率は次の式で計算される．

$$J = 2\pi R^3 t \tag{13.23}$$

最大せん断応力を計算するには外側半径の代わりに平均半径を使っても十分正確である．閉断面の管の値は(13.14)式と(13.17)式から計算できる．

$$f_s = \frac{Tr}{J} = \frac{T}{2\pi R^2 t} \tag{13.24}$$

$$\phi = \frac{TL}{JG} = \frac{TL}{2\pi R^3 tG} \tag{13.25}$$

　スリットが入った管は(13.18)式と(13.20)式で $b = 2\pi R$ と $\alpha = \beta = 0.333$ として計算できる．

$$f_s = \frac{3T}{2\pi Rt^2} \tag{13.26}$$

$$\phi = \frac{3TL}{2\pi Rt^3 G} \tag{13.27}$$

2つの部材のせん断応力の比は(13.26)式を(13.24)式で割って得られる．閉断面の管の応力とねじれ角の値を f_{s0} と ϕ_0 と書くと，

$$\frac{f_s}{f_{s0}} = \frac{3R}{t} = 60$$

スリットのある管のせん断応力は閉断面の管のせん断応力の60倍であり，許容せん断応力が等しければ閉断面の管のほうが60倍強いことがわかる．
　2つの部材のねじり剛性を比較するには，(13.27)式を(13.25)式で割って，

$$\frac{\phi}{\phi_0} = \frac{3R^2}{t^2} = 1{,}200 \tag{13.28}$$

　同じねじれ角を負荷すると，閉断面の管では開断面の管に比べて1,200倍のねじりモーメントが発生し，同じねじりモーメントを負荷すると，開断面の管では1,200倍のねじれ角が発生する．以上の説明では，開断面の管は図13.19(c)のように変形して，両端の断面がたわみに対して拘束されていないと仮定した．

13.8 ねじり部材の端の拘束

前項では,ねじり部材の両端の断面は元の平面から自由にたわむことができ,断面に垂直な応力が無いと仮定した.航空機構造部材の多くは薄いウェブで構成されており,このような部材では閉断面の箱型構造にしないかぎりねじり荷重には有効ではないと言われている.場合によっては薄い開断面のウェブを使う必要があり,そのような場合にはある程度のねじり剛性と強度を確保するために端を拘束するべきである.

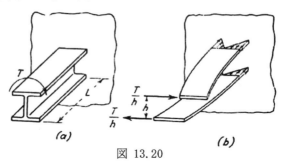

図 13.20

図 13.20 に示す I 型梁が,個々の長方形断面に分布したせん断応力(図 13.16 参照)でねじりモーメントの一部を受け持つ.ねじりモーメントの残りは梁のフランジの水平方向の曲げで受け持たれる(図 13.20(b)参照).この 2 つの方法で受け持たれるねじりモーメントの比率は断面寸法と部材の長さに依存する.この比率は部材の長手方向にも変化し,固定端では自由端よりもフランジの曲げの比率が高い.

ウェブが薄くてそれほど長くない部材では,ねじりモーメントの全部がフランジの曲げで受け持たれると仮定することができる.この仮定は,第 8 章で主脚室のために下面外板が切り欠かれた主翼の解析で用いたものである.厚いウェブの長い部材の場合には,ねじりモーメントの全部が長方形の要素のねじり剛性で受け持たれると仮定することができる.しかし,場合によってはこれらの各方法によって受け持たれるねじりモーメントの割合を計算する必要がある.

両端が拘束されていない部材のねじりを図 13.21 に示す.ねじれ角は(13.21) 式で計算されるように長さ方向に

図 13.21

13.8 ねじり部材の端の拘束

一様に変化する．図 13.20(b)に示すようなフランジの曲げでねじりを受け持つ部材の場合は，フランジの曲げ応力は自由端でゼロで固定端で最大となるように変化する．ねじれ角と断面のたわみの量は長手方向に変化する．I 型断面の梁については Timoshenko [2] が長さ L の場合のフランジの最大曲げモーメント M_{max}，ウェブのせん断で受け持たれる最大ねじりモーメント T'_{max}，ねじれ角 θ に関して次の式を導いた．

$$M_{max} = \frac{T}{h} a \tanh \frac{L}{a} \tag{13.29}$$

$$T'_{max} = T\left(1 - \text{sech}\frac{L}{a}\right) \tag{13.30}$$

$$\theta = \frac{T}{KG}\left(L - a\tanh\frac{L}{a}\right) \tag{13.31}$$

定数 a はフランジの曲げ剛性とねじり剛性の比である．

$$a = \frac{h}{2}\sqrt{\frac{2I_f E}{KG}} \tag{13.32}$$

I_f の項は垂直な軸まわりの梁の片方のフランジの断面2次モーメント，K は (13.22)式で定義される値，h は梁の高さでフランジの中心間の距離である．図 13.20 に示す I 型断面梁の解析は，長さ $2L$ の梁の中央に $2T$ のねじりモーメントを負荷し，両端で断面の面外たわみを拘束せずに両端でその半分のねじりモーメントを支持する場合にも適用できる．この場合には，荷重の対称性からわかるように，梁の中央の断面のたわみが拘束されている．

図 13.22(a)に示すチャンネル断面が航空機構造部材としてよく用いられる．チャンネル部材が片方の端で拘束されていると，I 型梁と同じようにしてフランジの曲げでねじりモーメントを受け持つ（図 13.20(b)参照）．垂直のウェブがフランジとともにフランジ曲げに対抗するように働くので，フランジの曲げの解析は I 型梁に比べて少し複雑である（図 13.22(a)参照）．図 13.22(b)に示す断面はチャンネル断面と同じように働くが，応力分布の解析はさらに難しくなる．

第13章　引張，曲げ，ねじりを受ける部材の設計

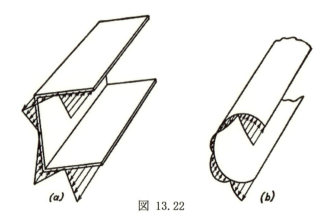

図 13.22

13.9 弾性限を超えるねじり応力

これまでのねじり応力の解析では応力が弾性限より低いと仮定していた．実際の設計では終極ねじり強度が必要である．純せん断を受ける試験片の応力-歪曲線に関する公表された情報は多くないが，引張の応力-歪曲線と同じ一般的な形をしており，引張の曲線の縦軸を約 0.6 倍したものとなっている．したがって，応力が弾性限を超えた場合の丸棒のねじり応力は図 13.23 のようになる．梁の塑性曲げの場合と同じように，真の応力分布で考えるよりも仮想的な応力で考えるほうが便利である．この応力のことをねじり強度（torsional modulus of rupture）F_{st} と呼び，次の式で定義する．

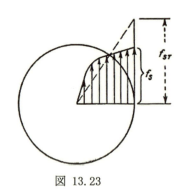

図 13.23

$$F_{st} = \frac{Tr}{J} \tag{13.33}$$

ここで，T は部材の終極ねじりモーメントである．鋼管では，F_{st} は断面の比率に依存する．外径と壁の厚さの比 D/t のいろいろな値に対する比率 F_{st}/F_{tu} の値を図 13.24 に示す．これらの曲線は ANC-5a[3] からとった．

13.9 弾性限を超えるねじり応力

(13.33)式は円形または中空断面にだけ適用でき，図 13.24 は各種の航空機用鋼のこのような断面の許容応力を示す．円形でない断面の塑性ねじり応力の分布は簡単な解析では求めることができない．円形でない断面の部材の設計に使う許容ねじりモーメントを決めるためには，静強度試験を行う必要がある．

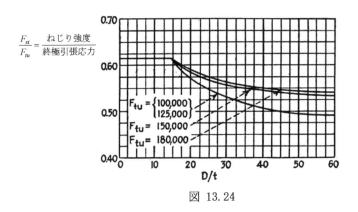

図 13.24

例題 1

1×0.065 in. の円形の鋼管に 5,000 in-lb の設計ねじりモーメントが負荷される．終極引張応力 F_{tu} が 100,000 psi のときの安全余裕を求めよ．

解：

付録の表 1 から，この管について $D/t = 15.38$ と $I/y = 0.04193$ in.^{3} が得られる．図 13.24 から $F_{st}/F_{tu} = 0.6$ が得られる．したがって，安全余裕が次のように計算される．

$$F_{st} = 0.6 \times 100,000 = 60,000 \, \text{psi}$$

$$f_{st} = \frac{Tr}{J} = \frac{T}{2I/y} = \frac{5,000}{2 \times 0.04193} = 59,600 \, \text{psi}$$

$$\text{MS} = \frac{F_{st}}{f_{st}} - 1 = \frac{60,000}{59,600} - 1 = \underline{0.007}$$

例題 2

ねじりモーメント 8,000 in-lb に耐える円管を設計せよ．最小厚さを 0.049 in.，材料の終極引張応力 F_{tu} を 100,000 psi とする．

第13章 引張, 曲げ, ねじりを受ける部材の設計

解：

許容応力が比 D/t に依存し, 管を決めないとこの値が決まらないので, 試行錯誤でねじりを受ける管を設計する. ほとんど同じ重量の管については, 断面が大きいと I/y が大きくなるが, 管の板厚が大きくなると強度が大きくなる. したがって, 同じ重量と同じ強度を持つような管がいくつもあるだろう. 一般的には D/t が大きいほうが強度対重量で有利である. 平均的な比率 $F_{st}/F_{tu} = 0.6$ を第一近似として仮定すると, $F_{st} = 60{,}000$ psi である. 管の数値が次のように得られる.

$$必要 \frac{J}{r} = \frac{2I}{y} = \frac{T}{F_{st}} = \frac{8{,}000}{60{,}000}$$

したがって,

$$必要 \frac{I}{y} = 0.0667 \text{ in.}^3$$

付録の表1から, この I/y の値で最も軽い管は 1-1/2×0.049 in.の管で, $D/t = 30.60$, $I/y = 0.07847$, 重量が 6.32 lb/100 in.である. 図 13.24 から, $F_{st}/F_{tu} = 0.53$ なので, $F_{st} = 53{,}000$ psi である. 安全余裕は次のように計算される.

$$f_{st} = \frac{T}{2I/y} = \frac{8{,}000}{2 \times 0.07847} = 51{,}000 \text{ psi}$$

$$\text{MS} = \frac{F_{st}}{f_{st}} - 1 = \frac{53{,}000}{51{,}000} - 1 = \underline{0.04}$$

必要な強度を持つ最も軽い管を選ぶために, 他の管について以下のように比較する. 調べた管のうち 1-1/2×0.049 in.の管の安全余裕だけが正になった. 0.049 in.の最小板厚で, 1-1/2×0.049 in.の管よりも軽い管は明らかに必要強度よりも強度が低い.

表 13.2

管	$\dfrac{wt}{100\text{ in.}}$	$\dfrac{D}{t}$	$\dfrac{I}{y}$	F_{st}	f_{st}	MS
1½ × 0.049	6.32	30.60	0.07847	53,000	51,000	0.04
1⅜ × 0.049	5.78	28.05	0.06534	54,000	61,500	−0.12
1¼ × 0.058	6.15	21.55	0.06187	56,000	64,700	−0.12

13.10　組み合わせ応力と応力比

　引張，曲げ，またはねじりを受ける部材の設計についてこれまでの項で説明してきた．しかし，航空機の構造部材には2種類またはそれ以上の荷重条件が同時に加わることが多い．応力が材料の弾性限よりも小さければ，ある点における直応力とせん断応力を第4章で説明した方法で組み合わせることができる．大部分の機械設計におけるように，弾性限に基づく作用応力を使う場合には，ある点における主応力と最大せん断応力を許容作用応力と比較するのがふつうである．

　部材を終極強度で設計する場合には，塑性曲げ，または塑性ねじりの場合には真の主応力を計算することができない．たとえ真の応力がわかったとしても，組み合わせ荷重下での破壊が発生する荷重を予想することは困難である．引張部材の破壊は平均応力が材料の終極引張強度 F_{tu} に達したときに発生する．しかし，組み合わせ応力が加わる部材は最大主応力が F_{tu} の値になる前に破壊するかもしれない．たとえば純せん断の破壊は主引張応力と主圧縮応力が約 $0.6F_{tu}$ になったときにおこる．材料の破壊理論

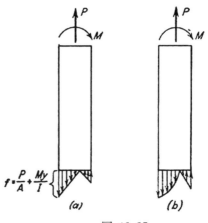

図 13.25

がいろいろ提案されてきたが，すべての材料の破壊を予想する簡単な方法はない．

　曲げとせん断の仮想的な応力を考慮して，組み合わせ荷重条件に対する許容終極荷重を求める実際的な方法を Shanley[4] が提案した．この方法は応力比を使うやり方で，航空機構造の解析で非常によく使われてきた．応力比を使う方法は2種類かそれ以上の荷重の組み合わせのどのような場合にも適用できるが，場合によってはこの方法を適用するには供試体を使った試験を実施する必要がある．応力比の方法を特別な荷重ケースにまず適用し，その後で一般的な形について説明しよう．

　組み合わせ荷重の最も簡単なもののひとつは引張と曲げの組み合わせである

第13章 引張,曲げ,ねじりを受ける部材の設計

(図13.25参照).この場合は,応力を代数的に足し合わせることができる.荷重が小さい場合には図13.25(a)に示すように断面のどの点においても応力は $P/A+My/I$ である.しかし,応力が弾性限を超えると,応力分布は図13.25(b)に示すようになる.真の応力分布を計算するのは難しいので,強度を予測するには応力比の方法を使うのが便利である.引張が無い純曲げの場合には,曲げ応力比 $R_b=f_b/F_b$ が1に近づくと破壊がおこる.同様に,曲げが無く引張だけの場合には,引張応力比 $R_t=f_t/F_{tu}$ が1に近づくと破壊がおこる.弾性限より小さい応力は直接足し合わせることができるので,応力比を足し合わせることは理にかなっており,試験でこの方法が証明されている.したがって,引張と曲げの組み合わせの破壊は次の条件のもとで発生する.

$$R_b + R_t = 1 \tag{13.34}$$

安全余裕は次の式で定義される.応力比のどちらかがゼロの場合には以前の式に対応している.

$$MS = \frac{1}{R_b + R_t} - 1 \tag{13.35}$$

曲げとねじりを受ける円管の場合は応力を足し合わせることができない.応力が弾性限よりも低い場合には,前に第4章で説明した方法で断面の任意の点における最大応力を簡単に求めることができる.

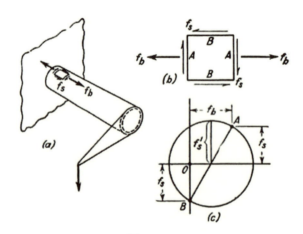

図 13.26

図13.26(a)に示す管の最大引張応力と最大せん断応力は支持部の上側の表面で

13.10 組み合わせ応力と応力比

発生する.管の軸方向の引張応力 f_b は曲げモーメント M から次の式で計算することができる.

$$f_b = \frac{My}{I} \tag{13.36}$$

この面のせん断応力 f_s はねじりモーメント T から次の式で計算することができる.

$$f_s = \frac{Ty}{2I} \tag{13.37}$$

管の上側の小さい要素を図 13.26(b)に拡大して示す.管のこの点における主応力と最大せん断応力は応力 f_b と f_s を使ってモールの円を描くことによって求めることができる(図 13.26(c)参照).最大せん断応力 $f_{s'}$ はこの円の半径に等しい.

$$f_{s'} = \sqrt{(f_s)^2 + \left(\frac{f_b}{2}\right)^2} \tag{13.38}$$

(13.36)式と(13.37)式の f_b と f_s を(13.38)式に代入すると次の式が得られる.

$$f_{s'} = \frac{\sqrt{M^2 + T^2}}{2I/y} = \frac{T_e}{2I/y} \tag{13.39}$$

ここで,T_e は(13.39)式で定義される等価ねじりモーメントである.ねじりのほうが曲げモーメントより大きければ,管の強度を予想するのにせん断応力を使う.曲げモーメントのほうがねじりモーメントに比較して大きければ,せん断応力よりも主応力のほうが重要である.機械設計においては,曲げとねじりについて(13.39)式のせん断応力と主応力が対応する許容応力より小さくなるように設計する.許容応力は降伏応力よりも小さい値である.

管に弾性限よりも高い応力まで荷重を負荷すると,(13.36)式と(13.37)式は真の応力を表さず,曲げ破壊強度やねじり破壊強度を定義する仮想的な応力を表すことになる.したがって,応力が弾性限を超えると(13.38)式と(13.39)式は正しくなくなる.ねじりが曲げモーメントに比べて大きい場合には,図 13.24 から得られる F_{st} の値を許容応力として使えば,管の終極強度を予想するのに(13.39)式を使うことができる.管を設計ためのもっと正確な方法は応力比を使う方法である.曲げ破壊強度 f_b とねじり破壊強度 f_{st} を(13.36)式と(13.37)式から計算し,曲げだけ負荷される場合とねじりだけ負荷される場合の管の許容値 F_b

第13章 引張,曲げ,ねじりを受ける部材の設計

と F_{st} を求める.(13.39)式で荷重をを組み合わせたのと同じように,曲げの応力比 $R_b = f_b/F_b$ をねじりの応力比 $R_{st} = f_{st}/F_{st}$ と組み合わせる.破壊は次の条件でおこる.

$$R_b{}^2 + R_{st}{}^2 = 1 \tag{13.40}$$

安全余裕は次の式で定義される.

$$MS = \frac{1}{\sqrt{R_b{}^2 + R_{st}{}^2}} - 1 \tag{13.41}$$

ここで,曲げモーメントまたはねじりモーメントのどちらかがゼロの場合には,(13.40)式と(13.41)式は曲げだけ,または,ねじりだけの場合と同じ値となる.

(13.34)式と(13.40)式は応力比を組み合わせる場合の2つのやり方を表している.図 13.27 に示すように,2つの応力比を横軸と縦軸にしてこれらの式をプロットすることができる.(13.34)式のグラフは直線であり,(13.40)式は円である.他の荷重の組み合わせはもっと一般的な式で表すことができる.

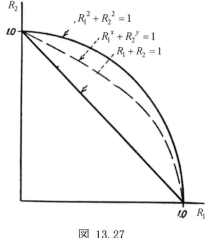

図 13.27

$$R_1{}^x + R_2{}^y = 1 \tag{13.42}$$

ここで,指数 x と y は試験結果をプロットし,図 13.27 に示すように試験データの点を通る曲線の式を描くことによって実験的に求めるのがふつうである.

例題 1

2×0.095 in. の鋼管を終極引張強度 $F_{tu} = 180,000$ psi まで熱処理する.
   (a) 設計引張荷重 50,000 lb と設計曲げモーメント 30,000 in-lb が負荷されるときの安全余裕を求めよ.

13.10 組み合わせ応力と応力比

(b) 設計曲げモーメント 30,000 in-lb と設計ねじりモーメント 50,000 in-lb が負荷されるときの安全余裕を求めよ．

解：
(a) 付録の表 1 から，$A = 0.5685$ in.^{2}，$D/t = 21.05$，$I/y = 0.2586$ in.^{3} である．図 13.3 から，$F_b = 211,000$ psi である．応力と応力比が次のように計算される．

$$f_b = \frac{My}{I} = \frac{30,000}{0.2586} = 116,000 \,\text{psi}$$

$$R_b = \frac{f_b}{F_b} = \frac{116,000}{211,000} = 0.550$$

$$f_t = \frac{P}{A} = \frac{50,000}{0.5685} = 88,000 \,\text{psi}$$

$$R_t = \frac{f_t}{F_{tu}} = \frac{88,000}{180,000} = 0.488$$

安全余裕は(13.35)式で計算できる．

$$\text{MS} = \frac{1}{R_b + R_t} - 1 = \underline{-0.035}$$

安全余裕が負なので，この管は強度不足である．

(b) 曲げの応力比は(a)で計算したのと同じである．ねじり強度は図 13.24 から求めることができる．$D/t = 21.05$ に対して，$F_{st} = 0.58 \times 180,000 = 104,000$ psi．ねじりの応力比は次のように計算される．

$$f_{st} = \frac{Ty}{2I} = \frac{50,000}{2 \times 0.2586} = 96,500 \,\text{psi}$$

$$R_{st} = \frac{f_{st}}{F_{st}} = \frac{96,500}{104,000} = 0.925$$

安全余裕は(13.41)式で計算できて，

$$\text{MS} = \frac{1}{\sqrt{R_b^{\,2} + R_{st}^{\,2}}} - 1 = \underline{-0.07}$$

この管は強度不足である．

第13章　引張，曲げ，ねじりを受ける部材の設計

問題

13.11　2×0.083 in.の 24S-T アルミ合金製の管にねじりモーメント 8,000 lb が負荷される．最大せん断応力とねじれ角を求めよ．

13.12　エレベータの 24S-T アルミ合金製トルクチューブの寸法が 2×0.083 in である．せん断応力の値が 10,000 psi で長さが 80 in.のときのねじれ角を求めよ．

13.13　図 13.18 に示す 24S-T 押出し型材の寸法は $b_1 = b_2 = b_3 = 2$ in., $t_1 = t_2 = t_3 = 0.2$ in.である．ねじりモーメントが 100 in-lb，長さ 10 in.のときのせん断応力とねじれ角を求めよ．次の2つの仮定を考えよ．
　(a) 両端のゆがみを拘束しない場合
　(b) 片端のゆがみを拘束する場合

13.14　問題 13.13 を長さ 20 in.として計算せよ．

以下の問題では荷重は終極荷重，すなわち設計荷重である．

13.15　10,000 in-lb のねじりモーメントに耐える鋼の円管を設計せよ．材料特性を以下のように仮定すること．
　(a) $F_{tu} = 100,000$ psi
　(b) $F_{tu} = 125,000$ psi
　(c) $F_{tu} = 180,000$ psi

13.16　10,000 lb の引張荷重と 5,000 in-lb の曲げモーメントに耐える鋼の円管を設計せよ．材料特性として次の値を使用すること．
　(a) $F_{tu} = 100,000$ psi
　(b) $F_{tu} = 150,000$ psi

13.17　6,000 in-lb の曲げモーメントと 8,000 in-lb のねじりモーメントに耐える鋼の円管を設計せよ．(13-39)式を予備的な検討に使い，最終的な設計には応力比の方法を使用すること．以下を仮定すること．
　(a) $F_{tu} = 125,000$ psi
　(b) $F_{tu} = 180,000$ psi

13.18 溶接部に近い断面で，溶接後に熱処理をするとして，問題 13.17 を解け．

第 13 章の参考文献

[1] Cozzone, F. P.: Bending Strength in the Plastic Range, J. Aeronaut. Sci., May, 1943, p.137.
[2] Timoshenko, S.: "Strength of Materials," Part I, D. Van Norstrand Company, Inc., New York, 1930.
[3] ANC-5a, "Strength of Metal Aircraft Elements," Subcommittee on Air Force-Navy-Civil Aircraft Design Criteria of the Munitions Board Aircraft Committee, May, 1949.
[4] Shanley, F. R., and Ryder, E. I.: Stress Ratios, Aviation Mag., June, 1937.

第14章　圧縮を受ける部材の設計

14.1 梁のたわみの式

　圧縮部材，あるいは柱の設計に使う方法は梁のたわみの式に基づいている．柱は直接の圧縮応力だけで破壊するのではなく，圧縮と曲げ応力の組み合わせの結果で破壊する．曲げ応力の大きさは曲げ変形に依存するので，梁のたわみの式から柱の式を導く必要がある．

　梁のたわみの式は応力が歪に比例するという通常の仮定と，変形は元の寸法に比べて小さいという仮定から導かれる．曲げ応力による変形だけを考えるのがふつうであり，せん断変形が大きい場合には，別に計算して重ね合わせる．最初に真っ直ぐだった梁の変形を図 14.1 に誇張して示す．dx の距離だけ離れた2つの断面は応力が無い場合には平行であるが，応力がある場合には相対角度が $d\theta$ である．この角度 $d\theta$ は中立軸と中立軸から下に距離 c だけ離れた点の間の小さな三角形を考えることで得ることができる．この点の応力 f は曲げの式から得ることができる．

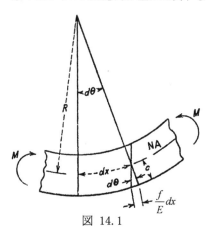

図 14.1

$$f = \frac{Mc}{I} \tag{14.1}$$

中立軸からの距離 c の長手方向の長さ dx の繊維の伸びは fdx/E である．角度 $d\theta$ はこの伸びを距離 c で割ることによって得られる（図14.1 参照）．

$$d\theta = \frac{fdx}{Ec} \tag{14.2}$$

(14.1)式と(14.2)式から，

$$d\theta = \frac{M}{EI}dx \tag{14.3}$$

梁のたわみの曲線は座標 x と y で表すことができる（図 14.2 参照）．梁は最初は真っ直ぐで x 軸に平行であるとする．たわみが小さく，たわみ曲線の接線と x 軸とのなす角度 θ も十分小さく，ラジアンで表した角度がこの角度のサイン，タンジェントと等しいと仮定しても十分正確である．

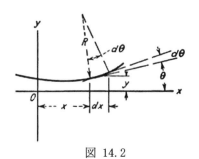

図 14.2

$$\theta = \sin\theta = \tan\theta \tag{14.4}$$

$$\theta = \frac{dy}{dx} \tag{14.5}$$

(14.3)式と(14.5)式から，

$$\frac{d^2y}{dx^2} = \frac{M}{EI} \tag{14.6}$$

梁のたわみを計算する方法はすべて(14.6)式に基づいている．正の曲げモーメントが正の曲率 d^2y/dx^2 を生じるので，たわみ y は上方向を正とすることに注意されたい．(14.6)式は y の正方向を下向きにとるという仮定を使って導くことがあるが，正の曲げモーメントが負の曲率を生じるので，その場合には負の符号をつける．

14.2 長い柱

圧縮部材は圧縮荷重によって生じる横方向の曲げがもとで破壊しやすく，これをふつう座屈（buckling）と呼んでいる．長さが他の寸法に比べて大きい柱（column）の場合には，弾性座屈（elastic buckling）が起きる．これは，弾性限以下の圧縮応力で柱が座屈することを言う．このような柱のことを長柱（long column）という．

図14.3に示す真っ直ぐな柱が圧縮力 P によってたわんだ状態にあると仮定する．任意の断面の曲げモーメントは次の式で求めることができる．

$$M = -Py \tag{14.7}$$

第14章 圧縮を受ける部材の設計

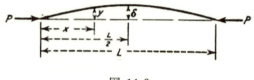

図 14.3

どの点においても材料は弾性限を超えていないと仮定すると，(14.6)式を適用できる．たわみ曲線の微分方程式が(14.6)式と(14.7)式から得られる．

$$\frac{d^2y}{dx^2} + \frac{P}{EI}y = 0 \tag{14.8}$$

(14.8)式の一般解は次のようになる．

$$y = C_1 \sin\sqrt{\frac{P}{EI}}x + C_2 \cos\sqrt{\frac{P}{EI}}x \tag{14.9}$$

代入することによりこの解が正しいことを証明することができ，この式が2つの任意の係数を持っているので，2階の微分方程式の解であることがわかる．図14.3に示す端末の条件を満足するために，たわみ曲線が点 $(x=0, y=0)$ と点 $(x=L, y=0)$ を通らなければならない．最初の条件を(14.9)式に代入すると，$C_2 = 0$ が得られる．2番目の条件，$x=L$ のときに $y=0$ は，$C_1 = 0$ とすると成り立つが，これは荷重が小さいときに柱が真っ直ぐであるという自明の解に対応する．柱の解析に意味のある解は，柱がたわんでいる解で，C_1 がゼロでない解である．この解は柱が座屈していることを表し，P の値が次の条件を満足する場合に得られる．

$$\sqrt{\frac{P}{EI}}L = \pi, 2\pi, 3\pi, \cdots, \text{or } n\pi$$

すなわち，

$$P = \frac{n^2\pi^2 EI}{L^2} \tag{14.10}$$

P の値は $n=1$ のときに最小となり，座屈を生じる P の最小の値で柱が破壊するので，n の大きい場合は重要ではない．結局，限界荷重（critical load），または座屈荷重（buckling load）P_{cr} は次の式で表される．

$$P = \frac{\pi^2 EI}{L^2} \qquad (14.11)$$

座屈応力 $F_{cr} = (P_{cr}/A)$ を使うほうが便利なことがある．断面の回転半径（radius of gyration of cross-section），$\rho = \sqrt{I/A}$ を導入すると，(14.11)式は次のようになる．

$$F_{cr} = \frac{\pi^2 E}{\left(\dfrac{L}{\rho}\right)^2} \qquad (14.12)$$

長柱の解析はスイスのオイラー（Euler）によって最初に発表された．ふつう(14.11)式（または(14.12)式）をオイラーの式（Euler equation）と呼び，座屈荷重のことをオイラー荷重（Euler load）と呼ぶことがある．

　限界荷重における C_1 の値を求めることはできない．この値は柱の中央の最大たわみ δ に等しいが，仮定した条件では不定である．P_{cr} より小さい荷重ではたわみ C_1，または δ はゼロでなければならず，柱は真っ直ぐである．限界荷重では，最大応力が弾性限より低い任意のたわみ δ が釣り合い条件を満足する．標準試験機を使って長い柱に荷重を負荷する試験でこれを示すことができる．Euler 荷重に到達する前は，柱の両端が一緒に動く間，柱は真っ直ぐなままである．両端がさらに動くと，荷重がオイラー荷重のままで一定で，横変形 δ が増大する．弾性限を超えない場合は，荷重を取り除くと，柱は最初の形に戻る．

14.3 偏心荷重を受ける柱

　実際の構造では柱が完全に真っ直ぐであることはなく，荷重が断面の図心にかかることはありえない．実際の長い柱の挙動は図 14.4 に示す部材で近似することができる．この図では，柱が真っ直ぐで，両端の荷重が a だけ偏心している．座標軸を図のようにとる．(14.7)式と(14.8)式が成り立つので，たわみ曲線の式は(14.9)式のままであるが，定数 C_1 と C_2 はたわみ曲線が 2 つの条件，$(x=0, y=\delta+a)$ と $(x=0, dy/dx=0)$ を満足することから求めることができる．この 2 つの条件を(14.9)式に代入して，次の式が得られる．

第14章 圧縮を受ける部材の設計

$$y = (\delta + a)\cos\sqrt{\frac{P}{EI}}x \tag{14.13}$$

δ の値は $x = L/2$ で $y = a$ という条件から求めることができる.

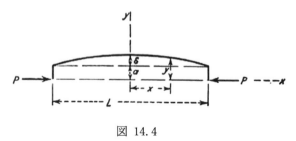

図 14.4

これらの値を(14.13)式に代入して次の値を得ることができる.

$$\delta + a = a\left(\sec\sqrt{\frac{P}{EI}}\frac{L}{2}\right) \tag{14.14}$$

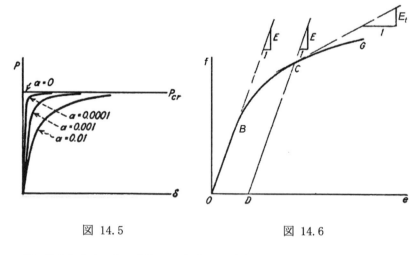

図 14.5　　　　　　図 14.6

偏心荷重を受ける柱の変位 δ は荷重 P の増加につれて増大する. 荷重 P が(14.11)式のオイラー荷重 P_{cr} に近づくと $\sec(\pi/2) = \infty$ だから, 変位は無限大になる. (14.14)式で定義される P といろいろな偏心量 a との図 14.5 に関係を示す.

すべての曲線が $P = P_{cr}$ に漸近する．P_{cr} は荷重の偏心に関係ない理論的な座屈荷重である．変形が大きいと応力が弾性限を超え，長柱の式が成り立たなくなるので，オイラー荷重に到達する前に破壊する可能性がある．

14.4 短い柱

ある特定の材料でできた柱は細長比 L/ρ で分類される．ある限界値よりも大きい細長比の柱は長柱として(14.12)式を使って解析できる．短柱はこの限界値よりも小さい細長比の柱である．限界値 L/ρ は，図 14.6 の B 点に示すように，柱の最大圧縮応力が圧縮応力-歪曲線が直線から離れる応力に等しくなる値である．この応力は図 14.6 の 0.002 の永久歪を生じる C 点の降伏応力よりかなり小さいのがふつうである．

第 11 章で述べたように，ほとんどの航空機用材料の応力-歪曲線は図 14.6 に類似しており，応力-歪曲線はすべての点で正の傾きを持っている．弾性限よりも低い応力では，この応力-歪曲線の傾きは一定で弾性係数 E に等しく，弾性限より上での変化する傾きを接線剛性（tangent modulus of elasticity）E_t という．軟鋼のような延性材料では降伏点の近くで E_t がゼロまたは負の値をとる．E_t の値がすべての点で正であれば，短柱は降伏点を超えても完全に真っ直ぐな状態を保つ．このような柱に小さい横方向の変形があれば，内部モーメントは E のかわりに圧縮の接線剛性 E_t を使って(14.6)式と同じような式から求めることができる．

$$M = E_t I \frac{d^2 y}{dx^2} \tag{14.15}$$

この内部モーメントが荷重 P によって生じる曲げモーメントよりも大きければ，柱は真っ直ぐなままである．内部モーメントが外部曲げモーメントよりも小さければ，変形が増加して，柱が破壊するだろう．荷重 P による曲げモーメントが(14.15)式によって定義されるモーメントに等しいとき，E の代わりに E_t を使って荷重 P をオイラーの式と同じように求めることができる．

$$P = \frac{\pi^2 E_t I}{L^2} \tag{14.16}$$

この式を接線剛性の式，または Engesser の式という．

接線剛性の式は短柱の真の条件を表してはいない．図 14.6 の応力-歪曲線の C

第 14 章 圧縮を受ける部材の設計

点において，圧縮歪が少し増加すると，圧縮応力が曲線の傾き E_t の部分の CG だけ増加する．少しの圧縮歪の増加が傾き E の線 CD で示される応力の減少を生じる．短柱が凸の部分の圧縮歪が減少するように横方向に変形すると，この部分の断面の弾性係数は E_t ではなくて E なので，内部モーメントは(14.15)式で計算される値より大きくなる．したがって，適切な弾性係数は E と E_t の間にあるべきである．柱が横方向に支持されていて，終極荷重が負荷されるまで真っ直ぐに保たれており，その後に軸荷重が変化せずに座屈するという仮定に基づいて有効な弾性係数の値が導かれてきた．この弾性係数をオイラーの式に代入して得られる柱の方程式は相当弾性係数（Reduced Modulus）の式と呼ばれ，文献によく出てくる．

短柱の正しい耐荷荷重は接線剛性の式と相当弾性係数の式の間にあることを Shanley [1],[2] が示した．柱の終極荷重に達する前に歪の逆転が発生するので，接線剛性の式はわずかに小さい値となる．荷重が負荷されるときには柱は横方向に支持されていないので，相当弾性係数の式は常に大きすぎる値を与える．接線剛性の式が試験結果に近いことと，常に安全側であることから，接線剛性の式がよく用いられる．

細長比 L/ρ に対する平均圧縮応力 $F_c = P/A$ をプロットして柱の式を表すことが多い．このような図を図 14.7 に示す．

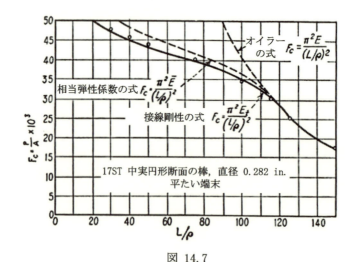

図 14.7

この材料で長柱の挙動を示すようになる細長比は約 115 である．この点における応力は図 14.6 の点 B に対応する．細長比が 115 より小さいと，圧縮応力がより高く，接線剛性 E_t が E よりも小さい．短柱領域では柱の曲線がオイラー曲線よりも低い．試験結果の点が接線剛性の曲線に非常に近いことがわかる．試験では荷重の偏心を避けることができないので，試験の荷重は常に理論値よりも小さい．図 14.7 に示す曲線は実際の試験片の値であるが，材料の最小保証値に基づく同様の設計値はもう少し小さい応力となる．

14.5 柱の端末拘束条件

これまでの解析では，柱の両端が自由に回転できるようになっていると仮定してきた．これは部材の端で 1 本のボルトで結合されているような場合で，航空機構造ではこのような条件もある．しかし，多くの場合，圧縮部材が端で回転しないように結合されている．圧縮部材が両端で回転しないように剛に拘束されていると，弾性座屈の変形の曲線は図 14.8(b) の形になる．固定された柱の 1/4 の点が，曲率が逆転する点，すなわち変曲点になる．変曲点においては曲率が無いので，曲げモーメントが無い．変曲点の間の柱の部分はピン結合の柱とみなすことができる．

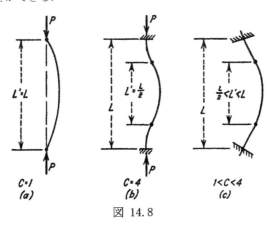

図 14.8

変曲点の間の長さ L' を前に導いた柱の式の L の代わりに使い，細長比を L'/ρ と定義する．次の式で定義される端末拘束係数 c がよく使われる．

第14章　圧縮を受ける部材の設計

$$F_{cr} = \frac{\pi^2 E}{\left(\dfrac{L'}{\rho}\right)^2} = \frac{c\pi^2 E}{\left(\dfrac{L}{\rho}\right)^2} \tag{14.17}$$

すなわち,

$$L' = \frac{L}{\sqrt{c}} \tag{14.18}$$

図 14.8(b)の固定端の条件では, $L' = L/2$, $c = 4$ である．したがって，長柱の領域であれば，固定端の柱はピン支持の柱の4倍の荷重に耐える．L' が小さいと(14.16)式のE_tの値が小さくなるので,短柱の領域ではこの関係が成り立たない．これは図 14.7 から明らかである．短柱の領域における L'/ρ の減少による F_c への影響はオイラー柱の領域よりも小さい．

　端末の拘束を完全に発揮するには，圧縮部材の両端を無限大の剛性の構造に結合しなければならない．実際には，回転自由の条件ほどには，この条件に近づけることはできない．図 14.8(c)に示すように，ほとんどの場合，実際の柱は回転自由端と固定端の中間にある．両端が構造に剛に結合されていても，その構造が変形して両端が少し回転できる．真の端末拘束条件を正確に決定することはほとんど不可能であるので，安全側の仮定を用いる必要がある．幸いなことに，ふつうは短柱が用いられるので，端末拘束条件が許容圧縮応力におよぼす影響は長柱の場合に比べて小さい．

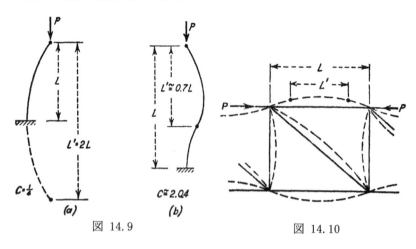

図 14.9　　　　　　　図 14.10

14.5 柱の端末拘束条件

柱のその他の端末条件を図 14.9 に示す．図 14.9(a)に示すように，片方の端が固定で，もう一方の端が回転と横方向の動きが自由である場合，両端回転自由の柱の半分と同じなので，L' は長さ L の2倍である．片方の端が固定で，もう一方の端が回転自由，横方向には動けない場合，有効長さは $L' \fallingdotseq 0.7L$ である（図 14.9(b)参照）．

鋼管でできた溶接トラスが航空機構造でよく使われる．このようなトラスの圧縮部材の端は他の部材が曲がらないと端で回転することができない．このような部材を図 14.10 に示す．部材が水平方向または垂直方向に座屈する可能性があり，他の部材のねじり剛性と曲げ剛性によって拘束されるので，圧縮部材の端末拘束条件を求める問題は難しい．鋼管の胴体トラスに関しては，すべての部材について安全側に $c = 2.0$ と仮定するのがふつうである．非常に重い圧縮部材が比較的軽い部材で拘束される場合には，もっと小さい端末拘束となる．同様に，軽い圧縮部材が重い部材で拘束される場合には，端末拘束条件は $c = 4$ に近づく．ある結合点に集まるすべての部材が圧縮部材である場合には，すべての部材が同じ方向に回転しようとして他の部材を拘束しないので，すべての部材をピン結合として設計するべきである．このようなまれなケースで部材が一平面内だけではない場合，ある平面に垂直な部材があるとその部材が結合点にねじりによる拘束を作り出す．圧縮部材に結合された引張部材は圧縮部材よりも大きな拘束を生じる．鋼管構造のエンジンマウントは $c = 1.0$ のピン結合という安全側の仮定で設計されるのがふつうである．

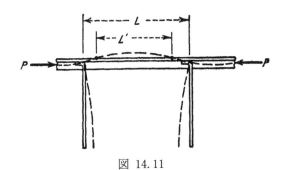

図 14.11

セミモノコックの翼や胴体構造の圧縮部材として働くストリンガは比較的変形しやすいリブや隔壁で支持されているのがふつうである．そのようなストリンガを図 14.11 に示す．リブや隔壁は図に示すようにねじれやすいので，その

拘束の効果はふつう無視でき，有効な柱の長さ L' は隔壁間の距離 L に等しいと仮定する．隔壁が十分に剛で拘束を生じ，ストリンガを隔壁に留めるクリップがある場合には，拘束条件を $c = 1.5$，すなわち有効長さ $L' = 0.815L$ とすることがある．

14.6 その他の短柱の式

短柱の接線剛性の式の不利な点は許容応力 F_c と L'/ρ の関係が簡単な式で表せないことである．柱の試験または接線剛性の式から直接得られた点に十分近い簡単な近似式で表すほうがより便利である．多くの材料の短柱の曲線は次の放物線で近似できる．

$$F_c = F_{co} - K\left(\frac{L'}{\rho}\right)^2 \tag{14.19}$$

係数 F_{c0} と K は放物線が試験データに合うように，オイラー曲線と接するように選ぶ．放物線とオイラー曲線が交わる点でこの放物線の傾きとオイラー曲線の傾きを等置し，K の値を(14.19)式に代入すると次の式が得られる．

$$F_c = F_{co}\left[1 - \frac{F_{co}(L'/\rho)^2}{4\pi^2 E}\right] \tag{14.20}$$

F_{co} を柱の降伏応力（column yield stress）と呼ぶ．非常に短い柱の場合（$L'/\rho < 12$），柱の座屈で破壊するのではなく圧壊するので，F_{co} には物理的な意味はほとんどない．したがって，(14.20)式はこの領域では適用できない．圧壊の領域より大きい L'/ρ の値の短柱の試験データに合うように F_{co} の値を決める．

オイラーの式と一緒に一般的な2次放物線を図 14.12 に示す．F_{co} の値はこの曲線と $L'/\rho = 0$ で交わる点である．この放物線は $F_c = F_{co}/2$ で常にオイラーの曲線と接する．これは(14.20)式をオイラーの式と連立して解くとわかる．同様に，長柱領域と短柱領域を区別する境界の細長比は $L'/\rho = \sqrt{2}\pi\sqrt{E/F_{co}}$ であることもわかる．

14.6 その他の短柱の式

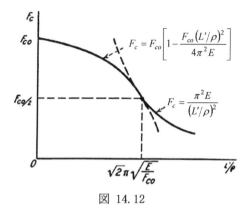

図 14.12

ほとんどのアルミ合金と他のいくつかの材料の短柱の曲線は直線で表す方が正確である．オイラー曲線に接する直線は次の式になる．

$$F_c = F_{co}\left(1 - \frac{0.385 L'/\rho}{\pi\sqrt{E/F_{co}}}\right) \tag{14.21}$$

この曲線とオイラー曲線が接する点の座標は，$L'/\rho = \sqrt{3}\pi\sqrt{E/F_{co}}$ と $F_c = F_{co}/3$ である．この点の L'/ρ の値が長柱領域と短柱領域を区別する境界の値である．

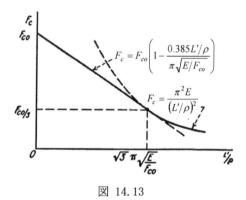

図 14.13

他の材料の柱の曲線（column curve）は 1.5 次の式で表すことができる．オイラー曲線に接する 1.5 次式は次の形である．

403

第14章　圧縮を受ける部材の設計

$$F_c = F_{co}\left[1 - 0.3027\left(\frac{L'/\rho}{\pi\sqrt{E/F_{co}}}\right)^{1.5}\right] \qquad (14.22)$$

接する点の座標は前と同じように短柱と長柱の式を同時に解いて求めることができる．その細長比は $L'/\rho = 1.527\pi\sqrt{E/F_{co}}$ で，これに対応する応力は $F_c = 0.429 F_{co}$ である．

次の式で定義される B と R_a を使うことにより，(14.20)式から(14.22)式とオイラーの式を無次元の式の形で書くことができる．

$$B = \frac{L'/\rho}{\pi\sqrt{E/F_{co}}} \qquad (14.23)$$

$$R_a = \frac{F_c}{F_{co}} \qquad (14.24)$$

したがって，(14.12)式のオイラーの式は次のようになる．

$$R_a = \frac{1}{B^2} \qquad (14.25)$$

(14.20)式から(14.22)式は次のようになる．

$$R_a = 1.0 - 0.25 B^2 \qquad (14.26)$$

$$R_a = 1.0 - 0.3027 B^{1.5} \qquad (14.27)$$

$$R_a = 1.0 - 0.385 B \qquad (14.28)$$

これらの式を図 14.14 にプロットした．柱の曲線を無次元の形で表すことで，すべての材料の柱の曲線をひとつのグラフで表すことができるという利点がある．

14.6 その他の短柱の式

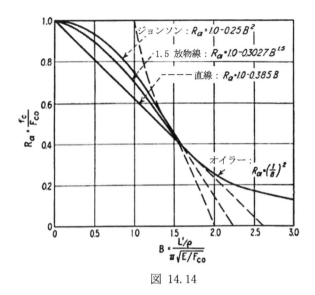

図 14.14

14.7 実用的な設計の式

いろいろな材料の終極引張強度と引張降伏強度を表4.1に示す．引張応力-歪特性のほうが圧縮応力-歪特性よりも取得しやすいので，熱処理された合金鋼を引張強度で区別するのがふつうである．たとえば，終極引張強度が 180,000 psi の熱処理された合金鋼はどれでも表14.1の一番下の行に書かれた柱の特性と同様の特性を持つ．ある特定の合金の特性が不確かであっても，引張降伏応力を取得すれば，圧縮応力-歪特性は引張特性とほぼ等しいとみなすことができる．

表14.1に示したL'/ρの境界値は短柱の曲線とオイラー曲線の接する点のL'/ρの値を示す．この境界値においてはどちらの曲線を使ってもよい．細長比がこの境界値よりも大きい場合には，オイラー曲線を使わなければならない．境界値よりも小さい場合は短柱の曲線を使う．1025鋼（弾性率が他の鋼に比べて少し低い）以外のすべての鋼では長柱の式は同じである．

表 14.2 に示すアルミ合金の円管の短柱の式は，75S-T 合金以外は直線である．局所的なクリップリング (crippling) を起こさないような断面である場合には，これらの式を円形でない他の断面にも適用することができる．円形のアルミ合金の管であっても局所的なクリップリング破壊を起こさないことを調べなけれ

第14章　圧縮を受ける部材の設計

ばならない．局所的なクリップリング破壊の影響は，柱の曲線の左側の領域がクリップリング応力で平らになることに表れる．ANC-5 に記載されたアルミ合金の管の柱の曲線にはいろいろな D/t 比に対する許容クリップリング応力が示されている．押出し型材と板曲げ補強材のクリップリング応力の計算は後の章で説明する．

表 14.1　円形鋼管の柱の式

材料	F_{tu}, ksi	F_{ty}, ksi	短柱 F_c, psi	境界 L'/ρ	長柱 F_c, psi
1025............	55	36	$36,000 - 1.172(L'/\rho)^2$	124	$267 \times 10^6/(L'/\rho)^2$
X-4130.........	95	75	$79,500 - 51.9(L'/\rho)^{1.5}$	91.5	$286 \times 10^6/(L'/\rho)^2$
X-4130.........	100	85	$90,100 - 64.4(L'/\rho)^{1.5}$	86.0	$286 \times 10^6/(L'/\rho)^2$
Heat-treated alloy steel.....	125	100	$100,000 - 8.74(L'/\rho)^2$	75.6	$286 \times 10^6/(L'/\rho)^2$
Heat-treated alloy steel.....	150	135	$135,000 - 15.92(L'/\rho)^2$	65.0	$286 \times 10^6/(L'/\rho)^2$
Heat-treated alloy steel.....	180	165	$165,000 - 23.78(L'/\rho)^2$	58.9	$286 \times 10^6/(L'/\rho)^2$

表 14.2　円形アルミ管とその他の断面の柱の式

材料	F_{cy}	短柱	境界 L'/ρ	長柱
75S-T以外のアルミ合金		Eq. 14.21, with $F_{co}=F_{cy}\left(1+\dfrac{F_{cy}}{200,000}\right)$	$1.732\pi\sqrt{E/F_{co}}$	$103.8\times10^6/(L'/\rho)^2$
17S-Tの管（再熱処理）	32,000	$37,000 - 269.3 L'/\rho$	92.0	$103.8\times10^6/(L'/\rho)^2$
17S-Tの管（購入時）	36,000	$42,500 - 330.5 L'/\rho$	85.7	$103.8\times10^6/(L'/\rho)^2$
24S-Tの管	41,000	$50,000 - 421 L'/\rho$	79.2	$103.8\times10^6/(L'/\rho)^2$
24SR-Tの管	54,800	$70,000 - 700 L'/\rho$	66.7	$103.8\times10^6/(L'/\rho)^2$
75S-T		Eq. 14.20, with $F_{co} = 1.075 F_{cy}$	$1.414\pi\sqrt{E/F_{co}}$	
75S-T 押出し型材	70,000	$75,300 - 13.70(L'/\rho)^2$	52.5	$103.8\times10^6/(L'/\rho)^2$

14.7 実用的な設計の式

表14.1と表14.2の式は図示したほうが使いやすい. 表 14.1 に載っている 1025 鋼以外の鋼の長柱の式は同じなので,図 14.15 に示すように柱の曲線を同じグラフで表すことができる.ふつう鋼管の柱は両端で溶接され,溶接で材料が弱くなる.長柱では破壊が部材の中ほどで起きるので,端の溶接は強度に影響しない.しかし,短柱では,柱の中央部における柱の許容強度(表14.1の式で計算される)は溶接部の局所的な強度よりも大きい.図 14.15 の柱の曲線の左側の領域は端の溶接の強度に対応している.溶接以外の方法で部材を結合している場合には,短柱の式に対応する破線の曲線を使うべきである.

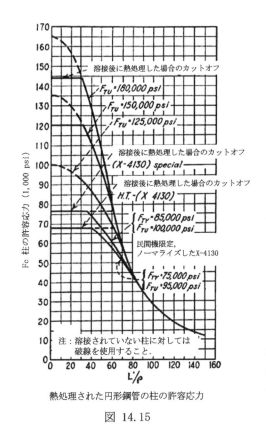

図 14.15 熱処理された円形鋼管の柱の許容応力

表 14.2 の式を図 14.16 に図示した.アルミ合金の管は端で溶接しないが,高い F_c または大きい直径/壁厚比 D/t では局所的なクリップリングで破壊する傾向がある.局所的なクリップリング破壊を起こさない最大 D/t を図 14.16 に示した.

例題 1

1-1/2×0.049 in.の合金鋼円管の長さが 30 in.である.この鋼が終極引張強度 180,000 psi に熱処理されている.この柱の強度を求めよ.端末拘束条件を $c = 2$ と仮定せよ.

第 14 章　圧縮を受ける部材の設計

解：
　付録の表1より，この管の $A = 0.2234$ in.^{2},　$\rho = 0.5132$ in.,　$D/t = 30.60$ である．有効長さは $L' = L/\sqrt{c} = 30\sqrt{2} = 21.22$ in. である．細長比は $L'/\rho = 21.22/0.5132 = 41.3$ である．表14.1より，この材料の細長比の境界値は58.9なので，短柱の式を使う．

$$F_c = 165{,}000 - 23.78\left(\frac{L'}{\rho}\right)^2$$
$$= 165{,}000 - 23.78(41.3)^2 = 124{,}400 \,\text{psi}$$

許容荷重はこの許容応力と断面積の積である．
$$P = F_c A = 124{,}400 \times 0.2234 = 27{,}800 \,\text{lb}$$
$D/t < 50$ なので局所クリップリングは検討する必要がない．

他の解法：
　上のように細長比を計算したあと，図14.15から F_c を読み取る．$L'/\rho = 41.3$ のとき，$F_c = 124{,}000$ psi である．この値は上で求めた値とよい精度で一致している．

例題2

　1×0.049 in., 長さ $L = 20$ in., $c = 1.5$ の 24SR-T の円管柱の終極強度を求めよ．

解：
　付録の表1から断面の特性を求めると，$A = 0.1464$,　$\rho = 0.3367$,　$D/t = 20.40$有効長さは $L' = L/\sqrt{c} = 20\sqrt{1.5} = 16.34$ in. で，細長比は $L'/\rho = 16.34/0.3369 = 48.5$ である．表14.2より，細長比の境界値は66.7であるので，短柱の式を使う．

$$F_c = 70{,}000 - 700\frac{L'}{\rho}$$
$$= 70{,}000 - 700 \times 48.5 = 36{,}000 \,\text{psi}$$

この F_c の値は $L'/\rho = 48.5$ を使って図14.16から読み取ることもできる．許容荷重はこの応力と断面積の積である。
$$P = F_c A = 36{,}000 \times 0.1464 = 5{,}270 \,\text{lb}$$

図14.16からこの応力で局所クリップリングの起きない D/t の値は100以上で

ある.

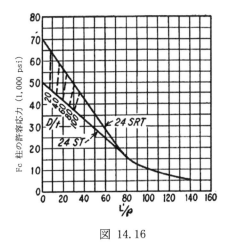

図 14.16

例題 3

14S-T アルミ合金鍛造材の断面が問題 14.10 に示す断面と類似であるとし,コーナー R とフィレットを無視する. y 軸に平行である 1 本のボルトで部材の端が結合されている. 部材の長さは,ボルトの中心間の距離で 12 in.である. この部材の柱としての許容荷重を求めよ.

解:

断面積と x 軸まわりの断面 2 次モーメントを下の表で計算した.
x 軸まわりの回転半径は,

$$\rho_x = \sqrt{\frac{I_x}{A}} = \sqrt{\frac{0.1164}{0.848}} = 0.371 \,\text{in.}$$

y 軸まわりの回転半径は標定とならないので,安全側に全面積が長方形要素 2 に集中しているとして見積もる.

$$\rho_y \cong 0.76 \,\text{in.}$$

第14章 圧縮を受ける部材の設計

表 14.3

要素	要素の数	個々の断面積	断面積の合計	各要素の I_z	I_z の合計
1	8	0.040	0.320	$\dfrac{0.1(0.8)^3}{12} = 0.00427$	0.0342
2	4	0.096	0.384	$\dfrac{0.12(0.8)^3}{3} = 0.0205$	0.0820
3	1	0.144	0.144	$\dfrac{1.2(0.12)^3}{12} = 0.0002$	0.0002
合計			0.848		0.1164

両方の軸まわりの端末拘束が同じであれば,回転半径が小さいほうが常に標定となる.しかし,1本のボルトによる結合は,y 軸まわりの回転が自由で $c = 1$ であり,x 軸まわりの回転は拘束されて $c = 2$ と仮定できる.細長比は,

$$\frac{L'}{\rho_x} = \frac{12}{\sqrt{2} \times 0.371} = 22.8$$

と

$$\frac{L'}{\rho_y} = \frac{12}{0.76} = 15.8$$

である.したがって,この柱は x 軸まわりの座屈で破壊するので,ρ_y を正確に計算する必要はない.ANC-5 から,14S-T 鍛造材について F_{cy} = 50,000 psi と E = 10,700,000 psi が得られる.表 14.2 の式によると,

$$F_{co} = F_{cy}\left(1 + \frac{F_{cy}}{200,000}\right) = 50,000\left(1 + \frac{50,000}{200,000}\right) = 62,500\,\text{psi}$$

ANC-5 では,このアルミ合金には直線の式が与えられている.(14.21)式から,

$$F_c = F_{co}\left(1 - \frac{0.385\,L'/\rho}{\pi\sqrt{E/F_{co}}}\right) = 62,500\left(1 - \frac{0.385\,L'/\rho}{\pi\sqrt{\dfrac{10,700,000}{62,500}}}\right)$$

したがって,

$$F_c = 62{,}500 - 585 \frac{L'}{\rho}$$

これは $F_{co} = 62{,}500$ psi, $E = 10{,}700{,}000$ psi である材料の直線の式である．図 14.13 から，境界の細長比は，

$$\frac{L'}{\rho} = \sqrt{3}\pi\sqrt{\frac{E}{F_{co}}} = 71.3$$

したがって，22.8 という値は短柱の領域にある．柱の許容応力は，

$$F_c = 62{,}500 - 585 \times 22.8 = 49{,}100 \text{ psi}$$

柱の荷重は，

$$P = F_c A = 49{,}100 \times 0.848 = 41{,}700 \text{ lb}$$

となる．

14.8 接線剛性の式の無次元表示

　航空機の構造に使われる材料は頻繁に改良されている．他の種類の構造や機械の設計では重量はさほど重要ではなく，材料は標準化されている．新しい材料が標準的な材料に比べて高価であっても，航空機設計者は重量を削減するために，新しい材料や工程を採用しなければならない．新しい材料や改良された材料が導入されたときに，新しい設計許容応力を取得するために多数の柱の試験やクリップリングの試験を実施することは難しい．組み立てた柱の多数の供試体を試験するよりも，新しい材料の簡単な圧縮応力-歪曲線を取得して，新しい柱の許容応力とクリップリング許容応力の基準とするほうがよい．11.6 項で説明した応力-歪曲線の Ramberg-Osgood の式が類似の材料と比較するためのデータとなる．

　応力-歪曲線の Ramberg-Osgood の式は，

$$\varepsilon = \sigma + \frac{3}{7}\sigma^n \tag{11.19}$$

ここで，σ と ε は以下の式で定義される応力 f, 歪 e, 弾性率 E の無次元の関数である．

$$\varepsilon = \frac{Ee}{f_1} \tag{11.20}$$

第14章　圧縮を受ける部材の設計

$$\sigma = \frac{f}{f_1} \tag{11.21}$$

応力 f_1 は永久歪 0.002 における降伏応力にほぼ等しいが，同じ n の値の応力-歪曲線が類似であるためには，セカント弾性率 $0.7E$ における応力で定義しなければならない．

接線剛性 $E_t = df/de$ は(11.19)式から(11.21)式を使って簡単に求められる．

$$\frac{E}{E_t} = E\frac{de}{df} = \frac{d\varepsilon}{d\sigma} = 1 + \frac{3}{7}n\sigma^{n-1} \tag{14.29}$$

したがって，

$$\frac{E_t}{E} = \frac{1}{1 + \frac{3}{7}n\sigma^{n-1}} \tag{14.30}$$

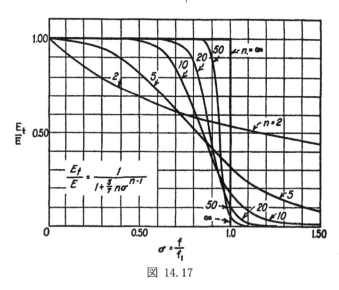

図 14.17

(14.30)式が弾性限以上の弾性率だけではなく弾性限以下の弾性率も表しているので，長柱と短柱の両方の領域を含んだ接線剛性をひとつの式で表すことができる．

14.8 接線剛性の式の無次元表示

$$F_c = \frac{\pi^2 E_t}{(L'/\rho)^2} = \frac{\pi^2 E}{(L'/\rho)^2}\left(\frac{1}{1+\frac{3}{7}n\sigma^{n-1}}\right) \tag{14.31}$$

σ の値が小さいときには，かっこ内はほぼ 1 であるので，(14.31)式はオイラーの式に一致する．いろいろな n の値について，(14.30)式の E_t/E に対応するかっこ内の値を図 14.17 にプロットした．

(14.31)式で与えられた柱の曲線を図 14.14 と同じように無次元形で表示するには，F_{co} ではなく応力 f_1 を用いた類似の座標を用いる．(14.23)式と(14.24)式で定義される座標のかわりに次の座標を用いる．

$$B = \frac{L'/\rho}{\pi\sqrt{E/f_1}} \tag{14.32}$$

$$R_a = \frac{F_c}{f_1} \tag{14.33}$$

(14.32)式と(14.33)式の値を(14.31)式に代入すると，以下に示す柱の式が得られる．

$$R_a = \frac{1}{B^2}\frac{E_t}{E} \tag{14.34}$$

いろいろな n の値についてこの式を図 14.18 にプロットした．

(14.34)式と図 14.18 に示した無次元の柱の式の形は Cozzone and Melcon[3] によって提案されたものである．彼らはこの基本的なグラフを局所的なクリップリング，圧縮やせん断を受ける板の初期座屈，鋲間の板の座屈にも用いた．他の応用については後で説明する．この柱の曲線は，新しい材料の構造に適用する場合に際立った利点がある．材料の基本的な圧縮応力-歪曲線を取得するだけでよい．形状係数 n と降伏応力に対応する応力 f_1 が新しい材料に関する必要なすべての情報をもたらす．ひとつの材料の柱の試験で得たすべての情報が新しい材料にもすぐに適用できる．

第14章 圧縮を受ける部材の設計

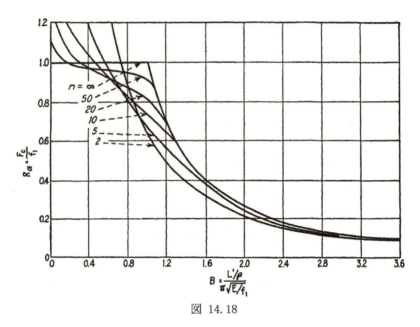

図 14.18

Cozzone and Melcon が発表した試験データの一部を表 14.4 に示す. 表 14.4 の n, f_1, E の項で柱の曲線を決定するのに必要なすべての情報が得られる. 材料メーカーがこの応力の最小値を保証しており,標準的な試験片の試験で得た値からこの最小保証値が決められるので,0.002 の永久歪に対応する圧縮降伏応力 F_{cy} も参考のために表に示した.

表 14.4 圧縮応力-歪曲線の特性値

材料	E, ksi	n	f_1, ksi	f_{cy}, ksi
アルミ合金(板厚0.250 in.以下):				
24S–T sheet....................	10,700	10	41	42
24S–T extrusion................	10,700	10	37	38
75S–T extrusion................	10,500	20	71	70
鋼:				
Normalized......................	29,000	20	74	75
$F_{tu} = 100,000$ psi............	29,000	25	94	80
$F_{tu} = 125,000$ psi............	29,000	35	114	100
$F_{tu} = 150,000$ psi............	29,000	40	140	135
$F_{tu} = 130,000$ psi............	29,000	50	165	165

14.9 偏心荷重が終極強度におよぼす影響

　短柱の接線剛性の式を導くときには，柱が最初は真っ直ぐで，荷重は断面の図心に負荷されると仮定した．14.3項で説明したように，実際の柱は真っ直ぐであることは無く，偏心があることは避けられない．こういった偏心は柱の強度を低下させる効果があり，偏心があるので許容応力を割り引くことなしに接線剛性の式を使うのは非安全側である．表14.1と表14.2のANC-5の短柱の式は実際の構造で起こる芯の小さいずれを考慮した安全側の式である．

　柱の偏心の影響は近似的に図14.18で $n = \infty$ とした柱の式で表される材料を考えて検討することができる．応力-歪曲線が降伏応力までは傾き一定で，降伏点以上では水平になる1025鋼のような材料がこの特性を持っている．このような材料の柱は応力が降伏点に達するまでは弾性状態で，断面の1点で材料の降伏が起こるとすぐに破壊する．

　偏心 a がある弾性の柱に荷重 P が負荷される場合の変形は(14.14)式で表される．

$$\delta + a = a\left(\sec\sqrt{\frac{P}{EI}}\frac{L'}{2}\right) \tag{14.35}$$

柱の中心の最大曲げモーメントは，この変形に荷重をかけることによって求めることができる．

$$M = P(\delta + a) \tag{14.36}$$

柱の凹の側の最大応力は，圧縮応力と曲げ応力を足し合わせて，

$$F_{\max} = \frac{P}{A} + \frac{Mc}{I} \tag{14.37}$$

(14.35)式から(14.37)式より，

$$F_{\max} = \frac{P}{A}\left(1 + \frac{acA}{I}\sec\sqrt{\frac{P}{EI}}\frac{L'}{2}\right) \tag{14.38}$$

$K = \dfrac{1}{Ac},\ F_c = \dfrac{P}{A},\ B = \dfrac{L'/\rho}{\pi\sqrt{E/F_{\max}}}$ を(14.38)式に代入して，

第14章　圧縮を受ける部材の設計

$$F_{\max} = F_c\left(1 + \frac{a}{K}\sec\frac{\pi B}{2}\sqrt{\frac{F_c}{F_{\max}}}\right) \tag{14.39}$$

比 $F_c/F_{\max}$ の値を(14.39)式に代入すると，荷重の偏心に対応する B の値を得ることができる．この値の曲線を図 14.19 に示す．これらの曲線は，偏心荷重を受ける延性材料の柱の曲線である．(14.39)式を導く際には，許容値 $F_{\max}$ に至るまでは材料は弾性を保ち，この点で柱が破壊するという仮定を用いており，$n = \infty$ である 1025 鋼のような材料にだけ適用できる．このような材料は航空機構造にはほとんど用いられないが，偏心が柱の許容応力を低下させるという一般的な効果はどのような材料に関しても同じである．したがって，図 14.18 に示した理想的な真っ直ぐな柱の曲線は，偏心が避けられない実際の柱に対しては非安全側である．

$K = I/Ac$ の寸法の大きさに注意しなければならない．幅 h の長方形断面では，$K = h/6$ である．直径 D の中実の円形断面では，$K = D/8$ である．薄い壁厚の円管では，$K = D/4$ である．したがって，0.6 in.×0.6 in.の正方形断面の柱では偏心 $a = 0.01$ in.に対応する a/K の値は 0.1 である．

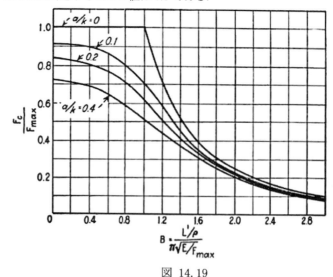

図 14.19

理想的な真っ直ぐな柱からのふつうの製造公差はこの程度の値である．同じように，直径 1.25 in.の管では，0.1 の a/K に対応する偏心量 a は約 0.03 in.である．

14.9 偏心荷重が終極強度におよぼす影響

このような管は溶接によって少なくともこの程度たわむ．中央で偏心 a を生じる小さい初期曲率の効果は図 14.4 に示した偏心 a の効果とほとんど等価である．

短柱の ANC-5 の式は不測の偏心を考慮しても十分安全側であるが，理想的な柱に対する長柱の式は非安全側である．小さい偏心 $a/K = 0.1$ でも長柱領域で 10% 程度許容荷重の低下があることが図 14.19 からわかる．航空機で用いられる柱はほとんどが短柱で，端が拘束されている．端の拘束がある長柱については，端末拘束条件の項 c を安全側に仮定して不測の偏心を考慮する．たとえば，真の値が $c = 2.5$ に対して $c = 2$ と仮定すると，隠れた安全余裕が 25% ある．しかし，ピン結合の長柱では偏心が避けられないので許容荷重はオイラー荷重より小さくなければならない．

問題

14.1 式 $y_0 = a\sin(\pi x/L)$ で定義される初期曲率をもつ長い柱がある．(14.6)式を積分することによって変形の式を導け．中央の変位 δ が式 $\delta + a = \dfrac{a}{1 - P/P_{cr}}$ で表されることを示せ．ここで，P_{cr} は(14.11)式で定義される．P/P_{cr} が 0.2，0.4，0.6，0.8，0.9，0.95，1.00 について，この式で表される $\delta + a$ と(14.14)式から計算される値を比較せよ．

14.2 24S-T アルミ合金押出し型材の接線剛性の近似式は次の式である．

$$E_t = \frac{10{,}700{,}00}{1 + 4.29(f/37{,}000)^9}$$

(14.16)式の接線剛性の式から，$f = P/A$ が 40,000, 37,000, 35,000, 30,000, 25,000, 20,000 psi のときの L'/ρ の値を計算せよ．こうして得られた値をプロットして柱の曲線を作成し，図 14.16 と比較せよ．

14.3 終極引張強度 100,000 psi に熱処理した X-4130 合金鋼の接線剛性の近似式は次の式である．

$$E_t = \frac{29{,}000{,}00}{1 + 10.71(f/94{,}000)^{24}}$$

第14章　圧縮を受ける部材の設計

十分な数の点で値を求め，短柱の接線剛性の曲線をプロットせよ．この曲線を図14.15と比較せよ．

14.4　$R_a = 1 - KB$ と $R_a = 1/B^2$ の式から，2つの曲線が接する点の傾きが等しいとして，(14.21)式と(14.28)式を導け．接点の座標を求めよ．

14.5　$R_a = 1 - KB^2$ と $R_a = 1/B^2$ の式から，2つの曲線が接する点の傾きが等しいとして，(14.20)式と(14.26)式を導け．接点の座標を求めよ．

14.6　終極引張強度 180,000 psi に熱処理された鋼管の柱の荷重を求めよ．熱処理する前に両端が溶接されたものとする．寸法は以下のとおり．

表 14.5

管の寸法	L	c
1×0.058	20	2
$1\frac{1}{8} \times 0.049$	20	4
$1\frac{1}{8} \times 0.065$	40	1
$1\frac{1}{4} \times 0.058$	30	2

14.7　終極引張強度 150,000 psi に熱処理された鋼管の柱で問題14.6を繰り返せ．

14.8　終極引張強度 125,000 psi に熱処理された鋼管の柱で問題14.6を繰り返せ．

14.9　24S-Tアルミ合金の管の柱で問題14.6を繰り返せ．この管の端は溶接はできない．管の強度を発揮できる十分な端の結合がされていると仮定せよ．

14.10　図に示すような寸法の鋼の鍛造材を考える．断面特性は14.7項の例題3で計算済みである．両端は各1本のボルトで結合されており，x軸まわりに $c = 2$，y軸まわりに $c = 1$ の拘束である．$L = 15 \text{in.}$ で $F_{tu} = 180,000$ psi のときの柱の強度を求めよ．

14.9 偏心荷重が終極強度におよぼす影響

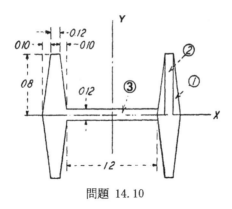

問題 14.10

14.10　圧縮を受ける平板の座屈

　板厚が他の寸法に比べて小さい平板が曲げられる場合には，たくさんの幅の狭い梁が平行に並んでいるのと同じようには変形しない．図 14.20(a)に示す最初は平らな板を図 14.20(b)に示す幅の狭い梁と比較する．梁の上側の面は圧縮応力で横方向に伸び，下側の面で引張応力によって縮むので，最初は長方形断面だった梁が台形断面に変形する．しかし，平板の断面は長方形を保たなければならない．

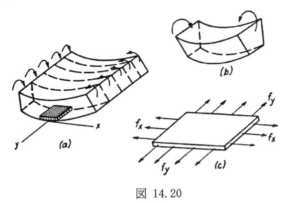

図 14.20

　図 14.20(a)の影をつけた要素を拡大して図 14.20(c)に示すが，その伸び e_x と e_y が次のように表される．

第 14 章　圧縮を受ける部材の設計

$$e_x = \frac{f_x}{E} - \mu \frac{f_y}{E} \tag{14.40}$$

$$e_y = \frac{f_y}{E} - \mu \frac{f_x}{E} \tag{14.41}$$

ここで，μ はポアソン比である．y 方向の曲率がないと仮定すると，板の y 方向の伸びはゼロでなければならない．$e_y = 0$ を(14.40)式に代入して次の関係が得られる．

$$f_y = \mu f_x \tag{14.42}$$

$$e_x = \frac{f_x}{E}(1 - \mu^2) \tag{14.43}$$

このように，平板が x 方向だけに曲率を持つ場合には，y 方向の応力は x 方向の応力のポアソン比倍に等しい．同様に，x 方向の歪は，幅の狭い梁の伸びの $(1-\mu^2)$ の比率である．

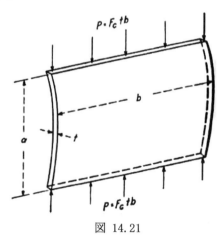

図 14.21

平板の伸び歪は対応する幅の狭い梁の伸び歪よりも小さいので，対応する曲げモーメントによる曲率は$(1-\mu^2)$の比率で小さい．同様に，(14.6)式の梁の変位の関係式 M/EI を $M(1-\mu^2)/EI$ で置き換えると，平板のオイラーの式は次のようになる．

14.10 圧縮を受ける平板の座屈

$$P_{cr} = \frac{\pi^2 EI}{(1-\mu^2)L^2} \tag{14.44}$$

この式は荷重が負荷されていない辺が自由で，荷重辺が単純支持（回転が自由で，板の面に垂直な方向には変位しない）の図 14.21 に示す状態に適用できる．
$I = bt^3/12$，$L = a$，$P_{cr} = F_{c_{cr}} tb$ P を(14.44)式に代入すると次の式が得られる．

$$F_{c_{cr}} = \frac{\pi^2 E}{12(1-\mu^2)} \left(\frac{t}{a}\right)^2 \tag{14.45}$$

図 14.22 に示す4辺すべてが単純支持の板の場合，圧縮座屈荷重はもっと大きい．板が変形すると，垂直の帯と水平の帯の両方が曲がらなければならない．水平の帯の支持効果で垂直の帯が2つまたはそれ以上の波で変形する（図 14.22 参照）．座屈応力は次のようになる [4]．

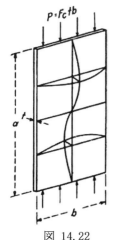

図 14.22

$$F_{c_{cr}} = \frac{\pi^2 E}{12(1-\mu^2)} \left(\frac{bm}{a} + \frac{a}{bm}\right)^2 \left(\frac{t}{b}\right)^2 \tag{14.46}$$

ここで，m は座屈した板の波の数である．すべての金属材料で，μ の値は約 0.3 である．μ の値に大きな誤差があっても $F_{c_{cr}}$ の誤差は小さいので，ポアソン比の変動を考慮する必要はほとんどない．(14.46)式を次のように書くことができる．

$$F_{c_{cr}} = KE \left(\frac{t}{b}\right)^2 \tag{11.47}$$

ここで，K は a/b の関数で，$\mu = 0.3$ の場合について図 14.23 にプロットした．最も小さい荷重で板が座屈するので，図 14.23 の曲線のうち，K の最小値だけが重要である．

第14章 圧縮を受ける部材の設計

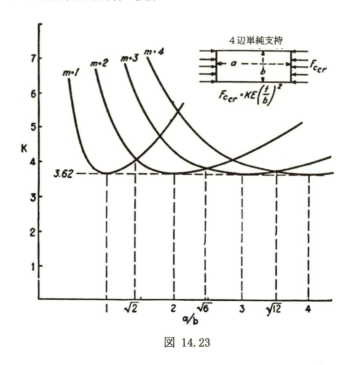

図 14.23

図14.23によると,座屈波長は幅 b にほぼ等しく, $a/b = 1$ のとき $m = 1$, $a/b = 2$ のとき $m = 2$, 等である.波の数が m から $m+1$ に変わる a/b の比は(14.46)式から求めることができて, $a/b = \sqrt{m(m+1)}$ である.(14.46)式から得られる4辺単純支持の正方形板の座屈応力は(14.45)式から得られる側辺自由,荷重辺単純支持の板の座屈応力の4倍である.

他の支持条件の長方形板の座屈荷重は(14.47)式で他の適切な K の値を使うことで得ることができる.いろいろな支持条件の K の値を図14.25に示す.図中の曲線に示したように,荷重辺を端 (end) と言い,荷重が負荷されていない辺を側辺 (side) と言う.自由辺は,回転と板の面に垂直な方向の変位を許す.図14.24(a)に示す固定条件は回転と変位をさせない条件である.図14.24(b)に示す単純支持条件は回転が自由であるが,板の面に垂直な方向の変位がで

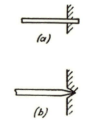

図 14.24

きない条件である．

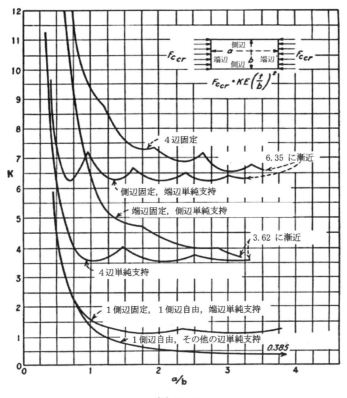

図 14.25

航空機構造の中の平板の真の拘束条件は，ほとんどの場合，計算することはできない．梁の端末拘束条件を推定したのと同じように，支持構造を考慮することによって端の拘束条件を推定する必要がある．たとえば，航空機の主翼の上面外板は，翼幅方向に圧縮される．ストリンガがねじれに対して柔いと，板が座屈すると回転し，ストリンガ間の板が単純支持であるように挙動する（図14.26(a)参照）．図14.26(b)に示すハット型断面のストリンガや桁フランジのようにねじれに対してある程度剛性があると，ストリンガはすこしだけしか回転せず，固定条件のようになる．ほとんどの構造の場合，単純支持と固定条件の間で安全側になるような(14.47)式の K の値を仮定する必要がある．

第14章 圧縮を受ける部材の設計

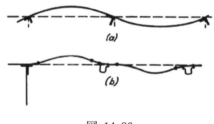

図 14.26

14.11 平板の終極圧縮荷重

補強部材が板の初期座屈応力よりももっと高い応力に耐えることができるので，圧縮を受ける板の座屈はセミモノコック構造の崩壊を引き起こさない．応力が弾性限を超えないならば，座屈状態で長柱が圧縮荷重に耐荷することと，その荷重は大きい変形に対しても小さい変形に対しても同じであるということを前に説明した．側辺自由の平板の圧縮の耐荷重も横方向の変形が変わっても一定に保たれる．しかし，側辺が支持されていると，板の側辺が真っ直ぐのままでなければならず，応力が荷重方向の歪に比例しなければならないので，支持される荷重は横方向の変形の増加にともなって増加する．

図 14.27 に示す平板が4辺すべてで単純支持されており，剛なブロックで押されている．荷重が座屈荷重より小さいならば，図 14.22 に示すように，圧縮応力が一様に分布する．板幅方向の応力分布を図 14.28 の線1と線2で示す．線2は初期座屈時の応力を示している．座屈荷重を超えて荷重が増加すると，応力分布は線3，4，5のようになる．断面の中央付近では圧縮応力はほぼ座屈

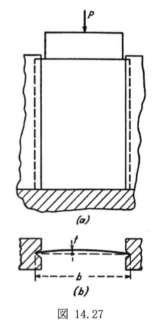

図 14.27

応力に等しい値に保たれ，縦方向の帯板が長い柱と同じように働く．

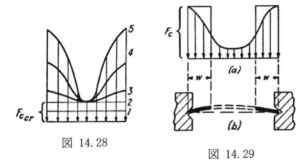

図 14.28　　　　　図 14.29

板の側辺では座屈が抑えられて，応力が負荷ブロックの垂直方向の動きに比例して増加する．補強部材が板の側辺がつぶれることによって破壊が発生するまで荷重が増加する．ふつうの航空機構造では，板が破壊する前に板を支えている補強部材が破壊する．

板の幅方向の圧縮応力分布を示す曲線を計算するのは難しく，たとえその分布がわかったとしても，解析に使うには不便である．板の側辺の圧縮応力に対応する圧縮荷重の合計を計算するほうが便利である．図 14.29 に示す有効幅（effective width）w を使うのが通例となっている．有効幅に一定の応力 F_c が働くと圧縮荷重の合計に等しくなるように有効幅が決められる．このように，図 14.29(a)の 2 つの長方形の面積が実際の応力分布の曲線の下の面積に等しくなるように w が決定される．圧縮荷重の合計 P と端の応力 F は試験から容易に得ることができるので，幅 w は次の式から計算できる．

$$2wtF_c = P \tag{14.48}$$

幅 $2w$ の長い板が座屈応力 F_c であると仮定して，w の近似値を得ることができる．(14.47)式と図 14.23 から，

$$F_c = 3.62E\left(\frac{t}{2w}\right)^2$$

すなわち，

$$w = 0.95t\sqrt{\frac{E}{F_c}}$$

試験結果によると，この値は高すぎるので，次の式を使った方がより正確であ

る．

$$w = 0.85t\sqrt{\frac{E}{F_c}} \quad (14.49)$$

(14.49)式を導くには，板の4辺がすべて自由に回転できると仮定した．実際の構造では常にある程度の拘束が存在しており，多くの場合に有効幅はこの式よりも大きい．試験によると，応力が低い場合には，ストリンガがかなりの拘束をするが，ストリンガの終極強度に近づくと，拘束は大きくなくなる．(14.49)式以外に他の多くの式が使われてきたが，すべての条件で試験結果と正確に合う式はない．実際の構造の周辺拘束条件の不確実性，偶発的な板の偏心，弾性限を超えた応力の影響が問題を難しくしている．(14.49)式は他の式に比べて小さめの有効幅を与えるので，設計に使用するのには安全側である．板が薄いふつうの航空機構造に関しては，(14.49)式を使うことによる重量の不利は小さいが，外板が比較的厚い高速の航空機ではもっと正確な解析が必要とされるだろう．

1辺単純支持，他辺が自由の，長さ対幅の比が大きい板の座屈応力は(14.47)式と図14.25から計算できる．$K = 0.385$ なので，$F_{c_{cr}} = 0.385E(t/b)^2$ である．支持されている辺の応力が F_c の値であるとき，このような板で受け持つことができる終極荷重は，有効幅 w_1 が応力 F_c を受け持つと考えて計算できる．w_1 は，上の式で w_1 を b として計算できる．

$$F_c = 0.385E\left(\frac{t}{w_1}\right)^2$$

すなわち，

$$w_1 = 0.62t\sqrt{\frac{E}{F_c}}$$

推奨するもっと安全側の値は次の式である．

$$w_1 = 0.60t\sqrt{\frac{E}{F_c}} \quad (14.50)$$

図14.30に示す板の有効幅 w と w_1 は(14.49)式と(14.50)式で求めることができる．

14.11 平板の終極圧縮荷重

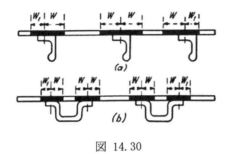

図 14.30

例題

図 14.31 に示すストリンガパネルに剛な部材で圧縮荷重が負荷されている．板は荷重端とリベットラインで単純支持されており，側辺で自由であると仮定する．各ストリンガの断面積は 0.1 in.^{2} である．

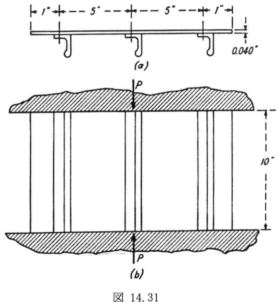

図 14.31

以下の条件における圧縮荷重の合計を求めよ．
 (a) 板が最初に座屈するとき
 (b) ストリンガの応力 F_c が 10,000 psi のとき

第14章　圧縮を受ける部材の設計

　　(c) ストリンガの応力 F_c が 30,000 psi のとき
板とストリンガの $E = 10,300,000$ psi であると仮定する．
解：
(a) ストリンガ間の板は4つの辺すべてで単純支持されており，寸法は，$a = 10$ in., $b = 5$ in., $t = 0.04$ in. である．図 14.23 から，$a/b = 2.0$ で $K = 3.62$ が得られる．座屈応力は，$F_c = KE(t/b)^2 = 3.62 \times 10,300,000 \times (0.040/5)^2$，すなわち，2,390 psi である．板の端の寸法は，$a = 1$ in., $b = 10$ in. で，3辺が単純支持，残りの1辺が自由である．図 14.24 から，$K = 0.385$ である．座屈応力は，$F_c = KE(t/b)^2 = 0.385 \times 10,300,000 \times (0.040/1)^2 = 6,200$ psi である．

　したがって板の座屈はストリンガ間で最初に起こる．座屈が発生する前は板の全面積が有効であると仮定できる．圧縮による平板の座屈はゆるやかな過程であり，座屈が発生しても荷重が急に低下することはない．座屈荷重は次のように計算される．

$$A = 3 \times 0.1 + 12 \times 0.040 = 0.78 \text{ in.}^2$$
$$P = F_c A = 2,390 \times 0.78 = 1,865 \text{ lb}$$

(b) 板の有効幅は(14.49)式と(14.50)から次のように計算される．

$$w = 0.85t\sqrt{\frac{E}{F_c}} = 0.85 \times 0.040\sqrt{\frac{10,300,000}{10,000}} = 1.09 \text{ in.}$$
$$w_1 = 0.60t\sqrt{\frac{E}{F_c}} = 0.77 \text{ in.}$$

有効な断面積は，

$$A_1 = (4w + 2w_1)t = (4 \times 1.09 + 2 \times 0.77) \times 0.040 = 0.236 \text{ in.}^2$$

圧縮荷重の合計は，

$$P = F_c A = 10,000(0.3 + 0.236) = 5,360 \text{ lb}$$

(c) b と同様に，

$$w = 0.85t\sqrt{\frac{E}{F_c}} = 0.85 \times 0.040\sqrt{\frac{10,300,000}{30,000}} = 0.63 \text{ in.}$$
$$w_1 = 0.60t\sqrt{\frac{E}{F_c}} = 0.44 \text{ in.}$$

$$A = 0.3 + (4 \times 0.63 + 2 \times 0.44) \times 0.040 = 0.436 \text{ in.}^2$$

$$P = F_c A = 30{,}000 \times 0.436 = 13{,}080 \text{ lb}$$

14.12　平板の塑性座屈

　板の座屈に関するこれまでの説明では応力は材料の弾性限を超えないと仮定していた．この平板の座屈挙動は長い柱の弾性座屈と同様で，弾性係数だけが重要な材料定数であった．平板の座屈の(14.47)式は柱のオイラーの式と類似で，どちらも座屈応力は材料の弾性係数に比例する．

　板厚が他の寸法に比べて大きい板の場合には，短柱の場合と同様に，座屈が発生する前に圧縮応力が弾性限を超える．接線剛性 E_t を E の代わりに使えば(14.47)式が有効である．

$$F_{c_{cr}} = KE_t \left(\frac{t}{b}\right)^2 \tag{14.51}$$

この式は次のように書くことができる．

$$F_{c_{cr}} = \frac{KE_t}{(b/t)^2} \tag{14.52}$$

(14.52)式は短柱の接線剛性の式と類似である．

$$F_{c_{cr}} = \frac{\pi^2 E_t}{(L'/\rho)^2} \tag{14.53}$$

短柱の接線剛性の曲線と他の曲線を，F_c を縦軸，L'/ρ を横軸としてプロットした．(14.52)式の $F_{c_{cr}}$ と b/t の値を既知の K の値に対してプロットすることができる．実際，b/t の値に(14.52)式の右辺と(14.53)式の右辺を等置して得た定数をかけることにより，板の塑性座屈に柱の曲線を使うことができる．

$$\text{等価な} \quad \frac{L'}{\rho} = \frac{\pi}{\sqrt{K}} \frac{b}{t} \tag{14.54}$$

　アルミ合金の代表的な柱の曲線を図 14.32 に示す．L'/ρ の既知の値に対して柱の許容座屈応力がこの曲線から得られる．短柱の領域では，偶発的な偏心や

第14章 圧縮を受ける部材の設計

その他の未知の条件を考慮するため，理論的な接線剛性の曲線をより安全側の直線で置き換える．同様に，図 14.32 の曲線が塑性領域，すなわち短柱の領域の平板の許容座屈応力を示す．$\left(\pi/\sqrt{K}\right)(b/t)$ の値に対する $F_{c_{cr}}$ の値を求めることができる．考えられる板の初期偏心と必要な余裕の程度によって，どちらの短柱の曲線を使ってもよい．K の値は図 14.23 または図 14.25 から求める．

塑性座屈がよく適用されるものに，ストリンガや桁のキャップに結合されている外板の鋲間座屈がある．この種の外板を図 14.33 に示す．ストリンガに沿って一定の間隔 s でリベットが打たれており，長さ s で無限幅の板が荷重端で固定，側辺自由の拘束となっている．

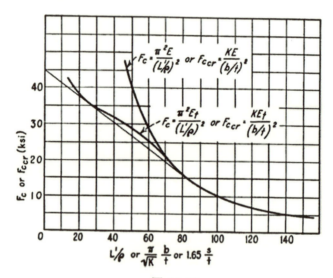

図 14.32

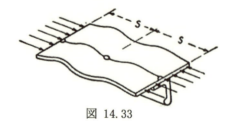

図 14.33

14.12 平板の塑性座屈

したがって，この板は(14.45)式で表される両辺単純支持の場合の4倍の荷重に耐える．$a = s$，$E = E_t$ を(14.45)式に代入して，拘束条件を考慮して右辺を4倍すると，

$$F_c = \frac{\pi^2 E_t}{3(1-\mu)^2}\left(\frac{t}{s}\right)^2$$

または，$\mu = 0.3$ として，

$$F_c = \frac{3.62 E_t}{(s/t)^2} \tag{14.55}$$

(14.55)式を計算するのに，短柱の接線剛性の曲線を使う．等価な細長比は(14.53)式と(14.55)式の右辺を等置して，

$$\text{等価な } \frac{L'}{\rho} = \frac{\pi}{\sqrt{3.62}}\frac{s}{t} = 1.65\frac{s}{t} \tag{14.56}$$

例題 1

4辺単純支持の 4 in.×4 in.×0.125 in. の板の圧縮座屈応力を求めよ．柱の接線剛性の曲線が図 14.32 であると仮定すること．

解：

$a = b = 4, t = 0.125$ の板について，図 14.25 の $a/b=1$，周辺単純支持の曲線から，$K = 3.62$ が得られる．(14.54)式から等価な L'/ρ は，

$$\frac{\pi}{\sqrt{K}}\frac{b}{t} = \frac{\pi}{\sqrt{3.62}} \times \frac{4}{0.125} = 52.8$$

図 14.32 から $F_{c_{cr}} = 28{,}000$ psi である．

この点が図14.32の右側，長柱の領域，すなわち弾性範囲内にあったなら，座屈応力は(14.47)式で計算される値と一致する．

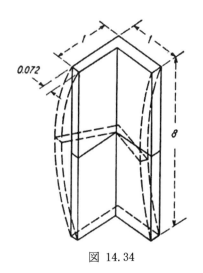

図 14.34

第 14 章　圧縮を受ける部材の設計

例題 2

図 14.34 に示す押出し型材のアングルに圧縮荷重が働いている．両荷重端とひとつの辺が単純支持，残りの辺が自由である板として，アングルの各辺が座屈する．座屈が発生する応力を求めよ．材料は図 14.32 の材料であるとする．

解：

各辺は，$b = 1$，$a = 8$，$t = 0.072$ である．$a/b = 8$ なので，図 14.25 から K は約 0.385 である．等価な L'/ρ は，

$$\frac{\pi}{\sqrt{K}}\frac{b}{t} = \frac{\pi}{\sqrt{0.385}} \times \frac{1}{0.072} = 70.4$$

図 14.32 より，$F_{c_{cr}} = 20{,}500\,\text{psi}$

この断面の破壊の種類はアルミ合金押出し型材の典型的なクリップリング破壊である．ふつうの短柱の曲線は円管，または局所的につぶれない安定な断面にだけ適用できる．軽い押出し型材は航空機構造の柱としてよく使われるので，クリップリング破壊は非常に重要で，後で詳細に説明する．

例題 3

押出し型材に $0.040\,\text{in.}$ 厚の板がリベット間隔 $1\,\text{in.}$ でリベット付けされている．押出し型材の圧縮応力がいくらのときに図 14.33 に示す鋲間座屈が発生するか．板は図 14.32 に示す柱の特性をもつとする．

解：

(14.56)式より，等価な細長比 L'/ρ は，

$$1.65\frac{s}{t} = 1.65 \times \frac{1}{0.040} = 41.2$$

図 14.32 より，$F_c = 31{,}300\,\text{psi}$ である．

14.13　無次元座屈曲線

前項で説明した塑性座屈応力は図 14.32 に示すタイプの柱の曲線から得られた．柱の曲線は応力-歪曲線の形，すなわち，材料の弾性率と降伏応力に依存するので，このタイプの柱の曲線はただひとつの材料にだけに適用できる．14.8 項で説明した図 14.18 に示すような無次元の柱の曲線を作成することには非常

14.13 無次元座屈曲線

に多くの利点がある．複数の材料が同じ n の値で示される同じ一般的な形状の応力-歪曲線をもつ場合，ひとつの柱の曲線がこれらのすべての材料の値を示すことになる．したがって，これらの材料のうちのひとつの材料の試験結果を他のすべての材料に適用できる．図 14.18 の無次元曲線を板の塑性座屈，鋲間座屈，圧縮部材の局所クリップリングの問題すべてに使うことを Cozzone と Melcon が提案した．図 14.18 の曲線は次の式で表すことができる．

$$\frac{F}{f_1} = \frac{E_t}{E}\frac{1}{B^2} \tag{14.57}$$

ここで，F は，柱，板の座屈，クリップリングの許容平均応力，f_1 はセカント降伏応力で，応力-歪曲線と原点を通る傾き $0.7E$ の直線との交点の応力である．

柱の場合は，B は(14.32)式で定義されている．

$$B = \frac{L'/\rho}{\pi\sqrt{E/f_1}} \tag{14.32}$$

板の塑性座屈の場合は，B の値は(14.52)式と(14.57)式から得られる．

$$B = \frac{b/t}{\sqrt{EK/f_1}} \tag{14.58}$$

鋲間座屈の場合は，B の値は(14.55)式と(14.57)式から得られる．

$$B = \frac{0.525\,s/t}{\sqrt{E/f_1}} \tag{14.59}$$

したがって，B の値は，(14.32)式，(14.58)式，または(14.59)式から計算され，F_c/f_1 の値は図 14.18 の曲線から読み取ることができる．アルミ合金の多くでは，応力-歪曲線の形状は $n = 10$ である．図 14.18 の $n = 10$ の柱の曲線を図 14.35 に示す．図 14.32 の柱の曲線は，$n = 10$，$E = 10{,}700{,}000$ psi，$f_1 = 37{,}000$ psi，圧縮降伏応力が 38,000 psi の 24S-T の小さい押出し型材の値を表している．14.12 項の数値例を図 14.35 の無次元曲線を使って解き，前の結果と比較する．

第14章 圧縮を受ける部材の設計

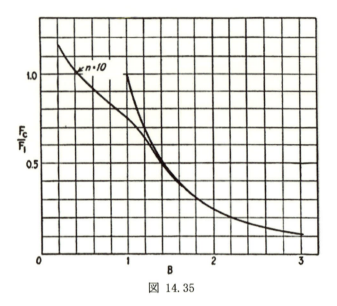

図 14.35

例題 1

図 14.35 を使って 14.12 項の例題 1 を解け. $f_1 = 37,000$ psi, $E = 10,700,000$ psi とする.

解:

(14.58)式より,

$$B = \frac{b/t}{\sqrt{EK/f_1}} = \frac{4/0.125}{\sqrt{10,700,000 \times 3.62/37,000}} = 0.986$$

図 14.35 より, $F_c/f_1 = 0.755$

$$F_c = 0.755 \times 37,000 = 28,000 \text{ psi}$$

例題 2

図 14.35 を使って 14.12 項の例題 2 を解け. $f_1 = 37,000$ psi, $E = 10,700,000$ psi とする.

解:

(14.58)式より,

$$B = \frac{b/t}{\sqrt{EK/f_1}} = \frac{1/0.072}{\sqrt{10{,}700{,}000 \times 0.385/37{,}000}} = 1.32$$

図 14.35 より，$F_c/f_1 = 0.555$.
$$F_c = 0.555 \times 37{,}000 = 20{,}500 \text{ psi}$$

例題 3

図 14.35 を使って 14.12 項の例題 3 を解け．$f_1 = 37{,}000$ psi，$E = 10{,}700{,}000$ psi とする．

解：

(14.59)式より，
$$B = \frac{0.525\, s/t}{\sqrt{K/f_1}} = \frac{0.525 \times 1/0.040}{\sqrt{10{,}700{,}000/37{,}000}} = 0.77$$

図 14.35 より，$F_c/f_1 = 0.845$.
$$F_c = 0.845 \times 37{,}000 = 31{,}300 \text{ psi}$$

14.14 局所クリップリングで破壊する柱

前に導いた柱の式は，比較的厚い壁の閉断面の管や局所的なクリップリング破壊が起きない断面に適用される．セミモノコックの航空機構造に使われる柱の多くは，押出し型材や板曲げ断面からできており，局所的なクリップリング破壊を起こす．アルミ合金の管の場合，図 14.16 で説明したように，D/t 比がある値になると薄い壁のクリップリングを考慮して最大圧縮を超えないとした．

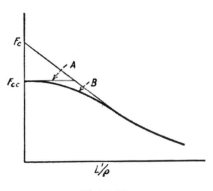

図 14.36

仮定した柱の曲線を図 14.36 の線 A で示す．F_{cc} はクリップリング応力である．押出し型材や薄い板曲げ部材の試験で曲線 B で表される局所クリップリングの値が得られる．クリップリング破壊を起こす断面は，同じ材料の安定な断面と

第14章 圧縮を受ける部材の設計

は異なる柱の式で解析しなければならないことがわかる.

ふつうは,柱として使用される薄肉断面について広い範囲の細長比の試験をするのが望ましい.設計者が選択する断面の種類が多いこと,設計の早い段階で断面を選択してその強度を予測する必要があることから,予備設計のためにはこのやり方がいつも現実的であるとはいえない.図 14.20 または図 14.26 に示すように,クリップリング破壊を起こすアルミ合金の柱の試験では,短柱の曲線は2次の放物線でよく近似できることがわかっている.クリップリング応力 F_{cc} を応力 F_{co} に代入して,

$$F_c = F_{cc}\left[1 - \frac{F_{cc}(L'/\rho)^2}{4\pi^2 E}\right] \tag{14.60}$$

端末の支持がクリップリング応力を増加させるので,他の短柱の場合と同様に,(14.60)式は非常に短い柱($L'/\rho<12$)には適用できない.したがって,クリップリング応力 F_{cc} は L'/ρ が約 12 の柱の試験で取得する.クリップリング応力の近似値は 14.12 項の例題 2 で示したように,断面の長方形の要素の塑性座屈強度の合計として計算することができる.

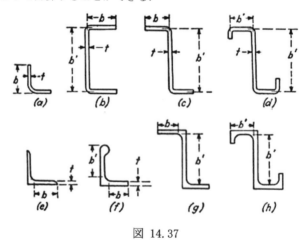

図 14.37

図 14.37 に示す柱の断面は幅 b,板厚 t,長さ a(b に比べて大きい)の長方形の板からできているとみなす.幅 b' で示された板は両側辺が単純支持であり,幅 b で示された板は1辺自由,他辺は単純支持であると仮定する.図 14.37(a)と(e)に示すアングル材の場合,2つの板が同時に座屈し,他の板の辺の拘束を

14.14 局所クリップリングで破壊する柱

しないので，各板の1辺が単純支持であると仮定する．しかし，他の断面では，1辺が自由の板のもう一方の辺は固定条件と単純支持条件の間にある．この端の拘束条件の違いは，図 14.34 に示したアングル材の座屈変形の図 14.38 に示したチャンネル材の座屈変形を比べるとわかる．1辺自由，他辺単純支持の平板と同じように，アングルの辺は柱の長さにかかわらず半波で座屈する．図 14.38 に示すように，チャンネル材の背はほぼ正方形の

図 14.38

パネルとして座屈するので，チャンネル材の2つの辺は，チャンネル材の背の座屈の半波数と同じ半波数で座屈する．

初期座屈後も角が荷重に耐えるので，板の初期座屈は部材の破壊が発生する応力よりも低い．図 14.37(e)に示すように，有効な幅 b を全幅よりも小さい値と仮定することによってこの効果を実験的に考慮する．図 14.37 の幅 b で示すように，押出し型材は角で板曲げ断面に比べてより大きい荷重に耐える．図 14.37(f)に示す端にふくらみのあるアングル（bulb-angle）押出し型材の板要素の支持条件はふくらみの曲げ剛性に依存するが，ふつうは図に示すようにふくらみが板を支持していると仮定する．

14.12 項と 14.13 項の方法によって断面の各要素の塑性座屈応力を求めた後に，断面の合計クリップリング荷重を個々の断面が受け持つ荷重の和として計算する．断面の寸法が b_1t_1, b_2t_2, b_3t_3 で座屈応力が F_1, F_2, F_3 ならば，合計クリップリング応力は次のようになる．

$$F_{cc} = \frac{F_1b_1t_1 + F_2b_2t_2 + F_3b_3t_3}{b_1t_1 + b_2t_2 + b_3t_3} = \frac{\sum Fbt}{bt} \tag{14.61}$$

(14.61)式の分母には角の面積が含まれていないので全断面積と同じではない．応力 F_{cc} に全断面積をかけてクリップリング荷重が得られる．角の荷重が含まれているので，このクリップリング荷重は(14.61)式の分子よりも大きい．

例題 1

図 14.39 に示す押出し型材の短柱の曲線の式を求めよ．材料は 24S-T で，$E = 10,700,000$ psi, $n = 10$, $f_1 = 37,000$ psi とする．

第14章 圧縮を受ける部材の設計

解：

この材料の柱の曲線は図 14.32 に示されている．塑性座屈に対して，等価な L'/ρ は (14.54)式で，図 14.25 から $K = 3.62$ として計算できる．面積1については，$b/t = 1.564/0.05 = 31.3$ で，面積2については，$b/t = 0.70/0.093 = 7.52$ である．(14.54)式から，等価な

$$\frac{L'}{\rho} = \frac{\pi}{\sqrt{K}}\frac{b}{t} = 1.65\frac{b}{t}$$ であるので，

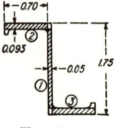

図 14.39

面積1については，$1.65 \times 31.3 = 51.6$ である．
面積2については，$1.65 \times 7.52 = 12.4$ である．

図 14.32 より，面積1について $F = 29,000$ psi，面積2について，$F = 45,000$ psi である．(14.61)式から，

$$F_{cc} = \frac{\sum Fbt}{\sum bt} = \frac{29,000 \times 1.564 \times 0.05 + 45,000 \times 0.70 \times 0.093 \times 2}{1.564 \times 0.05 + 2 \times 0.70 \times 0.093}$$
$$= 39,000 \text{ psi}$$

個々の面積についてクリップリング応力を図 14.35 の無次元曲線から得ることができる．(14.58)式から，

$$B = \frac{b/t}{\sqrt{EK/f_1}} = \frac{b/t}{\sqrt{10,700,000 \times 3.62/37,000}} = 0.0308\frac{b}{t}$$

面積1については，$B = 0.0308 \times 31.3 = 0.965$ である．図 14.35 から，$F/f_1 = 0.77$ で，$F = 28,500$ psi となる．

面積2については，$B = 0.0308 \times 7.52 = 0.232$ である．図 14.35 から，$F/f_1 = 1.20$ で，$F = 45,000$ psi となる．これらの値は図 14.32 から得た値と同じである．

短柱の曲線は(14.60)式より，次のようになる．

$$F_c = F_{cc}\left[1 - \frac{F_{cc}(L'/\rho)^2}{4\pi^2 E}\right]$$
$$= 39,000\left[1 - \frac{39,000(L'/\rho)^2}{4\pi^2 \times 10,700,000}\right]$$
$$= 39,000\left[1 - 0.0000923(L'/\rho)^2\right]$$

14.14 局所クリップリングで破壊する柱

例題 2

図 14.40(a)に示す断面が，$n = 10$，$E = 9{,}700{,}000$ psi，$f_1 = 46{,}000$ psi の 24S-RT のアルクラッド板でできている．この断面のクリップリング応力を求めよ．

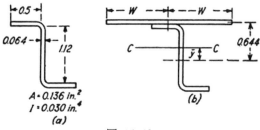

図 14.40

解：
ウェブが 2 つの辺で単純支持されていると仮定し，$K = 3.62$ とする．図 14.38 のチャンネル材と同じようにほぼ正方形のパネルのように座屈すると仮定する．半波長は約 1.12 in. の長さであるので，フランジは 1.12 in. 離れた端と一方の辺で単純支持されているとみなす．図 14.25 から，$a/b = 2.00$，$K = 0.60$ である．
(14.58)式から，

$$B = \frac{b/t}{\sqrt{EK/f_1}}$$

フランジについては，

$$B = \frac{0.5/0.064}{\sqrt{9{,}700{,}000 \times 0.6/46{,}000}} = 0.693$$

ウェブについては，

$$B = \frac{1.12/0.064}{\sqrt{9{,}700{,}000 \times 3.62/46{,}000}} = 0.633$$

図 14.35 から，フランジについては，$F/f_1 = 0.88$ で，$F = 40{,}500$ psi となり，ウェブについては，$F/f_1 = 0.905$ で，$F = 41{,}600$ psi となる．

(14.61)式より，

第 14 章　圧縮を受ける部材の設計

$$F_{cc} = \frac{\sum Fbt}{\sum bt} = \frac{\sum Fb}{\sum b} = \frac{2 \times 40{,}500 \times 0.5 + 41{,}600 \times 1.12}{2 \times 0.5 + 1.12}$$
$$= 41{,}000 \text{ psi}$$

例題 3

例題 2 のストリンガがリブ間隔 18 in.の翼外板に使われており，外板は板厚 0.040 in.，$E = 9{,}700{,}000$ psi である．ストリンガと外板の有効幅からなる柱の終極荷重を求めよ．ストリンガの端末拘束係数 $c = 1.5$ とする．

解：

図 14.40(b)に示すように，柱の断面はストリンガと有効な外板からなる．(14.49)式から外板の有効幅 w を計算する前に柱の応力を知る必要があり，柱の式を計算するには有効幅を知る必要がある．したがって，仮の解が必要である．$F_c = 35{,}000$ psi と仮定すると，(14.49)式から，

$$w = 0.85 t \sqrt{\frac{E}{F_c}} = 0.85 \times 0.040 \sqrt{\frac{97{,}000{,}000}{35{,}000}} = 0.562 \text{ in.}$$

板の有効断面積は，$2 \times 0.562 \times 0.040 = 0.045$ in.^{2} である．

図心の距離は，

$$\bar{y} = \frac{0.045 \times 0.644}{0.136 + 0.045} = 0.16 \text{ in.}$$

図心まわりの断面 2 次モーメントは，

$$I_c = 0.030 + 0.045(0.644)^2 - 0.181(0.16)^2 = 0.0441$$

図心まわりの断面半径は，

$$\rho = \sqrt{\frac{I}{A}} = \sqrt{\frac{0.0441}{0.181}} = 0.495 \text{ in.}$$

水平軸以外の方向の軸に対しては座屈しないようにストリンガが板に結合されていることに注意すること．もし断面が自由であれば，断面半径が最小になる軸の方向に座屈する．柱の有効長さは，

$$L' = L/\sqrt{c} = 18/\sqrt{1.5} = 14.7 \text{ in.}$$

14.14 局所クリップリングで破壊する柱

(14.60)式から,

$$F_c = F_{cc}\left[1 - \frac{F_{cc}(L'/\rho)^2}{4\pi^2 E}\right]$$

$$= 41,000\left[1 - \frac{41,000(14.7/0.495)^2}{4\pi^2 \times 9,700,000}\right]$$

$$= 37,200\,\text{psi}$$

有効幅を再計算すると,

$$w = 0.85 \times 0.040\sqrt{\frac{97,000,000}{37,200}} = 0.548\,\text{in}.$$

この幅と前に計算した値との差は断面半径の値に大きな影響を与えない. 合計荷重は,

$$P = F_c A = 37,200(0.136 + 2 \times 0.548 \times 0.040) = 6,700\,\text{lb}$$

クリップリング応力の計算値はすべて類似の断面の試験で確認するべきである. 他の材料を使うため，クリップリング試験データを修正する比を求めるために無次元曲線を使うことができる.

14.15 圧縮を受ける曲面板

軸方向の圧縮荷重を受ける薄い円筒は薄い壁の局所的な不安定で破壊する. この種の破壊はセミモノコックの翼や胴体構造が圧縮を受ける場合に発生する破壊と似ている. 平板の圧縮座屈を前の項で説明したが，実際の構造の多くは曲面の板でできており，曲率が座屈と最終強度に大きな影響をおよぼす. 圧縮を受ける円筒は図14.41に示すような座屈変形をする.

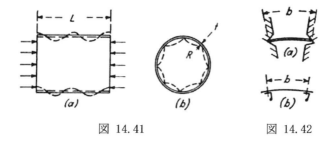

図 14.41　　　　図 14.42

第14章　圧縮を受ける部材の設計

周方向の波の数は比 R/t に依存する．ここで，R は半径で，t は円筒の壁の厚さである．R/t が大きいと波の数は多くなる．長手方向の波の長さは周方向の波の長さと同程度の大きさである．セミモノコックの翼や胴体の外板のように R/t が大きい場合は，波の長さが十分小さいので，図 14.42(a)に示すように単純支持されている円筒の一部は完全な円筒とほぼ同じ座屈応力に耐える．図 14.42(b)に示すように，この一部は隣り合うストリンガに区切られた外板に対応する．R/t が小さいと，周方向の波の長さが大きくなり，図 14.42(b)のストリンガ，すなわち端の支持が波の発生を抑えるので，座屈応力が増大する．

　薄い壁の円筒の圧縮座屈応力は平板の座屈応力を計算したのと同じようにして理論的に決めることができる．微小変形の仮定に基づく古典的な円筒の解析によると，ポアソン比 0.3 の場合，次の値となる．

$$F_{c_{cr}} = 0.606E\frac{t}{R} \tag{14.62}$$

しかし，試験値は(14.62)式の値よりもずっと小さく，試験結果は大きくばらつく．平板の座屈応力の解析値と試験値がよく一致することとは大きな違いである．

　Von Karman, Dunn and Tsien [5],[6],[7] が古典理論による解に使われた仮定に誤りがあることを示した．平板の座屈の場合には，板の長手方向の帯が幅方向の帯で弾性的に支持されており，幅方向の帯が変形に比例する拘束力を発生する．オイラーの柱の場合と同様に，平板が座屈するときはどちらの方向にも座屈でき，座屈後も荷重は座屈荷重と同じ大きさに保たれる．しかし，圧縮される円筒の場合には，長手方向の帯は周方向のリングによって支持されており，そのリングが発生する拘束力は半径方向の変位に比例しない．外側に変形するときには円形のリングの剛性は増加し，内側に変形するときには剛性が低下する．このように，圧縮された円筒の薄い壁は内側にはより座屈しやすく，外側には座屈しにくい．壁に偏心がなくても，座屈すると，荷重と長さが急に減少する．壁に少しの偏心があっても座屈荷重はかなり減少する．試験機にはどれにもいくらかの弾性変形があり，試験供試体の剛性が減少するのにともなって試験機の端盤が動くので，座屈応力は試験機の剛性に依存する．供試体の偏心と試験機の弾性変形の大きな影響が試験結果の大きなばらつきの原因である．

　円筒の圧縮荷重 P を軸方向の圧縮変位 e に対してプロットすると，図 14.43 に示すような曲線になる．壁が完全に円筒形で一様な理想的な円筒の理論的な曲線を曲線 1 に示す．点 A_1 が(14.62)式から得られる理論的な座屈応力に対応し

ている．曲線の上側の分岐が下側の分岐と非常に近いので，注意深く試験をしてもこの値は試験的には決して得られない．点 B_1 に対応する変形 e のとき，円筒が座屈した形状となり，荷重が低下する．

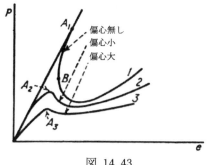

図 14.43

座屈が発生する前に変形が B_1 に対応する点を超えていたならば，座屈が発生すると，円筒の長さが急に減少する．曲線2に示すように試験供試体の偏心が小さくても，試験機の弾性変形によって試験機の端盤が一緒に動いて，荷重が低下したときに円筒の長さが減少する．

実験的に得られる座屈荷重は図 14.43 の点 A_2 と A_3 で表される．補強されていない円筒の場合，これらの荷重は圧縮を受ける円筒の終極強度を表す．実験結果から実験式が導かれており，試験値のばらつきから予想されるとおり，このいろいろな実験式の座屈応力の値は広い範囲にばらついている．Kanemitsu and Nojima[8] は次の式を提案している．

$$\frac{F_{c_{cr}}}{E} = 9\left(\frac{t}{R}\right)^{1.6} + 0.16\left(\frac{t}{L}\right)^{1.3} \quad (14.63)$$

ここで，L は円筒の長さである．この式は $500 < R/t < 3{,}000$ と $0.1 < L/R < 2.5$ の領域の試験値と満足できる一致を示している．

R/t が小さい場合の座屈応力については，(14.62)式の約半分の値とした式がよくあう．

$$F_{c_{cr}} = 0.3E\frac{t}{R} \quad (14.64)$$

この式は R/t が大きい場合には試験値よりも大きい値となる．$R/t < 500$ の場合に(14.64)式を使い，(14.63)式をその適用範囲で使うのがよいだろう．

第 14 章　圧縮を受ける部材の設計

セミモノコック構造によくある長手方向に補強された局面板の場合には，曲率がないと板は(14.47)式で表された座屈応力に耐え，曲率があると(14.63)式で表されるさらに高い応力が追加される．この座屈応力を加えることが正当であるという理論的な理由がほとんどないが，このやり方は試験で十分実証されている．

翼の上面の曲率のある外板の圧縮座屈応力はこの板に作用する負の圧力によってかなり増加する．曲面板は内側に座屈しようとする傾向があるので，空気力がこの傾向を減らす方向に働く．このケースでは，(14.63)式は非常に安全側となる．滑らかでない翼型による抵抗が発生するため，高速機の翼の外板は座屈をさせないことが非常に重要である．

曲面補強パネルの終極強度は，14.11 項の補強平板の終極強度の計算方法と同様の方法で求めることができる．ストリンガとストリンガと共に働く外板の有効幅によって受け持たれる圧縮荷重に加えて，外板が座屈してもストリンガ間の外板が曲率を持つことにより受け持つ荷重がある．座屈した曲面板が受け持つ荷重は図 14.43 の曲線の右側で示されている．この荷重はストリンガの伸びに依存するが，他にも多くの未知の要因が関係している．図 14.44 に示すように，この荷重を計算する ANC-5 の方法では，ストリンガ間の $b - 2w$ の幅の外板が $0.25Et/R$ の応力を受け持つと仮定している．曲面板のこの座屈応力がストリンガの応力 F_c を超える場合は，板の全体が F_c の応力を受け持つと仮定する．

例題 1

図 14.45 に示す翼で，$R = 50$ in.，$t = 0.064$ in.，$b = 6$ in.，リブ間隔 $L = 18$ in.とする．$E = 10^7$ psi のとき，外板の座屈が発生する応力を求めよ．

解：

(14.47)式から得られる 4 辺を単純支持した平板の座屈応力と，(14.63)式から得られる円筒の座屈応力の和から座屈応力を求めることができる．(14.47)式より，

$$F'_{c_{cr}} = KE\left(\frac{t}{b}\right)^2 = 3.62 \times 10^7 \times \left(\frac{0.064}{6}\right)^2 = 4,110\,\text{psi}$$

14.15 圧縮を受ける曲面板

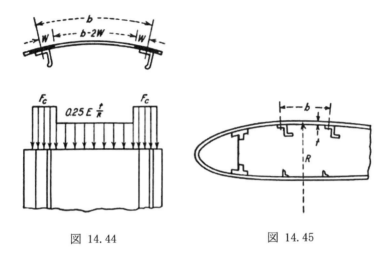

図 14.44　　　　　図 14.45

(14.63)式より,

$$\frac{F''_{cr_{cr}}}{E} = 9\left(\frac{t}{R}\right)^{1.6} + 0.16\left(\frac{t}{L}\right)^{1.3}$$
$$= 9\left(\frac{0.064}{50}\right)^{1.6} + 0.16\left(\frac{0.064}{18}\right)^{1.3}$$
$$= 2{,}130 + 1{,}560 = 3{,}690\,\mathrm{psi}$$

座屈応力の合計は上の2つの値を足して,

$$F_{c_{cr}} = 4{,}110 + 3{,}690 = 7{,}800\,\mathrm{psi}$$

例題 2

図 14.45 に示す上面のストリンガの各断面積は 0.2 in.^{2} で, 終極圧縮応力 40,000 psi に耐えるとする. 各ストリンガ, ストリンガと共に働く外板有効幅, ストリンガ間の曲面板が受け持つ終極圧縮荷重を求めよ. b = 6 in., t = 0.064 in., R = 50 in., E = 10^7 psi と仮定する.

解：

(14.49)式から得られる外板の有効幅は,

第 14 章　圧縮を受ける部材の設計

$$w = 0.85t\sqrt{\frac{E}{F_c}}$$

$$= 0.85 \times 0.064 \sqrt{\frac{10^7}{40,000}} = 0.86 \,\text{in}.$$

図 14.44 によると，ストリンガ間の曲面板の応力は，

$$\frac{0.25Et}{R} = 0.25 \times 10^7 \times \frac{0.064}{50} = 3,200 \,\text{psi}$$

曲面板の断面積は，

$$(b - 2w)t = (6 - 2 \times 0.86)0.064 = 0.274 \,\text{in}.^2$$

この曲面板の荷重は，$3,200 \times 0.274 = 880$ lb である．ストリンガの荷重は，$40,000 \times 0.2 = 8,000$ lb である．外板の有効幅の荷重は，$40,000 \times 2 \times 0.86 \times 0.064 = 4,400$ lb である．曲面板は終極荷重のうちのわずかな部分しか受け持たないことがわかる．

問題

14.11　翼の上面外板が 24S-T アルクラッド材でできている．ストリンガ間隔は 5 in.で，リブ間隔は 20 in.である．周辺が単純支持されていると仮定して，外板の板厚が，(a) 0.020 in., (b) 0.032 in., (c) 0.040 in., (d) 0.064 in.の各場合について圧縮座屈応力を求めよ．

14.12　K の値が単純支持と固定条件の平均であるとして，問題 14.11 を解け．

14.13　a/b が 0.25, 0.33, 0.5, 1, 2, 3, 4 として図 14.23 の $m = 1$ の曲線上の点を計算せよ．a/b が 0.50, 0.66, 1, 2, 4, 6, 8 として $m = 2$ の曲線上の点を計算せよ．2 つの曲線の類似性に注目して，図 14.23 のすべての曲線をひとつの曲線で表す座標を導け．

14.14　外板板厚を 0.051 in.として 14.11 項の例題を解け．

14.15　外板板厚を 0.064 in.として 14.11 項の例題を解け．

14.16 (a) 4辺単純支持の場合，(b) 4辺固定支持の場合，(c) 荷重辺が単純支持で，側辺が自由の場合の各ケースについて，$a = 8$ in., $b = 4$ in., $t = 0.156$ in.の板の圧縮座屈応力を計算せよ．図14.32に示す柱の接線剛性の曲線を使うこと．

14.17 $n = 10$ の無次元座屈曲線を使って問題 14.16 を解け．$E = 10,700,000$ psi, $f_1 = 37,000$ psi と仮定する．

14.18 断面の高さを 1.75 から 1.50 に変えて 14.14 項の例題 1 を解け．

14.19 ストリンガの厚さが 0.051 in. で，ストリンガの断面積と断面2次モーメントが板厚に比例するとして，14.14 項の例題 2 と 3 を解け．

14.20 外板の曲率半径 R が 50 in. であるという影響を入れて問題 14.11 を解け．

14.21 $R = 20$ in., 外板の板厚が，(a) 0.072 in., (b) 0.081 in., (c) 0.091 in.の各場合について，14.15 項の例題 2 を解け．

第 14 章の参考文献

[1] Shanley, F. R.: The Column Paradox, J.Aeronaut. Sci., December, 1946, p.678.
[2] Shanley, F. R.: Inelastic Column Theory, J. Aeronaut. Sci., May, 1947, p.261.
[3] Cozzone, F. P., and Melcon, M. A.: Non-dimensional Buckling Curves - Their Development and Application, J. Aeronaut. Sci., October, 1946, p.511.
{4] Timoshenko, S.: "Theory of Elastic Stability," Engineering Societies Monograoh, McGraw-Hill Book Company, Inc., New York, 1936.
[5] Von Karman, T., Dunn, L. G., and Tsien, H. S.: The Influence of Curvature on the Buckling Characteristics of Structures, J. Aeronaut. Sci., May, 1940, p.276.
[6] Von Karman, T., and Tsien, H. S.: The Buckling of Thin Cylindrical Shells Under Axial Compression, J. Aeronaut. Sci., June, 1941, p.303.
[7] Tsien, H. S.: Theory for the Buckling of Thin Shells, J. Aerinaut. Sci., August, 1942, p.373.
[8] Kanemitsu, S., and Nojima, H.: "Axial Compression Tests of Thin Circular

第14章 圧縮を受ける部材の設計

Cylinders," Thesis at the California Institute of Technology, 1939.

第15章　せん断ウェブの設計

15.1 平板の弾性座屈

14.10 項で圧縮応力を受ける長方形の板の座屈について説明した．せん断応力や曲げ応力のような他の応力でも薄い板の弾性座屈が起こる．ここでは板の面内に働く荷重だけを考え，板の面に垂直な荷重成分はゼロであると仮定する．

薄い長方形板にせん断が負荷される場合の弾性座屈応力は理論的に計算できる[1]．その解析はこの本の範囲を超えるが，その結果は(14.47)式と同じ形で表現できる．ポアソン比をすべての材料で一定とすると，

$$F_{s_{cr}} = KE\left(\frac{t}{b}\right)^2 \tag{15.1}$$

$\mu = 0.3$ で，4辺固定と4辺単純支持の場合について K の値を図15.1にプロットした．t は板厚，E は板の材料の弾性率である．14.10 項で説明した圧縮される板の場合，幅 b は荷重の方向に垂直で，長さ a は荷重の方向に平行であったが，板のすべての辺にせん断が働くので，寸法 b は板の2つの辺の寸法のうちの小さい方をとる．せん断座屈応力 $F_{s_{cr}}$ は板の4辺に一様に分布している．

純せん断荷重が働く長方形板の主応力は辺に 45° 傾いた引張と圧縮応力である．これらの主応力はせん断応力と等しい．この対角の圧縮応力が板の座屈を引き起こし，座屈が発生すると，辺に対して約 45° のしわができる．同じ寸法の板では，せん断座屈応力 $F_{s_{cr}}$ は圧縮座屈応力 $F_{c_{cr}}$ よりもかなり大きい．これはせん断力が負荷される板の対角の引張の抑制効果の結果である．

図 15.2 に示す曲げが負荷される薄い板の座屈応力も理論的に計算でき[2]，圧縮座屈やせん断座屈の式と同じ形で表すことができる．

$$F_{b_{cr}} = KE\left(\frac{t}{b}\right)^2 \tag{15.2}$$

ここで，$F_{b_{cr}}$ は図 15.2 に示す最大曲げ応力で，4辺単純支持の場合の K は図 15.2 に示す曲線で与えられている．

第15章 せん断ウェブの設計

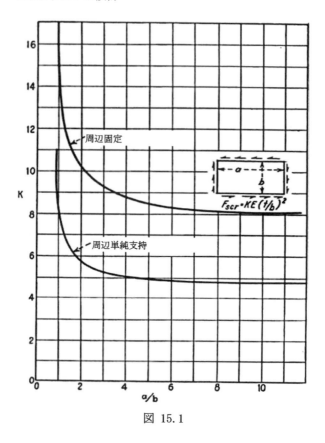

図 15.1

圧縮,せん断,曲げのうちの2つの条件の組み合わせ荷重が負荷される薄い板の座屈については,初期座屈応力は応力比の方法で実験的に求められている[3].初期座屈が発生するのは,次の式のうちの一つを満足するときである.

圧縮と曲げの組み合わせ:

$$R_b^{1.75} + R_c = 1 \tag{15.3}$$

圧縮とせん断の組み合わせ:

$$R_s^{1.5} + R_c = 1 \tag{15.4}$$

曲げとせん断の組み合わせ:

15.1 平板の弾性座屈

$$R_b^{\,2} + R_s^{\,2} = 1 \tag{15.5}$$

ここで，R_b，R_c，R_s の項は板に働く応力と座屈応力の比，$f_b/F_{b_{cr}}$，$f_c/F_{c_{cr}}$，$f_s/F_{s_{cr}}$ を表す．

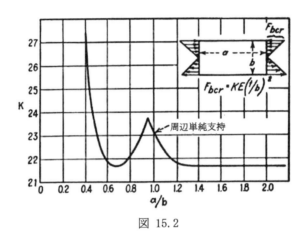

図 15.2

15.2 曲率のある長方形板の弾性座屈

　航空機のセミモノコック構造の大部分を占めるのは外被，または外板である．空力的な形状のために，この外板はふつう曲面になっており，外板は引張，圧縮，せん断，曲げ応力に耐えなければならない．すべての航空機構造部材の設計で考慮すべき終極強度と降伏強度の要求に加えて，外板は通常の飛行条件においてしわが発生しないように設計しなければならないことが多い．高速の航空機の場合には外板のしわや他の表面の凹凸は空気の流れに重大な影響をおよぼすが，速度の遅い航空機ではある程度許容できる．残念なことに，曲面板の座屈強度と終極強度は多くの不確実な要因に依存しているので，正確に予測することが困難である．板の初期不整，板に垂直な圧力，支持条件は評価することが難しいが，これらは座屈荷重に大きな影響をおよぼす．

　図15.3に示すようなせん断を受ける曲面板の座屈応力は同じ寸法の平板の座

第 15 章　せん断ウェブの設計

屈応力より大きい．実験的に得られる座屈応力は，微小な変形の理想的な板に対して理論的に計算された座屈応力よりも小さいのが普通である．14.15 項で説明した圧縮を受ける板と同じ状況がせん断の場合にもあてはまる．平板の理論的な座屈応力は実際の板による試験結果とよく一致するが，曲面板の理論的な座屈応力は実験的に得られる値よりも大きいのが普通である．

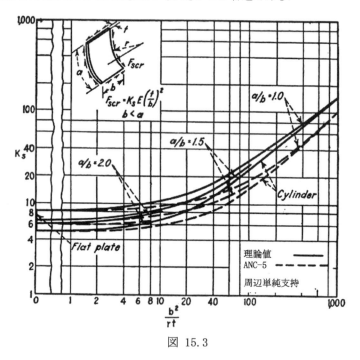

図 15.3

曲面板の理論的なせん断座屈応力は Batdorf, Stein and Schildcrout[2] によって計算された．一定のポアソン比 $\mu = 0.3$ とすると，せん断座屈応力 $F_{s_{cr}}$ は前の座屈方程式と同じ形で表現できる．

$$F_{s_{cr}} = K_s E \left(\frac{t}{b}\right)^2 \tag{15.6}$$

K_s の項は a/b と b^2/rt の関数であり，図 15.3 と図 15.4 に示す．周方向の長さのほうが軸方向の長さよりも大きい場合には，図 15.3 が適用される．軸方向の長

15.2 曲率のある長方形板の弾性座屈

さのほうが大きい場合には,図 15.4 を使わなければならない.どちらの場合でも,寸法 b のほうが寸法 a よりも小さい.どちらの図も 4 辺が単純支持の場合にだけ適用される.チャートの左端の点,$b^2/rt = 0$ は図 15.1 に示した平板の座屈応力係数に対応している.

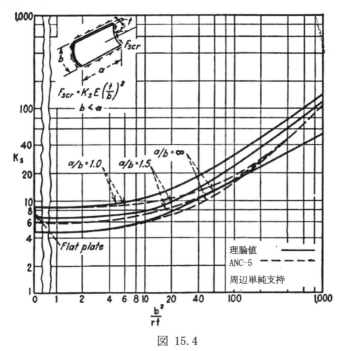

図 15.4

初めからある偶発的な偏心によって座屈応力が理論的な座屈応力よりも低くなるので,設計のためには,この偏心を考慮することが必要である.設計者は構造に対するこのような影響を常に配慮する必要がある.ANC-5 で提案されている実験式を下に示す.

$$F_{s_{cr}} = KE\left(\frac{t}{b}\right)^2 + K_1 E \frac{t}{r} \tag{15.7}$$

ここで,最初の項は図 15.1 に示す平板の座屈応力で,最後の項は曲率によって増加する追加応力である.$K_1 = 0.10$ が推奨されている.(15.7)式を書き換えると,次の式が得られる.

第 15 章　せん断ウェブの設計

$$F_{s_{cr}} = \left(K + K_1 \frac{b^2}{rt}\right) E \left(\frac{t}{b}\right)^2$$
$$K_s = K + K_1 \frac{b^2}{rt}$$
(15.8)

(15.8)式の K_s は $K_1 = 0.10$ として図 15.3 と図 15.4 に破線で示されている．(15.7)式から得られる ANC-5 の値は，図 15.4 の a/b と b^2/rt が大きい場合を除いて，図に示されたすべての点を安全側に代表している．a/b と b^2/rt が大きい場合を除いて，ANC-5 の式は試験データの大部分とよく一致するか安全側であり，実際の設計に用いることができる．図 15.3 と図 15.4 に示す理論的な曲線は単純支持の板にだけ適用できるが，固定支持またはその他の支持条件の平板の図 15.1 を内挿することによって(15.7)式を同じように使うことができる．

15.3 完全張力場の梁

　せん断荷重が負荷される薄いウェブの終極強度は初期座屈強度よりもかなり高い．翼の桁のように，空気流にさらされない構造部材の場合には，その終極強度よりも小さい荷重でせん断ウェブにしわができても許される．座屈が発生した後にせん断ウェブで受け持つ荷重を説明するには，完全張力場の梁（pure tension field beam）を考えるのが便利である．完全張力場ではせん断荷重が負荷されたときに最初からウェブが座屈しているとする．非常に薄いウェブでも座屈に耐えて応力分布に影響を与えるので，そのようなウェブは実際には存在しない．

　図 15.5(*a*)に示す梁は，曲げモーメントをすべて受け持つ集中したフランジ断面積を持つと仮定する．梁のウェブの板厚は t で，フランジの図心間の距離であるウェブの高さは h である．垂直方向の補強材が一定の間隔 d で長手方向に配置されている．せん断力 V はすべての断面で一定である．ウェブのすべての点におけるせん断流は V/h に等しく，すべての点におけるせん断応力 f_s は V/th である．ウェブがせん断座屈しない（shear resistant）場合，梁の中立軸のウェブの要素は図 15.6 に示すような応力状態である．垂直方向と水平方向の面，X と Y にはせん断応力 f_s だけが働き，垂直応力はない．図 15.6(*c*)に示すように，主応力 f_t と f_c は水平方向から 45°の面に発生する．主応力の大きさは図 15.6(*c*)に示す Mohr の円を使って求めることができ，$f_t = f_c = f_s$ である．Mohr の円の描

き方は 4.7 項で説明した.

　図 15.5(a) に示す梁のウェブが非常に曲り易いと, 対角状の圧縮応力に耐えることができない. そうすると, 図に示すようにウェブが対角状の引張の方向, すなわち約 45° の方向に平行な針金の集まりであるように働く.

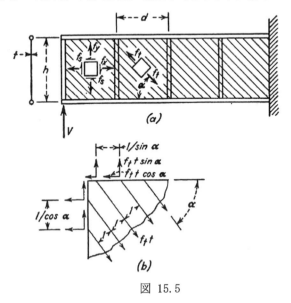

図 15.5

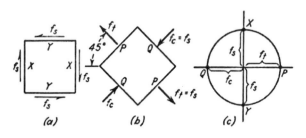

図 15.6

　このような針金の集まりは梁の曲げモーメントを受け持つことができず, 張力場ウェブの要素はすべて中立軸位置の要素と同じ応力状態であると仮定するのがふつうである. 完全張力場ウェブの要素は図 15.7 に示す応力状態である. せん断座屈をしないウェブと同じく, 垂直および水平面のせん断応力は同じ値

$f_s = V/th$ である．これらの面 X と Y には引張応力 f_x と f_y が働く．これらの応力は図15.7(c)に示すように，Mohr の円から得ることができる．

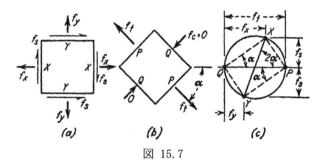

図 15.7

円の寸法から QX と PY の長さは $f_s/\sin\alpha$ で，PX と QY の長さは $f_s/\cos\alpha$ である．したがって，次の応力を求めることができる．

$$f_x = f_s \cot\alpha \tag{15.9}$$

$$f_y = f_s \tan\alpha \tag{15.10}$$

$$f_t = \frac{f_s}{\sin\alpha\cos\alpha} = \frac{2f_s}{\sin 2\alpha} \tag{15.11}$$

(15.9)式から(15.11)式で表された関係はMohrの円を使わずに図15.5(b)から求めることができる．最大引張応力 f_t を受ける厚さ t のウェブを，$f_t \times t$ の荷重が働く単位長さだけ離れた針金で置き換えることができる．針金の引張力の垂直成分は $f_t t\sin\alpha$ で，水平成分は $f_t t\cos\alpha$ である．針金の水平方向の間隔は $1/\sin\alpha$ で，ウェブの水平方向の面積 $t/\sin\alpha$ に対応する．水平面に働くウェブの引張応力 f_y は針金の引張力 $f_t t\sin\alpha$ の垂直成分をウェブの断面積 $t/\sin\alpha$ で割ったものである．

$$f_y = f_t \sin^2\alpha \tag{15.12}$$

水平面のせん断応力 f_s は針金の引張力の水平成分 $f_t t\cos\alpha$ をウェブの断面積 $t/\sin\alpha$ で割ったものである．

$$f_s = f_t \sin\alpha\cos\alpha \tag{15.13}$$

(15.13)式は(15.11)式に対応する．同様に，針金の垂直方向の間隔は $1/\cos\alpha$ で，これはウェブの断面積 $t/\cos\alpha$ に対応する．ウェブの水平方向の応力 f_x は，針金の引張力の水平方向成分をこの断面積で割ることによって得られる．

15.3 完全張力場の梁

$$f_x = f_t \cos^2 \alpha \tag{15.14}$$

(15.9)式と(15.10)式は(15.12)式から(15.14)式から得られる.

張力場梁は，補強材，梁のフランジやリベット結合への応力の伝達のしかたについても，せん断座屈をしない梁と異なっている．せん断座屈をしない梁の垂直方向の補強材には圧縮荷重がかからず，ウェブを小さい長方形の区画に分けて(15.1)式で計算される座屈応力を増加させる役割を持つ．一方，張力場梁では，ウェブの垂直方向の引張応力 f_y が梁のフランジを引っ張るので，補強材の圧縮力でこれに対抗する．図 15.8(a)に示すように，各補強材には補強材間隔 d の長さのウェブに働く垂直方向の引張力に等しい圧縮力 P が働く．

$$P = f_y t d = \frac{Vd}{h} \tan \alpha \tag{15.15}$$

ウェブの垂直方向の引張応力によって，梁のフランジが内側に曲げられる．フランジは補強材に支持された連続梁のように働く．フランジの端で回転を固定している仮定すると，フランジの曲げモーメント線図は図 15.8(b)に示すようになる.

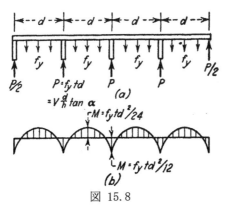

図 15.8

補強材位置では曲げモーメントは，

$$M = \frac{f_y t d^2}{12} = \frac{Pd}{12} \tag{15.16}$$

補強材の中間位置でのフランジの曲げモーメントは，

第 15 章　せん断ウェブの設計

$$M = \frac{f_y t d^2}{24} = \frac{Pd}{24} \tag{15.17}$$

曲げモーメントの方向は，補強材の位置でフランジの外側に引張応力を生じ，補強材の中間でフランジの内側に引張応力を生じる方向である．

ウェブの応力の水平方向成分 f_x は端の補強材を $f_x t h = V\cot\alpha$ の力で内側に引っ張り込むように働く．この力は梁の2つのフランジで均等に受け持たれ，$V(\cot\alpha)/2$ の圧縮力を生じる．この力は梁の曲げによって生じる M/h の力に重ね合わせる必要がある．

せん断座屈を許さないウェブのリベット結合は，単位長さあたり $q = f_s t$ の荷重に耐えるように設計する．張力場ウェブの結合では，水平方向のリベット結合はせん断流 q と垂直方向の単位幅あたり $q\tan\alpha$ の引張力に耐えなければならない．したがって，水平方向のすべてのリベット結合は単位長さあたり $q\sqrt{1+\tan^2\alpha} = q\sec\alpha$ の力に耐えなければならない．梁の端またはウェブのスプライスの垂直方向のリベット結合はせん断流 $q = f_s t$ と単位長さあたり $f_x t = q\cot\alpha$ の引張力に耐えなければならない．したがって，この結合は単位長さあたり $q\sqrt{1+\cot^2\alpha}$ ，すなわち $q/\sin\alpha$ の荷重で設計しなければならない．ウェブと中間の補強材の結合では目立った荷重の伝達はないので，この荷重は適用されない．

前の章ではいろいろなせん断流の解析をしたが，その際にはウェブが純せん断であると仮定していた．せん断流の解析に影響をおよぼすことなく X，Y 平面の引張応力をせん断応力に重ね合わせることができるので，ウェブが張力場になってもこの解析は有効である．

例題

図15.9に示す梁のウェブは完全張力場ウェブであると仮定する．補強材とフランジのフリーボディダイヤグラムを描き，補強材とフランジの軸力をプロットせよ．$\alpha = 45°$ と仮

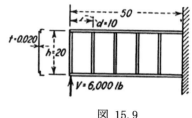

図 15.9

15.3 完全張力場の梁

定すること．

解：
　ウェブの要素の水平面と垂直面のせん断応力は $f_s = V/ht = 6,000/(0.020 \times 20)$ = 15,000 psi である．せん断流は $q = f_s t = 300$ lb/in. である．これらの面の引張応力 f_x と f_y と単位長さあたりの引張力も f_s と q に等しい．中間の補強材の圧縮荷重は $P = Vd/h$ で 3,000 lb である．左端の補強材には $P/2$ の圧縮荷重と下端に圧縮荷重 6,000 lb が働く．両方のフランジの圧縮荷重は長手方向に線形に変化する．梁の曲げによって支持部ではフランジ荷重 $M/h = 6,000 \times 50/20 = 15,000$ lb が働く．圧縮側のフランジには $-M/h - V/2 = -18,000$ lb の荷重が働き，引張側のフランジには $M/h - V/2 = 12,000$ lb の荷重が働く．フリーボディダイヤグラムを図 15.10 に示す．中間の補強材には同じ荷重が働く．

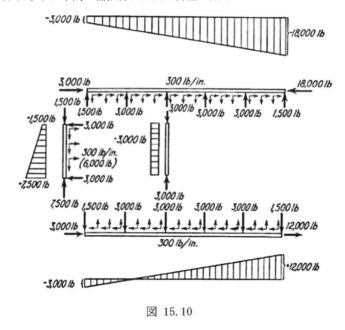

図 15.10

15.4 張力場の角度

　張力場の角度 α はふつう 45° よりも小さい．フランジと補強材からなる梁の骨組みが水平方向の引張 f_x と垂直方向の引張 f_y に対して同じ剛性を持っている

第 15 章　せん断ウェブの設計

ならば，これらの2つの応力が等しく，α は 45°である．実際の梁では，圧縮荷重に対してフランジが補強材よりも剛である．補強材が圧縮で変形するため，補強材の間隔はほぼ同じのままであるが，フランジが一緒に動くことができる．このため，水平方向の応力 f_x は f_y よりも大きく，対角方向の引張応力 f_t の角度は 45°より小さい．この角度は梁の変形から求めることができる．

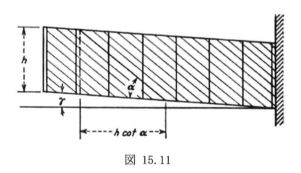

図 15.11

図 15.11 に示す梁は，最初は水平であり，すべての断面でせん断変形 γ となる．ここでは曲げ変形を考慮しない．変形 γ は補強材とフランジの軸方向の伸びと，張力場応力によるウェブの対角方向の伸びによって発生する．長さ $h\cot\alpha$，高さ h の梁の断面を考え，最小の変形 γ を発生するのに必要な α の値を求める．すべての伸びは引張のときを正とするが，補強材とフランジは常に圧縮であるので，負の伸びである．図 15.12 に示す2つの構造の水平方向，垂直方向，対角方向の歪が両者で等しければ，図 5.11 の長さ $h\cot\alpha$ の梁の変形は図 15.12 に示すトラスの変形と同じである．

垂直の補強材の伸びは歪 e_y と長さ h の積である．図 15.12(a)に示すように，この伸びがせん断変形 γ_1 を生じる．せん断変形 γ_1 は伸びを $h\cot\alpha$ で割って得られる．

$$\gamma_1 = \frac{he_y}{h\cot\alpha} = e_y \tan\alpha \tag{15.18}$$

水平方向の長さを考えると，梁のフランジの伸び歪が e_x であると，伸びの合計は $e_x h\cot\alpha$ である．角度の変形 γ_2 はこの変形量を半径 h で割ることによって得られる（図 15.12(b)参照）．

$$\gamma_2 = e_x \cot\alpha \tag{15.19}$$

15.4 張力場の角度

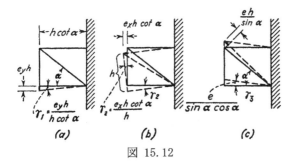

図 15.12

ウェブの対角方向の帯板の伸びは e で,長さは $h/\sin\alpha$ である.角度の変形 γ_3 は図 15.12(c)から得られる.

$$\gamma_3 = \frac{e}{\sin\alpha\cos\alpha} \tag{15.20}$$

梁のせん断変形の合計は,3つの成分の和である.

$$\gamma = -\gamma_1 - \gamma_2 + \gamma_3$$

(15.18)式から(15.20)式を代入すると,

$$\gamma = -e_y\tan\alpha - e_x\cot + \frac{e}{\sin\alpha\cos\alpha} \tag{15.21}$$

ウェブの引張の角度 α は変形 γ が最小になるように決められる.(15.21)式を微分して,$d\gamma/d\alpha$ をゼロと置くと次の式が得られる.

$$\tan^2\alpha = \frac{e - e_x}{e - e_y} \tag{15.22}$$

ここで,$e = f_t/E$ はウェブの対角方向の伸び歪,e_x はウェブの引張 f_x によって生じる梁のフランジの歪であり,e_y は圧縮荷重 P によって生じる垂直補強材の歪である.歪は,引張が正で,圧縮が負とする.梁のフランジの曲げとフランジのリベット結合のすべりは伸び e_y と同じ効果があるので,解析に含めることができる.

(15.22)式で使った伸び歪は応力に依存し,応力は角度 α に依存する.したがって,ウェブの応力状態から得られる他の式と連立してこの式を解く必要がある.通常の梁の寸法では,張力場応力によるフランジの圧縮は大きくないので,e_x はゼロと仮定することができる.(15.11)式から,ウェブの対角の歪 e は f_t/E,すなわち $2f_s/(E\sin2\alpha)$ である.歪 e_y は $-f_s t d\tan\alpha /A_e E$ である.ここで,A_e は垂直

第15章　せん断ウェブの設計

補強材の有効断面積である．これらの値を(15.22)式に代入して次の式が得られる．

$$\cot^4 \alpha = \frac{td}{A_e} + 1 \tag{15.23}$$

　補強材がウェブの両側に結合された2つの部材からなる場合には，有効補強材断面積は真の補強材断面積である．1本の補強材がウェブの片側に結合されている場合には，補強材には圧縮が作用すると同時に曲げ荷重も作用する．圧縮荷重にはウェブの中心から補強材の断面の図心までの偏心 e がある．中立軸から e だけ離れた場所での曲げの圧縮の応力の合計は，

$$f_c = \frac{P}{A} + \frac{Me}{I} = \frac{P}{A}\left[1 + \left(\frac{e}{\rho}\right)^2\right] = \frac{P}{A_e}$$

ここで，ρ は補強材の断面積の回転半径で，A_e は次の式で定義される．

$$A_e = \frac{A}{1 + \left(\dfrac{e}{\rho}\right)^2} \tag{15.24}$$

　伸び e, e_x, e_y が α に関して一定であると考えているので，(15.21)式の微分には疑問を持つかもしれない．(15.23)式は，微分の前に歪を α の関数として(15.21)式に代入しており，より厳密な数学的な手順であるが，同じ角度 α が得られる．しかし，歪 e, e_x, e_y が既知の場合には，(15.22)式は2次元応力状態の構造の中の点における主軸の角度に対する一般的な表現である．Wagner[4] がこの式を張力場の解析に初めて適用した．Langhaar[6] は歪 e を既知の変形 γ で表し，最大または主歪に対する角度 α を求めるために $de/d\alpha$ をゼロとおいた．このようにして得られた α は(15.22)式と等しい．Langhaar は全歪エネルギを α の関数として表し，全歪エネルギを最小にする角度 α を求めるために歪エネルギの微分をゼロとおいた．この方法でも(15.22)式と同じ結果が得られた．フランジの曲げと他の変形を考慮するならば，e_y の値は(15.23)式を求めるために使った値よりも大きくなる．

15.5 半張力場梁

15.3 項では，梁のウェブが完全に柔軟で，対角方向の圧縮応力には耐えることができないと仮定した．実用的な梁では，座屈後もウェブが対角方向の圧縮応力の一部に耐えることができ，せん断ウェブと完全張力場ウェブの中間的な領域で働く．このような梁を半張力場梁（semitension field beams），部分張力場梁（partial tension field beams），または不完全張力場梁（incompletely developed diagonal tension field beams）と呼ぶ．完全張力場理論は実用的な梁のすべての部位の設計に関して安全側であるが，補強材の荷重とフランジの曲げモーメントに関して真の値の5倍以上の高い値を与える．したがって，設計目的のためにはより正確な理論が必要である．

完全張力場梁の理論は Wagner によって 1929 年に最初に発表された．それ以来，多くの研究者が半張力場梁の問題を研究してきた．Lahde and Wagner[5] が座屈した長方形板の歪計測に基づく試験データを 1936 年に発表した．このデータは梁の実用的な設計に関する情報を提供したが，座屈した板の歪計測のむずかしさのために，試験データには大きなばらつきがあった．航空機製造会社の多くは試験を実施して，実験的な設計式を導いたが，これらの試験はある特定の梁について行われたので，試験に使われた梁と異なる材料や寸法の梁を設計するために使う場合には注意が必要である．最も広範な試験プログラムは Paul Kuhn の主導のもとで NACA が行ったものである．Kuhn and Peterson[7]は多くの梁の垂直補強材の歪を計測し，これらの計測に基づいて実験式を導いた．補強材の設計と 2 次曲げを受けるフランジの設計に必要な情報は補強材の応力から得られる．座屈した長方形板の応力の理論的な解析は Levy[8],[9] によって行われた．解析の中である程度

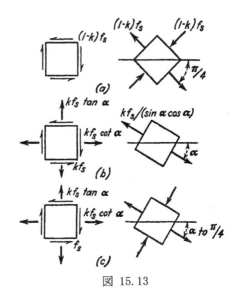

図 15.13

第15章 せん断ウェブの設計

の単純化のための仮定をしてはいるが，ウェブの内部の真の応力分布に関する重要な情報が得られた．Levy の解析によって，ウェブの内部の異なる点で応力状態がかなり変化するということがわかり，すべての点で同じ応力状態にあると仮定する実用的な解析は試験状態とはある程度の差があるということがわかった．

Kuhn の半張力場梁の解析では，せん断荷重の一部 kV が完全張力場で受け持たれ，残りの荷重 $(1-k)V$ がせん断梁として働く梁によって受け持たれると仮定する．垂直補強材の近傍を除くウェブのすべての点で同じ応力分布をしていると仮定する．補強材近傍のウェブは補強材にリベット結合されていてしわができない．ウェブの応力は図 15.6 に示すせん断梁の値を $(1-k)$ 倍し，図 15.7 に示す完全張力場ウェブの応力を k 倍して足し合わせることによって求められる．図 15.13(c)に示す値は，水平面と垂直面の応力の合計を示し，図 15.13(a)と(b)に示す状態を重ね合わせて得られる．角度 α は(15.22)式を使って十分な精度で計算できる．(15.22)式は主応力の角度を表すので，半張力場のウェブに関しては(15.22)式には安全側の誤差が含まれている．図 15.13(c)に示す要素の主引張応力の角度は，図 15.13(a)の要素の主応力の角度 45° と，図 15.13(b)に示す要素の主応力の角度の中間にある．

張力場係数（diagonal tension factor）k について Kuhn の実験式がある．

$$k = \tanh\left(0.5\log_{10}\frac{f_s}{F_{s_{cr}}}\right) \qquad (15.25)$$

この式を図 15.14 にプロットした．歪に関する k, α, A_e の関数を代入して，角度 α を(15.22)式で計算する．$\tan\alpha$ の値を k と td/A_e の関数として図 15.15 にプロットした．(15.22)式は $\tan\alpha$ を仮定して試すことによって求めなければならないので，特定のケースごとに方程式を解くよりも図 15.15 を使うほうが便利である．

図 15.13(c)に示すウェブの要

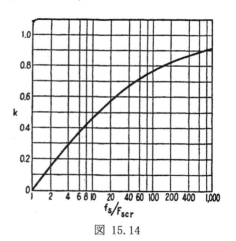

図 15.14

15.5 半張力場梁

素の応力状態は k と α がわかってからでないと知ることができない．補強材の圧縮荷重とフランジの曲げモーメントは図15.13に示すウェブの引張応力の垂直方向成分 f_y に比例している．

$$f_y = kf_s \tan \alpha \tag{15.26}$$

補強材の圧縮荷重 P は次の式で求めることができる．

$$P = f_y t d = kf_s t d \tan \alpha \tag{15.27}$$

フランジの曲げモーメントは，完全張力場ウェブの(15.16)式と(15.17)式と同様に応力 f_y から求めることができるが，半張力場ウェブの f_y と P の値は完全張力場より小さい．

$$M = \frac{f_y t d^2}{12} = \frac{Pd}{12} \quad : 補強材位置 \tag{15.16}$$

$$M = \frac{f_y t d^2}{24} = \frac{Pd}{24} \quad : 補強材の中間 \tag{15.17}$$

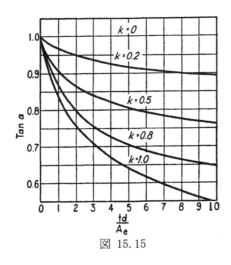

図 15.15

　垂直補強材の圧縮荷重は補強材と補強材にリベット結合された有効なウェブで受け持たれる．ふつうの構造がそうであるように，ウェブのしわが補強材位

第15章 せん断ウェブの設計

置でリベット結合を乗り越えないように十分な数のリベットで結合されていれば，ウェブの垂直方向の圧縮歪と圧縮応力は補強材のリベット位置の歪と圧縮応力と同じでなければならない．Kuhn は補強材と共に働くウェブの有効幅は $0.5(1-k)d$ に等しいと仮定した．したがって，補強材の圧縮応力は次の値になる．

$$f_c = \frac{P}{A_e + 0.5(1-k)d} \tag{15.28}$$

k の値は f_c の計測値から実験的に求められたものであるので，実験的に決定した f_c の値から k を計算するのに同じ有効幅を仮定しているならば，ウェブの有効幅の近似的な式は正確な f_c の値を表す．ウェブの真の有効幅は仮定した有効幅よりも小さいことは確実であると思われる．したがって，k の実験値は，f_y とフランジ曲げモーメントについて安全側の値を与える．

ウェブと梁のフランジのリベット結合はせん断応力 f_s と引張応力 f_y，すなわち作用荷重 $\sqrt{(f_s)^2 + (f_y)^2}\,t$ で設計する必要がある．同様に，ウェブの垂直の継ぎ目 (splice) も作用荷重 $\sqrt{(f_s)^2 + (f_x)^2}\,t$ で設計しなければならない．上で説明した理論に基づいて，垂直の補強材と梁のフランジを結合するリベットは荷重 $P_u = A_s f_c$ を伝達するように設計しなければならない．実際の梁では，この強度を確保するのは実際的でないことが多い．Levy による理論的な解析と多くの試験によると，補強材の荷重は補強材の端で減少し，この荷重の半分程度は補強材の端で梁のフランジではなくウェブに伝達されることがわかっている．実際の梁では，補強材とフランジを結合するリベットと，補強材の端をウェブと結合するリベッ

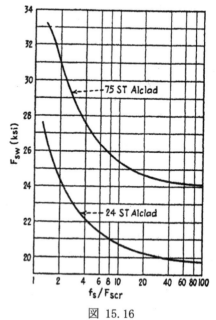

図 15.16

15.5 半張力場梁

トで荷重 P_u に対する強度をもたせるのがふつうである．この荷重 P_u を伝達する補強材とウェブを結合するリベットはできるだけ補強材の端にくるようにする．

　梁のウェブの許容強度は，計算した張力場応力をリベット孔の実験的な補正と各種の応力集中の補正をしたウェブの材料の許容引張応力と等しいとして求めることがある．もっと正確なウェブの強度の予測は，ウェブのせん断応力 f_s と，同じ寸法の梁の試験から得られた許容応力 F_{sw} を等しいとして求めることができる．このような許容応力を $f_s/F_{s_{cr}}$ の関数として図 15.16 に示した．図 15.16 の曲線は半張力場梁の多くの試験結果を分析して得られたものである．この試験は The Glenn L. Martin 社の S. A. Gordon の指導のもとで行われた．

　ウェブとフランジを結合するリベットの間隔はリベット直径の 3 ～ 5 倍の範囲にあると仮定している．リベット間隔がもっと小さいとネット断面積を減らしすぎるし，間隔がもっと大きいとウェブのしわがリベット列の間に入ってくる．ウェブの許容応力 F_{sw} は板厚の関数としてプロットされることもあり，板厚が厚いと高い応力に耐える．板厚が厚くても補強材の間隔は通常は最大でも 8 in. に抑えられており，厚い板厚の場合 $f_s/F_{s_{cr}}$ は低いので，この慣例は許容できるものである．しかし，寸法的に類似のウェブの場合，許容応力はウェブの板厚に依存しない．梁のフランジとウェブの補強材がウェブの両側に対称に取り付けられている場合，ウェブの端の支持は十分で，ウェブの片側にフランジが結合されている場合よりも高い応力に耐える．

例題

　図 15.17 に示す梁のウェブ，中間の補強材，リベット結合の安全余裕を求めよ．ウェブは 24S-T アルクラッドの板材で，フランジと補強材は 24S-T の押出し型材である．

解：
　せん断を受けるウェブの座屈応力は (15.1) 式と図 15.1 から求めることができる．座屈応力を計算するためのウェブの寸法はリベット列間で測り，a = 15 in., b = 8 in. である．a/b = 1.875 の場合，図 15.1 から，固定端で K = 10.3，単純支持端で K = 5.9 が得られる．フランジと補強材の拘束条件を考慮して平均値 K = 8.1 を用いる．ANC-5 から，E = 9,700,000 psi である．(15.1) 式に代入して，

第15章 せん断ウェブの設計

$$F_{s_{cr}} = KE\left(\frac{t}{b}\right)^2 = 8.1 \times 9{,}700{,}000 \times \left(\frac{0.032}{8}\right)^2 = 1{,}260\,\text{psi}$$

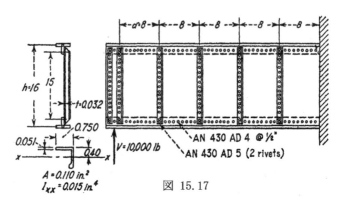

図 15.17

せん断応力は次のように計算される.

$$f_s = \frac{V}{ht} = \frac{10{,}000}{16 \times 0.032} = 19{,}500\,\text{psi}$$

せん断応力またはせん断流を計算するときには，ウェブの高さ h は，リベット列の間隔ではなく，フランジ断面積の図心間の距離を使う.

　補強材はウェブの片側だけに取り付けられており，偏心荷重をうけるので，補強材の有効断面積は(15.24)式で計算する．補強材の回転半径は，

$$\rho = \sqrt{I/A} = \sqrt{0.015/0.110} = 0.37\,\text{in.}$$

である．補強材の偏心は $e = 0.40 + t/2 = 0.416$ in. である．補強材の有効断面積は(15.24)式で計算できる．

$$A_e = \frac{0.11}{1 + (0.416/0.37)^2} = 0.049\,\text{in.}^2$$

ウェブ断面積と補強材の有効断面積の比は，

$$\frac{td}{A_e} = \frac{8 \times 0.032}{0.049} = 5.22$$

この比と比 $f_s/F_{s_{cr}}$ で梁の応力分布が決まる．

15.5 半張力場梁

$$\frac{f_s}{F_{s_{cr}}} = \frac{19,500}{1,260} = 15.5$$

図 15.14 から，$k = 0.53$，図 15.15 から，$\tan\alpha = 0.79$ である．図 15.16 から，ウェブの許容応力は $F_{sw} = 20,400$ psi である．ウェブのせん断の安全余裕は次のように計算される．

$$\text{ウェブの MS} = \frac{F_{sw}}{f_s} - 1 = \frac{20,400}{19,500} - 1 = \underline{0.04}$$

ウェブの引張の垂直方向成分 f_y は次のように計算される．

$$f_y = f_s k \tan\alpha = 19,500 \times 0.53 \times 0.79 = 8,160\,\text{psi}$$

補強材の圧縮荷重は(15.25)式で計算され，

$$P = f_y t d = 8,160 \times 0.032 \times 8 = 2,090\,\text{lb}$$

ウェブとフランジの結合リベットの単位長さあたりの荷重は，

$$q_r = \sqrt{f_s^2 + f_y^2}\, t = \sqrt{(19,500)^2 + (8,160)^2} \times 0.032 = 660\,\text{lb/in.}$$

ANC-5 から，1 本の 1/8-in. A17S-T リベットの許容荷重はせん断が 375 lb, 0.032 厚の板の面圧が 477 lb である．リベット間隔を 1/2 in.とすると，許容リベット荷重はせん断強度で決まり，750 lb/in.である．

$$\text{リベットの MS} = \frac{750}{660} - 1 = \underline{0.14}$$

偏心圧縮荷重によって発生する補強材の最大圧縮応力は(15.28)式で計算され，

$$f_c = \frac{2,090}{0.049 + 0.5(1 - 0.53) \times 0.032 \times 8} = 19,200\,\text{psi}$$

この応力はウェブに結合されている辺に発生し，ウェブから離れている辺側では減少してゼロか引張になる．許容応力は $b = 0.70$, $t = 0.051$, すなわち $b/t = 13.7$ の辺の圧縮クリップリング応力で，13.7 項の方法で計算できる．許容クリップリング応力は約 22,000 psi である．

$$\text{MS} = \frac{22,000}{19,200} - 1 = \underline{0.15}$$

補強材の圧縮許容応力は多くの要因に依存するので，ここでは粗い推定をした．

ウェブのしわによる強制クリップリングを避けるために，補強材のウェブに結合される辺の板厚は少なくともウェブの板厚より1サイズ以上大きくするのがふつうである．ウェブから離れた辺はあまり圧縮されず，ねじり剛性を付加するのが目的であるので，ウェブに結合された辺のクリップリング応力を計算する際に1辺固定，他辺自由と仮定してよいだろう．

補強材をフランジに結合する2本のリベットは5/32-in. A17S-T リベットで，1本あたりの1面せん断強度は596 lb である．これらのリベットは補強材の圧縮荷重を伝達しなければならない．

$$P_u = f_c A_e = 19{,}200 \times 0.049 = 940 \text{ lb}$$

荷重 P の残りの部分は有効な板の圧縮で受け持たれてリベットでは伝達されない．補強材とフランジを結合する2本のリベットの安全余裕は次のようになる．

$$\text{MS} = \frac{2 \times 596}{940} - 1 = \underline{0.27}$$

15.6 曲面張力場ウェブ

航空機の外部の外板はふつうせん断流やせん断応力に耐える必要があり，必要な空力形状を持たせるために曲面になっている．内部構造の平板の張力場ウェブと同様に，外板は終極強度に達する前にせん断でしわができるのがふつうである．曲面ウェブの座屈応力は終極応力との比でいうと平板ウェブの場合よりも大きい．この条件は，一部は設計者の選択の結果で，一部は曲面ウェブに固有の性質である．設計者は空力的な理由から同じ板厚に対してより小さい寸法の長方形板を使うことによって座屈応力を高くしようとする．同じ寸法の平板と曲面板を比べれば，曲面ウェブのほうが座屈応力が高く，終極応力は低い．これは，平板ウェブにしわができても展開可能面であるので板が伸びずに済むのに対して，曲面ウェブに張力場でしわができると，板の中央面が伸びなければならないためである．

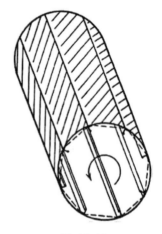

図 15.18

15.6 曲面張力場ウェブ

Wagner[11]が完全張力場を仮定して，曲面ウェブの張力場理論を提案した．図 15.18 に示すような構造では，外板を平行な針金で置き換えるという仮定が成り立つ．針金が隣接するストリンガを含む平面になるように伸ばされ，最初は曲面だった板が平板になるように変形し，元は円形だった断面が多角形になる．実際的な曲面ウェブの試験で観察される状態はこの仮定された完全張力場の状態と大きく異なり，実際の平板ウェブが完全張力場ウェブと異なるよりももっと違いが大きい．図 15.18 に示すように曲面ウェブにしわができると，補強材間のパネルの開き角度が大きいほど板は大きく変形する．図 15.19 に示す曲面ウェブでは，完全張力場理論が適用できないのは明らかであり，このようなウェブの終極強度は座屈強度と等しいと設計者が間違って仮定することが多い．

曲面の半張力場ウェブの要素の応力状態は平板の半張力場ウェブと同じように表すことができる．図 15.19 に示すウェブの要素では，X と Y 面の応力は平板ウェブの場合と同じように表すことができる．研究者によっては図 15.13 に示すような傾いた面における応力を考えるが，ウェブの真の応力状態を可視化するには主応力で考えるほうがよいと思われる．

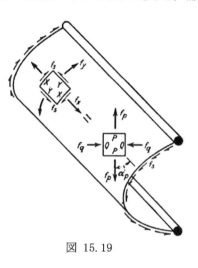

図 15.19

図 15.19 のウェブの傾いた要素の角度 α_p 傾いた主軸面に主応力 f_p と f_q が働いている．図 15.19 に示す各要素はウェブ内の任意の点における応力状態を示しており，重ね合わせるべき状態を表した図 15.13 とは異なり，2 つの要素は等価な状態を表している．応力状態間の関係は図 5.20 に示すモールの円からわかる．モールの円から以下の式が得られる．

$$f_x = f_s \cot\alpha_p - f_q \tag{15.29}$$

$$f_y = f_s \tan\alpha_p - f_q \tag{15.30}$$

第 15 章　せん断ウェブの設計

$$f_s = (f_p + f_q)\sin\alpha_p \cos\alpha_p \tag{15.31}$$

この解析では応力 f_q は常に圧縮であるので，応力 f_q は圧縮が正であると仮定する．

　座屈応力よりも低い応力では，平板ウェブとおなじで，$f_s = f_p = f_q$, $f_x = f_y = 0$，$\alpha = 45°$ である．対角方向の圧縮 f_q はウェブの曲率を増加する性質を持ち，対角方向の引張 f_p が曲率を平たくする方向に働くのと打ち消し合っている．したがって，この応力状態は曲率には影響をおよぼさない．ウェブの応力が曲率を変化させようとする性質は周方向の応力 f_y にあり，この応力は座屈前にはゼロで，この応力が引張であると曲率を減少させ，圧縮であると曲率を増加させる．

応力が座屈応力よりも高いと，挙動は平板ウェブの場合と大きく異なる．平板ウェブの場合には，座屈が発生すると応力 f_x と f_y はほとんど同じ比率で増加し，主応力の角度はほぼ 45° を保つ．しかし，曲面ウェブは，円筒の軸方向の応力 f_x に耐えることができるが，周方向の応力 f_y にはほとんど耐えることができない．したがって，主応力の方向の角度 α_p は 45° よりもずっと小さい．

　図 15.18 に示すようなほとんど平らなウェブでは，周方向の応力 f_y がいくらか存在し，応力状態は平板ウェブの状態に近づいていく．

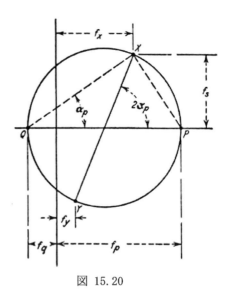

図 15.20

図 15.19 に示すような曲率が大きいウェブでは，周方向の応力 f_y はゼロであると仮定できる．しわができた平板ウェブの対角方向の圧縮応力 f_q は，増加する対角方向の引張応力 f_p が板を支持するので，最初に座屈が発生したときの対角圧縮応力 $F_{s_{cr}}$ よりはるかに大きい．曲面ウェブにおいてもたぶん同じ状況が起きていると思われるが，座屈後の対角方向の圧縮応力が座屈時の値と同じであ

15.6 曲面張力場ウェブ

ると仮定するのが安全である．$f_y = 0$ と $f_q = F_{s_{cr}}$ を(15.29)式～(15.31)式に代入して，座屈した大きい曲率の曲面ウェブの次の式が得られる．

$$\tan \alpha_p = \frac{F_{s_{cr}}}{f_s} \tag{15.32}$$

$$f_p = \frac{(f_s)^2}{F_{s_{cr}}} \tag{15.33}$$

$$f_x = \frac{(f_s)^2}{F_{s_{cr}}} - F_{s_{cr}} \tag{15.34}$$

各種の曲面ウェブの許容応力は実験的に設定されてきたが，座屈した曲面ウェブの一般的な許容応力の簡単な表し方がないのでここでは説明しない．Kuhn and Griffith [10] がほとんどの設計条件に適用できる半実験的な解析と設計の方法を発表している．

　水平面と垂直面と主軸の合計応力を計算する張力場ウェブの解析のほうが，図 15.13 に示すような2つの仮定した条件の応力を計算して重ね合わせる方法よりも有利である．図 15.13(c)の応力状態の主応力と主軸の角度を簡単な式で表すことはできない．図 15.13 の方法によって曲面ウェブの応力状態を表すには，$f_y = 0$ のときに $\alpha = 0$ と仮定しなければならない．水平方向の応力 f_x のためにウェブが張力場によってせん断応力に耐えると図 15.13 から簡単にわかるわけではないが，(15.32)式～(15.34)式はこれが起こることを表している．

例題

　図 15.21 に示す円筒は長手方向に 8 in.間隔で配置されたリングと周方向に均等に配置された4本のロンジロンで補強されている．ロンジロンの圧縮荷重 P とウェブの応力 f_p と f_x，ウェブの主応力の角度 α_p を求めよ．$E = 10^7$ psi と

　　(a) f_s = 5,000 psi
　　(b) f_s = 10,000 psi
　　(c) f_s = 15,000 psi
　　(d) f_s = 20,000 psi

とする．

第15章　せん断ウェブの設計

解：
　ウェブのせん断座屈応力は(15.7)式で計算される．座屈応力の式で使う寸法は，$a = 15.7$，$b = 8$，$t = 0.040$，$r = 10$ である．$a/b = 19.8$ で図15.1 より，周辺固定条件で $K = 10.0$，周辺単純支持条件で $K = 5.8$ である．平均値 $K = 7.9$ と $K_1 = 0.1$ を使い，(15.7)式から次の値が得られる．

$$F_{s_{cr}} = KE\left(\frac{t}{b}\right)^2 + K_1 E \frac{t}{r}$$

$$= 7.9 \times 10^7 \times \left(\frac{0.040}{8}\right)^2 + 0.1 \times 10^7 \times \frac{0.040}{10}$$

$$= 1{,}970 + 4{,}000 = 5{,}970 \, \text{psi}$$

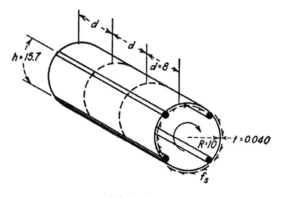

図 15.21

(a)　ウェブの応力 5,000 psi のとき，せん断場で，$f_p = f_q = f_s = 5{,}000$ psi，$f_x = f_y = P = 0$，$\alpha = 45°$ である．

(b)　ウェブの応力 10,000 psi のとき，(15.32)式～(15.34)式より次の値が得られる．

15.6 曲面張力場ウェブ

$$\tan \alpha_p = \frac{F_{s_{cr}}}{f_s} = \frac{5,970}{10,000} = 0.597$$

$$\alpha_p = 30.8°$$

$$f_p = \frac{(f_s)^2}{F_{s_{cr}}} = \frac{(10,000)^2}{5,970} = 16,770 \text{ psi}$$

$$f_x = \frac{(f_s)^2}{F_{s_{cr}}} - F_{s_{cr}} = \frac{(10,000)^2}{5,970} - 5,970 = 10,800 \text{ psi}$$

ロンジロンの荷重 P は $f_x th$ と等しく，

$$P = 10,800 \times 0.040 \times 15.7 = 6,800 \text{ lb}$$

(c) f_s = 15,000 psi を上の(b)で使った式に代入して，次の値が得られる．

$\tan \alpha = 0.398$, $\alpha = 21.7°$, $f_p = 37,670$ psi, $f_x = 31,700$ psi, $P = 20,000$ lb

(d) f_s = 20,000 psi を代入して，$\tan \alpha = 0.298$, $\alpha = 16.6°$, $f_p = 67,200$ psi, $f_x = 61,230$ psi, $P = 38,400$ lb

 主引張応力 f_p がせん断応力 f_s の 2 乗に比例して増加することがわかる．(d)で得られた主引張応力はふつうの材料のウェブの許容引張応力よりも大きいことが明らかである．(c)のウェブでも対角方向の引張応力が平板ウェブの許容張力場応力とほぼ等しいので，このウェブの応力も過大である．

問題

15.1 胴体の外板が 5 in.間隔のストリンガと 20 in.間隔のリングで支えられている．以下の場合の平板のせん断座屈応力を求めよ．

　(a) $t = 0.020$ in.
　(b) $t = 0.032$ in.
　(c) $t = 0.040$ in.
　(d) $t = 0.064$ in.

$E = 10^7$ psi，支持条件は周辺単純支持と周辺固定支持の平均であると仮定せよ．

15.2 外板が半径 20 in.の曲面であるとして問題 15.1 を解け．

第 15 章　せん断ウェブの設計

15.3　図 15.5 に示すものと同様な完全張力場梁のフランジと補強材の軸力を図示せよ．$h = 10$ in., $d = 10$ in., $V = 10,000$ lb とする．フランジの曲げモーメントと全リベットの単位長さあたりの荷重を求めよ．$\alpha = 45°$ と仮定せよ．

15.4　(15.23)式から求めた角度 α と $td/A_e = 5.0$ を使って問題 15.3 を解け．

15.5　図 15.9 に示す梁のウェブは 24S-T アルクラッド材である．補強材がウェブの片側についており，$A = 0.08$ in.^{2} で，$\rho = 0.3$ in., $e = 0.35$ in. である．ウェブは 0.5 in. 間隔の AD4 リベットでフランジに結合されている．補強材はフランジに 1 本の AD5 リベットで結合されている．補強材の許容最大圧縮応力は 25,000 psi である．ウェブ，補強材，ウェブ-フランジを結合するリベット，補強材-フランジを結合するリベットの安全余裕を半張力場の式を使って求めよ．

15.6　図 15.17 に示す寸法とリベット間隔の梁のウェブは 0.040 in. 厚の 24S-T アルクラッド材で，この梁にはせん断力 $V = 12,000$ lb が作用する．ウェブ，補強材，リベット結合の安全余裕を求めよ．

15.7　$h = 10$ in., $d = 6$ in. で，せん断力 $V = 8,000$ lb に耐える半張力場の梁を設計せよ．ウェブの板厚，補強材の断面，リベット間隔を決定せよ．最初に試行する値は，ふつう近似値として補強材断面積 $A = 0.5td$ とする．

15.8　$h = 12$ in., $d = 8$ in., $V = 12,000$ lb の半張力場梁を設計せよ．

15.9　半径 20 in. の曲面の胴体外板が 5 in. 間隔のストリンガと 20 in. 間隔のリングで支持されている．せん断応力は 10,000 psi である．以下の場合の曲面ウェブの主引張応力を求めよ．

　(*a*) $t = 0.020$ in.
　(*b*) $t = 0.032$ in.
　(*c*) $t = 0.040$ in.
　(*d*) $t = 0.064$ in.

第 15 章の参考文献

[1] Timoshenko, S.: "Theory of Elastic Stability," McGraw-Hill Book Company, Inc., New York, 1936.

[2] Batdorf, S. B., Stein, M., and Schildcrout, M.: Critical Shear Stress of Curved Rectangular Panels, NASA TN 1349, 1947.

[3] ANC-5, "Strength of Aircraft Elements," Army-Navy-Civil Committee on Aircraft Design Criteria, Amendmennt 2, 1946.

[4] Wagner, H.: Flat Sheet Metal Girders with Very Thin Metal Web, Part I, II and III, NACA TM 604, 605 and 606, 1931.

[5] Lahde, R. and Wagner, H.: Tests for the Determination of the Stress Condition in Tension Fields, NACA TM 809, 1936.

[6] Langhaar, H. L.: Theoretical and Experimental Investigations of Thin-webbed Plate Girder Beams, Trans. ASME, Vol.65,1943.

[7] Kuhn, P. and Peterson, J. P.: Strength Analysis of Stiffened Beam Webs, NACA TN 1364, 19,43.

[8] Levy, S., Fienup, K. L., and Wooly, R. M.: Analysis of Square Shear Web above Buckling Loads, NACA TN 962, 1945.

[9] Levy, S., Wooly, R. M., and Corrick, J. N.: Anaysis of Deep Rectangular Shear Web above Buckling Load, NACA TN 1009, 1946.

[10] Kuhn, P. and Griffith, G. E.: Diagonal Tension in Curved Webs, NACA TN 1481, 1947.

[11] Wagner, H. and Ballerstedt, W.: Tension Fields in Originally Curved, Thin Sheets during Shearing Stresses, NACA TM 831, 1937.

第15章　せん断ウェブの設計

第16章　　構造の変位

16.1 計算した変位の適用と限界

　変位計算方法の最も重要な適用は不静定構造の解析である．工学的な構造の多くでは，構造の寸法に比べて変位は小さく，構造の柔軟性は重要な設計条件ではないのがふつうである．しかし，不静定構造では種々の部材の相対的な剛性が構造内の応力分布に影響をおよぼすので，このような構造の解析においては変位を考慮する必要がある．

　変位を計算する方法の多くは弾性変形と非弾性変形の両方に適用できる．弾性変形は弾性限以下の応力による変形で，すべての応力と変位が作用荷重に比例する．非弾性変形には，作用荷重に比例しない変形がすべて含まれ，弾性限を超える応力，ボルト継手やリベット継手のすべり，温度変化による変形等がある．

　本章では構造の初期寸法に比べて変位が小さいと仮定する．したがって，変形後の力のモーメントアームはすべて変形前と同じであると仮定する．引張または圧縮を受ける柔軟な梁のような特別な種類の構造を除いて，この仮定は十分正確である．このような梁については後で特別に検討する．

16.2 軸方向荷重を受ける部材の歪エネルギ

　構造に作用する力によってなされた仕事（work）を考慮してその構造の変位を計算するのがふつうである．応力と歪が比例する弾性変形を最初に考える．構造に作用する力によって構造が変形して生じる外部仕事（external work）は構造の材料に変形のポテンシャルエネルギ（potential energy），すなわち，歪エネルギ（strain energy）として蓄えられる．このエネルギは，荷重を徐々に減らすときに，構造を元の位置に戻すのに使われる．

　軸方向に荷重を負荷した弾性部材を図16.1(a)に示す．引張力 S を徐々に負荷すると，部材の伸びΔは荷重に比例する．したがって，図16.1(b)に示すように，荷重と伸びは同時にゼロからその最大値 S_a と Δ_a まで増加する．この部材に蓄えられた全歪エネルギ U は影をつけた三角形の面積に等しい．

$$U = \frac{S_a \Delta_a}{2} \tag{16.1}$$

16.2 軸方向荷重を受ける部材の歪エネルギ

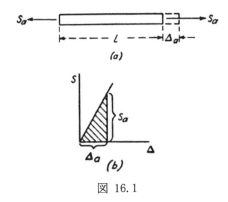

図 16.1

一様な棒の場合には，$\Delta_a = S_a L/AE$ で，(16.1)式はΔ_a または S_a だけで表すことができ，

$$U = \frac{S_a^2 L}{2AE} = \frac{\Delta_a^2 AE}{2L} \tag{16.2}$$

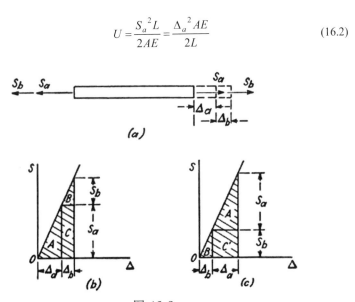

図 16.2

2つの軸力または，それ以上の軸力を部材に徐々に負荷すると，部材に与えられた全仕事はその荷重負荷の順序によらず，全仕事は個々の荷重による仕事の和よりも大きい．荷重 S_a と S_b を図 16.2(a)の部材に負荷すると，全歪エネル

ギは図 16.2(b)または図 16.2(c)の影をつけた面積に等しい．

$$U = \frac{1}{2}(S_a + S_b)(\Delta_a + \Delta_b) \tag{16.3}$$

荷重 S_a を先に負荷すると，その仕事は図 16.2(b)の三角形 A の面積，すなわち，$1/2 S_a \Delta_a$ である．その後で荷重 S_b を負荷すると，歪エネルギの増加は面積 B と C の合計，すなわち，$1/2 S_b \Delta_b + S_a \Delta_b$ である．面積 C で表される仕事は，S_a が変形 Δ_b を通じて行う仕事である．全歪エネルギは次の式で表されることになる．

$$U = \frac{1}{2}S_a \Delta_a + \frac{1}{2}S_b \Delta_b + S_a \Delta_b \tag{16.4}$$

荷重 S_b が最初に負荷される場合には，図 16.2(c)の B で表される仕事をする．次に荷重 S_a を負荷すると，図 16.2(c)の面積 A と C' で表される仕事をする．したがって，全歪エネルギは次のように表すことができる．

$$U = \frac{1}{2}S_b \Delta_b + \frac{1}{2}S_a \Delta_a + S_b \Delta_a \tag{16.5}$$

面積 C と C' が等しければ，すなわち，$S_a \Delta_b$ が $S_b \Delta_a$ と等しければ，(16.3)式から(16.5)式で表される歪エネルギは等しいことがわかる．部材が弾性であるという仮定から，荷重 S_a と S_b は対応する変形 Δ_a と Δ_b に比例するので，これはもちろん正しい．

16.3 トラスの変位

図 16.3(a)に示すトラスに外荷重 W が働く．上側の部材は弾性体で，荷重 W で発生する伸びが A で引張荷重が S であると仮定する．ひとつの部材だけが変形すると仮定し，他の部材は伸びないとする．徐々に負荷される荷重 W によって変位 δ_w が発生し，外部仕事は弾性部材に徐々に働く引張荷重と変形 A による歪エネルギと等しい．

$$\frac{W\delta_w}{2} = \frac{S\Delta}{2} \tag{16.6}$$

δ_w 以外の項はトラスの寸法と荷重状態から求めることができるので，(16.6)式で負荷荷重の方向の変位 δ_w を求めることができる．他の点の変位を求める場合や，トラスの他の点に複数の荷重が負荷される場合にはこの式は十分ではない．したがって，もっと一般的な方法が必要である．

16.3 トラスの変位

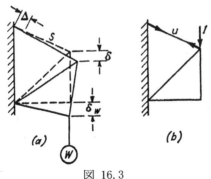

図 16.3

図 16.3(a)に示すトラスの変位 δ が必要な場合，図 16.3(b)に示すように，必要な点の，必要な方向に単位荷重を負荷する．この荷重を仮想荷重（virtual load）と呼び，荷重に働く実際の荷重とは無関係であり，変位の解析に使う仮定された荷重である．単位仮想荷重が弾性部材に引張力 u を生じる．W が負荷される時にこの仮想荷重が負荷されると，W によって生じる追加の変位は仮想的な単位荷重が負荷されない場合の W による実際の変位と等しい．W と仮想荷重による外部仕事の合計は弾性部材の内部歪エネルギに等しい．(16.6)式の項に加えて外部仕事は単位荷重と変位 δ の積を含み，歪エネルギは力 u と変形 Δ の積を含む．

$$\frac{W\delta_w}{2} + 1\cdot\delta = \frac{S\Delta}{2} + u\cdot\Delta \tag{16.7}$$

実際　　仮想　　実際　　仮想
の仕事　仕事　　の仕事　仕事

（訳注：これは補仮想仕事の原理である．）

必要ならば，実際の荷重が負荷される前に仮想荷重がした仕事（virtual work）を(16.7)式に含めてもよいが，仮想荷重を負荷する間の外部仕事と内部仕事が等しいので，これは同じ項を式の両辺に加えるだけのことである．(16.6)式を(16.7)式から引くと次の式が得られる．

$$1\cdot\delta = u\cdot\Delta \tag{16.8}$$

トラスの部材がすべて弾性体であるとすると，歪エネルギの項と仮想仕事の項にはすべてのトラス部材の類似の項が含まれなければならない．トラスの変位について次の式が得られる．

第 16 章　構造の変位

$$\delta = \sum u \cdot \Delta \tag{16.9}$$

u の項は，ある方向の変位を求めたい点にその方向の単位仮想荷重を負荷したときに生じる各部材の力を表す．(16.9)式に書かれているように，u は仮想荷重でポンド／ポンドの単位，すなわち，1 ton の仮想荷重あたりの荷重（ton）であるので，無次元量である．(16.8)式では，式の両辺は荷重×距離の次元であるので，式の両辺を単位荷重で割る前は u が力の次元を持っていると考えても良い．合計の記号は，構造のすべての部材を合計することを表す．

　(16.9)式は非弾性変形の場合にも成り立つ．図 16.3 に示すように，構造の物理的な考察によると，部材の小さい伸び Δ は，その変形が弾性的であれ，非弾性的であれ，変位 δ に同じ大きさで寄与する．したがって，u の項は構造の寸法だけに依存する無次元量である．弾性的に変形しない構造のエネルギの関係を検討すると，(16.6)式と(16.7)式は成り立たないことがわかる．リベットがすべったり，塑性変形したり，その他類似の条件があると，実際の変形による仕事に関して(16.6)式のような単純な関係は成立しない．しかし，それでも仮想仕事は(16.8)式と(16.9)式を満足しなければならない．なぜなら，実際の変形が発生するときに仮想荷重が作用するからである．したがって，単位仮想荷重は変形の合計 δ を通して作用し，内部仮想力 u は変形の合計 Δ を通して作用する．実際の仕事の項は，仮想荷重が作用していないのと同じで，そのままである．したがって，(16.7)式に示すように，実際の仕事は式の両辺で同じである．このように，(16.9)式は直接求めることができ，その伸びがどのような原因で発生しても小さい伸び Δ に対して適用できる．一様な棒に弾性変形によって伸びが発生する場合には，次の式が成り立つ．

$$\Delta = \frac{SL}{AE} \tag{16.10}$$

$$\delta = \sum \frac{SuL}{AE} \tag{16.11}$$

例題 1

　図 16.4(*a*)の点 C の水平から 45° の方向の変位（図 16.4(*b*)に示す単位荷重で示されている）を求めよ．すべての部材の長さは 30 in.，断面積は 1 in.^{2}，E は 10,000 psi である．部材の変形はすべて弾性変形であると仮定せよ．

16.3 トラスの変位

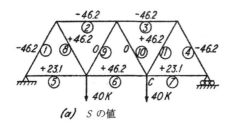

(a) S の値

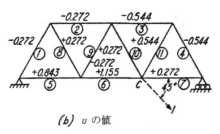

(b) u の値

図 16.4

表 16.1

部材	S, kips	$\dfrac{L}{AE'}$, in./kip	$\Delta = \dfrac{SL}{AE'}$, in.	u, lb/lb	$u \cdot \Delta$, in.
1	−46.2	0.003	−0.1386	−0.272	+0.0377
2	−46.2	0.003	−0.1386	−0.272	+0.0377
3	−46.2	0.003	−0.1386	−0.544	+0.0754
4	−46.2	0.003	−0.1386	−0.544	+0.0754
5	+23.1	0.003	+0.0693	+0.843	+0.0584
6	+46.2	0.003	+0.1386	+1.115	+0.1600
7	+23.1	0.003	+0.0693	+0.272	+0.0188
8	+46.2	0.003	+0.1386	+0.272	+0.0377
9	0	0.003	0	−0.272	0
10	0	0.003	0	+0.272	0
11	+46.2	0.003	+0.1386	+0.544	+0.0754

$$\delta = \Sigma u \cdot \Delta = 0.5765$$

解：

負荷荷重による部材の力 S を図 16.4(a)に示す．S の値は kips（kilopounds, 1,000 lb）で示した．変位を求めたい方向に点 C に作用する単位仮想荷重による部材

483

第16章 構造の変位

の力 u を図 16.4(b) に示す．これらの数値の単位は lb/lb，または kips/kips で無次元である．変位 δ は(16.11)式から計算され，計算を表 16.1 に示す．
伸び Δ と $u \times \Delta$ の項をすべての部材について計算し，最終的な変位はすべての部材の $u \times \Delta$ を合計して求める．$u \times \Delta$ の値は問題によっては負になることもあるが，代数的に足し合わせなければならない．

例題 2

例題1のトラスの部材 2 と 3 が初期長さ 30.1 in. で製作されていたと仮定し，温度上昇が 40°F であるとする．長さの変化と温度変化による点 C の変位を求めよ．他の部材は初期長さ 30 in. で，どの部材にも応力がかかっていないとする．線膨張係数 ε を 10^{-5}/°F とする．

解：

部材 2 と 3 の伸びは次のようになる．

$$\Delta_2 = \Delta_3 = 0.1 + \varepsilon L t = 0.1 + 10^{-5} \times 30 \times 40 = 0.112 \text{ in.}$$

点 C の変位は(16.9)式から求められる．

$$\delta = u_2 \Delta_2 + u_3 \Delta_3 = -0.272 \times 0.112 - 0.544 \times 0.112 = -0.0914 \text{ in.}$$

この負の符号は変位が仮想荷重の向きと逆であることを表している．例題 1 と 2 で得られた δ の値は仮想荷重の方向の変位成分を表しており，これと直角方向の変位ではない．変位の合計の方向を知りたければ，残りの成分を求める必要がある．そういう場合には，水平方向と垂直方向の成分を求めるとよい．

16.4 曲げによる歪エネルギ

曲げモーメントを受ける梁,剛なフレーム,それに類した構造の変位は,トラスの解析に用いたものと同様の仮想仕事の方法で求めるのがふつうである.仮想仕事による一般的な方法は弾性,および非弾性の変形の両方に適用できる.しかし,弾性変形に対するエネルギ法の特別な適用についてまず説明する.

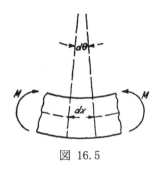

図 16.5

図16.5に示す梁の要素が最初は真っ直ぐだったとする.図に示すように,梁の長さ dx が変形して角度 $d\theta$ だけ曲がっている.梁が弾性であると,14.1項で示したように角変位は曲げモーメントに比例する.

$$d\theta = \frac{M}{EI}dx \tag{16.12}$$

梁に曲げモーメントを徐々に負荷していくと,曲げモーメントによる仕事はモーメントの平均 $M/2$ と最終的な角度変形 $d\theta$ の積である.梁のすべての要素を考えると,仕事の合計 U は梁の全長にわたって積分して得ることができる.

$$U = \int \frac{M}{2}d\theta = \int \frac{M^2}{2EI}dx \tag{16.13}$$

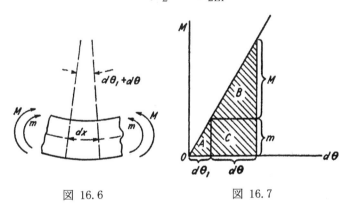

図 16.6　　図 16.7

図16.6に示すように,梁が2つのモーメント,m と M によって変形すると,変形の仕事の合計,すなわち歪エネルギは,2つのモーメントが個別に負荷さ

第 16 章　構造の変位

れたときの仕事の合計よりも，同時に負荷されたときのほうが大きい．モーメント m が梁の長さ dx を $d\theta_1$ だけ変形させ，モーメント M が梁の要素を角度 $d\theta$ 変形させると，仕事の合計は図 16.7 の面積で表される．曲げモーメント m によって生じる角度変化は次の式で得られる．

$$d\theta_1 = \frac{mdx}{EI} \tag{16.14}$$

モーメント m を最初に徐々に負荷し，その後にモーメント M を徐々に負荷すると仮定すると，長さ dx の歪エネルギの合計は次の式で表される．

$$dU = \frac{1}{2}md\theta_1 + \frac{1}{2}Md\theta + md\theta \tag{16.15}$$

(16.12)式と(16.14)式の角度変化の値を代入して全長にわたって積分すると，歪エネルギの合計は次のようになる．

$$U = \int \frac{m^2}{2EI}dx + \int \frac{M^2}{2EI}dx + \int \frac{Mm}{EI}dx \tag{16.16}$$

16.5 梁の変形の式

　変形した梁のエネルギの関係式は変形したトラスの式と類似である．最初はすべての変形が弾性変形であるとする．図 16.8(*a*)に示す梁に図 16.8(*b*)に示すような曲げモーメント M が作用している．徐々に負荷される荷重による外部仕事は $P\delta_p/2$ であり，(16.13)式で定義される内部歪エネルギと等しい．

$$\frac{P\delta_p}{2} = \int \frac{M^2}{2EI}dx \tag{16.17}$$

この関係式は荷重が負荷された位置での変位を求めるのに使うことができるが，他の点での変位を求めるのには使えない．点 A における変位が必要な場合は，荷重 P が負荷されるときに点 A に作用する単位仮想荷重を仮定する．図 16.8(*c*)に示すように，単位仮想荷重が梁をたわませて，図 16.8(*d*)に示すように曲げモーメント m を生じる．以下に示すエネルギの関係式が単位荷重を徐々に負荷する場合に成り立つ．

$$\frac{1 \cdot \delta_1}{2} = \int \frac{m^2}{2EI}dx \tag{16.18}$$

16.5 梁の変形の式

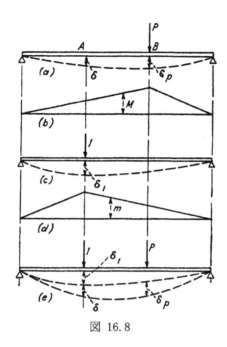

図 16.8

単位荷重を最初に点 A に負荷し，その後で荷重 P を点 B に負荷すると，P による追加の変位は P だけが作用したときの変位と等しい（図 16.8(a)と(e)参照）．2つの荷重による外部仕事は(16.16)式で定義された歪エネルギと等しい．

$$\frac{1\cdot\delta_1}{2}+\frac{P\delta_p}{2}+1\cdot\delta = \int\frac{m^2}{2EI}dx + \int\frac{M^2}{2EI}dx + \int\frac{Mm}{EI}dx \quad (16.19)$$

(16.17)式と(16.18)式を(16.19)式から差し引くと，

$$\delta = \int\frac{Mm}{EI}dx \quad (16.20)$$

m の項は変位 δ の点に作用する単位荷重が発生する梁の曲げモーメントを表す．

(16.20)式は梁の仮想仕事の条件を表す式で，トラスの(16.11)式に対応する．(16.19)式は(16.7)式と類似であるが，この式には両辺に単位荷重が作用する間になされる仕事が含まれている．同様の項がトラスのエネルギの式に含まれていてもよいが，最終的な式には影響しない．梁の変形が非弾性的である場合には，変位を求めるのに仮想仕事の条件を使う．dx の長さが角度 $d\theta$ 変形するときに単位仮想荷重が梁に作用すると考える．単位荷重と実際の変形 δ によって生じ

第 16 章　構造の変位

る外部仕事は，モーメント m と角度 $d\theta$ による内部仮想仕事に等しい．

$$1 \cdot \delta = \int m d\theta \tag{16.21}$$

積分は梁の全長にわたって行う．この式は原因によらず変形 $d\theta$ が小さい場合に適用できる．

例題 1

図 16.9(a)に示す一様な梁の荷重負荷点の変位を求めよ．弾性変形と仮定する．

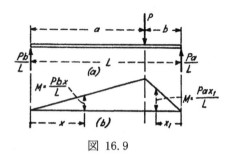

図 16.9

解：

荷重負荷点の変位は(16.17)式または(16.20)式で計算できる。$M = Pm$ を(16.17)式に代入すると(16.20)式が得られる．(16.20)式の積分を計算するには，荷重 P の両側の部分を原点が異なる別の座標系を使って計算するのが便利である．梁の左側については，左の支持点を座標系の原点として，x がゼロから a まで変化する．右側については，右の支持点を座標系の原点として，x がゼロから b まで変化する．図 16.19(b)の値から次の結果が得られる．

$$\delta = \int \frac{Mm}{EI} dx = \frac{Pb^2}{EIL^2} \int_0^a x^2 dx + \frac{Pa^2}{EIL^2} \int_0^b x_1^2 dx_1 = \frac{Pa^2 b^2}{3EIL}$$

例題 2

図 16.10 に示す梁の 1,000 lb の荷重が負荷される点の変位を求めよ．弾性であると仮定し，$EI = 106$ ib-in.^{2} とする．

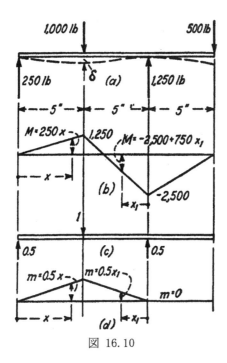

図 16.10

解：

変位は(16.20)式で計算できる．M と m の値を図 16.10(b)と(d)に示す．積分の計算は梁の3つの部分で別々に行うのがよい．

$$EI\delta = \int Mm dx = \int_0^5 0.5 \times 250 x^2 dx + \int_0^5 (2{,}500 + 750 x_1) \times 0.5 x_1 dx_1$$
$$= 5{,}208$$
$$\delta = \frac{5{,}208}{10^6} = 0.005208 \,\text{in.}$$

例題 3

図16.11に示す半円状のアーチが，反力が垂直になるように支持されている．右側の支持点の水平方向の動きを求めよ．変形が弾性的で，EI が一定であるとする．

第16章 構造の変位

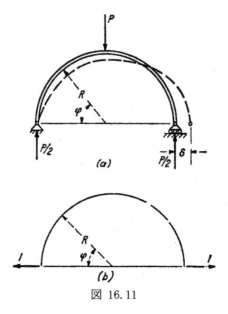

図 16.11

解：

　曲げ以外の変位が曲げの変位に比べて無視できるならば，(16.20)式の導出が他のどのような構造に対しても適用できる．このアーチのせん断と軸力による変形は無視できるので，(16.20)式を直接使うことができる．(16.20)式の長さをアーチの長さの増分 $ds = Rd\phi$ で置き換える．荷重は中心線に関して対称であるので，(16.20)式の積分は構造の半分について行い，あとで2倍する．リングの外側が圧縮になる場合に曲げモーメントが正であるとする．図 16.11(a)から，荷重の左側のリングについて曲げモーメントは，

$$M = \frac{PR}{2}(1 - \cos\phi)$$

同様に，変位を求めたい方向の単位仮想荷重が負荷された構造のフリーボディダイヤグラムである図 16.11(b)から，m の値を求めることができる．

$$m = R\sin\phi$$

これらの値を(16.20)式に代入して，次の式が得られる．

$$\delta = \int \frac{Mm}{EI}ds = 2\int_0^{\frac{\pi}{2}} \frac{PR^3}{2EI}(1 - \cos\phi)\sin\phi d\phi = \frac{PR^3}{2EI}$$

16.6 図を使った積分

実際の多くの問題では，曲げモーメント図を描くのは容易であるが，これを簡単な代数式で表現することはできない．このような曲げモーメントが関係する積分を計算するには，直接に積分するよりも，図を使って積分するほうが容易である．$\int M_1 M_2 dx$ という積分で，M_1 または M_2 が x に関して線形に変化する場合を考える．M_1 が2点 a と b 間で線形であると仮定すると，次のように表すことができる．

$$M_1 = M_a + \frac{x}{L}(M_b - M_a) \tag{16.22}$$

ここで，L は a と b 間の距離であり，M_a と M_b はこれらの点における M_1 の値である（図16.12参照）．M_1 の値を積分に代入して展開すると次の式が得られる．

$$\int M_1 M_2 dx = M_a \int_a^b M_2 dx + \frac{M_b - M_a}{L} \int_a^b M_2 x dx \tag{16.23}$$

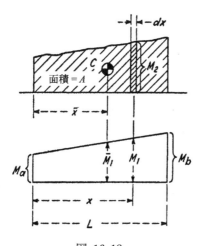

図 16.12

右辺の最初の積分は M_2 の線図の面積を表し，A とする．2番目の積分は M_2 の線図の点 a まわりのモーメントを表し，$A\bar{x}$ とする．ここで，$\bar{x}$ は M_2 の線図の面積の図心までの距離である（図16.12参照）．したがって，積分は次のように表される．

第 16 章　構造の変位

$$\int_a^b M_1 M_2 \, dx = A\left[M_a + \frac{\bar{x}}{L}(M_b - M_a)\right] \tag{16.24}$$

ここで，かっこ内の項を(16.22)式と比べると，この値は M_2 の線図の面積の図心位置での M_1 の値であることがわかる．この値を $\overline{M}_1$ とする（図 16.12 参照）．したがって，積分は次の式で表される．

$$\int_a^b M_1 M_2 \, dx = A\overline{M}_1 \tag{16.25}$$

ここで，M_1 の線図は a と b の間で直線で，A は M_2 の線図の a と b 間の面積を表し，$\overline{M}_1$ は M_2 の線図の図心の位置における M_1 の値である．

例題

図 16.13(*a*)に示すフレームの右側の支持点の水平方向の変位 δ を求めよ．部材は弾性であり，$I = 80$ in.^{4} で一定で，$E = 10^7$ psi とする．

解：

曲げモーメント線図をフレームの圧縮側にプロットした（図 16.13(*b*)参照）．曲げモーメント線図の面積を ft^2-kips（1,000 ft^2-lb）の単位で図中に示した．単位仮想荷重を，変位を知りたい方向に負荷する．この荷重によって生じる反力と曲げモーメント m を図 16.13(*c*)に示す．M の線図の三角形の図心の位置における m の値を図中に示す．m の単位は feet である．(16.20)式の積分を(16.25)式で計算して変位を求める．

$$EI\delta = 72 \times 4 + 96 \times 5 + 64 \times 4.5 = 1{,}056 \, \text{ft}^3\text{-kips}$$

inch と lb に変換するために，定数 12^3 と 1,000 が必要である．

$$\delta = \frac{1{,}056}{80 \times 10^7} \times (12)^3 \times 1{,}000 = 2.28 \, \text{in.}$$

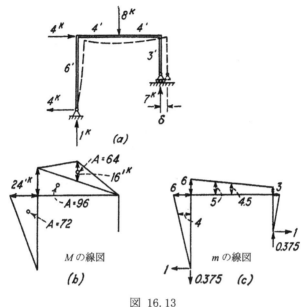

図 16.13

16.7 構造の角度変位

構造のある点における回転を求めたい場合は，変形時に単位偶力（モーメント）の仮想荷重がその点に負荷されると考える．梁や曲げ変形が支配的な構造では，変形は図 16.14 に示すようになる．外部単位仮想仕事は単位モーメントとラジアンで表した回転角 θ の積に等しい．この値を内部仮想仕事と等しいと置くと，

$$1 \cdot \theta = \int \frac{Mm}{EI} dx \tag{16.26}$$

前にも述べたように，この式は弾性変形に適用でき，非弾性変形の場合には修正する必要がある．m の値は単位モーメントによって生じる曲げモーメントとして求めることができる（図 16.14(c)参照）．M の値は実際の荷重によって構造に作用する曲げモーメントである．

第 16 章　構造の変位

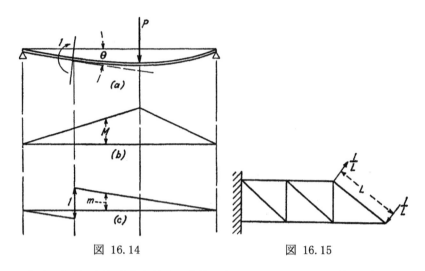

図 16.14　　　　　図 16.15

トラス部材の回転も仮想仕事の方法で求めることができる．単位仮想モーメントを，回転を求めたい部材の両端に $1/L$ の荷重として負荷する（図 16.15 参照）．この単位仮想モーメントが各トラス部材に u の力を発生する．回転を求めるには，外部仮想仕事と内部仮想仕事を等しいと置く．

$$1 \cdot \theta = \sum u \cdot \Delta \tag{16.27}$$

前のトラスの変形解析の場合と同じように，各部材の変形 Δ は弾性的でも，非弾性的でもかまわない．

16.8 ねじれ変形による変位

部材のねじれ変形によって生じる構造の変位は，軸力や曲げ変形から生じる変形の場合と同様に，仮想仕事の方法で求めることができる．図 16.16 に示すねじり部材に，長さ dx の要素を角度 $d\phi$ 変化させる荷重が負荷される（図 16.16(b)参照）．このねじれ変形によって発生する点 A の変位を求めたい．変形時に，変位を求めたい方向に作用する単位仮想荷重を点 A に負荷すると仮定する．この仮想荷重がすべての断面にトルク m_t を生じ，この仮想トルクが実際の変位 $d\phi$ をともなって作用する．仮想仕事の項を等しいとして次の変位が得られる．

16.8 ねじれ変形による変位

$$1 \cdot \theta = \int m_t d\phi \tag{16.28}$$

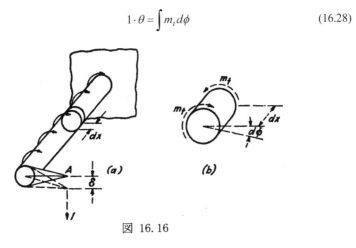

図 16.16

これを部材の全長にわたって積分する．この式は，弾性，または非弾性の変形に適用できる．丸棒または円管の弾性変形の場合には，

$$d\phi = \frac{T}{JG}dx \tag{16.29}$$

ここで，T は作用トルク，G はせん断弾性係数，J は断面の極慣性モーメントである．丸棒，または円管の弾性変形の場合，(16.28)式は次のようになる．

$$\delta = \int \frac{Tm_t}{JG}dx \tag{16.30}$$

円形でない断面の場合には，断面に依存する定数を J のかわりに使う．

例題 1

図 16.17(a)に示す構造は水平面内の 90°の円弧をなす管でできており，片方の端が固定されており，他方の端に垂直に荷重 P が作用している．$P = 1,000$ lb, $I = 1.5$ in.^{4}, $E = 10,000,000$ psi, $R = 20$ in., ポアソン比 $\mu = 0.25$ の場合の
  (a) P の位置の下向きの変位
  (b) 回転角 θ_y
を求めよ．

第16章　構造の変位

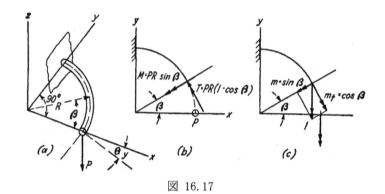

図 16.17

解：
(a) すべての断面の曲げモーメントとトルクの値を図 16.17(b)に示す．荷重 P のモーメントアームは，$R\sin\beta$ で，曲げモーメント $R(1-\cos\beta)$ のトルクを生じる．P の方向の単位荷重による m と m_t の値は M/P と T/P に等しい．

$$M = PR\sin\beta$$
$$m = R\sin\beta$$
$$T = PR(1-\cos\beta)$$
$$m_t = R(1-\cos\beta)$$
$$ds = Rd\beta$$

これらの値を(16.20)式と(16.30)式に代入して，ねじれ変位と曲げ変位の和として全変位が得られ，次の値となる．

$$\delta = \int \frac{Mm}{EI}ds + \int \frac{Tm_t}{JG}ds$$
$$= \frac{PR^3}{EI}\int_0^{\frac{\pi}{2}} \sin^2\beta d\beta + \frac{PR^3}{JG}\int_0^{\frac{\pi}{2}} (1-\cos\beta)^2 d\beta$$
$$= \frac{PR^3\pi}{4EI} + \frac{PR^3}{JG}\left(\frac{3\pi}{4} - 2\right)$$

せん断弾性係数の値は次のように計算できる．

$$G = \frac{E}{2(1+\mu)} = \frac{10,000,000}{2\times 1.25} = 4,000,000\,\text{psi}$$

$J = 2I$，$G = 0.4E$ なので，$GJ = 0.8EI$ がすべての丸棒と円管に対して近似的に成り立つ．ポアソン比の変化が G に与える影響は小さい．たとえば，$\mu = 0.3$ の

場合，$G = 0.385E$ である．代入して，次の δ の値が得られる．

$$\delta = \frac{1,000 \times (20)^3 \times \pi}{4 \times 1.5 \times (10)^7} + \frac{1,000 \times (20)^3 \times 0.3565}{3.0 \times 4 \times (10)^6}$$
$$= 0.418 + 0.238 = 0.656 \, \text{in}.$$

(b) 自由端の y 軸まわりの回転角は次の式で計算できる．

$$\theta_y = \int \frac{Mm}{EI} ds + \int \frac{Tm_t}{JG} ds$$

M と T の値は実際の荷重から生じるので，(a)と同じである．m と m_t は自由端に負荷される y 軸まわりの単位モーメントによって生じる．このモーメントのベクトルを図 16.17(c)に示す．このモーメントの成分は次のように表される．

$$m = \sin \beta$$
$$m_t = -\cos \beta$$

図 16.17 に示すように，モーメントの正の方向は M と T の方向と同じであると仮定する．このような種類の構造については，水平の梁の曲げモーメントとは異なり，確立した符号の方向というものはない．

$$\theta_y = \frac{PR^2}{EI} \int_0^{\frac{\pi}{2}} \sin^2 \beta \, d\beta - \frac{PR^2}{JG} \int_0^{\frac{\pi}{2}} \cos \beta (1 - \cos \beta) d\beta$$
$$= \frac{PR^2 \pi}{4EI} - \frac{PR^2}{JG} \left(1 - \frac{\pi}{4}\right)$$
$$= 0.0209 - 0.0071 = 0.0138 \, \text{rad}$$

例題 2

図 16.18 に示す構造が $I = 1.5 \, \text{in}.^4$，$E = 10^7 \, \text{psi}$，$G = 4 \times 10^6 \, \text{psi}$ の円管でできている．各部分が真っ直ぐで，座標軸のどちらかひとつに平行である．点 a の垂直変位を求めよ．

解：

図 16.19(a)の曲げモーメント線図が座標軸に関する曲げモーメントを表す．(16.20)式の積分を計算するために，各軸に関する曲げモーメントを別々に考える．ひとつの軸の仮想モーメント m は，その軸に直交する軸まわりの角度変化の間に仕事をしないからである．部材の圧縮側に曲げモーメントを図示した．ねじりモーメント線図を，方向を矢印で表して図 16.19(b)に示す．単位荷重によって生じる曲げモーメントとねじりモーメントの m と m_t の値を図 16.19(c)と

第 16 章　構造の変位

(d)に示す．M と m が逆方向であると，その積は負である．(16.20)式と(16.39)式の積分を図式解法で求める．

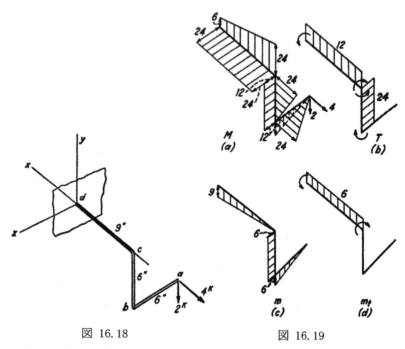

図 16.18　　　　　　　　　図 16.19

部材 cd 以外の部材の $m_t = 0$ であるので，部材 cd のねじれ変形だけが求める変位に影響する．

$$\int Tm_t ds = 12 \times 6 \times 9 = 648$$

曲げモーメントの項はすべての部材に表れる．部材 ab については，垂直面内の曲げモーメントだけが垂直変位に影響する．

$$\int Mm ds = \frac{12 \times 6}{2} \times 4 = 144$$

m は xy 平面内でゼロなので，xy 平面内の曲げモーメントは a 点の垂直方向の変位に影響を与えない．したがって，部材 bc については yz 面内の曲げモーメントだけを考える．

$$\int Mm\, ds = 12 \times 6 \times 6 = 432$$

部材 cd については，垂直面内の曲げモーメントだけを考える．M の線図は長方形の面積 $6 \times 9 = 54$ と三角形の面積 $18 \times 9/2 = 81$ からできていると考える．M と m の符号が逆なので，この積分は負である．

$$\int Mm\, ds = -54 \times 4.5 - 81 \times 3 = -486$$

変位の合計はすべての部材の影響の和として計算される．

$$\begin{aligned} \delta &= \int \frac{Mm}{EI} ds + \int \frac{Tm_t}{JG} ds \\ &= \frac{144 + 432 - 486}{EI} + \frac{648}{JG} \\ &= \frac{90}{1.5 \times 10^4} + \frac{648}{1.2 \times 10^4} = 0.060 \,\text{in.} \end{aligned}$$

16.9 相対変位

これまでの解析では，剛な支持点に対する変位を求めた．両方の部材が支持点に対して変位する場合に，構造のある部位の他の部位に対する相対的な変位を求める必要がある場合も多い．そのような場合には，仮想的な荷重が負荷される構造の支持点が実際の構造の支持点と異なると考える．

荷重が負荷されていない状態で水平であった梁が図 16.20(a)に示すように変形する．点 b の接線方向に対する点 a の相対変位 δ を求めたい．仮想荷重を受ける構造を図 16.20(b)に示すように仮定すると，仮想的な曲げモーメントは図 16.20(c)となる．点 a と b の間の変形だけを考え，相対変位の仮想仕事を考えるので，仮想仕事の式は以前と同じように書くことができる．

$$\delta = \int m\, d\theta = \int_a^b \frac{Mm}{EI} dx \tag{16.31}$$

δ と m の値を図 16.20 に示す．

構造の他の場所に対する角度変化は，仮想荷重が負荷される構造が参照点で固定されていると仮定して求めることができる．図 16.20 に示す梁の点 a の接線と点 b の接線の相対角度を計算するには，単位仮想偶力を図 16.20(b)の単位荷重の代わりに負荷する．m の線図は点 a と点 b 間で 1 で，他の点でゼロであ

第 16 章　構造の変位

る．実際の荷重と実際の変形 $d\theta$ は梁の実際の反力の条件に対して計算される．

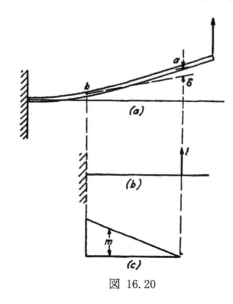

図 16.20

　図 16.21 に示すトラスの部材 1 の部材 2 に対する角度変化を求めたい場合には，仮想荷重に対する反力は部材 2 が回転しないようにとる．部材 1，2，3 だけに仮想荷重が作用し，他の部材の u の値はゼロである．回転角は，

$$\theta = \sum u \cdot \Delta \tag{16.32}$$

ここで，Δ の値は部材の実際の伸びで，u の値は図 16.21(b) に示す構造について計算したものである．他の種類の構造の相対変位についても，仮想的な荷重状態に対して基準部材の位置に仮想的な支持点を追加して計算することができる．その証明は仮想仕事の原理（訳注：正しくは補仮想仕事の原理）に基づいており，ふつう出くわすようなほとんどの問題でその計算手順は明らかなのでここでは説明しない．

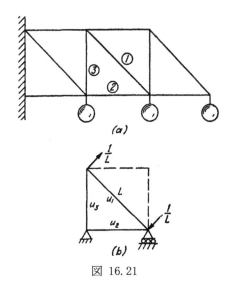

図 16.21

16.10 せん断変形

航空機のセミモノコック構造の解析では,せん断応力分布が非常に重要である.不静定構造の古典理論は主にせん断変形があまり重要でない重量構造の解析に関して開発されてきた.したがって,構造変形と不静定構造に関する公表された研究の多くはせん断変形を扱っていない.他の種類の変位を解析したのと同様に,せん断変形によって生じる変位も仮想仕事の方法によって得ることができる.

板厚 t,幅 a,長さ b の長方形板のせん断変形を図 16.22(a)に示す.せん断歪 γ は次の関係式から得られる.

$$\gamma = \frac{f_s}{G} = \frac{q}{tG} \tag{16.33}$$

ここで,G はせん断弾性係数,f_s はせん断応力,q はせん断流 $f_s \times t$ である.せん断変形の歪エネルギは,変形の間にせん断応力によってなされた仕事から計算することができる.力 $f_s at$ が変位 γ を生じる.力が徐々に負荷されるので,歪エネルギは次のようになる.

第16章　構造の変位

$$U = \frac{f_s \gamma abt}{2} \tag{16.34}$$

(16.33)式の値を代入して，歪エネルギは他の形で表すことができる．

$$U = \frac{f_s^2}{2G} abt = \frac{\gamma^2 G}{2} abt = \frac{q^2}{2tG} ab \tag{16.35}$$

　ウェブのせん断変形によって生じる構造の変位を計算するには，以前と同じように，変位 δ を求めたい点の求めたい方向に単位仮想荷重を負荷するのが便利である．

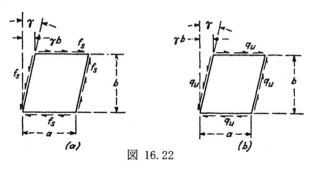

図 16.22

　仮想荷重がウェブにせん断流 q_u を生じ，変形の間ずっとその大きさでかかっている．図16.22(b)に示すウェブでは，$q_u a$ の力が変位 γb にかかる．外部仮想仕事はウェブの内部仮想仕事の合計に等しくなければならない．

$$1 \cdot \delta = \sum q_u \gamma ab$$

(16.33)式の γ の値を代入すると次の式が得られる．

$$\delta = \sum \frac{q_u q ab}{tG} \tag{16.36}$$

変位に関係する構造のすべてのウェブを合計する．q_u の項は仮想荷重によって生じるせん断流で，q の項は変形を生じる実際のせん断流である．(16.36)式は(16.33)式を満足する弾性変形だけに適用できる．

問題

16.1　図16.4(a)に示すトラスの点 C の変位の水平方向と垂直方向の成分を求め

16.10 せん断変形

よ．すべての部材に，$L = 30$ in., $A = 1$ in.^{2}, $E = 10,000$ ksi を使用せよ．16.3 項の例題 1 で得られた変位を使って結果をチェックすること．

16.2　図 16.4(*a*)に示すトラスの左上の隅の結合点の水平方向と垂直方向の変位を求めよ．すべての部材に，$L = 30$ in., $A = 1$ in.^{2}, $E = 10,000$ ksi を使用せよ．

16.3　点 *C* の 40 kips の荷重を除去し，他の 40 kips の荷重をそのままにして，問題 16.2 を解け．

16.4　図 16.10(*a*)の梁の右端の変位を求めよ．$EI = 10^6$ lb-in.^{2} とする．

16.5　16.5 項の例題 1 を図式積分を使って解け．

16.6　16.5 項の例題 2 を図式積分を使って解け．

16.7　図 16.9(*a*)の梁の荷重負荷点における弾性曲線の接線の傾きを求めよ．

16.8　図 16.10(*a*)の梁の両方の荷重点と両方の支持点における弾性曲線の接線の傾きを求めよ．

16.9　図 16.11(*a*)のアーチの右の支持点の回転角を求めよ．

16.10　図 16.4(*a*)のトラスについて，支持点に対する部材 10 の回転角を求めよ．部材 6 に対する部材 10 の相対回転角を計算せよ．これらの結果を検討せよ．

16.11　水平部材の全長に一様に働く 1 kip/ft の荷重だけが作用するとき，図 16.13 に示すフレームの変位 δ を求めよ．$EI = 8 \times 10^8$ lb-in.^{2} とする．

16.12　図 16.13 のフレームの左側の垂直部材の全長に水平方向の一様荷重 1 kips/ft が作用するときの変位 δ を求めよ．

16.13　図 16.17(*a*)に示す構造について，自由端の *x* 軸に平行な方向の変位と *y* 軸に平行な方向の変位を求めよ．自由端の *x* 軸と *z* 軸に関する回転角を求めよ．

16.14　図 16.18 に示す 16.8 項の例題 2 の構造について，点 a の変位の x 軸と z 軸方向の成分を求めよ．点 a の 3 軸まわりの回転角を求めよ．

16.15　図 16.18 の構造の点 a に追加として 3 kips の荷重が b 方向に働くとする．点 a の変位の 3 つの成分と角度変化の 3 つの成分を求めよ．構造は $I = 1.5\text{in.}^4$, $E = 10^7$ psi, $G = 4 \times 10^6$ psi の円管でできているとする．

16.16　片持ち翼の桁の高さ（フランジ面積の図心間の距離）が 10 in. である．フランジの曲げ応力が 30,000 psi で，ウェブのせん断応力がすべての点で 15,000 psi である．せん断と曲げ変形による変位を求めよ．せん断による変位の割合を求めよ．

　　(a) 固定支持点から 20 in. の位置
　　(b) 固定支持点から 40 in. の位置
　　(c) 固定支持点から 100 in. の位置
$E = 10^7$ psi, $G = 3,000,000$ psi とする．

16.17　脚に 4,000 lb の抗力が主翼の下面外板から 40 in. 下の点に働く．荷重点の荷重方向の変位を求めよ．主翼の寸法は図 16.25 に示すとおりで，脚は主翼の支持点から 60 in. 外側についている．4 つのせん断ウェブのせん断変形だけを考えよ．$G = 3,000,000$ psi を使え．

16.11　箱型梁（ボックスビーム）のねじり

(16.36)式の最もよくある適用例はボックスビーム（箱型梁，box beam）のねじれ角を求める問題である（図 16.23 参照）．荷重によってせん断流 q が生じるが，このせん断流は第 6 章で使った方法で計算できる．角度変化が必要な場合には，図 16.24 に示すように単位偶力を負荷する．それによって仮想的なせん断流 $q_u = 1/2A$ が生じる．ここで，A はボックスで囲まれる面積である．ウェブの寸法を $a = \Delta s$, $b = L$ と仮定する．ねじれ角はこれらの値を(16.36)式に代入して得ることができる．

$$\theta = \sum \frac{qab}{2AtG} = \sum \frac{q\Delta sL}{2AtG} \tag{16.37}$$

16.11 箱型梁（ボックスビーム）のねじり

構造のすべてのウェブについて和をとる．

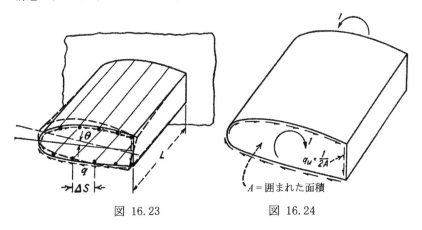

図 16.23　　　　　図 16.24

例題

図 16.25 に示すボックスビームの前桁のフランジ断面積は後桁のフランジ断面積の3倍である．自由端のねじれ角を求めよ．$G = 4 \times 10^6$ psi と仮定する．

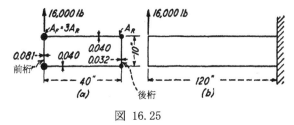

図 16.25

解：

せん断流 q を図 16.26 に示す．これらのせん断流は右側のウェブのせん断流を除いてすべて正である．右側のウェブのせん断流が反時計回りの回転を発生する．図 16.25 と図 16.26 から得られた値を(16.37)式に代入すると次の答えが得られる．

第 16 章　構造の変位

$$\theta = \sum \frac{q\Delta sL}{2AtG} = \frac{L}{2AG}\sum \frac{q\Delta s}{t}$$

$$= \frac{120}{2\times 400\times 4\times 10^6}\left(\frac{1{,}400\times 10}{0.081} + \frac{200\times 40\times 2}{0.040} - \frac{200\times 10}{0.032}\right)$$

$$= 0.020\,\text{rad}$$

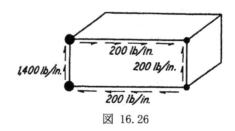

図 16.26

16.12　解析方法の精度

　第 6 章のボックスビームの解析ではいくつかの仮定を使った．これらの仮定にともなう近似による誤差を典型的な構造の変位を計算することによって検討する．図 16.25 のボックスビームの一般的な解析において，前桁と後桁の上側のフランジ断面積は長手方向のすべての点で同じ曲げ応力を受け持つと仮定している．この仮定は，ボックス構造はほとんどねじれ変形をせず，前桁と後桁がほぼ等しい曲げ変形曲線となるという条件に基づいている．この構造のねじれ変位をすでに計算したが，これと曲げによる変形を比較する必要がある．

　図 16.25 のフランジ断面積が，曲げ応力が 4 つのフランジすべてで一定の値 40,000 psi となるように長手方向に変化すると仮定する．$E = 10^7$ psi とする．自由端の曲げ変位は(16.20)式で計算できる．$f = My/I$ を代入して，

$$\delta = \int \frac{Mm}{EI}dx = \int \frac{fm}{Ey}dx$$

$$\delta = \frac{40{,}000\times 60\times 120}{10^7\times 5} = 5.76\,\text{in.}$$

この式は断面のせん断中心における変位であり，前桁から約 10 in.の位置である．16.11 項の例題で計算したように，ねじれ角は 0.020 rad である．この角度変化が前桁の変位に $10\times 0.020 = 0.20$ in.加わる．図心から 30 in.離れた後桁では，δ よりも $30\times 0.020 = 0.60$ in.変位が小さくなる．両方の桁の変位は図 16.27 に示

すようになる.

$$\delta = 5.76 + 0.20 = 5.96 \,\text{in}.$$
$$\delta = 5.76 - 0.60 = 5.16 \,\text{in}.$$

曲げ変形だけから計算した変位と比べると，前桁の変位で約 3%大きく，後桁の変位で約 10%小さい．この誤差はこの種のほとんどのセミモノコック構造について典型的な値であると思われる．単純な曲げの式によって計算した曲げ応力は変位の誤差とほぼ同じ誤差を持つ．しかし，荷重が負荷された桁の支持端の近くでの曲げ応力がかなり大きくなることと，実際の曲げ応力が長手方向のほとんの領域で曲げの式で計算された応力とほぼ等しいことを後で説明する．

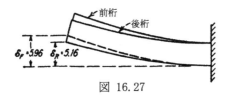

図 16.27

16.13　梁の断面のワーピング

　長方形のボックスビームにねじりモーメントを負荷した場合，図 16.28 に示すように変形する．断面が正方形でウェブの板厚がすべての辺で同じであるとすると，ボックスがねじられた後でも断面は平面を保つ．同様に，このボックスビームが曲げだけを受け，ねじれない場合には，曲げられた後でも断面は平面を保つ．しかし，ふつうはボックスが長方形で，ねじれを受ける．したがって，断面は平面を保たず，ワープ（warp）する．第6章のボックスビームの解析では，ねじりモーメ

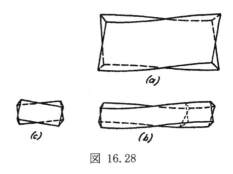

図 16.28

ントは曲げ応力の分布に影響をおよぼさないと仮定した．これはすなわち，断面がワーピングに対して拘束されていないという仮定である．この仮定に基づいて計算したせん断流は，固定された断面にごく近い場所以外のすべての断面

で正確である．

　断面のワーピングの大きさは桁の断面間の角度 θ で測ることができる（図 16.29(a)参照）．図に示すように，単位仮想偶力を負荷して，(16.36)式から相対的な回転を計算し，この角度を計算することができる．

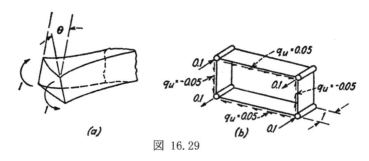

図 16.29

図 16.26 に示すせん断流 q を仮定して，図 16.25 の梁の断面のワーピングを計算する．図 16.29(b)に示す梁の単位長さで検討する．桁に作用する単位偶力を 10 in. 離れた 0.1 の力で表すと，釣り合い条件を満足するには図に示すように q_u の値はすべてのウェブで 0.05 である．図 16.26 と図 16.29(b)の値を(16.36)式に代入して，角度 θ が得られる．

$$\begin{aligned}\theta &= \sum \frac{q_u q a b}{tG} \\ &= \frac{0.05 \times 200 \times 40 \times 1 \times 2}{0.040 \times 4 \times 10^6} + \frac{0.05 \times 200 \times 10 \times 1}{0.032 \times 4 \times 10^6} - \frac{0.05 \times 1{,}400 \times 10 \times 1}{0.081 \times 4 \times 10^6} \\ &= 0.00362 \,\text{rad}\end{aligned}$$

この断面のワーピングは，図 16.26 に示すせん断流となっているすべての断面で同じである．スパンの長さ 1 in. は任意に選んだ値であり，他の長さ b としてもよい．図 16.29(b)の q_u の値を仮定した長さ b で割り，同じ結果を得るには上の和の項に単位長さの代わりに b をかける．

　図 16.25(b)に示す固定支持のところでは，明らかに断面のワーピングが妨げられる．したがって，q の値は図 16.26 のようにはならない．この梁でワーピングが起きないようにするためのせん断流 q の値を計算する．釣り合い条件を満足するには，すべての断面でせん断流は図 16.30 に示すようになっていなければならない．長手方向の軸回りのモーメントの釣り合いと，水平および垂直方向のせん断力の釣り合いから，3 つのウェブのせん断流 q_1 は等しく，図に示す

16.13 梁の断面のワーピング

ような方向でなければならない．前桁のウェブのせん断流は $1,600-q_1$ である．図 16.30 の q の値と図 16.29(b) の q_u の値を(16.36)式に代入して次の式が得られる．

$$\theta = \sum \frac{q_u q a b}{tG}$$

$$= \frac{0.05 q_1 \times 40 \times 1 \times 2}{0.040 \times 4 \times 10^6} + \frac{0.05 q_1 \times 10 \times 1}{0.032 \times 4 \times 10^6} - \frac{0.05(1,600 - q_1) \times 10}{0.081 \times 4 \times 10^6}$$

$$= 0.0000304 q_1 - 0.00247$$

固定支持位置で，$\theta = 0$，すなわち $q_1 = 81$ lb/in. である．最終的なせん断を図 16.30 のかっこ内の数字で示す．図 16.26 の値と大きく異なっていることがわかる．

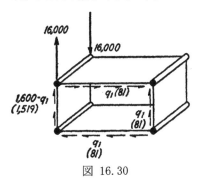

図 16.30

図 16.26 のせん断流によって，後桁のフランジに 400 lb/in. の荷重が伝達され，前桁のフランジに 1,200 lb/in. の荷重が伝達される．支持点の近くでは，せん断流によって後桁のフランジに 162 lb/in. の荷重が伝達され，前桁のフランジに 1,438 lb/in. の荷重が伝達される．したがって，支持点の近くでは曲げモーメントは前桁のほうが後桁よりも大きく，断面が平面からたわんだ断面となる．移行に要する長手方向の距離はフランジの断面積とウェブの板厚に依存する．この問題では，支持点から 30 in. のところで図 16.26 に示した値とほぼ同じになる．この断面より外側ではすべての断面は同じようにたわむので，曲げ応力は2つの桁でほぼ同じとなる．固定された断面の影響で荷重が負荷された桁の曲げ応力とせん断流が増加する．その長手方向の範囲は断面の平均寸法とほぼ同じである．

16.14　マックスウェルの相反定理

2つの荷重によって生じる変位間の，興味深く，有用な関係がマックスウェル (Maxwell) によって示された．図 16.31 に示す弾性体の構造を使ってこの関係を導く．荷重 P_a と P_b が任意の2点 A と B に負荷され，各点の変位をその点

第16章 構造の変位

に働く荷重の方向に測る．図 16.31(a)で，まず荷重 P_a を負荷し，それによって生じる点 A と B の変位が δ_{aa} と δ_{ba} である．次に荷重 P_b を負荷し，点 A と B の変位 δ_{ab} と δ_{bb} が生じる．最初の添え字が変位を測る点を表し，2番目の添え字が変位を発生させる荷重を表す．歪エネルギは次のように表される．

$$U = \frac{P_a \delta_{aa}}{2} + \frac{P_b \delta_{bb}}{2} + P_a \delta_{ab} \quad (16.38)$$

荷重 P_b を最初に負荷し，次に荷重 P_a を負荷すると，変位は図 16.31(b)のようになる．歪エネルギは次のように表される．

$$U = \frac{P_b \delta_{bb}}{2} + \frac{P_a \delta_{aa}}{2} + P_b \delta_{ba} \quad (16.39)$$

荷重負荷後の物体の全歪エネルギは荷重の負荷順序には依存しない．(16.38)式と(16.39)式の値を等しいと置いて，次の式が得られる．

$$P_a \delta_{ab} = P_b \delta_{ba} \quad (16.40)$$

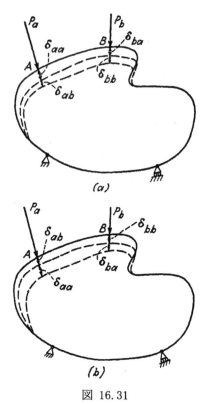

図 16.31

これがマックスウェルの相反定理（Maxwell's theorem of reciprocal displacements）として知られている式である．力 P_a と P_b の大きさは任意であるが，単位荷重の特別な場合を仮定して表現したほうが簡単である．そうすると次のように表すことができる．

「弾性体の点 B に負荷した単位荷重による点 A の変位は，点 A に負荷した単位荷重による点 B の変位と等しい．」

弾性体の角度変化と偶力による仕事を考慮することにより，この定理は回転を含むように拡張することができる．力 P_a と P_b の代わりに，偶力と力，または2つの偶力を考えればよい．単位偶力または力については，この定理は次の

ように表すことができる.

「点 B に負荷された単位偶力によって生じる弾性体の点 A の角度変化は, 点 A に働く単位偶力によって生じる点 B の角度変化に等しい.」

「点 B に負荷された単位偶力によって生じる弾性体の点 A の変位は, 点 A に働く荷重によって生じる点 B の回転に等しい.」

すべてのケースで, 荷重が作用している点の荷重方向の変位の成分を考えている.

ある特定の構造に関するマックスウェルの定理は仮想仕事の方法を使って証明することができる. たとえば, トラスについては, 点 B に作用する単位荷重による点 A の変位は(16.11)式に $S = u_b$ を代入して得られる.

$$\delta = \sum \frac{u_b u_a L}{AE}$$

これはあきらかに点 A に働く単位荷重による点 B の変位に等しい. この条件では $S = u_a$ であるからである.

16.15　弾性軸, または, せん断中心

翼の弾性軸は, 翼に純ねじりを加えたときに回転が起こる軸として定義される. 図 16.32(a)に示す翼については, 断面が長手方向に一定で, 直線である.

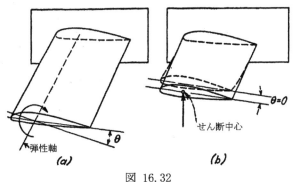

図 16.32

ねじり荷重を負荷したときに, 弾性軸上の点は変位しない. 弾性軸の前方にある点は上方に変位し, 弾性軸より後ろにある点は下方に変位する. 翼のフラッ

第16章 構造の変位

タ解析をするために弾性軸の位置を計算する必要がある.

翼の断面のせん断中心は,翼が回転をせずにたわむようにせん断荷重を負荷する位置として定義される.図 16.32(b)に示すせん断力は翼を変形させるが,長手方向の軸まわりの断面の回転は生じない.翼が弾性構造であれば,断面のせん断中心は弾性軸上になければならない.マックスウェルの定理から,せん断中心に働く力は偶力の作用点に回転を生じないし,その偶力は荷重の負荷点に垂直方向の変位を生じないからである.外板にしわができ,圧縮荷重に有効でなくなるので,実際の翼は弾性体の条件から少し外れるが,実用的な目的に対しては弾性軸が各断面のせん断中心を結んだ線上にあると仮定してもよい.

断面のせん断中心はねじれ角ゼロとなるせん断力の合力の作用点を(16.37)式で求めることによって計算できる.せん断中心の位置はフランジの断面積とウェブの板厚の分布に依存する.例題によってその計算手順を説明する.

例題

図 16.33 に示す翼断面のせん断中心を求めよ.ウェブ 3 の板厚は 0.064 in.で,他のウェブの板厚は 0.040 in.である.G はすべての断面で一定であると仮定する.断面は水平軸に関して対称である.

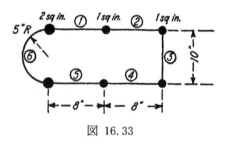

図 16.33

解:

せん断中心の位置はせん断荷重の大きさに依存しない.せん断力 $V = 400$ lb を仮定する.第 7 章で用いた方向によってせん断流の増分を計算する.ウェブ 1 のせん断流が q_0 であるとすると,他のせん断流は q_0 を使って図に示したように表すことができる.以前の問題では,せん断流 q_0 はねじりモーメントの釣り合いから求めたが,この問題では外部ねじりモーメントは未知である.図に示すように,400 lb のせん断力が右の

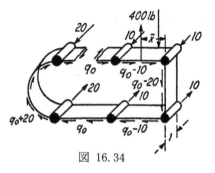

図 16.34

16.15 弾性軸，または，せん断中心

辺から $\bar{x}$ 離れた点に作用するとし，この点がせん断中心であると仮定する．せん断流 q_0 はねじれ角 θ がゼロであるという条件で決定される．(16.37)式より，

$$\theta = \sum \frac{q \Delta s L}{2AtG} = 0$$

ここで，$L=1$ で，$2AG$ はすべてのウェブで一定であるので式から省略できて，

$$\theta = \sum \frac{q \Delta s}{t} = 0 \tag{16.41}$$

せん断流 q は q_0 と，ウェブ1を切断した場合の q' の和である．

$$q = q_0 + q'$$

この式を(16.41)式に代入して，すべてのウェブで等しい q_0 を和の外に出して，次の式が得られる．

$$q_0 \sum \frac{\Delta s}{t} + \sum q' \frac{\Delta s}{t} = 0 \tag{16.42}$$

数値計算を表 16.2 に示す．列(1)はウェブの周長 Δs の値を示す（図 16.33 参照）．この値を列のウェブの板厚で割って列(2)となる．ウェブ 1 を切断した場合のせん断流 q' の値を列(3)に示す．図 16.34 の要素の外側の辺で時計回りである場合にせん断流が正であるとする．列(4)で $q'\Delta s/t$ を計算する．列(2)と(4)の合計を(16.42)式に代入する．

$$1{,}348 q_0 + 720 = 0$$
$$q_0 = -0.53 \, \text{lb/in.}$$

最終的なせん断流を列(7)で，q_0 の値に列(3)の q' の値を足して計算する．

表 16.2

ウェブ	Δs (1)	$\dfrac{\Delta s}{t}$ (2)	q' (3)	$q'\dfrac{\Delta s}{t}$ (4)	$2A$ (5)	$2Aq'$ (6)	q (7)
1	8	200	0	0	80	0	−0.53
2	8	200	−10	−2,000	80	−800	−10.53
3	10	156	−20	−3,120	0	0	−20.53
4	8	200	−10	−2,000	0	0	−10.53
5	8	200	0	0	0	0	−0.53
6	15.7	392	+20	7,840	239	4,780	+19.47
合計	....	1,348	...	720	399	3,980	

第 16 章　構造の変位

せん断中心の位置をねじりモーメントの釣り合いから計算する．任意の点まわりのモーメントは次の関係から得ることができる．

$$T = \sum 2Aq$$

$q = q_0 + q'$ だから，

$$T = q_0 \sum 2A + \sum 2Aq' \tag{16.43}$$

ここで，A は，モーメントの中心点とウェブの端を結んだ 2 本の線とウェブに囲まれた面積である．モーメントの中心点をボックスの右下の隅の点とし，$2A$ の値を表の列(5)に，$2Aq'$ の値を列(6)に示す．列(5)と(6)の合計を(16.43)式に代入して，

$$400\bar{x} = -0.53 \times 399 + 3{,}980$$
$$\bar{x} = 9.42\,\text{in.}$$

この $\bar{x}$ の値がせん断中心の水平方向の位置を示す．断面の対称性から，せん断中心の垂直方向の位置は対称軸上にあることがわかる．水平軸に関して対称でない断面の場合，断面に働く水平方向のせん断力を考えて，上述のようにねじれがゼロとなるせん断流を求めることによってせん断中心の垂直方向の位置を決めることができる．ねじりモーメントと等置して得たこれらのせん断流の合力の位置からせん断中心の垂直方向の位置を求めることができる．

16.16　カスティリアーノの定理

問題の種類によっては，以下に示すカスティリアーノの定理（Castigliano's theorem）を使って変位を求めるのが便利である．

> 「荷重が負荷された弾性構造において，荷重負荷点の荷重方向の変位はその荷重による全歪エネルギの偏微分と等しい．」

この定理は不静定構造の解析で最小仕事の方法として使用される．Manabrea がこの定理を 1858 年に発表し，カスティリアーノ（Castigliano）が 1879 年により充実した説明を発表した．1864 にマックスウェル（Maxwell）が，1868 年にモール（Mohr）が不静定構造の解析法の一般的な理論を開発した[1]．

カスティリアーノの定理は図 16.35 を参照して証明することができる．この

16.16 カスティリアーノの定理

図は,弾性構造に荷重が徐々に負荷される一般的な状態を仮定している.荷重 P_1, P_2, P_3, ..., P_n によって荷重方向の変位 δ_1, δ_2, δ_3, ..., δ_n が生じており,それによって生じた歪エネルギは U に等しい.

$$U = \frac{P_1\delta_1}{2} + \frac{P_2\delta_2}{2} + \frac{P_3\delta_3}{2} + \cdots + \frac{P_n\delta_n}{2} \tag{16.44}$$

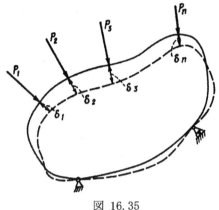

図 16.35

荷重 P_n が dP_n 増加すると,歪エネルギの増分は偏微分の定義から次のように表される.

$$\frac{\partial U}{\partial P_n} dP_n \tag{16.45}$$

全歪エネルギは荷重の負荷順序によらないので,荷重 dP_n は他の荷重がすでに負荷された後で負荷されると考えてよい.力 dP_n によって変位 δ_n を通してなされる仕事は $(dP_n)\delta_n$ である.これは(16.45)式と等しくなければならない.

$$\begin{aligned}(dP_n)\delta_n &= \frac{\partial U}{\partial P_n} dP_n \\ \delta_n &= \frac{\partial U}{\partial P_n}\end{aligned} \tag{16.46}$$

この式は証明しようとしたカスティリアーノの定理の数学的な表現である.

この定理を実際の構造に適用するには,歪エネルギを荷重で表現し,それを荷重で微分する.ほとんどの場合,歪エネルギの項を計算する前に微分を行い,計算は仮想仕事の方法による解析と同等である.軸力が負荷される部材と曲げが負荷される部材からなる弾性構造の場合,歪エネルギは次のように表される.

第16章 構造の変位

$$U = \sum \frac{S^2 L}{2AE} + \int \frac{M^2}{2I} dx \tag{16.47}$$

任意の荷重 P_n の方向の変位は(16.47)式を P_n で微分して得られる．

$$\delta_n = \frac{\partial U}{\partial P_n} = \sum \frac{S \frac{\partial S}{\partial P_n} L}{AE} + \int \frac{M \frac{\partial M}{\partial P_n}}{EI} dx \tag{14.48}$$

軸力 S と曲げモーメント M は P_n の線形関数である．したがって，偏微分は単位荷重 P_n によって生じる軸力と曲げモーメントを表す．

$$\frac{\partial S}{\partial P_n} = u, \qquad \frac{\partial M}{\partial P_n} = m \tag{16.49}$$

u と m の値は(16.11)式と(16.20)に対応している．これらの値を(16.48)式に代入すると，変位は仮想仕事の式に対応している．

$$\delta_n = \sum \frac{SuL}{AE} + \int \frac{Mm}{EI} dx \tag{16.50}$$

(16.48)式は(16.50)式と同じように使えるので，カスティリアーノの定理の実用的な適用は仮想仕事の式を適用することと同じである．

問題

16.18 4つのフランジの断面積が等しいとして，図 16.25 に示す翼のねじれ角を求めよ．$G = 4 \times 10^6$ psi を使うこと．

16.19 すべてのウェブの板厚を 0.040 in.として，図 16.25 に示す翼のねじれ角を求めよ．$G = 4 \times 10^6$ psi を使うこと．

16.20 図 16.25 に示す梁のすべてのウェブの板厚が $t = 0.040$ in.であるときの支持位置でのせん断流を求めよ．支持位置でワーピングが起きないとする．支持位置から離れた場所での桁断面間のワーピング角を求めよ．

16.21 図 16.25 に示す翼のせん断中心，すなわち弾性軸の位置を求めよ．

16.22 ウェブ 6 の板厚が 0.064 in.で他のウェブの板厚が 0.040 in.のとき，図 16.33 に示す梁のせん断中心の位置を求めよ．

16.23　16.8 項の例題 1 をカスティリアーノの定理を使って解け．回転角を計算する際，求めたい回転の方向に偶力を負荷する必要があることに注意すること．微分した後にこの偶力をゼロとする．

第 16 章の参考文献

[1] Westergaard, H. M.: One Hundred Fifty Years Advance in Structural Analysis, Trans.ASCE, 1930.

第17章　不静定構造

17.1 不静定次数

　不静定構造は，反力または応力が釣り合い式によって完全には決定できない構造のことである．安定で静定な構造は，安定のために必要な最小限の反力または部材から成り，反力と部材の力が釣り合いの式によって決定される．1つの部材または反力を取り去ると，安定な構造が，荷重を保持できない不安定なメカニズムまたはリンク機構に変わる．1つの部材または反力を付加すると，構造は1次の不静定となり，釣り合い条件に加えて変位の条件から反力と力を求めなければならない．

　ふつう，面内の剛な構造は安定のためには3つの外部反力を必要とし，これらの反力は3つの釣り合い式から計算できる．しかし，反力の数だけが安定の判断基準ではなく，構造が安定か，不安定か，不静定かを決めるには個々の構造を調べることが必要である．たとえば，水平の単純な梁にはふつう3つの反力成分が必要である．しかし，この梁が3点でローラーで支持されているとすると，水平方向の力に対して不安定で，垂直方向の力に対しては不静定である．同様に，単純な梁の3つの反力が梁の面内の1つの共通な点を通るように作用する場合は，力の大きさによらずその点まわりのモーメントがゼロであるので，反力を求めるためにモーメントの釣り合い式を使うことができない．図17.1に示すこのような構造はリンク機構であり，点 O を瞬間中心として小さい角度で回転することができるので，点 O を通らない荷重に対して不安定である．点 O を通る荷重が働く場合は，この構造は不静定である．

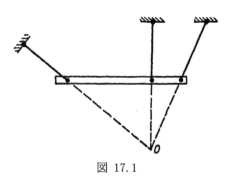

図 17.1

　安定の状態を判別するには，ほとんどの構造では釣り合い式の数を冗長性の数と比較することによって行う．図17.1に示すような特殊な構造では，3つの釣り合い式から3つの未知反力を求めようとすると，独立でない方程式に行き着き，方程式のうちの1つを他の方程式から導くことができる．釣り合い式によって構造を解

析してこのような状況になる場合は，安定性または冗長性を検討しなければならない．

単純なトラスの不静定性については 1.3 項で説明した．安定性に必要な条件は次の式で表されることを示した．

$$m = 2j - 3 \tag{1.4}$$

ここで，3つの外部反力を持つトラスについて，m は部材の数で，j はトラスの結合点の数である．3つの反力成分と同じように，(1.4)式が常に成り立つわけではない（図 1.5(*b*)参照）．

ある構造が安定性に必要な数より1つ多くの部材または反力を持つ場合，1次の不静定という．多くの場合，部材または反力のうちの1つを取り除いても安定性は失われない．構造を解析するためには，釣り合い式に加えて1つの変位の式を用いなければならない．構造が安定に必要な数よりも複数の余分な部材または反力を持っている場合，高次の不静定であるという．不静定次数は余分な部材の数に等しく，解析に用いるべき変位の条件の数に等しい．

17.2 1次不静定のトラス

弾性部材から成るトラスで，1次の不静定であるものを最初に考える．このようなトラスの典型的なものを図 17.2(*a*)に示す．支持点は剛であると仮定し，荷重 P が負荷される前には部材には応力が無いとする．外部反力は4つであり，安定性のためには3つで十分である．反力の水平方向成分 X_a を不静定力（余分な力）と考え，水平方向の支持点変位 δ をゼロという条件から次の変位の式を得る．(16.11)式より，

$$\delta = \sum \frac{SuL}{AE} \tag{16.11}$$

ここで，S は図 17.2(*a*)の部材の力を表し，u は求めたい変位の方向に単位荷重を負荷したときの部材の力を表す（図 17.2(*c*)参照）．

部材の力 S は図 17.2(*b*)と(*d*)に示す荷重条件の重ね合わせから得ることができる．不静定力を取り除くと，図 17.2(*b*)に示す静定構造となり，負荷荷重によって部材に S_0 という力が発生する．不静定力 X_a だけを負荷すると，u は X_a の単位量によって発生する力であるので，各部材には $X_a \times u$ という力が発生する（図 17.2(*d*)参照）．力の合計 S はこの2つの状態の力の和によって得ることができる．

$$S = S_0 + X_a u \tag{17.1}$$

第17章　不静定構造

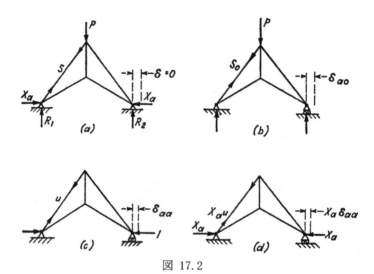

図 17.2

(17.1)式を(16.11)式に代入して,

$$\delta = \sum \frac{S_0 u L}{AE} + X_a \sum \frac{u^2 L}{AE} \tag{17.2}$$

したがって，$\delta = 0$ として,

$$X_a = -\frac{\sum \dfrac{S_0 u L}{AE}}{\sum \dfrac{u^2 L}{AE}} \tag{17.3}$$

ここで，式の右辺のすべての項は荷重条件と構造の寸法から求めることができる．

(17.3)式は1次不静定の弾性トラスで不静定の方向の変位がゼロの場合に適用できる．不静定の方向の変位がゼロでなく既知の値である場合には，この値を(17.2)式に代入し，X_a の値をこの条件から求める．

不静定構造の挙動を視覚化するために，(17.2)式と(17.3)式の項の物理的な重要性について説明する．不静定力を取り除くと，構造は静定となり，負荷されている荷重による不静定力の方向の変位は次の値である．

$$\delta_{a0} = \sum \frac{S_0 u L}{AE} \tag{17.4}$$

この変位は不静定力の方向を正とする．単位の不静定力による構造の変位は,

17.2 1次不静定のトラス

$$\delta_{aa} = \sum \frac{u^2 L}{AE} \qquad (17.5)$$

この変位も不静定力の方向が正である．変位がゼロとなる X_a の値は負荷荷重による変位を単位荷重による変位で割ることによって得られ，ここで仮定した符号の方向から負となる．

$$X_a = -\frac{\delta_{a0}}{\delta_{aa}} \qquad (17.6)$$

(17.3)式の和の項で考えるよりも，(17.6)式の変位で考えた方がわかりやすい．

例題 1

図 17.3 に示す構造の反力と部材の応力を求めよ．部材 AB, BC, BD の断面積が 4 in.² で，部材 AD, DC の断面積は 3.6 in.² である．支持点は剛で，$E = 10,000$ ksi であると仮定する．

解：

(17.3)式の数値計算を表 17.1 に示す．図 17.2 に示す記号を使った．水平方向の反力成分 X_a を不静定力とした．不静定力を取り除いたトラスの部材力 S_0 を列(1)に示す．図 17.3 に示す寸法から部材の長さ L を計算し，断面積と弾性係数で割った．L/AE の値を列(2)に示す．X_a の単位荷重によって発生する部材力 u （図 17.2(c)参照）を列(3)に示す．正の符号が引張を表し，負の符号が圧縮を表す．(17.3)式の和の項は列(4)と列(5)の各部材の値の和として得られる．

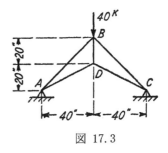

図 17.3

$$X_a = -\frac{\sum \dfrac{S_0 u L}{AE}}{\sum \dfrac{u^2 L}{AE}} = \frac{0.5150}{0.02008} = 25.6 \text{ kips}$$

この値に列(3)の値ををかけて各部材の $X_a \times u$ が得られる．最終的な部材力 S は列(1)と列(6)の和で，列(7)の値である．

第17章 不静定構造

表 17.1

部材	S_0, kips (1)	$\dfrac{L}{AE}$, in./kip (2)	u (3)	$\dfrac{S_0 uL}{AE}$, in. (4)	$\dfrac{u^2 L}{AE}$, in./kip (5)	$X_a u$ (6)	S (7)
AB	−56.6	0.001414	1.414	−0.1130	0.00283	36.3	−20.3
BC	−56.6	0.001414	1.414	−0.1130	0.00283	36.3	−20.3
AD	44.8	0.001245	−2.233	−0.1245	0.00621	−57.3	−12.5
DC	44.8	0.001245	−2.233	−0.1245	0.00621	−57.3	−12.5
BD	40.0	0.000500	−2.0	−0.0400	0.00200	−51.3	−11.3
合計				−0.5150	0.02008		

例題 2

点 C が右方向に 0.25 in. 変位し，温度が 40°F 下がったときの例題 1 の構造の部材力を求めよ．線膨張係数 ε を 10^{-5}/°F とする．

解：

温度低下によって図 17.2(b)の静定トラスの右の支持点は左方向に εLt 動く．ここで，L は支持点間の距離 80 in. である．

$$\varepsilon Lt = 10^{-5} \times 80 \times 40 = 0.032 \text{ in.}$$

支持点 C は加えて 0.25 in. 右に変位するので，部材の歪によってトラスの右の支持点に与えられなければならない変位の合計 δ は，

$$\delta = -0.032 - 0.25 = -0.282 \text{ in.}$$

ここで，負の符号は部材の応力によって生じる変位が X_a と逆の方向であることを示している．(17.2)式から，

$$\delta = \sum \frac{S_0 uL}{AE} + X_a \sum \frac{u^2 L}{AE} = -0.282$$

ここで，和の項は表 17.1 から得ることができて，

$$-0.515 + 0.02008 X_a = -0.282$$
$$X_a = 11.6 \text{ kips}$$

部材力は，$S = S_0 + X_a u$ で計算され，表 17.2 に示されている．ここで，S_0 と u は例題 1 と同じである．

表 17.2

部材	S_0	$X_a u$	S
AB	−56.6	16.4	−40.2
BC	−56.6	16.4	−40.2
AD	44.8	−25.9	18.9
DC	44.8	−25.9	18.9
BD	40.0	−23.2	16.8

例題 3

図 17.4 に示す構造の部材力を求めよ．この構造は例題 1 の構造に部材 AC を追加したものであり，このトラスの右側の支持点は摩擦のないローラーで支持されている．部材 AC の断面積は 3 in.^{2} である．

解：

部材 AC が余分な部材であると考えて，引張荷重 X_a を受けると仮定する．図示したよう

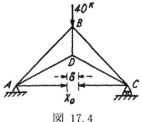

図 17.4

に部材 AC を切断すると，$X_a = 0$ のとき両端は δ_{a0} だけ離れる．δ_{a0} は図 17.4 のように定義する．力 X_a は切断された両端を元の位置に戻すのに必要な大きさ，距離 $X_a \delta_{aa}$ でなければならない．ここで，δ_{aa} は(17.5)式で定義され，この式の和の項には部材 AC の変位も含む．X_a の値は(17.3)式または(17.6)式から求めることができる．$X_a = 0$ のとき構造は同じであるので，分子は例題 1 と同じである．分母には $u = 1$ のときの部材 AC の項が追加される．

$$\frac{u^2 L}{AE} = \frac{1^2 \times 80}{3 \times 10{,}000} = 0.00267$$

例題 1 で得た値を使って，

$$X_a = -\frac{\sum \dfrac{S_0 u L}{AE}}{\sum \dfrac{u^2 L}{AE}} = \frac{0.5150}{0.02008 + 0.00267} = 22.6 \text{ kips}$$

部材の力は $S = S_0 + X_a u$ で計算される．ここで，S_0 と u は表 17.1 に示した値で

ある．AB と BC については，$S = -24.6$，AD と DC については $S = -5.8$，BD については $S = -5.2$ である．

17.3　1次不静定の他の構造

　他の種類の弾性不静定構造の解析手順はトラスの場合と同様である．まず，不静定反力または部材力を取り除いて考えて，静定構造の不静定力の方向の変位 δ_{a0} を計算する．次に，変位 $-\delta_{a0}$ を発生するのに必要な不静定力の大きさを計算する．不静定力によって生じる変位は単位 X_a によって生じる変位 δ_{aa} の X_a 倍であると仮定する．すなわち，不静定力の作用のもとで構造が弾性的に変形する．

$$X_a \delta_{aa} = -\delta_{a0}$$

この関係式はトラスに対して表した(17.6)式と同じで，すべての弾性構造に適用できる．

$$X_a = -\frac{\delta_{a0}}{\delta_{aa}} \tag{17.6}$$

　変位 δ_{a0} と δ_{aa} は仮想仕事の方法を使えばどのような構造についても計算することができる．これらの変位には，構造に含まれる部材の軸方向変位，曲げ変位，ねじれ，せん断変形が含まれる．梁，アーチ，剛なフレームのような構造の場合には，曲げ変形が主体で他の変形は無視できる．(17.6)式の変形は(16.20)式から得られ，

$$X_a = -\frac{\int \dfrac{M_0 m}{EI} ds}{\int \dfrac{m^2}{EI} ds} \tag{17.7}$$

M_0 の項は，負荷された荷重条件において，X_a を取り除いた静定構造のすべての断面における曲げモーメントである．m は荷重 $X_a = 1$ が作用するときの静定構造の曲げモーメントである．(17.6)式と(17.7)式の使い方をいくつかの例題を使って示す．

例題1

　図 17.5 に示す半円形のアーチのすべての断面の曲げモーメントを求めよ．支

持点は動かないものとする．EI の値はすべての断面で一定であるとする．

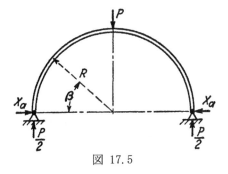

図 17.5

解：
　この構造は垂直の中心線に関して対称であるので，(17.7)式の積分は構造の左半部だけを考え，2倍する．水平反力 X_a を不静定力と考え，片方の端を摩擦のないローラーで支持した静定構造の M_0 の値を計算する．

$$M_0 = \frac{PR}{2}(1-\cos\beta)$$

m の値は X_a の方向に働く単位荷重に対して計算される．

$$m = -R\sin\beta$$

正の曲げモーメントがアーチの外側に圧縮応力を生じるとする．M_0 と m の値と $ds = Rd\beta$ を(17.7)式に代入すると，X_a の値が得られる．

$$X_a = -\frac{2\int_0^{\frac{\pi}{2}} \frac{PR}{2EI}(1-\cos\beta)(-R\sin\beta)Rd\beta}{2\int_0^{\frac{\pi}{2}} \frac{(-R\sin\beta)^2}{EI}Rd\beta} = \frac{P}{\pi}$$

最終的な曲げモーメントは，作用荷重による M_0 の値に不静定力による $X_a m$ を重ね合わせたものである．

$$M = M_0 + X_a m$$
$$M = \frac{PR}{2}(1-\cos\beta) - \frac{PR}{\pi}\sin\beta$$

この式は $0<\beta<\pi/2$ について成り立ち，曲げモーメント線図は垂直の中心線に関して対称である．

例題2

図 17.6(a)に示す剛なフレームの反力と曲げモーメントを求めよ．弾性係数は一定で，支持点は動かないとする．

解：

右側の反力の水平方向成分を不静定力として選び，X_a とする．$X_a = 0$ の場合の曲げモーメント線図を図 17.6(b)に示す．2次曲線と三角形分布の重ね合わせであることがわかり，これらの面積は簡単に計算できる．フレームの外側が圧縮になる場合に曲げモーメントが正であるとする．$X_a = 1$ の場合の曲げモーメントの値を図 17.6(c)に示す．m の値はすべての点で負である．E が一定であることを用い，(16.25)式の方法で積分することにより，不静定力を(17.7)式で計算する．M_0 の図心の反対側の m の値を図 17.6(c)に示す．

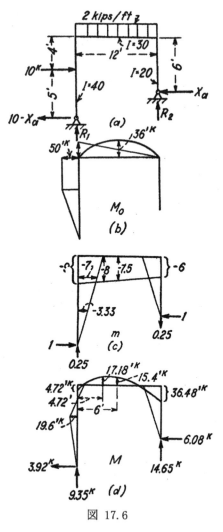

図 17.6

$$X_a = -\frac{\int \frac{M_0 m}{EI} ds}{\int \frac{m^2}{EI} ds} = \frac{\int \frac{M_0 m}{I} ds}{\int \frac{m^2}{I} ds}$$

$$X_a = \frac{\dfrac{50 \times 2.5 \times 3.3 + 50 \times 4 \times 7}{40} + \dfrac{50 \times 6 \times 8 + 36 \times 12 \times \frac{2}{3} \times 7.5}{30}}{\dfrac{9 \times 4.5 \times 6}{40} + \dfrac{12 \times 6 \times 7.5 + 3 \times 6 \times 8}{30} + \dfrac{6 \times 3 \times 4}{20}}$$

$= 6.08 \text{ kips}$

17.3 1次不静定の他の構造

残りの反力と曲げモーメントは釣り合いの式から計算でき，結果を図 17.6 に示す．

例題 3

図 17.7(a)に示す構造は水平面内にある 90°に曲がった円管でできている．自由端に 2 kips の荷重が作用し，この点は垂直のワイヤでも支持されている．ワイヤの引張力と円管の曲げモーメント，ねじりモーメント線図を求めよ．

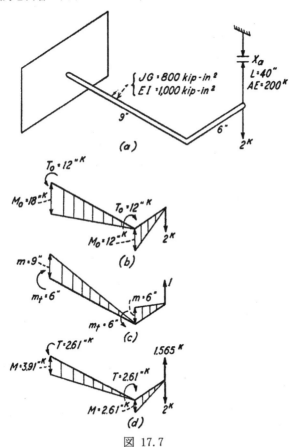

図 17.7

解：
　ワイヤを不静定部材と考える．ワイヤを取り除いたとして，2 kip の荷重を支

持する静定構造の円管の自由端の垂直変位を計算する．この荷重条件における円管の曲げモーメントとねじりモーメントを M_0 と T_0 とすると，図 17.7(b)に示すようになる．円管の曲げとねじれ変形による変位は，

$$\delta_{a0} = \int \frac{M_0 m}{EI} ds + \int \frac{T_0 m_t}{JG} ds \tag{17.8}$$

m と m_t の値は，$X_a = 1$ のときの静定構造の曲げモーメントとねじりモーメントであり，図 17.7(c)に図示した．(17.7)式の積分は(16.25)式を使って計算できる．

$$\delta_{a0} = -\frac{36 \times 4 + 81 \times 6}{1{,}000} - \frac{12 \times 6 \times 9}{800} = -1.44 \,\text{in.}$$

負の符号は単位荷重と反対の方向の変位であることを表しており，下方向である．

ワイヤの単位荷重 X_a による変位 δ_{aa} は，円管のねじりと曲げ，ワイヤの引張から成る．

$$\delta_{aa} = \int \frac{m^2}{EI} ds + \int \frac{m_t^2}{JG} ds + \frac{u^2 L}{AE} \tag{17.9}$$

ワイヤの引張力 u は 1 で，m と m_t の値を図 17.7(c)に示した．

$$\delta_{aa} = \frac{18 \times 4 + 40.5 \times 6}{1{,}000} + \frac{6 \times 6 \times 9}{800} + \frac{1^2 \times 40}{200} = 0.92 \,\text{in./kip}$$

これはワイヤの切断した端が 1 kip の引張力で動く距離である．切断した端が δ_{a0} 動くのに必要な力 X_a は(17.6)式から得られる．

$$X_a = -\frac{\delta_{a0}}{\delta_{aa}} = \frac{1.44}{0.92} = 1.565 \,\text{kips}$$

円管の曲げモーメントとねじりモーメント線図は釣り合いの式で計算でき，図 17.7(d)のようになる．

17.4 高次の不静定のトラス

2 またはそれ以上の冗長性（不静定性）をもつ構造の解析方法は 1 つの冗長部材また反力をもつ構造の解析方法と同様である．最初のステップは冗長性のある部材または反力を取り除いて，静定な基本構造を得ることである．次に，

17.4 高次の不静定のトラス

静定な基本構造の不静定力の方向の変位を不静定力について計算し，それを既知の変位（通常はゼロである）と等置する．既知の変位の条件の数は不静定力の数に等しくなければならない．n 個の不静定力を持つ構造については，不静定力の値に関し連立して解くべき n 個の変位の条件の式がある．

図 17.8(a)に示すトラスは 3 つの反力しかないので，外部的には静定であるが，安定に必要な部材の数よりも部材が 2 本多いので，内部的には不静定である．規定される変位の条件は，荷重が負荷されていない場合に構造には応力が発生しないこと，または，無負荷の構造の 2 本の部材を切断した場合に切断した端の相対変位 δ_a と δ_b がゼロであるということである．変位は不静定部材の力 X_a と X_b で表される．すべての変位は弾性的であると仮定する．

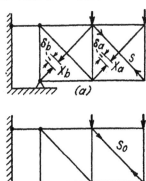

図 17.8(b)に示す静定な基本構造は不静定部材を切断するか，取り除くことによって得られる．負荷荷重によって基本構造の各部材に S_0 という力が発生する．各部材力 u_a は基本構造に負荷される X_a の単位荷重によって生じる（図 17.8(c)参照）．同様に，単位荷重 $X_b = 1$ が基本構造に負荷されると各部材に u_b という力を発生する（図 17.8(d)参照）．最終的な各部材の力 S は，負荷荷重と不静定力による力を重ね合わせて得ることができる．

$$S = S_0 + X_a u_a + X_b u_b \tag{17.10}$$

切断された部材の端の変位 δ_a と δ_b をゼロと等置して，

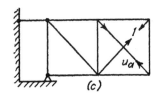

$$\delta_a = \sum \frac{S u_a L}{AE} = 0 \tag{17.11}$$

$$\delta_b = \sum \frac{S u_b L}{AE} = 0 \tag{17.12}$$

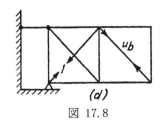

図 17.8

(17.10)式から得た S の値を(17.11)式と(17.12)式に代入して，

第17章　不静定構造

$$\delta_a = \sum \frac{S_0 u_a L}{AE} + X_a \sum \frac{u_a^2 L}{AE} + X_b \sum \frac{u_a u_b L}{AE} = 0 \tag{17.13}$$

$$\delta_b = \sum \frac{S_0 u_b L}{AE} + X_a \sum \frac{u_b u_a L}{AE} + X_b \sum \frac{u_b^2 L}{AE} = 0 \tag{17.14}$$

これらの式を X_a と X_b について連立して解く．最終的な力 S は(17.10)式で計算される．

以上の式は，(17.10)式で示すように応力状態の重ね合わせから導かれる．これらの式は変位状態の重ね合わせからも導くことができる．負荷荷重が不静定部材に変位 δ_{a0} と δ_{b0} を発生する．単位荷重 X_a が，X_a の負荷点で変位 δ_{aa} を生じ，X_b の負荷点で変位 δ_{ba} を生じる．単位荷重 X_b が，X_b の負荷点で変位 δ_{bb} を生じ，X_a の負荷点で変位 δ_{ab} を生じる．不静定力の方向の変位の合計はこれらの荷重の影響を重ね合わせることによって得られる．

$$\delta_a = \delta_{a0} + X_a \delta_{aa} + X_b \delta_{ab} \tag{17.15}$$
$$\delta_b = \delta_{b0} + X_a \delta_{ba} + X_b \delta_{bb} \tag{17.16}$$

ほとんどの問題では変位 δ_a と δ_b はゼロであるが，支持点の変位の値や変形が与えられることもある．$\delta_a = \delta_b = 0$ を使うと，他の項は仮想仕事の式，(17.15)式，(17.16)式が(17.13)式と(17.14)式に対応していることがわかる．

n 次の不静定構造では変位の条件の数は n である．変位の条件は(17.15)式と(17.16)式と同じ形で書くことができる．

$$\begin{aligned}\delta_a &= \delta_{a0} + X_a \delta_{aa} + X_b \delta_{ab} + \cdots + X_n \delta_{an} \\ \delta_b &= \delta_{b0} + X_a \delta_{ba} + X_b \delta_{bb} + \cdots + X_n \delta_{bn} \\ &\vdots \\ \delta_n &= \delta_{n0} + X_a \delta_{na} + X_b \delta_{nb} + \cdots + X_n \delta_{nn}\end{aligned} \tag{17.17}$$

トラス構造については(17.17)式の項は次のように定義される．

$$\delta_{n0} = \sum \frac{S_0 u_n L}{AE}, \quad \delta_{mn} = \sum \frac{u_m u_n L}{AE} \tag{17.18}$$

これらの式のトラスの解析への適用を数値例で説明する．

17.4 高次の不静定のトラス

例題 1

図 17.9(a)に示すトラスの部材力を求めよ. $P_1 = P_2 = 10$ kips, $h = h_1$, L/AE がすべての部材で同じとする. $P_1 = P_2 = 0$ のときに部材力はゼロで, 応力は弾性限を超えないとする.

解:

L/AE の値そのものは不要であり, 相対的な比率だけが重要である. (17.13)式と(17.14)式で, $\delta_a = \delta_b = 0$ で, 和の項には任意の定数をかけてもよい. δ_a または δ_b がゼロでない場合には, 具体的な数値が必要である. したがって, すべての部材で L/AE が 1 であると仮定する. 和の項の計算は表 17.3 で行う. 静定な基本構造の部材力 S_0 を図 17.9(b)に示し, 表の列(1)に示す. 単位不静定力による u_a と u_b の値を図 17.9(c)と(d)に示し, 表の列(3)と(4)に示す. (17.13)式と(17.14)式の和の項は列(4), (5), (6), (7), (8)の和で得ることができる. これらの和を(17.13)式と(17.14)式に代入して, 不静定力 X_a と X_b に関する次の式が得られる.

$$42.42 + 4.0X_a + 0.5X_b = 0$$
$$70.70 + 0.5X_a + 4.0X_b = 0$$

これらの式を連立して解くと, $X_a = -8.53$ と $X_b = -16.60$ という値が得られる. 最終的な S の値は(17.10)式で計算される.

$$S = S_0 - 8.53u_a - 16.60u_b$$

S の値は列(9)に示されている.

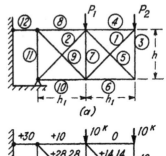
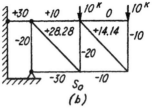
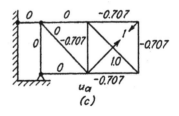
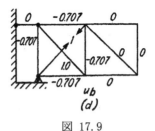

図 17.9

第17章 不静定構造

表 17.3

	S_0 (1)	u_a (2)	u_b (3)	$\dfrac{S_0 u_a L}{AE}$ (4)	$\dfrac{S_0 u_b L}{AE}$ (5)	$\dfrac{u_a^2 L}{AE}$ (6)	$\dfrac{u_b^2 L}{AE}$ (7)	$\dfrac{u_a u_b L}{AE}$ (8)	S, kips (9)
1	0	1.000	0	0	0	1.0	0	0	-8.53
2	0	0	1.000	0	0	0	1.0	0	-16.60
3	-10	-0.707	0	7.07	0	0.5	0	0	-3.97
4	0	-0.707	0	0	0	0.5	0	0	$+6.03$
5	14.14	1.000	0	14.14	0	1.0	0	0	$+5.61$
6	-10	-0.707	0	7.07	0	0.5	0	0	-3.97
7	-20	-0.707	-0.707	14.14	14.14	0.5	0.5	0.5	-2.24
8	10	0	-0.707	0	-7.07	0	0.5	0	$+21.73$
9	28.28	0	1.000	0	28.28	0	1.0	0	$+11.68$
10	-30	0	-0.707	0	21.21	0	0.5	0	-18.27
11	-20	0	-0.707	0	14.14	0	0.5	0	-8.27
12	30	0	0	0	0	0	0	0	$+30.00$
合計				42.42	70.70	4.0	4.0	0.5	

例題 2

図 17.10(a)に示すトラスの力を求めよ.すべての部材の L/AE が 0.01 in./kip であるとする.右側の支持点がトラスの無負荷の状態から 0.5 in. 変位する.$h = h_1$ と仮定する.

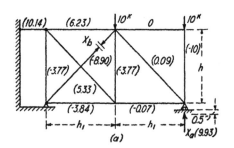

解:

不静定力 X_a と X_b を図 17.10(a) に示すように選ぶ.そうすると,静定な基本構造は例題 1 と同じになる.S_0 と u_b は例題 1 と同じであるが,u_a を計算すると図 17.10(b)のようになる.S_0 と u_b に関する項は表 17.3 と同じであるが,L/AE は 0.01 である(表

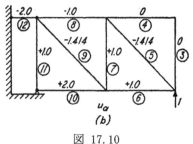

図 17.10

17.3 では 1.0)．L/AE がすべての部材で同じであるので，(17.13)式と(17.14)式は次のようになる．

$$\frac{AE}{L}\delta_a = \sum S_0 u_a + X_a \sum u_a^2 + X_b \sum u_a u_b$$
$$\frac{AE}{L}\delta_b = \sum S_0 u_b + X_a \sum u_b u_a + X_b \sum u_b^2$$
(17.19)

$\sum S_0 u_a$, $\sum u_a u_b$, $\sum u_a^2$ の値は表 17.4 の列(2)，(3)，(4)で計算して和をとっている．(17.19)式に $AE/L = 100$, $\delta_a = -0.5$ in. を代入して，不静定力に関する次の式が得られる．

$$-100 \times 0.5 = -240 + 16 X_a - 3.535 X_b$$
$$0 = 70.70 - 3.535 X_a + 4.0 X_b$$

これらの式を連立して解いて，$X_a = 9.93$ と $X_b = -8.90$ が得られる．部材力 S は(17.10)式で計算される．

$$S = S_0 + 9.93 u_a - 8.90 u_b$$

S の値を表 17.4 の列(5)に示し，図 17.10(a)のかっこ内に示した．

表 17.4

	u_a (1)	$S_0 u_a$ (2)	$u_a u_b$ (3)	u_a^2 (4)	S, kips (5)
2	0	0	0		−8.90
3	0	0	0		−10.00
4	0	0	0		0
5	−1.414	−20	0	2.0	0.09
6	1.0	−10	0	1.0	−0.07
7	1.0	−20	−0.707	1.0	−3.77
8	−1.0	−10	0.707	1.0	6.23
9	−1.414	−40	−1.414	2.0	5.33
10	2.0	−60	−1.414	4.0	−3.84
11	1.0	−20	−0.707	1.0	−3.77
12	−2.0	−60	0	4.0	10.14
合計		−240	−3.535	16.0	

17.5 その他の高次の不静定構造

　一般的な不静定構造の解析手順は不静定トラスの解析手順と同じである．基本的な静定構造を得るために，冗長な部材または反力を取り除く．負荷荷重によって生じる不静定力の方向の変位と不静定力による変位を重ね合わせて，既知の変位と等置する．このようにして得られる式は，部材に軸力，曲げ，せん断のどれが働いていようと(17.17)式と同じである．

　変位 δ_a, δ_b, δ_c の3つの変位がゼロである不静定構造では，(17.17)式の X_a の解は，

$$X_a = \frac{\begin{vmatrix} \delta_{a0} & \delta_{ab} & \delta_{ac} \\ \delta_{b0} & \delta_{bb} & \delta_{bc} \\ \delta_{c0} & \delta_{cb} & \delta_{cc} \end{vmatrix}}{\begin{vmatrix} \delta_{aa} & \delta_{ab} & \delta_{ac} \\ \delta_{ba} & \delta_{bb} & \delta_{bc} \\ \delta_{ca} & \delta_{cb} & \delta_{cc} \end{vmatrix}} \tag{17.20}$$

で，X_b と X_c の解は類似の行列式で表される．不静定力の数が増えるにしたがって変位の計算と連立方程式を解くのが面倒になる．

　梁，フレーム，アーチのように，変位が曲げによって生じる構造の場合には，任意の点の曲げモーメントは負荷荷重によって生じる曲げモーメント M_0 と不静定力によって生じる曲げモーメントの重ね合わせから得ることができる．

$$M = M_0 + X_a m_a + X_b m_b + X_c m_c \tag{17.21}$$

曲げモーメント M_a, M_b, M_c は基本構造に働く単位荷重 X_a, X_b, X_c によって生じる．(17.20)式で使用する変位の項は次のように定義される．

$$\delta_{n0} = \int \frac{M_0 m_n}{EI} ds, \quad \delta_{mn} = \int \frac{m_m m_n}{EI} ds \tag{17.22}$$

ここで，変位 δ の1番目の添字は変位の位置を表し，2番目の添字は変位を生じる荷重を表す．変位 δ_{mn} は不静定力 X_n の単位荷重が不静定力 X_m の方向に生じる変位である．マックスウェルの相反定理を使うことにより，変位を計算する手間が軽減される．

　ねじりモーメントやせん断応力が生じる構造では，(17.17)式の変位の項は前に説明した仮想仕事の方法によって計算することができる．

17.5 その他の高次の不静定構造

例題 1

図 17.11(a)に示す一定断面の梁の反力と曲げモーメントを求めよ．両端は回転を拘束されており，荷重 P が負荷される前には梁に曲げモーメントは発生していない．

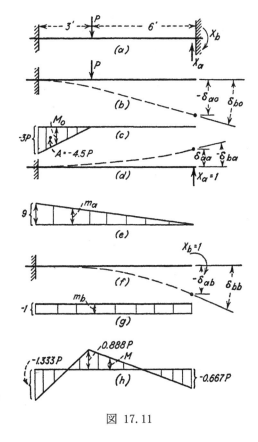

図 17.11

解：

右の支持点のせん断力と曲げモーメントを不静定力とする．基本的な静定構造は図 17.11(b)に示す片持ち梁である．荷重 P によって発生する変位は，X_a 方向の変位 δ_{a0} と X_b 方向の回転 δ_{b0} である．これらの変位は図 17.11(c), (e), (g)に示す M_0, m_a, m_b の線図から計算することができる．

535

$$EI\delta_{a0} = \int M_0 m_a dx = -4.5P \times 8 = -36P$$
$$EI\delta_{b0} = \int M_0 m_b dx = -4.5P \times (-1) = 4.5P$$

δ_{aa} と δ_{ba} の項は単位荷重 X_a によって生じる梁の自由端の変位と回転である（図17.11(d)参照）.

$$EI\delta_{aa} = \int m_a^2 dx = 40.5 \times 6 = 243$$
$$EI\delta_{ba} = \int m_a m_b dx = 40.5 \times (-1) = -40.5$$

δ_{ab} と δ_{bb} の項は単位荷重 X_b によって生じる梁の自由端の変位と回転である（図17.11(f)参照）．マックスウェルの相反定理により δ_{ab} は δ_{ba} と等しいので，δ_{ab} を計算する必要はない．

$$EI\delta_{bb} = -9 \times (-1) = 9$$

不静定力を計算する式は次のようになる．

$$\delta_{a0} + X_a \delta_{aa} + X_b \delta_{ab} = 0$$
$$\delta_{b0} + X_a \delta_{ba} + X_b \delta_{bb} = 0$$

ここで，各式は3つの荷重条件の変位を重ね合わせたものである．これらの式に EI をかけ，変位の数値を代入すると，

$$-36P + 243X_a - 40.5X_b = 0$$
$$4.5P - 40.5X_a + 9X_b = 0$$

これらの連立方程式から $X_a = 0.259P$ と $X_b = 0.667P$ が得られる．最終的な曲げモーメント M は次の式となる．

$$M = M_0 + X_a m_a + X_b m_b$$

すなわち，

$$M = M_0 + 0.259 P m_a + 0.667 P m_b$$

M_0, m_a, m_b の線図を図17.11に示す．最終的な M の線図を図17.11(h)に示す．

例題2

図17.12(a)に示すフレームの曲げモーメントを求めよ．EI の値は一定で，部材は支持点で固定されているとする．

解：

17.5 その他の高次の不静定構造

　この構造には3つの不静定反力がある．左側の支持点で構造を切断すると，残りの構造は安定で静定である．2つの力の成分 X_a, X_b と1つの偶力（モーメント）X_c を不静定反力とする．基本構造に荷重を作用させたときの曲げモーメント線図を図 17.12(b)に示す．曲げモーメントを部材の圧縮側にプロットし，正負の区別をしていない．2つの曲げモーメントの積は，部材の同じ側にプロットされている場合に正となる．不静定反力の単位値によって生じる曲げモーメント m_a, m_b, m_c を図 17.12(c), (d), (e)に示す．モーメント線図を参考にして変位の項を図式解法で計算する．

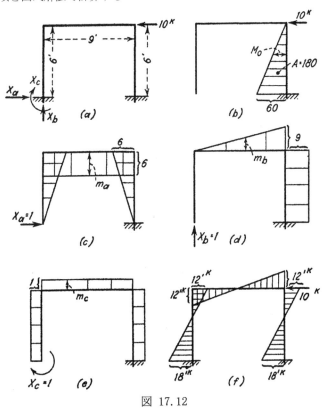

図 17.12

第17章 不静定構造

$$EI\delta_{a0} = \int M_0 m_a dx = 180 \times 2 = 360$$
$$EI\delta_{b0} = \int M_0 m_b dx = -180 \times 9 = -1,620$$
$$EI\delta_{c0} = \int M_0 m_c dx = -180 \times 1 = -180$$

$$EI\delta_{aa} = \int m_a^2 dx = 2 \times 18 \times 4 + 6 \times 9 \times 6 = 468$$
$$EI\delta_{bb} = \int m_b^2 dx = 40.5 \times 6 + 54 \times 9 = 729$$
$$EI\delta_{cc} = \int m_c^2 dx = 1 \times 1 \times 21 = 21$$

$$EI\delta_{ab} = \int m_a m_b dx = -6 \times 40.5 - 18 \times 9 = -405$$
$$EI\delta_{ac} = \int m_a m_c dx = -1 \times 18 \times 2 - 1 \times 54 = -90$$
$$EI\delta_{bc} = \int m_b m_c dx = 1 \times 40.5 + 1 \times 54 = 94.5$$

不静定力の式は次のようになる.
$$\delta_{a0} + X_a \delta_{aa} + X_b \delta_{ab} + X_c \delta_{ac} = 0$$
$$\delta_{b0} + X_a \delta_{ba} + X_b \delta_{bb} + X_c \delta_{bc} = 0$$
$$\delta_{c0} + X_a \delta_{ca} + X_b \delta_{cb} + X_c \delta_{cc} = 0$$

これらの式に EI をかけて,変位の数値を代入すると,
$$360 + 468 X_a - 405 X_b - 90 X_c = 0$$
$$-1,620 - 405 X_a + 729 X_b + 94.5 X_c = 0$$
$$-180 - 90 X_a + 94.5 X_b + 21 X_c = 0$$

これらの連立方程式から $X_a = 5$,$X_b = 2.667$,$X_c = 18$ が得られる.最終的な曲げモーメントは釣り合いから求めることができ,図 17.12(f)のようになる.

問題

17.1 すべての部材について L/AE が一定であるとして図 17.3 のトラスを解析せよ.

17.2 図の垂直力に加え,点 B の水平方向の力 20 kips が負荷されるときの図 17.3 のトラスを解析せよ.すべての部材について AE が一定であるとする.

17.5 その他の高次の不静定構造

17.3 部材 BD が不静定部材であるとして，17.2 項の例題 3 を解け．

17.4 部材 BC が不静定部材であるとして，17.2 項の例題 3 を解け．

17.5 製造公差によって部材 BD が 0.1 in.長すぎるとして図 17.4 のトラスを解析せよ．構造に外力が働いていないと仮定する．断面積は 17.2 項の例題と同じとする．AC = 3 in.^{2}, AB = BC = BD = 4 in.^{2}, AD = DC = 3.6 in.^{2}, E = 10,000 ksi.

17.6 荷重 P が同じ点に水平方向に働いているとして図 17.5 の構造を解析せよ．EI は一定であると仮定する．

17.7 図 17.5 に示す構造を図示どおりの荷重について解析せよ．ただし，両方の支持点が 0.5 in.水平方向に拡がると仮定する．以下の数値を使うこと．R = 50 in., P = 2 kips, I = 1.0 in.^{4}, E = 10,000ksi.

17.8 水平方向の荷重 10 kips が 4 ft 上方へ移動して構造の角に負荷されるとして，図 17.6 の構造を解析せよ．

17.9 右の支持点が外側に 0.5 in.動くとして，図 17.6 に示す構造の曲げモーメントを求めよ．外力が作用していないと仮定すること．I の値の単位は in.^{4} で，E = 28,000 ksi とする．

17.10 温度低下が 100°F であるとして，図 17.6 に示す構造を解析せよ．ε = 0.0000067/°F, E = 28,000 ksi とする．

17.11 2 kips の荷重が管の曲がった点に負荷されているとして，図 17.7 の構造を解析せよ．

17.12 h = 40 in., h_1 = 30 in., すべての部材で AE = 10,000 kips として，17.4 項の例題 1 を解け．

17.13 h = 40 in., h_1 = 30 in., すべての部材で AE = 10,000 kips として，17.4 項

の例題2を解け．部材12の長さを10 in. とする．

17.14　反力 X_a の代わりに部材12を不静定部材として，問題17.13を解け．

17.15　支持点のモーメントを不静定力として，17.5項の例題1を解け．

17.16　左側の支持点のせん断力とモーメントを不静定力として，17.5項の例題1を解け．

17.17　左側の支持点でピン支持されており，右側の支持点で固定支持されているとして，図17.12(a)のフレームを解け．

17.18　20 kips の荷重が構造の中心に下向きに追加して負荷されるとして，図17.12(a)のフレームを解け．

17.6 不静定力の選択

　ほとんどの不静定構造では，安定で静定な基本構造を作るために部材または反力を取り除く方法が複数ある．たとえば，図17.4のトラスでは，6つの部材のうちのどの1つを取り除いても基本構造を得ることができる．不静定であるとみなされる部材または反力の選択は個々の構造に依存し，一般的な規則はない．不静定力の選択は数値解析ができるだけ単純で正確にできるように行うべきである．多くの場合，負荷荷重または一部の不静定荷重によって基本構造の部材の多くが負荷されないように基本構造を選ぶことによって解析を単純化することができる．

　弾性構造の厳密な解析においては，どの部材を不静定部材として解析しても同じ最終的な応力が得られる．しかし，解析において計算尺を用いる場合には，同じような大きさの数値の引き算を含む計算を避けることが望ましい．基本構造の力または曲げモーメントが最終的な力または曲げモーメントより非常に大きい場合にこのような状況が生じる．したがって，最終的な構造とほぼ同じ応力になるように基本構造を選ぶのが望ましい．たとえば，図17.4に示すトラスでは，部材 AD, BC, BD には他の部材より小さい荷重がかかる．17.2項の例題3でこのトラスを解析したが，そのときには部材 AC を不静定部材として選ん

だ．部材 BD の最終的な力は，計算尺による計算で，$S - S_0 + X_a u = 40.0 - 45.2 =$ –5.2 と計算した．このように，S_0, X_a, u の値の計算尺による計算誤差は 0.5%なので，S の誤差は 4%となる．不静定力として選ぶとしたら部材 AD, BD, DC のほうがよい．部材 BD を不静定力とすると，この例題の解は，部材 BD の S の値が–5.09 で，部材 AC は $S = 20 + 5.09 \times 0.5 = 22.55$ となる．S_0 の値が最終的な S の値により近いので，計算尺による誤差が引き算によって拡大されないため，この解のほうがより正確である．

通常，連立方程式の解法には数値の引き算が含まれており，計算尺による計算の誤差が拡大される．特に式が 3 つ以上になると，連立方程式の解法は非常に面倒である．Muller-Breslau[1] と Krivoshein[2] が，どのような構造においても連立方程式を解かなくてもよい不静定力の選び方があることを示した．いくつかの種類の構造についてその不静定力の選び方の方法を説明する．

任意の不静定構造の一般的な式は(17.17)式で表されている．

$$\begin{aligned}
\delta_a &= \delta_{a0} + X_a \delta_{aa} + X_b \delta_{ab} + \cdots + X_n \delta_{an} \\
\delta_b &= \delta_{b0} + X_a \delta_{ba} + X_b \delta_{bb} + \cdots + X_n \delta_{bn} \\
&\vdots \\
\delta_n &= \delta_{n0} + X_a \delta_{na} + X_b \delta_{nb} + \cdots + X_n \delta_{nn}
\end{aligned} \quad (17.17)$$

基本構造を他の不静定力の方向に変位させないように各不静定力を選んだ場合，次の項は消える．

$$\delta_{ab} = \delta_{ac} = \delta_{bc} = \cdots \delta_{mn} = 0 \quad (17.23)$$

δ_a, δ_b, $\cdots$, δ_n をゼロとして(17.17)式を解くと次のようになる．

$$X_a = -\frac{\delta_{a0}}{\delta_{aa}}, \quad X_b = -\frac{\delta_{b0}}{\delta_{bb}}, \quad \cdots \quad X_n = -\frac{\delta_{n0}}{\delta_{nn}} \quad (17.24)$$

(17.24)式は明らかに(17.17)式より便利である．(17.23)式で表されている条件の数は$(n^2 - n)/2$であり，2 個の不静定力の場合に 2 条件，3 個の不静定力の場合に 3 条件である．(17.23)式が成り立つようにするための不静定力の選び方を典型的な構造で説明する．

第17章 不静定構造

2つの不静定力 X_a と X_b を持つ構造について，δ_{ab} がゼロならば(17.23)式と(17.24)式が得られる．中心線に関して対称な構造ではこの条件は簡単に得られる．その不静定力による応力と変位が中央線の反対側の対応する点で同じ値となるような不静定力をひとつ選ぶ．もうひとつの不静定力は反対称であり，中央線の反対側で応力と変位が同じ値で符号が逆になる．

図 17.13 に示す梁は 15.5 項の例題 1 で解析したものと類似である．この構造は垂直の中心線に関して対称で，2次の不静定である．連立方程式を解くのを避けるため，不静定力 X_a と X_b を $\delta_{ab}=0$ となるように選ぶのが望ましい．この構造を中心線で切断して基本構造とすると，切断によってできた2つの片持ち梁は安定

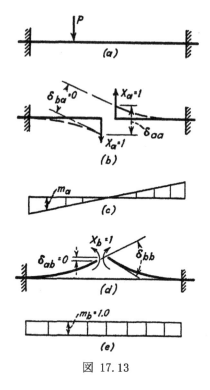

図 17.13

で，静定である．せん断力 X_a は切断した点で反対称で，中心線の反対側の対応する点で曲げモーメントと変位は大きさが同じで符号が逆である．変位 δ_{aa} は $X_a=1$ の荷重によって生じる切断点における垂直相対変位である（図 17.13(b)参照）．変位 δ_{ba} は切断点における接線の相対回転角であり，反対称荷重が切断点で同じ時計まわりの回転を生じるのでこの回転角はゼロである．曲げモーメント X_b は対称の荷重と変位を生じる（図 17.13(d)参照）．変位 d_{bb} は切断点における相対回転角である．変位 δ_{ab} は切断点における垂直相対変位で，対称荷重状態であるためこの相対変位はゼロである．

これらの梁の変位の項の値は曲げモーメント線図から求めることができる．m_a の線図は図 17.13(c)に示すように反対称であり，m_b の線図は図 17.13(e)に示すように対称である．変位の項は，

$$\delta_{ab} = \int \frac{m_a m_b}{EI} ds = 0$$

17.6 不静定力の選択

構造の左半分の積分は負で，右半分の正の値と等しいので，梁の全長にわたって積分するとゼロになる。

図 17.14 に示すような対称な梁では，不静定反力の1個が中心線に関して対称で，もうひとつの不静定反力が反対称となるように2つの不静定反力を選ぶことができる。不静定せん断力 X_a の単位荷重によりトラスの部材に反対称の力 u_a が発生する。不静定偶力（モーメント）X_b の単位荷重により，トラスの部材に中心線に関して対称の力 u_b が発生する。構造の両側の項の和は大きさが等しく符号が逆なので，次の条件が成り立つ。

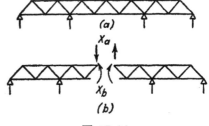

図 17.14

$$\delta_{ab} = \sum \frac{u_a u_b L}{AE} = 0$$

非対称な構造の場合にも，(17.23)式が成り立つように不静定力を選ぶことができるが，一目で不静定力を選ぶことはできない。図 17.15 に示すフレームが右側の支持点で固定されており，左側の支持点ではピン結合である。左側の支持点の2つの反力を不静定力 X_a と X_b として使うことができる。

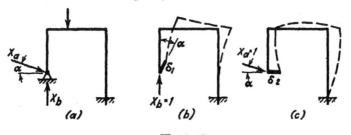

図 17.15

不静定力の片方の方向を任意に仮定して，この条件を満足するように残りの不静定力の方向を計算することによって，$\delta_{ab} = 0$ という条件を満足させることができる。図17.15(b)に示すように不静定力 X_b の方向を垂直であると仮定すると，この力が基本構造を角度 α の方向に δ_1 変位させる。不静定力 X_a が δ_1 と垂直の方向に負荷されると，変位 δ_{ab} は δ_1 の X_a 方向の成分であるので，δ_{ab} はゼロである。次に，不静定力 X_a が水平方向に対して α の角度で作用すると，マックスウェル

第17章　不静定構造

の相反定理（$\delta_{ba} = \delta_{ab}$）によると，この力によって生じる$\delta_2$は水平方向である．$\delta_{ba}$の項は$X_a$の単位荷重によって生じる$X_b$方向の変位で，変位$\delta_2$の垂直成分である．

　非対称構造では，連立方程式を解くのを避けるためには不静定力のうちのひとつの角度を計算する必要があった．図17.15の角度αは変位δ_1の成分から計算される．場合によっては，不静定力の位置を得るために余分な計算が必要となり，連立方程式を解くのと同じくらいの労力が必要となる．複数の荷重条件について検討する場合には，連立方程式を解くよりも，不静定力の位置を計算するほうが簡単である．

　3次の不静定構造の場合，(17.17)式の連立方程式を解く代わりに(17.24)式を使って不静定力を決定するには以下の3つの条件を満足する必要がある．

$$\delta_{ab} = \delta_{ac} = \delta_{bc} = 0$$

図17.16(a)に示す構造では3つの不静定反力があり，図17.16(a)に示すように，左側の支持点の2個の力の成分と1つの偶力（モーメント）を不静定力と仮定することができる．しかし，この3つの不静定力は上の条件を満足することができない．図17.16(b)に示す偶力X_cが変位δ_3を生じるからである．これらの力の成分のひとつがδ_3に垂直である可能性があるが，両方がδ_3に垂直であることはありえないので，偶力は不静定力のうちのどちらかの方向に変位を生じる．

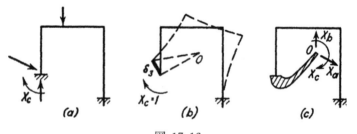

図 17.16

しかし，偶力によって変位が生じる間に構造の自由端が瞬間中心である点Oまわりに回転する．不静定力X_aとX_bが点Oに負荷されれば，偶力X_cはX_aとX_bを変位させず，$\delta_{ac} = \delta_{bc} = 0$という2つの条件が成り立つ．したがって，構造の自由端を点Oまで延長して，不静定力をこの点に負荷すると仮定する．点Oまで延長する金具は無限大の剛性であると仮定し，力を伝達するが，構造の弾性特性には影響をおよぼさないとする．点Oを弾性中心（elastic center）と呼ぶ．不静定力X_bの方向は任意に選び，X_aの方向は図17.15に示すように，$\delta_{ab} = 0$と

なるようにとる.

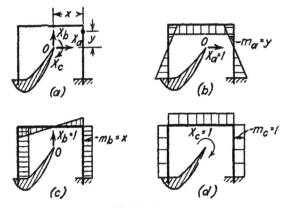

図 17.17

対称構造の弾性中心は簡単に求めることができる．図 17.17 に示す構造は垂直の中心軸に関して対称である．不静定偶力 X_c の単位荷重による曲げモーメント線図 m_c は中心軸に関して対称である．垂直方向の不静定力 X_b の単位荷重による曲げモーメント線図 m_b が反対称であるためには，弾性中心 O は対称軸上になければならない．力 X_a は対称の曲げモーメント線図を生じるために，水平方向でなければならない．以上から，次の関係が簡単に得られる．

$$\delta_{bc} = \delta_{cb} = \int \frac{m_b m_c}{EI} ds = 0 \tag{17.25}$$

$$\delta_{ba} = \delta_{ab} = \int \frac{m_a m_b}{EI} ds = 0 \tag{17.26}$$

弾性中心の上下方向の位置は構造の弾性特性に依存する．図 17.17(b)と(d)から，$m_a = y$ と $m_c = 1$ を代入すると，

$$\delta_{ac} = \delta_{ca} = \int \frac{m_a m_c}{EI} ds = \int \frac{y}{EI} ds = 0 \tag{17.27}$$

ここで，最後の積分は弾性中心が構造の ds/EI の値の図心にあることを示している．

不静定力の負荷点として弾性中心を使うということで安定で静定な基本構造が完全に決まるというわけではない．図 17.17 において，基本構造は右の支持点で固定されており，左の支持点では自由であると仮定した．図 17.18(a)に示すように，フレームの中心軸で切断して，両方の支持点で固定するとして，基

第17章 不静定構造

本構造を得ることもできる.この場合でも不静定力 X_a, X_b, X_c を弾性中心に負荷すると,m_a, m_b, m_c の曲げモーメント線図は図 17.17 に示したものと同じになる.したがって,この場合でも(17.25)式から(17.27)式は成り立つ.基本構造を図 17.18(b)に示すように選ぶこともでき,この場合,両方の支持点で回転の拘束を取り除き,左側の支持点で水平方向の拘束を取り除く.やはり弾性中心に不静定力を負荷し,m_a, m_b, m_c のモーメント線図は図 17.17 と同じになる.

基本構造の選び方は負荷荷重に依存する.任意の点の最終的な曲げモーメント M は次の式で計算される.

$$M = M_0 + X_a m_a + X_b m_b + X_c m_c \tag{17.28}$$

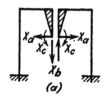 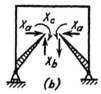

図 17.18

計算尺の誤差を最小にするためには,M_0 の値は最終的な値 M に近いほうがよい.上側の部材に垂直荷重が負荷される場合には,図 17.18(b)に示す基本構造が望ましく,図 17.12 に示す荷重条件には図 17.17 に示す基本構造が望ましい.

例題 1

図 17.13 に示す方法を使って,図 17.11 の梁の曲げモーメントを求めよ.

解:

基本構造の曲げモーメント線図 M_0 は図 17.11(c)と同じである.m_a の曲げモーメント線図は図 17.13(c)に示されており,支持点で最大値 4.5 である.m_b の曲げモーメント線図は図 17.13(e)に示されている.$\delta_{ab} = 0$ なので,不静定力は連立方程式を解くことなく計算できる.

$$X_a = -\frac{\delta_{a0}}{\delta_{aa}} = -\frac{EI\delta_{a0}}{EI\delta_{aa}} = -\frac{\int M_0 m_a dx}{\int m_a^2 dx}$$

$$= -\frac{4.5P \times 3.5}{20.25 \times 3} = -0.259P$$

$$X_b = -\frac{\delta_{b0}}{\delta_{bb}} = -\frac{\int M_0 m_b dx}{\int m_b^2 dx} = \frac{4.5P}{1^2 \times 9} = 0.5P$$

曲げモーメント線図は $M = M_0 + X_a m_a + X_b m_b$ で計算される(図 17.11 参照).

例題 2

17.5 項の例題 2 を弾性中心法で解け.

解:

図 17.17 に示すように基本構造を選ぶ.この構造は対称で,弾性中心は中心線上にある.弾性中心の上下位置は値 ds/EI の図心の位置である.支持点を通る水平軸まわりに ds/EI のモーメントを計算すると,この線からの距離として弾性中心の位置が計算される.

$$\bar{y} = \frac{\dfrac{6 \times 2 \times 3}{EI} + \dfrac{9 \times 6}{EI}}{\dfrac{6 \times 2}{EI} + \dfrac{9}{EI}} = 4.29\,\text{ft}$$

図 17.19(a)に示すように不静定力を負荷する.基本構造に荷重が負荷されたときの曲げモーメント M_0 を図 17.19(b)に示す.不静定力の単位荷重による曲げモーメントを図 17.19(c)から(e)に示す.

第17章　不静定構造

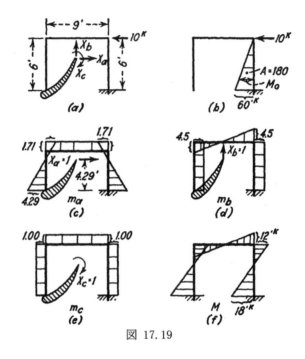

図 17.19

不静定力の値は次のように計算される.

$$X_a = -\frac{\delta_{a0}}{\delta_{aa}} = -\frac{\int M_0 m_a dx}{\int m_a^2 dx}$$

$$= -\frac{180 \times 2.29}{\dfrac{2 \times (4.29)^3}{3} + \dfrac{2 \times (1.71)^3}{3} + (1.71)^2 \times 9} = \frac{412}{82.4} = 5\,\text{kips}$$

$$X_b = -\frac{\delta_{b0}}{\delta_{bb}} = -\frac{\int M_0 m_b dx}{\int m_b^2 dx}$$

$$= \frac{180 \times 4.5}{2 \times (4.5)^2 \times 6 + \dfrac{2 \times (4.5)^3}{3}} = \frac{810}{303.7} = 2.66\,\text{kips}$$

548

$$X_b = -\frac{\delta_{c0}}{\delta_{cc}} = -\frac{\int M_0 m_c dx}{\int m_c^2 dx} = \frac{180 \times 1}{1^2 \times 21} = 8.57 \,\text{ft-kips}$$

最終的な曲げモーメントは式 $M = M_0 + X_a m_a + X_b m_b + X_c m_c$ で計算され,図 17.19(f)に図示した.

この解を 17.5 項の例題 2 と比較すると,弾性軸を使うことによって解析が単純になったことがわかる.

17.7 円形の胴体リング

セミモノコック構造に負荷された集中荷重は隔壁によって外板とストリンガの殻構造に分散される.翼の隔壁のことをリブと呼び,じょうぶなウェブで構成されることが多いが,アクセスホールのあるウェブやトラスで構成されることもある.胴体の隔壁のことをリングとかフレームと呼び,胴体の内部が遮られないようにする.胴体のリングは外板の内側に数インチほどだけつき出ており,曲げ応力によって変形に対抗しなければならない.

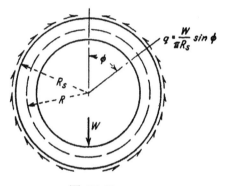

図 17.20

胴体の断面形状は円形または円形に近い形状をしていることが多い.このような場合には,リングが円形で一定の断面2次モーメントであると仮定して,胴体のリングの曲げモーメントを十分正確に求めることができる.このようなリングは,集中荷重が半径方向に負荷されるリングとして解析される.

図 17.20 に示すリングが荷重 W を殻構造に伝達する.反力であるせん断流の分布の計算方法は 8.2 項で説明した.外板とストリンガは殻の周囲に一様に分布していると仮定して,等価外板板厚 t_e で置き換える.殻構造の断面2次モーメントは次の式で計算できる.

$$I = \pi R_s^3 t_e \tag{17.29}$$

第 17 章　不静定構造

ここで，t_e は半径 R_s に比べて小さいとする．せん断流は次の式で計算できる．

$$q = \frac{W}{I}\int y dA = \frac{W}{I}\int_0^\phi R_s \cos\phi R_s t_e d\phi \tag{17.30}$$

ここで，対称性があるので，$W/2$ は中心線の右側の外板で受け持たれる荷重である．任意の点におけるせん断流は(17.29)式の I を(17.30)式に代入して積分することによって得られる．

$$q = \frac{W}{\pi R_s}\sin\phi \tag{17.31}$$

せん断流の方向を図 17.20 に示す．

安定で静定な基本構造はリングのどこを切断しても得ることができる．切断した箇所における曲げモーメント，せん断力，軸力という 3 つの不静定力を求める必要がある．対称性があるので，中心線の上側の点でせん断力はゼロであり，この断面でリングを切断すると解析が簡単になる．したがって，基本構造を図 17.21(a)とする．中心線に関してすべての応力は対称であるので，リングの半分を考えればよい（図 17.21(b)参照）．図 17.21(b)に示す構造は不静定力 X_b の垂直方向変位 δ_b がゼロであるという条件を満たさないが，図 17.21(a)はこの条件を満たす．したがって，荷重条件が非対称で $\delta_b = 0$ という条件から X_b を求めなければならないときには図 17.21(a)の構造を使わなければならない．

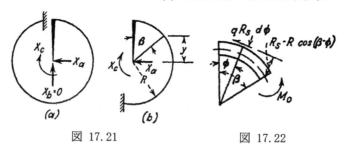

図 17.21　　　　図 17.22

作用荷重によって基本構造に生じる曲げモーメント M_0 は図 17.22 に示すリングの一部分を考慮して計算する．長さ $R_s d\phi$ の外板の要素のせん断流が $R_s - R\cos(\beta-\phi)$ のモーメントアームを持つ（図 17.22 参照）．曲げモーメント M_0 はこの要素の曲げモーメントの式を積分することによって得られる．

$$M_0 = -\int_0^\beta q R_s [R_s - R\cos(\beta-\phi)] d\phi \tag{17.32}$$

(17.31)式の q の値を(17.32)式に代入して，

17.7 円形の胴体リング

$$M_0 = -\frac{W}{\pi}\int_0^\beta \left[R_s \sin\phi - R\sin\phi\cos(\beta-\phi)\right]d\phi$$

この式の積分をおこなって，積分の終点を代入することにより，任意の角度βにおけるM_0の値が次のようになる．

$$M_0 = -\frac{WR_s}{\pi}\left(1 - \cos\beta - \frac{R}{2R_s}\beta\sin\beta\right) \tag{17.33}$$

不静定力X_aとX_cの単位荷重による曲げモーメントm_aとm_cは次の式で計算できる．

$$\begin{aligned} m_a &= y = R\cos\beta \\ m_c &= 1 \end{aligned} \tag{17.34}$$

ここで，正の曲げモーメントはリングの外側に圧縮応力を生じるとする．次の式から不静定力が得られる．

$$X_a = -\frac{\delta_{a0}}{\delta_{aa}} = -\frac{\int \dfrac{M_0 m_a}{EI}ds}{\int \dfrac{m_a^2}{EI}ds} = -\frac{\int M_0 m_a ds}{\int m_a^2 ds} \tag{17.35}$$

$$X_c = -\frac{\delta_{c0}}{\delta_{cc}} = -\frac{\int \dfrac{M_0 m_c}{EI}ds}{\int \dfrac{m_c^2}{EI}ds} = -\frac{\int M_0 m_c ds}{\int m_c^2 ds} \tag{17.36}$$

(17.33)式と(17.34)式を(17.35)式と(17.36)式に代入して積分すると，不静定力が得られる．

$$\begin{aligned} X_a &= -\frac{\displaystyle\int_0^\pi -\frac{WR_s}{\pi}\left(1-\cos\beta-\frac{R}{2R_s}\beta\sin\beta\right)R^2\cos\beta\, d\beta}{\displaystyle\int_0^\pi (R\cos\beta)^2 R\, d\beta} \\ &= -\frac{W}{\pi}\frac{R_s}{R}\left(1-\frac{R}{4R_s}\right) \end{aligned} \tag{17.37}$$

第17章　不静定構造

$$X_c = -\frac{\int_0^\pi -\frac{WR_s}{\pi}\left(1-\cos\beta - \frac{R}{2R_s}\beta\sin\beta\right)Rd\beta}{\int_0^\pi Rd\beta} \quad (17.38)$$

$$= \frac{WR_s}{\pi}\left(1-\frac{R}{2R_s}\right)$$

作用荷重による曲げモーメントと不静定力による曲げモーメントを重ね合わせることによって最終的な曲げモーメントが次のように得られる．

$$M = M_0 + X_a m_a + X_c m_c$$
$$= -\frac{WR}{2\pi}\left(1-\frac{\cos\beta}{2}-\beta\sin\beta\right) \quad (17.39)$$

この曲げモーメントの式は R_s の項を含んでいない．すなわち，曲げモーメントはリングの中立軸の半径だけに依存し，リングの断面の高さには依存しない．(17.39)式を使って曲げモーメントの値を $10°$ 間隔で計算した結果を表 17.5 に示す．

表 17.5

β, deg	M	β, deg	M	β, deg	M	β, deg	M
0	$-0.0796WR$	50	$-0.0016WR$	100	$0.1006WR$	150	$-0.0197WR$
10	$-0.0760WR$	60	$0.0250WR$	110	$0.1008WR$	160	$-0.0820WR$
20	$-0.0654WR$	70	$0.0508WR$	120	$0.0897WR$	170	$-0.1555WR$
30	$-0.0486WR$	80	$0.0735WR$	130	$0.0663WR$	180	$-0.2387WR$
40	$-0.0268WR$	90	$0.0908WR$	140	$0.0298WR$		

円形のリングの任意の点に偶力，または接線方向の荷重が負荷される場合についても半径方向の荷重の場合と同様に解析できる．このような荷重条件に関する曲げモーメントの曲線が発表されている[3]．半径方向荷重負荷，接線方向荷重負荷，偶力負荷の結果を重ね合わせることによって，外板のせん断流で支持されたリングのあらゆる負荷条件の解析ができる．楕円形の胴体のリングの曲げモーメントの曲線も発表されている[4]．公表された曲線を使えば，実用的な胴体のリングの曲げモーメント線図を十分な精度で計算できる．

17.8 不規則な胴体リング

　前項の解析では，リングとフレームの断面2次モーメントは一定であると仮定し，曲げモーメントは単純な式で表すことができるとしていた．したがって，変位の項を積分または図式積分で計算することができた．しかし，荷重分布が変化して，曲げモーメントを単純な式で表すことができなかったり，断面2次モーメントが変化したりする問題が多い．そのような場合には，曲げモーメントや断面2次モーメントが一定であると仮定することができる短い長さ（要素）に分割し，変位の項を足し算によって計算する．そのためには次の式を使う．

$$X_a = -\frac{\delta_{a0}}{\delta_{aa}} - \frac{\sum \frac{M_0 m_a}{EI} \Delta s}{\sum \frac{m_a^2}{EI} \Delta s} \tag{17.40}$$

$$X_b = -\frac{\delta_{b0}}{\delta_{bb}} - \frac{\sum \frac{M_0 m_b}{EI} \Delta s}{\sum \frac{m_b^2}{EI} \Delta s} \tag{17.41}$$

$$X_c = -\frac{\delta_{c0}}{\delta_{cc}} - \frac{\sum \frac{M_0 m_c}{EI} \Delta s}{\sum \frac{m_c^2}{EI} \Delta s} \tag{17.42}$$

　この方法を数値例で説明する．

例題

　図17.23に示すリングの曲げモーメントを計算せよ．胴体のストリンガの断面積は等しく，周囲に等間隔に配置されている．荷重 W と半径 R を単位として，せん断流とウェブ長さの積をリングの反力として図示した．EI の値は一定であると仮定する．

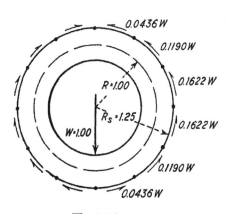

図17.23

第 17 章 不静定構造

解：

基本構造を図 17.21(b)に示すように選ぶ．図 17.24 に示すように分割の長さ Δs を 30° の円弧とする．これらの要素の中心における曲げモーメントを計算して，この要素の内部で一定であると仮定する．上部と下部の要素の長さは要素の半分で，

$\Delta s/EI = 0.5$ であるとする．他の要素では $\Delta s/EI = 1.0$ である．対称性から，$X_b = 0$ である．不静定力の単位値に対する $m_a = y$ と $m_c = 1$ の値が得られる．これらの値を(17.40)式と(17.42)式に代入すると，次の式になる．

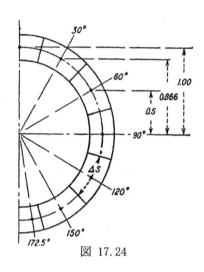

図 17.24

$$X_a = -\frac{\sum \dfrac{M_0 y \Delta s}{EI}}{\sum \dfrac{y^2 \Delta s}{EI}} \tag{17.43}$$

$$X_c = -\frac{\sum \dfrac{M_0 \Delta s}{EI}}{\sum \dfrac{\Delta s}{EI}} \tag{17.44}$$

これらの式の項をを表 17.6 で計算した．列(2)に M_0 の値を示す．図 17.21 に示すようにリングを切断したと仮定して，図 17.23 のせん断流による力によるリングの中立軸に関するモーメントとして M_0 を計算した．$\Delta s/EI$ の相対的な値が必要なので，列(3)の $\Delta s/EI$ のほとんどは 1 であると仮定した．この列の合計が(17.44)式の分母になる．列(4)の値は列(2)と(3)の積で計算され，この列の合計が(17.44)式の分子となる．列(6)と(7)のそれぞれの合計が(17.43)式の分子と分母となる．これらの数値を(17.43)式と(17.44)式に代入して，

17.8 不規則な胴体リング

$$X_a = -\frac{0.9400}{2.991} = -0.3141$$

$$X_c = \frac{1.4247}{6} = 0.2375$$

最終的な曲げモーメントは重ね合わせで計算される.

$$M = M' - 0.3141y + 0.2375$$

これらの値を列(8)に示したが，表17.5との差は数%以内である．最大曲げモーメントの差はわずか2.5%である．この誤差は主にΔsの間隔が比較的大きいために生じたものである．せん断流の分布が異なることによる曲げモーメントの差は最大曲げモーメントの1%より小さい．

表 17.6

β, deg (1)	M_0 (2)	$\frac{\Delta s}{EI}$ (3)	$\frac{M_0 \Delta s}{EI}$ (4)	$m_a = y$ (5)	$\frac{M_0 y \Delta s}{EI}$ (6)	$\frac{y^2 \Delta s}{EI}$ (7)	M (8)
0	0	0.5	0	1.000	0	0.500	−0.0766
30	−0.0138	1.0	−0.0138	0.866	−0.0120	0.750	−0.0483
60	−0.0563	1.0	−0.0563	0.500	−0.0261	0.250	0.0245
90	−0.1486	1.0	−0.1486	0	0	0	0.0889
120	−0.3080	1.0	−0.3080	−0.500	0.1540	0.250	0.0865
150	−0.5335	1.0	−0.5335	−0.866	0.6420	0.750	−0.0240
172.5	−0.7290	0.5	−0.3645	−0.991	0.3621	0.491	−0.1797
180	−0.7970						−0.2454
合計		6.0	−1.4247		0.9400	2.991	

問題

17.19 図に示すフレームの曲げモーメント線図を求めよ．$P = 0$, $w = 4.0$ kips/ft とする．以下の方法で解け．

(a) 図17.17(a)に示す基本構造を使う．

(b) 図17.18(a)に示す基本構造を使う．

(c) 図17.18(b)に示す基本構造を使う．

17.20 図に示すフレームの曲げモーメント線図を求めよ．$w = 0$, $P = 10$ kips, $a = b = 4.5$ ft とする．

第17章　不静定構造

17.21 図に示すフレームの曲げモーメント線図を求めよ．$w = 0$, $P = 10$ kips, $a = 3$ ft, $b = 6$ ft とする．

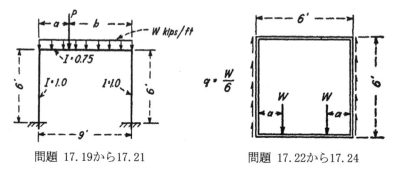

問題 17.19から17.21　　　問題 17.22から17.24

17.22 長方形断面の胴体のフレームを図に示す．$W = 3$ kips, $a = 1.5$ ft のときの曲げモーメントを計算せよ．EI は一定であると仮定する．

17.23 問題 17.22 で，フレームの下部の部材の EI が他の部材の4倍であるとして計算せよ．

17.24 問題 17.22 で，$2W = 6$ kips, $a = 3.0$ ft として計算せよ．

17.25 17.8 項の例題で，リングの断面2次モーメントが $\beta = 105°$ ～ $180°$ で他の場所の2倍であるとして計算せよ．弾性中心の位置を計算するか，不静定力の連立方程式を解くかどちらかが必要である．

17.9 ボックスビームの不静定性

　ボックスビームのうちで安定で静定なのは，図 17.25 に示すフランジが3，ウェブが3で構成されるボックスビームだけである．この梁では，3つの未知のフランジ軸力 P_1, P_2, P_3 と3つの未知のウェブせん断流 q_1, q_2, q_3 を6つの釣り合い式 $\Sigma F_x = 0$, $\Sigma F_y = 0$, $\Sigma F_z = 0$, $\Sigma M_x = 0$, $\Sigma M_y = 0$, $\Sigma M_z = 0$ から計算することができる．他の静定構造と同じように，内部荷重は部材の断面積や剛性には依存しない．不静定構造では，断面積や弾性特性が部材の内部荷重に

17.9 ボックスビームの不静定性

影響する.

ふつうの梁では内部曲げ応力分布は不静定で,変形は曲げの式 $f = My/I$ で考慮される.この式はあまりによく知られているので,梁が不静定であると思う人は少ない.図 17.26 に示すような3つ以上のフランジを持つ

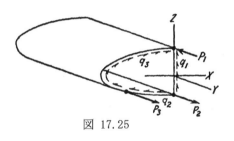

図 17.25

ボックスビームの曲げ応力の分布はフランジの断面積と弾性特性に依存する.曲げ応力の分布から計算されるウェブのせん断流分布もフランジの断面積に依存し,これも不静定である.

本項とその後の項では,曲げ応力は簡単な式で計算でき,図 17.26 に示す純ねじり荷重によって発生する応力はフランジに軸力を発生しないと仮定する.この仮定は前に説明したせん断流の解析で用いており,ほとんどの場合には正確であることを 16.12 項で示した.したがって,1セルのボックスのせん断流は釣り合い式から求めることができ,このようなボックスはせん断流の計算に関しては静定であるとみなすことができる.ねじり

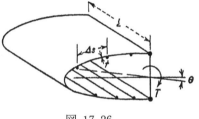

図 17.26

モーメントがフランジ軸力を発生しないという仮定により,釣り合い式から $q = T/2A$ という式が得られる.

図 17.27 に示すような2セルのボックスは釣り合い式で解くことはできない.翼のリブのが剛性が十分大きく,2つのセルが同じ角度で変形すると仮定する.この変形の条件と釣り合い式があればせん断流の解析には十分であり,この構造は1次の不静定である.ねじりによってフランジには軸力が発生しないと仮定し

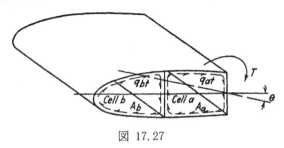

図 17.27

557

第17章 不静定構造

ているので，この図にはフランジを示していない．ある1個のセル以外のセルのウェブを切断すると安定で静定な基本構造が得られるので，複数のセルを持つボックス構造の不静定次数はセルの個数より1つ少ない．

ボックスビームのねじれ角は(16.37)式で表される．

$$\theta = \sum \frac{q\Delta s L}{2AtG} \tag{16.37}$$

ここで，各記号の意味を図17.26に示す．任意の閉じた経路に対して和を計算し，面積Aがこの閉じた経路で囲まれていれば，この式は複数のセルの構造の解析に使うことができる．このように，3個のセルの構造では，3個のセルを囲む全周にわたって和をとるか，どれか1個のセルを囲む全周にわたって和をとるか，2個のセルを囲む全周にわたって和をとるか，どれかで計算できる．この計算手順は次の線積分で定義される．

$$\theta = \oint \frac{qL}{2AtG} ds \tag{17.45}$$

ここで，積分は開始点に帰る閉じた経路に沿って行われる．和または積分は囲まれた面積のまわりに時計回りのときに正であるとする．

17.10　複数のセルのボックスビームのねじり

図17.27に示す2つのセルのボックスでは，セルaのねじれ角θ_aはセルbのねじれ角θ_bと等しくなければならない．2つのセルで長さLは同じなので，単位長さLで考える．

$$\sum_a \frac{q\Delta s}{2A_a tG} = \sum_b \frac{q\Delta s}{2A_b tG} \tag{17.46}$$

1番目の和は，内部のウェブを含むセルaの全周にわたって計算する．2番目の和はやはり内部のウェブを含むセルbのすべてのウェブについて計算する．

セルaの外部のウェブのqの値がq_{at}で内部のウェブでは$q_{at} - q_{bt}$である．同様に，セルbの外部のウェブのqの値はq_{bt}で，内部のウェブでは$q_{bt} - q_{at}$である．これらを代入し，Gがすべてのウェブで一定であると仮定し，定数項を和の記号の外に出すと，(17.46)式は次のように書き換えられる．

17.10 複数のセルのボックスビームのねじり

$$\frac{q_{at}}{A_a}\sum_a \frac{\Delta s}{t} - \frac{q_{bt}}{A_a}\left(\frac{\Delta s}{t}\right)_{a-b} = \frac{q_{bt}}{A_b}\sum_b \frac{\Delta s}{t} - \frac{q_{at}}{A_b}\left(\frac{\Delta s}{t}\right)_{a-b} \tag{17.47}$$

(17.47)式の項を次のように表記する.

$$\delta_{aa} = \sum_a \frac{\Delta s}{t}, \quad \delta_{bb} = \sum_b \frac{\Delta s}{t}, \quad \delta_{ab} = \left(\frac{\Delta s}{t}\right)_{a-b} \tag{17.48}$$

項 δ_{aa} はセル a の全周の和を表し, δ_{bb} はセル b の全周の和を表し, δ_{ab} は内部のウェブの値を示す. δ_{aa} と δ_{bb} の値は両方とも内部ウェブの δ_{ab} の項を含んでいる. 前に解析した構造の類似の項と違って, これらの項の重要性はそれぞれ異なっている. 単純化のために定数が削除され, せん断流が不静定力として使われているからである. (17.48)式の略記した表現を(17.47)式に代入すると,

$$\frac{1}{A_a}\left(q_{at}\delta_{aa} - q_{bt}\delta_{ab}\right) = \frac{1}{A_b}\left(q_{bt}\delta_{bb} - q_{at}\delta_{ab}\right) \tag{17.49}$$

ねじり軸のまわりのモーメントの釣り合い式は図 17.27 を参照して次のように表すことができる.

$$T = 2A_a q_{at} + 2A_b q_{bt} \tag{17.50}$$

(17.49)式と(17.50)式を連立して解くと,

$$\begin{aligned}q_{at} &= \frac{T}{2}\frac{A_a\delta_{bb} + A_b\delta_{ab}}{A_a{}^2\delta_{bb} + 2A_aA_b\delta_{ab} + A_b{}^2\delta_{aa}} \\ q_{bt} &= \frac{T}{2}\frac{A_b\delta_{aa} + A_a\delta_{ab}}{A_a{}^2\delta_{bb} + 2A_aA_b\delta_{ab} + A_b{}^2\delta_{aa}}\end{aligned} \tag{17.51}$$

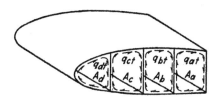

図 17.28

純ねじりによって生じるせん断流はセルの数によらず同じ方法で計算することができる. 図 17.28 に示す4個のセルの構造では, すべてのセルのねじれ角が等しい $\theta_a = \theta_b = \theta_c = 0$ とおいて3個の式が得られる.

第 17 章　不静定構造

$$\frac{1}{A_a}(q_{at}\delta_{aa} - q_{bt}\delta_{ab})$$
$$= \frac{1}{A_b}(q_{bt}\delta_{bb} - q_{at}\delta_{ab} - q_{ct}\delta_{bc})$$
$$= \frac{1}{A_c}(q_{ct}\delta_{cc} - q_{bt}\delta_{bc} - q_{dt}\delta_{cd}) \quad (17.52)$$
$$= \frac{1}{A_d}(q_{dt}\delta_{dd} - q_{ct}\delta_{cd})$$

δ の項は(17.48)式と次の条件で定義される.

$$\delta_{nn} = \sum_n \frac{\Delta s}{t}, \quad \delta_{mn} = \delta_{nm} = \left(\frac{\Delta s}{t}\right)_{m-n} \quad (17.53)$$

ここで，和はそのセルの周囲のすべてのウェブを含み，δ_{mn} の項はセル m とセル n の間の内部ウェブを示す．ねじりモーメントの釣り合い式は次のように書くことができる.

$$T = 2A_a q_{at} + 2A_b q_{bt} + 2A_c q_{ct} + 2A_d q_{dt} \quad (17.54)$$

(17.52)式から(17.54)式の連立方程式を解くことによって 4 個の未知数を求めることができる．

17.11　複数のセルを持つ梁のせん断

　ボックスビームはねじりモーメントに加え，せん断力にも耐える．ねじりモーメントについては前項で説明した．せん断中心に負荷されるせん断力と，せん断中心まわりのねじりモーメントに分けて，2 つの影響を別々に考えるのが便利である．1 個のセルを持つボックス構造では，せん断中心の位置を求めるために 1 つの変位の式を使う必要があることを 16.15 項で示した．複数のセルを持つボックス構造では，不静定せん断流とせん断中心を求めるには，セルの数と同じ数の変位の式を使う必要がある．

　図 17.29 に示すような複数のセルを持つボックス構造では，フランジ荷重の増分 ΔP を 2 つの断面の曲げ応力から計算するか，第 6 章の 1 個のセルを持つボックスで使ったせん断の式から計算することができる．各セルでウェブのひとつを切断すると，ストリンガの長手方向の力の釣り合いからせん断流 q' を求めることができる．図 17.29 に示す構造はねじりモーメントに対して不安定

17.11 複数のセルを持つ梁のせん断

であるが，せん断流 q' は開断面のせん断中心に作用する外部せん断力と釣り合う．

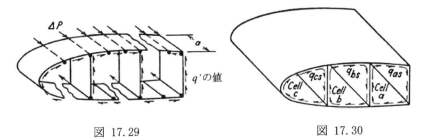

図 17.29　　　　　　　図 17.30

切断したウェブのせん断流 q_{as}, q_{bs}, q_{cs} を計算して，せん断流 q' と重ね合わせることにより，閉断面の複数のセルを持つボックスのせん断中心に作用するせん断力によって生じるせん断流を求めることができる．図 17.29 と図 17.30 に示す条件の重ね合わせが，閉断面の複数のセルを持つボックスのねじれの無い場合のせん断流となる．q_{as}, q_{bs}, q_{cs} の値は各セルのねじれ角 θ_a, θ_b, θ_c がゼロである条件から得ることができる．q_{as}, q_{bs}, q_{cs} を計算した後に，ねじりモーメントの式から閉断面のボックスのせん断中心の位置が得られる．次に，せん断中心まわりの外部ねじりモーメントを計算し，このねじりモーメントによるせん断流を 17.10 項の方法で計算する．

各セルのねじれ角がゼロであるという条件により，各セルに関して次の式が成り立つ．

$$\sum \frac{q \Delta s}{2AGt} = 0$$

G はふつう一定で，$2A$ は常に一定であるので，これらの項は式から取り除くことができる．そうすると，

$$\sum \frac{q \Delta s}{t} = 0 \tag{17.55}$$

セル a について，(17.55)式は，

$$\sum_a \frac{q' \Delta s}{t} + q_{as} \sum_a \frac{\Delta s}{t} - q_{bs} \left(\frac{\Delta s}{t} \right)_{a-b} = 0 \tag{17.56}$$

ここで，和はセルの全周にわたって計算し，内部のウェブも含む．最後の項は内部のウェブだけに適用される．(17.56)式の項を略記することができ，他のセ

第17章 不静定構造

ルについても同様の式を書くことができる.

$$\begin{aligned}\delta_{a0} + q_{as}\delta_{aa} - q_{bs}\delta_{ab} &= 0 \\ \delta_{b0} + q_{bs}\delta_{bb} - q_{as}\delta_{ab} - q_{cs}\delta_{bc} &= 0 \\ \delta_{c0} + q_{cs}\delta_{cc} - q_{bs}\delta_{bc} &= 0\end{aligned} \quad (17.57)$$

この式には(17.48)式と(17.53)式の略記に加えて次の略記を使った.

$$\delta_{a0} = \sum_a \frac{q'\Delta s}{t}, \quad \delta_{b0} = \sum_b \frac{q'\Delta s}{t}, \quad \delta_{c0} = \sum_c \frac{q'\Delta s}{t} \quad (17.58)$$

(17.57)式をq_{as}, q_{bs}, q_{cs}について連立して解く.添字 c を含む項をすべて省略すると,この式は2個のセルのボックス構造に適用できる.同様の式を他の数のセルのボックスについて書くことができる.

例題

図 17.31 に示す2個のセルを持つボックスのせん断流を求めよ.水平のウェブの板厚を $t = 0.040$ in.とする.すべてのウェブで G は一定であるとする.断面は水平の中心線に関して対称であるとする.

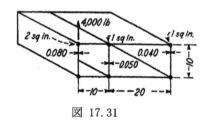

図 17.31

解1:

図 17.32(a)に示す構造のせん断流 q' と図 17.32(b)に示す q_a, q_b の値の重ね合わせによってせん断流を得ることができる.せん断流 q_a, q_b はせん断中心に働く荷重によるせん断流の値と純ねじり荷重によるせん断流の値の合計で計算できる.

$$\begin{aligned}q_a &= q_{as} + q_{at} \\ q_b &= q_{bs} + q_{bt}\end{aligned} \quad (17.59)$$

17.11 複数のセルを持つ梁のせん断

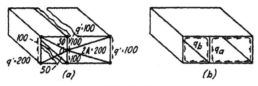

図 17.32

まず，ねじれを生じないせん断流 q_{as} と q_{bs} を考える．セル a に対して次の式が得られる．

$$\sum_a \frac{q\Delta s}{t} = q_{as}\left(\frac{20}{0.040}\right) + (q_{as} - 100)\left(\frac{10}{0.040}\right) + q_{as}\left(\frac{20}{0.040}\right)$$
$$+ (q_{as} - q_{bs} + 100)\left(\frac{10}{0.050}\right) = 0 \quad (17.60)$$

$$1{,}450 q_{as} - 200 q_{bs} - 5{,}000 = 0$$

同様の式がセル b について成り立つ．

$$\sum_b \frac{q\Delta s}{t} = q_{bs}\left(\frac{10}{0.040}\right) + (q_{bs} + 200)\left(\frac{10}{0.080}\right) + q_{bs}\left(\frac{10}{0.040}\right)$$
$$+ (q_{bs} - q_{as} - 100)\left(\frac{10}{0.050}\right) = 0 \quad (17.61)$$

$$825 q_{bs} - 200 q_{as} + 5{,}000 = 0$$

(17.60)式と(17.61)式を連立して解いて，q_{as} = 2.7 lb/in.と q_{bs} = –5.4 lb/in.が得られる．負の符号はせん断流 q_{bs} が仮定した方向と反対であることを示しており，ボックス構造の反時計回りである．これらは，せん断中心に作用する荷重によって生じるせん断流である．せん断流による基準点 O まわりのねじりモーメントは，

$$\sum 2Aq' + 2A_a q_{as} + 2A_b q_{bs}$$

ここで，A_a と A_b はセルが囲む面積である．

$$100 \times 200 - 100 \times 200 + 2 \times 200 \times 2.7 - 2 \times 100 \times 5.4 = 0$$

せん断中心に作用する 4,000 lb の外部せん断力は点 O のまわりにねじりモーメントを発生しないので，断面のせん断中心は点 O である．

実際の 4,000 lb の荷重は左側のウェブに働くので，せん断中心に対するモーメントアームは 10.0 in.である．せん断流 q_{at} と q_{bt} は純ねじり T = 4,000×10 = 40,000 in-lb から計算できる．(17.50)式より，

第17章　不静定構造

$$40,000 = 400 q_{at} + 200 q_{bt}$$

(17.47)式より，

$$\frac{q_{at}}{200}\left(\frac{2\times 20}{0.040} + \frac{10}{0.040} + \frac{10}{0.050}\right) - \frac{q_{bt}}{200}\left(\frac{10}{0.050}\right)$$

$$= \frac{q_{bt}}{100}\left(\frac{2\times 10}{0.040} + \frac{10}{0.050} + \frac{10}{0.080}\right) - \frac{q_{at}}{100}\left(\frac{10}{0.050}\right)$$

これらの2つの式を連立して解くと，$q_{at} = 66.7$ lb/in.と $q_{bt} = 66.7$ lb/in.が得られる．切断したウェブの最終的なせん断流は(17.59)式で計算され，$q_a = 69.4$ lb/in.と $q_b = 61.3$ lb/in.となる．これらの値を q' の値と重ね合わせることにより，最終的なせん断流が図 17.33 に示すように得られる．

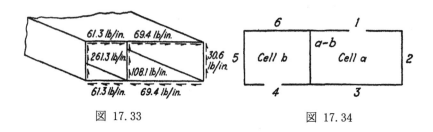

図 17.33　　　　　　　　　図 17.34

解2：

普通は表を使って計算するほうが便利である．そこで，表 17.7 を使って計算した．列(1)には図 17.34 に示すウェブの番号を記入した．周囲の時計回りにウェブの番号をつけた．各セルのウェブを分けて示し，不静定のウェブを各セルの最初に示した．第6章の1セルのボックスの計算のときと同じように，列(2)には各ウェブの隣にあるフランジにおけるせん断流の変化を記入した．次に，各セルについて別々に列(2)の項を合計してせん断流 q' を求め，列(3)に記入した．図 17.33 のこちら側の面の時計回りのせん断流を正とする．間にあるウェブ ab のせん断流はセル a では時計回りで，セル b では反時計回りである．ウェブの $\Delta s/t$ の値を列(4)に示し，$q'\Delta s/t$ の値を列(5)で計算した．各セルに関するこれらの列の和は(17.48)式と(17.58)式で定義される δ の値である．図 17.32 に示す $2A$ の値を列(6)に示し，せん断流 q' のモーメントである $2Aq'$ の値を列(7)に示す．

17.11 複数のセルを持つ梁のせん断

表 17.7

ウェブ (1)	Δq (2)	q' (3)	$\dfrac{\Delta s}{t}$ (4)	$q'\dfrac{\Delta s}{t}$ (5)	$2A$ (6)	$2Aq'$ (7)	q (8)
		$\Sigma(2)$		(3)×(4)		(3)×(6)	
1	−100	0	500	0	100	0	69.4
2	100	−100	250	−25,000	200	−20,000	−30.6
3	100	0	500	0	100	0	69.4
ab		100	200	+20,000	0	0	108.1
Σ_a			1,450	−5,000	400		
4	200	0	250	0	50	0	61.3
5	−200	200	125	25,000	100	20,000	261.3
6	−100	0	250	0	50	0	61.3
ab		−100	200	−20,000	0	0	−108.1
Σ_b			825	5,000	200	0	

表 17.7 に示す合計と(17.48)式と(17.58)式の定義から，

$$\delta_{aa} = 1{,}450, \quad \delta_{a0} = -5{,}000, \quad 2A_b = 200$$
$$\delta_{bb} = 825, \quad \delta_{b0} = 5{,}000, \quad \sum 2Aq' = 0$$
$$\delta_{ab} = 200, \quad 2A_a = 400$$

(17.57)式から，添字 c の項を省いて，

$$-5{,}000 + 1{,}450 q_{as} - 200 q_{bs} = 0$$
$$5{,}000 + 825 q_{bs} - 200 q_{as} = 0$$

これらの式から，$q_{as} = 2.7$ と $q_{bs} = -5.4$ が得られる．せん断中心まわりの外部ねじりモーメント T は点 O まわりのねじりモーメント T_0 から次のように得られる．

$$T = T_0 - \sum 2Aq' - 2A_a q_{as} - 2A_b q_{bs}$$
$$= 40{,}000 - 0 - 400 \times 2.7 + 200 \times 5.4 = 40{,}000$$

この問題では，仮定したモーメントの中心がせん断中心と一致した．純ねじりによって生じるせん断流は(17.51)式から計算され，$q_{at} = 66.7$ lb/in. と $q_{bt} = 66.7$ lb/in. である．ウェブ 1 のせん断流は，$q_1 = q_{sa} + q_{at} = 69.4$ lb/in. で，ウェブ 4 のせ

ん断流は，$q_b = q_{bs} + q_{bt} = 61.3$ lb/in.である．最終的なウェブのせん断流を表17.7の列(8)に示し，その値を図17.33に示した．ウェブ1, 2, 3の最終的なせん断流は，$q' + q_a$で，ウェブ4, 5, 6は$q' + q_b$である．ウェブabの最終的なせん断流は，このウェブがセルaの一部であると考えて，$q' + q_a - q_b$である．

17.12　複数のセルのある構造の実用的な解析

　前の2つの項では単純化のため，いくつかの仮定を用いた．断面は長手方向に一定であるとし，ウェブはせん断に対して弾性的に変形すると仮定した（$f_s = G\gamma$）．実際の構造ではこれらの条件はほとんど満足されないが，これらを考慮するために解析方法を修正するのは簡単である．

　航空機構造の薄いウェブは張力場ウェブとしてしわが発生することが多い．このような場合，平板のウェブのせん断変形は(15.21)式で定義される．有効せん断弾性係数は$G_e = f_s/\gamma$で定義され，γはウェブの対角方向の歪とウェブの補強材の歪に依存する．G_eの値は，完全張力場に近い場合の$0.25E$から，ポアソン比0.25のウェブがせん断座屈していない場合の$0.40E$の間にある．このように，平板ウェブの場合，G_eは$0.625G$からGの間で変化する．Gは変位の式から削除されているので，$0.625t$からtの間の有効板厚t_eを使うのが便利である．有効板厚は張力場の状態に依存する．曲面の張力場ウェブのせん断剛性は平板の張力場ウェブのせん断剛性よりも低い．有効剛性や有効板厚を計算する簡単な式がないので，実際の問題では設計者が有効剛性G_e，または有効板厚t_eを推定する必要がある．

　複数のセルを持つ梁のテーパーを考慮する方法は，1セルの梁の方法と同じである．もっとも便利な方法はShanley and Cozzoneによって提案された方法だろう．一般的な曲げの式((17.12)式)，または断面の主軸の曲げモーメントから，2つの断面の曲げ応力を求める．次に，2つの断面のフランジ面積の荷重を計算する．各ストリンガ要素の長手方向の釣り合いを考えて，不静定ウェブを切断した断面のせん断流q'を求める．第7章で説明したように，この方法ではフランジの荷重の断面内の成分が自動的に考慮される．次に，フランジ軸力の面内成分がモーメントを生じないような点をねじりモーメントの中心になるように慎重に決める．断面の図心を結んだ長手方向の軸まわりの面内成分によるモーメントは無視できることを第7章で示した．

17.12 複数のセルのある構造の実用的な解析

例題

図17.35に示す翼断面には14本のストリンガがあり，ウェブの板厚は0.025 in.である．この翼は平面形も高さもテーパーしている．曲げ応力が機体の中心軸から 155 in.と 135 in.の断面で計算されている．これらの応力にストリンガ断面をかけて得た荷重を表 17.8 の列(3)と(4)に示す．ストリンガ番号はウェブの番号から時計回りにとってある．ステーション 145 の点 O とウェブの端を結んだ 2 本の線とそのウェブで囲まれる面積の 2 倍を列(2)に示した．断面の図心を結んだ軸 O のまわりのねじりモーメントはステーション 145 で 13,000 in-lb である．ステーション 145 におけるせん断流を求めよ．

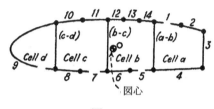

図 17.35

解：

各ストリンガの両端での軸荷重 P を取り出して 20 で割る．これらの値 $\Delta P/20$ を表 17.8 の列(5)に示す．これらの値は各フランジ断面積のせん断流変化を表す．不静定ウェブを切断した構造のせん断流の値 q' を列(5)の値を足し合わせて求め，列(6)に示す．ウェブ 10 の q' の値にはウェブ 9 と cd からの値とストリンガ 9 からの値が含まれていることに注意されたい．同様に，ウェブ 12 については，q' の値はストリンガ 11 からの値，ウェブ 11 の値，ウェブ bc の値の和である．点 O まわりのせん断流によるねじりモーメントを列(7)に示す．

外板要素の周囲の長さの間隔 Δs を列(9)に示す．有効外板厚さ t_e の値を列(10)に示す．これらの値は張力場によるしわの程度を推定して決めた．$\Delta s/t_e$ の項を列(11)に示した．各セルの内部のウェブを含むすべてのウェブについてこの項を合計できるようにした．したがって，列(11)には内部のウェブ，ab, bc, cd の値は2回出てくる．これらの内部のウェブは隣り合うセル間の壁になっている．q' の値を列(12)にもう一度示す．外部のウェブの q' の値は外周に沿って時計回りのときに正であるが，内部のウェブの q' の値は隣り合うセルで逆の符号となる．このように，ウェブ ab の q' の値はセル a については時計回りであるが，セル b については反時計回りで負である．列(6)の内部ウェブのせん断

第 17 章　不静定構造

流は上向きが正であり，列(2)の $2A$ の値は正のせん断流が反時計回りのモーメントを作るときに負である．$q'\Delta s/t_e$ の値を列(13)に示し，各セルについて別々に合計する．

表 17.8 から次の合計が得られる．

$$\begin{aligned}\delta_{a0} &= 13{,}550, & \delta_{aa} &= 1{,}260, & \delta_{ab} &= 283 \\ \delta_{b0} &= 39{,}100, & \delta_{bb} &= 1{,}607, & \delta_{bc} &= 377 \\ \delta_{c0} &= 82{,}080, & \delta_{cc} &= 1{,}589, & \delta_{cd} &= 293 \\ \delta_{d0} &= -48{,}490, & \delta_{dd} &= 1{,}060 & & \end{aligned}$$

せん断中心における不静定力の不静定せん断流の式は(17.57)式を拡張して次のようになる．

$$\begin{aligned}\delta_{a0} + \delta_{aa}q_{as} - \delta_{ab}q_{bs} + 0 + 0 &= 0 \\ \delta_{b0} - \delta_{ab}q_{as} + \delta_{bb}q_{bs} - \delta_{bc}q_{cs} + 0 &= 0 \\ \delta_{c0} + 0 - \delta_{bc}q_{bs} + \delta_{cc}q_{cs} - \delta_{cd}q_{ds} &= 0 \\ \delta_{d0} + 0 + 0 - \delta_{cd}q_{cs} + \delta_{dd}q_{ds} &= 0\end{aligned} \quad (17.62)$$

ここで，式の内容がわかるようにするためにゼロの項を含めた．上で求めた数値を代入してこの連立方程式を解くと，$q_{as} = -19.9$，$q_{bs} = -40.9$，$q_{cs} = -55.8$，$q_{ds} = 30.3$ が得られる．

17.12 複数のセルのある構造の実用的な解析

表 17.8

ウェブ No. (1)	$2A$ (2)	P Sta. 155 (3)	P Sta. 135 (4)	$\dfrac{\Delta P}{20}$ (5)	q' (6)	$2Aq'$ (7)
				$\dfrac{(4)-(3)}{20}$	$\Sigma(5)$	$(2)\times(6)$
1(a)	21.26	−1,100	−1,260	−8.0	0	0
2	14.56	−1,540	−1,690	−7.5	−8.0	−116
3	70.42	560	970	20.5	−15.5	−1,092
4	29.75	1,290	2,290	50.0	5.0	149
ab	−42.19				55.0	−2,320
5(b)	18.83	1,880	2,910	51.5	0	0
6	15.03	2,170	3,550	69.0	51.5	774
bc	16.33				120.5	1,968
7(c)	15.71	0	3,370	168.5	0	0
8	18.21	3,330	3,270	−3.0	168.5	3,068
cd	73.63				165.5	12,186
9(d)	131.01	−227	−1,420	−59.5	0	0
10	23.06	−1,200	−2,620	−71.0	106.0	2,444
11	20.56	−2,360	−3,050	−34.5	35.0	719
12	8.89	0	−2,870	−143.5	121.0	1,076
13	10.58	−2,310	−2,830	−26.0	−22.5	−238
14	18.88	−520	−600	−4.0	−48.5	−916
Σ	……	……	……	……	……	17,702

表 17.8（つづき）

Web No. (8)	Δs (9)	$t_e =$ $0.025\dfrac{G_e}{G}$ (10)	$\dfrac{\Delta s}{t_e}$ (11)	q' (12)	$q'\dfrac{\Delta s}{t_e}$ (13)	q (14)
		Est.	(9)/(10)	(6)	(11)×(12)	
Cell a						
1(a)	5.46	0.025	218	0	0	−3.2
2	4.78	0.025	191	−8.0	−1,530	−11.2
3	4.07	0.025	163	−15.5	−2,530	−18.7
4	10.20	0.025	408	5.0	2,040	1.8
ab	5.65	0.020	283	55.0	15,570	71.7
Σ	.....	.....	1,260	......	13,550	
Cell b						
5(b)	5.19	0.025	208	0	0	−19.9
6	5.52	0.025	221	51.5	11,380	31.6
bc	6.60	0.0175	377	120.5	45,430	135.1
12	2.98	0.025	119	121.0	14,400	101.1
13	2.70	0.025	108	−22.5	−2,430	−42.4
14	5.08	0.0175	291	−48.5	−14,110	−68.4
ab			283	−55.0	−15,570	
Σ	.....	.....	1,607	......	39,100	
Cell c						
7(c)	4.65	0.0213	218	0	0	−34.5
8	5.40	0.0187	289	168.5	48,700	134.0
cd	5.85	0.020	293	165.5	48,490	86.1
10	5.33	0.0238	224	106.0	23,740	71.5
11	4.70	0.025	188	35.0	6,580	0.5
bc			377	−120.5	−45,430	
Σ	.....	.....	1,589	......	82,080	
Cell d						
9(d)	15.30	0.020	765	0	0	44.9
cd	5.85		293	−165.5	−48,490	
Σ	.....	.....	1,060	......	−48,490	

17.12 複数のセルのある構造の実用的な解析

セルで囲まれた面積は列(2)の各セルの値を合計して得られる．このとき，内部のウェブの項については負の値を使う．

$$2A_a = 93.80, \quad 2A_b = 130.73, \quad 2A_c = 134.83, \quad 2A_d = 57.38$$

せん断中心まわりのねじりモーメントは点 O まわりのモーメントをとって，

$$T = T_0 - \sum 2Aq' - 2A_a q_{as} - 2A_b q_{bs} - 2A_c q_{cs} - 2A_d q_{ds}$$
$$T = 8{,}010 \text{ in-lb}$$

このねじりモーメントによるせん断流を 17.10 項の方法で求めると，

$$q_{at} = -16.7, \quad q_{bt} = 21.0, \quad q_{ct} = 21.3, \quad q_{dt} = 14.6$$

梁のせん断とねじりによるせん断流を重ね合わせて不静定せん断流を計算する．

$$q_a = q_{as} + q_{at} = -3.2$$
$$q_b = q_{bs} + q_{bt} = -19.9$$
$$q_c = q_{cs} + q_{ct} = -34.5$$
$$q_d = q_{ds} + q_{dt} = 44.9$$

不静定せん断 q_a, q_b, q_c, q_d と q' を重ね合わせて計算した最終的なせん断流を列(14)に示す．

17.13　せん断遅れ

単純な梁のたわみ理論を導くために使った仮定の多くにはある程度の誤差があることを 16.12 項で指摘した．平面だった断面が曲げの後も平面を保ち，曲げ応力が中立軸からの距離に比例するという仮定は，セミモノコック構造では重量構造に比べて不正確である．これは薄いウェブではせん断変形が無視できないからである．

せん断変形の影響によって生じるボックスビームにおける曲げ応力の再分配はせん断遅れ（shear lag）としてよく知られている．図 17.36 に示す片持ちのボックスビームを考えることによってこの影響を説明することができる．簡単のため，ねじれ変形をしないように，梁の断面は垂直の中心線に関して対称で，荷重はこの中心線に負荷されるとする．単純な梁理論によると，梁の上面のストリンガにはすべて同じ曲げ応力が発生し，せん断応力はすべての断面で同じとなる．このせん断応力によって，元々平面だった断面は線 $a'b'c'$ で表される位置に変形する．しかし，支持断面では，元の面からのワーピングが拘束されるので，図 17.36 の線 abc は直線のままである．距離 cc' は aa' より大きいの

第17章 不静定構造

で，c の場所のストリンガは a の場所のストリンガよりも小さい圧縮応力となる．したがって，a の場所のストリンガの曲げ応力は単純な梁理論によって計算された曲げ応力よりも大きく，c の場所のストリンガの曲げ応力は単純な理論よりも小さい．この場合，支持断面からある程度離れた断面では，断面は同じ量だけたわむので，すべてのストリンガの曲げ応力と曲げ歪は同じとなる．せん断遅れの影響は支持断面で最も大きく，局所的な現象である．

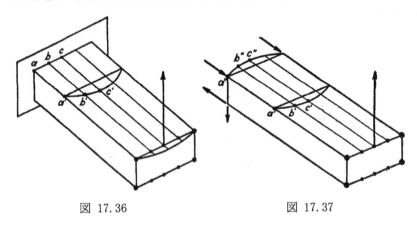

図 17.36　　　　　　　　　図 17.37

翼構造は桁位置で結合することが多く，結合部ではストリンガは曲げ応力を受け持たない．図 17.37 に示すボックスビームはこのように結合されており，隅のフランジだけが左側の支持点で軸力を受け持つ．この場合，支持点で断面は線 $a''b''c''$ に示すように変形し，支持点から離れた断面は線 $a'b'c'$ のように反対方向に変形する．中間のストリンガの最終的な長さは cc'' で，隅のストリンガの最終長さ $a'a''$ よりかなり長い．断面全体が拘束された梁よりも，この梁のほうがせん断遅れの影響が大きい．せん断遅れの影響は支持点の近くに局限され，支持点からある程度離れたストリンガの曲げ応力は単純な曲げ理論で計算した値とほぼ同じになる．

　せん断遅れの効果は望ましい．このような構造では，単純な曲げ理論で計算した値よりも高い終極曲げモーメントに耐えるからである．桁の間のストリンガの許容曲げ応力は隅のフランジ，すなわち桁キャップの許容応力よりも小さい．ストリンガはリブ間隔で支持された柱として破壊することが多い．桁のキャップは桁のウェブで垂直方向に支持され，外板で水平方向に支持されているので，桁キャップは高い圧縮応力に耐えることができる．

17.13 せん断遅れ

長方形断面のボックスビームにねじりを負荷すると，図 16.28 に示すように断面が元の平面からたわむ．片方の端でワーピングを拘束すると，フランジに軸力が発生し，固定された端の近くでせん断流が再分配される．これもせん断変形の効果で，せん断遅れ効果と呼ばれることがある．

17.14 ワーピング変形の長手方向の変化

断面のワーピングの拘束の影響は長手方向の比較的短い範囲に限られると説明した．単純な荷重条件によって生じる応力を検討し，他の応力条件と重ね合わせることで，この影響の範囲を調べることができる．図 17.38(a)に示す2つのウェブと3本のストリンガからなる構造が長手方向（x 方向）に無限大に伸びていると仮定し，図のように荷重が負荷されているとする．荷重と変位の x 方向の分布を調べる．

中央のストリンガの力 P は距離 x の関数である．dx の長さで力が dP 変化し，ウェブのせん断変形の変化は $d\gamma$ である（図 17.38(b)参照）．ストリンガの長手方向の釣り合いから，荷重の増分 dP はウェブのせん断応力 f_s から生じる．

$$dP = -2 f_s t\,dx \tag{17.63}$$

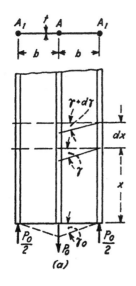
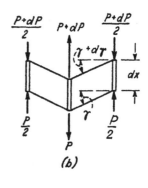

図 17.38

第17章　不静定構造

変形 γ はウェブのせん断応力によって生じる.

$$f_s = G\gamma \tag{17.64}$$

角度 γ の変化はストリンガの軸方向の伸びによって生じる.

$$bd\gamma = -\left(\frac{P}{AE} + \frac{P}{2A_1 E}\right)dx \tag{17.65}$$

x の関数である P の微分方程式を得るために，これらの3個の式から変数 f_s と γ を消去する．(17.63)式を微分して，(17.64)式を代入すると，

$$\frac{d^2 P}{dx^2} = -2tG\frac{d\gamma}{dx} \tag{17.66}$$

$d\gamma/dx$ の値に(17.65)式を代入すると，

$$\frac{d^2 P}{dx^2} = k^2 P \tag{17.67}$$

ここで，

$$k^2 = \frac{2tG}{bE}\left(\frac{1}{A} + \frac{1}{2A_1}\right) \tag{17.68}$$

(17.67)式は次のように積分できる．

$$P = C_1 e^{kx} + C_2 e^{-kx} \tag{17.69}$$

ここで，C_1 と C_2 は積分定数である．x が大きくなると，荷重 P はゼロに近づく．したがって，$x = \infty$ で $P = 0$，$C_1 = 0$ である．負荷端では，$x = 0$，$P = P_0$，$C_2 = P_0$ である．したがって，(17.69)は次のようになる．

$$P = P_0 e^{-kx} \tag{17.70}$$

f_s の式を求めるために，(17.70)式を微分して(17.63)式と等しいとおくと，

$$f_s = \frac{P_0 k}{2t} e^{-kx} \tag{17.71}$$

荷重 P_0 に対応する変位 δ は γb，すなわち $x = 0$ における $f_s b/G$ に等しい．

$$\delta = \frac{P_0 k b}{2tG} \tag{17.72}$$

17.14 ワーピング変形の長手方向の変化

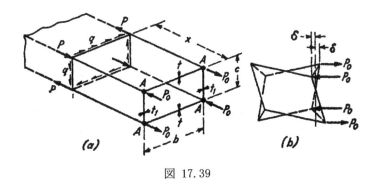

図 17.39

図17.39に示す構造は図17.38の構造と同じようにして解析することができる。任意の位置でのフランジの力 P を次の式で表すことができる。

$$P = P_0 e^{-kx} \tag{17.73}$$

ここで，

$$k^2 = \frac{4G}{AE} \frac{\dfrac{1}{b}+\dfrac{1}{c}}{\dfrac{1}{t}+\dfrac{1}{t_1}} \tag{17.74}$$

前と同じように，せん断流 q は次のように表すことができる。

$$q = \frac{P_0 k}{2} e^{-kx} = q_0 e^{-kx} \tag{17.75}$$

ここで，q_0 は $x=0$ におけるせん断流の値である。ねじりモーメントの釣り合い条件を満たすために，せん断流はすべてのウェブで等しくなければならない。各軸力 P_0 による元の面からの断面のワーピングの変位 δ を図17.39(b)に示すように測る。

$$\delta = \frac{q_0}{2G}\frac{\dfrac{1}{t}+\dfrac{1}{t_1}}{\dfrac{1}{b}+\dfrac{1}{c}} = \frac{P_0 k}{4G}\frac{\dfrac{1}{t}+\dfrac{1}{t_1}}{\dfrac{1}{b}+\dfrac{1}{c}} \tag{17.76}$$

17.15 せん断遅れの数値計算例

前項の式のせん断遅れの計算への適用を簡単な数値例で説明する．図 17.40(a)に示すボックスビームは長手方向に一定断面であると仮定する．ウェブの板厚はすべて 0.020 in.で，材料定数は $E = 10^7$ psi，$G = 0.4E$ である．単純な梁理論によると，せん断流は長手方向に一定である．そのせん断流の値とストリンガの軸力を図に示した．

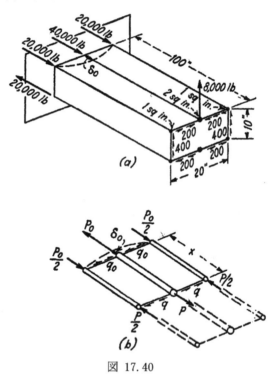

図 17.40

しかし，この梁理論を適用すると，支持点の断面は中央のストリンガが元の面から距離 δ_0 だけ変位するように断面がたわまなければならない．

$$\delta_0 = \frac{f_s}{G}b = \frac{200 \times 10}{0.020 \times 4,000,000} = 0.025 \text{ in.}$$

支持点の断面でワーピングが拘束されるならば，中央のストリンガの圧縮力は 40,000 lb よりも小さく，角のストリンガの圧縮力は 20,000 lb よりも大きい．

図 17.40(b)に示すようなδ_0の変位を生じる力 P_0 は(17.72)式で計算できる．図 17.40(b)に示す力を単純な梁理論による力（図 17.40(a)参照）と重ね合わせる．

図 17.40(b)の構造は図 17.38 の構造と等価である．(17.68)式から，

$$k^2 = \frac{2 \times 0.020 \times 0.4}{10}\left(\frac{1}{2} + \frac{1}{2}\right) = 0.0016$$

すなわち，

$$k = 0.04$$

$\delta = 0.025$ を(17.72)式に代入して P_0 に関して解くと，

$$P_0 = \frac{2tG\delta}{kb} = \frac{2 \times 0.020 \times 4 \times 10^6 \times 0.025}{0.04 \times 10} = 10{,}000 \text{ lb}$$

(17.70)式から，

$$P = 10{,}000 e^{-0.04x}$$

(17.71)式から，

$$f_s = 10{,}000 e^{-0.04x}$$

したがって，

$$q = f_s t = 200 e^{-0.04x}$$

このように，支持点では角のストリンガはそれぞれ 25,000 lb の圧縮荷重を受け持ち，中央のストリンガが 30,000 lb の圧縮荷重を受け持つ．せん断流はこの断面でゼロであり，せん断変形が無いという条件に合致している．

固定支持点からの距離 x に対する P と q の値を計算して表 17.9 に示す．

表 17.9

x	$e^{-0.04x}$	$P = 10{,}000 e^{-0.04x}$	$q = 200 e^{-0.04x}$
0	1	10,000	200
5	0.817	8,170	163
10	0.670	6,720	134
20	0.450	4,500	90
40	0.202	2,020	40
100	0.019	190	4

第17章　不静定構造

これらの値は図 17.40(a)に示す値と重ね合わせる必要がある．支持点から 20 in. 離れた位置での力の補正値は支持点における補正値の半分以下であることがわかる．図 17.40 の荷重条件では，普通の航空機の翼におけるせん断遅れの影響よりも大きな補正が必要である．航空機の翼のせん断荷重は胴体の側面で支持されることがふつうであるが，ワーピングが拘束されるのは胴体の中心位置の断面である．したがって，せん断流が最大になる胴体側面の断面では，ワーピングが拘束されず，単純な梁理論で予測されるのとほとんど同じようにせん断流が分布する．

簡単な構造に関して，ねじり応力の分布におよぼすせん断変形の影響を検討するには，前述の方法と同じように計算すればよい．まず，単純な梁理論でせん断流を計算し，断面のワーピングを 16.13 項の方法で計算する．次に，与えられた断面の拘束を生じるフランジの軸力とせん断流の補正量を計算して，重ね合わせる．

17.16　不静定構造の終極強度

不静定構造の解析のための式は応力が弾性限以下であるという仮定に基づいている．しかし，航空機構造においては終極強度を予測する必要がある．弾性限以下の応力に関して計算した応力分布は終極強度を予測するにはふつう安全側の方法となっており，その結果は正確であるとは言えない．

破壊時の応力分布と弾性限以下の場合の応力分布を比較するために，図 17.42 の簡単なトラスを検討する．このトラスの部材はどれもが不静定部材とみなすことができ，弾性理論によると，部材 1 の引張力が $0.661P$，部材 2 の引張力が $0.424P$，部材 3 の圧縮力が $-0.254P$ である．部材 3 が剛であると考え，部材 1 と部材 2 の荷重の変化を

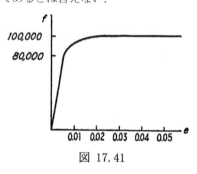

図 17.41

検討する．材料の応力-歪関係を図 17.41 に示す．終極引張強度が 100,000 psi で，応力-歪曲線は伸びが 0.02 から 0.05 で水平であるとする．部材 1 と部材 2 の断面積は 1 in.^{2} で，終極引張強度は 100,000 lb である．破壊時に部材 1 が $0.661P$

17.16 不静定構造の終極強度

を受け持つならば，このトラスの終極荷重は $P = 100,000/0.661 = 151,000$ lb である．しかし，この荷重は正しくない．部材2の応力は部材1の応力の64%で弾性限以下で，部材2の歪は部材1の歪の64%で弾性限よりも大きい．部材1が0.05の歪で破壊すると，部材2の歪は0.032で，応力が100,000 psi である．この応力の再分配はもっと低い歪で発生し，部材2がこの応力に達するのは歪が0.02のときで，そのときの部材1の歪は $0.02/0.64 = 0.031$ である（図17.41参照）．

不静定構造の終極荷重に対する設計は一見すると静定構造よりも難しいように思える．しかし，ほとんどの材料で応力-歪曲線は終極強度に近くなるとほぼ水平になるので，釣り合いだけを考えて設計できる．図 17.42 に示すトラスの終極荷重は部材1と部材2が両方とも終極強度まで負荷されると仮定して，釣り合い式から $P = 180,000$ lb と計算できる．

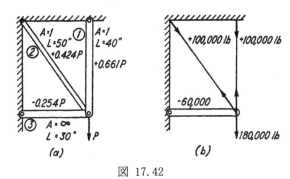

図 17.42

航空機構造では，制限荷重条件において降伏点を超えてはならない．制限荷重では弾性応力分布を用いなければならない．図 17.42 のトラスの部材1が降伏応力となる荷重 80,0000 lb が負荷されていると，許容制限荷重 P は，$80,000/0.661 = 121,000$ lb である．許容終極荷重は制限荷重の1.5倍よりも小さくなければならないので，終極強度 180,000 lb がこの構造にとって標定となる．

不静定反力を持つ梁の曲げモーメント線図は梁の弾性特性に依存する．この曲げモーメント線図は弾性限以下の応力の場合と弾性限以上の応力の場合で異なる．図 17.43(a)に示す梁の断面は一定で，徐々に増加する荷重が負荷されると仮定する．弾性限以下の応力に対する曲げモーメント線図を図 17.43(b)に示す．支持点における最大曲げモーメントは支持点間中央の最大曲げモーメントの2倍である．支持点間中央の応力が降伏応力の半分のときに，支持点の応力が降伏応力に達する．支持点で梁が曲げによって降伏すると，端末拘束が減少

第17章 不静定構造

する.荷重増加によって支持点間の曲げモーメントは増加するが,支持点では曲げモーメントはほとんど一定である.釣り合い条件を満足するには,曲げモーメント線図は放物線のままでなければならず,支持点のモーメントと支持点中央の曲げモーメントの合計は $wL^2/8$ である.破壊が生じるときには,支持点中央の曲げモーメントが支持点の曲げモーメントと等しいので,その曲げモーメントは $wL^2/16$ である(図 17.43(c)参照).

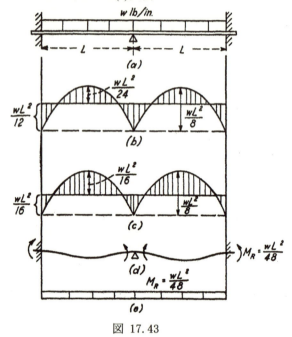

図 17.43

破壊の直前に梁から荷重を除荷すると,構造には図 17.43(d)に示す永久変形が残る.梁にはすべての点で約 $wL^2/48$ の大きさの残留曲げモーメントが発生している(ここで,w は最終的に負荷した荷重).この残留曲げモーメントは降伏後の梁に発生していた曲げモーメントと降伏が発生しないと仮定した場合の曲げモーメントの差である.支持点における梁の曲げの永久変形は支持点の回転角であり,支持点で偶力を生じる.図 17.43(d)の梁に最終的な荷重 w までもう一度負荷すると,付加的な変位と曲げモーメントに関しては弾性挙動をする.図 17.43(c)の最終的な曲げモーメントは図 17.43(b)に示す弾性梁の値と図 17.43(e)に示す残留曲げモーメントの重ね合わせで計算できる.

17.17　最小仕事の方法

　最小仕事の原理はいろいろな種類の不静定構造の不静定力や変形を求めるのに便利な方法である．変形が弾性的で，外部反力が変形の間に仕事をしない構造の場合には，最小仕事の原理は次のように表される．

　　構造の不静定力と変形の形は全歪エネルギを最小にするような状態である．

　最小仕事の原理は Manabrea が 1858 年に発案し，Castigliano が 1879 年に発展させた．16.16 項で説明した変形を計算する方法にしたがって直接証明できる．不静定力 $X_a, X_b, ..., X_n$ を持つ構造について，これらの不静定力の方向の変位は(16.46)式で表される．

$$\delta_a = \frac{\partial U}{\partial X_a}, \quad \delta_b = \frac{\partial U}{\partial X_b}, \quad \cdots, \delta_n = \frac{\partial U}{\partial X_n} \tag{17.77}$$

U はこの構造の全歪エネルギである．今考えている弾性構造では，変位 $\delta_a, \delta_b, ..., \delta_n$ はゼロである．したがって，(17.77)式は次のように表される．

$$\frac{\partial U}{\partial X_a} = 0, \quad \frac{\partial U}{\partial X_b} = 0, \quad \cdots, \frac{\partial U}{\partial X_n} = 0 \tag{17.78}$$

(17.78)式は歪エネルギが最小の条件を表している．

　通常の不静定構造の解析への最小仕事の原理の実用的な適用は，16.16 項で説明した仮想仕事の方法の適用と類似である．したがって，本章で考えたような種類の構造に対しては，最小仕事の原理を適用する利点はほとんどない．

　最小仕事の原理は，構造の変形の形状を求めるのに非常に便利である．たとえば，弾性的な柱の変形は，釣り合い条件を満足する無限の数の変形曲線のうちのひとつである．真の変形曲線は歪エネルギを最小にする変形である．同様に，座屈した弾性的な板の変形は板の歪エネルギが最小になる状態に対応する．

問題

17.26　図 17.31 に示す構造のウェブのせん断流を求めよ．水平のウェブの板厚が 0.064 in. で，G は一定であるとする．

第17章　不静定構造

17.27　すべてのフランジ断面積が 1 in.^{2} である場合，図 17.31 に示す構造のウェブのせん断流を求めよ．水平のウェブの板厚が 0.064 in.で，G が一定であるとする．

17.28　すべてのフランジ断面積が 1 in.^{2} で，すべてのウェブの板厚が 0.040 in.の場合，図に示す構造のウェブのせん断流を求めよ．$V = 3{,}000$ lb，$e = 8$ in.，G がすべてのウェブで一定であるとする．

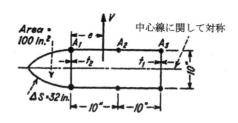

問題 17.28〜17.31

17.29　$e = 0$ として，問題 17.28 を解け．

17.30　$A_1 = A_3 = 1$ in.^{2}，$A_2 = 2$ in.^{2}，$t_1 = t_2 = 0.064$ in.，$V = 4{,}000$ lb，$e = 10$ in.の場合，図に示す構造のウェブのせん断流を求めよ．他のウェブの板厚が 0.040 in.，G がすべてのウェブで一定であるとする．

17.31　フランジ A_2 の位置に厚さ 0.064 in.の垂直なウェブが追加されたとして，問題 17.30 を解け．

17.32　図 17.40(*a*)に示すボックスビームの自由端に，図に示した垂直荷重の代わりに 160,000 in-lb のねじりモーメントが負荷される．水平の中心線に関して対称で，すべてのウェブの板厚が 0.020 in.であると仮定する．ワーピングの拘束がない断面におけるワーピング変位を計算せよ．フランジ軸力とウェブのせん断流を壁の位置と長手方向に 10 in.間隔で計算せよ．断面積 2 in.^{2} のストリンガは荷重を受け持たず，解析には無関係であることに注意すること．$E = 10^7$ psi，$G = 0.4E$ であると仮定する．

第 17 章の参考文献

[1] Muller-Breslau, H. F. B.: "Die Graphische Statik der Baukonstruktionen," 3 Vols., Alfred Kroener, Leipzig, 1920-1927.

[2] Krivoshein, G. G.: "Simplified Calculation of Statically Indeterminate Bridges," published by the author, Prague, 1930.

[3] Wise, J. A.: Analysis of Circular Rings for Monocoque Fuselages, J. Aeronaut. Sci., September, 1939.

[4] Burke, W. F.: Working Charts for the Stress Analysis of Elliptic Rings, NACA TN 444, 1933.

[5] Van Den Broek, J. A.: "Theory of Limit Design," John Wiley & Sons, Inc., New York, 1948.

第18章　特殊な解析方法

18.1 面積モーメント法

どのような種類の構造の変位または不静定力の計算にも仮想仕事の方法を使うことができる．しかし，特別な種類の構造に対しては，他の方法を使うほうが便利なことが多い．このような方法について本章で説明する．

梁の変位の計算や不静定梁の解析には面積モーメント（method of area moments）の方法が非常に便利である．図 18.1(a)の線 AB は最初に直線だった弾性梁の弾性変形を示している．これまでの問題と同じように，変位は小さいと仮定する．長さ dx の間の角度変化 $d\theta$ は(14.3)式で表される．

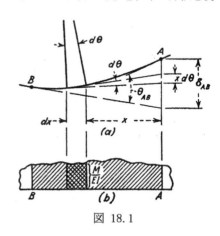

図 18.1

$$d\theta = \frac{M}{EI}dx \tag{14.3}$$

弾性曲線の点 A における接線と点 B における接線の間のの角度 θ_{AB} は増分 $d\theta$ を合計して計算できる．

$$\theta_{AB} = \int_A^B \frac{M}{EI}dx \tag{18.1}$$

図 18.1(b)のハッチング部で示すように，この被積分関数は M/EI 線図の下の面積に等しい．(18.1)式は次のように説明することができる．

> 面積モーメントの第１原理：梁のある２つの点間の弾性線の傾きの変化は M/EI 線図の下の２つの点間の面積に等しい．

図 18.1(a)の距離 δ_{AB} は増分 $xd\theta$ を合計して計算される．

$$\delta_{AB} = \int xd\theta \tag{18.2}$$

(14.3)式の $d\theta$ の値を代入して,

$$\delta_{AB} = \int_A^B \frac{Mx}{EI} dx \tag{18.3}$$

ここで，被積分関数は M/EI 線図のハッチングした面積の点 A まわりのモーメントを表す．この手順は次のように説明することができる．

　　面積モーメントの第2原理：点 B における弾性線の接線からの点 A の変位は，M/EI 線図の2点間の面積の点 A まわりのモーメントに等しい．

面積モーメントの原理はミシガン大学の Greene 教授によって1873年に発表された．この原理は構造の解析と設計で非常によく使われている．

(18.1)式と(18.3)式を導くために，仮想仕事の方法が使われることがある．回転角 θ_{AB} を求めるには，仮想的な単位偶力を点 A に負荷し，点 B で拘束する．そうすると，$m = 1$ のとき(16.20)式が(18.1)式に対応する．変位 δ_{AB} を求めるには，図16.20に示すように単位仮想力を点 A に負荷し，点 B で固定すると仮定する．仮想曲げモーメントは $m = x$ で，これを(16.20)式に代入すると，(18.3)式が得られる．

例題

図 18.2(*a*)に示す両端固定の梁の反力を求めよ．

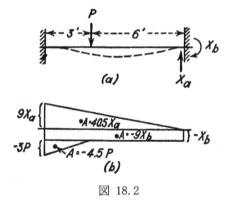

図 18.2

解：

この構造は2次の不静定である．右端の支持点の反力を不静定反力とし，曲

げモーメント線図を描くと図 18.2(b)のようになる．梁の両端で接線の相対的な回転がゼロであるという条件と，一方の端における接線からのもう一方の端の相対的な変位がゼロであるという条件から，変形に関する方程式を2つ得ることができる．2つの面積モーメントの原理を適用すると，面積モーメントがゼロ，面積モーメントの左端の点まわりのモーメントがゼロである．

$$40.5X_a - 9X_b - 4.5P = 0$$
$$3 \times 40.5X_a - 4.5 \times 9X_b - 1 \times 4.5P = 0$$

これらの式を連立して解くと，$X_a = 0.259P$ と $X_b = 0.667P$ が得られる．残る反力と曲げモーメントは釣り合いの条件から求めることができる．最終的な曲げモーメント線図を図 17.11(h)に示す．

18.2 共役梁の方法

梁が支持点で固定されているか，ある点の弾性曲線の接線の方向が既知であるならば，面積モーメント法は非常に便利である．しかし，非対称の単純な梁では，梁のどの点でも弾性曲線の接線の方向を簡単に見積もることができない．このような梁の変位曲線を面積モーメント法で計算するには，変形した梁の幾何学的関係を考慮して，まず，片方の支持点における傾きを計算する必要がある．これは，最初の支持点における接線からの他方の支持点の変位を支持点間の距離で割ることによって計算できる．変位を求めるには面積モーメントの原理をもう一度適用する必要がある．共役梁の方法はこのような問題を解くのにより便利である．梁の回転角と変位を計算する手順は，せん断力線図と曲げモーメント線図を計算するよく知られた手順になる．

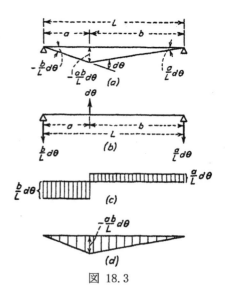

図 18.3

18.2 共役梁の方法

まず,単純梁のひとつの区間 dx が弾性範囲にあると仮定する.図 18.3(a)に示すように,この区間が角度 $d\theta$ だけ曲げられるとする.この曲がりが区間の左側の端に一定の傾き $-b\,d\theta/L$ を生じ,右側の端に $a\,d\theta/L$ を生じる.上向きの変位を正とすると,最大変位は図に示すように $-ab\,d\theta/L$ である.

共役梁と呼ぶ仮想的な梁を考える.この梁は実際の梁と同じ長さで,図 18.3(b)に示すように集中荷重 $d\theta$ が負荷されている.共役梁のせん断力線図を図 18.3(c)に示す.せん断力の値は実際の梁の傾きと一致していることがわかる.同様に,図 18.3(d)に示す共役梁の曲げモーメントは図 18.3(a)の実際の梁の変位と一致する.

梁のすべての要素の回転角を考える場合,ひとつの集中荷重 $d\theta$ の代わりに,共役梁の全長に単位長さあたり $d\theta/dx$ の分布荷重を負荷する.実際の梁の変位曲線の傾きは共役梁のせん断荷重に等しく,実際の梁の変位は共役梁の曲げモーメントに等しい.共役梁に負荷する分布荷重は(14.1)式から(14.6)式の関係を使って表すことができる.

$$\frac{d\theta}{dx} = \frac{1}{R} = \frac{d^2y}{dx^2} = \frac{M}{EI} = \frac{f}{Ec} \tag{18.4}$$

記号は以前に使ったものと同じで,R は変位曲線の曲率半径,y はある点での上向きの変位,f は中立軸からの距離 c における曲げ応力である.

せん断力線図と曲げモーメント線図を作成する手順は次の式を積分することと等価であることを第 5 章で示した.

$$w = \frac{dV}{dx} = \frac{d^2M}{dx^2} \tag{18.5}$$

ここで,単位長さあたりの荷重 w は既知であるので,V と M の曲線を計算することができる.同様に,変位曲線を計算することは次の式を積分することと等価である.

$$\frac{M}{EI} = \frac{d\theta}{dx} = \frac{d^2y}{dx^2} \tag{18.6}$$

ここで,M/EI は既知であるので,θ と y を計算することができる.(18.5)式と(18.6)式から,これらの式は同じようにして解くことができることは明らかである.したがって,(18.6)式を解くには,共役梁に単位長さあたり M/EI の分布荷

重を負荷してせん断力線図と曲げモーメント線図を描けばよい．図 18.4(a)から(c)に，実際の梁の負荷荷重，せん断力線図，曲げモーメント線図を示した．図 18.4(d)から(f)に示すように，傾き θ と変位 y を計算するために，共役梁に M/EI 線図の荷重を負荷した．計算の手順は明らかに同じである．図示した共役梁の荷重状態は，図 18.4(a)の荷重ではなく，実際の梁の下向きの荷重に対応している．

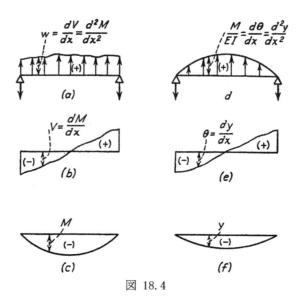

図 18.4

せん断力線図と曲げモーメント線図を積分して求める場合には，梁の支持点の条件から積分定数を決める必要がある．単純梁の場合には，支持点で傾きが最大となり，変位はゼロである．支持点でせん断力を最大にし，曲げモーメントをゼロにするため，共役梁も支持点で単純支持とする．図 18.5(a)に示す片持ち梁では，左端の支持点で傾きと変位がゼロである．図 18.5(b)に示す共役梁では，左端でせん断力と曲げモーメントをゼロにする．

実際の梁の支持条件と共役梁の支持条件の関係を図 18.6 に示す．一方の梁は他方の共役梁である．たとえば，実際の梁の内側の支持点では変位が生じないが，支持点の両側で回転角は同じである．共役梁では，この支持点を支持されないヒンジで置き換えるので，曲げモーメントがゼロで，せん断力がこのヒンジ点の両側で等しくなる．同様に，実際の梁の支持されていないヒンジは，共

役梁では内側の支持点となる.

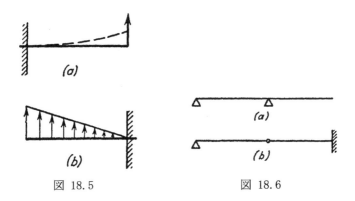

図 18.5　　　　図 18.6

例題

図 18.7(*a*)に示す航空機の主翼で，ステーション 0 における中立軸からの距離 c が 8 in.の場所で曲げ応力が 40,000 psi である．ステーション 200 における中立軸からの距離 $c = 2$ in.の場所で曲げ応力が 20,000 psi である．$E = 10,000,000$ psi で，f/c がこの 2 つのステーション間で線形に変化する（図 18.7(*b*)参照）としたときの変位曲線を求めよ．

解：

共役梁は左端で自由で，右端で固定となる（図 18.7(*b*)参照）．この共役梁のせん断力線図と曲げモーメント線図を表 18.1 で計算した．$f/c = M/I$ であるので，共役梁の荷重は，M/EI 線図でも，f/Ec 線図でもどちらでもよい．f/Ec の値を 40 in.間隔で列(2)に示す．この線図の 2 つの点の下の面積がこの 2 つのステーション間の傾きの変化を示し，列(3)に記入した．列(3)の値は列(2)の 2 つの値の平均にステーションの間隔の 40 をかけて計算し，図 18.7(*b*)の台形で表される．弾性曲線の接線の傾き θ を列(3)の値の和で計算し，列(4)に示す．この傾きは共役梁のせん断力に等しく，f/Ec の荷重の曲線の下の面積に等しい．せん断力，すなわち θ の曲線の下の面積を列(4)の 2 つの値の平均にステーション間の間隔 40 をかけて列(5)で計算する．列(5)の値を合計して変位 y を計算し，列(6)となる．この変位は共役梁の曲げモーメントと等しく，せん断力線図の下の面積で計算される．

第18章 特殊な解析方法

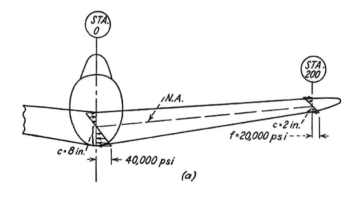

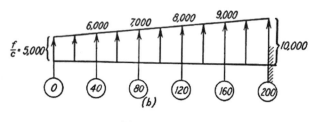

図 18.7

表 18.1

ステーション (1)	$\dfrac{f}{Ec}$ (2)	$\Delta\theta$ (3)	θ, rad. (4)	Δy (5)	y, in. (6)
0	0.0005		0		0
		0.022		0.44	
40	0.0006		0.022		0.44
		0.026		1.40	
80	0.0007		0.048		1.84
		0.030		2.52	
120	0.0008		0.078		4.36
		0.034		3.80	
160	0.0009		0.112		8.16
		0.038		5.24	
200	0.0010		0.150		13.40

18.2 共役梁の方法

面積の増分 Δy が台形であると仮定したため,列(6)で計算された変位には小さい誤差が含まれる.図 18.7 に示す共役梁の真のせん断力の曲線は下に凸で,正しい面積は列(6)の値よりもわずかに小さい.ステーション 200 における真の変位は図 18.7(b)の面積のモーメントを計算して次のようになる.

$$y = \frac{5{,}000 \times 200 \times 100 + 5{,}000 \times (200/2) \times (200/3)}{10{,}000{,}000} = 13.333 \text{ in.}$$

表 18.1 の値は 0.5% 大きいことがわかる.

18.3 弾性荷重法によるトラスの変位

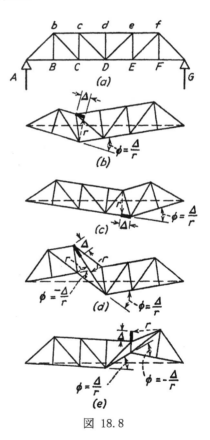

図 18.8

前項では,角度変化を負荷した共役梁の曲げモーメントを計算することによって,梁の変位曲線を計算した.この方法では長手方向の複数の点の変位を同時に計算することができるので,各変位を別々に計算する他の方法に比べて有利である.トラスの変位曲線も同様な方法によって計算することができる.この方法は,elastic load, elastic weight, angle load, angle weight 等と呼ばれている.これらの呼び方は梁の変位を計算する方法に対しても使われる.

$d\theta$ の角度変化がある梁の変位曲線と,荷重 $d\theta$ が負荷される共役梁の曲げモーメント線図が一致していることを,図 18.3 が示している.角度 ϕ が変化するトラスにもこの図を適用することができる.図 18.8 に示すトラスを考える.線 ABCDEFG 上の任意の点の角度 ϕ の変化がこの線の変位を生じ,この角度変化は ϕ が負荷される共役梁の曲げモー

第18章 特殊な解析方法

メントと一致する．共役梁を支持する方法は梁の変位を計算するときに使ったものと同じである．梁の角度変化は長手方向に分布するが，トラスの角度変化は点 B, C, D, E, F に集中する（図 18.8 参照）．

トラスの個々の部材の変形によって生じる角度変化は幾何学的な関係を使って計算される．図 18.8(a)の部材 bc が長さ Δ だけ短くなったとすると，トラスの2つの部分が点 C に関して $\phi = \Delta/r$ だけ相対回転する（図 18.8(b)参照）．距離 r は相対回転の中心 C から部材 bc への垂直距離である．同様に，部材 DE が長さ Δ だけ長くなったとすると，点 e に関する構造の2つの部分の相対回転は Δ/r である（図 18.8(c)参照）．これらの角度変化による変位曲線は，角度変化に等しい集中荷重 ϕ が負荷される共役梁の曲げモーメント曲線と同じである．変形の回転中心に対応するパネルの点に荷重が負荷される．

図 18.8 のトラスの垂直部材，または対角部材の伸びによって，同じ大きさで向きが逆の角度変化が隣のパネル点に生じる．対角部材 cD の長さの増加 Δ で点 d のまわりに Δ/r の回転が生じ，点 C のまわりに $-\Delta/r$ の回転が生じる（図 18.8(d)参照）．距離 r は回転中心から変形した部材への垂直距離である．垂直部材 eE の長さの減少 Δ で点 D まわりに Δ/r の回転が生じ，点 f まわりに $-\Delta/r$ の回転が生じる（図 18.8(e)参照）．図に示すように，距離 r は水平方向のパネル長さである．正の角度変化は共役梁の上向きの荷重で表され，負の角度変化は下向き荷重で表される．最終的なトラスの変位曲線はすべての部材の伸びによって生じる変位の重ね合わせから得られる．すべての部材に荷重 ϕ が負荷される共役梁の曲げモーメントはトラスの変位曲線と一致する．

トラスによっては水平の上部桁部材や垂直のウェブ部材を持たないものがある．このようなトラスの角度変化は上で説明した値と異なるが，図 18.8 に示したものと同様な方法で求めることができる．このようなトラスの角度変化の式をここには示さないが，多くの参考図書に載っており，個々の構造の形態を考慮して求めることができる[1],[2]．

例題

図 18.9 に示すトラスの変位曲線を計算せよ．部材 dD には応力が働かないが，他の部材には 29,000 psi の応力が負荷され，ヤング率は $E = 29,000,000$ psi である．応力の方向は，すべての下方の点に働く同じ下向き荷重の方向と同じである．

18.3 弾性荷重法によるトラスの変位

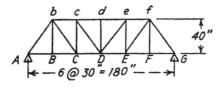

図 18.9

解：

弾性荷重と角度変化を表 18.2 で計算した．この構造は中心軸に関して対称である．したがって，左半分の部材だけを表に示している．変形 Δ は圧縮のとき負で，引張のとき正であり，各部材について fL/E で計算し，列(2)に記入した．距離 r を列(3)に示し，Δ/r の符号が正しく表されるように符号をつけた．

表 18.2

部材 (1)	Δ (2)	r (3)	$\dfrac{\Delta}{r}$ (4)	点 (5)
AB	0.03	40	0.00075	B
BC	0.03	40	0.00075	B
CD	0.03	40	0.00075	C
Ab	−0.05	−24	0.00208	B
bc	−0.03	−40	0.00075	C
cd	−0.03	−40	0.00075	D
bC	0.05	$\begin{cases} -24 \\ +24 \end{cases}$	$\begin{array}{r} -0.00208 \\ 0.00208 \end{array}$	B C
cC	−0.04	$\begin{cases} +30 \\ -30 \end{cases}$	$\begin{array}{r} -0.00133 \\ 0.00133 \end{array}$	C D
cD	0.05	$\begin{cases} -24 \\ +24 \end{cases}$	$\begin{array}{r} -0.00208 \\ 0.00208 \end{array}$	C D

図 18.8 によると，Δ/r の値は上の桁部材と下の桁部材で正である．ウェブ部材（垂直部材と対角部材）は Δ/r の符号はひとつが正でひとつが負であり，変形した構造の形状を調べて決める（図 18.8 参照）．Δ/r の値を列(4)で計算し，各値の負荷点を列(5)に示した．部材 bB の伸びは点 B の位置に影響するだけで別に考えればよいので，この表には部材 bB を載せていない．

弾性荷重の値 $\phi = \Delta/r$ をパネル点 B, C, D について合計し，表 18.3 の列(2)に示した．図 18.10(a)に示すように，これらの荷重が共役梁に負荷される．点 A と点 G における反力が弾性荷重と釣り合わなければならないので，図に示すように反力は -0.00583 rad である．表 18.3 の列(2)の合計として，共役梁のせん断力を列(3)で計算した．図 18.10(b)に示すせん断力線図がラジアンで表示したトラスの傾きを表す．列(3)の値にパネルの長さ 30 をかけて，せん断力線図の下の面積を列(4)で計算した．パネル点の変位 y は共役梁の曲げモーメントと等しく，列(4)を合計して列(5)に示した．点 B の -0.175 in.

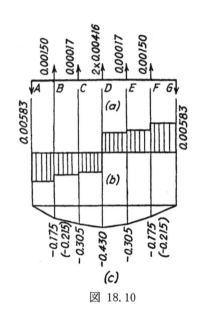

図 18.10

という値は部材 Bb の伸びがゼロの場合に対応しているので，部材 Bb が 0.040 in. 伸びることを考慮して -0.215 in. に補正する．変位曲線を図 18.10(c)に示す．

表 18.3

点 (1)	角度荷重 (2)	せん断 $\Sigma(2)$ (3)	せん断面積 $30 \times (3)$ (4)	y, in. $\Sigma(4)$ (5)
A	-0.00583			0
		-0.00583	-0.175	
B	0.00150			$-0.175(-0.215)$
		-0.00433	-0.130	
C	0.00017			-0.305
		-0.00416	-0.125	
$D(\times \frac{1}{2})$	0.00416			-0.430

18.3 弾性荷重法によるトラスの変位

問題

18.1 長さ L の一様な片持ち梁の自由端に荷重 P が負荷されている．面積モーメントの方法を使って，(*a*)荷重負荷点と，(*b*)中央での垂直変位と角度変位を求めよ．

18.2 長さ L の一様な単純梁に，w lb/in. の一様分布荷重が全長にわたって負荷され，長さの中央に P の集中荷重が負荷されている．面積モーメントの方法を使って，中央の変位と支持点の回転角を求めよ．
ヒント：中心線における接線を基準線とする．

18.3 長さ L の一様な梁が左端で固定されており，右端で単純支持されている．w lb/in. の荷重が左端から長さ $L/2$ の間に負荷されている．面積モーメントの方法を使って反力を求めよ．

18.4 共役梁法を使って問題 18.1 を解け．支持点から x の距離の変位を求めることにより，弾性曲線の式を求めよ．

18.5 共役梁法を使って問題 18.2 を解け．梁の全長の左半分の弾性曲線の式を求めよ．

18.6 共役梁法を使って問題 18.3 を解け．最大変位の位置と大きさを求めよ．
ヒント：共役梁の曲げモーメントが最大の点で共役梁のせん断力はゼロである．

18.7 長さ L の一様な梁の両端が固定支持されており，集中荷重 W が中央に負荷されている．曲げモーメントと最大最大変位を，(*a*)面積モーメントの方法と(*b*)共役梁法で求めよ．共役梁の両端は自由で，共役梁の曲げモーメント面積は反力を生じないことに注意すること．

18.8 16.5 項の例題 1（図 16.9）を共役梁法で解け．

18.9 16.5 項の例題 2（図 16.10）を共役梁法で解け．梁の右端の変位も求めよ．

18.10 弾性荷重の方法によって図 16.4(*a*) のトラスの変位曲線を求めよ．パネル

点に5個の垂直部材を追加し，これらの垂直部材は伸びないと仮定せよ．他の部材の伸びは 16.3 項の例題 1 に示されている．

18.4 ビームカラム

これまでに説明した構造では，変位は荷重に比例し，変位は荷重のモーメントアームにほとんど影響をおよぼさないくらい小さいと仮定していた．圧縮軸力が負荷される細長い梁の場合にはこれらの仮定は正しいとは言えない．ビームカラム（beam column）と呼ぶこのような部材では，横方向の変位が圧縮荷重のモーメントアームを大きく変化させる．変位は圧縮荷重に比例せず，図 14.5 と同じような関係となる．圧縮荷重が小さいときは変位が小さく，圧縮荷重が部材の限界荷重，すなわちオイラー荷重に近づくにつれて変位が大きな値になっていく．

図 18.11 に示すビームカラムには横荷重と端の曲げモーメントが働く．同じ横荷重と端の曲げモーメントが負荷され，軸荷重が負荷されない単純梁の曲げモーメントを 1 次曲げモーメント（primary bending moment）M' と呼ぶ．軸荷重 P が変位 y によって追加の曲げモーメント，すなわち 2 次曲げモーメント（secondary bending moment）$-Py$ を生じる．変位 y は 1 次曲げモーメントと 2 次曲げモーメントの両方から生じるので，これまでに説明した梁の変位を計算する方法で求めることができない．もちろん，初期曲げモーメントによる y を最初に求めて，逐次近似によって 2 次的な効果を計算することができる．軸力が小さい場合にはこの近似は速く収束するが，軸力がオイラー荷重に近づくと，収束は非常に遅くなる．

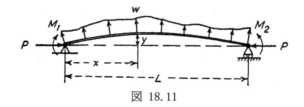

図 18.11

図 18.11 に示すビームカラムの任意の断面の曲げモーメントは次の式となる．
$$M = M' - Py \tag{18.7}$$
ここで，M' は $P = 0$ のときの曲げモーメントである．(18.7)式を x について 2 回微分すると次の式が得られる．

18.4 ビームカラム

$$\frac{d^2M}{dx^2} = \frac{d^2M'}{dx^2} - P\frac{d^2y}{dx^2} \tag{18.8}$$

M' の2階微分は荷重密度 w に等しいことを第5章で説明した．次の関係式も使う．

$$\frac{d^2y}{dx^2} = \frac{M}{EI} \tag{18.8a}$$

これらの値を(18.8)式に代入すると，ビームカラムの曲げモーメントの式が得られる．

$$\frac{d^2M}{dx^2} + \frac{PM}{EI} = w \tag{18.9}$$

M と w は x の関数である．w の2階微分をゼロとするため，w が x の線形関数であると仮定する．(18.9)式の一般解は次のようになる．

$$M = C_1 \sin\frac{x}{j} + C_2 \cos\frac{x}{j} + wj^2 \tag{18.10}$$

j の項は次のように定義される．

$$j^2 = \frac{EI}{P} \tag{18.11}$$

C_1 と C_2 の項は境界条件で決まる未知の係数である．梁の断面によって異なる値となる．たとえば，図 18.12 に示す梁の場合，定数 C_1 と C_2 は，区間 0〜a である一組の値をとり，区間 a〜b で別の一組の値で，区間 b〜L でまた別の一組の値となる．

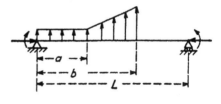

図 18.12

簡単な荷重条件の場合の(18.10)式の定数 C_1 と C_2 を求めてみよう．図 18.13 に示す梁の場合，w がゼロで，端の曲げモーメント M_1 と M_2 だけを考えればよい．$x = 0$ と $M = M_1$ を(18.10)

図 18.13

第18章 特殊な解析方法

式に代入すると，C_2 の値が得られる．

$$M_1 = C_2 \tag{18.12a}$$

同様に，$x = L$ と $M = M_2$ を(18.10)式に代入すると，(18.10)式は次のようになる．

$$M_2 = C_1 \sin\frac{L}{j} + M_1 \cos\frac{L}{j}$$

したがって，

$$C_1 = \frac{M_2 - M_1 \cos\dfrac{L}{j}}{\sin\dfrac{L}{j}} \tag{18.12b}$$

図 18.14 に示す一様な横荷重が負荷されるビームカラムでは，支持点の条件を考慮することによって C_1 と C_2 の値を計算できる．(18.10)式より，$x=0$ と $M=0$ として，$C_2=-wj^2$ が得られる．同様に，$x=L$ と $M=0$ から，

$$C_1 = \frac{wj^2\left[\cos\dfrac{L}{j} - 1\right]}{\sin\dfrac{L}{j}} \tag{18.13}$$

が得られる．

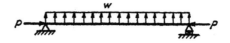

図 18.14

18.4 ビームカラム

荷重	C_1	C_2
$M = C_1 \sin \frac{x}{j} + C_2 \cos \frac{x}{j} + \omega j^2;\ j^2 = \frac{EI}{P}$		
端末モーメント, $\omega = 0$ 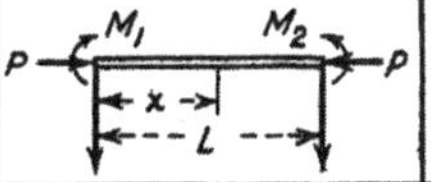	$\dfrac{M_2 - M_1 \cos \frac{L}{j}}{\sin \frac{L}{j}}$	M_1
一様荷重, $\omega = \omega_0$ 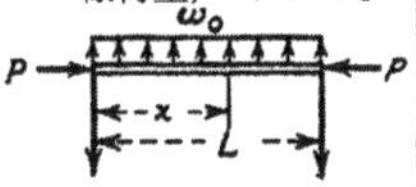	$\dfrac{\omega_0 j^2 (\cos \frac{L}{j} - 1)}{\sin \frac{L}{j}}$	$-\omega_0 j^2$
三角形荷重, $\omega = \frac{x}{L} \omega_0$ 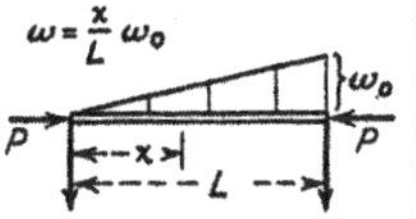	$\dfrac{-\omega_0 j^2}{\sin \frac{L}{j}}$	0
集中荷重, $\omega = 0$ 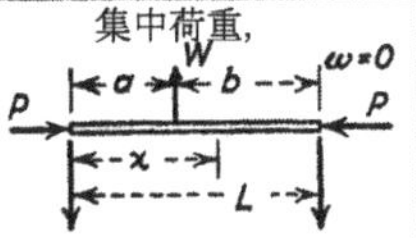 ; $x < a$	$-\dfrac{W j \sin \frac{b}{j}}{\sin \frac{L}{j}}$	0
集中荷重, $x > a$	$\dfrac{W j \sin \frac{a}{j}}{\tan \frac{L}{j}}$	$-W j \sin \frac{a}{j}$
偶力, $\omega = 0$ 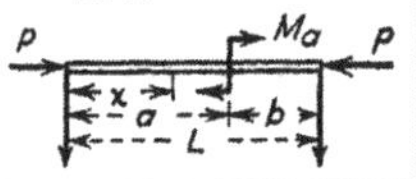 ; $x < a$	$-\dfrac{M_a \cos \frac{b}{j}}{\sin \frac{L}{j}}$	0
偶力, $x > a$	$-\dfrac{M_a \cos \frac{a}{j}}{\tan \frac{L}{j}}$	$M_a \cos \frac{a}{j}$

図 18.15

他の荷重条件についても同じように求めることができる．よくある荷重条件の定数 C_1 と C_2 の値を図 18.15 に示した．図 18.15 の最後の 2 つの荷重条件では，曲げモーメント式が点 $x = a$ で変化することがわかる．C_1 と C_2 について 2 組の値が必要で，合計 4 個の値を使わなければならない．これらの条件のうちの 2 つは支持点で曲げモーメントがゼロである．他の 2 つの条件は荷重負荷点におけるせん断力と曲げモーメントの条件に基づいている．集中荷重の場合，集中荷重のすぐ左側の曲げモーメントは集中荷重のすぐ右側の曲げモーメントと等しくなければならない．集中荷重の左側のせん断力は右側のせん断力より荷重 W 分だけ小さくなければならない．同様に，偶力が負荷される場合，M_0 の負荷点でせん断力は変化せず，曲げモーメントが M_a だけ変化する．

第18章 特殊な解析方法

ビームカラムの任意の断面のせん断力を求めるには、弾性曲線の傾きを考える必要がある。支持点の垂直反力は常に釣り合い式から得ることができ、その値は圧縮軸力の無い単純梁の反力と等しいことが図 18.15 からわかる。その理由は、力 P は支持点まわりにモーメントを発生しないからである。同様に、梁の垂直断面のせん断力 V' も釣り合い式から求めることができ、$P=0$ の単純梁のせん断力と同じ値である。通常の梁の関係式 $V = dM/dx$ を使うためには、図 18.16 に示したように弾性曲線に垂直なせん断力 V を考える必要がある。

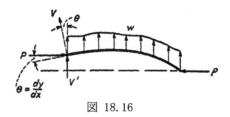

図 18.16

P と V' の梁に垂直な成分は図 18.16 から次のように得られる。

$$V = V'\cos\theta - P\sin\theta \tag{18.14}$$

角度が小さい場合、$\cos\theta = 1$, $\sin\theta = \tan\theta$ であるので、(18.14)式は次のようになる。

$$V = V' - P\theta \tag{18.15}$$

ここで、2番目の項は無視できない。(18.8)式を微分すると、V に関する次の式が得られる。

$$V = \frac{dM}{dx} = \frac{dM'}{dx} - P\frac{dy}{dx} \tag{18.16}$$

dM'/dx の項は単純梁の曲げモーメントの微分であり、単純梁のせん断力 V' に等しい。dy/dx の項は $\tan\theta$ に等しく、角度が小さい場合にはラジアンで表した θ に等しい。これらの代入を行うと(18.16)式から(18.15)式が得られる。梁のせん断力に関する(18.15)式の最後の項は、梁の曲げモーメントに関する(18.7)式の最後の項に対応していることがわかる。

18.5 ビームカラムの荷重の重ね合わせ

ビームカラムの変位と曲げモーメントは軸力に比例しない．したがって，2つまたはそれ以上の軸力を組み合わせた効果は，荷重を別々に負荷した効果を重ね合わせて計算することができない．しかし，軸力が一定であれば，横荷重による変位と曲げモーメントは荷重に比例する．したがって，決まった軸力が各横荷重と共に負荷されるならば，2つまたはそれ以上の横荷重による変位と曲げモーメントは重ね合わせが可能である．荷重条件の重ね合わせの手順を図18.17に示す．図18.17(*a*)と図18.17(*b*)の変位と曲げモーメントを合計して，図18.17(*c*)の梁の変位と曲げモーメントを求めることができる．軸力 *P* は各荷重条件で作用していなければならない．

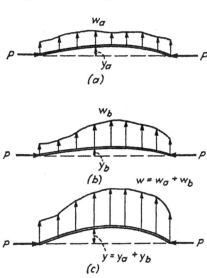

図 18.17

梁の変位の微分方程式を考えることにより，ビームカラムの重ね合わせの原理を証明することができる．図18.17(*a*)の梁に関して，

$$EI\frac{d^2 y_a}{dx^2} = M_{a'} - Py_a \tag{18.17}$$

ここで，$M_{a'}$ は単純梁の曲げモーメントで，$P=0$ のときの曲げモーメントである．同様に，図18.17(*b*)の梁に関しては，

$$EI\frac{d^2 y_b}{dx^2} = M_{b'} - Py_b \tag{18.18}$$

ここで，$M_{b'}$ は単純梁の曲げモーメントである．(18.17)式と(18.18)式を足し合わせると，

第18章 特殊な解析方法

$$EI\frac{d^2}{dx^2}(y_a + y_b) = M_{a'} + M_{b'} - P(y_a + y_b) \qquad (18.19)$$

単純梁の曲げモーメント $M_{a'}$ と $M_{b'}$ の和は, w_a と w_b の和による単純梁の曲げモーメント M' と等しい.したがって, (18.19)式は図 18.17(c)の梁の微分方程式に対応していなければならない.

$$EI\frac{d^2y}{dx^2} = M' - Py \qquad (18.20)$$

次の項を定義する.

$$M' = M_{a'} + M_{b'} \qquad (19.21)$$

$$y = y_a + y_b \qquad (19.22)$$

(18.22)式が証明すべき式である.(18.19)式と(18.21)式が(18.20)式になれば, この式が成り立つことが明らかである.

例題

図 18.18 に示す梁が 1 3/8-0.058 in.の鋼管でできており, 引張支柱で支えられている.曲げモーメント線図を描き, 鋼管の安全余裕を求めよ.

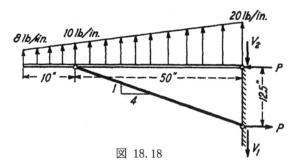

図 18.18

解:
まず, 釣り合い式によって反力を計算する.

18.5 ビームカラムの荷重の重ね合わせ

$$\sum M_0 = 8 \times 60 \times 30 + 12 \times 60 \times \frac{1}{2} \times 20 - 12.5P = 0$$
$$P = 1,728\,\text{lb}$$
$$V_1 = \frac{P}{4} = 432\,\text{lb}$$
$$V_2 = 480 + 360 - 432 = 408\,\text{lb}$$

支柱の結合点における曲げモーメントは,
$$M_1 = 80 \times 5 + 10 \times 3.3 = 433\,\text{in-lb}$$

鋼管の支持点間を圧縮荷重 $P = 1,728$ lb と端部モーメント $M_1 = 433$ in-lb が負荷されるビームカラムと考える.左の支持点で 10 lb/in., 右の支持点で 20 lb/in. の台形の分布荷重が負荷される.図 18.19 に示す 3 ケースを図 18.15 の上の 3 ケースの式で計算し,その結果を重ね合わせる.

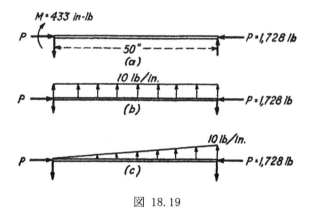

図 18.19

1 3/8-0.058 in. の鋼管について, $I = 0.0521$ in.^{4}, $E = 29,000,000$ psi で, $P = 1,728$ lb である.

$$j = \sqrt{\frac{EI}{P}} = 29.6\,\text{in.}, \qquad \frac{L}{j} = \frac{50}{29.6} = 1.69\,\text{rad}$$
$$\sin\frac{L}{j} = 0.993, \qquad \cos\frac{L}{j} = -0.1184$$

定数 C_1 と C_2 を図 18.15 から計算する.端部のモーメント $M_1 = 433$ と $M_2 = 0$ については,

第 18 章　特殊な解析方法

$$C_1 = \frac{433 \times 0.1184}{0.993} = 51.7, \quad C_2 = 433, \quad wj^2 = 0$$

一定分布荷重 $w_0 = 10$ lb/in. については,

$$C_1 = \frac{10 \times (29.6)^2 \times (-1.1184)}{0.993} = -9{,}860, \quad C_2 = -8{,}760, \quad wj^2 = 8{,}760$$

三角形分布荷重 $w = 0.2x$ については,

$$C_1 = \frac{-8{,}760}{0.993} = -8{,}830, \quad C_2 = 0, \quad wj^2 = 175.2x$$

上で求めた定数を重ね合わせて最終的な曲げモーメントを(18.10)式によって計算すると,

$$\begin{aligned} M &= C_1 \sin \frac{x}{j} + C_2 \cos \frac{x}{j} + wj^2 \\ M &= -18{,}640 \sin \frac{x}{29.6} - 8{,}330 \cos \frac{x}{29.6} + 8{,}760 + 175.2x \end{aligned} \tag{18.23}$$

表 18.4

1	x	0	10	20	27.0	30	40	50
2	M, in-lb (18.23)式から	430	−3,530	−5,910	−6,350	−6,190	−4,240	0
3	M', in-lb 単純梁	430	−2,450	−4,140	−4,505	−4,430	−3,114	0

曲げモーメントの数値を(18.23)式で計算し, 表18.4の行2に示した. 比較のために, 圧縮荷重が負荷されない単純梁の曲げモーメント M' の値を行3に示した. M と M' の曲線を図18.20に示した.

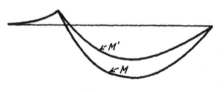

図 18.20

曲げの圧縮の組み合わせ荷重が負荷される管を設計するためには, 2次曲げ応力を考慮する応力比の方法を適用する. ANC-5に次の式が載っている.

$$\mathrm{MS} = \frac{1}{R_b + R_c} - 1 \tag{18.24}$$

ここで，R_bとR_cは曲げと圧縮の応力比である．1 3/8-0.058 in.の管では，I/y = 0.0758 in.^{3}, A = 0.2400 in.^{2}, ρ = 0.4661 in., D/t = 23.70 である．応力は次のように計算される．

$$f_b = \frac{My}{I} = \frac{6,350}{0.0758} = 83,800 \, \text{psi}$$

$$f_c = \frac{P}{A} = \frac{1,728}{0.24} = 7,200 \, \text{psi}$$

$$f = f_b + f_c = 91,000 \, \text{psi}$$

終極引張強度 100,000 psi の鋼では，ANC-5 によると F_b = 112,000 psi, F_c = 25,000 psi である．降伏応力は F_{cy} = 85,000 psi である．応力比は，$R_b = f_b/F_b$ = 0.748, $R_c = f_c/F_c$ = 0.288 である．(18.24)式から，

$$\text{MS} = \frac{1}{0.748 + 0.288} - 1 = -0.035$$

この管の強度は不足している．解析によって小さな正の安全余裕があったとしても，組み合わせ応力 f が降伏応力を超えると，真の変位と2次的な曲げモーメントが弾性的な管に対して計算した値よりも大きいため，管の強度には疑問が残る．管を終極引張強度 F_{tu} = 125,000 psi, F_{cy} = 100,000 psi まで熱処理するべきである．この部材は長い柱であるので，圧縮の応力比は同じままである．ANC-5 によると F_b = 141,000 psi で，$R_b = f_b/F_b$ = 0.594 である．(18.24)式から，

$$\text{MS} = \frac{1}{0.594 + 0.288} - 1 = 0.13$$

曲げモーメントの大きい断面だけで管の強度が問題となるので，管の熱処理を行ってから端の金具が溶接される．

18.6 ビームカラムの近似計算法

ビームカラムの設計においては，L/j の値を計算する前に EI の値を仮定する必要がある．曲げモーメントを計算して仮定した断面では不足していることがわかったならば，新しい断面を仮定して曲げモーメントを計算しなおさなければならない．試行錯誤を繰り返さないようにするために，曲げモーメントを計算する前に，必要な断面をある程度正確に推定することが望ましい．以下に示す近似的な計算法を使うと，(18.15)式を適用する前に設計者が断面を選ぶことができる．

第18章　特殊な解析方法

圧縮荷重 P を負荷されたビームカラムの曲げモーメントを，軸力が無い単純梁の曲げモーメントと比較すると，次の近似的な関係が成り立つ．

$$M = \frac{M'}{1-(P/P_{cr})} \tag{18.25}$$

ここで，M はビームカラムの曲げモーメントで，M' は同じ荷重を負荷される単純梁の曲げモーメントである．P_{cr} はオイラー座屈荷重 $\pi^2 EI/L^2$ である．

この関係はフーリエ級数 $y = a\sin(\pi x/L)$ の最初の項から得ることができ，この曲線のように変形するビームに対してこの関係は厳密である[3]．ほとんどの梁とビームカラムの変形曲線はサインカーブで近似でき，そのような場合にはこの関係は正確である．

18.5 項の例題で検討したビームカラムでは，P/P_{cr} の値が 0.288 であった．(18.25)式から，

$$M = \frac{M'}{1-0.288} = 1.404 M'$$

表 18.5 の M の近似値を計算するために，表 18.4 の行 3 の曲げモーメント M' を使う．得られた M の値は表 18.4 の行 2 の厳密な値に非常に近い．どちらも計算尺を使って計算したので，計算尺の誤差と最大曲げモーメントの断面における曲げモーメントの差は同程度である．

表 18.5

	x	10	20	27	30	40
1	M'	−2,450	−4,140	−4,505	−4,430	−3,114
2	$M = 1.440 M'$	−3,440	−5,810	−6,330	−6,210	−4,370
3	誤差, %	−2.5	−1.7	−0.3	0.3	3.0

18.7 引張が働く梁

ビームに働く引張荷重は圧縮軸力と同じような効果がある．圧縮荷重が単純梁で計算した変位と曲げモーメントを増加させたが，引張荷重はこれらを減少させる．引張が働く梁の式は圧縮の場合と同じようにして導くことができる．引張と曲げモーメントが働く部材の終極強度は降伏強度よりも大きいのがふつ

18.7 引張が働く梁

うなので,弾性変位を仮定して得られた式を終極強度の計算に適用することができない.ビームカラムの破壊応力は降伏応力を大きく超えるわけではない.したがって,前の項で導いた式は.引張荷重が負荷される部材のための式よりも有用である.

引張が負荷される弾性部材の厳密な式は(18.7)式と(18.9)式の P の符号を変えることによって得られる.$1/j$ の項は次の式に置き換える.

$$\frac{1}{j'} = \sqrt{\frac{-P}{EI}} = \sqrt{-1}\sqrt{\frac{P}{EI}} = \frac{i}{j}$$

ここで,i は虚数 $\sqrt{-1}$ である.

三角関数を双曲線関数で置き換え,次の関係を使う.

$$\sin\frac{ix}{j} = i\sinh\frac{x}{j}, \quad \cos\frac{ix}{j} = \cosh\frac{x}{j}$$

(18.10)式の代わりに次の式が成り立つ.

$$M = C_3 \sinh\frac{x}{j} + C_4 \cosh\frac{x}{j} - wj^2 \tag{18.26}$$

ここで,C_3 と C_4 は境界条件から決まる定数である.これらの定数は図 18.15 で示した形と同様であるが,三角関数を双曲線関数で置き換え,一部の符号を変更する必要がある.

引張荷重が負荷される弾性梁の曲げモーメントの近似式は,(18.25)式の P の符号を変更して得られる.

$$M = \frac{M'}{1 + (P/P_{cr})} \tag{18.27}$$

端のモーメントがゼロの場合には,実用的な問題に対してこの式は十分正確である.

問題

18.11 図 18.15 の三角形の荷重分布の C_1 と C_2 の値を確かめよ.

18.12 図 18.15 の集中荷重の C_1 と C_2 の値を確かめよ.

18.13　20 lb/in.の一定分布荷重が負荷されるビームカラムがある．$P = 3,000$ lb，$L = 50$ in.，$E = 29,000,000$ psi，$I = 0.10$ in.^{4} と仮定する．$x = 12.5$ と $x = 25$ の位置での曲げモーメントを求め，(18.25)式で求めた値と比較せよ．

18.14　0 から 50 lb/in に変化する三角形荷重として，問題 18.13 を解け．

18.15　15 lb/in.の一定分布荷重が 5 0in.の全長にわたって負荷され，2,000 lb の圧縮荷重が負荷される鋼管のビームカラムを設計せよ．まず，(18.25)式で試行寸法を決め，次に(18.15)式で応力をチェックせよ．

18.16　2,000 lb の圧縮荷重が負荷され，中央に 500 lb の荷重が負荷される長さ 40 in.の鋼管のビームカラムを設計せよ．

18.8 モーメント分布法

　不静定構造の従来の解析法は，まず不静定部材または不静定反力を取り除いて基本構造を得ることから始める．次に，各不静定力について変位の式を書き，その式を連立して解く．不静定力が 3 つ以上ある場合には連立方程式を解くのが非常に面倒になる．連立方程式を解くこと無しに高次の不静定構造の解析をするのに，モーメント分布法を使うことができる．

　モーメント分布法は 1932 年に Hardy Cross 教授によって紹介された [4], [5]．この方法は連続梁と剛なフレームに適用することができる．まず，この構造を両端固定の複数の梁がつながってできているとみなす．

　両端固定の梁の支持点のモーメントの拘束を 1 つずつ順番にはずしていき，実際の構造の条件を満たすまで曲げモーメントを逐次近似して補正する．この逐次近似では数値を使うので，不静定力の代数的な式を作る必要は無い．実際の構造の負荷荷重による両端固定の梁の曲げモーメントを最初に計算する必要がある．両端固定の梁には不静定反力が 2 つあり，面積モーメントの方法，共役梁，または仮想仕事の方法で解析することができる．各種の荷重条件に対する一様断面の梁の固定端モーメントを図 18.21 に示す．他の荷重条件に関する同様の値が工学ハンドブックに載っている．

18.8 モーメント分布法

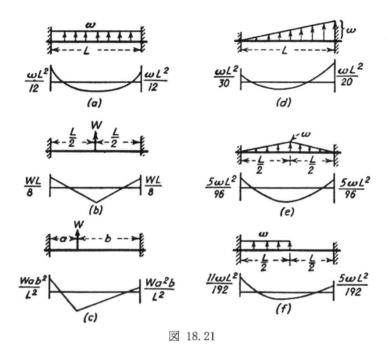

図 18.21

　図 18.22(a)に示すように，既知の曲げモーメント M_A が梁に負荷されている場合の角度 θ と曲げモーメント M_B を計算する必要がある．端 B は回転に関して固定されており，端 A は点 B における接線に対して垂直に変位しない．面積モーメントの第2原理によると，点 A に関するモーメント面積のモーメントはゼロである．モーメント面積を図 18.22(b)に示すが，図 18.22(c)のように表したほうが便利である．

$$\frac{M_B L}{2}\frac{2L}{3EI} - \frac{M_A L}{2}\frac{L}{3EI} = 0$$
$$M_B = 0.5 M_A$$
(18.28)

M_B と M_A の比をキャリーオーバー係数（carry-over factor）と呼び，一定断面の梁では常に 0.5 である．しかし，EI が長さ方向に変化する場合は他の値となる．

第 18 章　特殊な解析方法

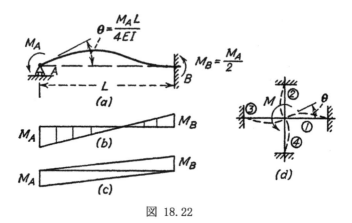

図 18.22

図 18.22 の角度 θ は点 B の接線からの点 A の接線の回転角であり，面積モーメントの第 1 原理から求めることができる．M/EI 線図の面積は角度 θ と等しい．

$$\theta = \frac{M_A L}{2EI} - \frac{M_B L}{2EI} = \frac{M_A L}{4EI} \tag{18.29}$$

単位角度 θ を生じる曲げモーメント M_A を部材の剛性係数（stiffness factor）K と呼ぶ．

$$K = \frac{4EI}{L} \tag{18.30}$$

部材どうしの結合点が図 18.22(d)のように回転している場合，この点における曲げモーメント M の分布を決めるために剛性係数を使う．ある点で結合されているすべての部材は同じ角度 θ で回転し，その剛性係数 K の比で曲げモーメントを受け持つ．曲げモーメントの合計はすべての部材で分担される．

$$M = K_1\theta + K_2\theta + K_3\theta + K_4\theta = \theta \sum K$$

ここで，K_1, K_2, K_3, K_4 は各部材の剛性係数で，合計を ΣK とする．したがって，部材の曲げモーメント M_1, M_2, M_3, M_4 は $\theta = M/\Sigma K$ の値を(18.29)式と(18.30)式に代入して計算される．

$$M_1 = \frac{K_1 M}{\sum K}, \quad M_2 = \frac{K_2 M}{\sum K}, \quad M_3 = \frac{K_3 M}{\sum K}, \quad M_4 = \frac{K_4 M}{\sum K}$$

部材の分担係数（distribution factor）は結合点においてその部材が受け持つモー

18.8 モーメント分布法

メントの比率を表し，次の式で表される．

$$\text{Distribution factor} = \frac{K}{\sum K}$$

モーメント分布法の手順の物理的な意味を図 18.23(a)を使って説明する．各支持点で両端が固定されていると仮定する．これは中央の支持点で梁が回転しないように人工的に拘束しているということである．図 18.21(a)と(b)から，固定端のモーメントが左側で 300 in-lb と右側で 750 in-lb と計算される(図 18.23(b)参照)．中央の支持点における不釣り合いモーメントは隣り合うスパンの固定端モーメントの差であり，450 in-lb である．したがって，図 18.23(b)に示す曲げモーメント線図になるためには，図 18.23(c)に示すように，実際の支持拘束に加えて 450 in-lb の時計回りの外部偶力が働かなければならない．実際の支持拘束の状態は，図 18.23(d)に示す偶力負荷と図 18.23(c)の荷重状態の重ね合わせで求めることができる．

図 18.23(d)の偶力負荷は，単純支持の支持点に偶力が働く図 18.22(a)の負荷状態と同等である．偶力負荷される場合の曲げモーメント線図は図 18.22(b)の線図と同じである．右側の部材の剛性係数 K は左側の部材の剛性係数の 2/3 である．したがって，偶力の 40%，180 in-lb を右側の部材が受け持ち，60%，270 in-lb を左側の部材が受け持つ．固定端の曲げモーメントは中央の曲げモーメントの 1/2 である．したがって，図 18.23(d)の負荷状態の曲げモーメント線図は図 18.23(d)となる．最終的な曲げモーメント線図は，図 18.23(b)と(e)を重ね合わせて，図 18.23(f)のように得られる．

第18章 特殊な解析方法

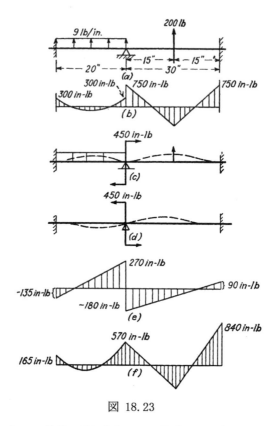

図 18.23

図 18.23(c)と(d)の荷重の重ね合わせは，構造の釣り合いと連続性をすべて満足する．両端の支持点の接線は回転せず，中央の支持点では外部モーメントが無い．負荷される荷重は元の梁の荷重と同じである．モーメント分布法を使う問題で，1つ以上の支持点で人工的な拘束を与える必要があることが多い．拘束は梁の回転を止めることである．各支持点で拘束をはずすと，不釣り合いモーメントが隣の支持点に伝わる．これらの隣の支持点が固定端でない場合には，伝達されたモーメントが不釣り合いを生じる．したがって，釣り合わせる手続きを繰り返して行う必要がある．繰り返しを重ねると，不釣り合いモーメントは小さくなっていき，不釣り合いが無視できるまで手続きを繰り返す．

18.8 モーメント分布法

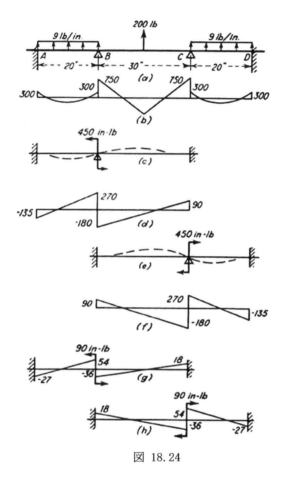

図 18.24

　図 18.24(a)に示す3連梁の両端が固定されており，2つの中間点で単純支持されている．この構造は中心線に関して対称で，左側の2つのスパンは図 18.23(a)と類似である．EI の値はすべての断面で一定である．モーメント分布法の解析の第1段階は，内部支持点で梁を固定して，固定モーメントを求めることである．図 18.24(b)に示すように，固定モーメントは，750 in-lb の 300 in-lb である．内部支持点で回転をしないようにするための人工的な拘束は 450 in-lb の偶力で与えられる．

　次に，図 18.24(c)に示すように，450 in-lb の偶力を負荷して結合点 B の拘束

をはずす．このとき，結合点 A と C は固定のままとする．相対剛性のため，このモーメントのうちの 60% が部材 AB に入り，40% が部材 BC に入る．結合点 B のこれらのモーメントの半分が部材の他端に伝えられて，点 A で -135 in-lb の曲げモーメントを，点 C で 90 in-lb の曲げモーメントを生じる（図 18.24(d)参照）．次に，結合点 B と同じように，図 18.24(e)に示すように 450 in-lb の偶力を点 C に負荷して結合点 C の拘束をはずす．そうすると，図 18.24(f)に示す曲げモーメントが生じる．

結合点 B の拘束をはずすと，点 C に 90 in-lb のモーメントが伝達され，結合点 C の拘束をはずすと，結合点 B に 90 in-lb のモーメントが伝達される．このように，これらの結合点のモーメントの拘束を完全にはずす代わりに，梁を角度 θ 回転させて再度拘束する．この角度では拘束を完全にはずすには不十分である．もう一度釣り合わせる手続きを繰り返すことが必要である．

2 回目の釣り合わせの手続きでは，図 18.24(g)に示すように，点 B に 90 in-lb の偶力を負荷する．この荷重による曲げモーメントは 18.24(d)に示す曲げモーメントの 1/5 である．同様の偶力を結合点 C にも負荷すると，図 18.24(h)に示す曲げモーメントが生じる．第 2 回目の手続きの後には点 B と C に 18 in-lb の不釣り合いモーメントが残る．第 3 回目の手続きでは，図 18.24(g)と(h)の曲げモーメントの値の 1/5 の曲げモーメントを生じ，残る不釣り合いモーメントは 3.6 in-lb である．この曲げモーメントは無視できるくらい小さいので，第 4 回目の手続きは不要である．最終的な曲げモーメントは図 18.24(b), (d), (f), (g), (h)を重ね合わせて求めることができる．

18.9 モーメント分布法の実際の手順

図 18.24 に示した数値計算は，簡潔な表で行うことができる．曲げモーメント線図と変位曲線は物理的意味を示すためのものである．この方法を使う練習をすると，変位を思い浮かべることができるようになり，個々の変位曲線や曲げモーメント線図を描くことなしに，曲げモーメントの数値計算ができるようになる．定型的な表計算の手順であることが望ましい．

図 18.24 の梁の曲げモーメントの計算の一般的な表計算法を図 18.25 に示す．ここで用いた符号の定義は水平の梁で使われるもので，正の曲げモーメントが梁の上側に圧縮応力を発生する．この符号の定義は Cross 教授がモーメント分布法の原論文で用いたものである．最初に，支持点の条件を表すための簡単な

18.9 モーメント分布法の実際の手順

図を描く．部材の相対剛性係数は，支持点の枠に示したように 0.60 と 0.40 である．対応する部材の下の行 1 に固定端モーメントを記入する．これらの固定端モーメントの差が支持点の不釣り合い偶力を表し，不釣り合い偶力を部材の剛性係数に比例して部材に分配する．行 2 に示す釣り合い用のモーメントは，450 in-lb の不釣り合い偶力の 60% と 40% として計算される．行 2 の下に水平線を引き，この線の上の合計モーメントがすべての結合点で釣り合っていることを示す．

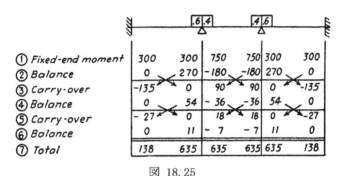

図 18.25

図 18.25 の行 3 に矢印で示すように，部材の反対側の端の釣り合いモーメントの半分であるキャリーオーバーモーメント（carry-over moments）を計算する．図 18.25 の最初の 3 行のモーメントの和は，図 18.24(b)，(d)，(f) の曲げモーメント線図の重ね合わせである．2 回目の繰り返し計算を図 18.25 の行 4 で行っている．不釣り合いモーメントに 0.60 と 0.40 をかけて，構造の対応する点の下に記入する．前と同じように，水平線を引き，この線の上のモーメントがすべての点で釣り合っていることを示す．このモーメントの半分を部材の反対側の端に伝え，矢印で示すように行 5 に記入する．図 18.25 の行 4 と 5 のモーメントは図 18.24(g) と (h) に対応する．

図 18.25 の最初の 5 行を梁の各点について足し合わせると，図 18.24 の線図を重ね合わせたものに対応する．中間支持点の曲げモーメントには小さな不釣り合いモーメントが残っている．近似的に求めた曲げモーメントが釣り合っているのが望ましいので，キャリーオーバー操作が完了した時点ではなく，釣り合い操作が完了した時点で繰り返し計算を終えるのがふつうである．図 18.25 の行 6 でモーメントが釣り合っているが，不釣り合いモーメントを無視できるので，この残りの値をキャリーオーバーしない．各列のモーメントの項の合計を

行 7 に示す．

　図 18.23 から図 18.25 で使った符号の規則を使えば，ふつうに梁の曲げモーメントをプロットすることができる．しかし，垂直部材を含む剛なフレームの解析では注意が必要である．簡単な規則を設定することで，モーメント分布法を自動的に適用できるようになる．水平の梁と剛なフレームの両方に使えるようにするため，すべての種類の構造に適用できる符号の規則を設定する．モーメント分布法では，図 18.26 に示すように，結合点に働く時計回りの固定端モーメントを正とする，すなわち，部材に働く反時計回りのモーメントを負とする．この符号の規則は固定端モーメントに適用するが，部材内の曲げモーメントには適用しない．すなわち，図18.25 の表中のモーメントには適用するが，図 18.23 と図 18.24 のモーメント線図には適用しない．

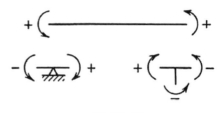

図 18.26

　モーメント分布法の手順では以下の規則を使う．

1. 負荷された各スパンの固定端モーメントを計算し，構造図の対応する場所に正しい符号で記入する．正のモーメントがその部材を反時計回りに回転させようとする．
2. 各結合点において部材の分担係数 $K/\Sigma K$ を計算し，各結合点に記入する．
3. 各部材に対して不釣り合いモーメントに分担係数をかけて各結合点のモーメントを釣り合わせ，符号を変えて，各固定端モーメントの下に釣り合わせるモーメントを記入する．不釣り合いモーメントは結合点のモーメントの和である．回転が拘束されている支持点では，不釣り合いモーメントは支持点で受け持たれ，釣り合わせるモーメントにはゼロを記入する．すなわち，その点では釣り合い操作で拘束を外さない．
4. 釣り合わせるモーメントの下に水平線を引く．すべての結合点において，水平線の上のすべてのモーメントの和がゼロでなければならない．
5. キャリーオーバー操作を対角線の矢印で示し，部材の反対側の点の伝達モーメントを記入する．キャリーオーバーモーメントは対応する釣り合わせるモーメントと同じ符号で，大きさはその半分である．
6. 釣り合い操作とモーメントのキャリーオーバー操作を必要な回数だけ

繰り返す．各繰り返しにおいて，不釣り合いモーメントは，結合点における最後の水平線の上のモーメントの合計である．
7. 各点のすべてのモーメントの和として，各部材の端の最終的なモーメントを計算する．すべての結合点において，全部材の最終的なモーメントの合計はゼロでなければならない．

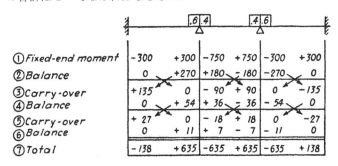

図 18.27

上の符号の規則を当てはめて，図 18.25 の計算を図 18.27 に書き直した．構造は図 18.24(a)である．固定端のモーメントの符号を決めれば，残る項の符号は上の規則 3 と 5 で自動的に決まる．

図 18.28 に示す構造をモーメント分布法で計算する．図 18.29 に支持点の状態と部材の分担係数を示した．結合点 A と B を拘束し，次に拘束をはずし，不釣り合いモーメントをこれらの結合点に分配する．荷重が負荷されていない構造を結合点 A で回転させると，片持ち梁となるこの点ではモーメントを受け持たず，部材 AB が点 A に負荷されたすべてのモーメントを

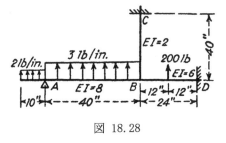

図 18.28

受け持つ．したがって，図に示したように結合点の分担係数は 0.0 と 1.0 である．結合点 B に集まる部材の剛性係数 K を(18.30)式で計算した．

部材 AB : $K = \dfrac{4EI}{L} = \dfrac{4 \times 8}{40} = 0.8$

部材 BC : $K = \dfrac{4EI}{L} = \dfrac{4 \times 2}{40} = 0.2$

第18章 特殊な解析方法

部材 BD : $K = \dfrac{4EI}{L} = \dfrac{4 \times 6}{24} = 1.0$

$\sum K = 2.00$

荷重が負荷されていない構造で,結合点 A を拘束して結合点 B を回転させると,不釣り合いモーメントが剛性係数 K に比例して部材に分配される.部材 AB,BC,BD について,不釣り合いモーメントの合計に各部材の $K/\Sigma K$,すなわち分担係数 0.4,0.1,0.5 をかける.

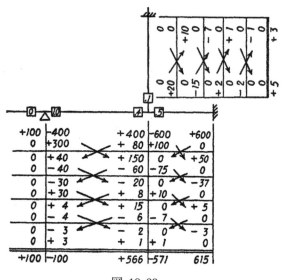

図 18.29

外に張り出した端の部材の固定端のモーメントは 100 in-lb で,この値は点 A の正しい曲げモーメントである.部材 AB の固定端モーメント,-400 in-lb と 400 in-lb は図 18.21 から得られ,図 18.26 の符号の規則を使った.同様に,部材 BD の固定端モーメントは -600 in-lb と 600 in-lb である.部材 BC には荷重が負荷されておらず,固定端モーメントが無い.

次に,前に手順を説明したように,固定端モーメントを分布させる.結合点に集まる部材のモーメントを合計することにより,各結合点の不釣り合いモーメントを計算する.このモーメントに分担係数をかけて,符号を変えることにより,このモーメントを釣り合わせる.矢印で示したように,キャリーオーバ

一係数をすべてのケースで 1/2 として，このモーメントをキャリーオーバーする．補正量が無視できるようになるまでこの手順を繰り返す．チェックができるように，釣り合い操作をした後に計算を終了する．結合点のすべての部材のモーメントの合計がゼロになる必要がある．

18.10 結合点の変位

これまでのモーメント分布法の説明では，結合点が回転でき，移動はしないと仮定していた．支持点の変位を考慮する必要があることや，結合点が移動できる剛なフレームを解析することも多い．結合点の移動の影響は固定端モーメントを計算する際に考慮することができる．

図 18.30(a)に示すように，一様な部材の片方の端が距離 Δ だけ移動したとする．両端とも回転ができないとすると，曲げモーメント線図は図 18.30(b)のようになる．モーメント面積のスパンの片方の端に関するモーメントをとることにより，変位が面積モーメントの第2原理から計算される．

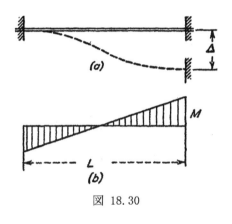

図 18.30

$$\Delta = \frac{ML}{4EI} \times \frac{5L}{6} - \frac{ML}{4EI} \times \frac{L}{6} = \frac{ML^2}{6EI} \tag{18.31}$$

したがって，Δ, L, EI が既知であれば，固定端モーメントは(18.31)式で計算できる．他の荷重から生じる固定端モーメントと同じように，このモーメントを分布させる．

第 18 章　特殊な解析方法

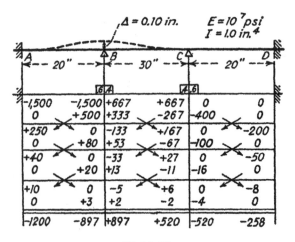

図 18.31

ひとつの支持点を変位させた水平梁の曲げモーメントを計算する方法を数値例で説明する．図 18.31 に示す梁は一定断面で，$E = 10^7$ psi，$I = 1.0$ in.^{4} である．支持点 B を上方向に距離 $\Delta = 0.01$ in. 移動させる．まず，結合点 B と C の回転を拘束し，結合点 B を点 A と C の接線に対して相対的に移動させて，部材 AB，BC の固定端モーメントを計算する．(18.31)式から，部材 AB については，

$$M = \frac{6EI\Delta}{L^2} = \frac{6 \times 10^7 \times 0.01}{(20)^2} = 1{,}500 \text{ in-lb}$$

この固定端モーメントが部材の両端で時計回りなので，A と B で負である．部材 BC については，固定端モーメントは両端で正である．

$$M = \frac{6EI\Delta}{L^2} = \frac{6 \times 10^7 \times 0.01}{(30)^2} = 667 \text{ in-lb}$$

支持点が移動変位したため，結合点 B と C が回転する．回転をふつうにモーメント分布法の手順で考慮して，端のモーメントの最終的な値は図 18.31 に示すようになる．

　支持点が移動する梁に荷重が負荷される場合，負荷荷重と支持点の移動の影響は 2 つの方法のどちらかを使って重ね合わせることができる．負荷荷重と支持点変位の組み合わせによる固定端モーメントを最初に計算し，この組み合わ

18.10 結合点の変位

せモーメントをモーメント分布法の手順を使って釣り合わせる．場合によっては，2つの影響を分離する方がよい．すなわち，支持点変位によるモーメントを図18.31に示すように分布させ，負荷荷重によるモーメントを図18.24と図18.27のように分布させ，その後で2つの分布の結果を重ね合わせる．

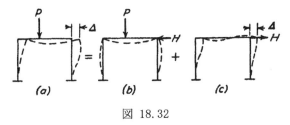

図 18.32

結合点が移動する剛なフレームの解析では，モーメント分布法を2つの手順に分離することが必要である．図18.32に示す剛なフレームでは，非対称荷重が負荷される場合，2つの上側の結合点が横方向に動く．図18.32(b)に示すように水平方向の力 H を負荷して横方向の移動が起きないようにすると，荷重 P と H による曲げモーメントはふつうのモーメント分布法によって計算できる．次に，横方向の動きをおさえる水平方向の力 H を釣り合い条件から計算する．さらに，図18.32(c)に示すように，大きさが同じで向きが反対の力 H を負荷して，構造の解析を行う．図18.32(a)の最終的な曲げモーメントは図18.32(b)と(c)の曲げモーメントを重ね合わせて得ることができる．

図18.32(c)に示す荷重 H が負荷される剛なフレームの解析を数値例で説明する．構造が既知の距離 Δ だけ変位すると，固定端モーメントは(18.31)式で計算できる．しかし，力 H が既知で Δ は未知であるのがふつうである．任意の値 Δ を仮定して固定端モーメントを釣り合わせる必要がある．他の H の値に対する曲げモーメントは比例によって求める．

図18.33に示す EI が一定のフレームで，結合点 B と C が回転せずに右に移動すると仮定する．部材 BC の固定端モーメントはゼロで，図に示すように変位 Δ が部材 AB と CD に 1,000 in-lb の固定端モーメントを発生するとする．Δ の値は(18.31)式から計算できるが，計算する必要はない．図18.33のように，1,000 in-lb の固定端モーメントを釣り合わせると，最終的なモーメントは，点 A と D で 748 in-lb，点 B と C で 501 in-lb である．図18.34に示すように，フレームの各部材をフリーボディとする．部材の端におけるせん断力は部材のフリーボディを参照してモーメントの釣り合いから計算できる．個々の部材の軸力は示さ

第18章 特殊な解析方法

ないが，隣の部材のせん断力から計算できる．構造全体をフリーボディとしたときの支持点 A と D の外力の合計を示す．

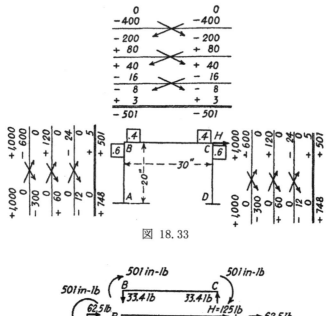

図 18.33

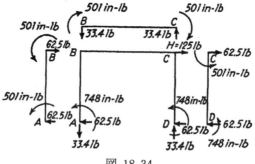

図 18.34

構造全体の水平方向の力の釣り合いから，H の値は 125 lb である．他の H の値に対応する曲げモーメントは比例計算によって得られる．

　非対称垂直荷重 P が負荷される構造を図 18.32 に示す手順で解析する．まず，図 18.35 に示すように，点 C で水平方向の動きが拘束されている構造に，2,000 lb の荷重が点 B から 10 in.離れた点に負荷されていると仮定する．結合点 B と C は移動と回転が拘束されているので，部材 AB と CD の固定端モーメントはゼロである．図 18.21(c)から部材 BC の固定端モーメントは，点 B で 8,888 in-lb，

18.10 結合点の変位

点 C で −4,444 in-lb と計算される．図 18.35 に示すように，これらのモーメントをふつうに分布させる．端のモーメントを計算した後で，図 18.34 で行ったのと同じようにして，各部材をフリーボディとして釣り合い式により他の力を求める．

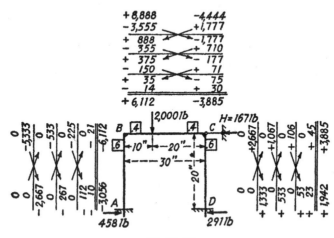

図 18.35

横方向の移動を拘束した構造については，水平方向の反力は，点 A で右方向の力 458 lb で，点 D で左方向に 291 lb である．横方向の移動を起こさないために必要な点 C での力は構造全体の水平方向の力の釣り合いから，$H = 458 − 291 = 167$ lb と計算される．これらの力を図 18.35 に示した．

図 18.32(c) に示す $H = 167$ lb に対応する曲げモーメントは，図 18.33 または 18.34 に示すモーメントに比 167/125 をかけて計算される．これらのモーメントを図 18.35 に示すモーメントに重ね合わせる．重ね合わせを図 18.36 に示す．モーメントの合計は横方向の移動を拘束しない構造の端部のモーメントである．

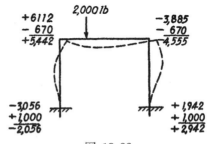

図 18.36

第 18 章 特殊な解析方法

18.11 軸力が作用する部材のモーメント分布

　連続梁やフレームの細長い部材に引張または圧縮が作用することが多い．前に説明したビームカラムの式は単一のスパンにだけ適用できる．単一スパンの場合には端にモーメントが作用する場合についても考慮した．したがって，あるスパンについてモーメント分布法によって端部のモーメントが計算されている場合には，そのスパン内の任意の点の曲げモーメントは図 18.15 の式で計算できる．

　モーメント分布法の手順は，固定端のスパンの曲げモーメントと結合点の逐次的な回転による曲げモーメントの重ね合わせからなる．軸力が同じであれば横方向荷重に対して，ビームカラムでも重ね合わせの原理が適用できることを 18.5 項で説明した．すべてのモーメントが負荷されているときにその軸力が作用するならば，端のモーメントまたは端の回転による曲げモーメントと変位についても重ね合わせができる．

　圧縮を受ける梁の固定端モーメントは軸力の無い場合よりも大きい．引張を受ける部材では，固定端モーメントは軸力が無い場合に比べて小さい．軸荷重が負荷される梁の固定端モーメントは変位曲線の微分方程式を使って，梁の両端で傾きがゼロであると置いて計算することができる．いろいろな荷重条件に関するこの計算は NACA Technical Note 534[6] で B. W. James が行った．図 18.37 と図 18.38 はこの論文からとったもので，他の荷重条件に関する同様の情報もこの論文に載っている．一様分布荷重が負荷される梁の固定端モーメントを図 18.37 に示した．

$$M = \frac{wL^2}{C_1}$$

ここで，C_1 は軸力の関数で，18.4 項で使った L/j を横軸としてプロットしてある．

$$\frac{L}{j} = \sqrt{\frac{P}{EI}} L$$

軸力が無い場合は，$C_1 = 12$ で，引張荷重が増加すると C_1 が増加し，モーメントが減少する．圧縮荷重が増加すると，C_1 の値が減少し，固定端モーメントが増加することを示している．

18.11 軸力が作用する部材のモーメント分布

軸力が負荷される部材の固定端モーメントによって集中横力 W が生じるので、その力も次の式で図 18.37 に示した.

$$M = \frac{WL}{C_2}$$

係数 C_2 についても L/j の関数として図示した.

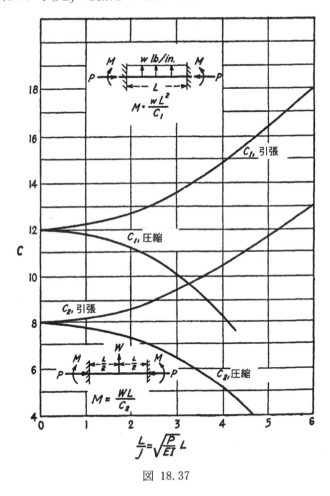

図 18.37

軸力を受ける部材のキャリーオーバー係数と剛性係数を図 18.38 に示す. 反時計回りの固定端モーメントを負荷されるビームカラムの変位曲線の微分方程

第 18 章 特殊な解析方法

式を使って，右端の傾きをゼロと置くことによってこれらの係数を求めることができる．軸力が無い場合には M_B/M_A は 0.5 で，圧縮軸力が増加すると増加し，引張軸力が増加すると減少する．この比はこのスパンのキャリーオーバー係数である．

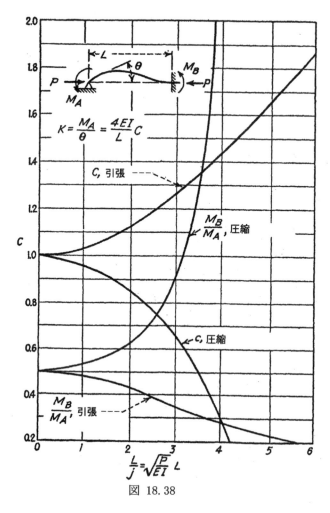

図 18.38

軸力が負荷される梁の剛性係数は，軸力が無い梁の剛性係数に C をかけたものである．

18.11 軸力が作用する部材のモーメント分布

$$K = \frac{M_A}{\theta} = \frac{4EI}{L}C$$

L/j に対する C の値を図 18.38 に示す．固定端モーメント，軸力を受ける梁の剛性係数，キャリーオーバー係数を計算した後は，モーメント分布法の手順は軸力が無い場合と同じである．

例題

図 18.24(a)に示す梁に圧縮軸力 P = 10,000 lb が働いており，梁の断面は一定で $EI = 10^6$ lb-in.^{2} である．点 A，B，C，D における曲げモーメントを求めよ．

解：

固定端モーメント，キャリーオーバー係数，剛性係数は L/j の値に依存する．図 18.11 から，

$$j = \sqrt{\frac{EI}{P}} = \sqrt{\frac{10^6}{10^4}} = 10$$

スパン AB と CD では L/j = 2.0，スパン BC では L/j = 30 である．固定端モーメントは図 18.37 から求めることができる．スパン AB と CD では，C_1 = 11.2，$M = wL^2/C_1 = 9 \times (20)^2/11.2 = 321$ in-lb．スパン BC では，C_2 = 6.9，$M = wL^2/C_2 = 200 \times 30/6.9 = 875$ in-lb．キャリーオーバー係数は図 18.38 から得られる．スパン AB と CD では，M_B/M_A = 0.62 で，スパン BD では，M_B/M_A = 0.91 である．剛性係数は図 18.38 から得られる．部材 AB と CD では C = 0.86 で，部材 BC では C = 0.66 である．分担係数は次の表のようになる．

表 18.6

部材	C	$\dfrac{4EI}{L}$	$K = \dfrac{4EI}{L}C$	$\dfrac{K}{\Sigma K}$
AB or CD	0.86	2×10^5	1.72×10^5	0.66
BC	0.66	1.33×10^5	0.88×10^5	0.34
ΣK			2.60×10^5	

モーメント分布法の数値計算を図 18.39 で行った．部材の中央の丸の中にキ

ャリーオーバー係数を示した．前の問題ではキャリーオーバー係数はすべての部材で 0.5 であったので示す必要はなかった．最終的な曲げモーメントは図 18.39 の列の合計で得られる．図 18.27 に示した軸力がゼロの場合の同じ梁の結果とこれらの値を比較する．軸力の影響は，中央のスパンの変位の増加と，それに対応する点 B と C における曲げモーメントの増加に表れている．中央スパンの変位が大きくなると，端のスパンの変位が減少し，点 A と D の曲げモーメントが減少する．中央スパンの集中横力が大きくなると，点 A と D の曲げモーメントの符号が変化する．スパン内の曲げモーメント曲線が必要ならば，図 18.15 の式を使って計算できる．すなわち，各スパンを分離して考えて，図 18.39 で得た固定端モーメントをビームカラムの式の M_1 と M_2 に代入する．

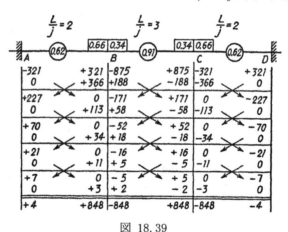

図 18.39

18.12 モーメント分布法の応用

Cross 教授が 1932 年にモーメント分布法を発表して以来，いろいろな応用や技法が開発された．梁とフレームの解析への適用に加え，数値解析への逐次近似法はせん断遅れの解析，板の変位の解析，振動数の解析，配管のネットワークの中の水の流れの解析に使われてきた．この一般的な手順は工学的解析方法のうち最も強力な手法の一つである．しかし，本書での説明は梁とフレームの問題に限定する．

モーメント分布法の基本的なアイデアだけを説明する．この方法をよく使う

18.12 モーメント分布法の応用

設計者はこのテーマに関するもっと詳細な説明が載っている他の本[1], [2]を読むべきである．最も有用な近道のひとつは，梁の単純支持の端，または張り出した端の取扱いである．図 18.28 の支持点 A のように固定支持とするのではなく，最初から単純支持とすることができる．結合点 B だけの拘束を外すと，正しいモーメントを最初の分布操作で得ることができる．

各スパン内で断面が変化する梁をモーメント分布法で解析することも簡単にできる．いろいろな荷重条件の，断面 2 次モーメントがスパン内で変化する梁の固定端モーメント，剛性係数，キャリーオーバー係数について多数の設計曲線が発表されている[7]．これらの曲線を使う手順は軸力が負荷される梁の図 18.37 と図 18.38 の使い方と同様である．

図 18.32 に示す剛なフレームでは，すべての結合点が移動しないようにするためにただひとつの拘束だけで十分であった．剛なフレーム構造では人為的な複数の拘束が必要であることが多い．このような構造の解析は難しく，特別な解析方法が提案され，公表されている[8], [9]．

単純トラスの部材の 2 次曲げ応力の計算にモーメント分布法がよく使われる[1], [9]．実際の構造では部材が結合部で剛にリベット結合されていたり，溶接されていたりするが，トラスの解析では部材がピン結合されていると仮定する．トラスの部材に働く横力，または結合点の偏心によるモーメントが，結合点が回転するために他のすべての部材に分配される．部材の曲げモーメントはモーメント分布法の通常の手順で計算することができる．剛に溶接されたトラスの部材の軸方向変形によって部材に曲げモーメントが生じる．この曲げモーメントの解析では固定端モーメントを求める特別な手続きが必要である．

モーメント分布法の手順を構造の安定性の条件を求めるために使うことができる[10], [11]．たとえば，図 18.39 に示す圧縮を受ける連続梁にモーメント分布法を使うと，図 18.27 の軸力が無い同じ梁の場合よりも収束が遅い．梁にさらに大きい圧縮荷重が負荷されると，モーメント分布法の計算が収束しなくなり，不釣り合いモーメントが各繰り返しの後で徐々に大きくなっていくだろう．これは圧縮荷重が弾性座屈が発生する荷重よりも大きいことに対応している．たとえば，複数の同じ長さのスパンを持つ連続梁が各端で単純支持されている場合，この梁は圧縮荷重がオイラー荷重 $\pi^2 EI/L^2$ になったとき，または L/j が π になったときに座屈する．この梁をモーメント分布法で解析すると，キャリーオーバー係数は各スパンで 1.0 で，分布は収束しない．引張部材と圧縮部材を持つトラスでは，安定性の一般的な条件はモーメント分布法の計算の収束によっ

て求めることができる．

問題

18.17 両端のスパンの分布荷重を 18 lb/in.に変えて，図 18.24(a)の構造を解析せよ．

18.18 部材 BC の剛性を $EI = 10$ に変えて，図 18.28 の構造を解析せよ．

18.19 図に示す剛なフレームをモーメント分布法で解析せよ．$P_2 = 0$, $P_1 = 100$ lb，$w = 2$ lb/in.とする．対称なので横方向に変形しないことに注意すること．

18.20 図 17.12(a)の剛なフレームをモーメント分布法で解析せよ．EI の値は一定であるとする．

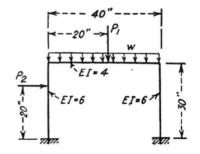

問題 18.19, 18.21

18.21 図に示す剛なフレームをモーメント分布法で解析せよ．$P_1 = 100$ lb，$P_2 = 200$ lb，$w = 0$ とする．

18.22 図 17.6(a)に示す剛なフレームをモーメント分布法で解析せよ．

18.23 引張荷重 P を 10,000 lb，圧縮荷重 P を 4,000 lb，8,000 lb，12,000 lb として，18.11 項の例題を解け．

第 18 章の参考文献

[1] Bruhn, E. F.: "Analysis and Design of Airplane Structures," Tri-State Offset Co., Cincinnati, 1943.
[2] Grinter, L. E.: "Theory of Modern Steel Structures," Vol. 2, The Macmillan Company, New York, 1937.

第 18 章の参考文献

[3] Timoshenko, S.: "Strength of Materials," Part II, D. Van Nostrand Company, Inc., New York, 1930.
[4] Cross, H.: Analysis of Continuous Frames by Distributing Fixed-end Moments, Trans. ASCE, 1932.
[5] Cross, H. and Morgan, N.D.: "Continuous Frames of Reinforce Concrete," John-Wiley & Sons, Inc., New York, 1932.
[6] James, B. W.: Principal Effects of Axial Load on Moment Distribution Analysis of Rigid Structures, NACA TN 534, 1935.
[7] Evans, L. T.: "Rigid Frames," Edwards Bros., Inc., An Arbor, Mich., 1936.
[8] Maugh, L. C.: "Statically Indeterminate Structures," John Wiley & Sons, Inc., New York, 1946.
[9] Niles, A. S., and Newell, J. S.: "Airplane Structures," Vol. II, John Wiley & Sons, Inc., New York, 1943.
{10] Lundquist, E. E.: A Method for Estimating the Critical Buckling Load for Structural Menbers, NACA TN 717, 1939.
[11] Hoff, N. J.: Stable and Unstable Equilibrium of Plane Frameworks, J. Aeronaut. Sci., January, 1941.

付録

付録

表 1 円管の断面特性

直径	板厚	A	ρ	I	I/Y	D/t	重量 lb/100 in. 鋼	重量 lb/100 in. アルミ合金
1/4	0.022	0.01576	0.0810	0.000103	0.000825	11.38	0.45	0.16
	0.028	0.01953	0.0791	0.000122	0.000978	8.93	0.55	0.20
3/8	0.028	0.03053	0.1231	0.000462	0.002466	13.39	0.86*	0.31
	0.035	0.03739	0.1208	0.000546	0.002912	10.72	1.06	0.38
	0.049	0.05018	0.1166	0.000682	0.003636	7.65	1.43	0.51
1/2	0.028	0.04152	0.1672	0.001160	0.004641	17.85	1.17	0.42
	0.035	0.05113	0.1649	0.001390	0.005559	14.28	1.45*	0.52*
	0.049	0.06943	0.1604	0.001786	0.007144	10.20	1.96	0.70
5/8	0.028	0.05252	0.2113	0.002345	0.007503	22.30	1.49	0.54
	0.035	0.06487	0.2090	0.002833	0.009065	17.85	1.84*	0.66*
	0.049	0.08867	0.2044	0.003704	0.011852	12.77	2.51	0.90
	0.058	0.10331	0.2016	0.004195	0.013425	10.79	2.93	1.05
3/4	0.028	0.06351	0.2555	0.004145	0.011052	26.80	1.80	0.65
	0.035	0.07862	0.2531	0.005036	0.013429	21.42	2.23*	0.80*
	0.049	0.10791	0.2485	0.006661	0.017762	15.30	3.06	1.09
	0.058	0.12609	0.2455	0.007601	0.02027	12.94	3.57	1.28
	0.065	0.13988	0.2433	0.008278	0.02208	11.53	3.96	1.42
7/8	0.028	0.07451	0.2996	0.006689	0.015289	31.23	2.11	0.76
	0.035	0.09236	0.2973	0.008161	0.018653	25.00	2.62*	0.94*
	0.049	0.12715	0.2925	0.010882	0.02487	17.85	3.60	1.29
	0.058	0.14887	0.2896	0.012484	0.02853	15.10	4.22	1.51
	0.065	0.16541	0.2865	0.013653	0.03121	13.47	4.66	1.68
1	0.035	0.10611	0.3414	0.012368	0.02474	28.56	3.01*	1.07*
	0.049	0.14640	0.3367	0.016594	0.03319	20.40	4.15	1.48
	0.058	0.17164	0.3337	0.019111	0.03822	17.25	4.86	1.74
	0.065	0.19093	0.3314	0.020970	0.04193	15.38	5.41	1.93
1 1/8	0.035	0.11985	0.3856	0.01782	0.03168	32.10	3.40*	1.21
	0.049	0.16564	0.3808	0.02402	0.04270	22.95	4.68*	1.68
	0.058	0.19442	0.3780	0.02775	0.04933	19.40	5.51	1.97
	0.065	0.21650	0.3755	0.03052	0.05425	17.30	6.14	2.20
1 1/4	0.035	0.13360	0.4297	0.02467	0.03948	35.70	3.78*	1.35*
	0.049	0.18488	0.4250	0.03339	0.05342	25.50	5.23*	1.87*
	0.058	0.2172	0.4219	0.03867	0.06187	21.55	6.15	2.20
	0.065	0.2420	0.4196	0.04260	0.06816	19.22	6.86	2.45
1 3/8	0.035	0.1473	0.4739	0.03309	0.04814	39.25	4.17	1.49
	0.049	0.2041	0.4691	0.04492	0.06534	28.05	5.78*	2.07
	0.058	0.2400	0.4661	0.05213	0.07583	23.70	6.80	2.43
	0.065	0.2675	0.4638	0.05753	0.08367	21.15	7.58	2.70
1 1/2	0.035	0.1611	0.5181	0.04324	0.05765	42.80	4.56	1.63
	0.049	0.2234	0.5132	0.05885	0.07847	30.60	6.32*	2.26*
	0.058	0.2628	0.5102	0.06841	0.09121	25.85	7.45	2.66
	0.065	0.2930	0.5079	0.07558	0.10079	23.05	8.30	2.97
	0.083	0.3695	0.5018	0.09305	0.12407	18.08	10.47	3.74
1 5/8	0.035	0.1748	0.5622	0.05528	0.06803	46.40	4.95	1.77
	0.049	0.2426	0.5575	0.07540	0.09279	33.15	6.87*	2.46
	0.058	0.2855	0.5544	0.08776	0.10801	28.00	8.09	2.89
	0.065	0.3186	0.5520	0.09707	0.11948	25.00	9.05	3.23
	0.083	0.4021	0.5459	0.11985	0.14751	19.58	11.40	4.06
1 3/4	0.035	0.1885	0.6065	0.06936	0.07927	50.00	5.32	1.91
	0.049	0.2618	0.6017	0.09478	0.10832	35.70	7.42*	2.65*
	0.058	0.3083	0.5986	0.11046	0.12624	30.20	8.73*	3.12
	0.065	0.3441	0.5962	0.12230	0.13977	26.90	9.75	3.48
	0.083	0.4347	0.5901	0.15136	0.17299	21.10	12.32	4.40

* AN標準管材

表 1 円管の断面特性 (つづき)

直径	板厚	A	ρ	I	I/Y	D/t	重量 lb/100 in. 鋼	重量 lb/100 in. アルミ合金
1⅞	0.035	0.2023	0.6507	0.08565	0.09136	53.60	5.73	2.04
	0.049	0.2811	0.6458	0.11720	0.12500	38.25	7.95	2.84
	0.058	0.3311	0.6427	0.13677	0.14589	32.30	9.38	3.35
	0.065	0.3696	0.6404	0.15156	0.16166	28.80	10.47	3.74
	0.083	0.4673	0.6342	0.18797	0.20050	22.60	13.25	4.73
2	0.049	0.3003	0.6900	0.14299	0.14299	40.80	8.50	3.04
	0.058	0.3539	0.6869	0.16696	0.16696	34.45	10.03*	3.58*
	0.065	0.3951	0.6845	0.18514	0.18514	30.75	11.19	4.00
	0.083	0.4999	0.6783	0.2300	0.2301	24.10	14.16	5.06
	0.095	0.5685	0.6744	0.2586	0.2586	21.05	16.11	5.76
2¼	0.049	0.3388	0.7783	0.2052	0.1824	45.90	9.59	3.43
	0.058	0.3994	0.7753	0.2401	0.2134	38.80	11.30*	4.05*
	0.065	0.4462	0.7728	0.2665	0.2369	34.60	12.64	4.52
	0.083	0.5651	0.7667	0.3322	0.2953	27.15	16.01	5.72
	0.095	0.6432	0.7626	0.3741	0.3325	23.70	18.22	6.51
2½	0.049	0.3773	0.8667	0.2834	0.2267	51.00	10.68	3.82
	0.058	0.4450	0.8635	0.3318	0.2655	43.10	12.60	4.50
	0.065	0.4972	0.8613	0.3688	0.2950	38.45	14.09*	5.03*
	0.083	0.6302	0.8550	0.4607	0.3686	30.10	17.85	6.38
	0.095	0.7178	0.8509	0.5197	0.4158	26.30	20.34	7.27
2¾	0.049	0.4158	0.9551	0.3793	0.2759	56.10	11.78	4.20
	0.058	0.4905	0.9521	0.4446	0.3233	47.40	13.90	4.96
	0.065	0.5483	0.9496	0.4944	0.3596	42.30	15.50*	5.55*
	0.083	0.6954	0.9434	0.6189	0.4501	33.15	19.70	7.04
	0.095	0.7924	0.9393	0.6991	0.5084	28.95	22.48	8.03
3	0.058	0.5361	1.0403	0.5802	0.3868	51.70	15.18	5.42
	0.065	0.5993	1.0380	0.6457	0.4305	46.20	16.95	6.06
	0.083	0.7606	1.0318	0.8097	0.5398	36.15	21.55*	7.70*
	0.095	0.8670	1.0276	0.9156	0.6104	31.58	24.56	8.78
	0.120	1.0857	1.0191	1.1276	0.7518	25.00	30.76	11.00
3¼	0.058	0.5816	1.1287	0.7410	0.4560	56.10	16.47	5.89
	0.065	0.6504	1.1263	0.8251	0.5077	50.00	18.40	6.58
	0.083	0.8258	1.1201	1.0361	0.6376	39.15	23.38*	8.35*
	0.095	0.9416	1.1160	1.1727	0.7217	34.20	26.66	9.52
	0.120	1.1800	1.1074	1.4472	0.8906	27.10	33.43	11.95
3½	0.065	0.7014	1.2147	1.0349	0.5914	53.80	19.85	7.09
	0.083	0.8910	1.2085	1.3012	0.7435	42.20	25.20	9.01
	0.095	1.0162	1.2043	1.4739	0.8422	36.85	28.70*	10.25*
	0.120	1.2742	1.1958	1.8220	1.0411	29.15	36.00	12.89
3¾	0.065	0.7525	1.3031	1.2777	0.6814	57.60	21.30	7.60
	0.083	0.9562	1.2968	1.6080	0.8576	45.20	27.06	9.67
	0.095	1.0908	1.2927	1.8228	0.9722	39.50	30.84*	11.04*
	0.120	1.3685	1.2841	2.2565	1.2035	31.25	38.70	13.82
4	0.065	0.8035	1.3915	1.5557	0.7779	61.50	22.75	8.12
	0.083	1.0214	1.3852	1.9597	0.9799	48.20	32.95	10.32
	0.095	1.1655	1.3810	2.2228	1.1114	42.10	32.95	11.78
	0.120	1.4627	1.3725	2.7552	1.3776	33.33	41.40*	14.80*
4¼	0.134	1.7327	1.4557	3.6732	1.7408	31.75	49.10*	17.55*
4½	0.156	2.1289	1.5369	5.0282	2.2347	28.80	60.40*	21.55*
4¾	0.188	2.6944	1.6143	7.0213	2.9563	25.25	76.25*	27.20*

* AN標準管材

付録

表 2　出っ張り頭リベットの一面せん断強度，lb/リベット

板材		Clad 24S-T					
リベット材料		A17S-T				24S-T	
リベット直径		3/32	1/8	5/32	3/16	3/16	1/4
孔の直径(d)		0.096	0.1285	0.159	0.191	0.191	0.257
板厚	0.020	202					
	0.025	210	357				
	0.032	217	374	552			
	0.040	217	386	574	803	870*	
	0.051	217	388	593	838	1,110*	1,490*
	0.064	...	388	596	862	1,180	1,970*
	0.072	...	388	596	862	1,180	2,080
	0.081	...	...	596	862	1,180	2,110
	0.091	...	...	596	862	1,180	2,120

* これらの値に関しては，面圧応力標定であり，許容荷重は114,000tdである．表中のその他の値に関しては，24S-Tクラッド材よりも強い材料，または面圧F_{br}が114,000 psiより大きい材料に適用される．
　d/tが3.0より小さい場合には，せん断許容荷重は孔の面積をF_{su}倍して得られる．
　d/tが3.0以上の場合には，$[1 - 0.04(d/t - 3)]$の係数を使う．
　d/tが5.5以上の場合には，許容荷重は試験によって取得する．

表 3 100° 皿頭リベットの一面せん断強度, lb/リベット

板材	パンチ加工による皿とり					
	Clad 24S-T				
リベット材料	A17S-T				24S-T
リベット直径, in.	3/32	1/8	5/32	3/16	3/16
板厚 0.020	209	299			
0.025	235	360	474		
0.032	257	413	568	722	744
0.040	273	451	635	839	941
0.051		484	693	940	1,110
0.064			736	1,012	1,236
0.072			755	1,045	1,291
	機械加工による皿とり					
板厚 0.025	156				
0.032	178	272			
0.040	193	309	418		
0.051	206	340	479	628	758
0.064	216	363	523	705	886
0.072		373	542	739	942
0.081			560	769	992
0.091			575	795	1,035
0.102				818	1,073
0.125				853	1,131

訳者あとがき

　本書（David J. Peery, "Aircraft Structures," MacGraw-Hill Book Company, Inc., 1950.）は，初版が1950年に出版された航空機構造力学の教科書の古典である．現在でも航空機構造技術者の必読書であり，「ピアリーの教科書」と言えば航空機構造設計の分野では世界中どこでも通用する．

　残念なことに，これまで日本語の翻訳書は無く，英語の原書を読む必要があった．我が国では航空機産業の規模が小さく，翻訳書の需要がなかったためである．しかし，近年では我が国の航空機産業も拡大してきており，翻訳書の需要が出てきたと思う．

　構造解析の万能ツールともいえる有限要素法が普及した時代にこのような古い教科書は不要であると思われるかもしれない．しかし，有限要素法が使いやすくなってブラックボックス化した現在，薄板構造を有限要素法によってモデル化し，解析した結果を理解して評価するには，薄板構造の基本的な挙動を知っていることが必須となる．このピアリーの教科書が今でも読まれている理由がここにある．

　第2版が出ているにもかかわらず，翻訳に初版を採用した理由について説明しておく．有限要素法や複合材という新しい内容を入れた第2版が1982年に出版されたが，部分的な改訂で内容に統一性がなかったため，評判が良くなかった．そのためか，2011年にDover社から初版が復刻出版され，こちらは評判が良い．初版は発行されてからすでに70年近く経過しているが，基本的な力学を取り扱っているので，内容が時代遅れになっていないからである．

　序文に書いてあるように，力の釣り合いという力学の基本原理を実際の構造物に適用できるようになることが構造技術者には最も重要なことであるが，この本を読むことによりそれを養うことができる．第1章から第4章でフリーボディダイヤグラムの描き方をしっかり学ぶことが大事である．

　薄板構造がどのようにして荷重を受け持つのかを懇切丁寧に説明している第6章から第8章は，航空機構造技術者だけではなく，軽量薄板構造の解析を学ぶ者にとって最も役に立つ．また，航空機構造は，軽量化のために材料の降伏と薄板の座屈を許容するところに特徴があり，第13章から第15章で部材の強度について詳しく説明されている．

　第16章の変位の計算と第17, 18章の不静定構造の計算は主に補仮想仕事の原理に基づいており，計算が面倒で計算方法としては時代遅れの感があるが，

訳者あとがき

理論的には正しく，説明に使われている題材と例題は現在でも有用である．有限要素法や訳者の開発したエネルギ法による直接解法(「航空機構造解析の基礎と実際」(プレアデス出版) 参照) で計算してみるとよい勉強になるだろう．特に重要なのは，薄板構造に特有の現象であるせん断遅れとワーピングの拘束による梁理論の限界の説明 (16.12，16.13，17.13〜17.15) である．有限要素法で実際の薄板構造を解析し，その結果を理解するときにこの現象に関する知識が役に立つだろう．

　翻訳書を出すことにより，この名著が広く読まれ，我が国の航空機産業の発展に寄与することを期待する．

滝　敏美
2017 年 1 月

索　引

■アルファベット

Batdorf, S. B. 452
Bow の表記法 16
Cozzone, F. P. 204, 365, 413, 433, 566
Cross, H. 608, 628
Dunn, L. G. 442
Engesser の柱の式 397
Falkner, V. M. 287
Glauert, H. 253, 270
Griffith, G. E. 473
James, B. W. 624
Kanemitsu, S. 443
Karman, T. von. 442
Krivoshein, G. G. 541
Kuhn, P. 463, 473
Lahde, R. 463
Langhaar, H. L. 462
Levy, S. 463
Lotz, Irmgard 270
Melcon, M. A. 413, 433
Muller-Breslau, H. 541
Nojima, H. 443
Osgood, W. R. 327, 411
Peterson, J. P. 463
Ramberg, W. 327, 411
Schildcrout, M. 452
Schrenk, O. 260
Shanley, F. R. 204, 385, 398, 566
Southwell, R. V. 40
Stein, M. 452
Timoshenko, S. 381
Tsien, H. S. 442
V-n 線図 298
Wagner, H. 40, 462, 463, 471
Weissinger, J. 287

■あ行

アーク溶接 354

アスペクト比 259, 286, 287
圧縮座屈
　　曲面板 441
　　塑性 429-435
　　平板 419
孔
　　ボルト，リベット 341, 344-350
アルミ合金
　　応力 - 歪曲線 325, 414
　　強度特性 325, 414
　　材料識別記号 316
　　柱の式 406
　　ボルト強度 338
　　リベット強度 634, 635
　　リベット種類 339
安全余裕 328
安全率 328
安定性
　　必要な部材 10, 518
板の座屈
　　圧縮 419, 441
　　せん断 449, 451
　　鋲間 430
　　曲げ 449
ウェブ
　　曲面の 470
　　許容せん断応力 467
　　座屈応力 449
　　張力場の角度 459
　　テーパーした 169, 232
　　リベット結合 457, 465
ウェブのしわの角度 459-464
渦の集合 251-258
永久歪 314
円管
　　特性 632
　　ねじり 378, 382
　　曲げ 362
オイラーの柱の式 395
応力

索　引

　　　組み合わせ……………………… 112, 385
　　　降伏………………………………… 313
　　　終極………………………………… 315
　応力集中………………………………… 344
　応力比…………………………………… 385
　応力 - 歪曲線…………………………… 312
　　　無次元の…………………… 326, 411
　押出し型材
　　　クリッピング応力………………… 435

■か行

　開断面の
　　　せん断中心………………………… 151
　　　せん断流………………… 149-157, 237
　　　ねじり………………… 237, 377, 380
　回転加速度………………………… 67, 85
　回転半径……………………………… 92, 395
　外被部材………………………………… 41
　角速度…………………………………… 67
　隔壁
　　　荷重………………………… 218-228
　　　機能………………………………… 214
　　　種類………………………………… 214
　　　胴体………………………………… 218
　　　翼…………………………………… 224
　重ね合わせ…………………………… 601, 624
　荷重倍数……………… 80-87, 298-310, 328
　荷重条件
　　　着陸……………………… 56-75, 83
　　　飛行……………………………… 290-310
　荷重倍数
　　　定義……………… 80, 85, 298, 300, 328
　　　突風………………………………… 300
　　　飛行………………………………… 299
　カスティリアーノの定理……………… 514
　ガセット
　　　溶接トラスの……………………… 354
　仮想仕事
　　　せん断変形………………………… 501
　　　トラスの変位……………………… 480
　　　ねじれ変形………………………… 494
　　　曲げ変形…………………………… 485
　加速度
　　　角加速度………………………… 67-78, 85
　　　加速度と荷重倍数……… 80-87, 290-310
　　　着陸……………………… 56-75, 83

　　　突風………………………………… 300
　　　飛行運動………………………… 80-85
　　　ピッチング………………………… 77, 78
　　　並進運動の加速度…………………… 56-65
　カットアウト………………………………… 237
　金具………………………………………… 331-358
　金具係数……………………………………… 331, 333
　管
　　　特性………………………………… 632
　　　ねじり強度………………………… 382
　　　曲げ強度…………………………… 362
　慣性乗積……………………………………… 102
　慣性能率……………………………………… 89-111
　　　傾いた軸に関する………………… 99-111
　　　質量の……………………………… 89
　　　平行な軸に関する………………… 90
　　　面積の……………………………… 89-111
　慣性力………………………………………… 56-87
　完全張力場…………………………………… 454
　機体重量の釣り合い………………………… 93
　規定
　　　法的な……………………………… 290, 324
　脚……………………………………………… 27-37
　キャリーオーバー係数……………………… 609, 625
　急降下速度
　　　最大………………………………… 292
　強度 - 重量の比較…………………………… 318
　共役梁………………………………………… 586
　極慣性能率…………………………………… 90, 374
　局所クリッピング破壊……………………… 435
　曲面ウェブ…………………………………… 451, 470
　曲面板
　　　圧縮………………………………… 441
　　　せん断……………………………… 451, 470
　許容応力……………………………………… 324
　切欠き………………………………………… 237
　空間構造……………………………………… 24-53
　空間トラス…………………………………… 27, 39
　　　ねじりを受ける…………………… 39
　空気力………………………………………… 291-310
　空気力分布
　　　翼幅方向の………………………… 249-288
　空力係数……………………………………… 295-298
　偶力ベクトル………………………………… 26
　組み合わせ応力……………………………… 112, 385
　組み合わせ荷重……………………………… 385
　クリープ……………………………………… 312

索　引

クリップリング応力 …………………… 435
桁 ……………………………………… 45, 506
結合
　偏心荷重 ……………………………… 350
　ボルト結合 ………………………… 332-353
　溶接結合 ……………………………… 354
　リベット結合 ……………………… 332-350
結合点の変位 …………………………… 619
限界荷重 ………………………………… 394
鋼管
　座屈応力 ……………………………… 406
　ねじり強度 …………………………… 382
　曲げ強度 ……………………………… 362
合金鋼
　識別記号 ……………………………… 315
剛性係数 …………………………… 610, 626
構造の基準軸 …………………………… 207
拘束
　板の周辺 ……………………………… 422
　柱の端末 ……………………………… 399
後退角
　曲げモーメントの補正 ……………… 210
　空気力への影響 ……………………… 287
高度の影響
　空気力 ………………………………… 298
降伏応力 ………………………………… 313
合力
　せん断流の …………………………… 149
　固定端モーメント …………………… 608

■さ行

最小仕事の方法 ………………………… 581
材料特性 …………………………… 312, 324
材料比較
　強度対重量 …………………………… 318
座屈
　曲面板，圧縮 ………………………… 441
　曲面板，せん断 ……………………… 451
　柱 ……………………………………… 393
　平板，圧縮 …………………………… 419
　平板，塑性 ………………………… 429-435
　平板，せん断 ………………………… 449
　平板，曲げ …………………………… 449
作用荷重 …………………………… 84, 328
サンドイッチ構造 ……………………… 321
軸の回転 …………………………… 99, 106, 210

仕事
　仮想仕事の方法 ……………………… 481
　最小仕事の方法 ……………………… 581
　軸力による変形 ……………………… 478
　せん断変形 …………………………… 501
　ねじれ変形 …………………………… 494
　曲げ変形 ……………………………… 485
失速速度 ………………………………… 299
地面反力 …………………………… 56-75
終極荷重 …………………………… 85, 328
終極強度
　圧縮を受ける平板 …………………… 424
　曲面せん断ウェブ …………………… 471
　材料の ………………………………… 315
　不静定構造 …………………………… 578
　平面せん断ウェブ …………………… 466
重心 ………………………………… 88, 93
周辺支持条件
　板の …………………………………… 422
重量 – 強度比較
　材料の ………………………………… 318
主応力 …………………………………… 112
主軸 ………………………………… 101, 107, 183
主平面 …………………………………… 112
循環
　定義 …………………………………… 251
　揚力理論 ……………………………… 251
　翼幅方向の分布 ……………………… 256
小迎角 …………………………… 292, 300
示力図 …………………………………… 17
図式解法
　トラス ………………………………… 16
図式積分 ………………………………… 491
図心 ……………………………………… 89
制限荷重 …………………………… 84, 305, 328
設計荷重 …………………………… 85, 328
設計荷重条件 …………………………… 290-310
設計仕様書 ……………………………… 290, 324
設計要求 ………………………………… 290-310
　法的な ………………………………… 290, 324
接線剛性 ………………………………… 397
セミモノコック構造 … 46, 96, 214, 237, 331, 360, 441
せん断
　遅れ …………………………………… 571-578
　強度 …………………………………… 385
　ねじりによる ………………………… 158, 373-384
　変位 …………………………………… 501

索　引

ボルトの……………………………… 332, 338
せん断応力
　梁の…………………………………… 139-148
せん断弾性係数…………………………… 325, 374
せん断中心………………………… 151, 511, 560
せん断流………………………… 149-212, 556-571
せん断流によるモーメント…………………… 150
せん断力
　線図………………………………………… 121-134
速度……………………………………………… 57
塑性変形
　板の………………………………………… 429-441
　ねじり部材の……………………………… 382
　柱の………………………………………… 397-414
　梁の………………………………………… 361-368

■た行

大迎角………………………………………… 291, 300
多セルボックスビーム……………………… 558-571
弾性荷重法…………………………………………… 591
弾性曲線……………………………………………… 584
弾性係数……………………………………… 313, 397
弾性限………………………………………… 313, 326
弾性座屈…………………………………………… 393
弾性軸………………………………………… 50, 511
弾性中心……………………………………………… 544
短柱…………………………………………… 397, 436
端末拘束
　板の周辺の………………………………………… 422
　柱の…………………………………………… 399
端末拘束係数
　柱の座屈…………………………………………… 399
端末拘束条件
　梁の…………………………………………… 400
断面2次極モーメント………………………… 90, 374
断面2次モーメント…………………………… 90
断面が変化するボックスビーム… 176, 204, 566
断面積が変化するフランジ……………… 176, 204
断面相乗モーメント………………………… 102
力の成分……………………………………… 2, 24
力の分解……………………………………… 2, 24
着陸荷重……………………………………… 56-75
中立軸………………………………… 137, 183, 186
　対称弾性梁の……………………………… 137, 183
　弾性限を超えた場合の…………………………… 364
　非対称梁の…………………………………………… 186

曲り梁の……………………………………………… 369
長柱…………………………………………………… 393
張力場ウェブ………………………………… 454-475
張力場の角度……………………… 459, 464, 472
張力場梁……………………………………… 454-475
継手
　偏心……………………………………………… 350
　ボルト……………………………………… 332-353
　溶接……………………………………………… 353
　リベット……………………………………… 332-353
釣り合い
　航空機に働く力…………………… 56-87, 296
　静的な……………………………………… 1, 24
抵抗
　翼幅方向の分布…………………………… 281
テーパーのあるウェブ……………… 169, 232
テーパーのある梁……………………… 169-181
胴体隔壁…………………………… 218, 549-555
胴体せん断流……………………………… 167, 218
胴体フレーム……………………………………… 549
突風荷重条件………………………………………… 300
トラスの解析
　結合点法……………………………………… 11
　図式…………………………………………… 16
　断面法………………………………………… 14
　不静定…………………………… 519-524, 528
トラスの変位…………………………… 480, 591
トラスの不静定次数…………………… 9, 519

■な行

内部仕事………………………………………… 481
ナセル構造…………………………………… 238, 248
ナット……………………………………………… 338
ねじり
　円形断面の軸…………………………… 373, 382
　空間トラス…………………………………… 39
　多セルボックスビーム…………………… 558
　端末を固定した開断面……………… 237, 380
　幅の狭い長方形断面……………………… 376
　ボックスビーム………………… 158, 504, 558
ねじり強度………………………………………… 382
ねじり軸…………………………………… 174, 210
ねじれ角……………………… 374, 377, 504, 558
熱処理……………………………………… 315, 355

索　引

■は行

パイロットの限界……………………… 290
鋼
　　識別記号……………………………… 315
箱型梁……………………→ ボックスビーム
柱
　　板曲げ補強材………………………… 435
　　オイラーの式………………………… 395
　　局所座屈……………………………… 436
　　実験式………………………………… 405
　　セカントの式…………………… 396, 415
　　接線剛性の式…………………… 397, 412
　　短柱……………………………… 397, 402
　　端末条件……………………………… 399
　　長柱座屈，オイラー座屈…………… 393
　　直線の式……………………………… 403
　　偏心荷重………………………… 395, 415
　　放物線の式…………………………… 402
　　無次元の式……………………… 404, 411
　　有効長さ……………………………… 399
柱の曲線
　　放物線………………………………… 402
柱の長さ…………………………………… 399
梁
　　固定端………………………………… 608
　　せん断応力……………………… 139-148
　　せん断流………………… 149-212, 558-571
　　張力場…………………………… 454-475
　　テーパー………………………… 169-181
　　箱型梁……… 158-181, 199-212, 504-514, 556-571
　　非対称…………………………… 186-212
　　不静定…………………………… 534, 608-628
　　変位……………………… 392, 486-494, 584
　　ボックスビーム……………… 158-181,
　　　　　　　　199-212, 504-514, 556-571
　　曲り梁………………………………… 369
　　連続梁…………………………… 608, 624
梁の横方向の支持………………………… 193
半張力場…………………………… 463-475
ビームカラム…………………… 596-606, 624
飛行運動条件………………… 75, 80-87, 298
飛行荷重条件……………………… 290-310
飛行荷重倍数……………………………… 298
歪……………………………………………… 312
歪エネルギ………………………… 478-516
　　軸力を受ける部材の………………… 478

　　せん断の……………………………… 501
　　ねじりを受ける部材の……………… 494
　　曲げの………………………………… 485
不静定支持………………………………… 9, 518
非対称断面の梁…………………… 183-212
引張係数…………………………………… 40
引張部材…………………………………… 360
標準部品…………………………………… 338
尾翼荷重
　　釣り合い……………………………… 296
尾翼の釣り合い荷重……………………… 296
疲労限……………………………………… 312
ピン結合…………………………………… 2
風洞試験データ…………………………… 295
フーリエ級数……………………… 270-281
不完全張力場………………………→ 半張力場
不静定
　　円形リング…………………………… 549
　　構造………………………… 9, 518-630
　　次数………………………… 9, 518, 556
　　多セルボックスビーム………… 556-571
　　トラス……………………… 9, 519, 528
　　梁……………………………… 534, 608-630
　　フレーム………………… 536, 543, 621
不静定力……………………………… 519, 540
　　選択…………………………………… 540
2つの力が働く部材…………………… 3, 24
フランジの荷重増分……………… 177, 202
フランジの曲げモーメント……… 457, 465
フレームの解析…………………… 536, 543, 621
分担係数…………………………… 610, 616, 627
分布
　　翼幅方向の空気力の…………… 249-288
平均空力翼弦……………………… 296, 305
平行な軸に関する定理…………………… 90
平板
　　圧縮……………………………… 419-441
　　せん断…………………………… 449-470
平面内に無い力……………………… 24-53
変位
　　エネルギ法……………………… 478-516
　　共役梁法……………………………… 586
　　せん断ウェブの……………………… 501
　　弾性荷重法…………………………… 591
　　トラスの………………………… 480, 591
　　ねじり………………… 373, 377, 379, 494, 504
　　梁の……………………… 392, 486-493, 584

索　引

　　ビームカラムの‥‥‥‥‥‥‥‥‥ 596-606
　　面積モーメント法‥‥‥‥‥‥‥‥ 584
偏心荷重
　　継手‥‥‥‥‥‥‥‥‥‥‥‥‥ 350
　　柱の‥‥‥‥‥‥‥‥‥‥‥‥ 395, 415
ポアソン比‥‥‥‥‥‥‥‥‥‥‥ 374, 420
補強材
　　圧縮パネルの‥‥‥‥‥‥ 423, 424-441
　　張力場梁の‥‥‥‥‥‥ 457, 460, 465
補強板‥‥‥‥‥‥‥‥‥‥‥‥‥ 424-441
ボックスビーム
　　多くのセル‥‥‥‥‥‥‥‥‥ 558-571
　　解析精度‥‥‥‥‥‥‥‥‥‥‥ 506
　　仮定‥‥‥‥‥‥ 149, 158, 160, 506, 571
　　構造‥‥‥‥‥‥‥‥‥‥‥‥‥ 158
　　3本フランジ‥‥‥‥‥‥‥‥ 199, 556
　　せん断遅れ‥‥‥‥‥‥‥‥‥ 571-578
　　せん断流‥‥‥‥‥‥ 149-212, 558-571
　　ねじり‥‥‥‥‥‥‥ 158, 504, 558-571
　　変位‥‥‥‥‥‥‥‥‥‥‥‥ 506, 571
　　ワーピング‥‥‥‥‥‥‥ 507, 571-578
ボルト
　　許容荷重‥‥‥‥‥‥‥‥‥‥‥ 338
ボルト継手‥‥‥‥‥‥‥‥‥‥‥ 332-353

■ま行

曲り梁‥‥‥‥‥‥‥‥‥‥‥‥‥‥ 369
曲げ応力
　　一定の‥‥‥‥‥‥‥‥‥‥‥‥ 363
　　塑性分布‥‥‥‥‥‥‥‥‥‥ 361-368
　　台形分布‥‥‥‥‥‥‥‥‥‥‥ 365
　　弾性分布‥‥‥‥‥‥‥‥‥‥ 137, 186
　　曲り梁‥‥‥‥‥‥‥‥‥‥‥‥ 369
曲げ強度‥‥‥‥‥‥‥‥‥‥‥‥‥ 361
曲げの式‥‥‥‥‥‥‥‥‥‥‥ 137, 186
曲げモーメント線図‥‥‥‥‥‥‥ 121-134
マックスウェルの相反定理‥‥‥‥‥‥ 509
面圧応力‥‥‥‥‥‥‥‥‥‥‥‥ 334, 346
面圧係数‥‥‥‥‥‥‥‥‥‥‥‥‥ 334
面積モーメント法‥‥‥‥‥‥‥‥‥ 584
面積の慣性乗積‥‥‥‥‥‥‥‥‥‥ 102
面積の慣性能率‥‥‥‥‥‥‥‥‥ 90-111
面積モーメントの原理‥‥‥‥‥‥‥ 584
面内力成分‥‥‥‥‥‥‥‥‥‥‥‥ 208

モーメントの成分‥‥‥‥‥‥‥‥‥‥ 26
モーメント分布法‥‥‥‥‥‥‥‥ 608-630
モールの円‥‥‥‥‥‥‥‥ 106-117, 455, 472
モノコック構造‥‥‥‥‥‥‥‥‥‥ 214

■や行

有効幅‥‥‥‥‥‥‥‥‥‥‥‥‥‥ 425
誘導抵抗‥‥‥‥‥‥‥‥‥‥‥ 251, 281
溶接継手‥‥‥‥‥‥‥‥‥‥‥‥‥ 353
揚力
　　係数‥‥‥‥‥‥‥‥‥‥‥‥‥ 257
　　循環理論‥‥‥‥‥‥‥‥‥‥‥ 251
　　翼幅方向の分布‥‥‥‥‥‥‥ 249-288
翼
　　片持ち‥‥‥‥‥‥‥‥‥‥‥‥ 45
　　切欠き‥‥‥‥‥‥‥‥‥‥‥‥ 237
　　空気力分布‥‥‥‥‥‥‥‥‥ 249-288
　　構造様式‥‥‥‥‥‥‥‥‥‥‥ 44
　　3本フランジ‥‥‥‥‥‥‥‥ 199, 556
　　支柱付き‥‥‥‥‥‥‥‥‥‥‥ 45
　　セミモノコック‥‥‥‥‥ 46, 96, 158, 214
　　せん断遅れ‥‥‥‥‥‥‥‥‥ 571-578
　　多セル‥‥‥‥‥‥‥‥‥‥‥ 558-571
　　断面のワーピング‥‥‥‥‥ 507, 571-578
　　ねじり‥‥‥‥‥‥‥ 158, 504, 558-571
　　変位‥‥‥‥‥‥‥‥ 45, 504, 506, 589
　　有効面積‥‥‥‥‥‥‥‥‥‥‥ 285
　　リブの解析‥‥‥‥‥‥‥‥‥‥ 224
翼幅方向空気力分布‥‥‥‥‥‥‥ 249-288
翼面荷重‥‥‥‥‥‥‥‥‥‥‥‥‥ 45

■ら・わ行

リブ‥‥‥‥‥‥‥‥‥‥‥‥‥‥‥ 224
リベット
　　許容荷重‥‥‥‥‥‥‥‥‥‥‥ 634
　　材料‥‥‥‥‥‥‥‥‥‥‥‥‥ 339
　　種類‥‥‥‥‥‥‥‥‥‥‥‥‥ 339
　　設計法‥‥‥‥‥‥‥‥‥‥‥‥ 339
　　せん断ウェブの要求‥‥‥‥‥ 458, 465
連続梁‥‥‥‥‥‥‥‥‥‥‥ 579, 608-628
　　軸力が負荷される‥‥‥‥‥‥ 624-628
ワーピング
　　断面の‥‥‥‥‥‥‥‥‥ 375, 507, 571-578

●訳者略歴

滝　敏美（たきとしみ）

1955年生まれ．
1980年　東京大学工学系大学院航空学修士課程修了．
1980年　川崎重工業(株)入社．
国内外の航空機開発に参加．専門分野は航空機構造解析，
航空機構造試験，航空機複合材構造．
所属学会：日本航空宇宙学会，日本機械学会
著書『航空機構造解析の基礎と実際』（プレアデス出版）

航空機構造
―軽量構造の基礎理論―

2017年4月1日　第1版第1刷発行

著　者　デイビッドJ.ピアリー

訳　者　滝　　敏美

発行者　麻畑　仁

発行所　(有)プレアデス出版
〒399-8301　長野県安曇野市穂高有明7345-187
TEL 0263-31-5023　FAX 0263-31-5024
http://www.pleiades-publishing.co.jp

装　丁　松岡　徹

印刷所　亜細亜印刷株式会社

製本所　株式会社渋谷文泉閣

落丁・乱丁本はお取り替えいたします．定価はカバーに表示してあります．
Japanese Edition Copyright © 2017 Toshimi Taki
ISBN978-4-903814-81-0　C3053　　Printed in Japan